PLC를 중심으로 한

종합 시퀀스 제어

김원회 지음

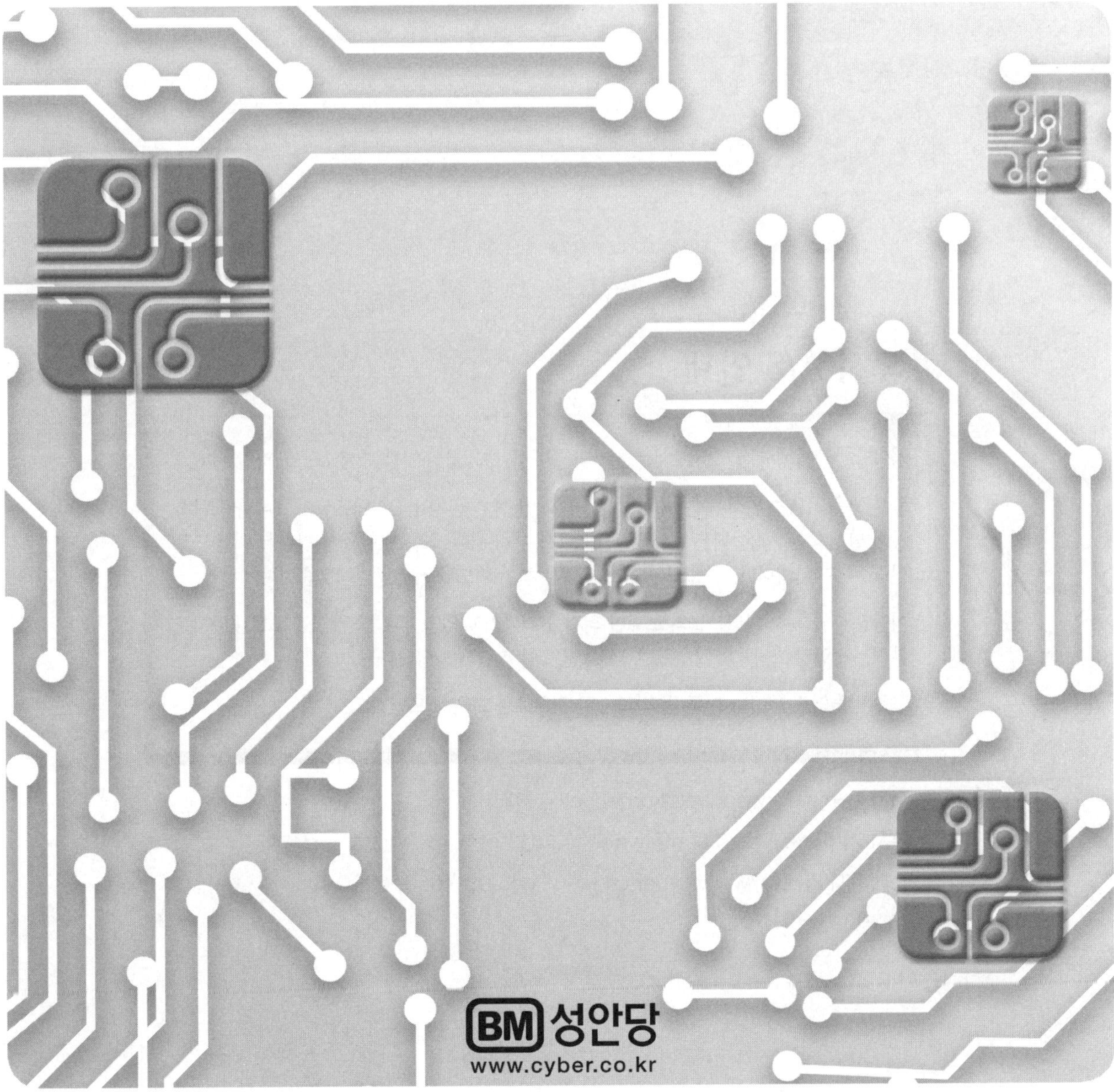

BM 성안당
www.cyber.co.kr

머 리 말

자동화는 인간을 육체적, 정신적 노동으로부터 해방시키고 풍요로운 삶을 살아가는 데 필수 수단이며, 우리 인간들이 끊임없이 추구해 온 과제이다.

이러한 자동화는 크게 하드웨어와 소프트웨어로 나눌 수 있다. 즉 동력을 발생시키고 그것을 전달하는 기구적인 하드웨어와, 그 기구를 목적하는 바대로 움직여 기계나 설비가 유용한 일을 할 수 있도록 제어하는 소프트웨어가 필요하다. 따라서 자동화는 제어의 뒷받침 없이는 진전될 수 없으며, 우리 인간의 두뇌와 같이 매우 중요한 역할을 한다.

제어를 분류하는 방법에는 여러 가지가 있으나, 제어 에너지의 형태에 따라 분류하면 기계방식, 유체방식, 전기방식으로 분류할 수 있고, 또한 전기제어 방식은 유접점 방식과 무접점 방식으로, 또는 하드 와이어드 방식과 소프트 와이어드 방식으로 분류할 수 있다. 이 중에서 최근 산업설비 제어장치로 주로 이용되는 것은 무접점에 소프트 와이어드 방식인 프로그래머블 컨트롤러이다.

한편 제어에 관한 서적들은 매우 많으며, 또한 시퀀스 제어에 관한 책도 수십 종에 이르나 이들 제어방식을 종합적으로 정리한 것은 드물며, 특히 프로그래머블 컨트롤러에 관해 체계적으로 정리한 것은 찾아보기 어렵다.

이에 필자는 다년간 정리한 강의 노트를 토대로 자동제어의 개론부터 유접점 시퀀스, 무접점 시퀀스, 프로그래머블 컨트롤러까지 일관성 있게 정리하여 시퀀스 제어 전반에 걸쳐 이론 및 실무적으로 체계화하여 알기 쉽게 설명하려고 최대한의 노력을 하였다.

　따라서 이 책은 시퀀스 제어의 관련 지식을 필요로 하는 엔지니어들의 좋은 자료가 될 것이며, 국가 기술자격 시험을 준비하는 수험생들의 참고서는 물론 시퀀스 제어 기술의 지식을 습득하려는 학생들의 교재로서도 충분할 것이다.

　끝으로 이 책이 시퀀스 제어 기술을 습득하려는 모든 이에게 도움이 되도록 최선을 다하였으나, 아무래도 부족한 점이 있으리라고 생각한다. 이런 점은 앞으로 독자 여러분의 충고를 받아 즉시 수정 보완하여 더욱 알차게 다듬어 나갈 것을 약속하면서 이 책을 출판하는 데 애써 주신 도서출판 성안당 관계자 여러분께 감사를 드리는 바이다.

1997年 8月

저자 씀

차　례

제1장　제어의 개요

제2장 유접점 시퀀스 제어

제3장 무접점 시퀀스 제어

1. 무접점 시퀀스의 기초 ································· 187

2. 반도체 소자의 종류 ································· 190

3. 논리회로 ································· 202

4. 무접점 시퀀스의 기본회로 ································· 218

제4장 PLC

1장

제어의 개요

1. 자동제어 개론
2. 시퀀스 제어

1. 자동제어 개론

1-1 자동화와 자동제어

1763년 제임스 와트(James Watt)가 증기 기관을 발명하면서부터 산업계에는 혁명이 일어났다. 인간은 물질에서 동력을 얻을 수 있게 되어 육체노동으로부터 해방되고, 또한 인간의 생활양식은 크게 변화했다. 즉, 공장의 기계, 기차, 기선 등의 출현은 인간의 생활을 풍부하게 함과 동시에 정치·경제에 걸친 모든 것을 변화시켰다. 그후 내연기관이 발명되고 이어서 전기 에너지의 발견에 의해 대량의 동력을 얻을 수 있었고 그 사용량도 증가했다.

이러한 대량의 동력에 의해 인간은 육체노동에서 해방되었고, 동력 사용의 산물을 용이하게 얻을 수 있게 되어서 물질도 풍부하게 되었지만 여기에는 중요한 과제가 남아 있었다. 인간은 육체노동이 필요없게 된 대신에 이들 다량의 동력을 제어하는 문제 즉, 기계를 운전하거나 또는 각종 장치를 조절하고 감시하는 등의 업무에 종사하지 않을 수 없게 되었다.

일반적으로 인간의 작업능력은 매우 우수하다고 한다. 예를 들면 간단하게 보이는 손 작업이라도 그것을 기계로 바꾸어 실행하려고 하다 보면, 매우 복잡한 장치가 되기도 하고 때로는 불가능하게 되어 버리는 일도 적지 않다. 또한 인간은 판단능력이 우수하기 때문에 불명확한 사태에 대해서도 적절한 대책을 내릴 수 있고, 대규모 기계로도 흉내낼 수 없는 고도의 능력을 가지고 있다.

그러나 80년대 중반부터 각 방면에서는 노동 사정이 악화일로에 있으며, 특히 임금 상승, 노동시간 단축 등의 경향은 이후에는 더욱 심각해지리라 예상하고 있다. 또한, 인간의 작업능력이 매우 우수하다는 점도 있지만 기계에는 도저히 따를 수 없는 점도 어느 정도는 가지고 있다.

먼저 발생할 수 있는 힘이나 또는 연속성에 있어서는 한계가 있으며, 단순한 작업을 반복적으로 장시간 동안 실행하는 능력, 즉 인내에 있어서는 기계와 비교할 수도 없다. 그러므로 해야 할 작업에 따라서는 인간이 하는 것보다는 그것을 기계화·자동화함으로써 몇 배의 능률을 올릴 수 있는 경우가 많다.

이상의 여러 가지 상황을 고려해 보면 자동화, 특히 성력화(省力化), 무인화(無人化)의 필요성은 더욱더 높아져 갈 것이다.

여기서 자동화(automation)란, 인간의 육체노동은 물론 두뇌(정신)노동까지를 기계에 대행시키는 것이며, 자동화에 따라 얻어지는 효과는 다음과 같다.

① 생산성의 향상
② 품질의 향상
③ 성력화
④ 경제성의 향상
⑤ 운전의 신뢰성 향상

이러한 효과는 현재는 물론 장래의 산업분야, 특히 공업에 있어서는 기본적으로 요망되고 있는 것들이다.

자동화를 목적, 용도, 기능에 따라 분류하면 그림 1-1과 같이 된다.

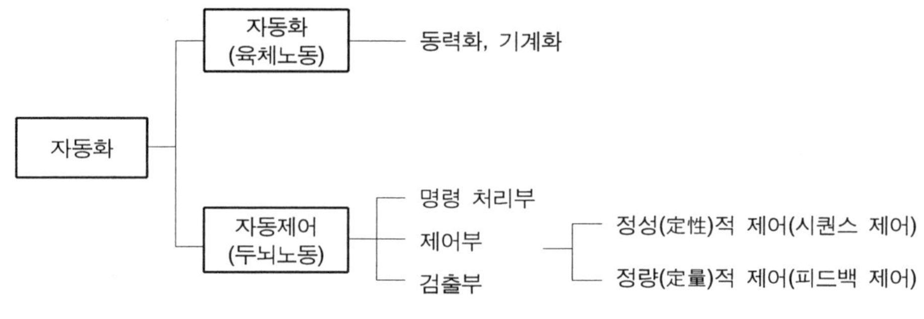

그림 1-1 자동화의 체계

결론적으로 자동화는 자동제어의 뒷받침 없이는 진전될 수 없는 것이며, 우리 인간의 두뇌와 같이 매우 중요한 역할을 하는 것이다.

1-2 자동제어의 개념

일반적으로 제어(control)란 어떤 물체의 형태나 현상의 추이를 자신의 의지대로 지배하는 일이다. 즉, 어떤 목적에 적합하도록 제어대상에 적당한 조작 또는 동작을 주는 것을 제어라고 한다. 제어는 사람이 개입하여 하는 수동제어(manual control)와 사람의 개입없이 제어장치에 의해 자동적으로 수행되는 자동제어(automatic control)로 대별된다. 여기서 제어체로 하는 하나의 목적을 가진 체계를 제어계(制御系)라 한다. 그림 1-2는 이러한 제어계를 그림으로 나타낸 것이며, 제어에 관한 용어의 의미를 정리하면 다음과 같다.

- 제어 : 조작 또는 동작 등에 의하여 어떤 목적에 적합하도록 양의 증감(增減), 또는 상태의 변화를 갖게 하든가, 양 또는 상태를 일정하게 유지하는 것이다.
- 조작 : 입력 또는 그 외의 방법에 의해 소정의 운동을 하게 하는 것이다.
- 동작 : 어떤 원인이 주어짐에 따라 소정의 작용을 하는 것이다.
- 조정(조절) : 양 또는 상태를 일정하게 유지하거나, 또는 일정한 기준에 맞춰 변화시키는 것이다.

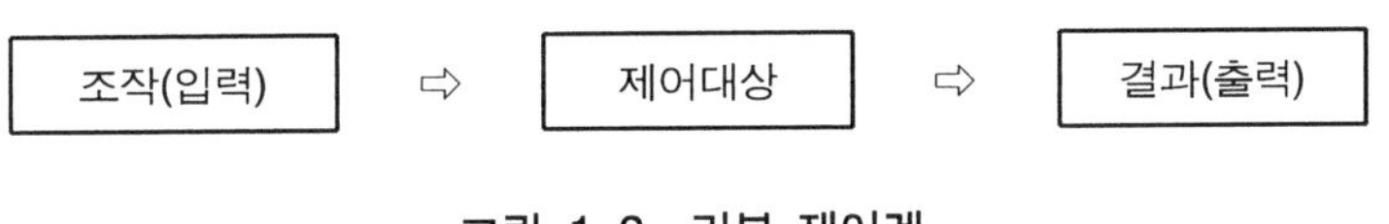

그림 1-2 기본 제어계

1-3 제어계의 종류

제어계는 크게 개회로 제어계(開回路 制御系, open - loop control system)와 폐회로 제어계(閉回路 制御系, closed - loop control system)로 구분할 수 있으며, 그 차이는 제어동작에 따라 정해진다. 또한 이들 제어계는 제어방법에 따라 그림 1-3과 같은 종류로 나누어진다.

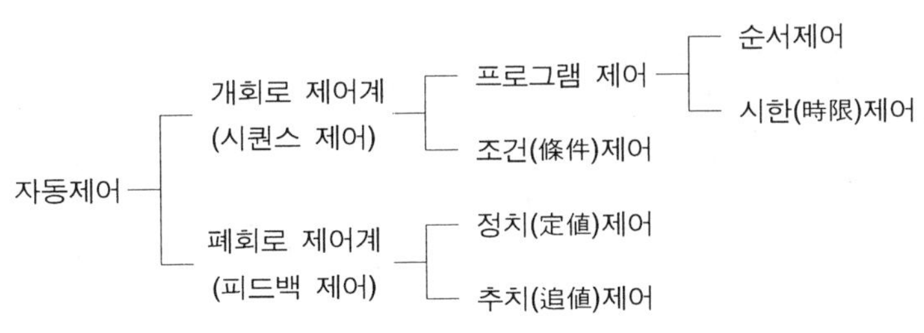

그림 1-3 자동제어의 분류

(1) 개회로 제어계(open - loop control system)

개회로 제어계는 간단하고 복잡하지 않은 제어로서 좋은 점은 있으나, 제어동작이 출력과 관계가 없어 오차가 생길 수도 있고, 설령 오차가 발생되었다 하더라도 이를 정정할 수 없는 단점이 있다. 이 제어계는 미리 정해 놓은 순서에 따라 제어의 각 단계를 순차적으로 진행시키는 것으로 시퀀스 제어(sequential control)라고도 한다.

그림 1-4는 개회로 제어계의 제어 흐름을 나타낸 것이다.

시퀀스 제어는 그림 1-3에서 분류한 것과 같이 순서제어, 시한제어 및 조건제어 등으로 나뉘어진다. 순서제어는 제어의 각 단계를 순차적으로 실행하는 데 있어 각각의 동작이 완료되었는지의 여부를 검출기 등으로 확인한 후 다음 단계의 동작을 실행해 나가는 제어로서 컨베이어(conveyor)장치, 전용 공작기계, 자동 조립기계 등과 같은 생산공장에서 많이 적용되는 제어이다.

또한 시한제어는 검출기를 사용하지 않고 시간의 경과에 따라 작업의 각 단계를 진행시켜 나가는 제어로서, 대표적으로 가정의 세탁기 제어나 교통 신호기 제어, 네온사인(neon sign)의 점등 및 소등 제어와 같은 우리들의 일상생활과 밀접한 곳에서 많은 실용예를 볼 수가 있다.

조건제어는 입력 조건에 상응된 여러 가지 패턴제어를 실행하는 것으로서, 자동화 기계 등에서 각종의 위험 방지조건이나 불량품 처리 제어, 빌딩이나 아파트의 엘리베이터 (elevator) 제어 등에 주로 적용된다.

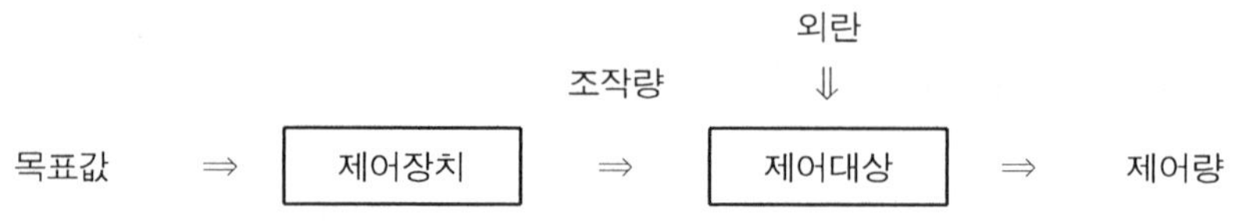

그림 1-4 개회로 제어계의 제어 흐름도

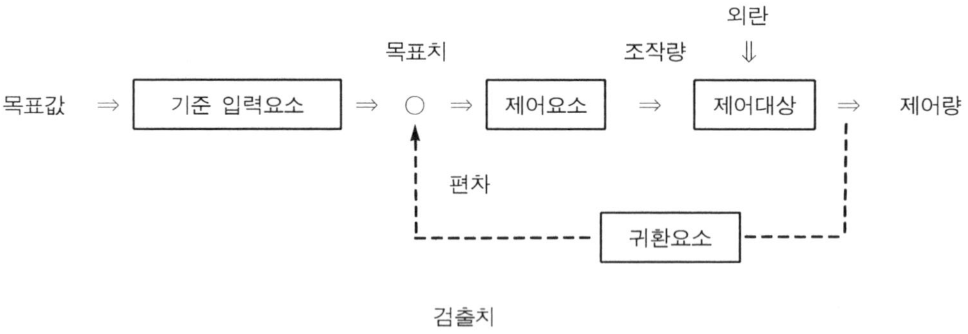

그림 1-5 폐회로 제어계의 제어 흐름도

시퀀스 제어계는 대표적인 실용예에서도 쉽게 알 수 있는 바와 같이 그 목적, 제어대상의 규모, 제어의 방법 등에 따라서 간단한 제어에서부터 복잡하고 거대한 것까지 넓은 범위에 적용되고 있으며 다음과 같은 특징을 가지고 있다.

① 제어계의 구성이 간단하다.

② 조작이 쉽고 고도의 기술이 필요하지 않다.

③ 설치 비용이 저렴하다.

(2) 폐회로 제어계(closed-loop control system)

폐회로 제어계는 그림 1-5에 제어 흐름도를 나타낸 것과 같이 좀더 정확하고 신뢰성 있는 제어를 실현하기 위해 제어계의 출력값이 항상 목표값과 일치하는가를 비교하여 만일 일치하지 않을 때에는 그 차이값에 비례하는 동작신호가 제어계에 다시 보내져서 오차를 수정하도록 하는 귀환경로를 가지고 있는 제어계이다. 귀환경로가 있기 때문에 이러한 제어계를 피드백 제어계(feedback control system)라고도 한다.

피드백 제어계는 제어 목적에 따라서 정치(定値)제어와 추치(追値)제어로 대별되고, 제어량의 성질에 따라서도 서보제어, 프로세스 제어, 자동조정 등으로 분류된다. 또한 조절부의 동작에 따라서도 비례제어(P동작), 비례 적분제어(PI동작), 비례 적분 미분제어(PID동작) 등이 있다.

정치제어란 노(爐) 안의 온도제어와 같이 제어량을 어떤 일정한 목표값으로 유지하는 것을 목적으로 하는 제어법이고, 임의의 시간적 변화를 하는 목표값에 제어량을 추종시키는 것을 목적으로 하는 제어법을 추치제어 또는 추종제어라고 한다.

제어량의 성질에 의한 분류 중 서보제어는 물체의 위치, 방위, 자세 등의 기계적 변위를 제어량으로 해서 목표값의 임의의 변화에 추종하도록 구성된 제어계를 말하며, 비행기나 선박의 방향 제어계, 미사일 발사대의 자동 위치 제어계, 자동 평형 기록계 등이 이에 속한다.

또한 프로세스 제어는 제어량이 온도, 압력, 유량, 레벨, 농도, 밀도 등이며, 플랜트나 생산공정 중의 상태량을 제어량으로 하는 제어로서 프로세스에 가해지는 외란의 억제를 주목적으로 한다. 온도나 압력 제어장치 등이 대표적인 프로세스 제어의 예이다.

그리고 자동조정은 정전압 장치나 조속기(調速機) 제어에서와 같이 전압, 전류, 주파수, 회전속도, 힘 등 전기적, 기계적 양을 주로 제어하는 것으로서 응답속도가 대단히 빠른 것이 특징이다.

이러한 피드백 제어계의 특징을 살펴보면 다음과 같다.

① 품질이 향상된다.

② 연료, 원료 및 동력을 절감할 수 있다.

③ 생산속도를 상승시켜 생산량을 증대시킬 수 있다.

④ 설비의 수명을 연장시킬 수 있고, 생산 원가를 절감할 수 있다.

⑤ 제어의 설비에 비용이 많이 들고, 고도화된 기술이 필요하다.

⑥ 제어장치의 운전 및 수리에 고도의 지식과 능숙한 기술이 필요하다.

2. 시퀀스 제어

2-1 시퀀스 제어계의 구성

기계나 장치의 다양화, 복잡화, 고속화가 가속화되면서 자동화, 성력화에 대한 제어의 역할은 매우 중요하며, 특히 공장 자동화 분야에서의 시퀀스 제어는 없어서는 안되는 중요한 제어 수법이다.

시퀀스 제어계에는 사람으로부터 명령을 받아 명령처리부에 신호를 전달하는 조작부와, 조작부로부터 주어지는 지령이나 작업명령을 처리하고 그 내용을 분석하는 명령처리부, 제어대상 기기의 제어량 상태를 검출하는 검출부, 다시 제어대상 기기의 동작상태나 고장상황 등을 보고하는 표시·경보의 표시부 등으로 구성된다. 이러한 시퀀스 제어계의 개념도를 그림 1-6에 나타냈다.

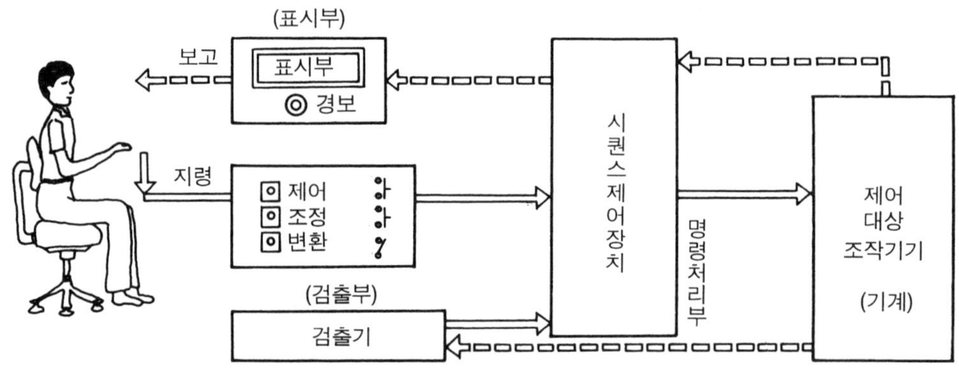

그림 1-6 시퀀스 제어의 개념도

시퀀스 제어계를 구성하는 주요 기기들을 살펴보면 먼저 제어용 매체 즉, 제어신호의 성분에 따라 전기적인 신호와 유체 신호로 대별된다. 또한 전기적 신호를 사용하는 제어방식에도 전자(電磁)릴레이, 타이머, 카운터 등을 제어기기로 사용하는 유접점(有接点)방식과 다이오드(diode), 트랜지스터(transistor), 집적회로(IC) 등의 반도체 스위칭 소자를 제어기기로 사용하는 무접점(無接点)방식, 그리고 마이크로 프로세서(micro processor)를 중심으로 한 각종 IC와 IC메모리를 사용하여 프로그래머블이 가능한 구조의 프로그래머블 컨트롤러 등으로 대별할 수 있다. 다음에 이들 제어방식의 특징을 비교 설명한다.

2-2 시퀀스 제어방식의 특징 비교

생산 수단이 기계화를 거쳐 자동화로 옮겨가는 시점에서 볼 때 무엇보다도 중요한 것은 제어장치이다.

제어장치의 역사는 매우 길다. 처음에 등장한 것은 기계 구조물의 연속적인 맞물림 운동에 의한 자동장치라 할 수 있다. 이것은 제임스 와트가 증기기관을 발명하여 증기기관에 거버너(遠心 調速機)를 도입하면서(1780년) 시작되었다.

거버너는 레버에 부착되어 있는 회전 금속구(回轉 金屬球)가 증기기관이 고속으로 되면 원심력에 의해 바깥쪽으로 밀어 당겨져 교축밸브를 닫아 기관의 속도를 떨어뜨리는 원리이다. 즉 링크나 레버, 캠축 등을 이용한 기계적 자동장치는 공작기계의 자동선반이나 방적기, 인쇄기 등에 특히 많이 사용되었고 현재까지도 우리 주변에서 찾아볼 수 있다.

그러나 이러한 제어장치는 기계 조작부와 제어장치부가 별개가 아니고 서로 맞물려 상관된 운동에 따라 제어신호나 동력을 전달하므로 별도의 제어장치로 볼 수 없는 경우가 많다. 또한 이 제어방식은 매우 확실하면서 눈에 보이는 물상적 장치라는 장점은 있으나, 기계적 접촉운동에 기인한 마모에 따른 불확실성, 제조 원가의 과다는 물론 사양 변경에 따른 프로그램 변경이 전혀 불가능하다는 점 등이 다품종 소량 생산의 현대적 의미와는 거리가 멀어 차츰 사라져 가고 있다.

다음으로 등장한 것은 공기압과 유압을 이용한 유체적 방식이고, 이어서 전기 제어방식이 출현되고 전자 제어방식으로 이어져 가고 있다. 이들 세 가지 제어방식은 제어장치의 종류를 논하는 것이 아니고 제어용 매체로 이용하는 에너지원에 따른 것이다. 이 제어부분의 에너지 형태에 따른 세 가지 방식은 각각의 특징이 있어 현재 여러 분야에서 그 특징을 적절히 살려 활용되고 있으므로 자세히 알아본다.

하나의 에너지 신호를 신호 변환기를 사용하여 또 다른 에너지 신호 형태로 변환할 수만 있다면 하나의 제어계에서 여러 가지 형태의 에너지를 사용할 수 있어, 그 제어계는 경제적, 기술적인 면에서 최적 설계가 가능해진다. 그러나 실제로 최적의 제어계를 얻는 것은 그리 용이한 것이 아니다. 그 어려움은 작업의 성격에 따른 점 외에도 설비의 위치, 설치 환경, 작업자의 정비기술 등을 들 수 있다. 따라서 에너지의 형태를 선정하는 것은 매우 중요하며 또한 힘든 작업이다.

다음에 제어 에너지의 형태를 선정하는 데 있어서 가장 보편적이고 중요한 점을 열거하였다.

① 작동시 부품의 안정성
② 제어장치로서의 신뢰성
③ 설치 환경에 의한 영향
④ 스위칭 시간(switching time)
⑤ 신호 전달속도 및 기기의 응답속도
⑥ 수명
⑦ 보수유지의 용이성
⑧ 사용자의 숙달여부

이 밖에도 여러 가지 점을 고려하여 선정되어야 하며, 표 1-1은 제어용 에너지 선정시 고려해야 할 사항을 정리한 것이다.

표 1-1 제어 에너지 형태별 특성비교

구 분	전 기(electrics)	전 자(electronics)	공기압(pneumatics)
신호 전달속도	매우 빠름(광속)	매우 빠름(광속)	40~70 [m/s]
스위칭 시간	15 [ms] 이하	1 [ms] 이하	20 [ms] 이상
신호의 종류	디지털	디지털 / 아날로그	디지털
신호 전달거리	제한없다	제한없다	기기에 따라 제한받음
공간적 여유	비교적 크다	작다	크다
수 명	짧다	길다	길다(깨끗한 공기 사용시)
신 뢰 성	먼지나 습기가 많은 장소에서는 사용 곤란하다.	먼지나 습기가 많은 장소에서는 사용이 곤란하고 특히 전자계 노이즈에 약하다.	먼지, 습기 등의 외부환경에 비교적 둔감하다.

(1) 유접점 시퀀스(relay sequence)

제어회로에 사용되는 소자로서 유접점 릴레이 즉, 전자 계전기에 의하여 구성되는 시퀀스를 접점(接点)을 가진 기기를 사용한다 해서 유접점 시퀀스라 하며, 보통 릴레이 시퀀스라 부른다.

이 릴레이 시퀀스는 기계적 가동접점이 전자석(電磁石)에 의해 동작되어 통전(ON), 또는 단전(OFF)시키는 것으로 비교적 단순하고 저렴하다는 장점때문에 양적으로 가장 많이 사용되어 왔던 방식이나, 수명의 한계점과 프로그램 변경이 곤란하다는 이유 등으로 이제는 그 사용이 점점 축소되어 가고 있다.

그림 1-7은 릴레이 시퀀스의 대표적인 회로예로 3상 유도 전동기의 운전·정지의 제어를 릴레이와 전자 개폐기를 사용한 회로이다.

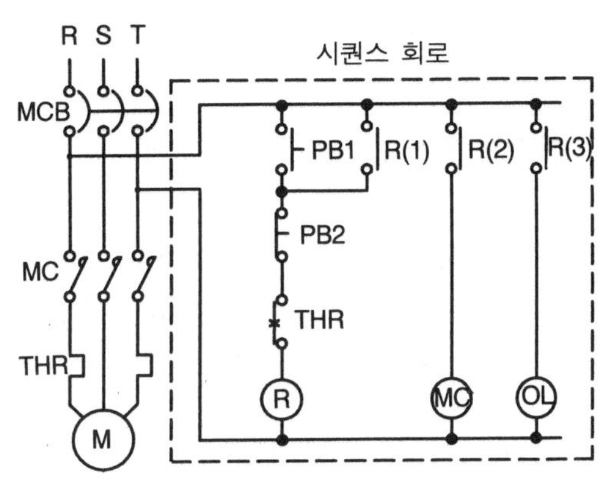

그림 1-7 유접점 시퀀스

이 회로의 동작원리는 다음과 같다.

① 모터 운전 스위치 PB1을 누르면 릴레이 R이 동작하고, 릴레이 자신의 접점인 R(1)으로 자기유지(自己維持) 회로를 구성한다.

② 동시에 R(2)접점이 닫혀 전자 접촉기 MC 코일이 여자되고, 그 결과 MC 접점이 닫혀 모터가 회전한다. 이 때 R(3)접점도 닫히므로 운전표시 램프 OL도 점등된다.

③ 정지 스위치인 PB2를 누르면 릴레이 R이 복귀한다. 따라서 접점 R(1), R(2), R(3)이 동시에 복귀되므로 자기유지 회로가 해제되고 전자 개폐기 MC도 복귀되며, 동작표시 램프 OL도 소등된다.

이와 같이 릴레이 시퀀스는 릴레이 접점들의 개폐(開閉)에 의해 제어가 이루어지는 것으로 무접점 시퀀스와 비교할 때 표 1-2와 같은 특징을 가지고 있다.

표 1-2 유접점 시퀀스의 특징

장 점	단 점
① 개폐부하 용량이 크다.	① 접점이 마모되므로 수명에 한계가 있다.
② 과부하에 견디는 힘이 크다.	② 동작속도가 느리다.
③ 독립된 다수의 출력을 동시에 얻을 수 있다.	③ 소비전력이 비교적 크다.
④ 전기적 잡음에 안정적이다.	④ 진동·충격에 약하다.
⑤ 온도특성이 비교적 양호하다.	⑤ 외형이 크다.
⑥ 입력과 출력이 분리되어 있다.	
⑦ 동작상태의 확인이 용이하다.	

(2) 무접점 시퀀스(logic sequence)

제어회로에 사용되는 소자로서 반도체 스위칭 소자를 이용한 무접점 릴레이에 의하여 구성되는 시퀀스를 무접점 시퀀스 또는 로직 시퀀스라 한다.

무접점 릴레이로는 트랜지스터, 다이오드, IC 등의 반도체 스위칭 소자를 사용하며, 이들의 상태 변화인 전압레벨(voltage level)의 고저나 신호의 유무는 유접점 릴레이의 ON(1), OFF(0)에 대응된다.

그림 1-8은 그림 1-7의 유접점 시퀀스를 로직 시퀀스로 바꾸어 나타낸 것으로 논리회로 만을 그린 것이다. 회로에서는 릴레이 R을 기준으로 하고 입력기기로는 PB1, PB2, THR, 출력측 기기로는 MC, OL을 설정한 것이다.

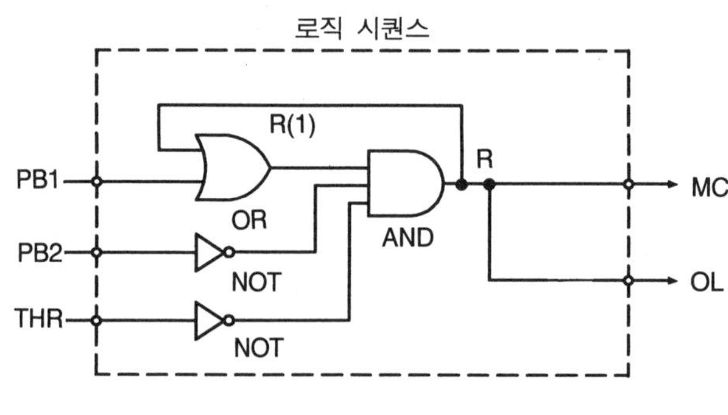

그림 1-8 무접점 시퀀스(로직 시퀀스)

무접점 시퀀스를 릴레이 시퀀스와 비교하여 정리한 것을 표 1-3에 나타냈다.

표 1-3 무접점 시퀀스의 특징

장 점	단 점
① 동작속도가 빠르다.	① 전기적 노이즈에 약하다.
② 수명이 길다.	② 개폐부하 용량이 작으므로 증폭회로가 필요하다
③ 진동·충격에 강하다.	③ 온도변화에 약하다.
④ 장치가 소형화 된다.	④ 동작상태의 확인이 어렵다.
⑤ 소비전력이 작다.	

(3) 공기압 시퀀스

유체의 압력 에너지를 직선적인 기계적 힘이나 운동 또는 회전 에너지로 변환시키는 공유압 기기가 개발되면서부터 생산현장에서의 자동화는 비약적으로 발전되었다고 해도 과언이 아니다. 이것은 전용기나 일반 산업기계의 자동화 장치에 이용되는 구동 에너지를 기계적 방식, 전기·전자방식, 유체방식으로 분류하여 비교할 때, 유체적 방식인 공기압과 유압은 동력 전달과 제어성 면에서 나름대로의 우수한 점이 있기 때문이다.

우선 동력 전달 측면에서 살펴보면 유체적 방식은 이동이나 가압(加壓), 또는 반전 등의 기계적 조작이 전기나 기계적인 방식에 비하여 매우 간단하며, 또한 출력이 크고 출력의 유지도 용이할 뿐만 아니라 보수성도 용이하기 때문이다.

제어성 면에서도 작동매체로서 유체를 이용하므로 압력 조정만으로 출력을 단계적 또는 무단으로 자유로이 조절할 수 있으며, 속도나 회전수는 유량을 조정함으로써 무단으로 쉽게 제어할 수 있다. 또한 과부하에 대한 안전대책도 간단히 해결할 수 있으며, 특히 공기압은 작동유체인 공기가 압축성이 있으므로 에너지 축적이 용이하고, 공기 탱크를 이용함으로써 정전시 비상운전을 할 수 있다는 것도 큰 장점이다.

그러나 한편으로 신호의 검출이나 전달, 신호처리 등은 유체소자들의 구조적인 면과 에너지의 특성으로 인해 전기적인 방식이 훨씬 편리하다는 것은 부정할 수 없다.

따라서 명령처리는 전기적으로 행하고, 그 이후부터는 유체적으로 조작하면 각 방식의 장점을 살릴 수가 있어서 전체적으로 합리적인 제어계를 형성할 수 있을 것이다. 실제로도 액추에이터의 구동 에너지는 공기압이나 유압을 사용하고 제어는 전기적으로 실현하는 경우가 대부분이다.

그러나 명령처리가 비교적 단순한 경우에는 일부를 전기적으로 하는 것보다는 제어계 전체를 유압이나 공기압 방식으로 통일하는 편이 사용상이나 보수성 면에서 오히려 편리하다. 또한 작업장 환경 내에 가스가 존재한다든지 또는 수분이 많은 장소에서는 폭발의 위험성이나 감전의 우려 때문에 전기의 사용이 제한되기도 한다. 이러한 환경 하에서는 유체적 방식이 그 진가를 발휘하기 때문에 지금도 사용되고 있는 이유 중의 하나이다.

사진 1-1 공기압식 제어장치의 내부

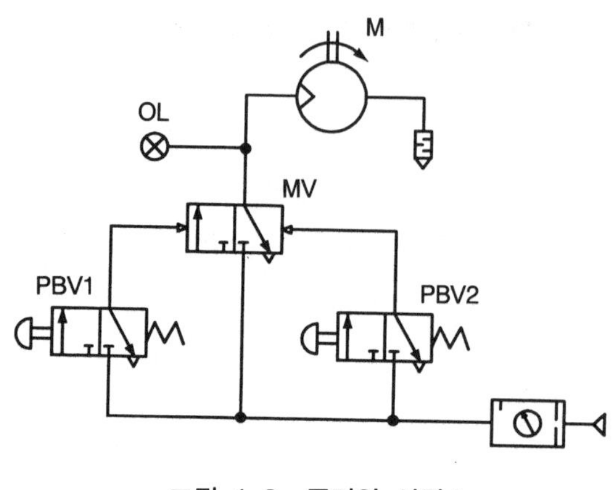

그림 1-9 공기압 시퀀스

사진 1-1은 현장에서 제어장치로 사용되고 있는 공기압식 제어반(control panel)의 내부 모습으로 공기압 소자들이 배치되어 있는 것을 보여주고 있다. 또한 그림 1-9는 공기압 시퀀스의 일례로, 이 회로는 그림 1-7의 전동기 기동회로와 등가의 기능으로 단지 유접점 시퀀스에서 전동기를 사용하던 것을 공기압식 모터로 대체한 것 외에 동작기능은 똑같다.

회로에서 M은 공기압식 모터이고, PBV1과 PBV2는 누름버튼식 공기압 밸브이며, MV는 전자 개폐기의 역할을 하는 공기압 메모리 밸브이다. 또한 OL은 공기압이 가해지면 색이 변하는 표시기의 일종으로 회로의 동작은 다음과 같다.

모터 운전신호용 밸브 PBV1을 누르면 공기압이 MV밸브에 가해져 MV밸브가 위치 변환되고 모터 M이 회전을 시작한다. 동시에 OL에도 공기압이 가해져 모터가 운전중임을 표시한다. 이 때 누름버튼식 밸브 PBV1에서 손을 떼도 MV밸브가 메모리 기능을 하기 때문에 모터는 계속적으로 회전한다.

정지 신호용인 PBV2의 밸브를 ON시키면 MV밸브가 그림 상태로 복귀되고 모터는 정지한다. 이 때 OL에도 공기압이 제거되므로 신호가 소멸된다.

(4) PLC 시퀀스

PLC는 programmable logic controller의 약어로서 프로그램이 변경 가능한 논리연산 제어장치를 말한다. 즉 각종 제어반에서 사용해 오던 여러 종류의 릴레이, 타이머, 카운터 등의 기능을 반도체 소자인 IC 등으로 대체시킨 일종의 마이컴(μ-com)이다. 각 제어소자 사이의 배선은 프로그램이라고 하는 소프트웨어(software)적인 방법으로 처리하는 기기로서 논리연산이 뛰어난 컴퓨터를 시퀀스 제어에 채용한 무접점 시퀀스의 일종이다. 그러나 무접점 시퀀스라 함은 제어조건에 따라 회로를 설계하고 회로에 맞춰 각종의 반도체 소자를 프린트 기판 위에 실장하여 납땜 등의 결선작업으로 제어장치를 완성해 나가나, PLC는 소프트웨어적으로 처리함으로써 프로그램의 변경이 자유자재라는 큰 장점을 지니고 있다.

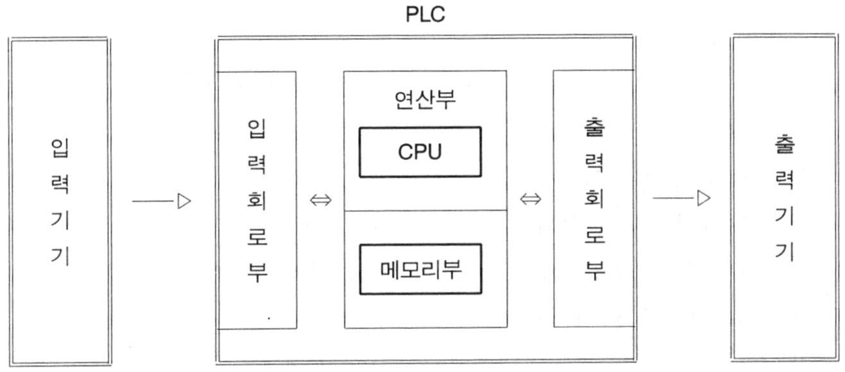

그림 1-10 PLC 시스템의 구성

현대의 생산형태는 다품종 소량생산 형태이다. 즉 소비자의 요구에 따라 제품을 개발하고 기능을 추가하는 등의 신제품을 생산하지 않으면 소비자를 만족시킬 수 없다. 따라서 생산라인은 여러 가지 모델을 생산할 수 있도록 대응되어야 하고, 이에 FMS(flexible manufacturing system)라고 불리우는 새로운 생산 시스템이 출현되었다.

FMS의 일반적인 정의에 대해서는 여러 가지 관점이 있어 다양하지만 가공 시스템에 관해서 「FMS」란 합리화된 유연성과 다양성이 있는 시스템으로

① 핵심 부분은 자동화된 가공 시스템,
② 가공 시스템과 유기적으로 결합된 자동 반송 시스템,
③ ①과 ②를 통합적으로 제어하는 장치와 종합 소프트웨어 기능

을 구비하고 있어야 한다고 해석된다.

요컨대 FMS가 구축되려면 무엇보다 구성되는 기계의 형태가 중요하지만 그 기계를 제어하는 제어장치의 가변성없이는 실현할 수 없는 것이다.

| | 하드 와이어드 로직
(hard wired logic) | : 시퀀스회로를 유무·접점으로 구성하는 경우, 부품간의 배선에 따라 로직이 결선된다.
로직 변경 ⇒ 배선 변경 |
| 로직(logic) | 소프트 와이어드 로직
(soft wired logic) | : 컴퓨터나 PLC는 하드웨어만으로는 어떤 일도 할 수 없다. 소프트웨어(프로그램)가 있어야 기능이 실현된다.
로직 변경 ⇒ 프로그램 변경 |

그러나 지금까지 설명해 온 유접점 시퀀스나 무접점 시퀀스, 그리고 공기압 시퀀스 등은 시퀀스를 실현하기 위해서 납땜 작업이나 결선 또는 배관작업없이는 제어장치화될 수 없는 하드 와이어드(hard wired) 방식이다. 결론적으로 이상의 제어장치는 시퀀스 제어를 실

현하는 데 있어 다음과 같은 몇 가지의 중요한 문제점을 안고 있다.

① 실제로 장치에 연결하여 그 동작을 실현하기까지는 프로그램(로직)을 확정시킬 수 없고 따라서 현장에서의 수정, 변경이 많아지게 된다.

② 릴레이회로의 변경을 위해서는 납땜이나 결선작업 등의 특수기능을 필요로 하므로 전기 기술자가 아니면 변경작업이 곤란해진다. 따라서 생산라인의 변경 실시까지는 운전방안의 변경 작성, 시퀀스 설계, 결선도 작성, 제조, 검사, 시험, 현지개조 등의 단계를 거쳐야 하고 시간도 많이 소요된다.

③ 고도성장 경제의 설비는 고급 · 거대화되어진다. 따라서 필연적으로 시퀀스 제어에 사용되는 릴레이 등의 제어소자수도 극히 많아지고, 릴레이의 접촉 신뢰성이나 수명의 한계 등으로 인해 매일 몇 개의 릴레이가 고장을 일으켜도 이것이 당연한 사태로 간주된다.

④ 다품종 소량생산 방식에서는 자주 프로그램의 변경이 요구되는데 이 때는 제어장치의 배선을 변경하는 방법 외에는 대응할 수 없고 그 작업이 간단하지가 않다.

이상의 구조적인 문제점 때문에 새로운 제어장치의 출현이 요구되었고, 그 해결책으로 소프트 와이어드 로직방식인 PLC가 각광을 받게 된 것이다.

한편 PLC는 이상과 같이 프로그램의 작성 및 변경이 용이하다는 중요한 점 외에도 다음과 같은 특징이 있다.

① 경제성이 우수하다

반도체 기술의 발전과 대량생산 등에 힘입어 릴레이 시퀀스에 견주어 볼 때 릴레이 10개 이상의 제어장치에는 PLC 사용이 더 경제적이다.

② 설계의 성력화(省力化)가 이루어진다

시퀀스 설계의 용이성과 부품 배치도의 간략화, 시운전 및 조정의 용이함 때문에 설계의 성력화가 이루어진다.

③ 신뢰성이 향상된다

무접점 회로를 이용하기 때문에 유접점 기기에서 발생되는 접점사고에 의한 문제가 없어 신뢰성이 향상된다.

④ 보수성이 향상된다

대부분의 PLC는 동작표시 기능, 자기진단 기능, 모니터 기능 등을 내장하고 있어 보수성이 대폭 향상된다.

⑤ 소형·표준화되어진다

반도체 소자를 이용하므로 릴레이나 공기압식 제어반의 크기에 비해 현저하게 소형이며 제품의 표준화가 가능하다.

⑥ 납기가 단축된다

수배 부품의 감소와 기계장치와 제어반의 동시 수배, 사양변경에 대응하는 유연성, 배선작업의 간소화 등으로 납기가 단축된다.

⑦ 제어내용의 보존성이 향상된다

제어내용을 테이프나 ROM 또는 디스켓 등에 쉽게 보존할 수 있어서 동일 시퀀스 제작시에는 간단히 해결할 수 있다.

이상의 장점으로도 알 수 있듯이 PLC는 이제까지의 제어장치가 안고 있는 문제점들을 해결한 새로운 형태의 제어장치라 할 수 있다. 때문에 현재의 시퀀스 제어장치는 거의 대부분 PLC로 제어되고 있으며, 특히 생산 시스템의 제어는 물론, 빌딩 제어, 엘리베이터 제어, 교통 신호기 제어 등 우리 일상생활 주변에서도 쉽게 찾아볼 수 있다.

이러한 이유 등으로 이 책에서 중점적으로 다루려고 하는 것도 PLC이다. 그러나 이 책이 PLC제어가 아니고 시퀀스 제어라든지, 또한 2장과 3장에서 다루고 있는 유접점과 무접점 시퀀스에 대해서 의문을 갖는 독자 여러분도 있을 것이다. 그것은 기계 기술자나 전기 기술자가 PLC를 공부하고도 시퀀스 제어에 어려움을 겪고 있는 이유 중의 하나가 PLC 와의 주변기기들을 충분히 이해하지 못하고 있기 때문이며, 또한 현재 대부분의 PLC에서 언어로 채용하고 있는 래더 다이어그램 언어가 기존의 릴레이 시퀀스도를 간략화 한 것이기 때문에 릴레이 시퀀스를 충분히 이해한다면 PLC를 한층 쉽게 접근할 수 있기 때문이다.

한편 그림 1-7의 전동기 운전회로를 PLC에 적용시키면 그림 1-11과 같다.

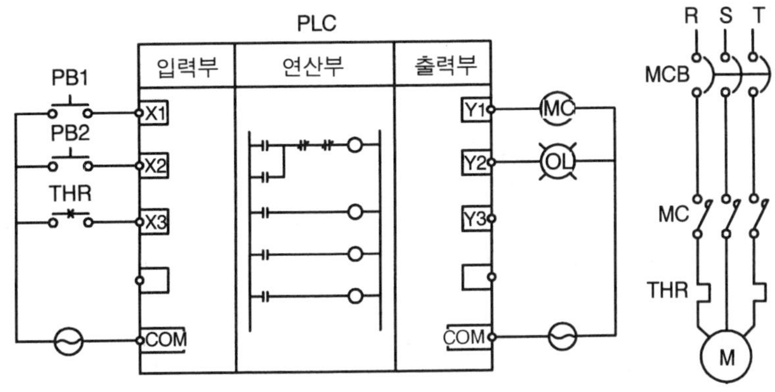

그림 1-11 PLC 시퀀스

유접점 시퀀스 제어

1. 시퀀스 기초

1-1 접점의 개요

전기를 이용한 제어에서의 목적은 제어대상에 전류를 통전(ON)시키거나 또는 단전(OFF)시켜 목적에 맞게 이용하는 것으로 이 전류를 통전 또는 단전시키는 역할을 하는 것을 접점(接點 : contact)이라 한다.

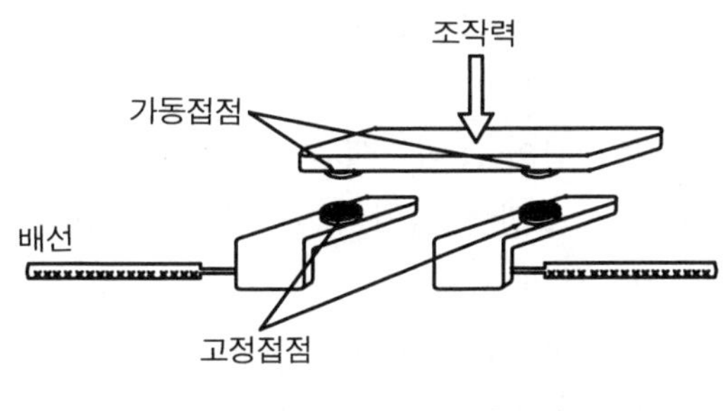

그림 2-1 접점의 기능

접점은 그림 2-1에 그 구조원리를 나타낸 바와 같이 고정접점과 가동접점으로 구성되어 있다.

고정접점에는 배선을 접속하도록 나사조임 단자대나 납땜을 할 수 있는 단자가 나 있으며, 가동접점은 조작력에 의해 고정접점과 접촉하도록 되어 있다. 조작력은 크게 나누어 사람의 힘과 전자석(電磁石)으로 분류되며, 사람의 힘에 의한 조작은 손조작과 발조작으로 나뉘어진다.

1-2 접점의 종류

접점의 종류에는 a접점과 b접점의 두 가지 종류가 있으며 이 두 접점을 적절히 이용하여 목적에 맞게 활용하는 기술이 전기제어의 기술이라 할 수 있다.

(1) a접점

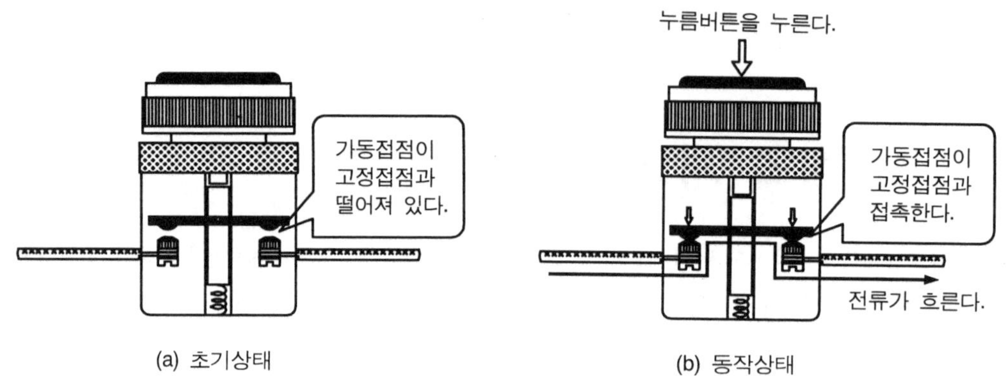

그림 2-2 a접점

a접점은 그림 2-2의 (a)그림과 같이 조작력이 가해지지 않은 상태 즉, 초기상태에서 고정접점과 가동접점이 떨어져 있는 접점을 말하며, 조작력이 가해지면 (b)그림과 같이 고정접점과 가동접점이 접촉되어 전류를 통전시키는 기능을 한다.

열려 있는 접점을 a접점이라 하는데 작동하는 접점(arbeit contact)이라는 의미로서 그 머리글자를 따서 소문자인 'a'로 나타낸다. 또한 a접점은 회로를 만드는 접점(make contact)이라고 하여 일명 메이크 접점이라고 하며, 항상 열려 있는 접점(常時 開接點 : normally open contact)이라고 한다. 통상 기기에 표시할 때에는 a접점보다 normal open의 머리글자인 NO로 표시하는 경우가 많다. 한편 논리값으로 나타낼 때는 회로가 끊어져 신호가 없는 상태이므로 0으로 나타낸다.

(2) b접점

그림 2-3의 (a)그림은 초기상태에 가동접점과 고정접점이 닫혀 있는 것으로 외부로부터의 힘, 이 예에서는 누름버튼 스위치이므로 누름버튼을 누르면 (b)그림과 같이 가동접점과 고정접점이 떨어지는 접점을 b접점이라 한다.

즉, b접점은 초기상태에서 닫혀 있는 접점을 말하며 끊어지는 접점(break contact)이라는 의미로서 그 머리글자를 따서 'b'로 나타낸다. 또한 b접점은 항상 닫혀 있는 접점(常時 閉接點 : normally close contact)이라는 의미로서 NC접점이라 부르며 회로가 연결되어 신호가 있는 상태이므로 논리값으로는 1로 나타낸다.

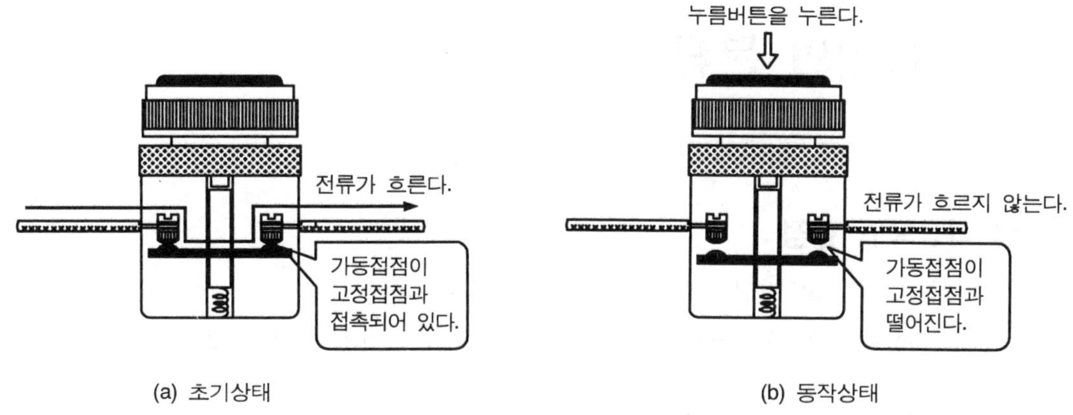

그림 2-3 b접점

(3) c접점

　c접점이란 a접점과 b접점이 모두 가동접점을 공유한 형식의 전환접점을 말하며, 전환접점(change-over contact)이라는 의미로서 그 머리글자를 따서 소문자인 'c'로 나타낸다.

　c접점의 일례인 그림 2-4는 전자(電磁) 릴레이의 대표적인 구조로서 접점의 형태는 가동접점이 고정접점인 b접점과 접속되어 있다. 이 전자 릴레이의 코일에 전류를 인가하면 가동접점은 고정접점의 b접점으로부터 떨어져 a접점에 접촉한다. 이와 같이 한 개의 가동접점이 조작력에 따라 b접점, 또는 a접점과 접촉하여 신호를 전환시키는 것으로 옮기는 접점이라는 뜻에서 트랜스퍼 접점(transfer contact)이라고도 한다.

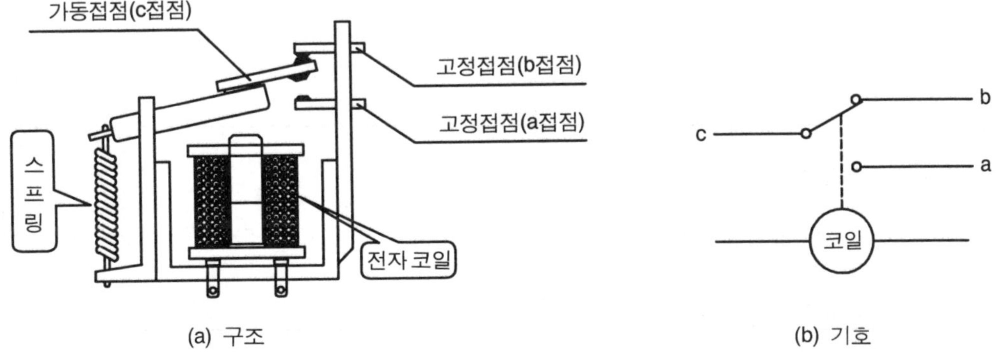

그림 2-4 c접점

1-3 접점의 분류

접점은 접점의 동작상태에 따라 다음과 같이 분류된다.

(1) 자동복귀 접점

누름버튼 스위치의 접점과 같이 누르고 있는 동안에는 ON 또는 OFF되지만, 버튼에서 손을 떼면 내장된 스프링 등에 의해 초기상태로 즉시 복귀하는 접점이다.

(2) 수동복귀 접점과 잔류접점

한번 변환시킨 후 원상태로 복귀시키려면 외력을 가해야만 변환되는 접점이며 대표적인 예로 가정의 점등 스위치를 들 수 있다.

(3) 수동조작 접점과 자동조작 접점

접점을 ON 또는 OFF시키는 것을 조작이라 하고, 누름버튼 스위치와 같이 손으로 눌러 조작하는 방식을 수동조작 접점이라 한다. 그리고 전자 릴레이나 전자 접촉기의 접점과 같이 전기신호에 의해 자유로이 개폐되는 접점을 자동조작 접점이라고 한다.

(4) 기계적 접점

이 접점은 수동조작 접점이나 자동조작 접점과는 달리 기계적 운동부분과 접촉하여 조작되는 접점을 말하며, 대표적인 예로서는 리밋 스위치나 마이크로 스위치의 접점이 있다.

참 고

접점의 기계적 수명과 전기적 수명

- 기계적 수명 : 접점에 부하를 가하지 않고, 접점 기구를 기계적 최대 개폐빈도로 동작시켰을 때 기계기능의 수명을 말한다.
- 전기적 수명 : 접점부에 정격부하를 가하여 정격 개폐빈도로 개폐시켰을 때의 수명을 말한다.

1-4 시퀀스도의 종류와 작도법

(1) 종 류

시퀀스 제어계를 도면화(圖面化)하는 방법에는 실체(實體) 배선도와 선도(線圖)가 있다. 실체 배선도란 그림 2-5에 나타낸 예와 같이 기기의 접속, 배치를 중심으로 한 그림으로서, 상대적인 제어기기의 배치를 그림기호에 의하여 표시함과 동시에 배선의 접속관계를 각 기기의 단자간 배선으로서 구체적으로 명시한 것으로 실제로 회로를 배선하는 경우에 편리하게 사용된다.

그러나 실체 배선도는 회로가 복잡하면 표현이 어려울 뿐만 아니라 회로의 판독에도 어려움이 있어 그다지 많이 사용되지는 않는다. 그러므로 시퀀스도의 표현에는 이차원적 표시가 가능한 선도를 주로 이용하며, 이 선도는 다시 구조도와 기능도, 특성도로 대별된다.

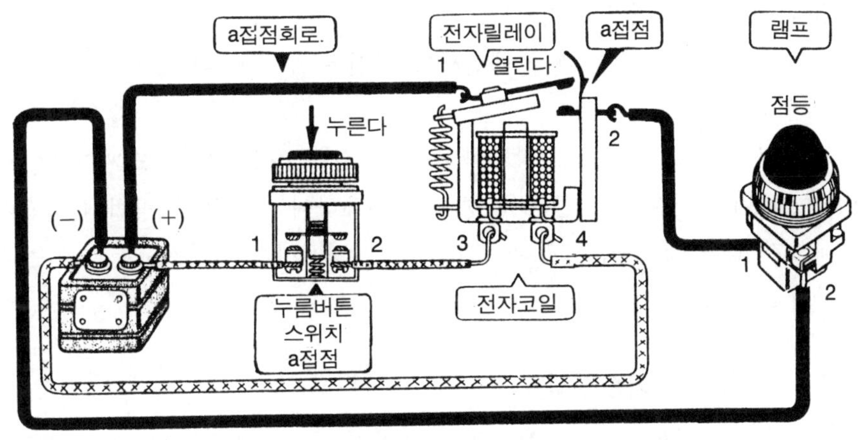

그림 2-5 실체 배선도의 예

구조도에는 전개(展開) 접속도, 배선도, 제어대상 구성도 등이 있으며, 기능도에는 논리도, 블록도 등이 있다. 또한 타임차트나 플로차트 등을 특성도라 한다. 우리가 일반적으로 시퀀스도라 하는 것은 대부분 전개 접속도를 말하며, 제어대상 구성도로서 기계제어장치에는 공유압 회로도, 전력제어장치에는 전기 접속도, 플랜트 제어에는 계장도 등이 이용된다.

그림 2-6은 제어대상 구성도의 일종인 공기압 회로도의 일례를 나타낸 것이다.

한편 각종의 선도들은 그 표현만 다를 뿐 장치의 기능을 각각 독특하게 나타내는 것으로 통상 구조도가 주어지면 기능도, 특성도를 만드는 것이 곧 시퀀스 제어의 해석이라 한다. 반대로 특성도를 가지고 기능도, 구조도를 만드는 것이 시퀀스 제어의 설계인 것이다.

이상의 각종 선도는 문제점을 해결하기 위해 적절히 사용되는데 이 책에서도 여러 가지 선도를 이용하였다.

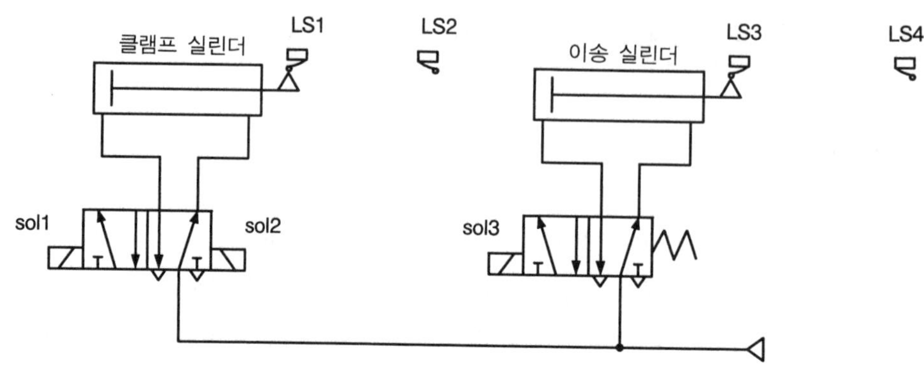

그림 2-6 공기압 회로도의 예

(2) 작도법

시퀀스도는 복잡한 제어회로의 동작을 순서에 따라 정확하고 또 쉽게 이해할 수 있게 고안된 접속도로서, 각 기기의 기구적 관련을 생략하고 그 기기에 속하는 제어회로를 각각 단독으로 꺼내어 동작순서에 따라 배열하여 분산된 부분이 어느 기기에 속하는가를 기호에 의해 표시한 것이다.

이와 같이 시퀀스도는 그 표현방법이 통상의 실체 배선도와는 크게 다르므로 시퀀스도를 그리는 데 따른 원칙적인 생각을 충분히 이해하여 기본적인 방법에 익숙하지 않으면, 매우 이해하기 힘든 것이 되고 만다. 그러므로 여기에서는 시퀀스도를 그리는 방법의 원칙을 설명하기로 한다.

1) 시퀀스도 작성시 기본원칙

① 제어전원 모선은 일일이 상세하게 그리지 않고, 수평평행(종서방식)하게 2줄로 나타내거나 수직평행(횡서방식)하게 나타낸다.

② 모든 기능은 제어전원 모선 사이에 나타내며, 전기기기의 기호를 사용하여 위에서 아래로 또는 좌에서 우로 그린다.

③ 제어기기를 연결하는 접속선은 상하의 제어전원 모선 사이에 곧은 종선(세로선)으로 나타내거나, 또는 좌우의 제어전원 모선 사이에 곧은 횡선(가로선)으로 나타낸다.

④ 스위치나 검출기 및 접점 등은 회로의 위쪽에(횡서일 경우는 좌측에) 그리고, 릴레이 코일, 전자 접촉기 코일, 솔레노이드, 표시등 등은 회로의 아래쪽(횡서일 경우는 우측에)에 그린다.

⑤ 개폐 접점을 갖는 제어기기는 그 기구 부분이나 지지, 보호부분 등의 기구적 관련을 생략하고 단지 접점, 코일 등으로 표현하며 각 접속선과 분리해서 나타낸다.

⑥ 회로의 전개순서는 기계의 동작 순서에 따라 좌측에서 우측(횡서일 경우는 위에서

아래로) 그린다.

⑦ 회로도의 기호는 동작 전의 상태, 즉 조작하는 힘이 가해지지 않은 상태나 전원이 차단된 상태로 표시한다.

⑧ 제어기기가 분산된 각 부분에는 그 제어기기명을 나타내는 문자기호를 명기하여 그 소속, 관련을 명백히 한다.

⑨ 회로도를 읽기 쉽고, 보수 점검을 용이하게 하기 위해서는 열번호, 선번호 및 릴레이 접점번호 등을 나타내도 좋다.

⑩ 전동기 제어의 경우, 전력회로(동력회로, 또는 주회로라고도 함)는 좌측(횡서일 경우는 위쪽)에, 제어회로는 우측(횡서일 경우는 아래쪽)에 그린다.

2) 횡서(가로 그리기)와 종서(세로 그리기)

시퀀스 도면에서 횡서와 종서의 기준은 접속선의 방향이나, 제어전원 모선의 방향 또는 제어신호의 진행방향 등에 의해서 여러 가지로 생각할 수 있다. 통상 제어전원 모선 사이의 접속선의 방향을 기준으로 구분한다.

시퀀스 책에 따라서는 제어전원 모선을 기준으로 나타내는 경우도 있으나, 제어전원 모선을 기준으로 하면 횡서가, 접속선의 방향을 기준으로 할 때 종서가 되므로 주의하여야 한다.

① 횡 서

㉠ 그림 2-7에 나타낸 바와 같이 제어전원 모선을 수직평행하게 나타낸다.

㉡ 접속선은 좌우방향, 즉 제어전원 모선 사이에 횡선(가로선)으로 나타낸다.

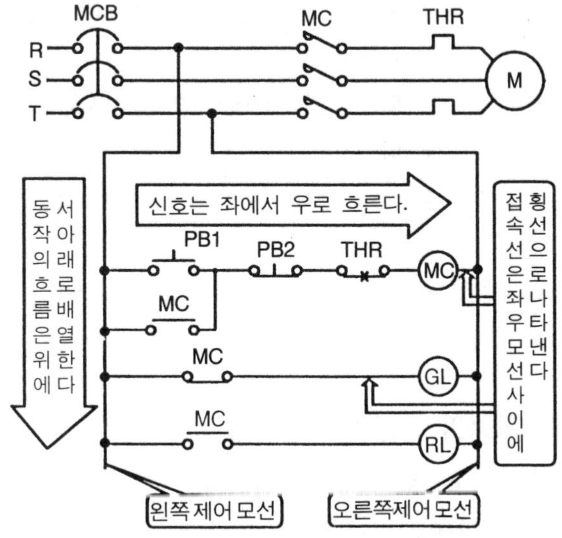

그림 2-7 횡서방식의 시퀀스도

    ⓒ 신호의 흐름은 좌에서 우로 흐르도록 배열한다.

    ⓔ 시퀀스 동작의 흐름은 위에서 아래로 흐르도록 배열한다.

② 종 서

    ㉠ 종서는 그림 2-8에 나타낸 바와 같이 제어전원 모선을 수평평행하게 나타낸다.

    ⓛ 접속선은 상하방향, 즉 제어전원 모선 사이에 종선(세로선)으로 나타낸다.

    ⓒ 신호의 흐름은 위에서 아래로 흐르도록 배열한다.

    ⓔ 시퀀스 동작의 흐름은 좌에서 우로 흐르도록 배열한다.

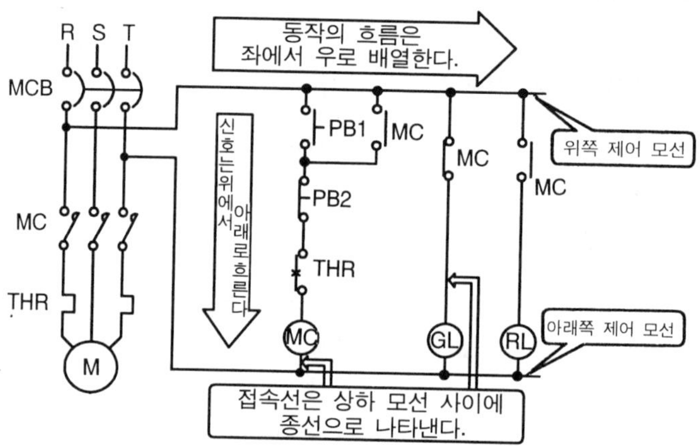

그림 2-8 종서방식의 시퀀스도

3) 전원모선을 잡는 법

    ① 종서에서 교류전원 모선은 R. S 또는 T상(相)을 표시하는 2선을 위쪽 모선 및 아래쪽 모선으로 하여 횡선으로 나타낸다.

    ② 횡서에서 교류전원 모선은 R. S 또는 T상(相)을 표시하는 2선을 왼쪽 모선 및 오른쪽 모선으로 하여 종선으로 나타낸다.

    ③ 종서에서 직류전원 모선은 양극 P(+) 모선을 위쪽에, 음극 N(−) 모선을 아래쪽에 횡선으로 나타낸다.

    ④ 횡서에서 직류전원 모선은 양극 P(+) 모선을 왼쪽에, 음극 N(−) 모선을 오른쪽에 종선으로 나타낸다.

4) 개폐 접점을 갖는 기기의 그림기호 표현법

    ① 수동조작의 기기는 손을 뗀 상태로 나타낸다.

    ② 전원은 모두 차단한 상태로 나타낸다.

    ③ 복귀를 요하는 것은 복귀된 상태로 나타낸다.

1-5 전기용 그림기호와 표시법

(1) 전기용 그림기호

전기용 그림기호란 통칭 '심볼'이라고도 하며, 전기기기의 기구관계를 생략하고, 기능이 되는 일부 요소를 간단화하여, 그 동작상태를 쉽게 이해할 수 있게 한 것이다.

우리나라에서는 공업규격 KSC 0102에 정해져 있으며, 일반적으로 시퀀스도에 이것이 사용되고 있다. 이 규격은 전기회로의 접속관계를 나타내는 도면에 사용하는 그림기호를 정한 것인데, 기본이 되는 그림기호는 일반적으로 전기 회로도에 적용하고, 전력용 그림기호는 주로 전기기계 기구를 사용하는 곳에서 전기기계 기구의 전기접속의 관계를 표시하는 도면에 적용된다.

(2) IEC 규격

IEC란, International Electrotechnical Commission(국제전기 표준회의)으로 불리는 기관의 약칭이다. 이 기관은 전기에 관한 세계 각국간의 규격을 조정하여 이것을 통일하는 것을 목적으로 1906년에 창립되었으며, 우리나라도 가맹하고 있다. 가맹국은 나라 사정이 허용하는 범위 내에서, 각국이 규격을 제정하거나 개정할 때 가급적 IEC 규격을 존중하여 조화되도록 노력하는 것을 원칙으로 하고 있다.

(3) 주요 전기기기의 종류와 그림기호

기기명	그림기호 계열1	그림기호 계열2	그림기호를 그리는 법
누름버튼 스위치	(a) IEC (b) / (a접점) (b접점)	(a) (b) / (a접점) (b접점)	(a) / (b)
전지 또는 직류전원	(a) IEC (b) IEC (c) IEC / 3개인 경우		

기기명	그림기호 계열 1	그림기호 계열 2	그림기호를 그리는 법
배선용차단기 (기중 차단기) 	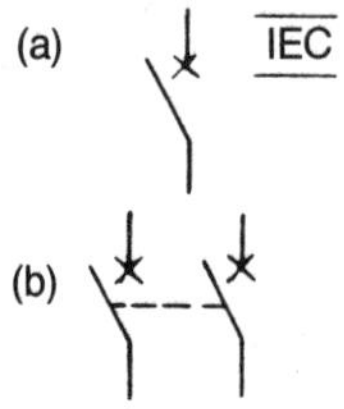 (a) IEC (b)	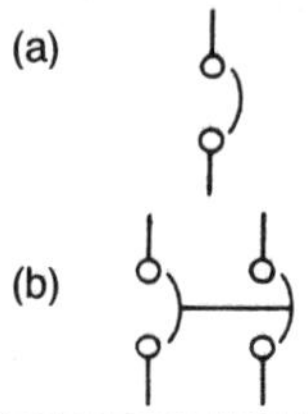 (a) (b)	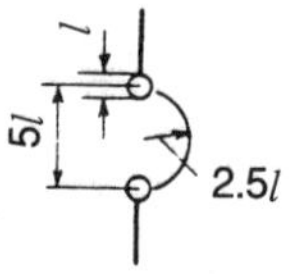
나이프 스위치 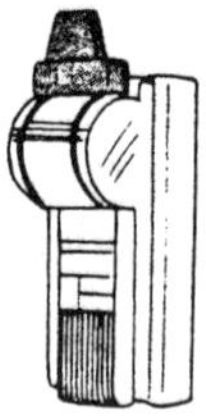	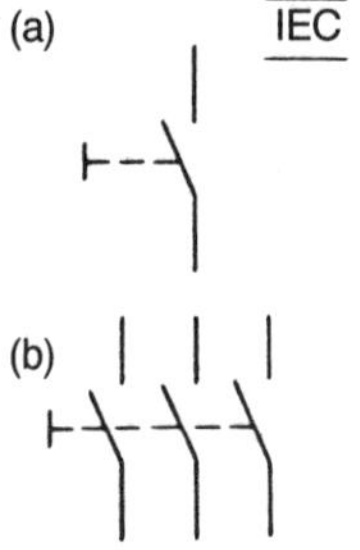 (a) IEC (b)	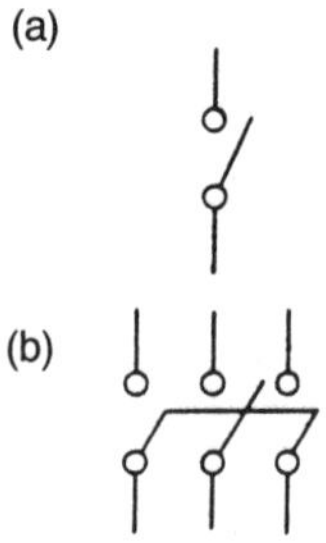 (a) (b)	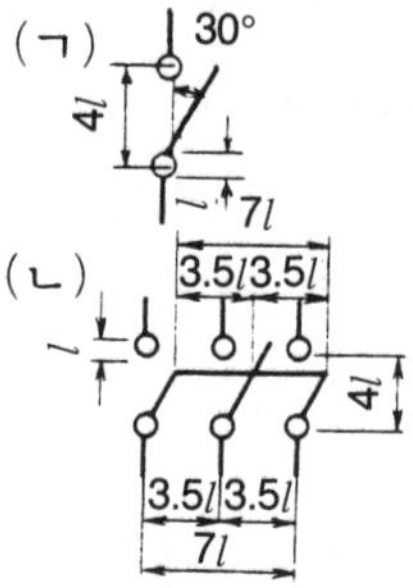 (ㄱ) 30° (ㄴ)
리밋 스위치 	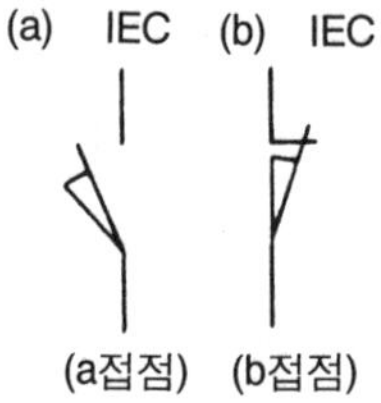 (a) IEC (b) IEC (a접점) (b접점)	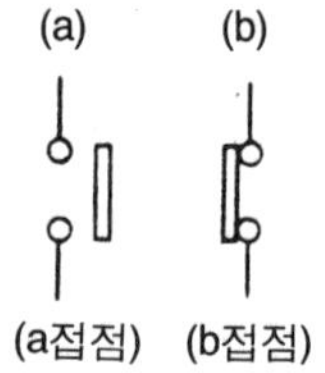 (a) (b) (a접점) (b접점)	• (a)는 동작일 경우에 폐로하는 것에 사용한다. • (b)는 동작일 경우에 개로하는 것에 사용한다.
교류차단기 (일반) 	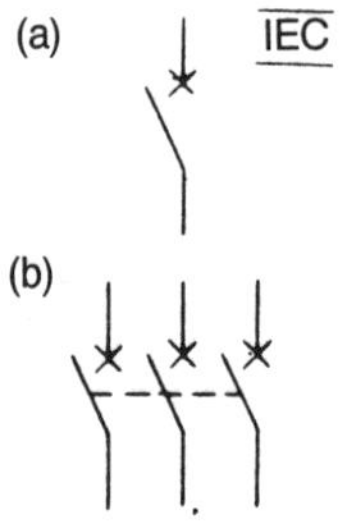 (a) IEC (b)	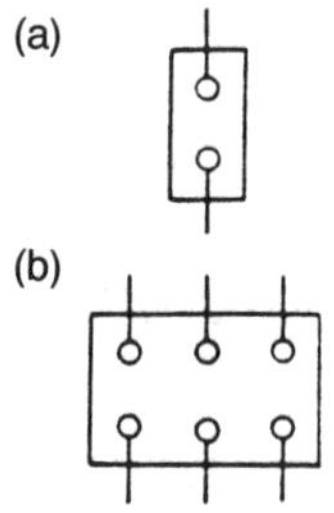 (a) (b)	• 기중 차단기인 경우는 한쪽에 OCB의 글자를 쓴다. 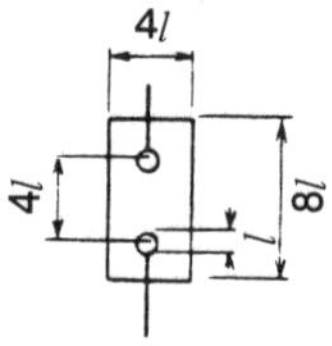
전자 릴레이 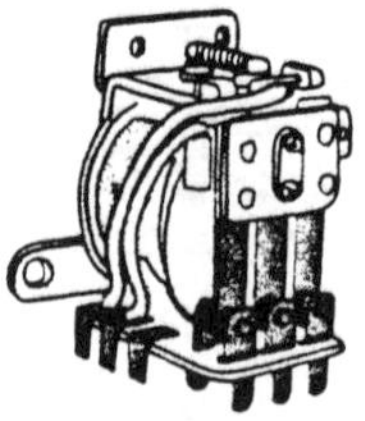	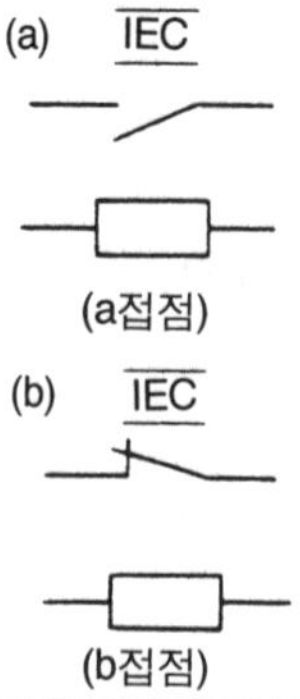 (a) IEC (a접점) (b) IEC (b접점)	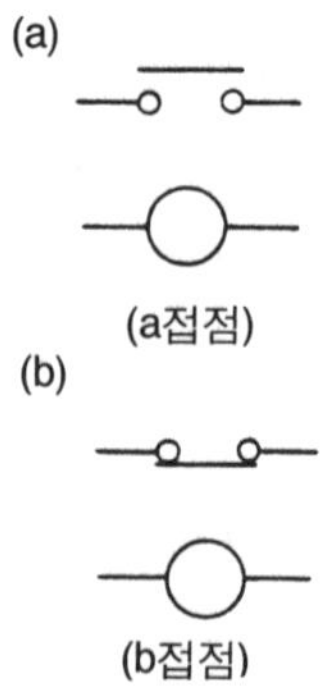 (a) (a접점) (b) (b접점)	• (a)는 전자코일에 전류가 흐르면 '폐로'하는 것에 사용한다. • (b)는 전자코일에 전류가 흐르면 '개로'하는 것에 사용한다. 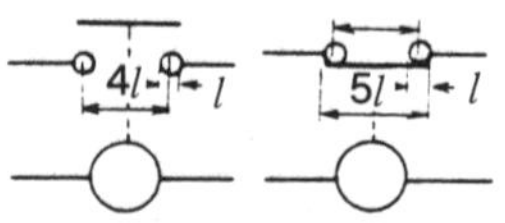

기기명	그림기호 계열1	그림기호 계열2	그림기호를 그리는 법
전동기 발전기	(주)	[예] 전동기 (M) IEC 발전기 (G) IEC	(주) • ○속에 종류를 나타내는 기호를 넣는다. • 특히, 교류·직류의 구별을 필요로 할 때는, 아래에 따른다. 직류인 경우 교류인 경우
제어용 전자코일 전자릴레이의 전자코일	(a) IEC (b) IEC	(a) (b) (c)	(a) 전압코일 2r ← 6r → 2r (b) 전류코일 (c)전압·전류의 구별을 나타낼 필요가 없을 때 예 : (MC)
콘덴서	(유극성) (a) IEC (b) IEC (전해 콘덴서) (1-a) IEC (1-b) IEC (2)		(a) 4l (b) 4l
벨 부저	(a) IEC (a) IEC	(b) (BEL) (b) (BZ)	(a) 1.5l (b) 1.5l

기기명	그림 기호	그림기호를 그리는 법
램프 	(1) $\overline{\text{IEC}}$  ⊗ (2) 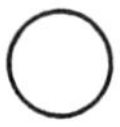 ○ 컬러 코드 기호 C2-빨강　C5-초록 C3-주황　C6-파랑 C4-노랑　C9-하양 RL-빨강　GL-초록 OL-주황　BL-파랑 YL-노랑　WL-하양	(1) 색을 명시하고 싶을 때 는, 컬러코드에 의한 기호 를 한쪽에 쓴다. (2) [예] 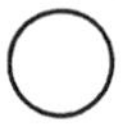 RL ○ 적색 　 램프
변압기 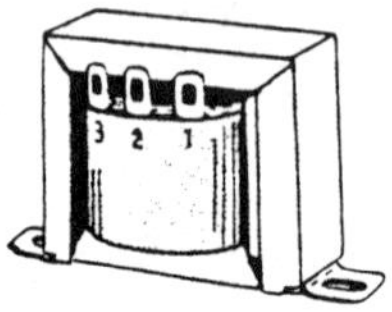	(a) $\overline{\text{IEC}}$ 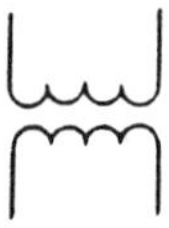　　　(b) 	(a) 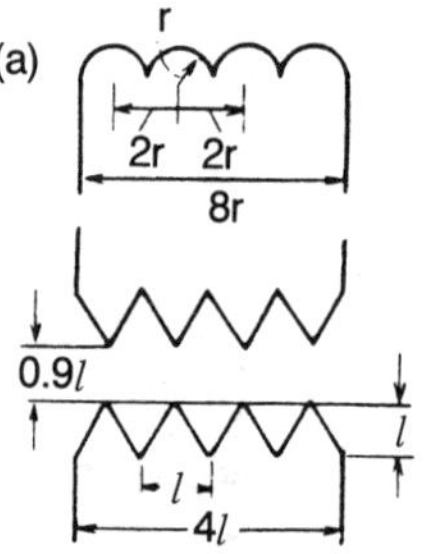 r 2r　2r 8r 0.9l l l 4l
정류기 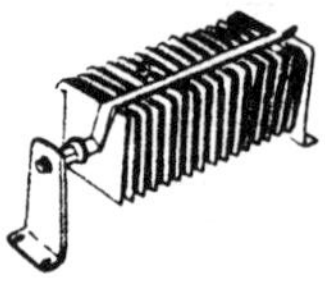	(a) $\overline{\text{IEC}}$ 　　　(b) $\overline{\text{IEC}}$ 	• 화살표는 정삼각형으로 하여, 직류가 지나는 방 향을 나타낸다. 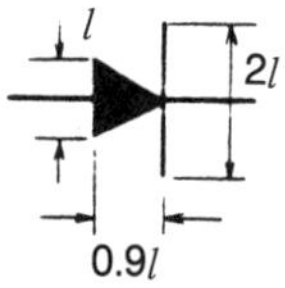 l　2l 0.9l
저항 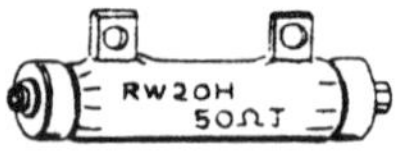	(a) $\overline{\text{IEC}}$ 　　　(b) $\overline{\text{IEC}}$  (c) $\overline{\text{IEC}}$ 	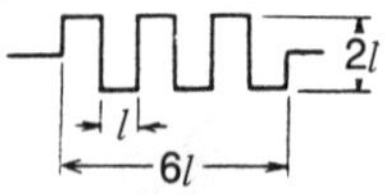 (b) 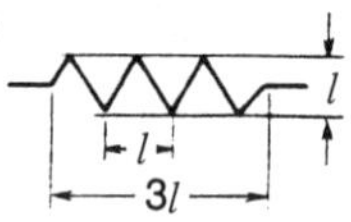 l l 3l (c) 2l l 6l 무유도 저항기를 나타낸다.

기기명	그림 기호	그림기호를 그리는 법
퓨즈 (개방형) (포장형)	(a) (b) (c) IEC (d) (e)	(a) (b) (d) (e)

(4) 주요 접점기능 및 조작방식 기호

접점기능 기호 및 조작방식 기호란, 단독으로 사용하는 것이 아니고 계열1에서 접점기호
와 조합해서 사용하는 보조기호를 말한다.

① 접점기능 기호

접점기능	IEC	부하개폐 기능	IEC	지연기능	IEC
차단기능	IEC	자동트립 기능	IEC	스프링복귀 기능	IEC
지연기능	IEC	리밋스위치 기능	IEC	잔류기능	IEC

② 조작방식 기호

수동조작 (일 반)	IEC	둥근핸들 조작	IEC	캠조작	IEC
풀조작	IEC	페달조작	IEC	전동기조작	IEC
비틀기조작	IEC	레버조작	IEC	공기조작 또는 유압조작	IEC

누름조작	IEC	분해손잡이 조작	IEC	전자조작	IEC
제약붙이	IEC	키조작	IEC		IEC
비상용	IEC	크랭크조작	IEC	기타방식에 의한 조작	IEC

(5) 주요 개폐접점의 그림기호

개폐접점명칭		그 림 기 호				설　　명
		계 열 1 (IEC)		계 열 2 (KS)		
		a접점	b접점	a접점	b접점	
수동 조작 개폐기 접점	전력용 접 점					접점조작을 개로나 폐로로 수동으로 하는 접점을 말한다. 예 : 나이프 스위치, 텀블러 스위치는 이것으로 표시한다.
	수동조작 자동복귀 접 점 (푸 시 형)					수동조작하면 폐로 또는 개로하지만, 손을 떼면 스프링 등의 힘으로 자동적으로 복귀하는 접점을 말한다. 계열1에서 누름버튼 스위치의 접점은 대체로 자동복귀하므로 특히 자동복귀의 표시는 불필요하다.
전자 릴레이 접점	계전기 접 점					전자 릴레이가 부세(전자 코일에 전류를 보낸다)되면, a접점은 닫히고, b접점은 열리고, 소세(전자코일에 전류를 끊는다)되면, 본래의 상태로 복귀하는 접점을 말한다. 일반 전자 릴레이가 이것에 해당한다.
	수동복귀 접 점					전자릴레이가 부세되면 폐(a접점) 또는 개(b접점)하지만, 소세해도 기계적 또는 자기적으로 유지해서, 다시 수동으로 복귀조작을 하거나, 전자코일을 부세하지 않으면 본래의 상태로 돌아가지 않는 접점을 말한다. 예 : 수동복귀의 열동계전기 접점

개폐접점명칭		그 림 기 호				설 명
		계 열 1 (IEC)		계 열 2 (KS)		
		a접점	b접점	a접점	b접점	
한시릴레이접점	한시동작 접 점					전자릴레이 중 소징의 입력이 주어진 후, 접점이 폐로 또는 개로하는데, 특히 시간 간격을 둔 것을 시한 릴레이(타이머)라고 한다. • 한시동작접점 : 시한릴레이가 동작할 때, 시간지연(시한)이 생기는 접점을 말한다. • 한시복귀접점 : 시한릴레이가 복귀할 때, 시간지연(시한)을 일으키는 접점을 말한다.
	한시복귀 접 점					

1-6 시퀀스 제어기호

시퀀스 제어기호는 KS C 0103에 한국 공업규격으로 제정되어 있으며, 여기서는 그 내용을 소개한다.

(1) 적용범위

이 규격은 일반 산업의 시퀀스 제어계에 있어서 전기계통의 전개 접속도에 사용되는 기기 및 장치의 문자기호, 그림기호 및 전개 접속도의 표시방법에 대하여 규정한다.

[비고]
1. 이 규격은 시퀀스 제어계 중의 전기계통을 대상으로 하고, 그 이외의 부분에 대해서는 규정하지 않는 것을 원칙으로 한다.
2. 전력 설비에 있어서의 시퀀스 제어는 일단 적용범위 외로 했으나, 지장이 없는 한 이 규격을 준용함이 바람직하다.
3. 시퀀스라 함은 현상이 일어나는 순서를 말하며, 시퀀스 제어라 함은 미리 정해 놓은 순서 또는 일정한 논리에 의하여 정해진 순서에 따라 제어의 각 단계를 순차적으로 진행하는 제어를 말한다.

(2) 기기 및 장치의 문자기호

문자기호는 기기 또는 장치를 표시하는 기기기호와 기기 또는 장치가 하는 기능 등을 표시하는 기능기호의 두 종류로 하고, 양자를 조합하여 사용할 때는 기능기호, 기기기호의 순서로 쓰며, 원칙으로는 그 사이에 '——'를 넣는다.

1) 기기기호

중요한 기기기호는 다음과 같다.

① 회전기

문자기호	용 어	대 응 영 어
EX	여자기	EXciter
FC	주파수 변환기	Frequency Changer, Frequency Converter
G	발전기	Generator
IM	유도 전동기	Induction Motor
M	전동기	Motor
MG	전동 발전기	Motor-Generator
OPM	조작용 전동기	OPerating Motor
RC	회전 변류기	Rotary Converter
SEX	부 여자기	Sub-EXciter
SM	동기 전동기	Synchronous Motor
TG	회전 속도계 발전기	Tachometer Generator

② 변압기 및 정류기류

문자기호	용 어	대 응 영 어
BCT	부싱 변류기	Bushing Current Transformer
BST	승압기	BooSTer
CLX	한류 리액터	Current Limiting Reactor
CT	변류기	Current Transformer
GT	접지 변압기	Grounding Transformer
IR	유도 전압 조정기	Induction Voltage Regulator
LTT	부하시 탭 전환 변압기	on-Load Tap-changing Transformer
LVR	부하시 전압 조정기	on-Load Voltage Regulator
PCT	계기용 변압 변류기	Potential Current Transformer, Combined Voltage & Current Transformer
PT	계기용 변압기	Potential Transformer, Voltage Transformer
T	변압기	Transformer,
PHS	이상기	PHase Shifter
RF	정류기	RectiFier
ZCT	영상 변류기	Zero-phase-sequence Current Transformer

③ **차단기 및 스위치류**

문자기호	용 어	대 응 영 어
ABB	공기 차단기	AirBlast circuit Breaker
ACB	기중 차단기	Air Circuit Breaker
AS	전류계 전환 스위치	Ammeter change-over Switch
BS	버튼 스위치	Botton Switch
CB	차단기	Circuit Breaker
COS	전환 스위치	Change-Over Switch
CS	제어 스위치	Control Switch
DS	단로기	Disconnecting Switch
EMS	비상 스위치	EMergency Switch
F	퓨 즈	Fuse
FCB	계자 차단기	Field Circuit Breaker
FLTS	플로트 스위치	FLoaT Switch
FS	계자 스위치	Field Switch
FTS	발밟음 스위치	FooT Switch
GCB	가스 차단기	Gas Circuit Breaker
HSCB	고속도 차단기	High-Speed Circuit Breaker
KS	나이프 스위치	Knife Switch
LS	리밋 스위치	Limit Switch
LVS	레벨 스위치	LeVel Switch
MBB	자기 차단기	Magnetic Blow-out circuit Breaker
MC	전자 접촉기	electroMagnetic Contactor
MCB	배선용 차단기	Molded case Circuit Breaker
OCB	기름 차단기	Oil Circuit Breaker
OSS	과속 스위치	Over-Speed Switch
PF	전 력 퓨 즈	Power Fuse
PRS	압력 스위치	PRessure Switch
RS	회전 스위치	Rotary Switch
S	스위치, 개폐기	Switch
SPS	속도 스위치	SPeed Switch
TS	텀블러 스위치	Tumbler Switch
VCB	진공 차단기	Vacuum Circuit Breaker
VCS	진공 스위치	Vacuum Switch
VS	전압계 전환 스위치	Voltmeter change-over Switch
CTR	제어기	ConTRoller

문자기호	용 어	대 응 영 어
MCTR	주 제어기	Master ConTRoller
STT	기동기	STarTer
YDS	스타델타 기동기	Star-Delta Starter

④ 저항기

문자기호	용 어	대 응 영 어
CLR	한류 저항기	Current-Limiting Resistor
DBR	제동 저항기	Dynamic Braking Resistor
DR	방전 저항기	Discharging Resistor
FRH	계자 조정기	Field Regulator, Field Rheostat
GR	접지 저항기	Grounding Resistor
LDR	부하 저항기	Loading Resistor
NGR	중성점 접지 저항기	Neutral Grounding Resistor
R	저항기	Resistor
RH	가감 저항기	Rheostat
STR	기동 저항기	Starting Resistor

⑤ 계전기

문자기호	용 어	대 응 영 어
BR	평형 계전기	Balance Relay
CLR	한류 계전기	Current Limiting Relay
CR	전류 계전기	Current Relay
DFR	차동 계전기	DiFferential Relay
FCR	플리커 계전기	FliCker Relay
FLR	흐름 계전기	FLow Relay
FR	주파수 계전기	Frequency Relay
GR	지락 계전기	Ground Relay
KR	유지 계전기	Keep Relay
LFR	계자손실 계전기	Loss of Field Relay, Field Loss Relay
OCR	과전류 계전기	Over-Current Relay
OSR	과속도 계전기	Over-Speed Relay
OPR	결상 계전기	Over-Phase Relay
OVR	과전압 계전기	Over-Voltage Relay
PLR	극성 계전기	PoLarity Relay

문자기호	용 어	대 응 영 어
PR	역전방지 계전기(플러깅 계전기)	Plugging Relay
POR	위치 계전기	POsition Relay
PRR	압력 계전기	PRessure Relay
PWR	전력 계전기	PoWer Relay
R	계전기	Relay
RCR	재폐로 계전기	ReClosing Relay
SOR	탈조(동기이탈) 계전기	Step Out Relay, Out-of-Step Relay
SPR	속도 계전기	SPeed Relay
STR	기동 계전기	STarting Relay
SR	단락 계전기	Short-circuit Relay
SYR	동기투입 계전기	SYchronizing Relay
TDR	시연 계전기	Time Delay Relay
TFR	자유트립 계전기	Trip-Free Relay
THR	열동 계전기	THermal Relay
TLR	한시 계전기	Time-Lag Relay
TR	온도 계전기	Temperature Relay
UVR	부족전압 계전기	Under-Voltage Relay
VCR	진공 계전기	VaCuum Relay
VR	전압 계전기	Voltage Relay

⑥ 계 기

문자기호	용 어	대 응 영 어
A	전류계	Ampermeter
F	주파수계	Frequency meter
FL	유량계	Flow Meter
GD	검루기	Ground Detector
MDA	최대수요 전류계	Maximum Demand Ampermeter
MDW	최대수요 전력계	Maximum Demand Watt-meter
N	회전 속도계	tachometer
PI	위치 지시계	Position Indicator
PF	역률계	Power-Factor meter
PG	압력계	Pressure Gauge
SY	동기 검정기	SYchronoscope, SYchronism indicator
TH	온도계	THermometer
THC	열전대	THermoCouple

문자기호	용 어	대 응 영 어
V	전압계	Voltmeter
VAR	무효 전력계	VAR meter, reactive power meter
W	전력계	Watt-meter
WH	전력량계	Watt-Hour meter
WLI	수위계	Water Level Indicator

⑦ 기 타

문자기호	용 어	대 응 영 어
AN	표시기	ANnunciator
B	전 지	Battery
BC	충전기	Battery Charger
BL	벨	BelL
BL	송풍기	BLower
BZ	부 저	BuZzer
C	콘덴서	Condenser, Capacitor
CC	폐로 코일	Closing Coil
CH	케이블 헤드	Cable Head
DL	더미 부하(의사 부하)	Dummy Load
EL	지락 표시등	Earth Lamp
ET	접 지 단 자	Earth Terminal
FI	고장 표시기	Fault Indicator
FLT	필 터	FiLTer
H	히 터	Heater
HC	유지 코일	Holding Coil
HM	유지 자석	Holding Magnet
HO	호 온	HOrn
IL	조명등	Illuminating Lamp
MB	전자 브레이크	Electromagnetic Brake
MCL	전자 클러치	Electromagnetic CLutch
MCT	전자 카운터	Magnetic CounTer
MOV	전동 밸브	Motor-Operated Valve
OPC	동작 코일	Operating Coil
OTC	과전류 트립 코일	Over-current Trip Coil
RSTC	복귀 코일	ReSeT Coil
SL	표시등	Signal Lamp, Pilot Lamp
SV	전자 밸브	Solenoid Valve
TB	단자대, 단자판	Terminal Block, Terminal Board
TC	트립 코일	Trip Coil
TT	시험 단자	Testing Terminal
UVC	부족 전압 트립 코일	Under-Voltage release Coil, Under-Voltage trip Coil

2) 기능기호

기능기호의 중요는 다음과 같다.

문자기호	용 어	대 응 영 어
A	가 속 · 증 속	Accelerating
AUT	자 동	AUTomatic
AUX	보 조	AUXiliary
B	제 동	Braking
BW	후방향	BackWard
C	제 어	Control
CL	닫 음	CLose
CO	전 환	Change-Over
CRL	미 속	CRawLing
CST	코스팅	CoaSTing
DE	감 속	DEcelerating
D	하강 · 아래	Down, lower
DB	발전제동	Dynamic Braking
DEC	감 소	DECrease
EB	전기제동	Electric Braking
EM	비 상	EMergency
F	정방향	Forward
FW	앞으로	ForWard
H	높 다	High
HL	유 지	HoLding
HS	고 속	High Speed
ICH	인 칭	Inching
IL	인터록	Inter-Locking
INC	증 가	INCrease
INS	순 시	INStant
J	미 동	Jogging
L	왼 편	Left
L	낮 다	Low
LO	록아웃	Lock-Out
MA	수 동	MAnual
MEB	기계 제동	MEchanical Braking
OFF	개로, 끊다	open, OFF
ON	폐로, 닫다	close, ON
OP	열 다	OPen
P	플러깅	Plugging
R	기 록	Recording
R	반대로, 역으로	Reverse
R	오른편	Right
RB	재생제동	Regenerative Braking

문자기호	용 어	대 응 영 어
RG	조 정	ReGulating
RN	운 전	RuN
RST	복 귀	ReSeT
ST	시 동	STart
SET	세 트	SET
STP	정 지	SToP
SY	동 기	SYchronizing
U	상승, 위로	raise, Up

3) 무접점 계전기의 문자기호

① 무접점 계전기의 문자기호 : 무접점 계전기에 대해서는 다음 문자기호를 사용한다.

문자기호	용 어	대 응 영 어
NOT	논리부정	NOT, negation
OR	논리합	OR
AND	논리곱	AND
NOR	노 어	NOR
NAND	난 드	NAND
MEM	메모리	MEMory
ORM	복귀기억	Off Return Memory
RM	영구기억	Retentive Memory
FF	플립플롭	Flip Flop
BC	이진 카운터	Binary Counter
SFR	시프트 레지스터	ShiFt Register
TDE	동작 시간 지연	Time Delay Energizing
TDD	복귀 시간 지연	Time Delay De-energizing
TDB	시간 지연	Time Delay (Both)
SMT	슈미트 트리거	SchMidt Trigger
SSM	단안정 멀티 바이브레이터	Single Shot Multi-vibrator
MLV	멀티 바이브레이터	MuLti-Vibrator
AMP	증폭기	AMPlifier

비고 : ORM(복귀 기억)은 전원 투입시의 상태가 항상 출력 "0"이고, RM(영구 기억)은 전원 재투입시도 이전
의 상태를 재현할 수 있다.

② 입출력 문자기호 : 무접점 계전기의 입출력을 명확히 할 필요가 있을 때는 다음의 문자기호를 사용한다.

문자기호	용 어	문자기호	용 어
X	정 상 입 력	SE	익스팬드 입력 세트
Y	역 상 입 력	RE	익스팬드 입력 리셋
Z	보 조 입 력	F	중간 입출력
A	정 상 출 력	JK	절 연·입 력
B	역 상 출 력	LM	영 조정 입력
S	세 트 입 력	PN	직류(바이어스 포함)
R	리 셋 입 력	UVW	교 류
XE	익스팬드 입력 정상	0	공통모선 또는 중성점
YE	익스팬드 입력 역상		

비고 : 1. 전원 단자 번호에 첨부 숫자를 붙일 때는 전위가 높은 것으로부터 1, 2로 한다.
　　　 2. 정상, 역상의 정의는 그 요소의 기능을 기준으로 하여 정한다.

(3) 기기 및 장치의 그림기호

① 상세 그림기호 : KS C 0102에 정해진 그림기호로서 대부분 상세 전개 접속도에 사용된다.

② 간략 그림기호 : □ 또는 ○ 속에 그 기능이나 장치의 문자기호, 명칭 혹은 약호를 써넣는 것으로 대부분 간략한 전개 접속도에 사용된다.

비고 : KS C 0102에 정해진 그림기호 중 문자 부분이 그 규격의 문자기호와 다를 때는 이 규격의 문자기호를 사용한다.

(4) 전개 접속도의 표시방법

1) 전개 접속도의 종류

① 상세 전개 접속도 및 간략 전개 접속도

㉠ 상세 전개 접속도 : 제어계의 시퀀스를 명확히 표시하기 위해서 제어계의 기기와 장치 등의 접속을 상세히 전개하여 표시한 그림이다. 간단히 전개 접속도라 불러도 무방하다.

㉡ 간략 전개 접속도 : 제어계의 중요한 기기와 장치 등의 연결을 표시하고, 제어의 중요한 시퀀스를 표시하는 그림이다.

② **세로쓰기와 가로쓰기**

　㉠ 그림 위 요소들의 접속선 방향이 대부분 상하 방향인 전개 접속도를 세로쓰기의
　전개 접속도라 한다.
　㉡ 그림 위 요소들의 접속선 방향이 대부분 좌우 방향인 전개 접속도를 가로쓰기의
　전개 접속도라 한다.

2) 상세 전개 접속도

① 상세 전개 접속도에 사용하는 기호

기기 및 장치는 주로 (3)의 ①에 정한 그림기호로 표시하고, 원칙적으로 문자기호를
이에 부가한다. 다만, 접점의 표시는 다음에 정하는 방법에 다른다.

② 구 성

제어계의 기기 및 장치 등을 ①에 정한 기호로 표시하고 상호간의 접속을 실선으로
표시한다. 특히 접점 등에 대해서는 제어의 시퀀스를 명확하게 표시한다.

③ 동종의 기기 또는 장치에 대한 보조 번호

동종의 기기 또는 장치가 복수 개 있어 그들을 구별할 필요가 있을 때는, 그 기기
또는 장치의 문자기호에 보조번호를 첨부한다.

④ 보조 계전기에 대한 보조기호

주 계전기의 동작을 보조하는 계전기가 있어 주 계전기와 구별할 필요가 있을 때는
주 계전기의 문자기호에 보조기호를 첨부한다. 보조기호로는 X, Y, Z 등을 사용한다.

⑤ 접점의 표시

　㉠ 표시법 : 전개 속도의 접점을 KS C 0102에 정하는 그림기호를, 그가 소속되는
　기구의 문자기호를 첨부하여 표시한다. 또 필요에 따라서는 그 기구가 표시되어
　있는 그림상의 위치를 적당한 방법으로 부기한다.
　㉡ 기구의 접점수 및 위치의 표시 : 기구가 표시되어 있는 그림상의 적당한 장소에
　그 기구에 소속되는 접점수와 그 위치를 적당한 방법으로 표시한다. 다만, 위치의
　표시는 생략해도 무방하다.

3) 간략 전개 접속도

① 간략 전개 접속도에 사용하는 기호

기기 및 장치는 주로 (3)의 ② 에 정한 그림기호로 표시한다. 다만, 접점의 표시는
⑤에 정하는 방법에 따른다.

② 구 성

　제어계의 중요한 기기 및 장치 등을 ①에 정한 기호로 표시하고 상호간의 중요한 접속 관계를 실선으로 표시한다.

③ 동종의 기구에 대한 보조 번호 : 2)의 ③에 따른다.

④ 보조 계전기에 대한 보조 번호 : 2)의 ④에 따른다.

⑤ 접점의 표시 : 2)의 ⑤ ㉠에 정한 방법에 따른다.

참 고

가이드가 부착된 에어실린더

2. 시퀀스 제어기기

일반적으로 시퀀스 제어 시스템이란 제어대상인 액추에이터(actuator)와 제어를 담당하는 제어장치로 구성되어 있다.

제어장치는 여러 가지 기능의 시퀀스 제어기기로 구성되어 있으며 이들 시퀀스 제어기기를 제어신호의 흐름에 따라 분류하면 그림 2-9와 같이 분류할 수 있다.

먼저 시퀀스 제어계를 구성하는 주요 기기들을 살펴보면, 조작부를 구성하는 조작용 기기는 사람의 의지를 시퀀스 제어계로 전달하기 위한 기기로서, 대표적으로 누름버튼(push button) 스위치가 많이 이용되고 그밖에도 각종의 조작용 스위치 등이 사용된다.

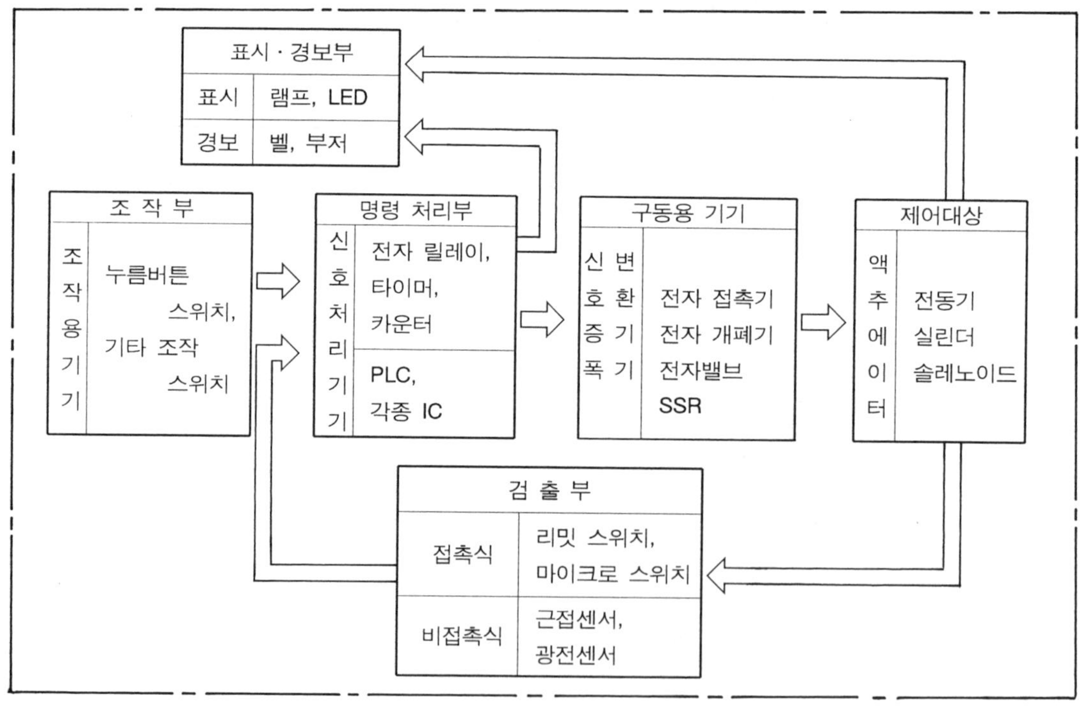

그림 2-9 시퀀스 제어 시스템의 일반적인 구성

명령처리부를 담당하는 신호 처리용 기기로는 유접점 방식의 기기에 전자 릴레이, 타이머, 카운터 등이 사용되고, 무접점 방식에는 트랜지스터, 다이오드, 각종 IC 등이 있으며 또한 프로그램 변경이 가능한 구조의 PLC가 있다.

그리고 시퀀스 제어의 목표가 되는 제어대상의 구동용 기기는 명령처리부에서의 제어신호가 제어대상인 액추에이터를 구동하기에는 일반적으로 전압이나 전류값이 작기 때문에, 명령처리부로부터의 제어신호를 제어대상을 직접 구동할 수 있는 신호레벨로 증폭시키기 위한 기기로서 전자 접촉기나 개폐기, SSR 등이 이용된다. 또한 제어대상인 액추에이터의 구동에너지가 유체압인 경우는 명령처리부에서 제어된 전기신호를 유체신호로 변환시켜야만 하는데, 이와 같은 기능의 신호변환기로는 전자밸브 등이 사용된다.

그리고 제어대상인 액추에이터의 동작상태나 이상 등을 검출하여 검출신호를 명령처리부로 보내 적절한 처리를 하기 위한 목적의 검출용 기기로는 접촉하여 검출하는 기기에 리밋 스위치와 마이크로 스위치, 비접촉식 검출기로는 근접센서, 광전센서, 초음파센서 등이 있다. 이 밖에도 온도를 검출하는 온도센서, 습도를 검출하는 습도센서, 레벨(level)을 검출하는 레벨센서 등이 각종 검출 용도에 따라 이용된다.

기기의 동작상태나 시스템의 운전상황을 표시·경보하기 위한 표시·경보용 기기로는 각종의 표시 램프나 벨, 부저 등이 사용된다.

이상의 제어기기들이 시퀀스 제어 시스템에 이용되는 기기의 전부는 아니다. 다만 비교적 많이 사용되고 있는 기기들만 열거한 것이고, 이후부터는 대표적인 각 기기들의 상세내용을 알아본다.

2-1 조작용 기기

조작용 기기는 시퀀스 제어 시스템에 사람의 의지인 작업명령을 부여하는 것이다. 누르거나, 당기거나, 또는 돌리는 등 사람으로부터의 조작을 기계적 메커니즘을 거쳐 전기신호로 변환하는 기능의 기기를 통틀어 조작용 기기라 한다.

조작용 기기에는 각종의 스위치가 사용되는데, 실제로 사용되고 있는 스위치에는 여러 가지 형태의 것이 있으나, 동작 기능만으로 보면 복귀형(復歸形) 스위치와 유지형(維持形) 스위치로 구분할 수 있다.

(1) 누름버튼 스위치(push button switch)

누름버튼 스위치는 명령 입력용 스위치 중 가장 많이 사용되고 있는 스위치로서 기능, 모양, 크기에 따라 많은 종류가 있다.

누름버튼 스위치의 동작원리는 그림 2-10에 나타낸 바와 같이 조작부를 손으로 누르면 접점상태가 변하는 것으로, 조작력을 제거하면 내장된 스프링에 의해 자동적으로 초기상태로 복귀하는 스위치로서 수동조작 자동복귀형 스위치라고도 한다.

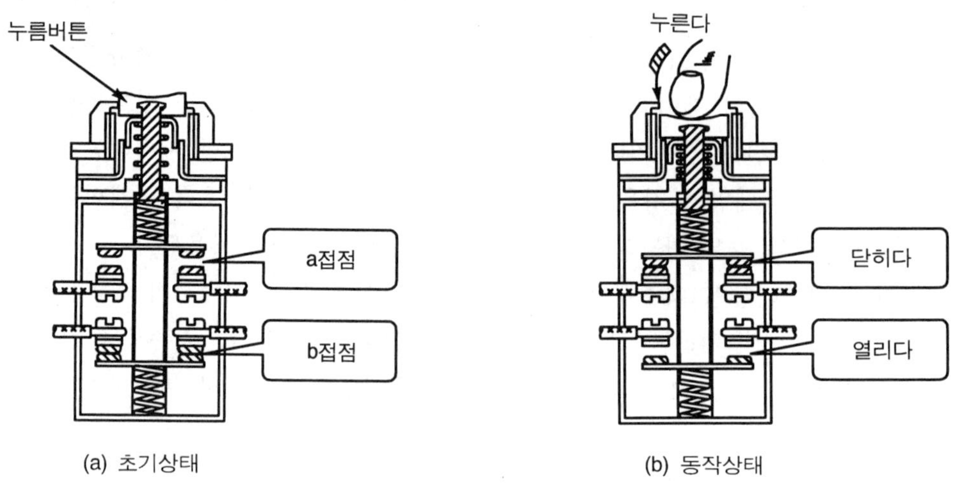

그림 2-10 누름버튼 스위치의 구조원리

접점의 형태는 a접점과 b접점이 항상 공유하게 된다. 한 개의 누름버튼 스위치는 접점의 형식에 따라 1a 1b 접점에서부터 4a 4b 접점까지 표준으로 제작판매되고 있으며, 기능별로는 기본형 외에도 동작 표시램프 내장형(照光形), 한시(限時) 동작형 등이 있고, 버튼 모양에 따라서도 원형, 각형, 장방형, 버섯형 등이 있다. 또한 버튼 색상은 그 스위치의 기능을 나타내는 것으로 녹색, 적색, 황색, 청색, 백색 등이 사용되고 있으며, 색상에 따른 기능은 표 2-1과 같다.

표 2-1 버튼 색상에 의한 기능의 분류

색 상	기 능	적 용 예
녹 색	시 동	시스템의 시동, 전동기의 시동
적 색	정 지	시스템의 정지, 전동기의 정지
	비상정지	모든 시스템의 정지
황 색	리 셋	시스템의 리셋
백 색	상기 색상에서 규정되지 않은 이외의 동작	

(a) 평형   (b) 버섯형   (c) 조광형

사진 2-1 누름버튼 스위치

누름버튼 스위치의 접점기호는 그림 2-11의 (a), (b)와 같고 그 작도법은 그림 (c)와 같다.

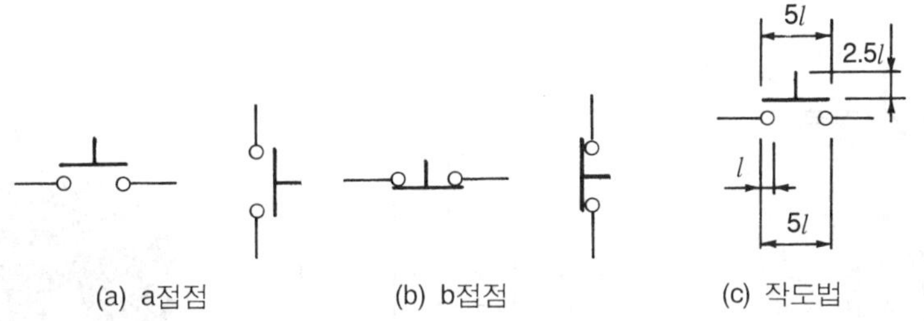

(a) a접점   (b) b접점   (c) 작도법

그림 2-11 누름버튼 스위치의 접점기호와 작도법

(2) 유지형 스위치

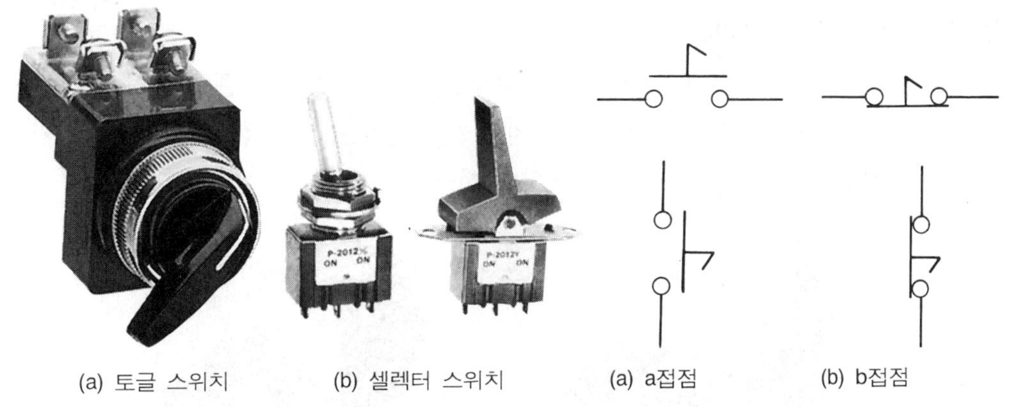

(a) 토글 스위치   (b) 셀렉터 스위치   (a) a접점   (b) b접점

사진 2-2 유지형 스위치   그림 2-12 유지형 스위치의 접점기호

유지형 스위치는 일명 잔류접점 스위치로 조작을 가하면 반대 조작이 있을 때까지 조작
했을 때의 접점 상태를 유지하는 스위치로서, 시퀀스에서 자동↔수동, 연동↔단동 등과

같이 조작방법의 절환에 주로 사용되며, 또한 간단한 회로에서는 운전↔정지와 같은 프로그램 제어용으로도 사용된다.

유지형 스위치의 종류에는 기능과 용도에 따라 매우 많은 종류가 있으며, 대표적인 것으로는 토글 스위치, 셀렉터 스위치 등이 있다.

(3) 기타 조작용 스위치

1) 로터리 스위치(rotary switch)

로터리 스위치는 중앙의 공통단자를 회전시킴에 따라 여러 개의 회로를 구성시킬 수 있는 스위치로서 잔류접점을 많이 갖추고 있는 선택 스위치의 일종이다.

그림 2-13은 로터리 스위치의 사용예로, 트랜스의 2차측 코일에서 여러 개의 단자를 만들어 200V, 160V, 120V, 100V, 80V, 60V, 40V 등 전압을 7단계로 절환시켜 전기로에 전류를 공급하는 회로이다.

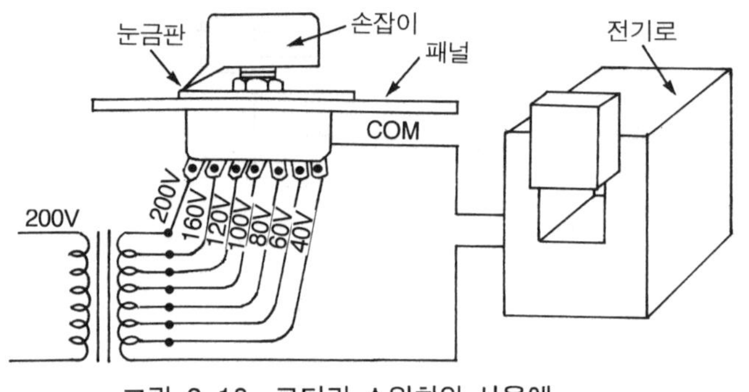

그림 2-13 로터리 스위치의 사용예

사진 2-3 로터리 스위치

2) 캠 스위치(cam switch)

캠의 작동에 의해 접점이 개폐되는 스위치로, 여러 개의 단자를 이용하여 다양한 회로를 구성할 수 있어 산업용 전기설비, 자동 개폐기의 조작과 전류, 전압 등 계기류 및 각종 전기회로의 절환 스위치로 광범위하게 사용된다.

사진 2-4 캠 스위치

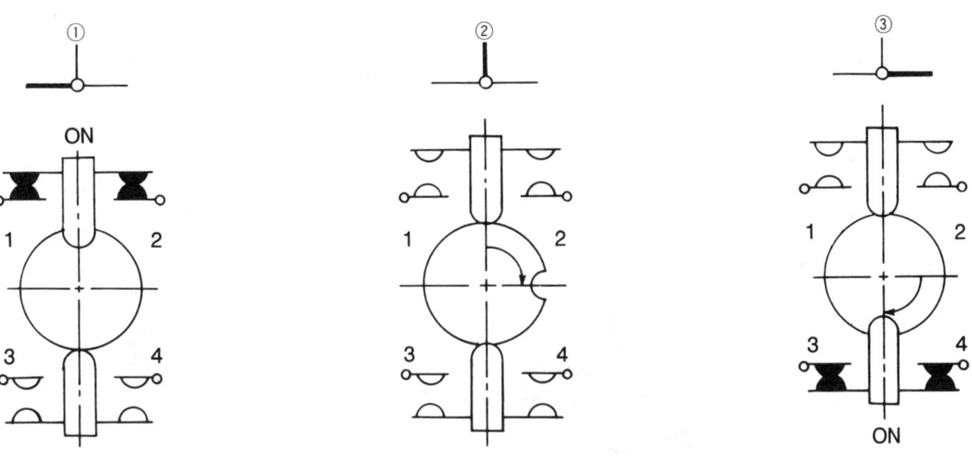

그림 2-14 캠 스위치의 동작원리(90° 3단의 경우)

3) 키 스위치(key switch)

스위치의 조작이 키에 의해서만 가능한 스위치로 다른 사람이 조작해서는 안되는 동력 스위치나 기타 안전 스위치용으로 사용된다.

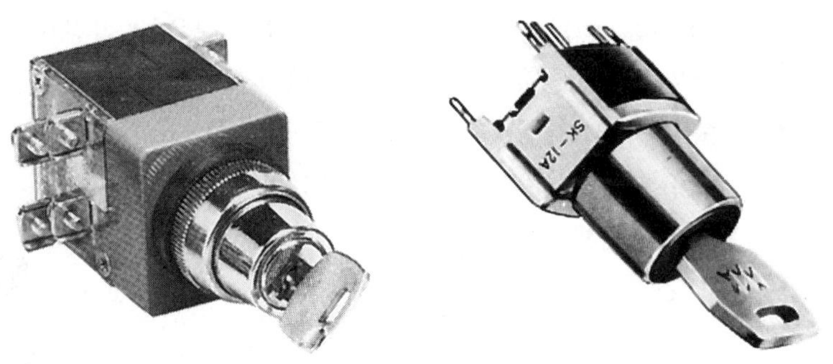

사진 2-5 키 스위치

4) 나이프 스위치(knife switch)

나이프 스위치는 메인라인의 전원 차단용으로 주로 사용되며, 단상용과 3상용이 있다. 나이프 스위치는 일반적으로 밑부분에 퓨즈를 내장하고 있어, 과전류가 흐르면 퓨즈가 끊어져 전류를 차단시키는 안전장치의 기능까지 병용한 스위치로 많이 사용된다.

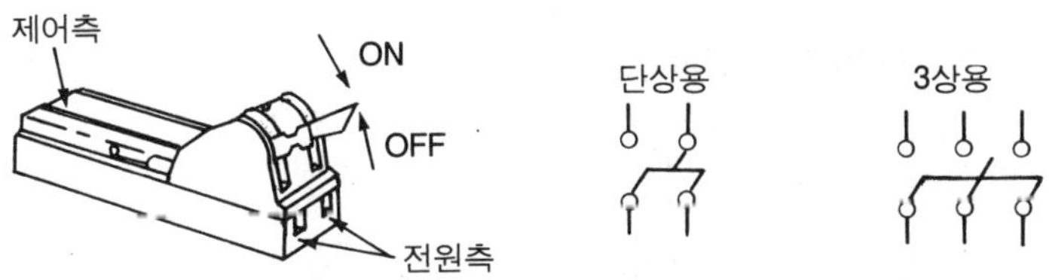

그림 2-15 나이프 스위치와 그 기호

5) 푸트 스위치(foot switch)

대부분의 스위치가 손조작에 의해 조작되는데 발로 밟아서 조작되는 스위치가 푸트 스위치이다. 작업자의 손이 직접 작업에 사용되는 경우 스위치의 조작이 불가능해지므로 이 때 푸트 스위치는 유용하게 이용된다. 주로 반자동기, 프레스, 소형 공작기계, 용접기계, 의료기계, 사진기기 등에서 많이 사용된다.

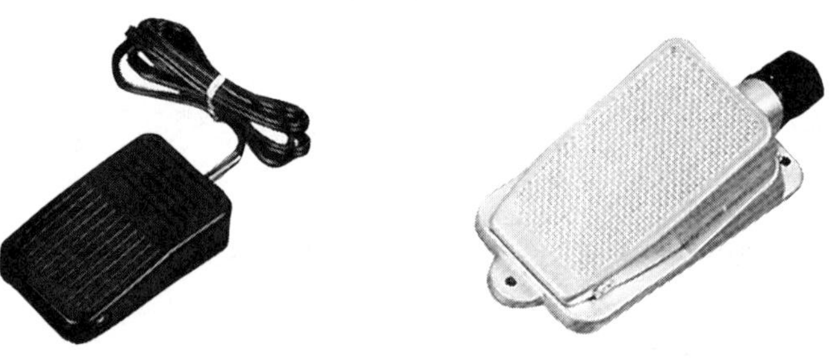

사진 2-6 푸트 스위치

이 밖에도 조작용 스위치에는 접점부가 미끄러져서 이동되어 스위치를 개폐하는 슬라이드(slide) 스위치, 방아쇠(trigger)와 형상이 유사하게 생긴 것으로 전기톱이나 전기 해머 등의 전동공구 절환 스위치 등에 많이 사용되는 트리거 스위치, 레버를 전후, 좌우 4방향으로 조작하여 각종 공작기계나 산업용 기계 등의 방향 전환에 사용되는 모노레버(mono lever) 스위치 등 용도와 기능에 따라 많은 종류가 있다.

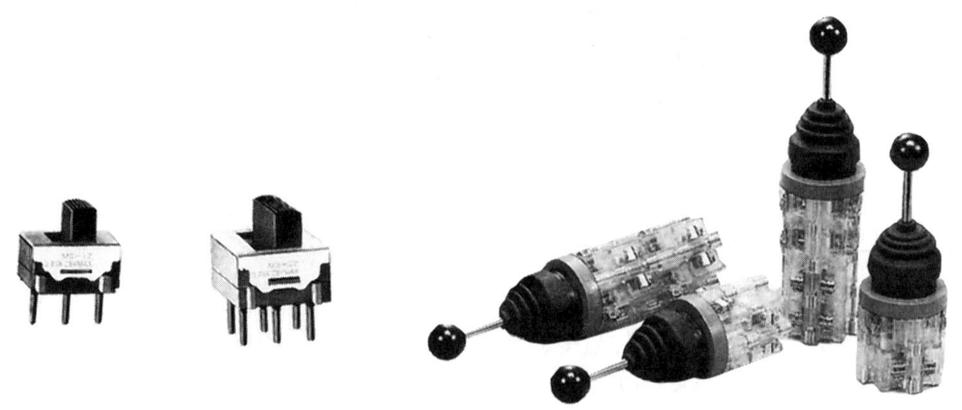

사진 2-7 슬라이드 스위치   사진 2-8 모노레버 스위치

(4) 조작용 스위치의 선정 요점

조작용 스위치는 인간과 직접 관련되는 기기로서, 선정시에는 다른 제어기기와는 달리

조작의 용이성, 디자인, 감시성 및 기계나 장치의 조화성 등을 충분히 검토하여 선정하여야 한다.

표 2-2는 조작용 스위치를 구조적인 측면으로 분류하여 선정시 고려항목을 나타낸 것이다.

표 2-2 조작용 스위치의 선정시 고려 항목

점검 부위	체크 포인트
조작부와 표시부	조작은 쉽고 강도는 강한가? 동작기능은 적당한가? 동작확인은 어떻게 하는가? 램프 전압과 수명은? 표시부의 색상은 기능과 적당한가?
접점부	접점의 수는? 부하에 대한 접점용량은 충분한가? 수명 및 절연 내력은?
취부 및 단자부	취부의 용이성 및 취부 강도는? 단자부의 접속방법은? 단자의 배치와 단자간의 거리는?

2-2 검출용 기기

검출용 기기는 제어장치에서 사람의 눈과 귀 역할을 하는 부분이다. 제어대상의 상태인 위치, 레벨, 온도, 압력, 힘, 속도 등을 검출하여 제어 시스템에 정보를 전달하는 중요한 기기로서 센서(sensor)라고 한다.

검출용 기기는 크게 나누어 검출물체와 접촉하여 검출하는 접촉식과 접촉하지 않고 검출하는 비접촉식으로 분류된다. 접촉식 기기의 대표적인 것에는 마이크로 스위치와 리밋 스위치가 있고, 비접촉식은 스위치라는 명칭보다는 센서라고 부르는 경우가 많으며, 사용되는 물리현상에 따라 여러 가지 센서가 있다.

표 2-3은 검출원리로 이용되고 있는 물리현상과 검출센서의 종류를 나타냈다. 이들 중 비교적 많이 사용되고 있는 것은 근접 스위치와 광전센서로 최근에는 자동화 설비나 산업현장에서 그 수요가 급증하고 있다.

표 2-3 비접촉 검출센서의 검출방법

전달 매체	물리현상	검출센서
전자장(電磁場)	검출 코일의 인덕턴스의 변화	고주파 발진형 근접 스위치
정전장(靜電場)	캐피시던스의 변화	정전 용량형 근접 스위치
자기(磁氣)	자기력	자기형 근접 스위치
광(光)	광 기전력 효과, 발광 효과	광전센서
음파(音波)	도플러 효과	초음파센서

(1) 마이크로 스위치(micro switch)

마이크로 스위치는 미소접점 간격과 스냅액션(snap action) 기구를 가지며, 규정된 동작과 규정된 힘으로 개폐동작을 하는 접점기구가 케이스에 내장되고, 그 외부에 액추에이터(actuator)를 가지도록 소형으로 제작된 스위치를 말한다.

즉, 마이크로 스위치는 비교적 소형으로 성형품 케이스에 접점 기구를 내장하고 밀봉(密封)되지 않은 구조로서, 주로 계측기나 소형 기계장치의 검출기용으로 많이 사용된다.

마이크로 스위치는 일반형(Z형)과 일반형보다 약간 작은 소형(V형)으로 분류되며, 액추에이터의 종류에 따라서는 표 2-4와 같은 종류가 있다.

표 2-4 액추에이터의 종류에 따른 마이크로 스위치의 분류

형 상	명 칭	형 상	명 칭
	스프링 누름버튼형		힌지 長 레버형
	패널 부착형		힌지 특수 레버형
	롤러 패널 부착형		힌지 롤러 長 레버형
	스프링 쇼트 누름버튼형		힌지 롤러 中 레버형
	힌지 레버형		힌지 롤러 短 레버형

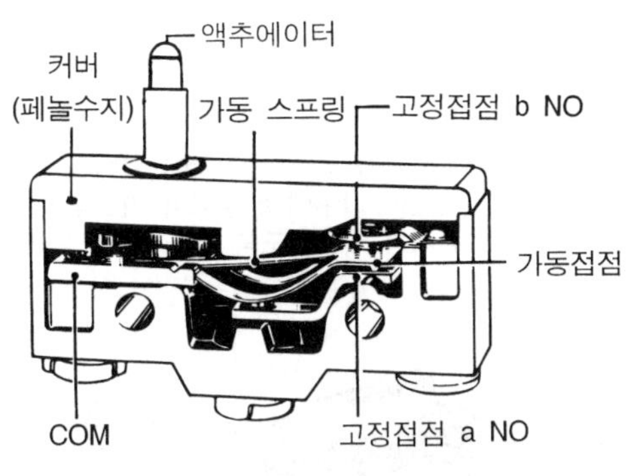

그림 2-16 마이크로 스위치의 내부구조

사진 2-9 마이크로 스위치

마이크로 스위치의 형식을 나타낼 때에는 그 스위치의 제특성을 문자나 숫자로서 나타
내는데, KS 형식에 의한 마이크로 스위치의 분류 식별법은 다음과 같다.

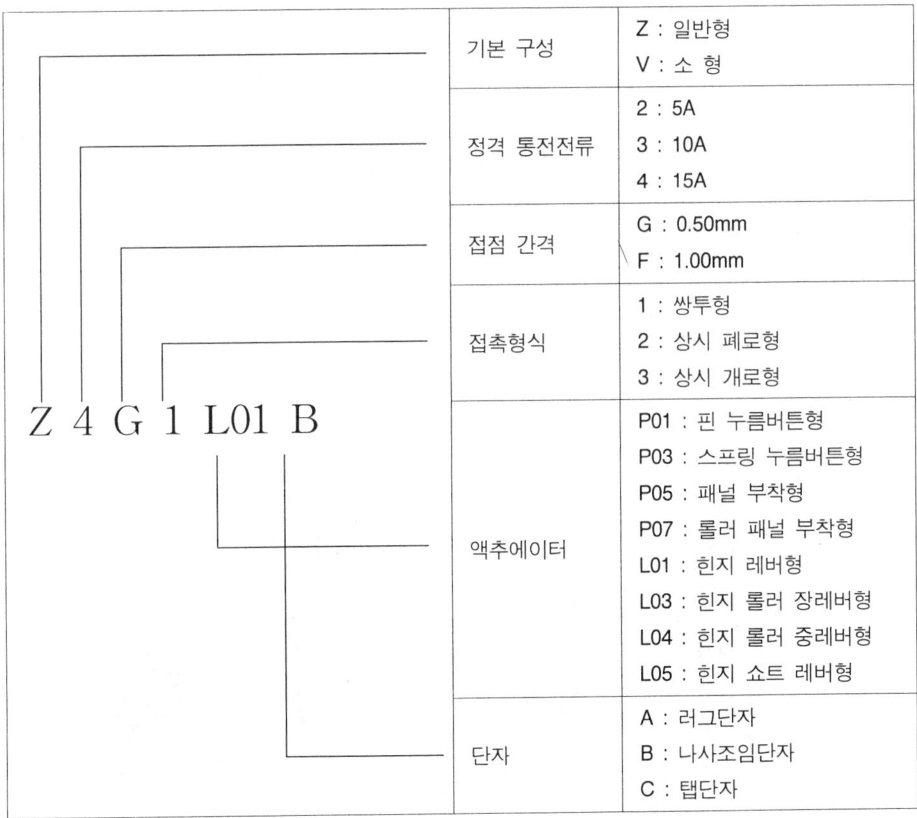

기본 구성	Z : 일반형	
	V : 소 형	
정격 통전전류	2 : 5A	
	3 : 10A	
	4 : 15A	
접점 간격	G : 0.50mm	
	F : 1.00mm	
접촉형식	1 : 쌍투형	
	2 : 상시 폐로형	
	3 : 상시 개로형	
액추에이터	P01 : 핀 누름버튼형	
	P03 : 스프링 누름버튼형	
	P05 : 패널 부착형	
	P07 : 롤러 패널 부착형	
	L01 : 힌지 레버형	
	L03 : 힌지 롤러 장레버형	
	L04 : 힌지 롤러 중레버형	
	L05 : 힌지 쇼트 레버형	
단자	A : 러그단자	
	B : 나사조임단자	
	C : 탭단자	

Z 4 G 1 L01 B

(2) 리밋 스위치(limit switch)

마이크로 스위치를 물, 기름, 먼지, 외력 등으로부터 보호하기 위해 금속 케이스나 수지

케이스에 조립해 넣은 것을 리밋 스위치라 한다.

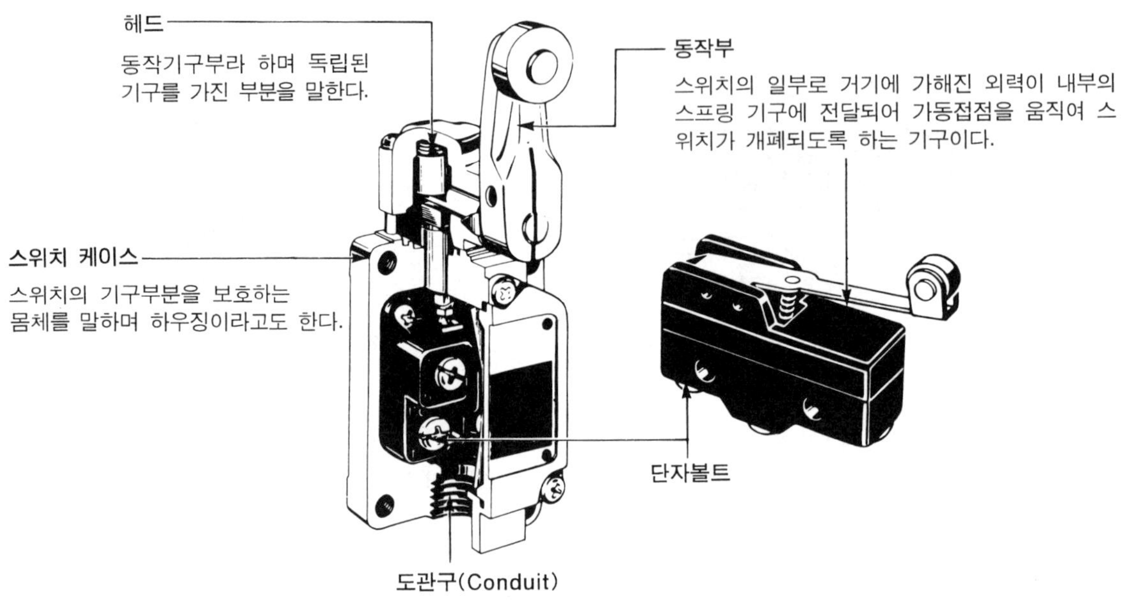

그림 2-17 리밋 스위치의 구조

즉, 리밋 스위치는 견고한 다이캐스트 케이스에 마이크로 스위치를 내장한 것으로 밀봉되어 내수(耐水), 내유(耐油), 방진(防塵)구조이기 때문에 내구성이 요구되는 장소나, 외력으로부터 기계적 보호가 필요한 생산설비와 공장 자동화 설비 등에 사용된다. 따라서 리밋 스위치를 봉입형(封入形) 마이크로 스위치라 한다.

사진 2-10 리밋 스위치

표 2-5 리밋 스위치의 액추에이터 종류와 선택방법

종　류	형　상	특　　징
롤러 레버형		회전 방향의 스트로크가 40°~90°로 크고, 레버는 360° 임의의 각도로 조정이 가능하여 사용하기 쉽다.
가변롤러 레버형		롤러 레버형의 특징을 살려서 폭넓은 범위에서 조작체의 검출이 가능한 형식으로 레버길이의 조절이 가능하다.
플런저형		유공압 실린더 등에 의한 조작에서의 위치검출에 높은 정도를 가진다.
롤러 플런저형		캠, 도그, 실린더 및 보조 액추에이터를 장착하여 광범위한 조작이 가능하다.
볼 플런저형		설치하는 면과 조작방향이 다른 경우나 직교하는 그 축의 조작이 필요한 경우에 편리하다.
힌지 레버형		저속, 저 토크의 캠에 주로 이용되며, 레버는 조작체에 따라 여러 가지 형태가 만들어진다.
힌지 롤러 레버형		힌지 레버에 롤러를 단 것으로 고속 캠에 적당하다.
롤러 암형		롤러의 위치를 변화시킬 수 있는 특징이 있다.
코일 스프링형		360° 어느 방향에서도 조작이 가능하다. 특히 동작에 필요한 힘은 리밋 스위치 중 가장 낮고 방향이나 형상이 불균일한 경우에도 적합하다.

1) 접촉식 스위치의 도면기호 표시법

마이크로 스위치나 리밋 스위치의 접점기호를 나타낼 때에는 그림 2-18과 같이 표시한다.

(a) a접점　　　　　　　　　　　(b) b접점

그림 2-18 마이크로 · 리밋 스위치의 접점기호

2) 올바른 사용법

① 스위치의 액추에이터가 급격하게 농작되면 충격이 발생되어 스위치의 수명이나 정도에 미치는 영향이 크므로 캠(cam)이나 도그(dog)는 매끄러운 형태로 해야 한다.

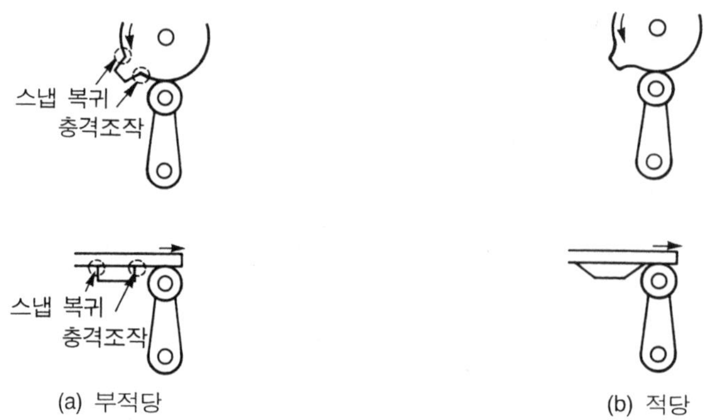

그림 2-19　캠이나 도그의 형상

② 스위치의 액추에이터에는 회전운동, 직선운동의 경우에 모두 정상적인 하중이 걸리도록 설정해야 한다. 특히 그림 2-20과 같이 도그가 레버에 닿으면 하중의 변화는 물론 동작위치도 불안전해지므로 주의해야 한다.

그림 2-20　도그의 접촉 위치

③ 스위치의 액추에이터에 편하중이 걸리지 않도록 하고, 국부 마모가 발생되지 않도록 주의해야 한다.

④ 스위치를 장착할 때에는 보수 점검이 용이하게 설치해야 하고 배선시에도 리드선에 장력이 걸리지 않도록 여유를 주어 배선해야 한다(그림 2-21).

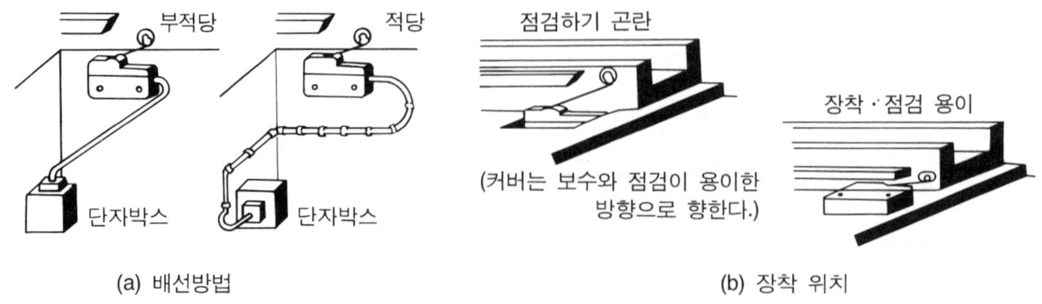

그림 2-21　장착상의 주의사항

⑤ 사용환경 조건은 온도, 습도, 진동, 충격, 압력 등에 대한 사항들이 카탈로그의 사양서에 나타난 규정치 이내인가를 검토해야 한다. 특히 스위치가 내수(耐水) 밀봉형이 아닌 것은 기름이나 물이 비산(飛散), 분출하는 곳을 피해야 하며, 경우에 따라서는 보호커버 등을 설치하여 직접 노출을 막아야 한다.

또한, 리밋 스위치라도 옥외이거나 특수한 절삭유 사용으로 스위치의 재질에 변질이나 열화가 예상되는 경우에는 메이커와 상담하여야 한다.

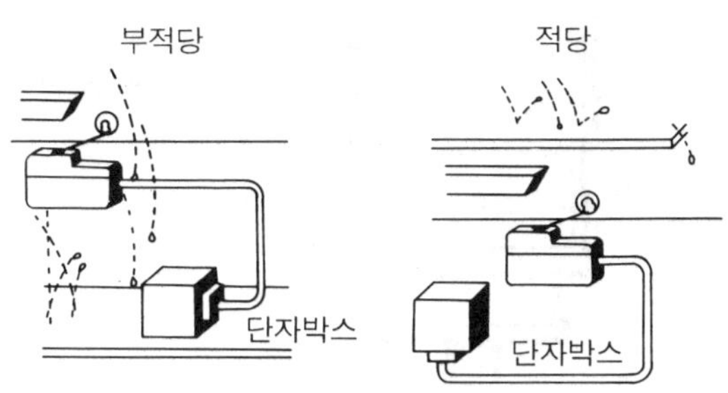

그림 2-22 보호커버의 설치예

(3) 근접 스위치(proximity switch)

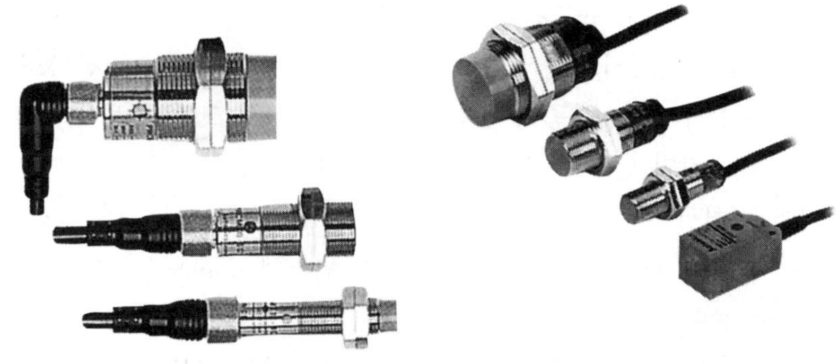

사진 2-11 근접 스위치

1) 근접 스위치의 구조와 종류

근접 스위치는 이용하는 물리현상에 따라 검출코일의 인덕턴스 변화를 이용하는 고주파 발진형의 근접 스위치와 캐피시턴스의 변화를 이용하는 정전용량형 근접 스위치가 있다.

고주파 발진형 근접 스위치는 검출면 내부에 발진용 검출코일이 있으며, 이 코일 가까이에 금속체가 존재하거나 접근하면 전자유도 작용으로 인해 금속체 내에 유도전류가 흘러 검출코일의 인덕턴스 변화가 발생되는 것을 검출하여 출력신호를 발생시키는 형식으로 검출대상은 금속에 한한다.

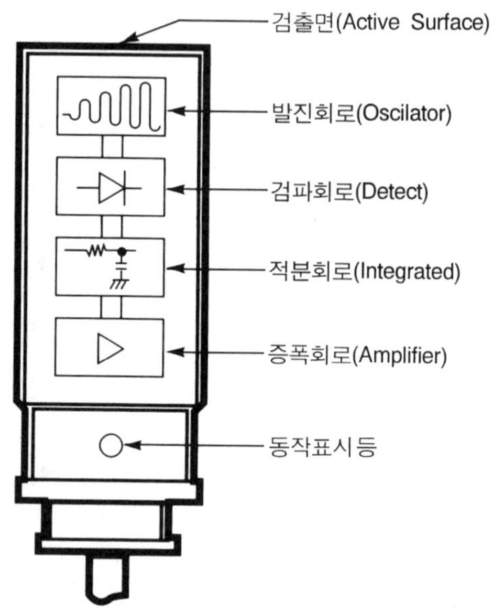

그림 2-23 근접 스위치의 구조

정전 용량형 근접 스위치는 검출부에 유도전극을 가지고 있어 이 전극과 대지간에 물체가 존재하거나 접근하면, 유도전극과 대지간의 정전용량이 크게 변하므로 그 변화량을 검출하여 출력신호를 발생시키는 형태의 근접 스위치이다. 따라서 정전 용량형 근접 스위치는 금속체를 포함하여 나무, 종이, 플라스틱, 물 등 거의 모든 물체의 검출이 가능하다.

그림 2-23은 대표적인 근접 스위치의 구조를 나타낸 것으로 몰드 케이스 내는 주형수지로 고정되어 있어서 환경이 나쁜 장소에서도 사용이 가능하고, 내진동, 내충격성이 우수하다. 또한 그림에 나타낸 것과 같이 내부는 반도체 소자로 구성되어 있어 가동부분이 없고, 수명이 길며 보수가 불필요하다.

근접 스위치의 형상으로는 원주형과 사각형 외에 금속봉이나 구(球)의 검출에 적합한 관통형, 평면부착형 등이 있다.

근접 스위치의 검출거리는 일반적으로 5~30mm 정도가 표준으로 비교적 작다. 그러나 이것도 철을 기준으로 했을 때의 검출거리로 철 이외의 금속이나 도금의 영향에 따라 검출거리가 크게 변하므로 선정시 주의를 해야 한다.

근접 스위치는 검출원리에 따른 분류 외에도 형상에 따라서 또는 출력형식에 따라서도 여러 가지 형태의 근접센서로 분류된다.

표 2-6과 표 2-7은 이러한 분류에 따른 근접 스위치의 종류를 나타낸 것이다.

표 2-6 형상에 따른 근접 스위치의 분류

분 류	형 상	특 징
사각형	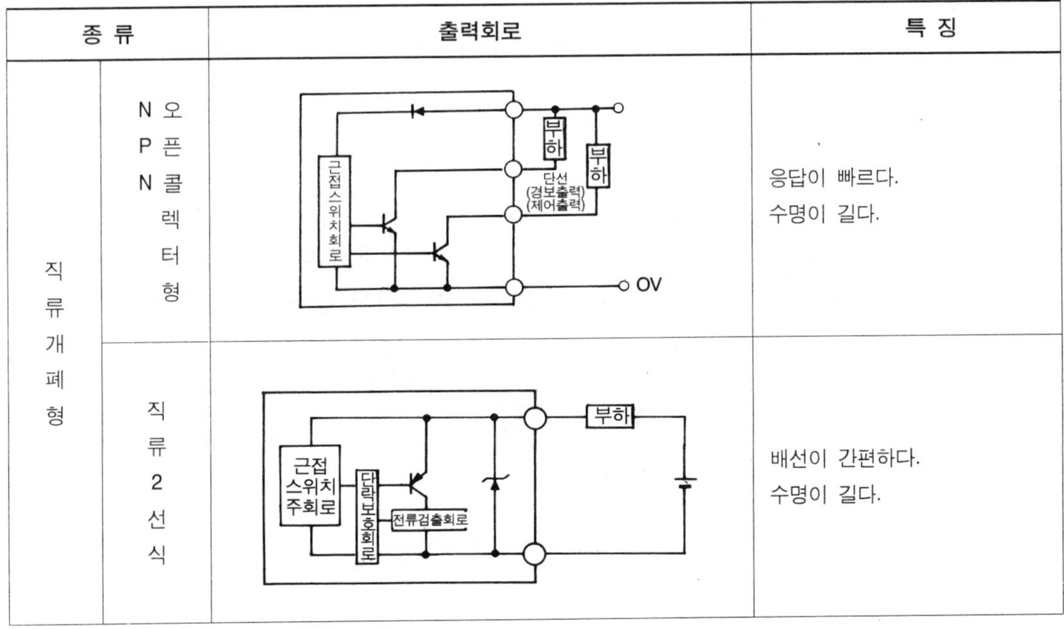	나사로 고정 장착 실드 형식은 금속 내부에 설치 가능
원주형		너트 또는 나사 구멍에 장착 가능 실드 형식은 금속내부에 설치 가능
관통형		환상(環狀)형의 검출 헤드 내를 통과시켜 검출
홈형(溝形)		설치 위치 조정이 용이
다점형(多点形)		고속, 고신뢰성
평면부착형		대형이므로 검출거리가 길다.

표 2-7 출력형식에 따른 근접 스위치의 분류

종 류		출력회로	특 징
직류개폐형	NPN 오픈 콜렉터형		응답이 빠르다. 수명이 길다.
	직류 2선식		배선이 간편하다. 수명이 길다.

종 류		출력회로	특 징
교류개폐형	사이리스터	전원회로 / AC / 부하 / AC / 근접스위치주회로 / 포토커플러절연	수명이 길다.
	교류2선식	근접스위치주회로 / 단락보호회로 / 부하	배선이 간편하다. 수명이 길다.

2) 근접 스위치의 용어 설명

근접 스위치의 용어에 대한 설명과 사용에 있어서 주의사항을 열거하면 다음과 같다.

① 표준 검출물체

근접 스위치의 성능을 측정하기 위해 표준이 되는 검출물체의 형태, 치수, 재질을 정한 규격을 말한다. 통상 1mm 두께의 철을 사용하고 변의 치수는 근접 스위치의 형식이나 메이커에 따라 다르다.

② 검출거리

검출물체가 근접 스위치의 검출면에 접근하여 출력신호가 ON되는 점을 검출거리(Sn)라 한다. 각 기종의 검출거리는 표준 검출물체를 사용하여 얻어진 수치를 말한다.

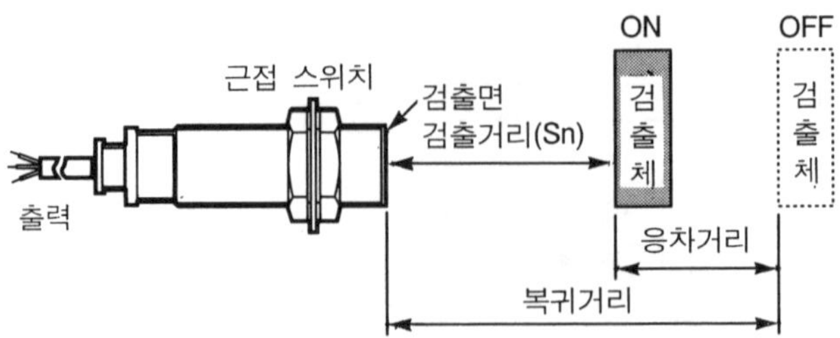

③ 응차거리

검출물체가 검출면에 접근하여 출력신호가 ON하는 점에서 검출물체가 검출면에서 멀어지면서 출력신호가 OFF하는 점까지의 거리를 응차거리라고 한다.

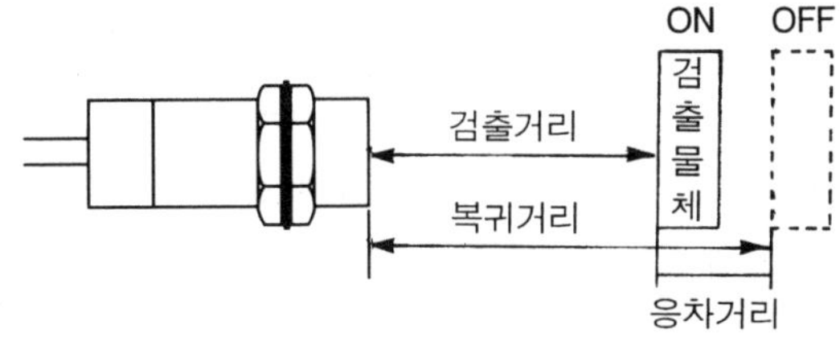

④ 응답주파수

검출물체를 반복하여 근접시켰을 때 오동작없이 동작 가능한 횟수를 말한다.

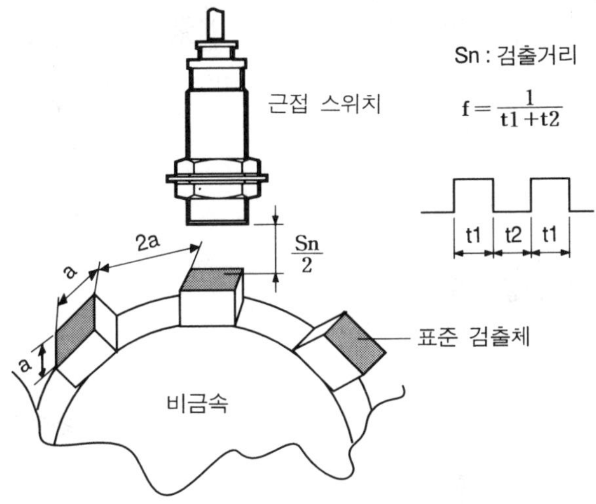

$$f = \frac{1}{t1 + t2}$$

⑤ 응답시간

아래 그림에서 검출물체가 동작 영역 내에 들어와 근접 스위치가 동작하는 상태가 되는 때부터 출력이 표시되는 데까지의 시간을 말한다.

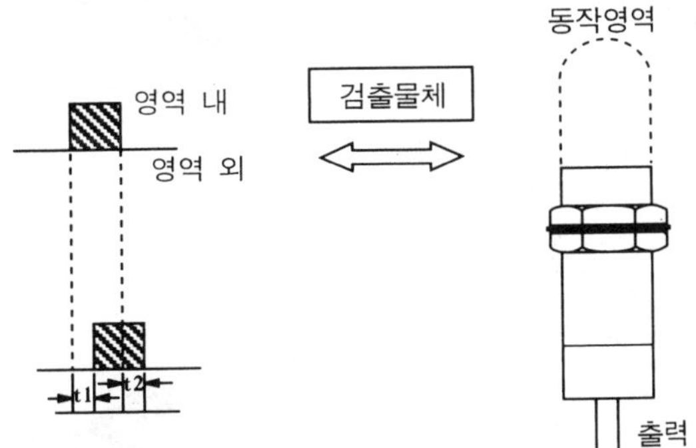

⑥ 매입형과 돌출형

매입형(shield형)이란 검출면을 제외한 근접 스위치의 대부분이 금속으로 둘러싸여 측면에서 오는 전기적 잡음으로부터 보호가 되는 형식으로 검출면이 금속외장과 동일하게 취부가 가능하다.

반면에 돌출형(non shield형)은 검출면 가까운 부분의 둘레가 금속으로부터 보호되지 않은 형식으로 금속내부에 설치할 때에는 특별한 주의가 필요하다. 즉, 돌출형을 오목 홈에 취부시킬 때에는 아래 그림과 같이 근접 스위치 직경의 3배 이상의 거리를 두어야 한다.

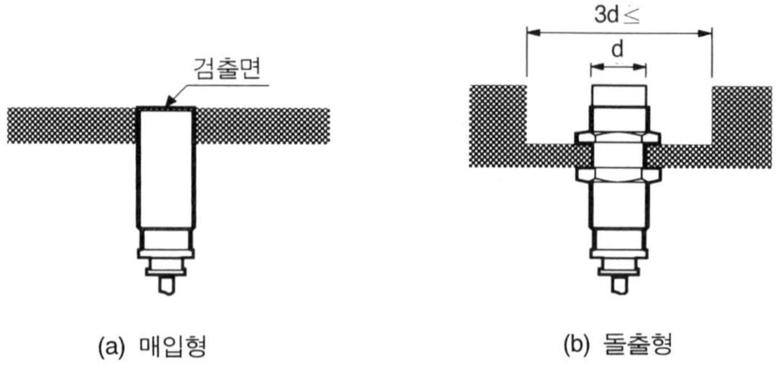

⑦ 검출재질에 따른 검출거리 변화

근접 스위치는 검출물체가 표준 검출물체와 다를 경우 검출거리가 변화하므로 선정에 있어서 주의가 필요하다.

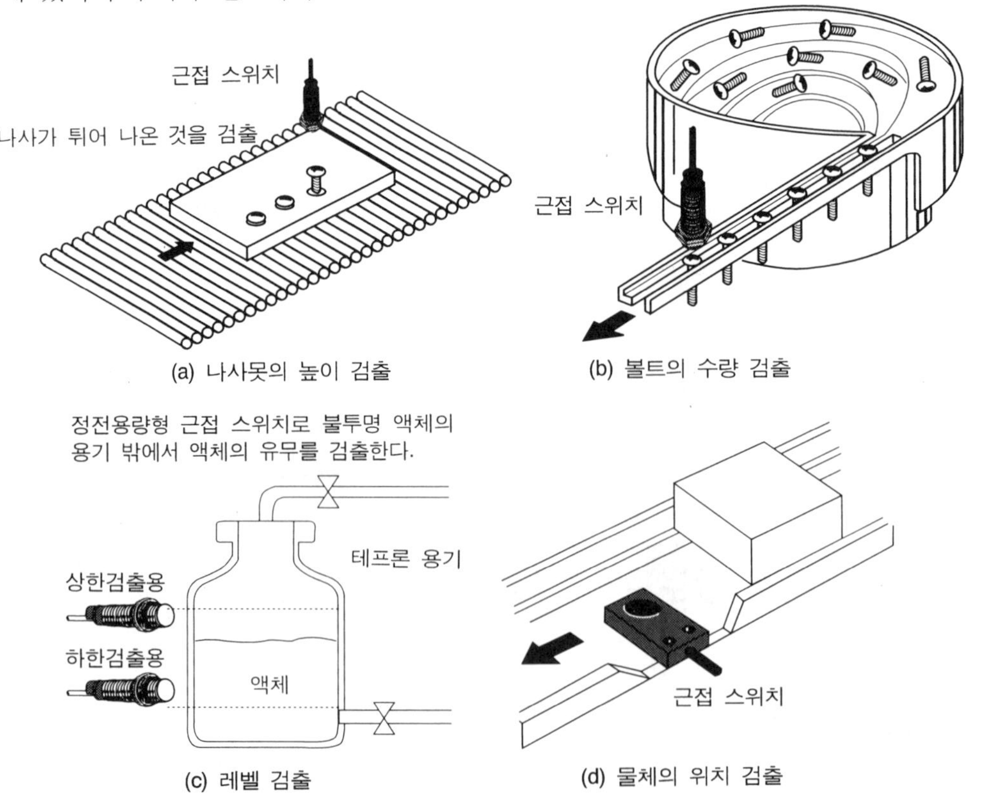

그림 2-24 근접 스위치의 응용예

(4) 광전센서

검출용 센서는 응용하는 물리적 현상에 따라 여러 가지로 구분되는데 광을 매체로 응용한 것을 광전센서(포토센서)라고 한다.

광전센서는 투광기의 광원으로부터 광을 수광기에서 받아 검출체의 접근에 의해 광의 변화를 검출하여 스위칭 동작을 얻어내는 센서로서, 빛을 투과시키는 물체를 제외하고는 모든 물체의 검출이 가능하다. 또한, 검출거리도 10mm에서부터 수십 미터에 이르는 것까지로 근접 스위치에 비해 현저히 길고, 검출기능도 물체의 유무나 통과여부 등의 간단한 검출부터 물체의 대소분별, 형태판단, 색채판단 등 고도의 검출을 할 수 있으므로 자동제어, 계측, 품질관리 등 모든 산업 분야에 활용되고 있다.

대표적인 광전센서의 구성 블록도를 그림 2-25에 나타냈다.

사진 2-12 광전센서

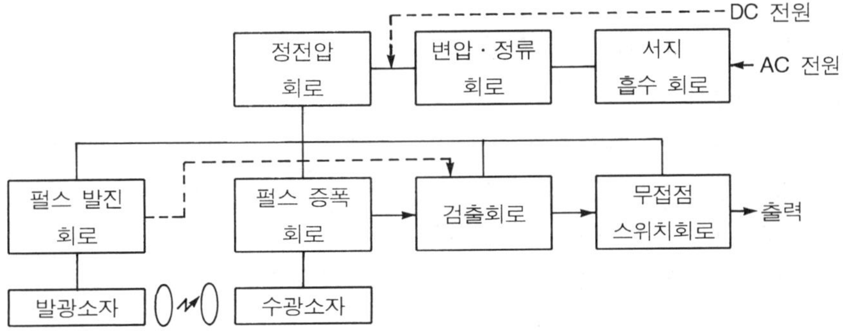

그림 2-25 광전센서의 블록도

1) 광전센서의 일반적인 특징

① 비접촉방식으로 물체를 검출한다.

광전센서는 검출물체와 접촉하지 않고 물체를 검출하므로 검출물체 등에 물리적 손상이나 영향을 주지 않는다.

② 검출거리가 길다.

광전센서는 검출거리가 수 밀리미터에서 수십 미터 정도로 검출센서 중 검출거리가 가장 길다.

③ 검출물체의 대상이 넓다.

검출물체의 표면반사량, 투과량 등 빛의 변화를 감지해 물체를 검출하기 때문에 다양한 물체가 검출대상이 된다.

④ 응답속도가 빠르다.

검출매체로 빛을 이용하기 때문에 사람의 눈으로 인식 불가능한 물체의 고속 이동도 검출할 수 있다.

⑤ 물체의 판별력이 뛰어나다.

광전센서에서 사용하는 변조광은 직진성이 뛰어나고 파장이 짧아 물체의 크기, 위치, 두께 등 고정도의 검출이 가능하다.

⑥ 자기(磁氣)와 진동의 영향을 적게 받는다.

광전센서는 광을 매체로 물체를 검출하기 때문에 자기와 진동 등의 영향과는 무관하게 물체를 검출할 수 있다.

⑦ 색채 판별이 가능하다.

색의 특정파장에 대한 흡수효과를 이용하여 광전센서로 수광되는 반사광량의 차이에 의해 색상의 판별이 가능하다.

2) 광전센서의 검출형태에 따른 분류

① 투과형 광전센서

그림 2-26에 나타낸 바와 같이 투광기와 수광기로 구성되며, 설치할 때는 광축이 일치하도록 일직선상에 마주보도록 해야 한다. 동작원리는 광축이 일치하여 있기 때문에 투광기로부터 나온 빛은 수광기에 입사되는데, 만일 검출체가 접근하여 빛을 차단하면 수광기에서 검출신호가 발생한다. 이 투과형 광전센서는 검출거리가 가장 길고 검출정도도 높으나 투명물체의 검출은 곤란하다.

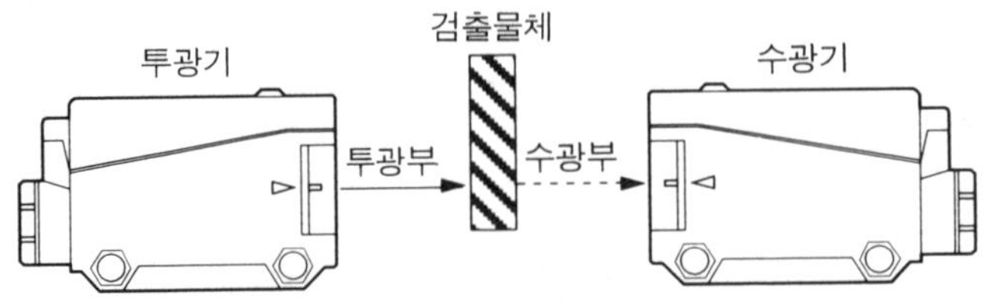

그림 2-26 투과형 광전센서

② 미러 반사형 광전센서

그림 2-27에 나타낸 바와 같이 투광기와 수광기가 하나의 케이스로 조립되어 있고, 반사경으로 미러를 사용한다. 동작원리는 투광기와 미러 사이에 미러보다 반사율이 낮은 물체가 광을 차단하면 출력신호를 낸다. 이 형식의 광전센서는 광축 조정은 쉬우나 반사율이 높은 물체는 검출이 곤란하다.

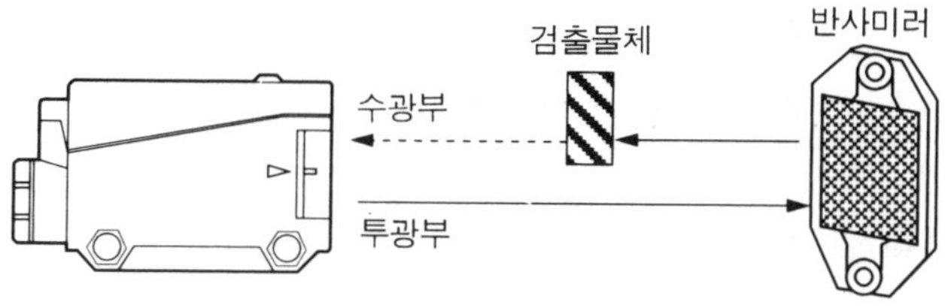

그림 2-27   미러 반사형 광전센서

③ 직접 반사형 광전센서

직접 반사형 광전센서는 미러 반사형처럼 투광기와 수광기가 하나의 케이스에 내장되어 있으며, 투광기로부터 나온 빛이 검출물체에 직접 부딪혀 그 표면에 반사하고, 수광기는 그 반사광을 받아 출력신호를 발생시키는 것으로 그 원리를 그림 2-28에 나타냈다.

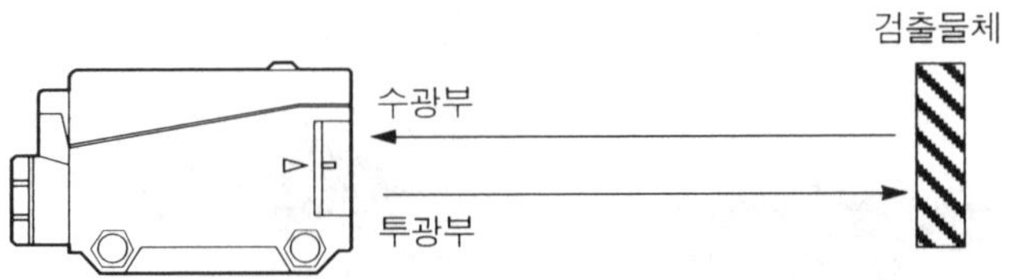

그림 2-28   직접 반사형 광전센서

3) 출력형태에 따른 분류

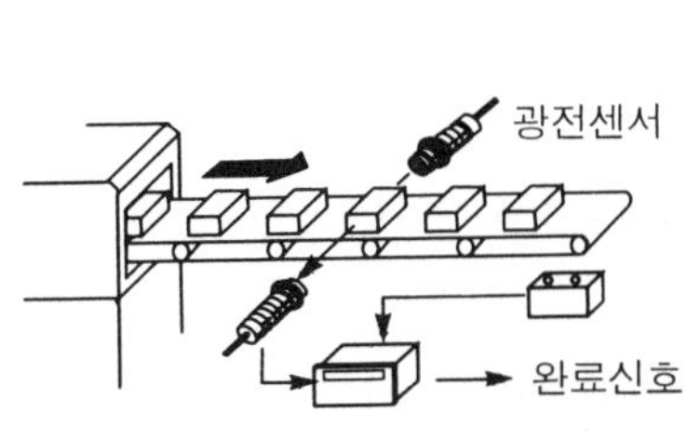

(a) 제품의 생산수량 검출

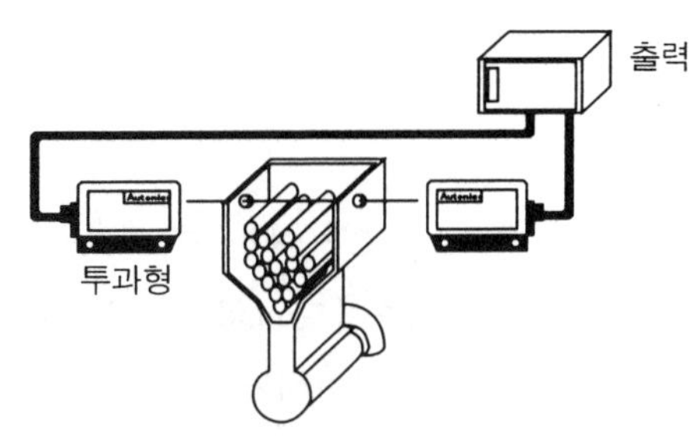

(b) 재료의 잔량 검출

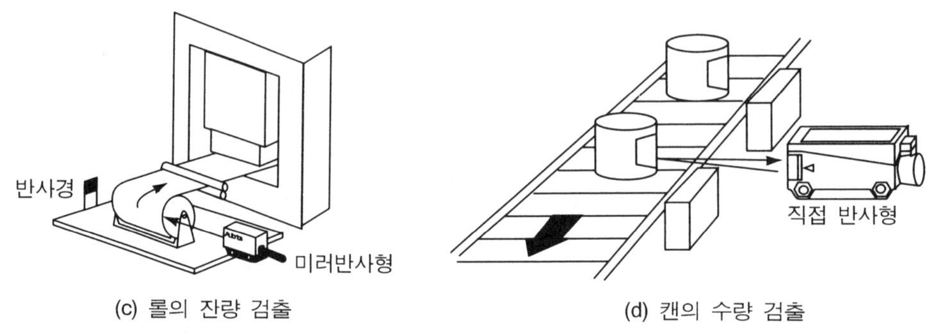

그림 2-29 광전센서의 응용예

광전센서의 출력형태는 무접점 출력과 유접점 출력으로 구분되며, 또한 검출물체가 있어 물체를 검출한 상태에서 출력이 ON되는 노멀 오픈(normal open)형과 물체를 검출하면 출력이 OFF되는 노멀 클로즈(normal close)형이 있다. 그리고 센서의 전원에 따라서도 DC 전압형과 AC 전압형, 또는 프리 전압용 등 다양한 종류가 있다.

(5) 광 파이버 센서(photo fiber sensor)

광 파이버 센서란 광전센서 본체(앰프)의 투·수광부에 광 파이버 광학계를 조합시켜 물체의 유무 검출 및 마크 검출을 할 수 있도록 한 광전센서의 일종으로 광 파이버 케이블의 유연한 성질을 이용하여 광을 목적하는 장소에 자유 자재로 보낼 수 있다는 특성 때문에 이 센서의 사용이 날로 증대되고 있는 추세다.

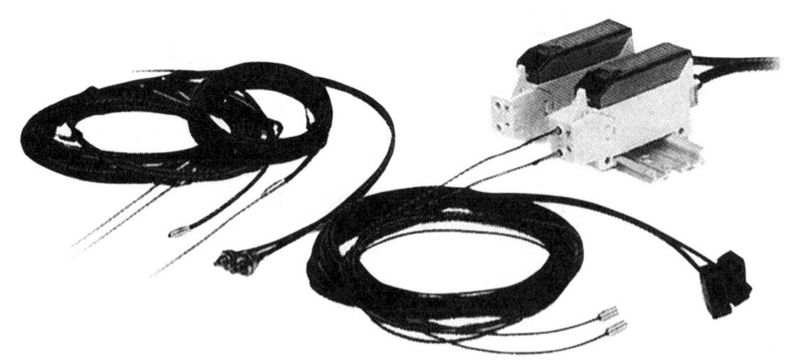

사진 2-13 광 파이버 센서

광 파이버란 그림 2-30에 나타낸 바와 같이 한가닥의 광 파이버는 굴절률이 높은 코어와 굴절률이 낮은 클러드(clad)로 구성되어 있어, 광 파이버의 한쪽 단면으로 입사된 광은 코어와 클러드의 경계면에서 전반사를 반복하여 진행하면서 다른 쪽 단면으로 투사되며, 이 경우 투사광은 약 60° 각도의 원추형으로 확산되어 광을 계속 이동시킨다.

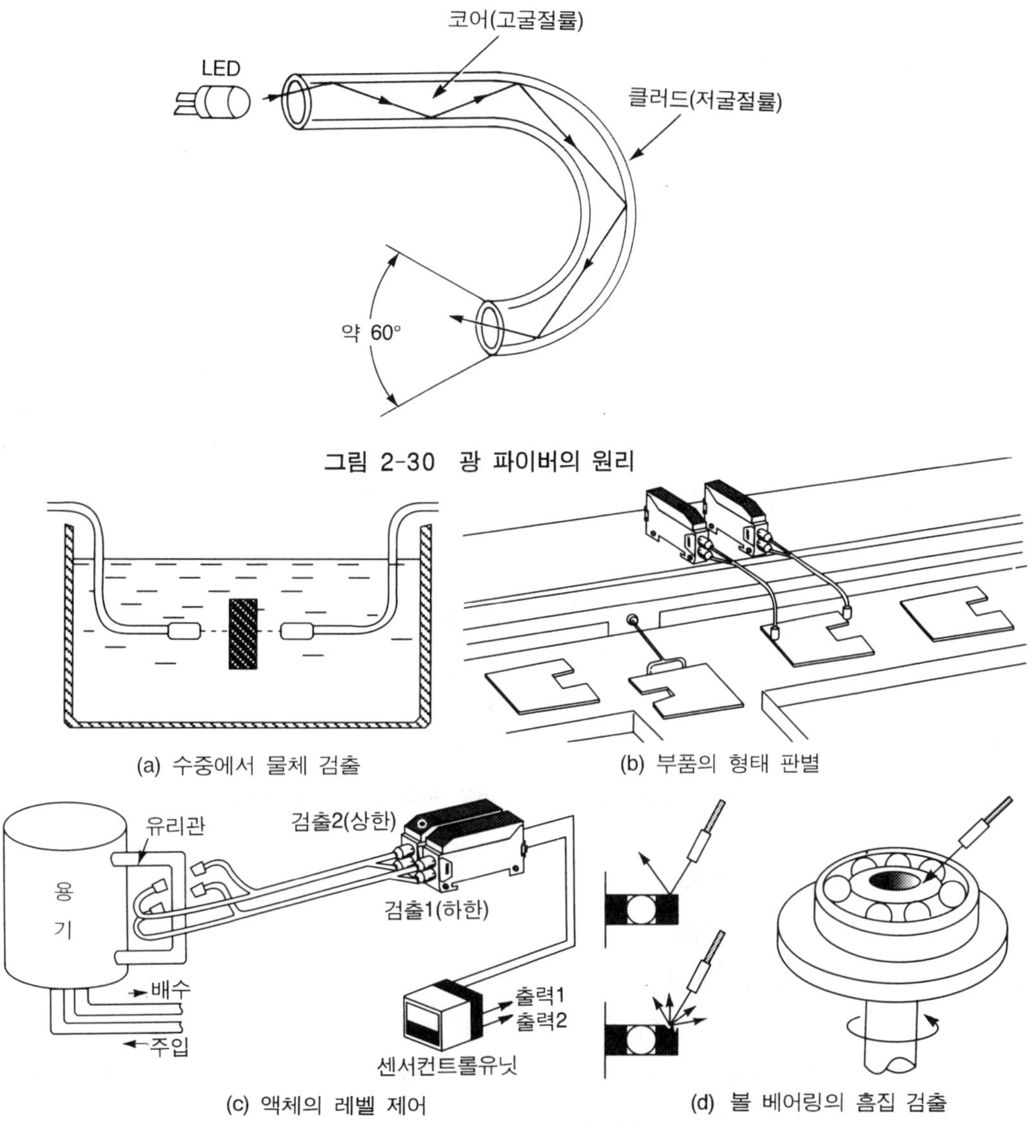

그림 2-30　광 파이버의 원리

(a) 수중에서 물체 검출　　　　(b) 부품의 형태 판별

(c) 액체의 레벨 제어　　　　(d) 볼 베어링의 흠집 검출

그림 2-31　광 파이버 센서의 응용예

이와 같은 광 파이버 센서의 특징은 다음과 같다.

① 유연성이 우수하다.

　플렉시블한 광 파이버를 이용하기 때문에 설치장소에 구애받지 않고, 좁은 장소나 설치하기 곤란한 장소에서도 자유롭게 설치할 수 있다.

② 소형 물체의 검출이 용이하다.

　검출 선단부가 매우 소형이기 때문에 검출물체에 가까이 부착할 수 있고, 따라서 소형

물체도 검출할 수 있다.

③ 내환경성이 우수하다.

　유리형 광 파이버를 사용하면 주위 온도가 높은 장소에서도 사용이 가능하고, 검출 선단부를 포함하여 광 파이버에는 전류가 흐르지 않기 때문에 방폭용으로도 사용이 가능하며, 노이즈의 영향을 받지 않는 장점이 있다.

(6) 로터리 엔코더(rotary encoder)

　로터리 엔코더란 기계 회전각의 변화량을 전기적 신호(digital)로 변환하는 디지털 센서로서, 외력에 의해 회전축이 회전하고 이 회전각도에 비례하는 펄스를 발생시키는 A/D 변환기의 일종이다. 특히 기계제어에 많이 사용되고 있는 출력을 디지털 신호로 얻을 수 있으므로 회전 각도나 이동거리 등의 변위를 검출하는 데 많이 이용된다.

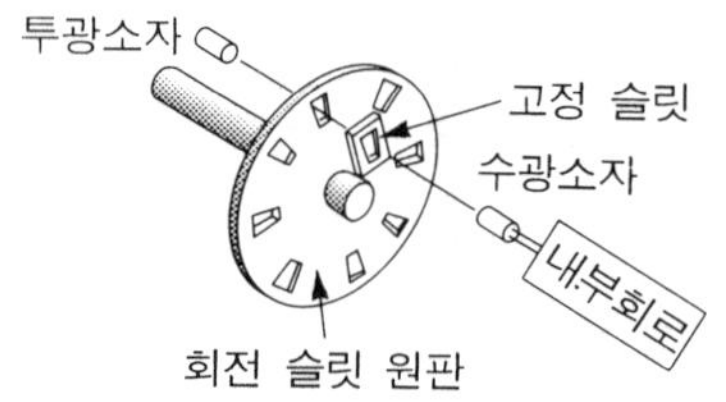

그림 2-32 로터리 엔코더의 원리(광학식 A상 출력)

1) 로터리 엔코더의 분류

① 검출방식에 의한 분류

㉠ 광학식 로터리 엔코더

　현재 가장 많이 사용되고 있는 방식이다. 신호를 얻어내는 물리량으로 빛을 사용하기 때문에 광학식이라 부른다. 광학식 로터리 엔코더의 구조를 그림 2-32에, 동작원리 블록도를 그림 2-33에 나타냈다.

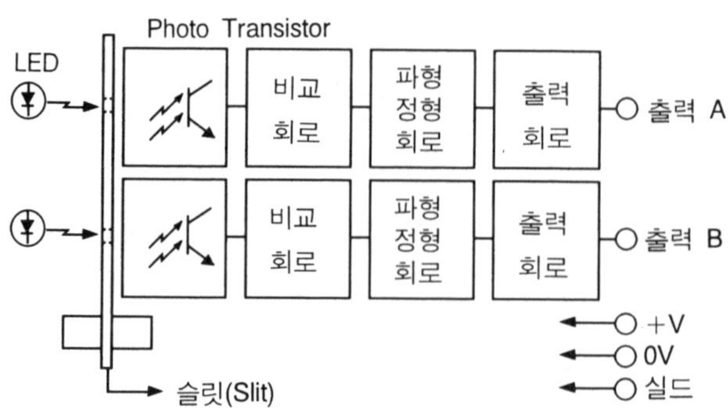

그림 2-33 광학식 로터리 엔코더의 동작원리도

그 구조는 그림으로 보아 알 수 있듯이 회전축에 직결된 회전 슬릿 원판과 고정 슬릿의 좌우에 배치된 광원과 비교회로, 파형 정형회로, 출력회로 등으로 구성되어 있다.

회전 슬릿 원판에는 등간격으로 구멍이 뚫려 있는데, 이 구멍 부분에서 빛이 통과되어 출력신호를 얻을 수 있게 되어 있다.

광학식 로터리 엔코더는 분해능이 높고 접촉부가 없어 수명이 길며, 높은 정밀도로 주파수 특성이 좋아 많이 사용되고 있다.

ⓛ 브러시식 로터리 엔코더

브러시(brush)식은 입력축에 직결한 회전 디스크와 디스크상의 슬라이드를 브러시로 구성되어 있는 형식으로, 디스크면에는 도통부분과 비도통 부분이 있는데, 이 윗면을 브러시가 슬라이딩함으로써 그 부호에 따른 신호를 입력축의 회전각도에 따라 얻을 수 있도록 되어 있다.

이 브러시식은 디스크 패턴의 세분화에 한도가 있어 고분해능이나 고정밀도를 얻을 수 없을 뿐만 아니라 브러시에 접촉부가 있는 관계로 응답특성이나 신뢰성, 수명면 등에서 문제가 있어 그다지 사용되지는 않는다.

ⓒ 자기식

자기식(磁氣式) 로터리 엔코더는 자기저항 소자에 따라 반도체형과 강자성체형이 있으며, 데이터를 고밀도로 격납할 필요성이 증가함에 따라 발전한 자기 기록 기술의 발전과 센서로서의 자기 감지소자의 개발로 구조가 간단한 엔코더를 만들 수 있기 때문에 주목받고 있는 형식이다.

구성은 디스크에 자장을 발생하도록 특수 가공하여 디스크의 회전에 따라 자계의 변화를 검출하여 출력신호를 얻어내는데, 광학식에 비해 기름이나 물에도 강하고 주파수 특성이 좋은데다 유리 슬릿이 없기 때문에 충격에도 강하여, OA기기, FA기기, 가전기기 등에 점차 사용이 증가되고 있다. 그러나 고분해능으로 제작하기 어렵고 외부 자계의 영향으로 오동작을 일으킬 가능성이 있으므로 사용할 때는 주의가 필요하다.

② **출력방식에 의한 분류**

㉠ 인크리멘탈(incremental) 방식

인크리멘탈 방식은 회전축의 회전량을 펄스의 수로 변환하여 출력하는데, 이것을 UP/DOWN 카운트하여 이동량을 표시하는 것으로 가장 많이 사용되고 있다.

인크리멘탈식 로터리 엔코더의 출력에는 90°의 위상차를 가진 A, B상과 원점 출력인 Z상이 있다. 출력 형식은 A상 출력형, A, B상 출력형, A, B, Z상 출력형 등 세 가지가 있다.

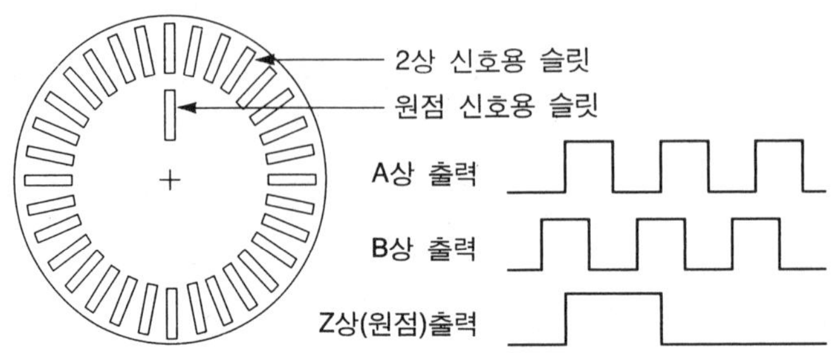

그림 2-34 인크리멘탈식 엔코더의 회전원판(A, B, Z상 출력형)

ⓛ 업솔루트(absolute) 방식

업솔루트 방식 로터리 엔코더는 원판 형상과 구조도를 그림 2-35에 나타낸 바와 같이 회전축(shaft)의 0°지점을 기준으로 하여 360°를 일정한 비율로 분할하고, 그 각도마다 인식 가능한 전기적 디지털 코드(BCD, binary, gray code 등)를 지정하여, 회전축의 회전 위치(각도)에 따라 지정된 디지털 코드가 출력되도록 한 절대 회전각도 검출용 센서이다.

따라서 회전축의 회전각도에 대한 출력값은 어떠한 전기적인 요소에 의해서도 변화되지 않으므로, 정전에 대한 원점 보상이 필요없을 뿐만 아니라 전기적인 노이즈에도 강하다.

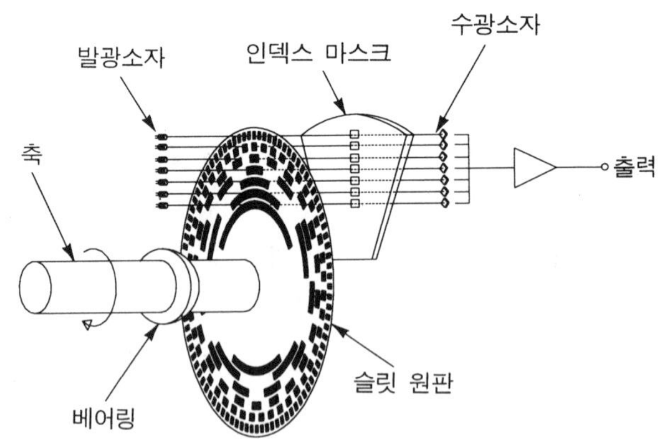

그림 2-35 업솔루트 방식 로터리 엔코더

③ 구조 형상에 따른 분류

㉠ 축형 로터리 엔코더

축에 직접 취부하여 회전 변위를 검출하는 형식으로 좁은 공간에 설치가 편리하고 축의 관성 모멘트가 적다는 특징이 있다. 종류에는 실축형과 중공축형이 있는데 중공축형은 전동기(motor)나 기계의 회전축에 직접 설치할 수 있어 별도의 커플링이 필요 없다는 장점이 있다.

(a) 실축형   (b) 중공축형

사진 2-14 축형 로터리 엔코더

ⓛ 측면 고정식 로터리 엔코더

사진 2-15에 나타낸 바와 같이 기계나 장치의 프레임에 직접 설치하기 쉬운 구조로 외형이 다이캐스트 등의 구조로 되어 있어 외부 충격에 강하다는 특징이 있다.

사진 2-15 측면 고정식 로터리 엔코더

ⓒ 바퀴형 로터리 엔코더

사진 2-16 바퀴형 로터리 엔코더

이 형식은 검출대상과 물리적으로 접속하지 않고 센서와 일체로 된 바퀴의 회전에 따라 센서가 동작하는 구조로 연속적으로 이송되는 물체의 길이나 위치, 속도 측정 등에 이용된다. 주요 용도로는 포장기계, 시트류 생산기계, 섬유기계 등과 일반 산업용 기계에 다용도로 사용된다.

㉣ 핸들형 로터리 엔코더

핸들형은 사진 2-17에 나타낸 바와 같이 핸들의 회전각도를 검출하는 형식의 로터리 엔코더로 수동 펄스 입력용에 적합하다. 주로 NC 선반이나 밀링 등에서 절삭량 또는 테이블의 이송거리 측정용으로 사용된다.

사진 2-17 핸들형 로터리 엔코더

④ 제어출력 형식에 따른 분류

로터리 엔코더의 제어출력 형식에 따라서는 오픈 콜렉터 출력, 토템폴 출력, 라인 드라이버 출력 등이 있으며, 이들 각 형식의 회로도와 특징은 다음과 같다.

표 2-8 로터리 엔코더의 출력형식

출력방식	회 로 도	설 명	용 도
오픈 콜렉터 (open collector)	Vcc / OUT / 회로 / OV	트랜지스터의 콜렉터단에 부하를 연결하지 않고 그대로 출력하므로 외부에서 부하를 연결해 주어야 한다.	섬유기계 자동화 기기 사출기 인쇄기 포장기 등
토템폴 (totem pole)	Vcc / RL / OUT / 회로 / OV	항시 전류가 흘러 노이즈(noise)에 강하고 파형 왜곡이 적으며, 전압 출력 및 오픈 콜렉터 방식으로도 사용이 가능하다.	FA 범용기기

출력방식	회 로 도	설 명	용 도
라인 드라이버 (line driver)		데이터 전송용의 출력 전용 IC를 이용하여 출력하는 방식으로 시스템측에 리시버가 구비되어 있어야 한다.	서보 모터 로봇 AGV NC공작기계 등

2) 로터리 엔코더에 관한 용어 설명

① 분해능(펄스수/1회전)

로터리 엔코더의 회전축이 1회전할 때 출력하는 펄스수를 말한다. 따라서 분해능이 높으면 1회전의 각도를 미세하게 분할하므로 제어 정밀도가 향상된다.

광전식 로터리 엔코더의 경우는 분해능이 통상 로터리 엔코더의 내부에 있는 슬릿의 분해 눈금수와 동일하다.

② 최대응답 주파수(Hz)

로터리 엔코더가 전기적으로 응답 가능한 1초당 최대 출력 펄스수를 말한다.

③ 최대응답 회전수(rpm)

로터리 엔코더가 전기적인 신호를 정상적으로 출력하기 위한 최대 회전수를 말하며, 이는 통상 엔코더의 최대응답 주파수와 분해능에 의해 결정된다.

$$\text{최대 응답 회전수(rpm)} = \frac{\text{최대 응답 주파수}}{\text{분해능}} \times 60$$

④ 그레이(gray) 코드

그레이 코드는 2진(binary) 코드의 결점을 보완하기 위해 만들어진 코드로서 비교적 높은 신뢰성이 요구되는 시스템에 응용되고 있다.

원리는 2진 코드가 어떤 임의의 데이터에서 다음의 데이터로 변화될 때, 각 비트간의 데이터 변화시점이 정확히 일치되지 않기 때문에 2개 이상의 데이터 비트가 변화될 경우에는 원하지 않는 데이터가 발생할 가능성이 있다.

따라서 데이터 변환시 1개의 비트만 변화되도록 코드화하여 오류(error) 발생을 최소화한 것이 그레이 코드이다.

표 2-9 2진 코드와 그레이 코드

10진수	2진 코드	그레이 코드
0	0 0 0 0	0 0 0 0
1	0 0 0 1	0 0 0 1
2	0 0 1 0	0 0 1 1
3	0 0 1 1	0 0 1 0
4	0 1 0 0	0 1 1 0
5	0 1 0 1	0 1 1 1
6	0 1 1 0	0 1 0 1
7	0 1 1 1	0 1 0 0
8	1 0 0 0	1 1 0 0
9	1 0 0 1	1 1 0 1
10	1 0 1 0	1 1 1 1

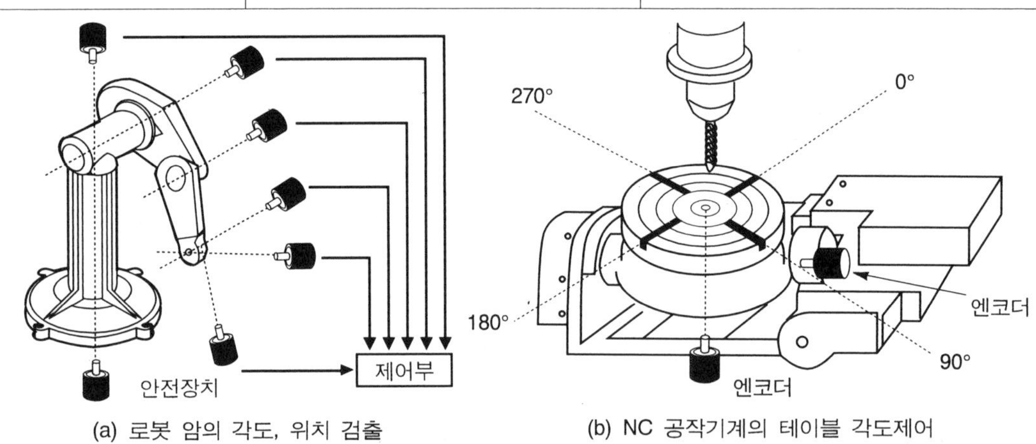

그림 2-36 로터리 엔코더의 응용예

(7) 그밖의 센서

자동화용 센서에는 이상의 검출센서 외에도 적외선 센서, 초음파 센서 등이 있으며, 계측용으로는 변위, 압력, 온도, 운동속도, 유체 등의 상태나 양을 검출하기 위한 여러 가지 센서가 사용되고 있다.

1) 초음파 센서

초음파 센서는 제1차 세계대전 중 독일의 잠수함에 시달리던 연합군이 탐지용으로 개발한 것으로 그후 여러 분야에 적용되고 있다.

초음파란 사람이 귀로 들을 수 있는 가청음의 주파수(20Hz~20kHz)보다 높고, 사람이 직접 귀로 들을 수 없는 주파수의 음파를 말한다.

초음파 센서는 초음파를 측정 대상물에 발사하여 그 음파가 대상물에 부딪혀 반사되어 돌아오는 것을 검출하여, 물체의 유무나 형태, 대상물과의 거리 측정 등에 이용된다. 초음파의 발생이나 검출은 전자 유도 현상, 압전 현상, 자왜 현상 중 어느 하나의 원리를 이용하며, 전기 에너지를 탄성 에너지로 변환하는 송파기와 그 역변환을 하는 수파기로 구성되어 있다.

2) 적외선 센서

적외선은 파장이 가시광보다 길고 전파보다 짧은 전자파의 일종으로 자연계의 모든 물체에서 방사되고 있는데, 통상 온도가 높은 것은 짧은 적외광을, 온도가 낮은 것은 긴 적외광을 내고 있다.

적외선 센서는 인간을 비롯한 모든 물질에서 방사하고 있는 각종 적외선을 검출하는 센서로 다음과 같이 분류된다.

① 적외선을 열로 변환시켜 저항 변화나 기전력 등의 형태로 출력을 얻어내는 열형
② 반도체 이동간의 에너지 흡수차를 이용한 광전도 효과나 Pn접합에 의한 광 기전력 효과를 이용한 양자형

3) 온도센서

온도란 '원자 또는 분자가 갖고 있는 운동이나 진동 에너지의 크기'를 말한다.

온도센서는 이 운동 에너지의 크기를 측정하는 것으로 가정의 가전제품은 물론 산업용 기기까지 널리 사용되고 있다.

금속선이나 반도체의 저항값은 온도에 따라 변화하는 성질이 있다. 또한 종류가 다른 금속선을 결합하여 열을 가하면 기전력이 발생하는 현상도 있다. 이 저항값이나 기전력을 측정하여 온도를 구하는 방법이 온도센서의 원리이다.

온도센서는 검출방법에 따라 접촉형과 비접촉형으로 분류되고 검출원리에 따라 여러 가지 종류가 있다.

① 열전대

서로 다른 두 종류의 금속선을 접속하여 폐회로로 만들고, 그 접합면의 온도를 변화시키면 열전류가 흐른다. 이 현상은 독일의 제백(Seebeck)이 발견하여 제백효과라고 하는데, 폐회로에서 한곳을 개방하면 열전류가 흐르는 대신에 개방된 회로 양단에 열기전력이 발생한다

열전대는 이 기전력을 측정하여 온도를 측정하는 것으로 비교적 고온 측정이 가능하고 진동, 충격에 강하며, 좁은 장소에서도 측정이 가능하다는 특징이 있다.

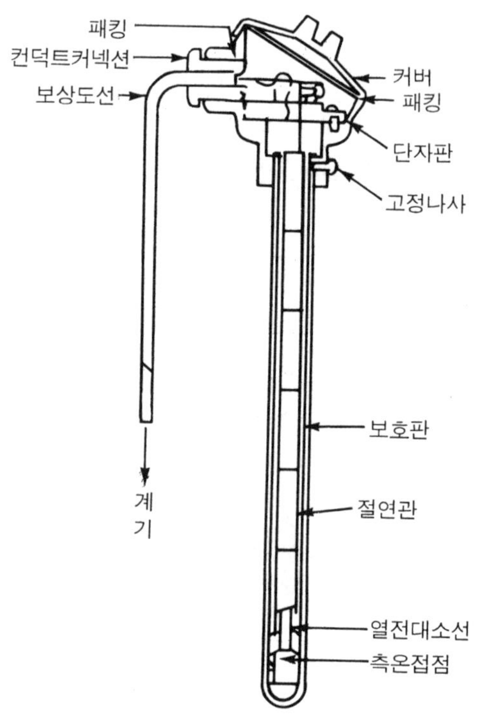

그림 2-37 열전대의 구조

② 백금 측온 저항체

백금의 고유저항이 온도의 상승과 함께 증가하는 성질을 이용한 온도센서로 일반적으로 300℃까지의 온도측정에 사용되며 정도가 좋다.

③ 서미스터(thermister)

일반적인 금속은 온도가 높을수록 저항값이 증가되는데, 반도체는 반대로 온도가 높을수록 저항값이 감소한다. 서미스터는 일종의 소결 반도체로 온도의 상승과 함께 고유저항이 감소하는 성질을 이용한 것으로 반도체 저항 온도센서라고도 한다.

4) 압력센서

압력(壓力)이란 '물체의 단위 표면적에 가해지는 힘의 크기'를 말하는 것으로 미터 공학 단위로는 $[\text{kgf/cm}^2]$나 $[\text{kg/m}^2]$이 주로 사용되며, SI단위로는 Pa(Pascal이라고 읽는다)을 사용한다.

압력은 프로세스 자동화에서 특히 중요하며, 압력센서에는 그림 2-38과 같은 종류가 있다.

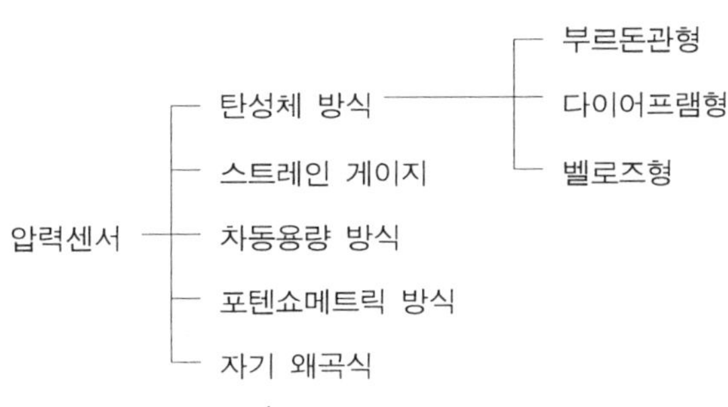

그림 2-38 압력센서의 분류

탄성체 방식의 압력센서는 탄성체에 힘이 가해지면 탄성체가 변형하는 것을 기계적으로 확대하여 압력을 측정하는 것으로 부르돈관형, 다이어프램형, 벨로즈형 등이 있다.

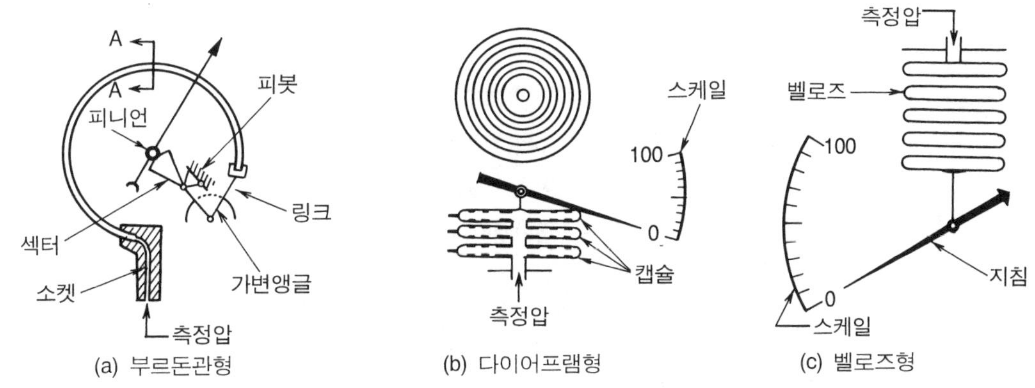

그림 2-39 탄성체 방식의 압력센서

스트레인 게이지는 Load Kelvin이 1856년에 개발한 것으로 '금속체에 외력을 가하면 변형한다'는 사실에, 금속체를 잡아 당기면 가늘해지고 동시에 전기저항이 증가하며, 반대로 압축하면 줄어들고 전기저항이 감소한다는 원리를 응용한 것이다.

참 고

공기압 검출용 압력센서와 압력계

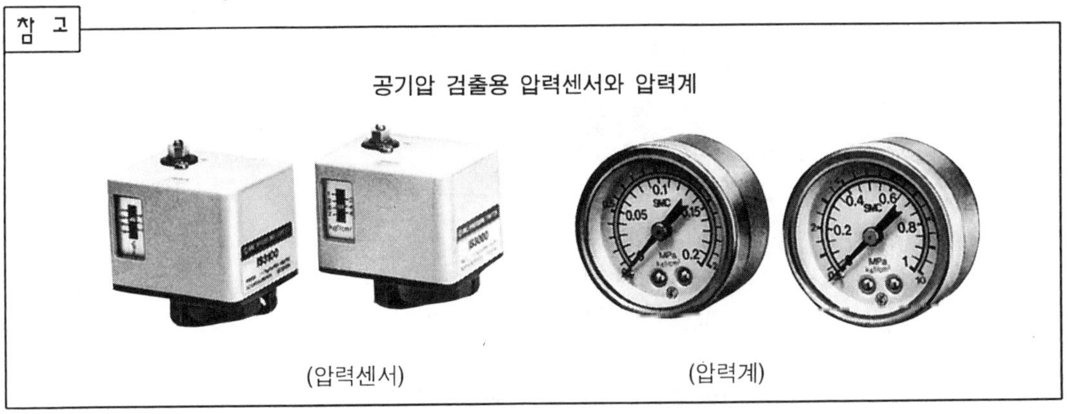

(압력센서)　　　　　(압력계)

2-3 신호처리 기기

명령처리부의 역할을 담당하는 신호처리 기기는 1장에서 언급한 바와 같이 크게 유접점 기기와 무접점 기기로 대별되는데, 여기서는 유접점의 신호처리 기기인 릴레이, 타이머, 카운터 등에 대해 설명한다.

(1) 릴레이(relay)

릴레이란 전자 계전기(電磁 繼電器)라고도 하며, 전자 코일에 전원을 주어 형성된 자력(磁力)을 이용하여 가동철편을 움직여서, 가동철편과 연동되는 기구에 의하여 접점을 개폐시키는 기능을 가진 장치의 총칭이다. 릴레이는 신호 처리용 기기로서 가장 많이 사용되고 있으며 종류 또한 다양하다.

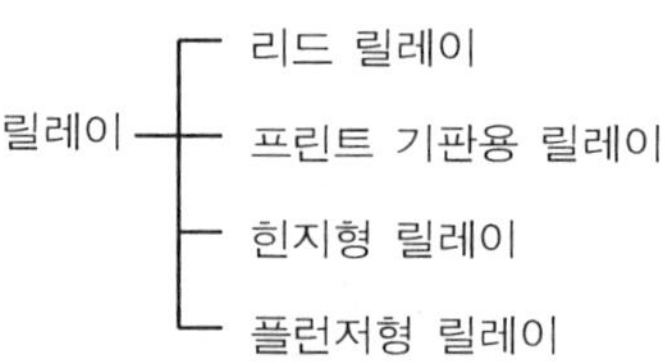

그림 2-40 릴레이의 종류

1) 릴레이의 구조와 동작원리

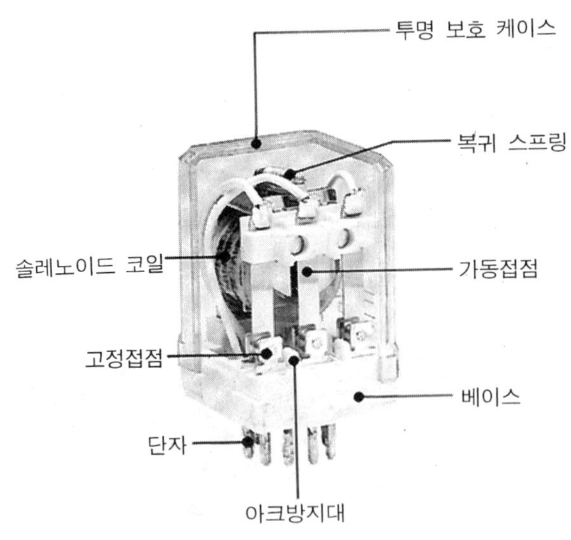

그림 2-41 릴레이의 구조와 각부 명칭

릴레이의 기본 구조는 그림 2-41에 나타낸 바와 같이 솔레노이드 코일, 복귀 스프링, 접점부로 구성되어 외부에 투명보호 케이스에 의해 보호되어 있으며, 접점부에는 고정접점 a접점과 고정접점 b접점이 있고 이 사이를 가동접점(c접점이라고도 함)이 움직여 회로를 변환시킨다.

릴레이의 동작원리는 그림 2-42에 나타낸 (a)그림과 같이 초기상태에서는 가동접점이 고정접점 b접점과 연결되어 있고, 코일에 전류를 인가하면 (b)그림과 같이 철심이 전자석이 되어 가동접점이 붙어 있는 가동철편을 끌어 당기게 된다. 따라서 가동철편 선단부의 가동접점이 이동하여 고정접점 a점접에 붙게 되고 고정접점 b접점은 끊어지게 된다. 그리고 코일에 인가했던 전류를 차단하면 전자력이 소멸되어 가동철편은 복귀 스프링에 의해 원상태로 복귀되므로 가동접점은 b접점과 접촉한다.

즉 전자 릴레이는 코일에 인가되는 전류의 ON, OFF에 따라 가동접점이 a접점과 또는 b접점과 접촉하여 회로에서의 전기신호를 연결시켜주거나 차단시키는 역할을 하며, 회로도로 그 기호를 나타내면 그림 2-43과 같다.

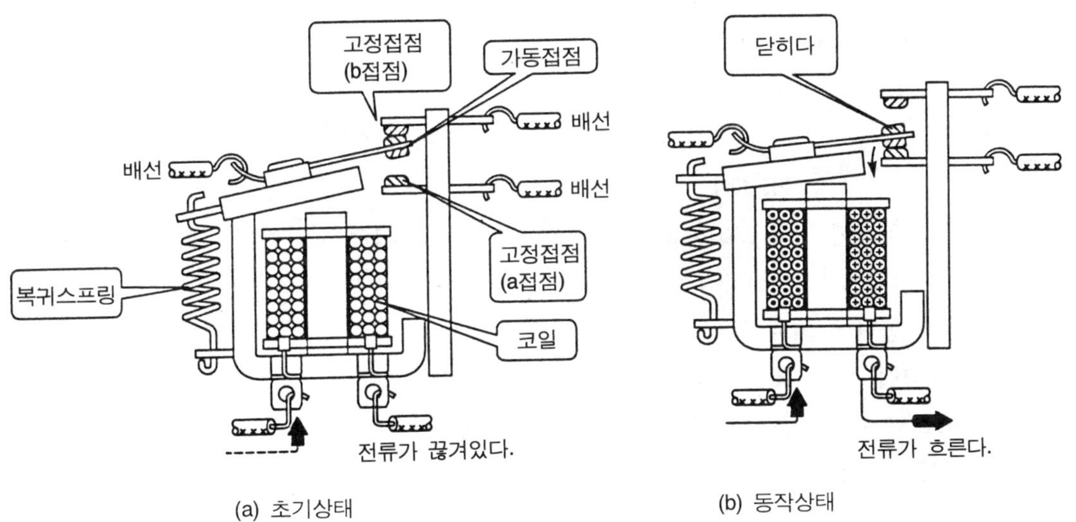

그림 2-42 릴레이의 동작원리

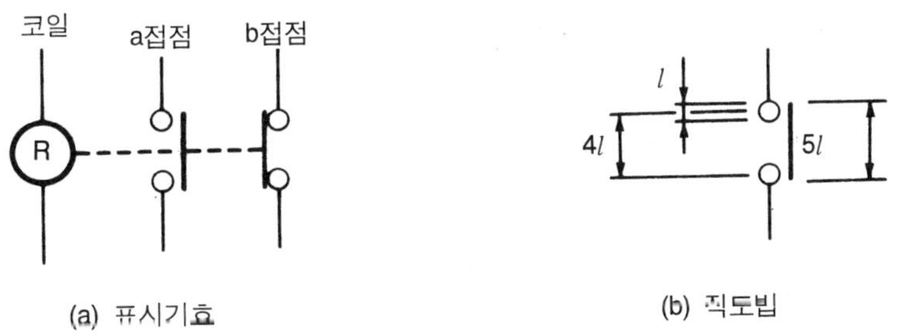

그림 2-43 릴레이의 코일과 접점기호

릴레이를 회로도에 나타낼 때에는 코일과 접점을 각각 분리해서 나타내며, 회로도에서 릴레이의 동작과 표현예를 그림 2-44에 나타냈다.

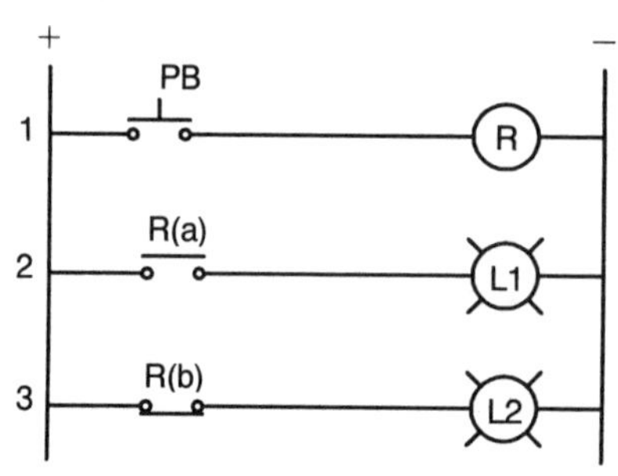

그림 2-44 릴레이의 기본 동작

그림 2-44의 회로도는 릴레이의 a접점과 b접점에 의해 램프를 각각 ON, OFF시키는 회로도로 동작원리는 다음과 같다.

① 초기상태에서 2열의 L1은 릴레이의 a접점이므로 소등되어 있고, b접점으로 연결된 3열의 L2는 점등되어 있다.

② 누름버튼 스위치 PB를 누르면 릴레이 코일 R이 동작(여자)한다.

　　　＋전원　⇒　PB ON　⇒　R(여자)　⇒　－전원

③ ②의 동작에 의해 2열의 a접점이 닫히므로 램프 L1이 점등한다.

　　　＋전원　⇒　R(a)접점 ON　⇒　L1점등　⇒　－전원

④ ②의 동작에 의해 3열의 b접점이 열리므로 램프 L2가 소등된다.

　　　＋전원　⇒　R(b)접점 OFF　⇒　L2소등　⇒　－전원

⑤ PB스위치에서 손을 떼면 릴레이가 복귀됨에 따라 접점도 초기상태로 복귀되어 ①의 상태로 된다.

릴레이는 이와 같이 회로의 접속, 차단 등의 전기적 신호를 전달하는 전달기능이 기본이며, 그 외에도 여러 가지 풍부한 기능이 있어 시퀀스 제어용은 물론 통신기기에서 가정용 전기기기에 이르기까지 폭넓게 이용되고 있다.

용어설명

인터페이스(Interface)
신호의 수수를 위해 양자간에서 회로의 절연을 하거나, 전압 레벨이나 신호 형식의 변환을 위한 중간 회로 또는 유닛을 말한다.

2) 릴레이의 기능

① 분기 기능

릴레이 코일 1개의 입력신호에 대해 출력접점수를 많게 하면 신호가 분기되어 동시에 몇 개의 기기를 제어할 수 있다. 그림 2-45가 이 예로 입력신호 1회로에 의해 3개의 출력신호가 얻어진다.

② 증폭 기능

릴레이 코일에 흘려지는 전류를 ON · OFF 함에 따라 출력접점 회로에서는 큰 전류를 개폐할 수 있다. 즉 코일의 소비전력을 입력으로 할 때 출력인 접점에는 입력의 몇십 배에 해당하는 전류를 인가할 수 있다.

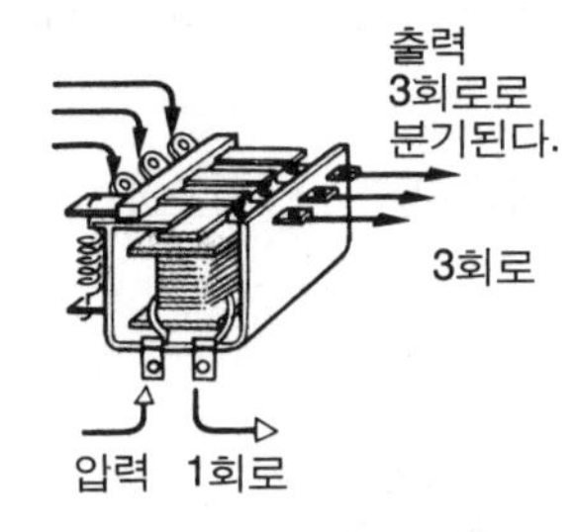

그림 2-45 신호의 분기

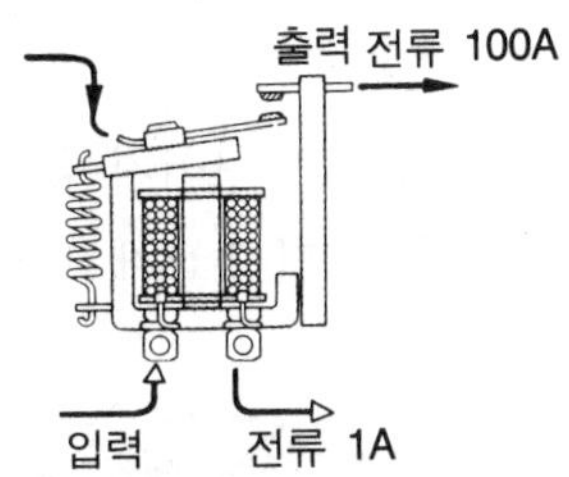

그림 2-46 신호의 증폭

③ 변환 기능

릴레이의 코일부와 접점부는 전기적으로 분리되어 있기 때문에 각각 다른 성질의 신호를 취급할 수 있다. 일례로 그림 2-47은 입력은 DC전원으로, 출력은 AC전원으로 사용하고 있기 때문에 직류신호를 교류신호로 변환하는 것이 된다

④ 반전 기능

릴레이의 b접점을 이용하면 입력이 OFF일 때 출력은 ON되고, 입력이 ON되면 출력이 OFF되므로 신호를 반전시킬 수 있다.

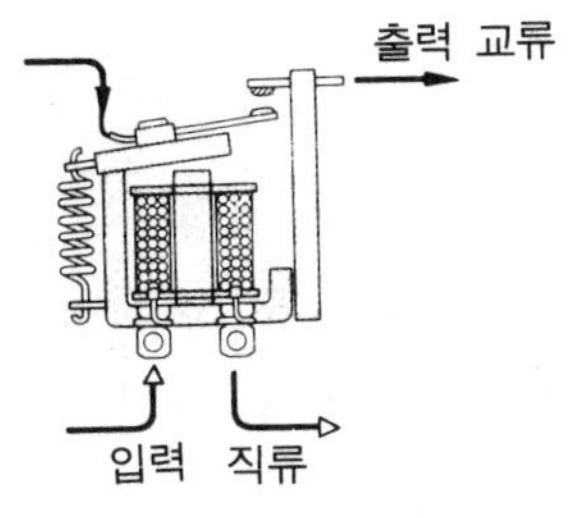

그림 2-47 신호이 변환

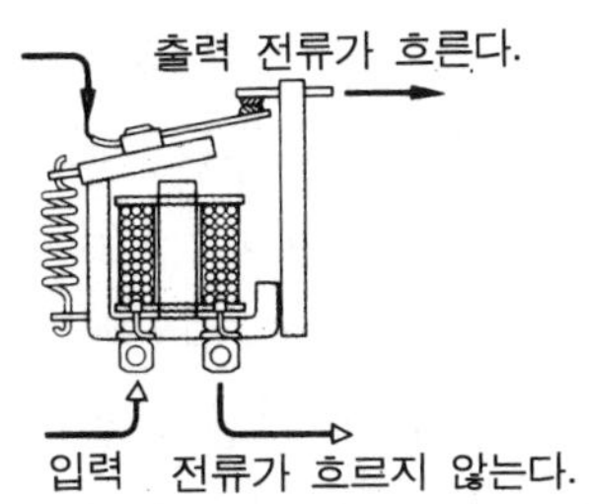

그림 2-48 신호의 반전

⑤ 메모리 기능

릴레이는 자신의 접점에 의해 입력상태의 유지가 가능하여 동작신호를 기억할 수 있다. 이것은 릴레이의 a접점을 사용하여 자기유지 회로를 구성함으로써 기능이 얻어지는데, 릴레이의 자기유지 회로에 대해서는 시퀀스 기본회로 항에서 자세히 설명한다.

3) 릴레이의 종류

① 힌지형 릴레이

힌지형 릴레이는 비교적 양호한 환경하에서 사용되는 릴레이로, 일반 제어회로의 신호처리용으로 가장 많이 사용되고 있다. 용량은 AC 250V, DC 24V 이하에서 정격전류 1A정도에서 15A정도로 개폐성능은 비교적 낮다. 응답시간은 5~15ms 정도로 비교적 빠른 편이다.

힌지형 릴레이는 미니어처 릴레이(miniature relay)라는 명칭으로 많이 불리우며, 이 릴레이의 외관을 사진 2-18에 나타냈다.

사진 2-18 미니어처(힌지형) 릴레이

② 플런저형 릴레이

플런저형 릴레이는 플런저형 마그네트를 사용한 전자 접촉기에서 발달된 것으로 IEC 규격에서는 컨덕터형 릴레이라고 명칭되어 있다.

외관은 합성수지 몰드를 사용한 대형의 케이스에 접점부를 구동하는 E형 마그네트 전자석을 많이 사용하고, 절연내력을 양호하게 하기 위해 접점부는 명확히 분리되어 있어 600V에 대응하는 절연거리를 확보하는 것과, 정격전류 6A에서 20A까지 개폐성능은 정격전류 10배 이상의 전류까지 개폐가능한 고성능이다. 그리고 외부기기와 접속하는 접점 단자부는 통상 나사단자 구조가 대부분이다.

③ 프린트 기판용 릴레이

이 릴레이는 구조적으로는 힌지형 릴레이와 동일하나 프린트 기판에 직접 탑재되도록 설계된 박형의 릴레이로, 여자코일의 소비전력은 트랜지스터나 IC 등으로 직접 구동시키도록 1VA 이하가 대부분이다. 접점 용량은 약전 회로용의 mA의 것에서부터 강전 회로용의 250V 15A의 것까지 종류가 다양하다.

④ 리드 릴레이

리드 릴레이는 그림 2-49에 나타낸 바와 같이 접점부가 유리관에 봉입된 리드 스위치를 사용한 릴레이로, 코일에 흐르는 전류에 의한 자계(磁界) 작용으로 동작한다. 이 릴레이는 소비전력이 아주 작고 고속 동작의 특징을 가지고 프린트 기판용이나 각종 제어장치의 입력신호용으로 주로 사용된다.

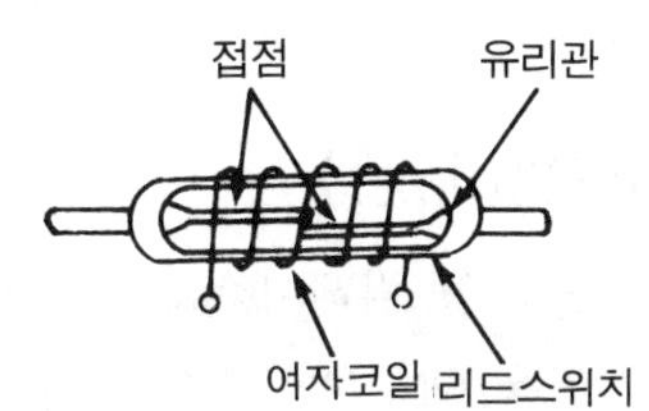

사진 2-19 프린트 기판용 릴레이	그림 2-49 리드 릴레이의 구조

4) 릴레이 선정시 검토항목과 용어의 설명

릴레이를 사용하기 위해 선정할 때는 기종의 특성을 살리고 충분한 성능을 얻기 위해서 다음 항목을 충분히 검토하여야 한다.

① 정격전압 : 코일에 인가하는 조작입력의 기준이 되는 전압으로서 AC에는 110V, 220V용이 있고, DC에는 12, 24V 등이 있다.

② 접점수 : 릴레이가 가지고 있는 접점의 수를 말하며, 4c접점형, 2a2b접점형 등으로 표시한다.

③ 접점 용량 : 접점의 성능을 나타내는 기준이 되는 값으로 접점 전압과 접점 전류의 조합으로 나타낸다. 1A, 5A, 10A 등으로 나타낸다.

④ 동작시간 : 릴레이의 응답성을 나타내는 기준값으로 입력에 대한 출력의 지연시간을 말한다. 10ms, 15ms 등으로 나타낸다.

⑤ 설치방법 : 릴레이를 사용하기 위해 설치하는 방법은 그 릴레이의 접점단자 형식

에 따라 결정되어지는데, 릴레이의 접점단자 형식에는 크게 프린트 기판 취부형, 플러그 인형, 나사 취부형 등이 있다.

프린트 기판 취부형은 말 그대로 기판에 장착한 후 납땜을 하여 사용하는 형식이고, 플러그 인형은 릴레이 전용의 소켓에 장착한 후 터미널 등을 이용하여 배선하는 방식이다. 그리고 나사 취부형은 릴레이를 직접 패널상에 고정하여 사용하는 형식을 말한다.

사진 2-20 릴레이 소켓의 종류

(2) 타이머(timer)

타이머는 타임 릴레이(time relay)라고도 하며, 입력신호가 주어지고 일정시간 경과 후에 내장된 접점을 ON, OFF시키는 시퀀스 제어기기로서 타임제어의 주된 신호처리 기기이다.

타이머의 종류에는 전자식, 모터식, 계수식, 공기식 타이머가 있으며, 표 2-10은 이 네 가지 타이머의 특징을 비교 정리한 것이다.

표 2-10 타이머의 종류와 특성

분 류	전자식 타이머	모터식 타이머	계수식 타이머	공기식 타이머
조작전압	AC110, 220V DC 12, 24, 48V 등	AC 110V 220V	AC 110V 220V	AC110, 220V DC 12, 24, 48V 등
설정시간	0.05초 ~ 180초	1초 ~ 24시간	5초 ~ 999.9초	1초 ~ 180초
시한특성	ON ,OFF	ON	ON	ON, OFF
설정시간 오차	±1% ~ 3%	±1% ~ 2%	±0.002초	±1% ~ 3%
수 명	길 다	보 통	길 다	짧 다
특 징	•고빈도, 단시간 설정에 적합 •소형	•장시간 사용에 적합 •온도차에 따른 오차가 없다	•고정도용 •동작의 감시 가능	•정밀하지 않은 짧은 시간의 타이밍용

1) 타이머의 종류와 원리

① 전자식 타이머

　전자식 타이머는 콘덴서 C와 저항 R의 회로에서의 충전 또는 방전에 소요되는 시간을 이용한 것으로 CR식 타이머라고도 한다. 즉 그림 2-50에 나타낸 CR회로에 전류를 인가하면 가변저항에 의해 전류가 제한되고, 이 전류는 콘덴서에 충전되는데 시간이 경과되어 콘덴서의 전위가 일정레벨까지 도달되면 출력신호를 내어 내장된 릴레이를 ON시켜 접점을 동작시키는 원리이다.

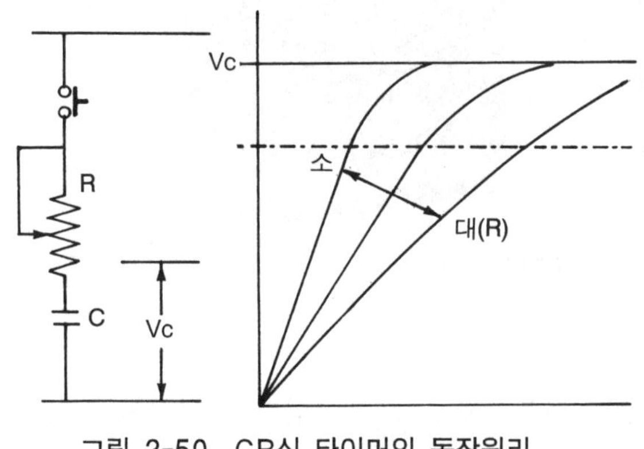

그림 2-50　CR식 타이머의 동작원리

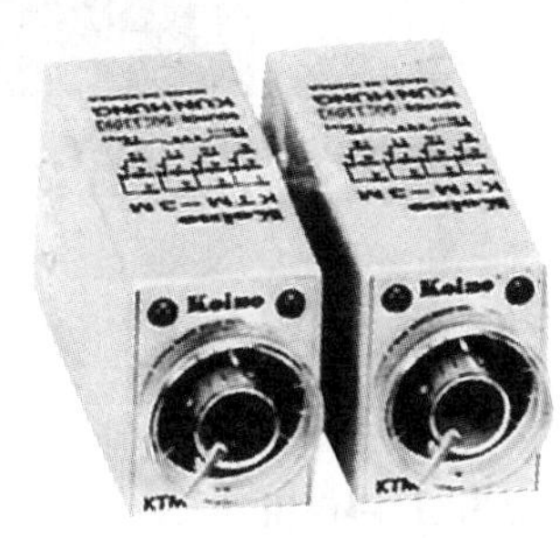

사진 2-21　전자식 타이머

② 모터식 타이머

　모터식 타이머는 그림 2-51에 나타낸 바와 같이 전원 주파수에 동기되어 회전하는 모터가 감속기와 결합되어 시간을 만들어내는 원리이다. 타이머에 전원을 인가하면 전자석의 흡인동작에 의해 클러치가 결합되어 클러치 다음 단의 캠이 회전하면서 접점을 동작시키는 구조로서 주로 장시간 설정용에 사용된다.

　모터식 타이머는 장시간에서도 정확한 시간제어를 할 수 있다는 특징과 함께 온도·습도 등의 변화에 따른 시간 정밀도의 오차가 적은 이점 등이 있다.

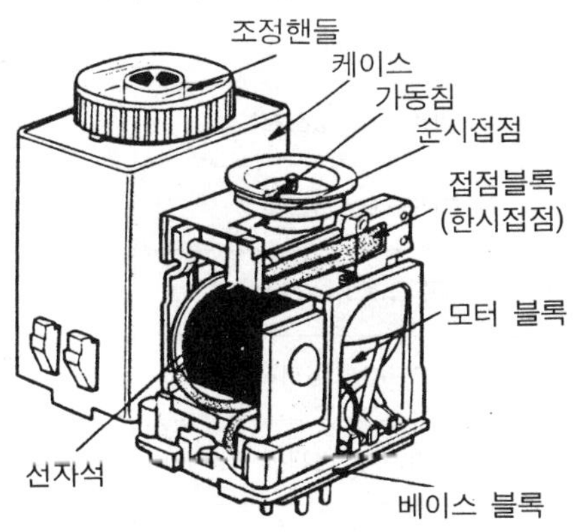

그림 2-51　모터식 타이머의 구조

③ 계수식 타이머

계수식 타이머는 입력전원의 주파수를 반도체의 계수회로에 의해 계수하여 0.1초, 1초, 10초, 100초의 각 단에서 주파수를 체감하여 시간을 얻어내고 외부 스위치에 설정된 값과 계수값이 일치하면 출력을 내는 원리로서 디지털 타이머라고도 한다.

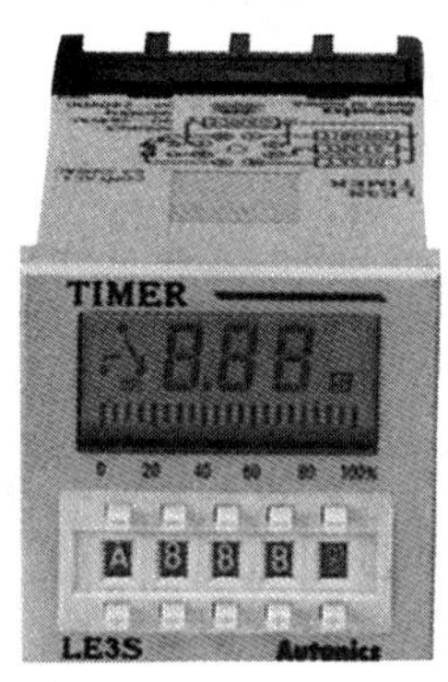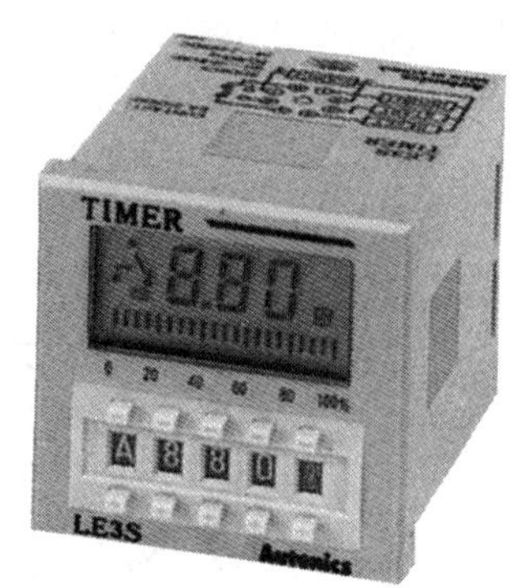

사진 2-22 디지털 타이머

③ 공기식 타이머

공기식 타이머란, 고무용기(통상 벨로즈라고 함) 속에 유입되는 공기의 양에 따라 접점을 개폐시키는 구조의 타이머이다. 즉, 교축밸브를 통해 공기가 유입되어 고무 벨로즈가 팽창하면 스프링력을 이겨내고 접점을 개폐시키게 되는데, 교축밸브를 이용하여 유입되는 공기량을 조절함에 따라 시간을 설정할 수 있다. 이 타이머는 설정시간이 짧고, 비교적 정밀하지 않으므로 그다지 이용되지는 않는다.

2) 타이머 접점의 종류와 표시법

표 2-11 타이머 접점의 종류

접점기호	명 칭	동 작
─○─	코 일	ON OFF
─○△○─	ON딜레이 a접점	
─○△○─	ON딜레이 b접점	
─○▽○─	OFF딜레이 a접점	
─○▽○─	OFF딜레이 b접점	
─○─○─	순시 a 접점	
─○─○─	순시 b 접점	

타이머의 접점에는 a접점과 b접점이 있으며, 그 밖에도 타이머에는 동작형태에 따라 일정시간 경과 후에 ON되는 온 딜레이(ON-Delay)형과, 반대로 초기상태에서는 ON되어 있다가 일정시간 후에 OFF되는 오프 딜레이(OFF-Delay)형이 있으며, 이 양자의 기능을 합해 놓은 온 - 오프 딜레이형 등이 있다. 이들의 접점기호와 그 동작 관계를 표 2-11에 나타냈다.

3) 타이머에 관한 용어 설명과 선정시 주의사항

① 반복 정밀도

타이머의 선정시에 설정시간 오차에 따른 적합한 기종을 선정하는 것도 중요하지만, 선정된 타이머의 반복 정밀도도 제어용 타이머로서 중요하다.

$$\text{반복오차} = \frac{\frac{1}{2}(\text{실측 최대치} - \text{실측 최소치})}{\text{최대눈금치}} \times 100\%$$

② 전압특성과 허용범위

조작전압이 변동될 때 특성변화와 그 특성이나 동작을 보증하는 전압의 허용범위이며, 허용전압 변동범위는 일반적으로 정격전압의 약 80~110%이다.

③ 수 명

타이머의 수명은 기구(機構)의 수명을 표시하는 기계적 수명과 출력 접점의 수명을 나타내는 전기적 수명으로 분류된다. 전기적 수명은 접점의 개폐전압, 전류, 부하조건 등에 따라 변화하지만 통상 문제가 되는 것은 기계적 수명이다.

④ 서지전압 특성

모터식이나 공기식 타이머는 그다지 문제되지 않으나 전자식 타이머에서는 서지전압에 대한 보호가 타이머의 성능은 물론 수명을 좌우하는 요인이므로 선정시에는 서지전압에 대한 내량(耐量)을 확인할 필요가 있다.

⑤ 복귀시간

타이머의 복귀시간이 지나치게 늦으면 반복사용시 입력을 제거한 후, 다시 동작하는 시간이 짧으면 타이머가 완전히 초기화되지 않고 동작되어 문제가 발생한다. 특히 CR식 타이머에서는 콘덴서의 방전시간이 있어 복귀 후 일정시간의 정지시간이 필요하다. 따라서 자동제어 회로에서 빈번히 동작시킬 때에는 콘덴서의 전하를 급속히 방전시키는 급속 복귀회로붙이 타이머를 사용하는 것이 바람직하다.

(3) 카운터(Counter)

카운터는 입력신호의 여부에 따라 수를 계수하는 기기를 말하는 것으로 공작기계나 자동화기기 등에서 기계의 동작 횟수 카운트와 생산수량 카운트의 목적으로 사용된다.

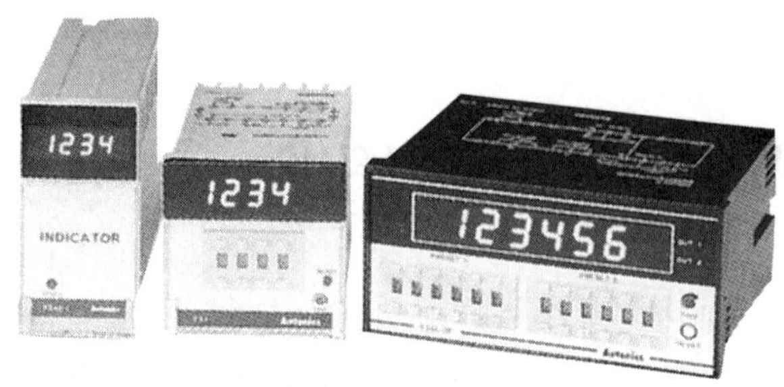

사진 2-23 카운터

1) 구조에 따른 카운터의 종류

카운터는 구조, 기능, 계수방법에 따라 여러 가지로 분류된다.

⑴ 전자(電子) 카운터

각 기능의 구성요소에 IC, 트랜지스터, 마이콤 등을 주요소로 한 카운터로서, 접점의 개폐신호는 물론 무접점의 펄스를 계수할 수 있는 방식이다. 기능이 많고 수명이 길며, 고속동작이 가능하기 때문에 최근 대부분의 카운터는 이 전자 카운터이다.

② 전자(電磁) 카운터

내장된 전자석의 흡인력에 의해 계수기의 구조를 구동하는 카운터로, 리밋 스위치나 광전센서의 릴레이 접점에 의한 신호로 계수하는 방식을 말한다. 사용이 간편하고 가격이 비교적 싸지만 수명이 짧고, 고속계수가 불가능하므로 점차 사용이 줄어들고 있다.

③ 회전식 카운터

외부에서 물리적인 힘을 가해서 계수기의 구조를 직접 구동하는 방식을 말한다.

2) 기능에 의한 분류

① 토털(Total) 카운터

계수치를 표시하는 카운터로서, 적산 카운터라고 부르기도 한다.
생산량 및 사용량 등의 적산 표시에 주로 사용되고 있다.

② 프리셋(Preset) 카운터

계수치를 표시하는 것 외에도 미리 설정한 값(프리셋 값)까지 계수하였을 때, 제어

출력을 내보내는 카운터로서 설정치는 1단, 2단이 주로 사용되고 있으며, 그 이상의 기능을 가진 것도 있다.

　정량, 정수 등의 각종 계수 제어회로에 사용되고 있다.

③ 메저(Measure) 카운터

　계수치를 표시하는 것 외에도 1개의 입력신호에 대해 n개의 숫자를 증가시키고 싶은 경우나, n개의 입력신호에 대해서 1씩 숫자를 계수하고 싶은 경우에 사용되는 카운터를 말한다.

3) 계수방식에 의한 분류

① 가산식 카운터

　0에서부터 시작하여 입력신호가 입력될 때마다 1씩 증가하는 카운터를 말한다.

② 감산식 카운터

　소정의 수치에서부터 시작하여 입력신호가 입력될 때마다 1씩 감소하는 카운터를 말한다.

③ 가감산식 카운터

　가산과 감산을 1대에 조합시킨 카운터로서 0에서 시작하는 형식과 소정의 수치에서 시작하는 형식이 있다.

4) 카운터에 관한 용어 설명

① 펄스(Pulse) : 정상상태로부터 진폭이 변화하여 유한의 시간만큼 지속된 후 원래의 상태로 복귀하는 파형을 말한다.
② 카운트(Count) : 펄스를 가하여 계수하는 것이다.
③ CPS(Count Per Second) : 계수속도를 표시하는 단위로 초당 펄스수를 말한다.
④ 듀티비(Duty Ratio) : 계수 입력신호의 ON시간과 OFF시간의 비율을 말한다.

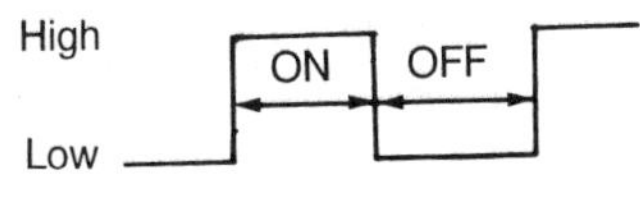

그림 2-52 펄스와 듀티비

⑤ 최고 계수속도(Maximum Counting Speed) : 듀티비가 1 : 1인 입력펄스로 카운터를 동작시켰을 때 미스 카운트가 생기지 않고 출력부가 확실히 동작하는 범위를 정한 계수속도의 최고치를 말한다.

⑥ 카운트 업(Count Up) : 카운트된 수치가 설정치에 이르러 출력부가 동작하는 상태
를 말한다.

⑦ 접점 신호 입력 : 리밋 스위치, 누름버튼 스위치, 릴레이 등의 접점에 의한 신호 입
력을 말한다.

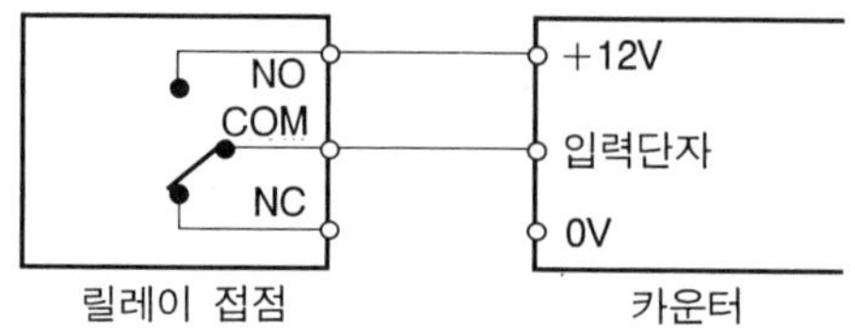

그림 2-53 접점 신호 접속도

⑧ 무접점 신호 입력 : 근접 스위치, 광전센서, 로터리 엔코더 등의 트랜지스터 출력에
의한 반도체 회로의 신호 입력을 말한다.

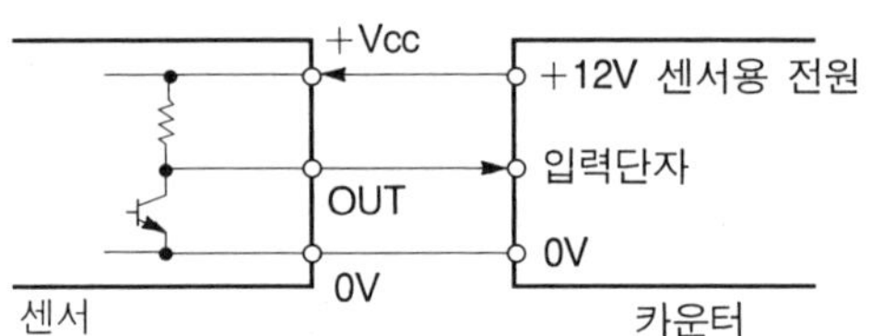

그림 2-54 무접점 신호 접속도

5) 카운터 사용시 주의사항

① 카운터로의 입력신호선은 되도록 짧게 배선하여야 하고, 다른 동력선 등과 같은 배
선을 쓰지 않도록 하여야 한다. 특히 입력 배선이 길어지는 경우는 실드(shield)선을
사용하여야 한다(그림 2-55).

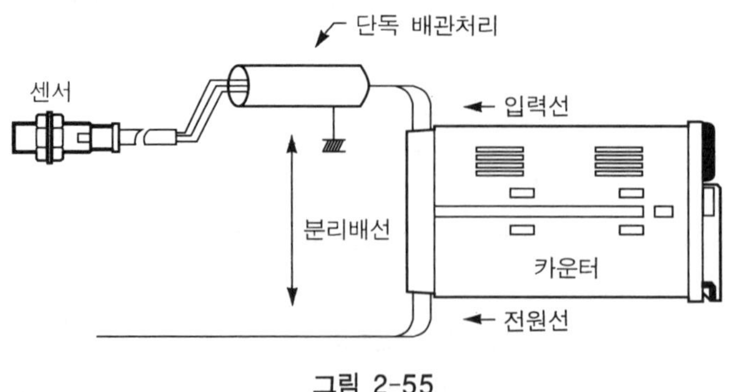

그림 2-55

② 동일 전원라인 또는 가까이에 유도 부하가 큰 모터나 솔레노이드 등이 설치되어 있을 때(그림 2-56)는 카운터의 전원회로가 파괴되거나, 입력신호가 입력되지 않았는 데도 카운트되는 오동작이 발생할 수 있다. 이 때는 유도 부하를 멀리 떨어지게 하 거나 카운터 전원에 노이즈 필터 등을 접속하여야 한다.

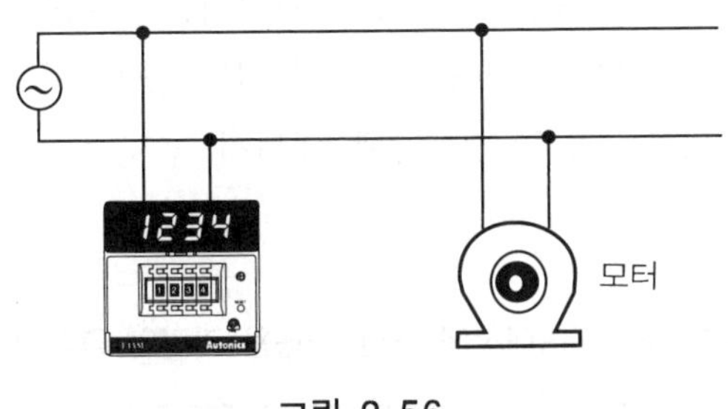

그림 2-56

③ 카운터의 입력신호 라인이 필요 이상으로 길게 연결되면(그림 2-57), 전원라인의 영 향을 받아 정상 동작을 하지 않으므로 입력신호선을 짧게 하거나, 입력단자의 임피 던스를 낮추어 전류가 많이 흐르게 해야 한다.

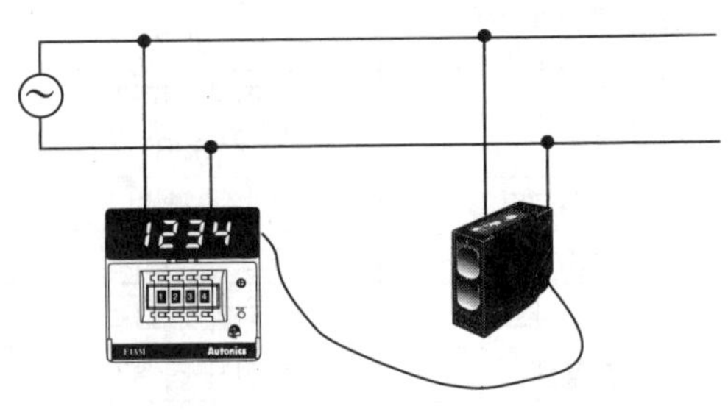

그림 2-57

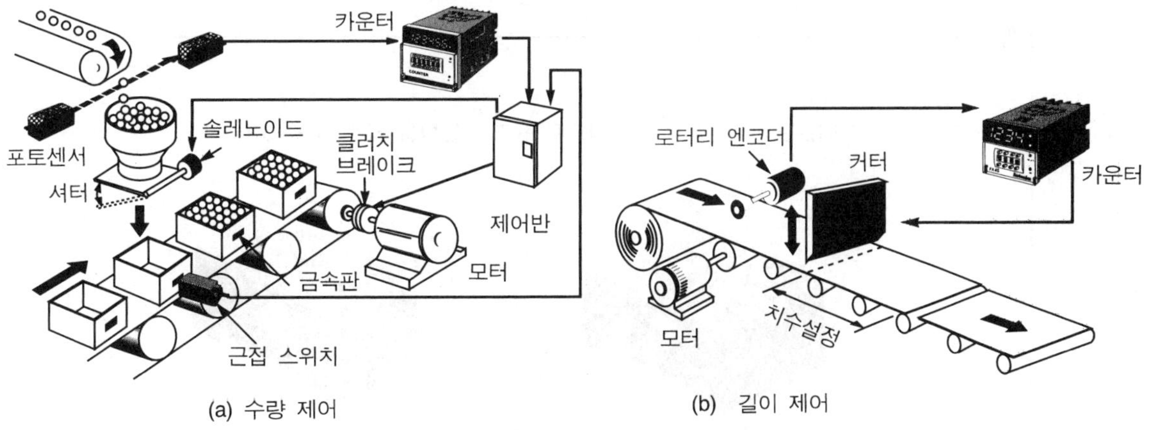

그림 2-58 카운터의 응용예

2-4 구동용 기기

구동용 기기는 명령처리부의 제어명령에 따라 제어대상을 조작시키는 것으로, 제어대상을 조작하기 위해 파워를 증폭시키거나 변화시키는 기능 외에도 안전대책, 비상대책을 도모하는 것이 그 목적이다. 제어대상의 조작에 있어서는 제어대상의 종류, 규모, 조작량의 종류에 따라 조작 기기에 요구되는 구체적인 역할이 한가지만은 아니다.

표 2-12는 실제로 요구되는 각종 조작량에 대해서 구체적인 조작방법의 구분을 나타낸 것이다.

표 2-12 제어대상에 대한 구동용 기기와 명령의 구분

최종제어량	제어대상 (액추에이터)	구동기기 (신호변환, 증폭기기)	제어신호
전 력	발전기	전자 접촉기 전자 개폐기 차단기	전 기
변 위 (힘)	실린더	전자밸브	유체압
	전동 액추에이터	전자 접촉기 SSR	전 기
속 도	전동기	전자 개폐기 SSR	전 기
	유공압 모터	전자밸브	유체압
유 량 (압력)	전자밸브	전자 접촉기	전 기
	마스터 밸브	파일럿 밸브	유체압
열 량 (온도)	전열선	전자 접촉기	전 기
	열 교환기	전자밸브	전 기

참 고

퓨즈 홀더(Fuse holder)
퓨즈가 단락되면 네온관이 점등되어 시각적으로 퓨즈의 단락을 쉽게 알 수 있다.

(1) 전자 접촉기(Electro Magnetic Contact)

전자 접촉기는 전동기나 저항부하의 개폐에 널리 사용되고 있는 기기로서 주 접촉부, 보조 접촉부, 조작 전자석부로 구성되며, 교류용과 직류용이 있다. 즉 전자 접촉기는 원리상으로 보면 플런저형 릴레이이며, 큰 개폐전류와 고 개폐빈도, 긴 수명이 요구되기 때문에 전자석의 충돌시 충격완화, 접점면에 아크 잔류방지 등의 구조상 그 배려가 되어 있는 릴레이의 일종이다.

사진 2-24 전자 접촉기

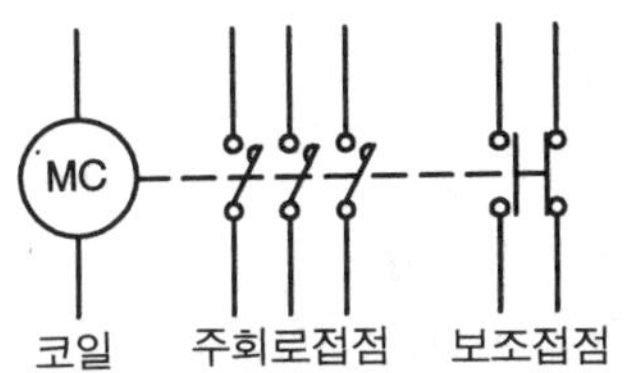

그림 2-59 전자 접촉기의 표시기호

전자 접촉기의 특성은 개폐용량, 개폐 빈도, 수명 등으로 표시한다. 표시기호는 그림 2-59에 나타낸 바와 같이 코일은 일반 릴레이와 같고, 접점에는 주 회로 접점과 보조 접점이 있는데 양자를 구별하여 표시한다.

전자 접촉기는 전기신호를 접속·차단할 때는 단독으로 사용되기도 하나 모터 제어용으로 사용할 때는 열동형 계전기와 조합되어 전자 개폐기로서 사용된다.

(2) 전자 개폐기(Electro Magnetic Switch)

전자 개폐기는 전자 접촉기에 과전류 보호장치를 부착한 것으로, 주로 전동기 회로를 규정 사용 상태에서 빈번히 개폐하는 것을 목적으로 사용되며, 차단 가능한 이상 과전류를 차단하는 것을 목적으로 한다.

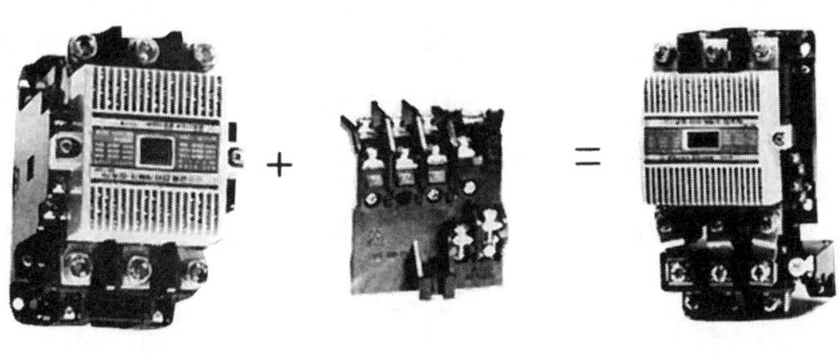

그림 2-60 전자 개폐기

전자 개폐기는 제작 시점부터 하나의 몸통으로 조립되어 나온 것도 있으나 그림 2-60에 나타낸 바와 같이 전자 접촉기의 주회로 단자에 열동형 계전기를 직결하여 사용되기도 한다.

여기서 열동형 계전기(熱動形 繼電器)란 그림 2-61에 나타낸 구조로, 주로 전동기의 과부하로 인한 소손을 방지하는 목적으로 사용되며, 서멀 릴레이(Thermal Relay)라고도 한다.

주요 구조는 스트립형의 히터와 바이메탈(bimetal)을 조합한 열동 소자 및 접점부로 구성되는데 히터로부터의 열을 바이메탈에 가하고, 그 열팽창의 차이로 완곡하는 작용으로 접점이 개폐되게 되어 있다.

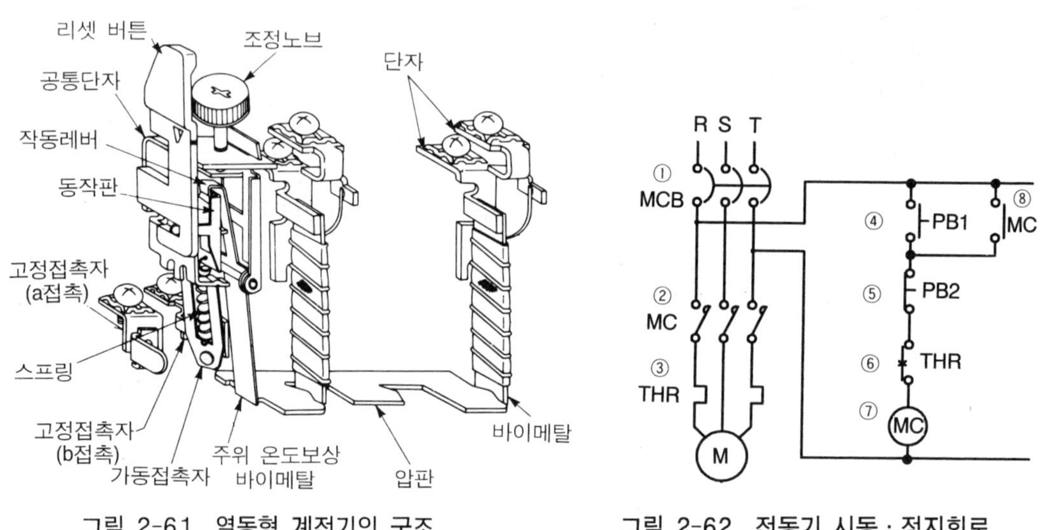

그림 2-61 열동형 계전기의 구조   그림 2-62 전동기 시동·정지회로

그림 2-62는 전자 개폐기로 전동기를 회전·정지시키는 기능의 회로도로, 회로도에서 ③은 열동형 계전기의 히터를 나타내고 ⑥은 접점을 의미한다. 열동형 계전기는 이 회로도와 같이 기호는 THR로 나타낸다.

이 회로의 원리는 배선용 차단기 MCB가 닫힌 상태에서 ④의 PB1을 누르면 전자 접촉기 코일 MC가 작동되어 ②의 주회로 접점이 닫히고 모터가 회전을 시작한다. 동시에 ⑧번의 보조 접점도 닫히므로 이 때 PB1에서 손을 떼도 자기유지되어 모터는 회전을 계속한다.

여기서 정지용 누름버튼 스위치 PB2를 누르면 모터가 정지하게 되는데, 모터가 회전중에 과부하가 걸리면 ③의 히터가 동작되어 ⑥접점이 끊기므로 모터는 정지하게 되어 모터를 보호하는 것이다

(3) SSR(Solid State Relay)

최근 각종 제어기기 장치의 반도체화가 진행되면서 그에 따른 구동용 기기 또한 무접점

릴레이가 많이 사용되고 있다. 그 이유는 무접점 릴레이가 소형이면서 큰 개폐용량을 가지고 있고, 취급의 용이성과 함께 입출력이 완전히 분리되어 있어 안정된 동작이 이루어지기 때문이다.

SSR은 포토 커플러에 의한 절연회로, 제로크로스 회로 등이 부가되어 있어 유접점 릴레이에 비해 안정된 동작이 이루어진다.

표 2-13 SSR과 유접점 릴레이의 비교

항 목	S S R	유접점 릴레이
동작 전압 범위	수V~수십V가능	정격전압의 ±10%의 오차
노이즈의 발생	거의 없다	ON, OFF시 발생
접 촉 신 뢰 성	접촉불량 없음	접촉불량 발생 가능
접 점 극 수	1a 접점이 일반적	다극이 가능
아크의 발생	아크 발생 없음	부하에서 아크 발생
내 진 동	문제 없음	오동작 피할 수 없음
동 작 시 소 음	동작 소음 없음	마그네트의 동작음 있음
부 식 성 가 스	문제 없음	접촉불량의 원인이 된다.

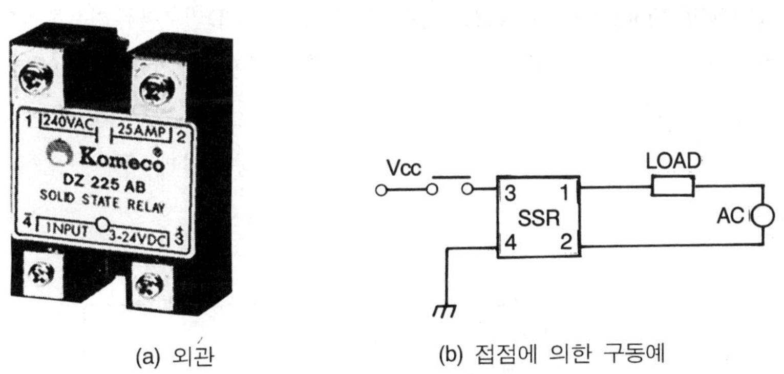

(a) 외관   (b) 접점에 의한 구동예

그림 2-63 SSR의 외관과 회로의 응용예

2-5 표시 · 경보 기기

표시 · 경보용 기기는 기기의 동작상태나 시스템의 운전상황 등을 표시 · 경보하기 위한 기기로서 각종이 램프나 벨, 부저 등이 있다.

(1) 표시등(Pilot Lamp)

전원 표시등, 자동운전 표시등, 수동운전 표시등, 비상정지 표시등 등의 목적으로 사용되는 표시등은 시각을 통해 인식할 수 있도록 상태를 표시해 주는데, 광원으로는 일반적으로 백열전구가 사용된다.

사용 전원 전압과 취부외경 등으로 규격을 나타내고 램프의 형상에는 원형과 사각형이 있으며, 색상은 청색, 적색, 황색, 녹색 등이 주로 사용되고 있다.

사진 2-25 각종 표시등

(2) 발광 다이오드(LED)

광원으로 LED(Light Emission Diode)를 사용한 것으로 LED란 전류가 흐르면 광을 발생시키는 소자이며 정방향의 전류에 대해서만 작동한다. 발광 다이오드는 백열전구에 비해 저전압, 저전류로 발광하는데, 발광량은 적으나 응답이 빠르고 수명이 길다는 장점이 있다.

크기가 소형이면서 주로 제어장치나 기기에 조립되어 동작상태 등을 표시해 주는 기기로 많이 사용되며, 그 외관과 표시기호는 그림 2-64와 같다.

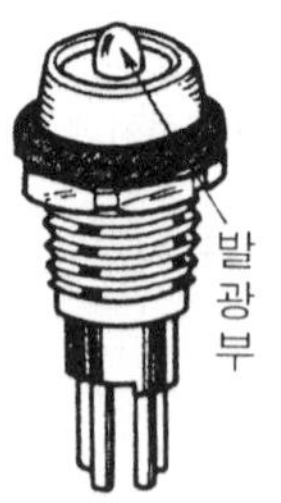

그림 2-64 발광 다이오드

(3) 벨과 부저

벨이나 부저는 기계나 장치에 트러블이 발생되었을 때나 소정의 동작이 종료했을 때 그 상태를 작업자에게 알리는 경보기기이다.

 벨은 그림 2-65에 나타낸 바와 같이 전자석의 원리를 이용한 것으로 그림에서 스위치를 닫으면 전자석이 여자되고 스프링에 붙어 있는 철편을 흡인한다. 접점이 떨어지는 순간 전류가 끊겨 전자석이 **OFF**되고 스프링에 의해 원상태로 복귀되며, 따라서 접점이 붙게 된다. 접점이 붙는 순간 다시 전자석이 통전되어 철편을 흡인한다. 즉 스위치를 누르고 있는 동안에 이와 같은 동작을 반복하여 벨을 울리는 것이다.

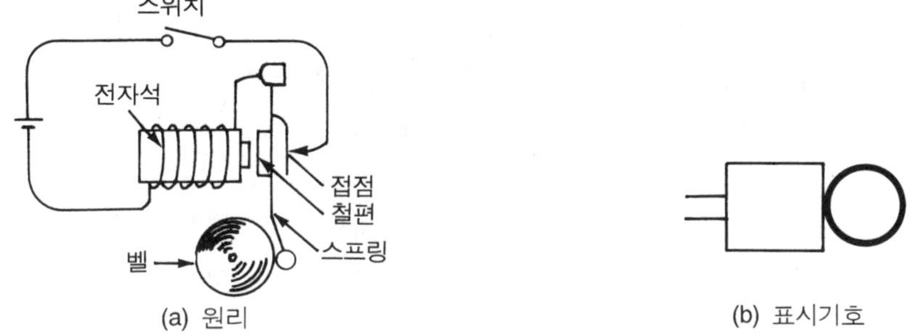

그림 2-65 벨의 원리와 표시기호

 부저도 전자석을 이용한 것으로 발음체를 진동시키는 음향기구를 말하며, 그 외관과 표시기호를 그림 2-66에 나타냈다.

그림 2-66 부저의 외관과 표시기호

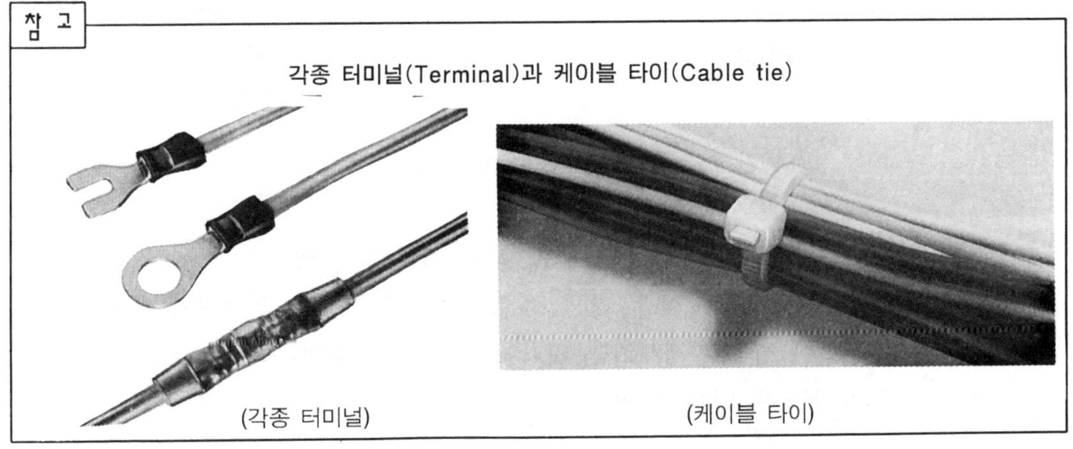

참 고

각종 터미널(Terminal)과 케이블 타이(Cable tie)

2-6 제어대상 기기

(1) 전동기(Motor)

전동기란 전기식 액추에이터의 대표적인 기기로 전자작용, 전자유도작용 등에 의해 토크 (회전력)를 발생시켜 축을 회전시키는 기기이다. 전기 에너지를 이용해 기계적 에너지로 바꾸는 장치이며, 기본적으로는 직류 전동기와 교류 전동기가 있으나 이것을 다시 구조원 리상 세분하면 그림 2-67과 같이 매우 많은 종류가 있다.

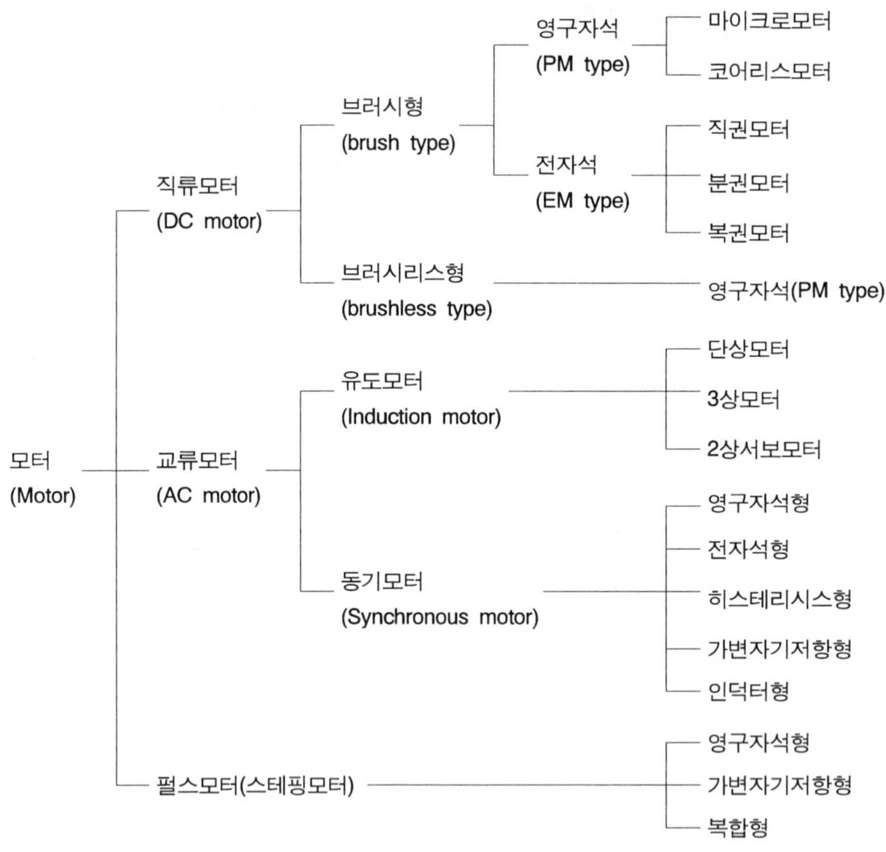

그림 2-67 전동기의 종류

전동기에는 그림 2-67에 나타낸 종류 외에도 사용목적에 따라 또는 다른 기기(전자 브레이크, 감속기 등)와 조합되어서도 매우 많은 종류가 있으며, 속도나 위치제어 목적으로 제작된 서보모터, 직선적인 힘을 발생시키는 리니어 모터 등도 있어 모터에 관한 기술은 한 권의 책으로도 다 설명할 수 없을 정도이다.

따라서 여기서는 직류모터와 교류모터로 구분하여 대표적인 원리에 대해서만 간단하게 설명한다.

1) 직류모터

직류모터의 구조상 중요부분은 자속을 만드는 계자와 토크(torque)를 발생시키는 전기자 및 전기자 코일로 흐르는 전류를 정류하는 정류자 등 세 개이다.

계자는 영구자석을 사용한 것도 있으나 대부분은 연철에 권선(코일)을 부착한 전자석으로 N극과 S극이 쌍으로 되어 있다.

전기자는 토크를 발생하는 도체와 그것을 지지하고 발생토크를 회전축에 전달하는 부분으로 되어 있다.

정류자는 구리나 은이 포함된 소재로 여러 개의 편(片)으로 되어 있고, 각각의 전기자 권선에 연결되어 있다. 모터가 회전하게 되면 브러시와 정류자 편 사이의 마찰로 인하여 불꽃이 발생하게 된다. 따라서 이같은 단점을 보완하기 위해 최근에는 소형의 모터부터 브러시리스형으로 대체되고 있다.

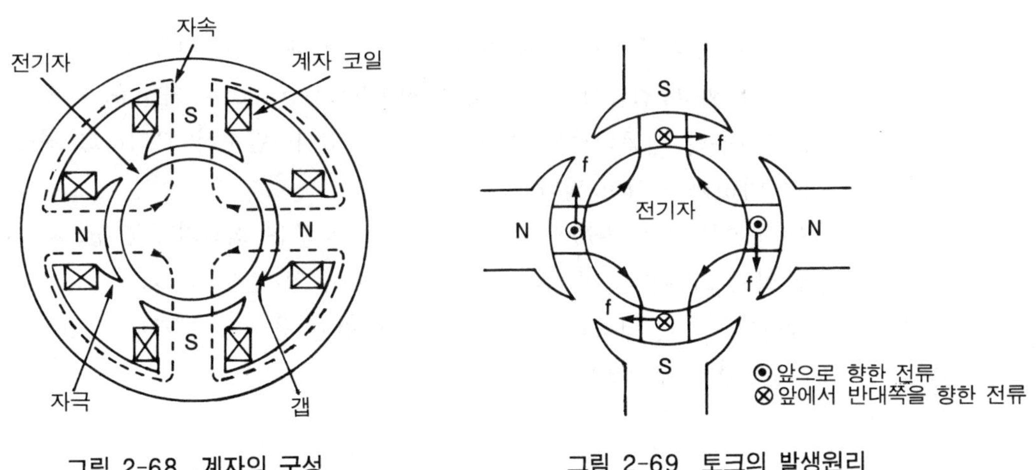

그림 2-68 계자의 구성　　　　　그림 2-69 토크의 발생원리

회전원리는 계자가 자속을 발생하면 계자의 자극면과 전기자 철심표면과의 갭(공극)에 자계가 발생한다. 자계 내에 있는 도체에 전류가 흐르면 도체는 플레밍의 왼손법칙에 따르는 방향으로 힘을 받는다. 이 원리에 따라 도체를 코일로 하고 전류를 흐르게 하면 도체 양쪽의 전류방향이 역으로 되기 때문에 회전력이 작용하여 토크가 발생되어 로터가 회전하게 되는 것이다.

이와 같은 직류모터는 교류모터에 비해 다음과 같은 특징이 있다.

① 속도 제어성이 매우 양호하다.

속도가 공급전압에 거의 선형적으로 변화하기 때문에 속도제어가 용이하다. 특히 공급전압을 가변시키면 이에 비례하여 속도가 제어된다.

② 기동 토크가 크다

기동시 토크가 필요한 경우 속도를 낮추고 토크가 증가하는 특성이 있다.

③ 효율이 높다

직류모터의 효율은 약 85~90% 정도로 교류모터에 비해 높다.

그러나 직류모터는 구조상 교류모터에 비하여 회전자가 복잡한 형상을 하고 있어 가격이 비싸며, 운전을 위해서도 교류모터에 비해 비싼 전원 공급장치가 필요하다.

직류모터의 주된 용도로는 NC나 CNC 공작기계, 로봇 등의 정밀 서보 시스템에 DC 서보모터가 채용되고, 테이프 레코더, VTR, 의료기기, 측정계기, 자동차 전장품 등에는 마이크로 모터가 많이 사용되고 있다.

2) 교류모터

교류모터는 크게 유도 전동기와 동기 전동기로 구분된다. 유도 전동기는 구조가 간단하고 튼튼하며, 값이 싸고 취급이 쉬운데다가 정속도 운전이므로 가정용, 농사용 등의 소동력에서부터 공장용의 대동력까지 널리 사용되고 있다. 단순히 모터라고 하는 것은 이 유도 전동기를 가리키는 일이 많다.

유도 전동기의 구조를 그림 2-70에 나타냈는데 주요부분은 회전자계를 만드는 고정자(stator)와 그것에 의해 회전하는 회전자(rotor)로 구성되어 있다.

동작원리는 플레밍의 왼손법칙과 오른손법칙이 중첩 작용되어 토크를 발생시키는 것으로 단상형과 3상형으로 구분된다.

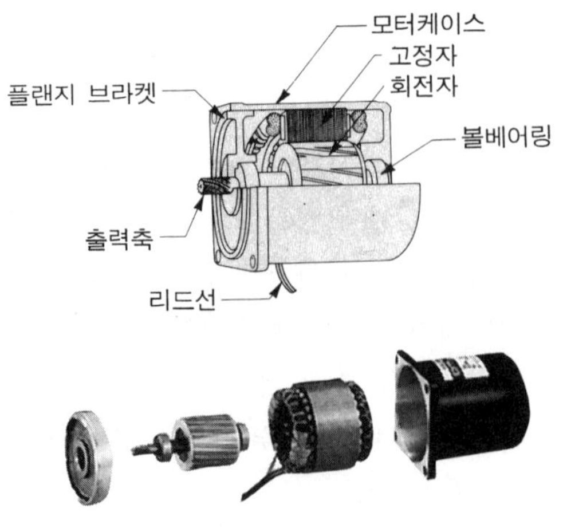

그림 2-70 유도 전동기의 구조

모터를 기호로 나타낼 때에는 다음과 같이 원으로 표시하고 그 안에 문자 M이나 IM 등을 써넣는다.

(2) 솔레노이드

솔레노이드는 그림 2-71과 같이 코일을 원통형으로 감은 고정철심과 자성체(금속)로 만들어진 가동철심으로 구성되어 있다. 이 코일에 전류가 흐르면 자계를 발생하여 가동철심과 고정철심이 각각 자석이 되고 코일의 감긴 양에 따라 흡인력이 발생한다.

자계를 발생시키려 하는 힘을 기자력이라 하며, 이 기자력에 의해 생긴 흡인력이 가동철심의 무게와 스프링 힘의 합보다 크면 고정철심에 흡착한다. 이와 같은 솔레노이드는 솔레노이드 자체만으로의 액추에이터로도 사용하고, 공기압 밸브나 유압밸브 등의 인터페이스 장치로 많이 사용되고 있다.

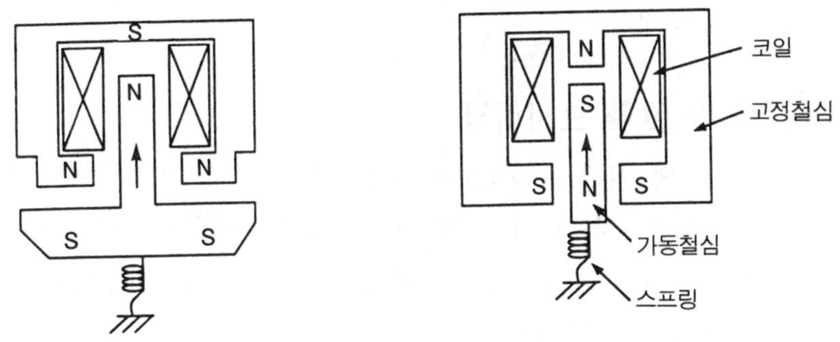

그림 2-71 솔레노이드의 구조와 형상

1) 직류 솔레노이드와 교류 솔레노이드

직류는 전류의 흐름방향이 일정하고 크기도 일정하다. 직류 솔레노이드는 이 직류를 사용하기 때문에 전류를 옴의 법칙으로 계산할 수 있고, 이 전류에 코일의 길이를 곱하면 흡인력이 얻어진다.

$$\text{기자력 } F = \text{권수 } N \times \text{전류 } I \ ([AT]), \quad \text{단 } I = \frac{V}{R}$$

흐르는 전류가 일정하므로 저항치가 변하지 않는 한 흡인력도 일정하게 되지만, 저항치는 온도에 따라 변화하기 때문에 코일의 발열이나 주변온도가 높아지면 흡인력이 떨어진다.

　교류는 시간과 함께 전류의 방향과 크기가 변하는 주파수 50Hz와 60Hz를 사용한다.

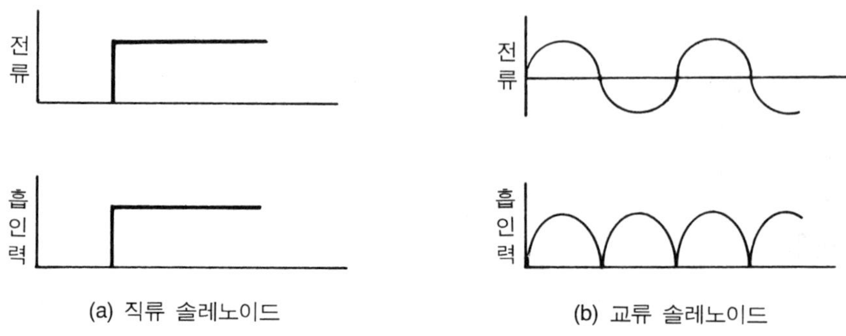

그림 2-72 솔레노이드의 흡인력

　유도부하라고 불리우는 코일에 전류를 인가하면 인덕턴스 L이라고 불리우는 교류에서 생기는 저항이 코일의 직류저항 R보다도 영향이 크다. 이 L은 스트로크(가동철심과 고정철심의 틈새)의 제곱에 반비례하기 때문에 스트로크가 크면 대전류가 흐르게 된다. 따라서 같은 크기의 직류 솔레노이드에 비해 흡인력 특성도 크게 뒤지지 않아 긴 스트로크의 솔레노이드에 적합하다.

(3) 전자 클러치 및 전자 브레이크

　전자 클러치는 전자석에 의해 동심축상에 있는 구동축으로부터 기계적 접속에 의하여 피동축에 동력을 전달하거나 차단시키는 기능의 요소이다. 전자 브레이크는 운동체와 정지체의 기계적 접속에 의하여 운동체를 감속시키거나 정지 또는 정지상태를 유지하는 요소를 말하며, 그림 2-73에 종류를 나타내었다.

그림 2-73 전자 클러치 · 브레이크의 종류

1) 클러치의 구조

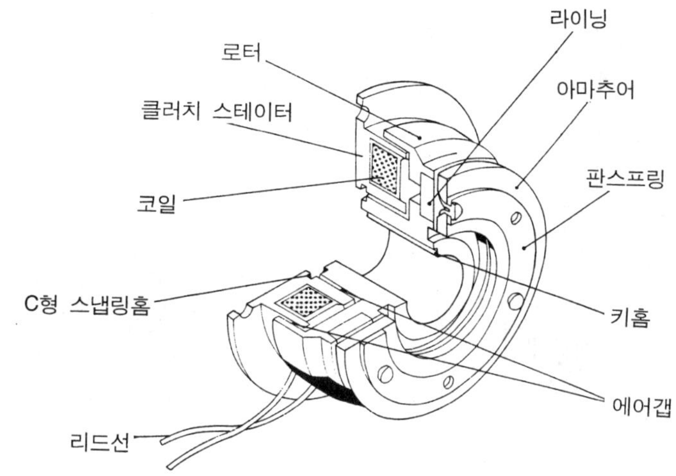

그림 2-74 전자 클러치의 구조

사진 2-26 전자 클러치

사진 2-27 전자 브레이크

2) 브레이크의 구조

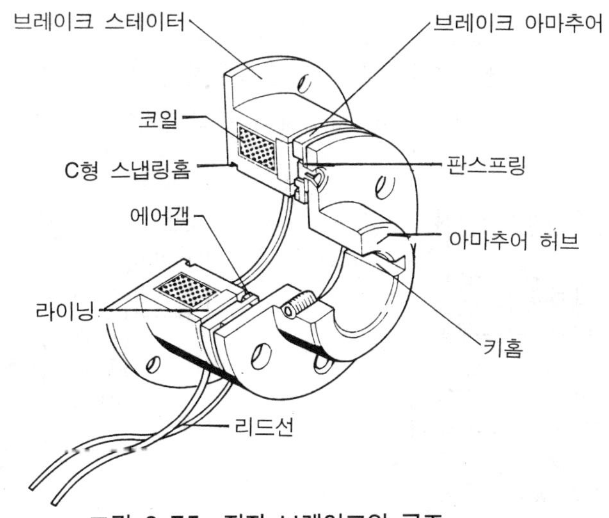

그림 2-75 전자 브레이크의 구조

3) 전자 클러치 · 브레이크의 용도

① 연결 · 분리 : 구동부와 종동부 사이에 클러치를 부착하여 구동축을 정지시키지 않고 종동축을 필요에 따라 연결하거나 분리할 수 있다.

② 제동 · 유지 : 부하 관성의 정지나 비상시의 기계정지, 작업도중의 정지, 유지 등에 브레이크를 사용한다.

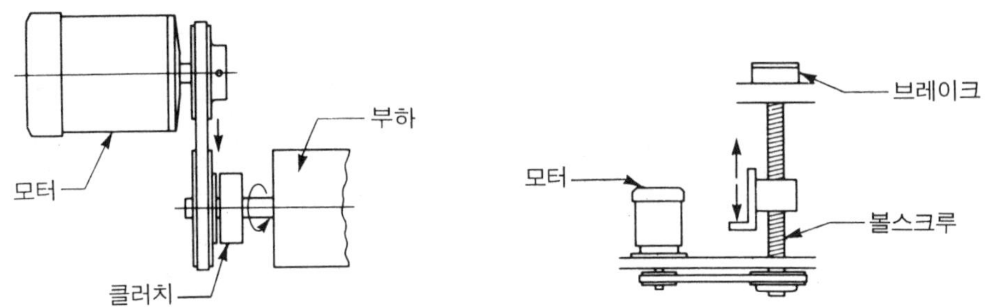

③ 변속 : 작업도중에 속도를 고속 - 저속으로 변환시킬 수 있다. 이러한 경우에 클러치를 사용하면 구동축을 정지시키지 않고도 변속할 수 있다.

④ 정역회전 : 부하측의 회전방향을 바꾸어 사용할 때, 클러치를 사용하면 구동축은 동일방향으로 부하측은 정역회전시킬 수 있다.

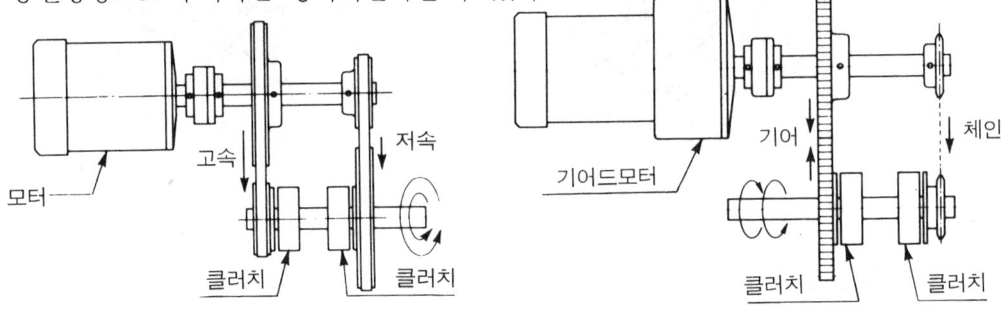

⑤ 고빈도 운전 : 대단히 빠른 속도로 단속운전하는 것은 모터로서는 한계가 있으므로, 이 때 클러치와 브레이크를 사용하여 동작시키면 응답이 빠르고 정도가 높은 제어가 된다.

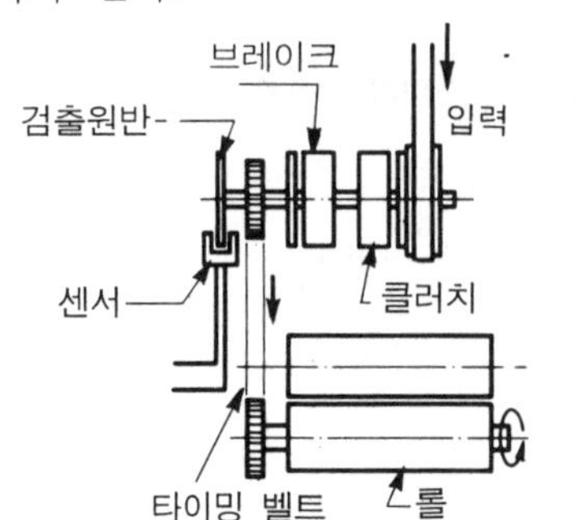

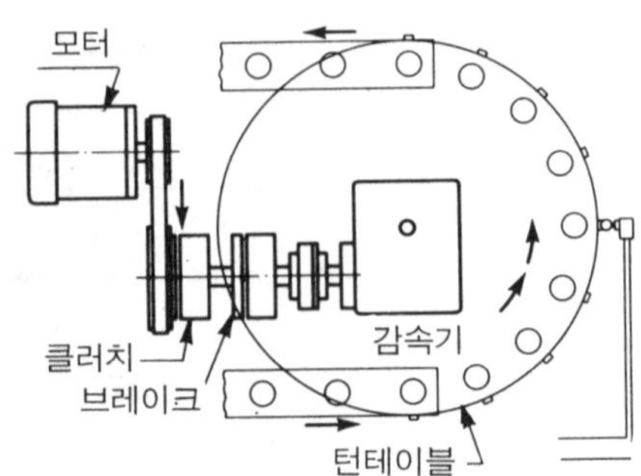

⑥ 위치결정 및 분할 : 정해진 위치에 정지시키거나 정량의 이송 등에는 고정도의 위
   치 결정이 요구되는데 이 때 클러치·브레이크는 정확히 동작된다.

⑦ 미동제어 : 기계의 시동이라든지 위치를 조정할 때 클러치·브레이크로서 미동조
   작이 가능하다.

⑧ 스무스한 시동과 정지 : 부하에 주는 충격을 적게 하고, 원활한 이동과 정지를 할
   경우에 토크를 조절하여 사용할 수 있다.

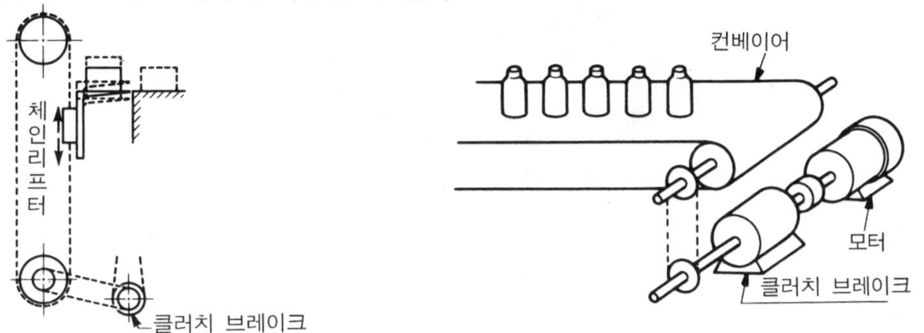

(4) 실린더(Cylinder)

실린더란 유압이나 공압 등의 압력 에너지를 기계적 에너지로 변화시켜 직선운동을 하
는 구동기기로서 자동화에 사용되는 직선운동 기기 중 가장 많이 사용되고 있다.

실린더는 5~6kgf/cm^{2}의 상용압력으로 작동되는 공압 실린더와 10~300kgf/cm^{2}의 압력으
로 작동되는 유압 실린더로 구분되며, 운동부의 동작 특성에 따라서는 피스톤 로드가 직선
운동을 하는 표준 실린더와 피스톤 로드가 없이 피스톤의 움직임을 실린더 튜브의 외부로
전달시켜 직선운동을 하는 로드리스(rodless) 실린더로 구분된다.

또한, 실린더에는 기본적인 것에서부터 사용목적에 따른 특수한 구조의 제품까지 다양하
게 제작되고 있어 그 종류만도 수십 종에 이른다.

1) 실린더의 표준구조

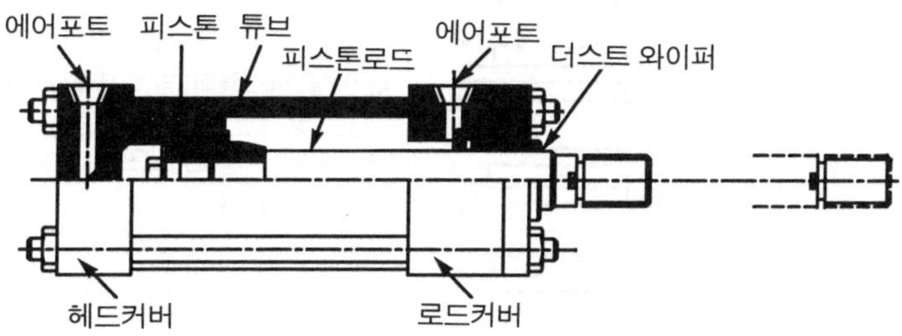

그림 2-76 복동 실린더의 구조

　그림 2-76은 일반적인 공압 복동 실린더의 구조를 나타낸 것으로, 실린더 튜브, 피스톤 로드, 헤드 커버, 로드 커버, 체결 로드 등으로 구성되어 있다. 대부분의 공압 실린더는 이 기본 구성요소를 사용 목적에 따라 바꾸거나, 또는 다른 기능을 부가해서 여러 가지 종류를 만든다.

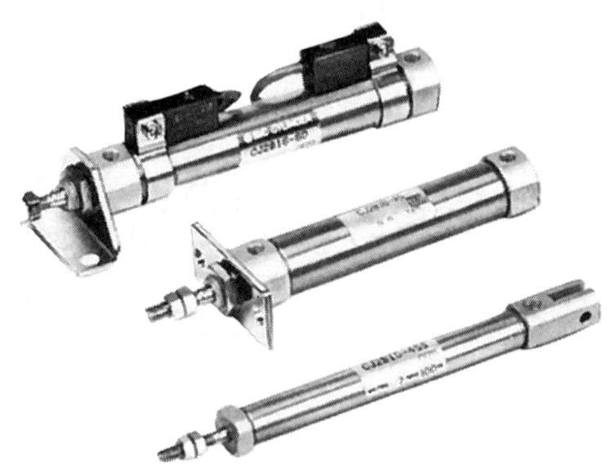

사진 2-28 공압 복동 실린더

2) 실린더의 종류

　실린더를 구조원리상으로 분류할 때 그 종류와 기능은 표 2-14와 같다.

표 2-14 공압 실린더의 종류

분　류		기　호	기　　　능
피스톤형식	피스톤형		가장 일반적인 실린더로 단동, 복동, 차동형이 있다.
	램 형		피스톤경과 로드경의 차가 없는 수압 가동 부분을 갖는 실린더
	다이어프램형		수압 가동 부분에 다이어프램을 사용한 실린더
작동형식	단동형		공압을 피스톤의 한쪽에만 공급할 수 있는 실린더
	복동형		공압을 피스톤의 양쪽에 공급할 수 있는 실린더
	차동형		피스톤과 피스톤 로드의 환산 면적이 피스톤 기능상 중요한 실린더
피스톤로드형식	편로드형		피스톤의 한쪽에만 로드가 있는 실린더
	양로드형		피스톤의 양쪽에 로드가 있는 실린더

분 류		기 호	기 능
쿠션의유무	쿠션없음		쿠션장치가 없는 실린더
	한쪽쿠션		한쪽에만 쿠션장치가 있는 실린더
	양쪽쿠션		양쪽 모두 쿠션장치가 있는 실린더
복합실린더	텔레스코프형		긴 행정을 지탱할 수 있는 다단 튜브형 로드를 갖춘 실린더
	탠덤형		꼬치 모양으로 연결된 복수의 피스톤을 갖춘 실린더
	다위치형		복수의 실린더를 직결하여 몇 군데의 위치를 결정하는 실린더
위치결정형식	2위치형		전진단, 후진단 2위치의 일반 실린더
	다위치형		복수의 실린더를 직결하여 몇 군데의 위치를 결정하는 실린더
	브레이크붙이		브레이크로 임의의 위치에서 정지시킬 수 있는 실린더

3) 실린더의 제어원리

실린더를 이용해 워크를 클램프하거나 테이블 이송 등의 목적을 달성하기 위해서는 실린더의 힘과 운동속도, 방향 등을 제어해야 한다.

실린더의 출력은 상용압력을 P [kgf/cm^2], 피스톤의 단면적을 A[cm^2]이라 할 때,

$$실린더의 \ 출력 \ [F] = P \times A \ [kgf]$$

이므로 출력을 제어하기 위해서는 압력을 변화시키거나 단면적을 조절해야 한다. 그러나 피스톤의 단면적은 실린더의 제작시에 이미 결정되므로 당연히 압력을 증감시켜 출력을 조정해야 되고 여기에 사용되는 밸브가 압력조절 밸브이다.

실린더의 운동속도는 실린더로 공급되는 유량을 Q라 할 때,

$$실린더의 \ 속도 \ [v] = \frac{Q}{A} \ [mm/sec]$$

이므로 마찬가지로 실린더에 유입되는 유량을 조절하여 운동속도를 제어해야 되며, 여기에 이용되는 밸브가 유량조절 밸브이다.

또한 실린더의 방향은 압력 에너지를 번갈아가며 공급과 배기를 적절히 실시하여 제

어해야 되고, 이 기능에 이용되는 밸브를 방향제어 밸브라 한다.

그림 2-77 실린더의 방향제어 원리

그림 2-77은 복동 실린더를 4포트 2위치의 전자밸브로 제어하고 있는 모습으로 먼저 (a)그림은 전자밸브가 OFF된 상태이고 실린더도 후진되어 있다. 이 상태에서 전자밸브의 솔레노이드에 전류를 인가하면 밸브가 (b)그림과 같이 전환되어 유체압이 실린더의 피스톤에 작용되어 피스톤 로드가 전진운동을 하게 된다. 이 상태에서 솔레노이드에 인가한 전류를 차단하면 (a)그림과 같이 밸브가 복귀되고 따라서 실린더가 후진된다.

2-7 기타 제어기기

(1) 배선용 차단기

배선용 차단기(MCB ; Molded-case circuit breaker)는 저압 배선의 보호를 목적으로 한 차단기이다. 동일한 보호목적을 가진 퓨즈가 용단 특성의 산포, 재사용의 어려움이 있는데 비해, 배선용 차단기는 개폐기구를 가지며 동작 후에는 리셋 투입에 의해 계속해서 사용할 수 있는 재용성, 과전류에 대한 적합한 보호 성능 산포가 적은 동작특성을 가지며 또한 큰 차단용량을 갖는 특징이 있다.

그 밖의 용도로는 전자 접촉기만큼의 동작횟수를 가지고 있지는 않으나, 개폐를 그다지 필요로 하지 않는 시동·정지가 적은 특정용도의 전동기의 조작 및 보호용으로서 사용되고 있다.

사진 2-29 배선용 차단기

　이와 같은 배선용 차단기는 "전동기의 과부하 보호장치의 설치와 전동기용 차단기의 선정"이란 전기시설 보안에 관한 전기설비 기술기준에 의무적으로 설치하도록 규정하고 있다. "실내에 시설하는 정격 출력이 0.2kW를 넘는 전동기에는 소손방지를 위해 특별한 경우를 제외하고 전동기용 퓨즈, 열동 계전기, 전동기 보호용 배선용 차단기, 유도형 계전기 등의 전동기용 과부하 보호장치를 사용하든지 과부하시 경보를 발생시키는 장치를 사용하지 않으면 안된다."

　배선용 차단기의 특징은 다음과 같다.

① 소형이면서 큰 전류 용량이며 큰 차단 용량을 가진다.
② 몰드 내에 개폐부, 계전 기구부를 내장시킨 데드 프론트 구조이다.
③ 일단 동작하여도 리셋하여 재투입하면 계속해서 사용할 수 있다.
④ 과전류역의 동작 특성은 반한시 특성의 열동요소, 대전류역은 순시 동작의 전자요소를 가지며, 보호해야 할 대상의 기기가 요구하는 보호특성에 합치한 동작 특성을 가지고 있다.

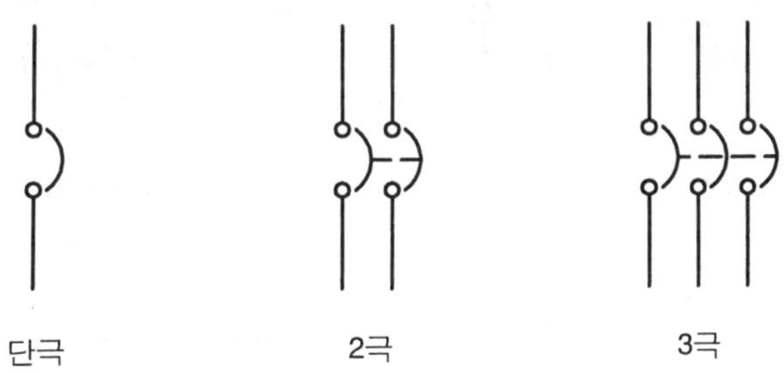

그림 2-78 배선용 차단기의 그림기호

(2) 누전 차단기

　누전 차단기는 전기기기에서 발생하기 쉬운 누전, 감전 등의 재해를 방지할 목적으로 누전이 발생하기 쉬운 곳에 설치하며, 누전이나 감전 등의 이상이 발생하면 지락전류를 검출하여 회로를 차단시키는 안전기기의 일종이다.

누전 차단기는 그림 2-79에 나타낸 원리로서, 누전이나 감전 등에 의해 지락전류가 발생하면 누전 검출부가 이상 전류를 검출하고 2차측으로 유기된 전압이 증폭부(IC)에서 증폭되어 구동부의 사이리스터로 전달되면, 사이리스터가 구동되어 전자장치를 동작시키고 이에 의해 기구부가 열려 회로를 차단하게 된다.

사진 2-30 누전 차단기

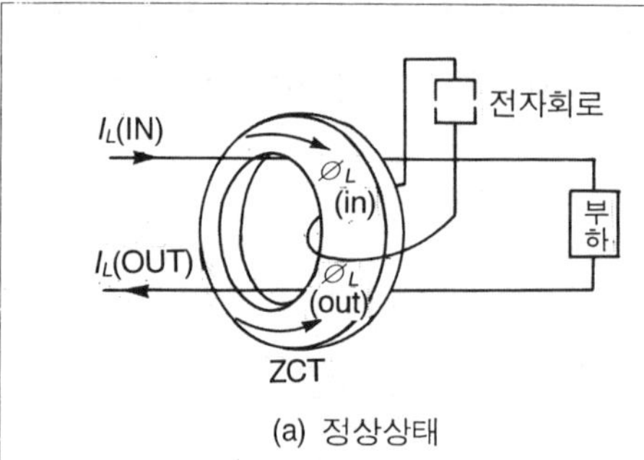

그림 2-79 누전 차단기의 구성

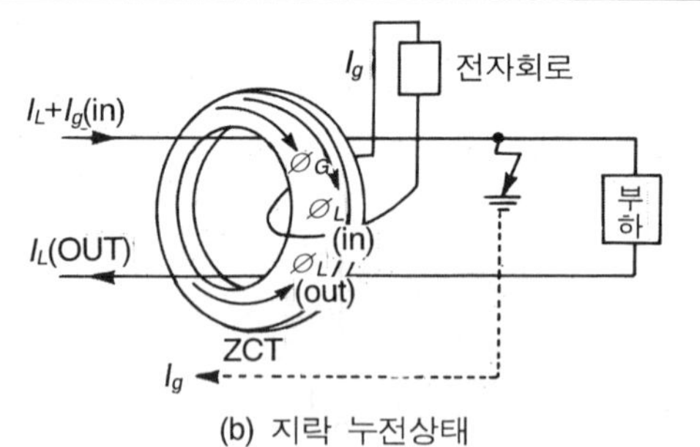

I_L(IN) : ZCT로 들어가는 전류

　　$\varnothing_L$(IN) → 자속

I_L(OUT) : ZCT에서 나가는 전류

　　$\varnothing_L$(OUT) → 자속

$\varnothing_L$(IN)과 $\varnothing_L$(OUT)이 같기 때문에 ZCT 2차측에 출력이 발생되지 않아 정상 사용이 가능하다.

I_g : 지락, 누락전류

지락전류(I_g)에 의해서 들어가는 전류와 나가는 전류의 차이가 발생한다. ZCT 2차에 출력을 발생시켜서 출력이 누전 차단기의 전자회로부에 전달되어 차단한다

그림 2-80 누전 검출부의 동작원리

누전 검출부의 원리는 그림 2-80에 나타낸 바와 같이 정상상태에서는 (a)그림과 같이 누전 검출부로 유입되는 전류와 유출되는 전류가 같기 때문에 정상사용이 가능하지만, 누전이나 감전에 의해 지락전류가 발생되면 (b)그림과 같이 누전 검출부로 들어가는 전류와 나가는 전류에 차이가 발생되므로, 누전 검출부의 2차측에 출력이 발생되어 전자회로부에 신호를 전달시켜 기구부를 동작시키게 된다.

(3) 인버터(Inverter)

1) 인버터의 개요

산업계의 동력원으로 많이 사용되고 있는 교류 농형 유도 전동기는 회전자의 구조가 간단하고 견고하며, 또한 가격이 저렴하고 보수, 점검도 용이하므로 모든 산업분야에서 많이 사용되고 있다. 그러나 교류 유도 전동기는 직류 전동기에 비해 가변속 운전이 어려워 대부분의 상용전원으로서 일정하게 회전시키는 제어에 한정되고, 기타의 여러 가지 제어는 각종 제어기구 및 조절장치에 의존하는 경향이었다. 따라서 이와 같은 시스템에서는 여러 가지 에너지 손실과 시스템의 복잡성에 따른 시스템의 대형화, 소모, 보수, 설치 등에 큰 문제가 있었다. 이에 따라 이들 손실을 줄이거나 기계설비 등을 소형화할 수 있도록 유도 전동기의 가변속 제어기술의 개발에 박차를 가해 탄생된 것이 인버터이다.

인버터(inverter)란 전기적으로는 직류를 교류로 변환하는 역변환 장치이며, 다시 정의하자면 상용전원으로부터 공급된 전력을 입력받아, 자체 내에서 전압과 주파수를 가변시켜 전동기에 공급함으로써 전동기의 속도를 고효율로 용이하게 제어하는 일련의 장치를 말한다.

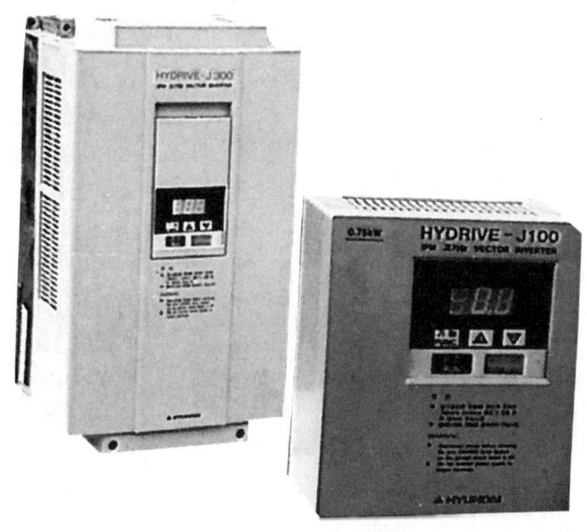

사진 2-31 인버터

이와 같은 인버터의 등장으로 유도 전동기의 가변속 운전에 의한 생산라인의 생산성 향상, 품질 향상, 원가 절감, 공조설비의 에너지 절감 등이 이룩되면서 설비의 자동화 및 효율 향상 측면에서 크게 각광을 받아오고 있다.

2) 인버터의 구성과 동작원리

인버터는 그림 2-81에 나타낸 바와 같이 컨버터(converter)부와 인버터부 및 제어회로부로 구성되어 있다.

동작은 외부의 상용전원을 컨버터가 받아 직류 전원으로 변환하고, 평활 회로부에서 니플을 제거하여 다시 인버터부에서 직류를 교류로 변환하여 교류 전력인 전압과 주파수를 제어한다.

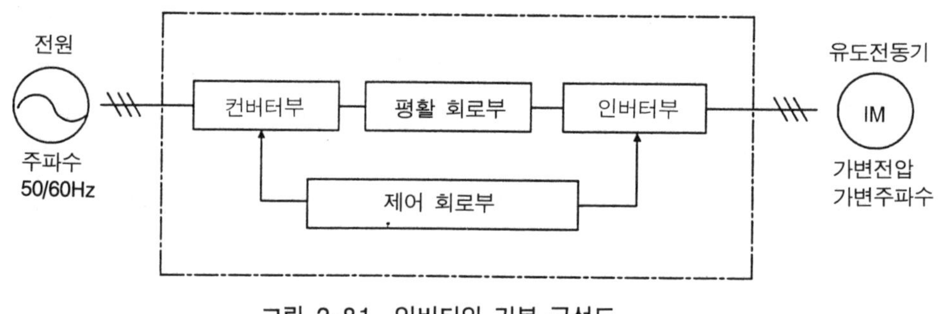

그림 2-81 인버터의 기본 구성도

3) 인버터의 종류

인버터의 종류는 직류전원의 제어방법에 따라 전압형과 전류형으로 나뉘어지고, 용도에 따라 범용, 전용, 고주파 인버터로 구분된다.

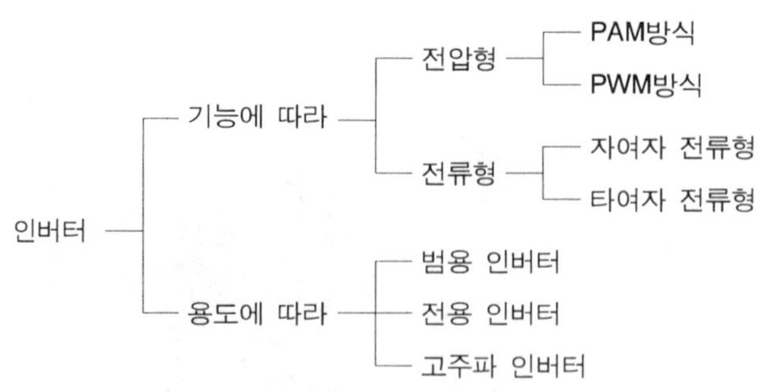

그림 2-82 인버터의 종류

① 전압형 인버터

전압형 인버터는 직류회로에 평활 콘덴서를 삽입하여 직류 정전압원의 전압을 스위치 작용에 의해 교류로 역변환하여 유도 전동기에 인가하는 방식이며, 전류 $I=\dfrac{V}{Z}$ 로 되어 전동기의 임피던스 Z와 인가전압 V에 의해 결정된다. 전류 I의 파형은 전동기 임피던스 Z의 리액턴스 성분 때문에 정현파에 가깝다.

전압형 인버터에는 전압과 주파수를 제어하는 방법에 따라 PWM과 PAM방식이 있다. PAM방식이란 진폭변조(Pulse Amplitude Modulation)의 약자로서 전압을 제어하는 부분과 주파수를 제어하는 부분이 따로 있어서 전동기에 적합한 전압과 주파수를 가하도록 구성된 장치이며 전동기의 소음은 작으나 응답성과 전원 역률이 나쁜 단점이 있다.

PWM방식은 Pulse Width Modulation의 약자로서 일정 크기의 직류전압을 펄스폭만을 변화시켜 원하는 전압과 주파수를 얻는 방식이다. 출력파형을 적당한 형태로 변조시켜 고주파의 함유율을 크게 저하시킬 뿐만 아니라 제어 정류기를 사용하지 않으므로 입력측의 외형과 역률면에서 우수하며 신뢰도 또한 향상시킬 수 있다. 특히 대형 설비에 유리하며 전동기 운전시 순시 정전 또는 회생일 경우 전동기 사이의 에너지 수수가 자동적으로 이루어지는 장점도 있다.

② 전류형 인버터

전류형 인버터는 비교적 최근에 선보인 대용량 인버터로 평활용 인덕턴스를 사용하는데 인버터측에서 보면 고 임피던스 전류원으로 볼 수 있으므로 전류형 인버터라 불린다.

전동기가 발전기 모드로 되어도 직류 전류의 방향이 인덕턴스에 의해 방향이 변하지 않기 때문에 회생용 변환장치가 없어도 인버터의 주파수와 사이리스터 정류기의 위상제어에 의한 회생, 정역 운전이 가능하게 된다.

이 방식은 회생, 정역 운전이 용이하며 급가감속 운전이 용이하다.

③ 범용 인버터

마이크로 프로세서를 내장하여 소형, 고성능, 다기능을 구비하고 부속기능과의 조합에 의해 다양한 중·소 시스템에 사용되고 있다. 특히 최근에는 저진동, 저잡음, 저소음 장해 등이 요구되므로, 이의 만족과 함께 경제성의 추구도 충족되어야 한다. 응용 부하에는 펌프(pump), 팬(fan), 블로워(blower) 등의 에너지 절감용도와 컨베이어, 대차, 승강기 등의 자동화, 성력화 용도, 또한 선반, 밀링, 프레스 등의 금속 가공기계, 차량, 엘리베이터에 이르기까지 광범위하게 사용되고 있어 수요가 날로 증가하고 있다.

④ 전용 인버터

전용기의 특수 필요기능을 더욱 강화하여, 전용 용도로서의 코스트 퍼포먼스를 철저히 발휘한 기종이다. 예를 들면 섬유기계 드라이브 용도에는 대형 시스템의 보전을 고려하여 취부가 간단한 카세트 구조로 사용자의 이익을 추구하고 있으며, 공작기계 주축(spindle) 드라이브에는 NC와 인터페이스, 인버터 주회로와 전원 회생 제어회로와의 일체화 등 기계설비 전체의 가격향상에 공헌하고 있다.

⑤ **고주파 인버터**

초정밀 가공, 화인 메카닉 분야에 적용되어 고속 전동기 구동전용 PAM제어방식의 인버터로, 최대 3kHz(180000rpm) 정도의 운전이 가능하다. 치공구 연마기, 전자부품 가공기용으로 적당하다.

4) 인버터 적용시 얻어지는 이점

① 가격이 싸고 보수가 용이한 농형 유도 전동기를 가변속 운전할 수 있다.

② 전동기 시동시 시동 전류가 저하된다(정격의 1.5~2배 정도).

③ 전기적 제동이 용이하다(회생제동, 직류제동).

④ 운전효율이 높아진다.

⑤ 고속운전이 가능하다.

⑥ 전력이 절감된다.

⑦ 최적 속도 제어에 의해 품질이 향상된다.

⑧ 유도 전동기의 제어로 브러시, 슬립링 등이 필요없어 보수성과 내환경성이 향상된다.

⑨ 정지속도가 향상된다.

⑩ 브레이크의 마모가 줄어든다.

5) 인버터의 전용분야

적 용 효 과	분 야 (용도)	적 용 법	종 래 방 식
에너지 절약	송풍기, 펌프, 교반기, 압출기, 방사기	• 가변속 운전 • 사용전원에 의한 가변속 운전의 조합	• 상용 전원에 의한 일정속 운전 • 댐퍼, 베인 등에 의한 제어 • 기계식 변속기
자동화	반송기계 전반	• 복수대 모터의 비율 속도 운전	• 기계식 변감속기 • 1차 전압제어 • 와전류 이음제어
생산성 향상	공작기계 섬유기계 반송기계	• 증속운전 • 쿠션 시동 정지에 의한 불량의 저감	• 상용 전원에 의한 일정속 운전 • 1차 전압 제어
설비의 효율화	금속 가공기계	• 고주파 모터에 의한 고속운전	• M/G 장치

적 용 효 과	분 야 (용도)	적 용 법	종 래 방 식
보 수 절 감	섬유기계 공작기계 프로세스 라인 차량 구동	• 직류모터의 대체	• 직류모터
품 질 향 상	공작기계 교 반 기 섬유기계	• 무단계의 최적속도 운전 선택	• 상용 전원에 의한 일정속 운전
쾌적성 향상	공 조 기	• 압축기 등의 가변속 운전에 대한 연속적 온도 제어	• 상용전원 ON·OFF제어

(4) 회전계(Tachometer)

인적·물적 자원절감 및 능률향상은 생산기계나 설비에 주어진 영원한 주제이다. 또 기계에 따라서는 최대 효율로 운전해야 하는 속도가 정해져 있다. 따라서 기계가 현재 어떤 조건하에서 운전되고 있는지 알 필요가 있고, 이 때 기계의 운전속도 중 하나인 회전수를 측정하는 계측장치를 회전계라 한다.

사진 2-32 회전계

회전계는 마이컴 회로에 의해 측정물체가 1회전하는 데 소요되는 시간을 측정하고 이 측정 시간의 역수를 구하여 연산을 하는데, 이와 같은 연산방식을 주기측정 연산방식이라 한다.

그림 2-83은 회전계의 측정원리를 나타냈다. 그림에서 회전수는 1주기의 역수이므로

$$회전수 = \frac{1}{T(\sec)}$$

이 된다

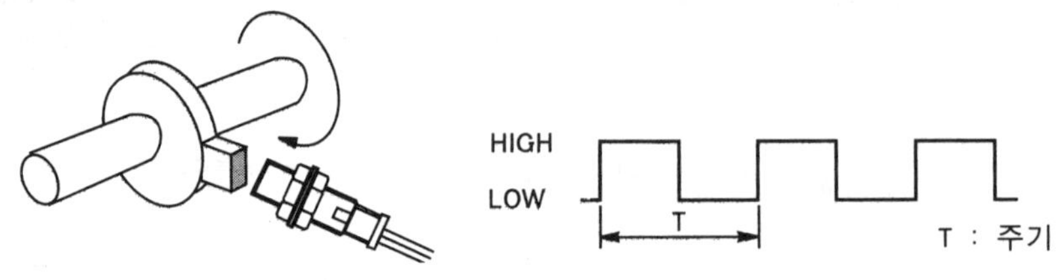

그림 2-83 회전계의 측정원리

회전계는 종류에 따라 단순히 회전속도(rpm)만을 표시해주는 표시 전용과 목표치의 회전수가 되는 상한치와 하한치 등을 설정하여, 기계의 회전수가 정해진 범위를 초과하면 그에 대응되는 적절한 조치를 할 수 있는 제어기능 내장형이 있다.

또한 회전계에 이용할 수 있는 센서로는 근접 스위치, 광전센서, 치차센서, 로터리 엔코더 등이 있으며, 회전계의 일반적인 용도는 다음과 같다.

① 일반 산업기계 및 각종 회전물체의 회전수를 측정하여 회전감시 및 제어
② AC, DC모터의 회전감시 및 제어
③ 데이터에 의한 상한·하한치 설정으로 이상 경보 출력 및 제어

(5) 속도계(Line Speed Meter)

사진 2-33 속도계

속도계란 생산라인의 속도를 계측하는 제어기기로서, 생산라인에서 생산수량 측정이나 각종 물류속도의 감시 및 제어를 위해 사용된다.

측정 원리는 앞서 설명한 회전계와 동일한 주기측정 연산방식에 의해 이루어지고, 측정된 데이터를 내부의 마이컴 회로에 의해 연산하여 디스플레이 장치에 의해 표시되는데, 그 단위는 통상 분당 진행거리인 [m/min]이 사용된다.

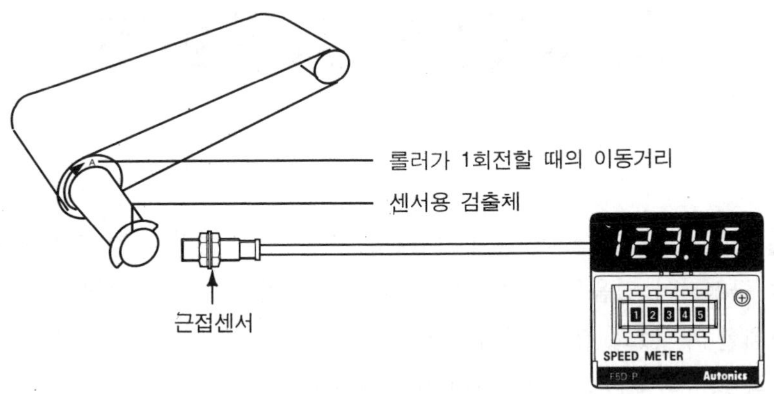

그림 2-84 속도계의 측정원리

속도계는 그림 2-84에 나타낸 바와 같이 각종의 검출센서(근접 스위치, 광전센서, 로터리 엔코더)에 의해 구동축의 회전수를 측정하고, 미리 설정된 롤러의 원주값을 기초로 속도를 표시해 준다.

일례로 그림에서 롤러의 원주거리가 628mm고 회전수가 12rpm이라 하면, 628×12 =7536mm/min이 되므로 이 값이 회전계에 표시된다.

속도계의 일반적인 용도는 다음과 같다.

① 일반 산업기계 및 각종 물류의 속도 감시 및 제어
② 생산라인의 생산 수량 측정
③ 컨베이어류, 필름류, 종이류, 전선류 및 각종 시트류 등 연속 생산라인 생산품의 생산 속도 측정

3. 시퀀스 기본회로

아무리 복잡한 시퀀스 회로를 살펴보더라도 그 기본은 여러 가지 기본회로가 조합되어 목적에 맞게 구성되어 있음을 알 수 있다. 따라서 시퀀스의 기본회로를 알지 못하고는 응용회로를 설계할 수 없고, 또한 설계된 회로의 내용도 알 수 없다. 여기서는 유접점 시퀀스 기본회로의 종류와 기능, 동작원리에 대하여 알아본다.

(1) ON회로

입력이 존재하면 출력이 ON되고, 입력이 OFF되면 동시에 출력도 OFF되는 회로로서 릴레이의 a접점을 이용하므로 a접점 회로라고도 한다.

그림 2-85의 (a)가 회로도이고 (b)는 타임차트로서 회로도에서 누름버튼 스위치를 눌러 ON시키면 릴레이 코일 R에 전류가 흘러 코일이 여자되고, 그 결과 a접점 R이 닫히게 된다.

누름버튼 스위치에서 손을 떼면 전류가 끊겨 릴레이 코일이 소자되면 a접점 R이 복귀되는 가장 기본적인 회로이다.

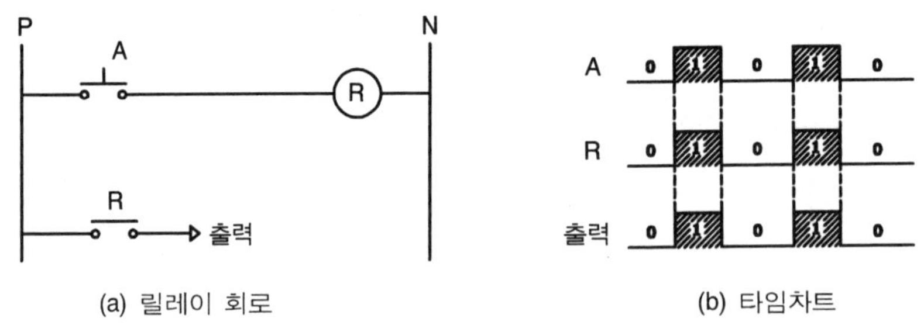

(a) 릴레이 회로   (b) 타임차트

그림 2-85 ON회로 (a접점 회로)

[동작설명]

① 누름버튼 스위치 A를 누르면

P전원－R코일－N전원이 되어 코일이 여자되고, 그 결과 R접점이 닫힌다.

② 누름버튼 스위치 A에서 손을 떼면

P전원과 N전원이 끊기어 릴레이 코일이 복귀되고, 그 결과 R접점이 열린다.

(2) OFF회로

입력이 ON되면 출력이 OFF되고, 입력이 OFF되면 출력이 ON되는 회로로서 릴레이의 b접점을 이용하므로 b접점 회로라고도 한다.

그림 2-86의 (a)가 회로도이고 (b)는 타임차트로서 회로도에서 누름버튼 스위치를 누르지 않은 상태에서는 R접점이 닫혀 있으므로 출력이 ON되고, 누름버튼 스위치를 ON시키면 릴레이 코일 R이 여자되고, 그 결과 b접점은 열리므로 출력이 OFF되는 회로이다.

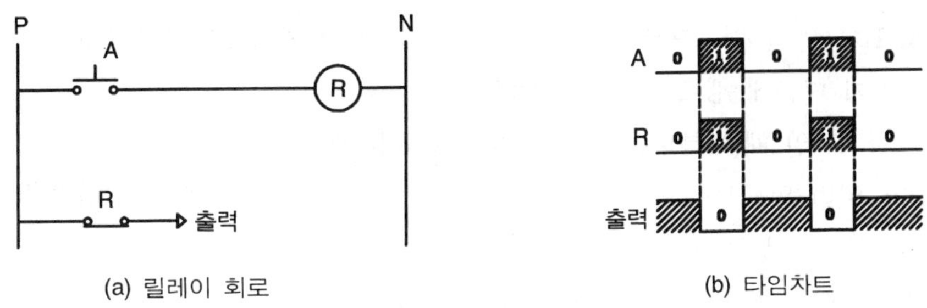

(a) 릴레이 회로   (b) 타임차트

그림 2-86 OFF회로(b접점 회로)

[동작설명]

① 누름버튼 스위치 A를 누르면

   P전원−R코일−N전원이 되어 코일이 여자되고, 그 결과 R의 b접점이 열린다.

② 누름버튼 스위치 A에서 손을 떼면

   P전원과 N전원이 끊겨 릴레이 코일이 복귀되고, 그 결과 R접점이 닫힌다.

(3) AND회로

여러 개의 입력과 한 개의 출력이 있을 때 모든 입력이 존재할 때만 출력이 나타나는 회로를 AND회로라고 하며, 직렬 스위치 회로와 같다.

그림 2-87은 두 개의 입력 A와 B가 모두 ON일 때에만 릴레이 코일 R이 여자되고 R접점이 닫혀 램프가 점등되는 AND회로이다.

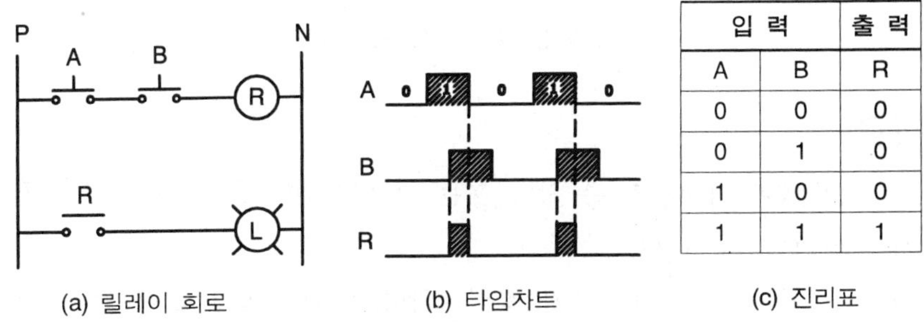

입 력		출 력
A	B	R
0	0	0
0	1	0
1	0	0
1	1	1

(a) 릴레이 회로   (b) 타임차트   (c) 진리표

그림 2-87 AND회로(Ⅰ)

이와 같은 직렬회로는 한 대의 프레스에 여러 명의 작업자가 함께 작업할 때, 안전을 위해 각 작업자마다 프레스 기동용 누름버튼 스위치를 설치하여 모든 작업자가 스위치를 누를 때에만 동작되도록 하는 경우에 적용된다. 또 기계의 각 부분이 소정의 위치까지 진행되지 않으면 다음 동작으로 이행을 금지하는 경우 등 그 응용범위가 넓은 회로이다.

[동작설명]

① 입력 A, B가 OFF일 때(누름버튼 스위치 A, B를 누르지 않았을 때)

입력 A, B가 열려 있으므로 릴레이 코일 R이 작동하지 않고 따라서 a접점인 R도 작동하지 않기 때문에 램프 L은 소등(OFF)되어 있다.

② 입력 A만 ON일 때(누름버튼 스위치 A만 눌렀을 때)

입력 B가 열려 있으므로 릴레이 코일 R이 작동하지 않고 따라서 a접점인 R도 작동하지 않기 때문에 램프 L은 소등되어 있다.

③ 입력 B만 ON일 때(누름버튼 스위치 B만 눌렀을 때)

입력 A가 열려 있으므로 릴레이 코일 R이 작동하지 않고 따라서 a접점인 R도 작동하지 않기 때문에 램프 L은 소등되어 있다.

④ 입력 A와 B가 모두 ON일 때

전원 P−A(on)−B(on)−R−전원 N 회로가 연결되어 릴레이 코일이 여자되고 그 결과 R접점도 닫혀 램프 L이 점등(ON)된다.

그림 2-88도 AND회로의 예인데, 이 회로는 각각의 입력에 릴레이를 할당했고 마찬가지로 A와 B가 모두 ON일 때 접점 R1과 R2가 닫혀 램프가 점등되는 회로이다.

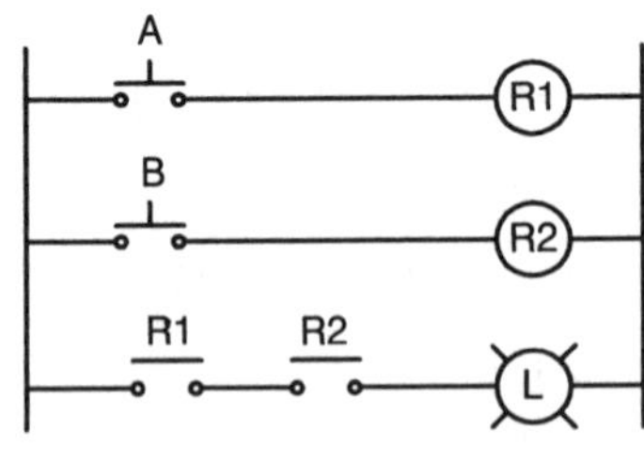

그림 2-88 AND회로(Ⅱ)

(4) OR회로

OR회로는 여러 개의 입력신호 중 하나 또는 그 이상의 신호가 ON되었을 때 출력을 내는 회로로서 병렬회로라고 한다.

그림 2-89에서 누름버튼 스위치 A가 눌려지거나, 아니면 B가 눌려져도, 또는 A와 B가 동시에 눌려져도 릴레이 R이 동작되어 램프가 점등된다.

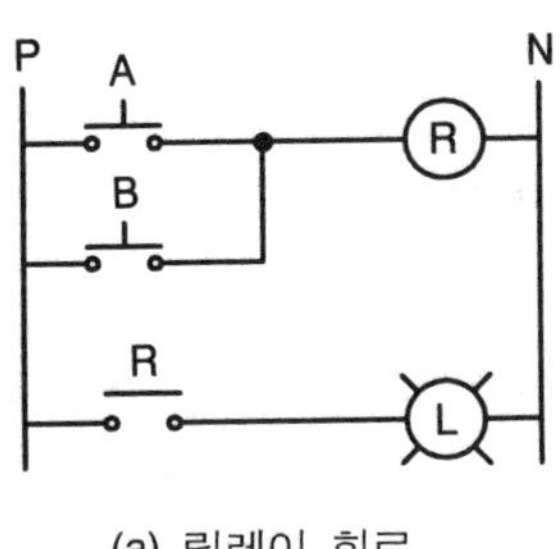

(a) 릴레이 회로

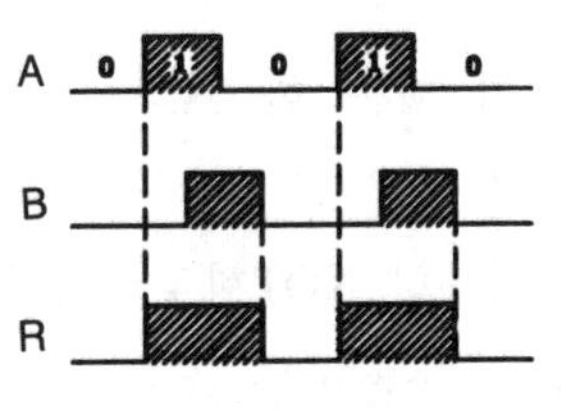

(b) 타임차트

입력		출력
A	B	R
0	0	0
0	1	1
1	0	1
1	1	1

(c) 진리표

그림 2-89 OR회로(Ⅰ)

[동작설명]

① 입력 A, B가 OFF일 때(누름버튼 스위치 A, B를 누르지 않았을 때)

입력 A, B가 열려 있으므로 릴레이 코일 R이 작동하지 않고 따라서 R의 a접점도 작동하지 않기 때문에 램프 L은 소등되어 있다.

② 입력 A만 ON일 때(누름버튼 스위치 A만 눌렀을 때)

전원 P−A(on)−R−전원 N 회로가 연결되어 릴레이 코일이 여자되고, 그 결과 R접점도 닫혀 램프 L이 점등되어 있다.

③ 입력 B만 ON일 때(누름버튼 스위치 B만 눌렀을 때)

전원 P−B(on)−R−전원 N 회로가 연결되어 릴레이 코일이 여자되고, 그 결과 R접점도 닫혀 램프 L이 점등되어 있다.

④ 입력 A와 B가 모두 ON일 때

전원 P−A(on)−R−전원 N, 또는 전원 P−B(on)−R−전원 N 회로가 연결되어 릴레이 코일이 여자되고 R접점이 닫히므로 램프 L이 점등된다.

그림 2-90도 OR회로의 예로서, 이 회로는 각각의 입력에 릴레이를 할당하고 그 릴레이의 a접점으로 병렬회로를 만들어 A나 B 어느 하나나 또는 A, B가 모두 ON일 때 R1과 R2 접점에 의해 램프를 점등시키는 기능의 회로이다.

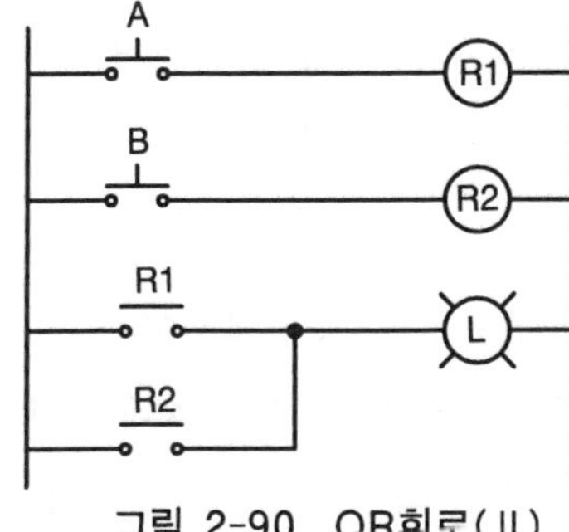

그림 2-90 OR회로(Ⅱ)

(5) NOT회로

　NOT회로는 출력이 입력과 반대가 되는 회로로서 입력이 0이면 출력이 1이고, 입력이 1이면 출력이 0이 되는 부정회로이다.

　그림 2-91은 릴레이의 b접점을 이용한 NOT회로로서 누름버튼 스위치 A가 눌려 있지 않은 상태에서 램프가 점등되어 있고, 누름버튼 스위치 A가 눌려지면 R접점이 열려 램프가 소등하는 NOT회로이다.

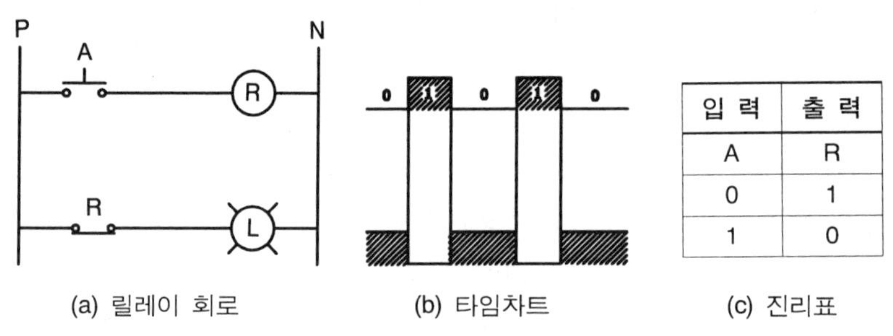

(a) 릴레이 회로　　　　　(b) 타임차트　　　　　(c) 진리표

그림 2-91　NOT회로

[동작설명]

① 입력 A가 OFF일 때

　입력 A가 열려 있으므로 릴레이 코일 R이 동작하지 않는다. 따라서 R의 b접점이 닫혀 있으므로 램프 L은 점등되어 있다.

② 입력 A가 ON일 때

　전원 P−A(on)−R−전원 N 회로가 연결되어 릴레이 코일이 여자되고 그에 따라 R의 b접점이 열리므로 램프 L이 소등된다.

(6) 자기유지(self holding) 회로

　릴레이의 기능 중에는 메모리 기능이 있다고 앞서 설명하였다. 이 릴레이의 메모리 기능이란 릴레이는 자신의 접점으로 자기유지 회로를 구성하여 동작을 기억시킬 수 있다는 것이다. 그림 2-92는 릴레이의 자기유지 회로이며, 자기유지 접점 $R_{(1)}$은 누름버튼 스위치 A에 병렬로 접속한다.

　동작원리는 누름버튼 스위치 A를 누르면 릴레이가 동작되고, $R_{(1)}$과 $R_{(2)}$가 동시에 ON되며 램프가 점등된다. 이 때 누름버튼 스위치 A에서 손을 떼도 전류는 $R_{(1)}$접점과 누름버튼 스위치 B를 통해 코일에 계속 흐르므로 동작유지가 가능하다. 즉 A가 복귀하여도 $R_{(1)}$접점에 의해 R의 동작회로가 유지된다.

자기유지 해제는 누름버튼 스위치 B를 누르면 R이 복귀되고 접점 $R_{(1)}$과 $R_{(2)}$가 열려 회로는 초기상태로 되돌아간다.

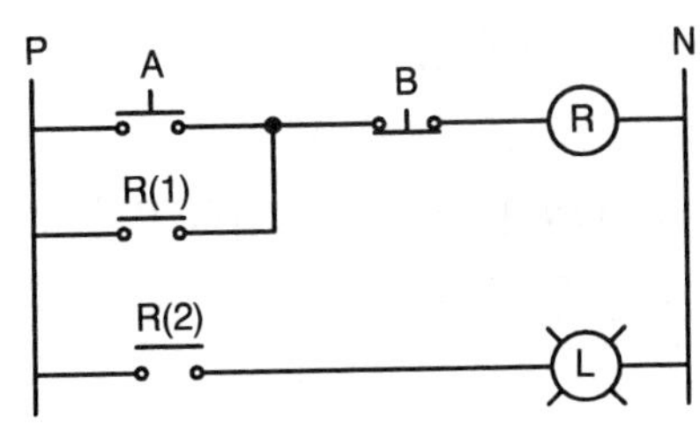

그림 2-92 자기유지 회로

[동작설명]
① 입력 A, B가 OFF일 때(누름버튼 스위치 A, B를 누르지 않았을 때)
  입력 A가 열려 있으므로 R이 동작하지 않고 따라서 $R_{(1)}$과 $R_{(2)}$의 a접점이 열려 있다.
② 입력 A를 ON시켰을 때(누름버튼 스위치 A를 눌렀을 때)
  전원 P−A(on)−B(b접점)−R−전원 N 회로가 연결되어 R이 동작하고 동시에 $R_{(1)}$과 $R_{(2)}$접점이 닫혀 램프가 점등한다.
③ 입력 A를 OFF시켰을 때(②번 동작 후)
  누름버튼 스위치 A는 열려 있어도 전원 P−$R_{(1)}$접점−B(b접점)−R−전원 N 회로가 연결되어 있으므로 릴레이 R은 계속 ON되어 있고 램프도 점등되어 있다.
④ 입력 B를 ON시켰을 때(누름버튼 스위치 B를 눌렀을 때)
  누름버튼 스위치 B가 b접점에서 a접점으로 변해 전원 P와 전원 N간의 회로가 끊기므로 릴레이 R이 복귀되고, 그 결과 $R_{(1)}$과 $R_{(2)}$접점이 열려 자기유지 해제와 동시에 램프가 소등된다.

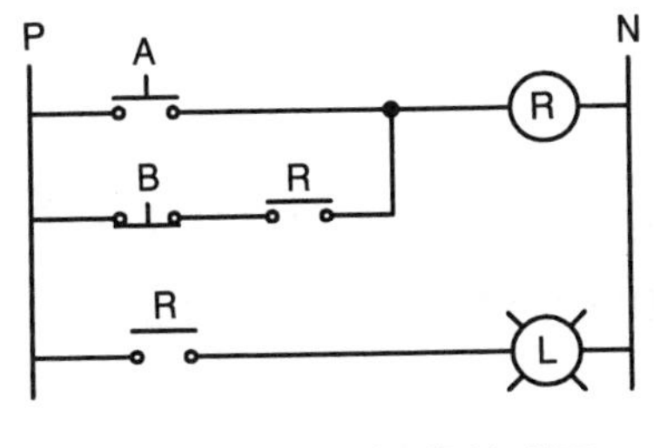

그림 2-93 기동우선 회로

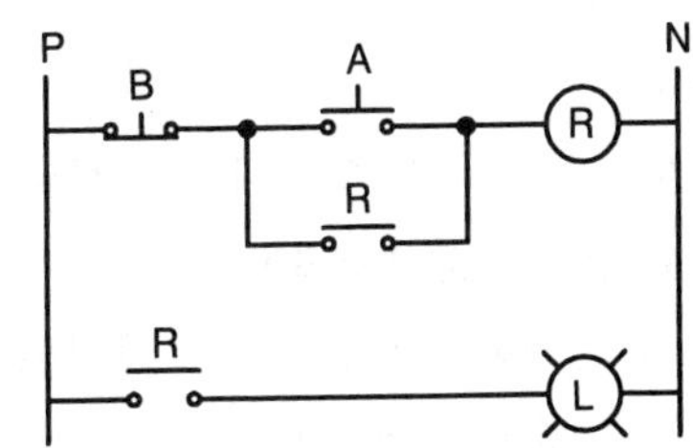

그림 2-94 정지우선 회로

자기유지 회로 중에는 기동우선 회로와 정지우선 회로의 두 가지 종류가 있으며 그림

2-93은 기동우선 회로의 예이다. 우선회로란 입력 A, B가 동시에 ON되었을 때 릴레이가 동작하면 기동우선 회로이고, 릴레이가 동작하지 않으면 정지우선 회로라고 한다.

그림 2-93은 그림 2-92의 회로와 동일한 기능으로 기동우선 회로이다. 회로도에서 입력 A가 ON된 상태에서 입력 B가 ON되거나, 또는 입력 A, B가 동시에 ON되었을 때 릴레이 R은 동작된다. 따라서 램프가 점등되는 회로이다.

그러나 그림 2-94는 입력 A가 ON된 상태에서 입력 B가 ON되거나, 또는 동시에 입력 A, B가 ON되었을 때 릴레이 R은 동작할 수 없다. 이와 같은 회로를 정지우선의 자기유지 회로라 한다.

(7) 인터록(inter-lock) 회로

기기의 보호나 작업자의 안전을 위해 기기의 동작상태를 나타내는 접점을 사용하여 관련된 기기의 동작을 금지하는 회로를 인터록 회로라 하며, 다른 말로 선행동작 우선회로 또는 상대동작 금지회로라고도 한다.

인터록은 릴레이의 b접점을 상대측 회로에 직렬로 연결하여 어느 한 릴레이가 동작중일 때에는 관련된 다른 릴레이는 동작할 수 없도록 규제한다.

그림 2-95는 누름버튼 스위치 A가 ON되어 R1 릴레이가 동작하면 B가 눌려져도 R2 릴레이는 동작할 수 없다. 또한 B가 먼저 입력되어 R2가 동작하면 R1 릴레이는 역시 동작할 수 없다.

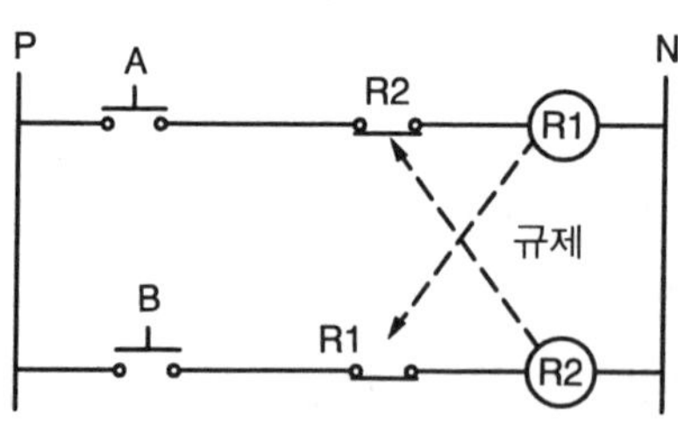

그림 2-95 인터록 회로

[동작설명]

① 입력 A가 ON된 후 입력 B가 ON되었을 때

전원 P−A(on)−R2(b접점)−R1−전원 N 회로가 연결되어 릴레이 R1이 동작되고 R1 b접점을 열게 된다. 따라서 이 상태에서 입력 B가 ON되더라도 R1 접점이 열려 있으므로 R2는 동작할 수 없다

② 입력 B가 ON된 후 입력 A가 ON되었을 때

전원 P−B(on)−R1(b접점)−R2−전원 N 회로가 연결되어 릴레이 R2가 동작되고 R2 b

접점을 열게 된다. 따라서 이 상태에서 입력 A가 ON되더라도 R2 접점이 열려 있으므로 R1은 동작할 수 없다

(8) 체인(chain)회로

체인회로란 정해진 순서에 따라 차례로 입력되었을 때에만 회로가 동작하고, 동작순서가 틀리면 동작하지 않는 회로이다.

그림 2-96은 체인회로의 예로서 동작순서는 R1 릴레이가 작동한 후 R2가 작동하고, R2가 작동한 후 R3이 작동되도록 구성되어 있다. 즉 R2 릴레이는 R1 릴레이가 작동하지 않으면 동작하지 않고, R3은 R1과 R2가 먼저 작동되지 않으면 작동하지 않는다.

이러한 체인회로는 순서작동이 필요한 컨베이어나, 기동순서가 어긋나면 안되는 기계설비 등에 적용되는 회로로서 직렬우선 회로라고도 한다.

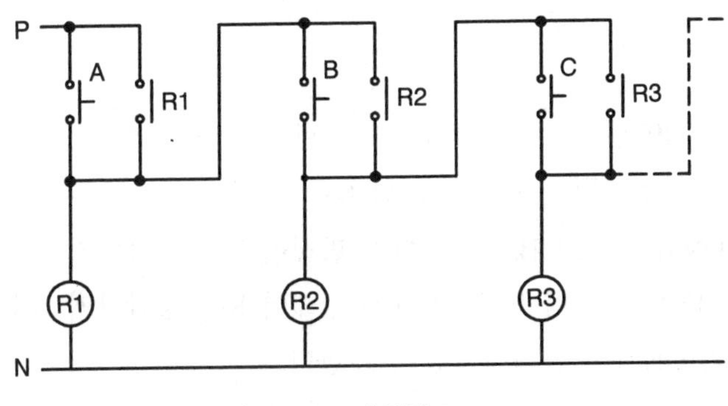

그림 2-96 체인회로

[동작설명]

① 입력 A가 ON되면 R1이 동작한다. 그 결과 R1의 a접점이 닫힌다.

　동작회로 : 전원 P−A(on)−R1−전원 N

② ①항 동작 후 입력 B가 ON되면 R2가 동작한다. 그 결과 R2의 a접점이 닫힌다.

　동작회로 : 전원 P−R1 a접점−B(on)−R2−전원 N

③ ①, ②항이 동작한 후 입력 C가 ON되면 R3이 동작한다.

　동작회로 : 전원 P−R1 a접점−R2 a접점−C(on)−R3−전원 N

참 고

코일의 온도 상승

릴레이나 기타 제어기기의 코일에 전압을 가하면 코일의 온도가 상승된다. 코일의 온도가 상승하면 코일의 저항은 증가하고 코일 전류는 감소하여 작동전압은 높아지게 된다.

(9) 일치회로

두 입력의 상태가 같을 때에만 출력이 나타나는 회로를 일치회로라 한다. 그림 2-97은
일치회로의 예인데, 입력 A, B가 동시에 ON되어 있거나 또는 동시에 OFF되어 있을 때에
는 출력이 나타나고 A, B 중 어느 하나만 ON되어 두 입력의 상태가 일치하지 않으면 출
력은 나타나지 않는 회로이다.

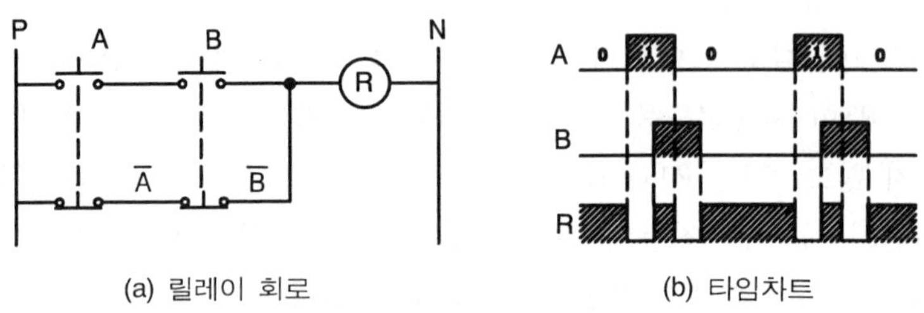

(a) 릴레이 회로　　　　　　　　(b) 타임차트

그림 2-97 일치회로

[동작설명]

① 입력 A, B가 OFF일 때 릴레이 R은 동작한다.

　동작회로 : 전원 $P - \overline{A} - \overline{B} - R -$ 전원 N

② 입력 A가 ON이고 입력 B가 OFF이면 릴레이 R은 동작하지 않는다.

③ 입력 A가 OFF이고 입력 B가 ON이면 릴레이 R은 동작하지 않는다.

④ 입력 A, B가 ON이면 릴레이 R은 동작한다.

　동작회로 : 전원 $P - A(on) - B(on) - R -$ 전원 N

위 내용을 나타낸 것이 (b)의 타임차트이다.

(10) 금지(inhibit)회로

금지(NOT) 입력이 있으면 출력이 나타나지 않는 회로를 금지회로라고 하며, 시퀀스의
진행을 중단시킬 때 적용된다.

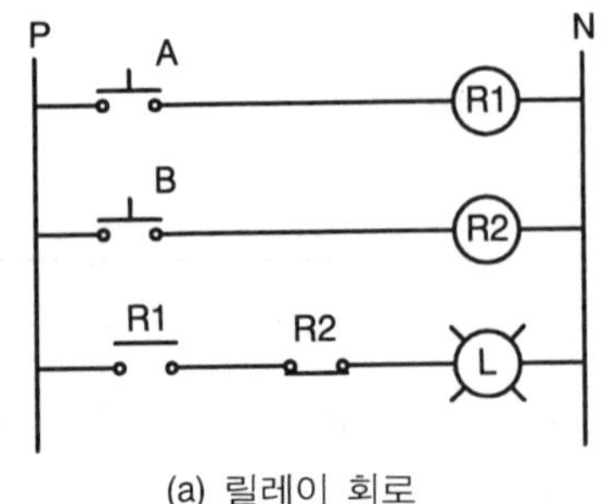
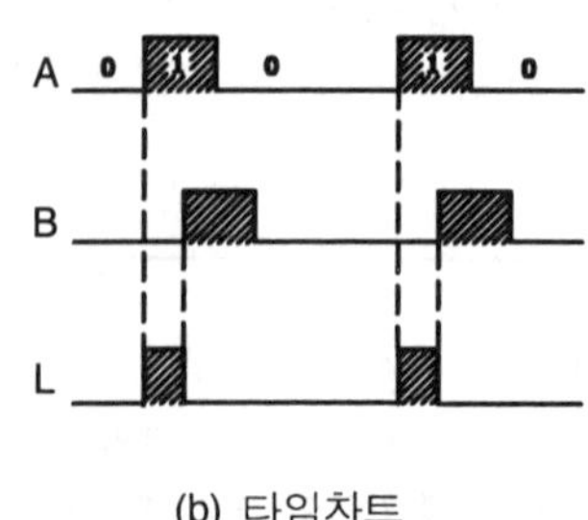

(a) 릴레이 회로　　　　　　　　(b) 타임차트

그림 2-98 금지회로

그림 2-98은 금지회로의 예인데, 회로에서 입력 B가 금지 입력이다. 입력 A를 ON시키면 R1에 의해 출력인 램프가 점등되나 이 상태에서 금지 입력 B가 ON되면 R2의 b접점에 의해 램프가 소등된다. 즉 동작신호 A가 ON상태에서도 금지 입력이 존재하면 출력이 소멸되는 회로이다.

[동작설명]

① 입력 A가 ON되고 B가 OFF되면 출력 L이 존재한다.

    동작회로 : 전원 P−A(on)−R1−전원 N

           : 전원 P−R1(on)−R2(b접점)−L−전원 N

② ①의 상태에서 금지 입력 B가 ON되면 R2가 동작하여 R2의 b접점을 끊어 출력인 램프가 소등(OFF)된다.

③ 입력 A와 입력 B를 동시에 주어도 출력 L은 없다.

(11) 변환회로

두 개의 출력 상태를 변환시키는 기능의 회로를 말한다. 그림 2-99의 회로가 이 예로서 입력 A를 ON시킨 상태에서 입력 B를 주면 R1이 동작하고 입력 C를 주면 R2가 동작한다.

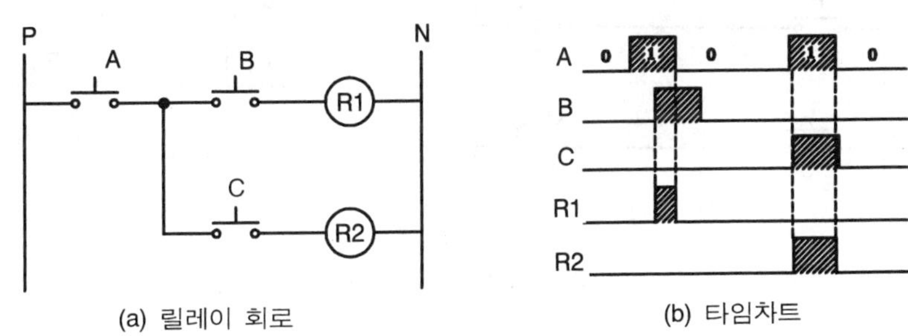

(a) 릴레이 회로   (b) 타임차트

그림 2-99 변환회로

[동작설명]

① 입력 A가 ON된 후 입력 B를 주면 R1이 ON된다.

    동작회로 : 전원 P−A(on)−B(on)−R1−전원 N

② 입력 A가 ON된 후 입력 C를 주면 R2가 ON된다.

    동작회로 : 전원 P−A(on)−C(on)−R2−전원 N

③ 입력 A가 OFF상태에서 입력 B, C가 입력되면 출력은 OFF된다.

(12) 시간지연 회로

입력신호를 준 후에 계획된 시간만큼 늦게 출력이 변화되는 회로를 시간지연 회로(time delay circuit)라 한다.

시간지연 회로에는 ON시간 지연(ON-delay) 회로와 OFF시간 지연(OFF-delay) 회로가 있고, 또 일정시간만 동작하는 One-shot 회로가 있다.

1) 온 딜레이(ON-delay) 회로

입력신호를 준 후에 곧바로 출력이 ON되지 않고 미리 설정한 시간만큼 출력이 늦게 ON되도록 설계한 회로를 온 딜레이 회로라 한다.

그림 2-100은 ON시간 지연 작동 회로로서 누름버튼 스위치 A를 누르면 타임 릴레이 (Timer)가 작동하기 시작하여 미리 설정해 둔 시간이 경과하면 타이머 접점이 닫혀 램프가 점등되며, 누름버튼 스위치 B를 누르면 타임 릴레이가 복귀하고 이에 따라 타이머의 접점도 열려 램프가 소등되는 회로이다.

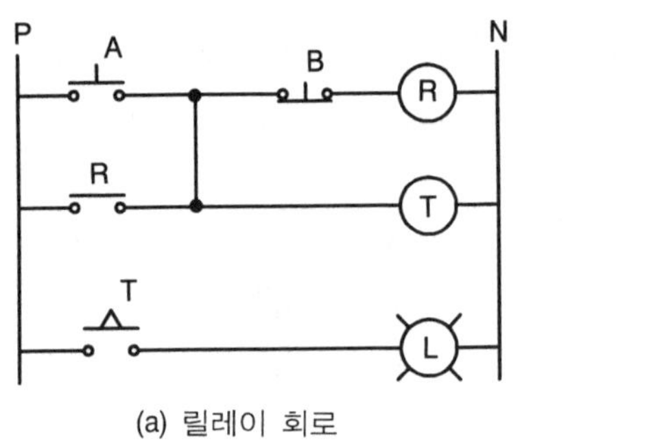

(a) 릴레이 회로

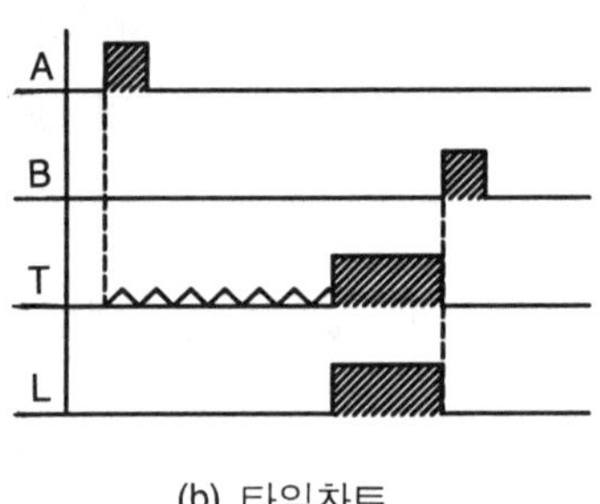

(b) 타임차트

그림 2-100 온 딜레이 회로(I)

[동작설명]

① 입력 A를 ON시키면 릴레이 R이 ON되어 자기유지되고 타이머 T가 작동을 시작한다.

   동작회로 : 전원 P−A(on)−B(b접점)−R−전원 N

         : 전원 P−R(a접점)−T−전원 N

② 타이머에 설정된 시간 후에 타이머 접점이 ON되어 출력인 램프가 점등된다.

   동작회로 : 전원 P−T(a접점 ON)−L−전원 N

③ 입력 B를 ON시키면 릴레이 R, 타이머 T가 복귀되므로 출력 L도 OFF된다.

그림 2-100의 회로도에서는 타이머의 동작시간 동안 누름버튼 스위치를 누르지 않아도 되도록 릴레이를 사용하여 자기유지 회로를 구성하였다. 이와 같이 타이머 회로에서는 타이머의 코일이 동작하는 시간 동안 입력을 계속 ON시켜 두어야 하기 때문에 자기유지 회

로를 구성할 필요가 있는데, 이처럼 릴레이를 사용하기도 하나 타이머가 가지고 있는 순시 접점을 사용해서 자기유지 회로를 구성할 수 있다.

그 예가 그림 2-101이다.

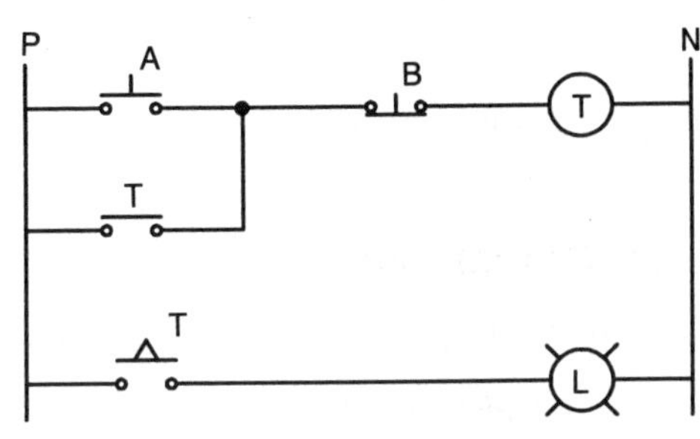

그림 2-101 온 딜레이 회로(Ⅱ)

2) 오프 딜레이(OFF-delay) 회로

오프 딜레이 회로는 복귀신호가 주어지면 출력이 곧바로 복귀되지 않고, 계획된 시간 후에 부하가 개방되는 회로로서 온 딜레이 타이머의 b접점을 이용하거나, 오프 딜레이 타이머의 a접점을 이용하여 회로를 구성할 수 있다.

그림 2-102는 오프 딜레이 회로의 일례로 누름버튼 스위치 A를 누르면 램프가 점등되고 B를 누르면 곧바로 램프가 소등되지 않고 타이머에 설정된 시간 후에 소등하는 오프 딜레이 회로이다.

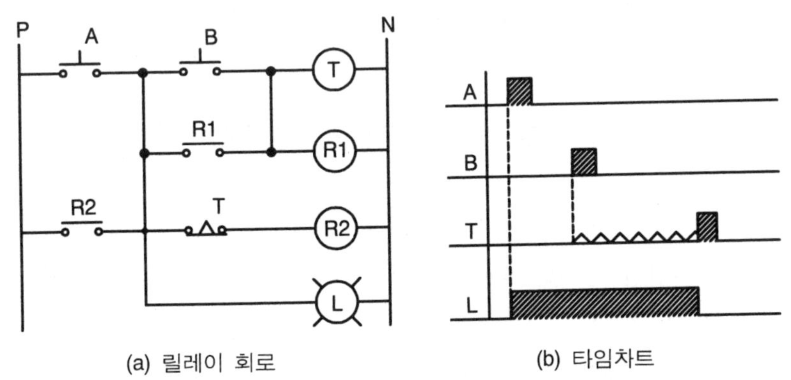

(a) 릴레이 회로   (b) 타임차트

그림 2-102 오프 딜레이 회로

[동작설명]

① 입력 A를 눌렀다 떼면 출력인 램프가 ON되고 릴레이 R2가 동작하여 자기유지 된다.

    동작회로 : 전원 P－A(on)－T(b접점)－R2－전원 N

           : 전원 P－R2(on)－L－전원 N

② ①의 상태에서 입력 B를 눌렀다 떼면 타이머 T가 동작되고, 동시에 릴레이 R1이 ON
　되어 자기유지 된다.

　　동작회로 : 전원 P−R2(on)−B(on)−T−전원 N

　　　　　　 : 전원 P−R2(on)−R1(on)−T−전원 N

③ 타이머의 설정된 시간 후에 T의 b접점이 개방되어 릴레이 R2가 복귀되므로 R2의 a
　접점이 열리게 되고 따라서 출력인 L과 코일T, R1 등이 동시에 복귀된다.

3) 일정시간 동작회로(one shot circuit)

　이 회로는 누름버튼 스위치 등의 입력이 주어지면 출력이 ON되고, 타이머에 설정된
시간이 경과되면 스스로 출력이 OFF되는 회로를 말한다.

　그림 2-103은 이 회로의 일례로, 누름버튼 스위치 A를 누르면 릴레이 코일 R1이 여자
되어 자기유지되고, 램프가 점등됨과 동시에 타이머가 동작하기 시작한다. 타이머에 설
정된 시간이 경과되면 타이머 b접점이 개방되어 램프가 소등되는 회로이다. 이와 같은
일정시간 동안 동작되는 회로는 가정의 현관 출입문 등에 이용되고 있다.

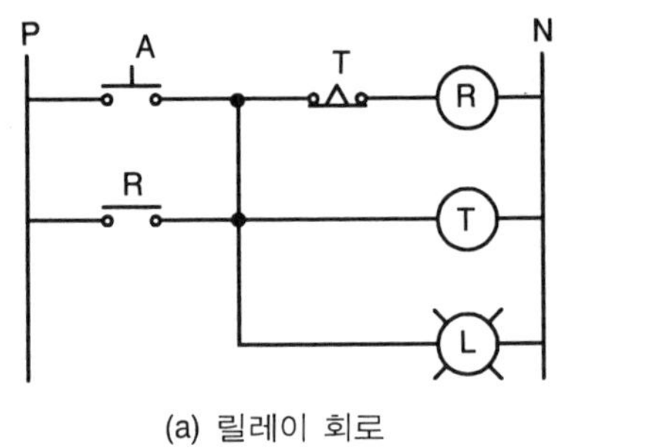

(a) 릴레이 회로

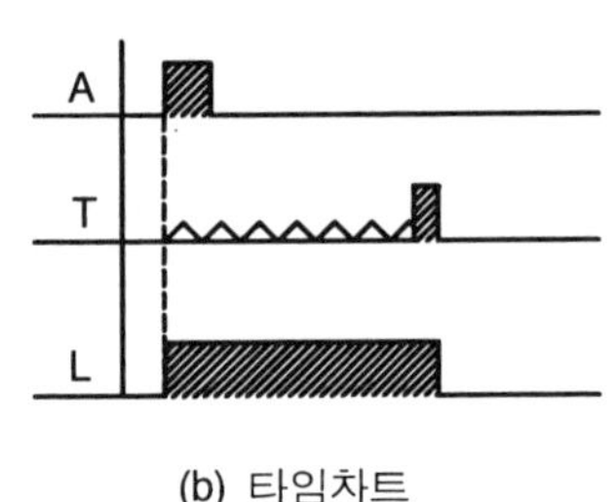

(b) 타임차트

그림 2-103　일정시간 동작회로

[동작설명]

① 입력 A를 ON시키면 출력인 램프가 ON되고 동시에 릴레이 R이 동작되며 또한 타이
　머가 작동하기 시작한다.

　　동작회로 : 전원 P−A(on)−T(b접점)−R−전원 N

　　　　　　 : 전원 P−A(on)−L−전원 N

　　　　　　 : 전원 P−A(on)−T−전원 N

② ①의 동작 후 누름버튼 스위치 A에서 손을 떼도 자기유지 회로를 통해 릴레이 R, 타
　이머 T, 램프 L은 계속 동작한다.

　　동작회로 : 전원 P−R(a접점 ON)−T(b접점)−R−전원 N

　　　　　　 : 전원 P−R(a접점 ON)−T−전원 N

          : 전원 P−R(a접점 ON)−L−전원 N

③ 타이머에 설정된 시간이 경과되면 타이머 b접점이 개방되어 릴레이 R이 복귀되고, 그
   결과 R의 a접점이 열려 자기유지가 해제되므로 출력 L, 타이머 T도 동시에 복귀된다.

(13) 표시회로

표시회로에는 그 용도에 따라 동작상태 표시회로와 고장 경보 표시회로가 있다.

동작상태 표시회로에는 전원 투입 표시등, 정지 표시등, 운전 표시등 등을 목적과 기능
에 따라 설치하여 사용하며 그 일례가 그림 2-104이다.

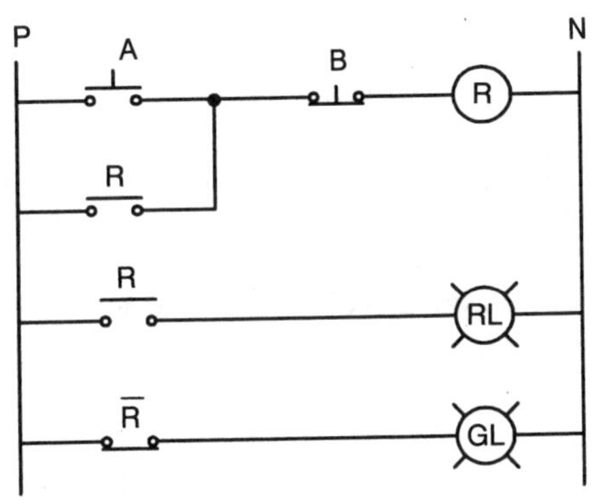

그림 2-104 표시등 회로

[동작설명]

① 전원을 투입하면 정지 표시 램프 GL이 점등된다.

동작회로 : 전원 P−$\overline{R}$−GL−전원 N

② 운전 스위치 A를 ON시키면 릴레이 R이 동작하여 운전 표시 램프 RL이 점등된다.

동작회로 : 전원 P−A(ON)−B(b접점)−R−전원 N

          : 전원 P−R(a접점 ON)−RL−전원 N

③ ②의 동작 후 A에서 손을 떼도 자기유지되어 동작상태가 계속 유지된다.

동작회로 : 전원 P−R(a접점 ON)−B(b접점)−R−전원 N

          : 전원 P−R(a접점 ON)−RL−전원 N

④ 정지 스위치 B를 ON시키면 릴레이 R이 복귀되고, R의 a접점이 열려 운전표시 램프
   RL이 소등되고 자기유지가 해제된다. 따라서 R의 b접점이 다시 닫히므로 정지 표시
   램프인 GL이 점등된다.

고장경보 회로는 고장이 발생하면 작업자나 운전자에게 경보하기 위하여 벨이나 부저가
사용되며, 동시에 고장표시 램프가 점멸하기도 한다. 일반적으로 작은 고장일 때는 부저를

사용하나 큰 고장일 때에는 벨을 사용하여 경보를 울린다.

경보 회로에서 유의할 점은 릴레이를 사용하여 고장이 계속중일 때는 경보를 중지시키도록 해야 한다. 왜냐하면 한 곳에서 고장이 계속중일 때 다른 고장이 발생하면 벨이나 부저음이 중복되어 상황 파악에 혼동을 가져올 수가 있기 때문이다.

그림 2-105가 고장 검출회로의 일례이며, 이 회로의 동작은 다음과 같다.

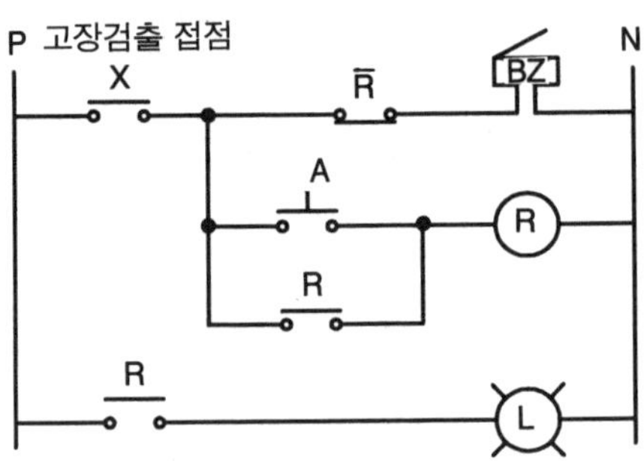

그림 2-105 고장 검출 회로

[동작설명]

① 고장이 발생되어 고장 검출 접점 X가 닫히면 부저가 울린다.

   동직회로 : 전원 $P-X(on)-\overline{R}-BZ-$전원 N

② 부저가 계속 울리면 중복 고장신호 검출이 불가능하므로 고장 표시 램프회로로 변환한다.

   동작회로 : 전원 $P-X(on)-A(on)-R-$전원 N

   　　　　　: 전원 $P-R(on)-L-$전원 N

③ ②의 동작으로 부저는 OFF되고 A에서 손을 떼도 자기유지 된다.

   동작회로 : 전원 $P-X(on)-R(on)-R-$전원 N

참 고

DIN레일과 DIN레일에 제어기기가 부착된 모습

4. 전동기 제어회로

전동기의 종류가 매우 많다는 것은 앞에서 설명했다. 따라서 전동기의 제어회로도 그 종류가 매우 많고, 특히 제어용 모터는 한권의 책으로도 그 내용을 전부 소개하기 힘들 정도이다. 여기에서는 교류 전동기를 3상 모터와 단상모터로 구분하여 각각의 기본회로에 대해 알아본다.

전동기의 제어회로를 도면으로 나타낼 때에는 크게 모터의 결선회로(이것을 주회로라 함)와 제어회로를 함께 나타내야 한다. 이것은 모터를 제어하는 신호 증폭·변환기기나 모터를 보호하는 보호용 기기들이 어떻게 구성 접속되었는지를 나타내기 위한 것이며, 그래야만 설치 현장에서 도면과 같은 결선작업을 할 수 있기 때문이다.

그림 2-106은 기본적인 3상 유도 전동기의 운전회로이다.

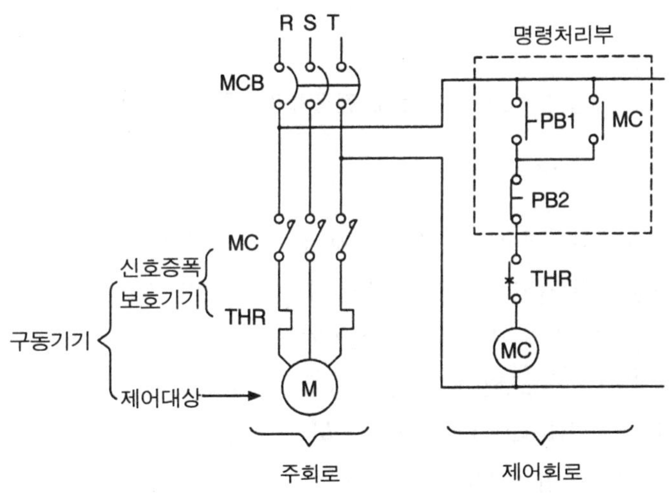

그림 2-106 전동기의 기본회로

(1) 3상 유도 전동기의 기동 · 정지회로

전동기의 제어회로는 단순히 전동기만 ON·OFF시키는 것이 아니라 전동기의 보호 회로와 표시등 회로를 부가해서 운전회로로 하는 것이 보통이다.

그림 2-107은 일반적인 3상 유도 전동기의 운전·정지 회로로서, 기동신호 스위치인 PB1을 ON시키면 유도 전동기가 회전하고, 정지신호 스위치인 PB2를 누르면 전동기가 정지하는 회로이다. 또한 배선용 차단기 MCB를 닫은 상태에서 전동기가 정지되어 있으면 정지 표시 램프인 GL이 점등되고 전동기가 회전하고 있는 동안에는 운전표시 램프 RL이 점등된다.

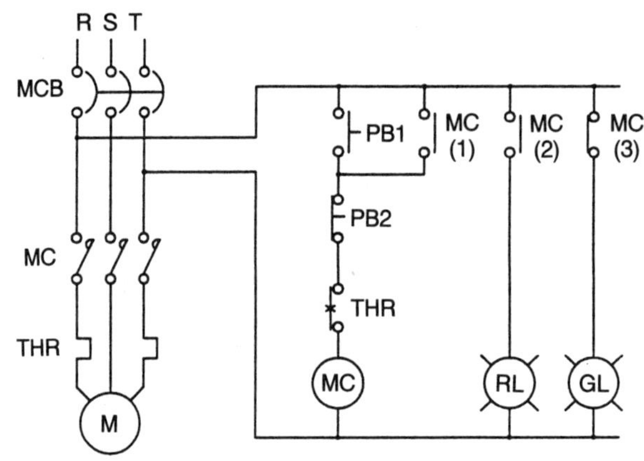

그림 2-107 3상 유도 전동기의 기동·정지 회로

[동작설명]

① 배선용 차단기 MCB를 닫으면 제어회로에 전원이 투입된다.

② 제어회로에 전원이 투입된 상태에서 전동기가 정지되어 있으므로 MC(3)의 접점에 의해 GL 램프가 점등되어 전원 표시 및 전동기가 정지하고 있음을 표시한다.

③ 기동용 스위치 PB1을 누르면 전자 접촉기 코일 MC가 작동된다.

　동작회로 : 전원 R－PB1(on)－PB2－THR－MC－전원 T

④ MC의 동작에 의해 주접점 MC가 닫히며 전동기 M이 기동한다.

⑤ 동시에 MC의 a접점 MC(2)가 닫히고 운전 표시 램프 RL이 점등된다.

⑥ MC의 b접점인 MC(3)은 열리게 되므로 정지 표시 램프인 GL은 소등된다.

⑦ 동시에 a접점 MC(1)이 닫혀 자기유지 회로가 구성된다. 따라서 기동용 스위치 PB1에서 손을 떼도 동작회로는 계속 유지된다.

　동작회로 : 전원 R－MC(1)－PB2－THR－MC－전원 T

이상의 상태에서 정지 스위치 PB2가 ON되거나 또는 모터에 과부하가 걸려 열동형 계전기 THR이 동작되어 THR 접점이 끊어지면, 모든 작동이 정지되고 원상태로 복귀하며, 이에 따라 정지 표시 램프 GL이 점등한다.

(2) 3상 유도 전동기의 현장·원격제어 회로

전동기 제어회로 중에는 전동기 설치 현장의 제어반에서는 물론 멀리 떨어진 통제실(중앙통제실, 감시실 등)에서도 독립적으로 기동시킬 수 있어야 하는 경우가 많고, 이러한 용도에 이용되는 회로가 2개소 제어회로(또는 현장·원방 조작회로, 근원방 제어회로 등으로 호칭하기도 함)이다.

그림 2-108이 이 회로의 예로서, 현장과 제어실용으로 기동 스위치 2개, 정지 스위치 2개, 감시용 램프 각 2개를 설치하여 전동기를 시동·정지시키는 회로이다.

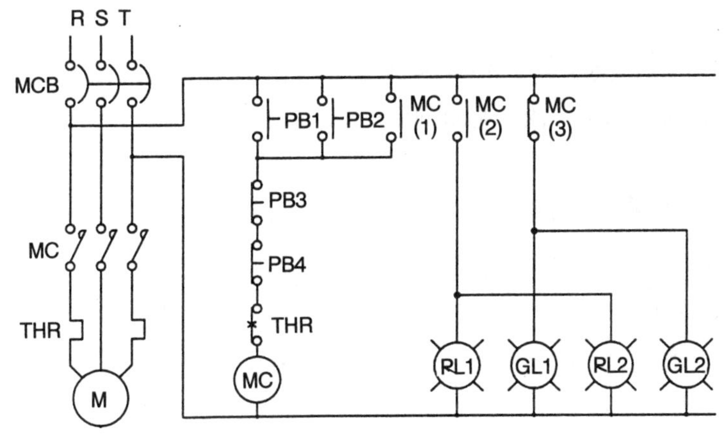

그림 2-108 전동기의 현장·통제실 독립제어 회로

회로 2-108의 기기 명칭과 기능은 다음과 같다.

① MCB : 배선용 차단기

② THR : 열동형 과부하 계전기

③ MC : 전자 접촉기

④ PB1 : 누름비튼 스위치 – 현장 기동용 스위치

⑤ PB2 : 누름버튼 스위치 – 통제실 기동용 스위치

⑥ PB3 : 누름버튼 스위치 – 현장 정지용 스위치

⑦ PB4 : 누름버튼 스위치 – 통제실 정지용 스위치

⑧ RL1 : 파일럿 램프 – 현장 운전 표시 램프

⑨ RL2 : 파일럿 램프 – 통제실 운전 표시 램프

⑩ GL1 : 파일럿 램프 – 현장 정지 표시 램프

⑪ GL2 : 파일럿 램프 – 통제실 정지 표시 램프

[동작설명]

① 배선용 차단기의 MCB를 닫으면 제어회로에 전원이 투입된다.

② 제어회로에 전원이 투입된 상태에서 전동기가 정지되어 있으므로 정지 표시 램프인 GL1과 GL2가 MC(3)의 b접점에 의해 점등되어 있다.

③ 현장에서 전동기를 기동하기 위해 PB1을 누르면 전자 접촉기 코일 MC가 작동된다.

④ 통제실에서도 PB2에 의해 전동기를 기동시킬 수 있다.

⑤ MC가 동작되면 MC의 주접점에 의해 전동기가 기동된다.

⑥ 동시에 MC(1)에 의해 자기유지 되고, MC(2)에 의해 운전 표시 램프 RL1과 RL2가 점등되어 현장 제어반은 물론 통제실에서도 전동기가 운전중임을 알 수 있다.

⑦ 전동기를 정지시키는 것은 현장에서는 PB3을, 통제실에서는 PB4에 의해 자유로이 정지시킬 수 있다.

⑧ 전동기가 정지되면 MC(3) 접점에 의해 정지 표시 램프가 점등되므로 현장에서는 GL1에 의해, 통제실에서는 GL2에 의해 그 상태를 알 수 있다.

(3) 전동기의 정역운전 회로

전동기의 제어는 시동과 정지는 물론 그 회전의 방향도 제어해야 한다. 이러한 기능에 정역회로가 이용되는데, 전동기의 역회전은 R.S.T. 3단자 중 2단자의 접속을 바꾸면 가능하다. 따라서 전자 개폐기 2개를 사용하여 전동기의 주회로 결선을 바꾸어 정역회전을 변환시킨다.

그림 2-109가 이 기능의 회로도로 그림에서 MC1은 정회전용, MC2는 역회전용의 전자 접촉기이다.

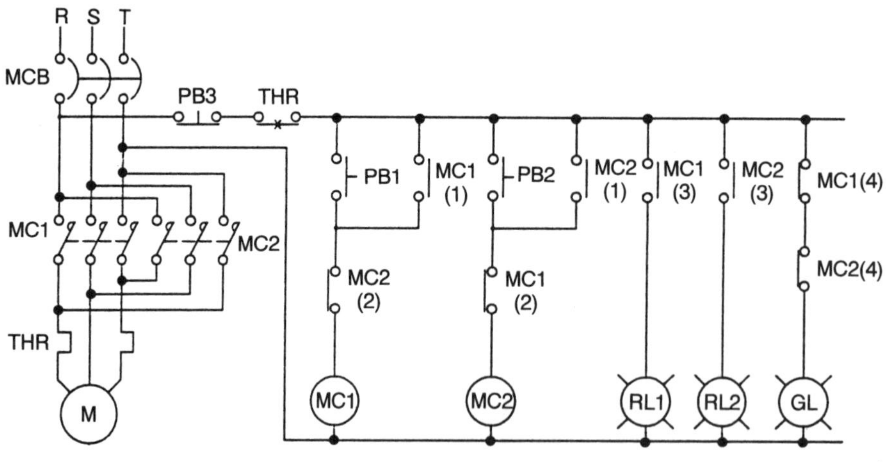

그림 2-109 전동기의 정역운전 회로

1) 정지상태

① 배선용 차단기의 MCB를 닫으면 제어회로에 전원이 투입된다.

② 제어회로에 전원이 투입되고 전동기가 정지되어 있으면 MC1(4) 접점과 MC2(4) 접점에 의해 전동기가 정지되어 있음을 나타내는 정지표시 램프 GL이 점등된다.

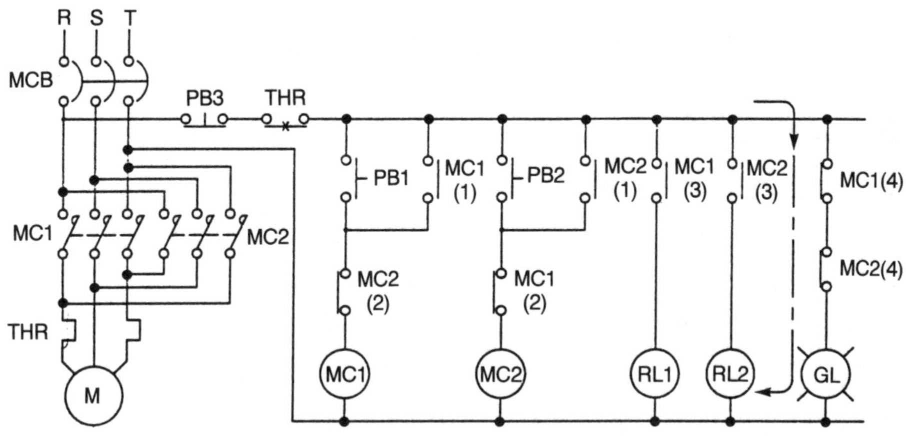

그림 2-110 정지상태 동작도

2) 정회전 상태

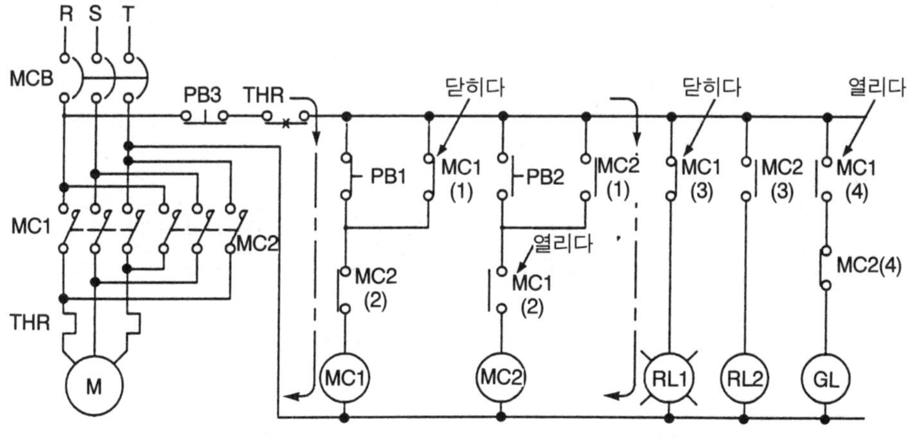

그림 2-111 정회전 상태 동작도

PB1을 누르면 전자 접촉기 MC1이 작동되어

① MC1의 주접점이 닫히고 전동기가 정회전한다.

② MC1(1)의 접점에 의해 자기유지 회로가 연결된다.

③ MC1(2) 접점이 열린다.

④ MC1(3)의 접점이 닫혀 정회전 표시 램프 RL1이 점등된다.

⑤ MC1(4)의 b접점이 열려 정지 표시 램프 GL이 소등된다.

정지용 스위치 PB3을 누르면 제어회로에 연결되는 전원 R라인이 차단되므로 MC1이 복귀되고 따라서 전동기가 정지된다.

PB3에서 손을 떼면 MC1(4)과 MC2(4)의 b접점에 의해 정지 표시 램프 GL이 점등된다.

3) 역회전 상태

PB2를 누르면 전자 접촉기 MC2가 작동되어

① MC2의 주접점이 닫혀 전동기가 역회전한다.

② MC2(1)의 접점에 의해 자기유지 회로가 연결된다.

③ MC2(2) 접점이 열려 오조작에 의한 MC1의 동작을 저지한다.

④ MC2(3)의 접점이 닫혀 역회전 표시 램프 RL2가 점등된다.

⑤ MC2(4)의 접점이 열려 정지 표시 램프 GL이 소등된다.

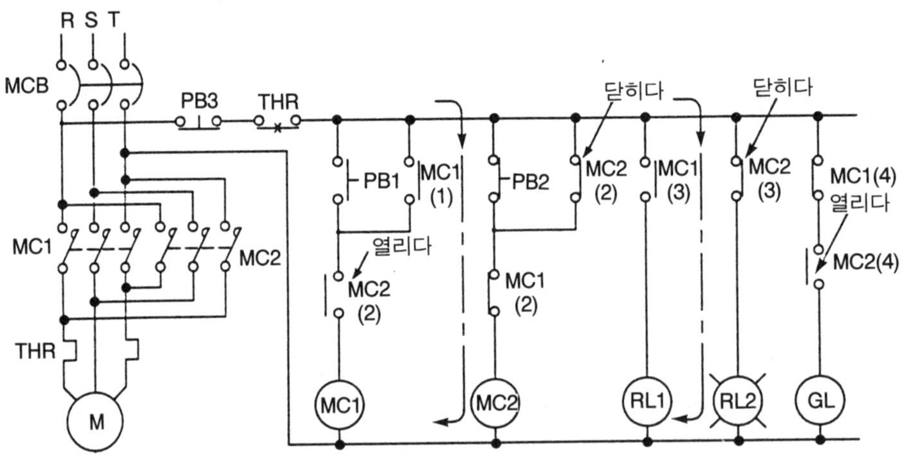

그림 2-112 역회전 상태 동작도

위의 회로에서 MC1(2)과 MC2(2)의 b접점은 인터록 회로이다.

(4) 전동기의 미동운전(微動運轉-Inching) 회로

기계설비 조정 등을 위해서는 순간적으로 전동기를 시동·정지시킬 필요가 있고, 이러한 경우에 이용되는 회로가 미동운전 제어회로이며, 조그(Jog)회로, 촌동(寸動)회로라고도 한다.

　미동운전 회로의 기본은 전동기 제어회로에 병렬로 미동운전용 스위치를 연결하여 그 기능을 실현하는 것으로 그림 2-113에 그 회로를 나타냈다.

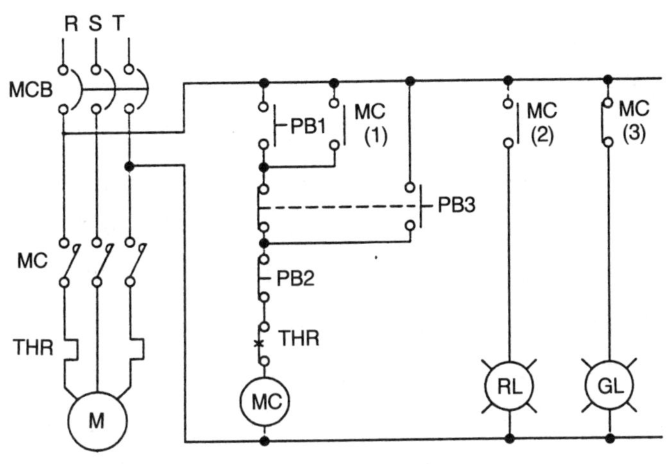

그림 2-113 전동기의 미동운전 회로

[동작설명]
① 배선용 차단기의 MCB를 닫으면 제어회로에 전원이 투입되며
　　－ MC(3)의 b접점에 의해 정지 표시 램프 GL이 점등된다.
② 기동 스위치 PB1을 누르면 전자 접촉기 MC가 작동되어
　　－ MC의 주접점에 의해 전동기가 회전한다.
　　－ MC(1)의 접점에 의해 자기유지 회로가 연결된다.
　　－ MC(2)의 접점에 의해 운전표시 램프 RL이 점등된다.
　　－ MC(3)의 접점에 의해 정지표시 램프 GL이 소등된다.
③ 정지 스위치 PB2를 누르면 전자 접촉기 MC가 복귀되어
　　－ MC의 주접점이 열려 전동기가 정지한다.
　　－ MC(3)의 접점에 의해 정지표시 램프 GL이 점등된다.
④ ③의 상태에서 미동운전 조작 스위치 PB3을 누르면 MC가 동작되어 ②의 동작이 이루어진다.
⑤ ②의 상태에서도 미동운전 조작 스위치 PB3을 누르면 PB3의 b접점 회로에 의해 MC(1)의 자기유지 회로가 끊어지고 PB3이 ON되어 있는 동안만 ②의 동작이 이루어진다.

(5) Y-△ 기동회로

　전동기의 제어회로는 크게 전전압 기동(직입 기동이라고도 함)법과 저전압 기동(감압시

동이라고도 함)법으로 나뉘어진다.

전전압 기동법이란 전동기에 직접 정격 전압·전류를 인가하여 곧바로 정격운전으로 하는 것으로 주로 소형 전동기에 적용된다.

저전압 기동법이란 앞서도 언급한 바와 같이 모든 전기·전열기기는 전기가 투입되어 정격에 도달될 때까지는 정격의 수배에서 약20배 정도까지의 돌입전류(시동전류)가 흐른다

특히 전동기의 경우는 돌입전류값이 정격의 5~8배 정도 흐르기 때문에 모든 제어기기, 설비가 돌입전류값에 충분한 용량이 되도록 하지 않으면 안되고, 전동기 기동시 주변장치나 기기의 전압강하에 대한 대책도 고려해야 한다. 그래서 대용량의 모터에서는 기동전류를 줄이기 위한 시동법이 채용되는데 이것을 총칭하여 저전압 기동법 또는 감압 시동법이라 하며, 전동기의 특성이나 제어소자에 따라 여러 가지가 있다.

먼저 Y-△기동법이란 전동기 고정자 권선의 결선을 외부의 개폐기에 의하여 바꾸어서 기동하는 운전법으로, 처음에는 정격의 $1/\sqrt{3}$만 인가하는 Y결선으로 하고 전동기가 어느 정도 회전하게 되면 △결선으로 바꾸어 정격운전을 하는 방법이다.

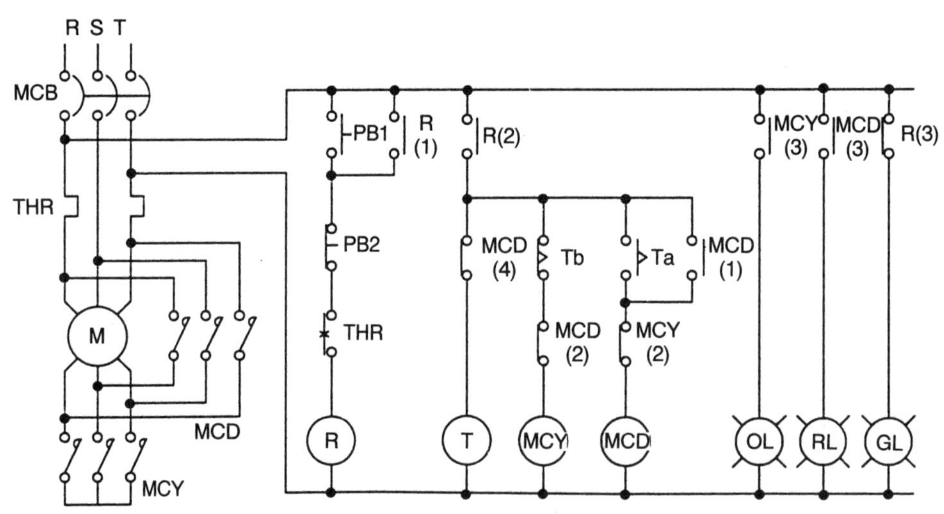

그림 2-114 Y-△ 운전 회로도

회로 2-114에서 기기의 용도와 기능은 다음과 같다.

① MCB : 배선용 차단기
② PB1 : 누름버튼 스위치—기동 스위치
③ PB2 : 누름버튼 스위치—정지 스위치
④ THR : 열동형 계전기—전동기 과부하 방지용
⑤ R : 릴레이—신호 중계용

⑥ MCY : 전자 접촉기 – Y결선 운전용
⑦ MCD : 전자 접촉기 – △결선 운전용
⑧ T : 타이머 – Y결선 운전시간 설정용
⑨ OL : 파일럿 램프 – Y결선 운전 표시등
⑩ RL : 파일럿 램프 – △결선 운전 표시등
⑪ GL : 파일럿 램프 – 정지 표시등

[동작설명]

① 배선용 차단기의 MCB를 닫으면 제어회로에 전원이 투입되며
 – R(3)의 b접점에 의해 정지 표시등 GL이 점등된다.
② 기동 스위치 PB1을 누르면
 – 릴레이 코일 R이 동작되어 R(1)에 의해 자기유지 회로가 동작된다.
 – R(2)가 닫히게 되어 타이머 코일 T가 동작을 시작한다.
 – MCY 전자 접촉기가 작동되어 주회로 접점 MCY를 닫아서 전동기가 Y결선으로 시
  동된다.
 – MCY(3) a접점이 닫혀 Y결선 운전 표시등 OL이 점등된다.
 – R(3) b접점은 열리게 되어 정지 표시등 GL은 소등된다.
③ 타이머 T가 동작하여 설정시간에 도달되면
 – 타이머 접점 T_b가 열리게 되므로 전자 접촉기 MCY가 복귀한다.
 – MCY가 복귀됨에 따라 주접점 MCY가 열린다.
 – MCY(3) 접점이 열려 Y결선 운전 표시등 OL이 소등된다.
 – 동시에 T_a접점이 닫혀 전자 접촉기 MCD가 작동된다.
 – MCD가 작동되어 주회로 접점 MCD를 닫으므로 전동기는 △결선으로 운전된다.
 – MCD(1) 접점이 닫혀 자기유지 회로가 동작한다.
 – MCD(2) 접점이 열려 Y결선 운전에 인터록을 걸어준다.
 – MCD(3) 접점이 닫혀 △결선 운전 표시등 RL이 점등 된다.
 – MCD(4) 접점이 열려 타이머를 복귀시킨다.
④ 정지 스위치 PB2를 누르면 릴레이 R이 복귀됨에 따라
 – 전자 접촉기 MCD가 복귀되어 전동기가 정지되며
 – R(3)의 접점이 닫히게 되어 정지 표시등 GL이 점등된다.

(6) 리액터 기동회로

리액터 기동회로란 전동기의 저전압 기동법의 일종으로 그 회로를 그림 2-115에 나타낸

바와 같이 전동기의 1차측 회로에 직렬로 시동 리액터를 삽입하여, 시동시에 전동기에 가해지는 전압을 낮추고 속도가 상승되면 시동 리액터를 단락시켜 전전압이 전동기에 인가되게 하는 시동법이다.

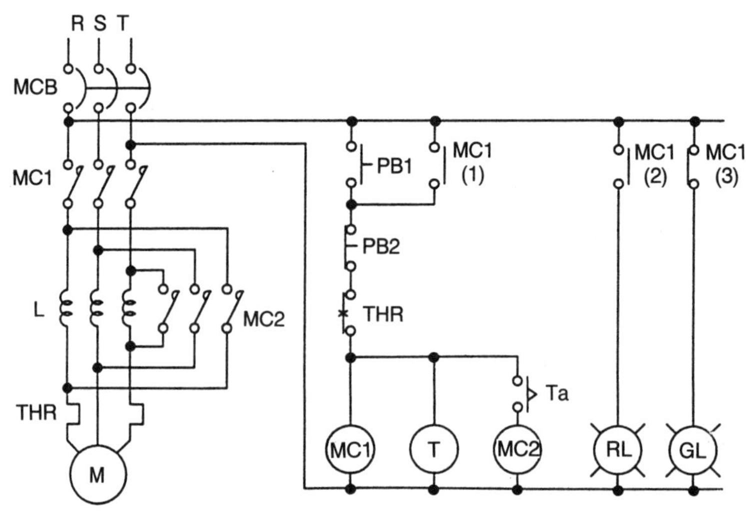

그림 2-115 리액터 기동회로

[동작설명]

① 배선용 차단기의 MCB를 닫으면 제어회로에 전원이 투입되면서
  - MC1(3)의 접점에 의해 정지 표시등 GL이 점등된다.

② 기동 스위치 PB1을 누르면 전자 접촉기 MC이 작동되어
  - 주회로 접점 MC1이 닫히게 되어 전동기가 회전을 시작한다.
  - MC1(1) 접점이 닫혀 자기유지 회로가 동작한다.
  - MC1(2) 접점이 닫혀 운전 표시등 RL이 점등된다.
  - MC1(3) 접점이 열려 정지 표시등 GL이 소등된다.
  - 타이머 코일 T가 동작된다.

③ 타이머 T가 동작하여 설정시간에 도달되면
  - 타이머 접점 T_a가 닫혀 전자 접촉기 MC2가 작동한다.
  - 주회로 접점 MC2가 닫혀 전동기는 전전압에 의해 운전된다.

④ 정지 스위치 PB2를 누르면
  - 모든 기기가 처음 상태로 원위치 된다.
  - 모터 정지, MC1 복귀, 타이머 T 복귀, MC2 복귀, RL소등, GL점등

(7) 시동보상기에 의한 기동회로

시동보상기에 의한 기동회로란 전동기의 저전압 기동법의 일종으로, 전동기를 기동할 때 초기에는 단권(單捲)변압기에 의해 감압된 전압을 전동기에 인가하고, 전동기가 가속되면 단권변압기를 단락시켜 전전압을 인가하는 시동법을 말한다.

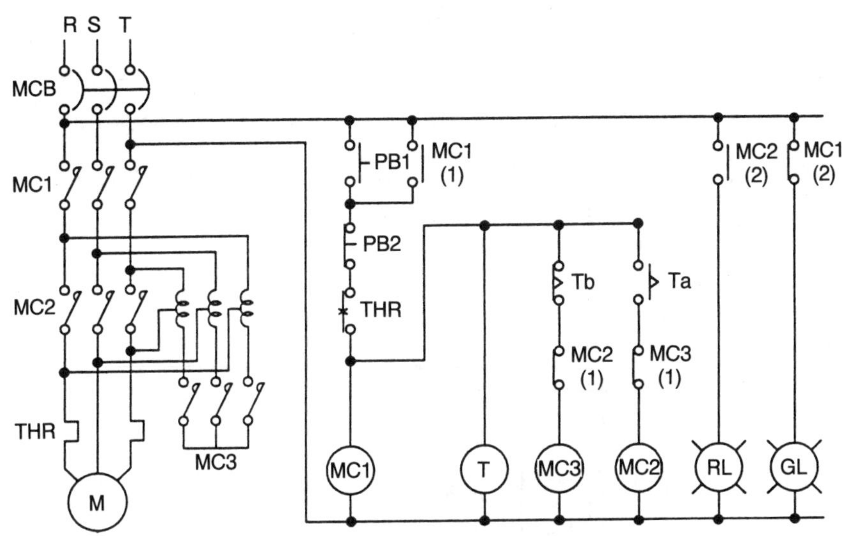

그림 2-116 시동보상기에 의한 기동회로

[동작설명]

① 배선용 차단기의 MCB를 닫으면 제어회로에 전원이 투입되면서
  - MC1(2)의 접점에 의해 정지 표시등 GL이 점등된다.

② 기동 스위치 PB1을 누르면
  - 전자 접촉기 MC1이 작동되어 MC1의 주회로 접점을 닫는다.
  - MC1(1) 접점이 닫혀 자기유지 회로가 동작한다.
  - MC1(2) 접점이 열려 정지 표시등 GL이 소등된다.
  - 동시에 타이머 코일 T가 동작을 시작한다.
  - 동시에 전자 접촉기 MC3이 작동되어
  - MC3의 주회로 접점이 닫혀 전동기가 시동된다.

③ 타이머 T가 설정시간에 도달되면
  - 타이머 접점 T_b가 열려 전자 접촉기 MC3이 복귀한다.
  - 타이머 접점 T_a가 닫혀 전자 접촉기 MC2가 동작한다.
  - MC2의 주회로 접점이 닫혀 전동기는 전전압에 의해 운전된다.

　－ MC2(2)가 접점이 닫혀 운전 표시등 GL이 점등된다.

④ 정지 스위치 PB2를 누르면

　－ 모든 기기가 처음 상태로 복귀되므로 전동기는 정지하고, 정지 표시등 GL이 점등된다.

(8) 권선형 유도 전동기의 저항 기동회로

권선형 유도 전동기는 농형 유도 전동기와는 달리 회전자 축 위에 설치된 슬립링(slip-ring)을 거쳐 2차 외부저항기(기동저항기)를 삽입하고, 이 저항기를 통해 2차 저항을 순차적으로 단락시켜 전전압으로 운전하는 방법으로, 저속시에는 전류를 작게 하여 토크를 크게 할 수 있고 전동기의 속도 조정에도 이용된다.

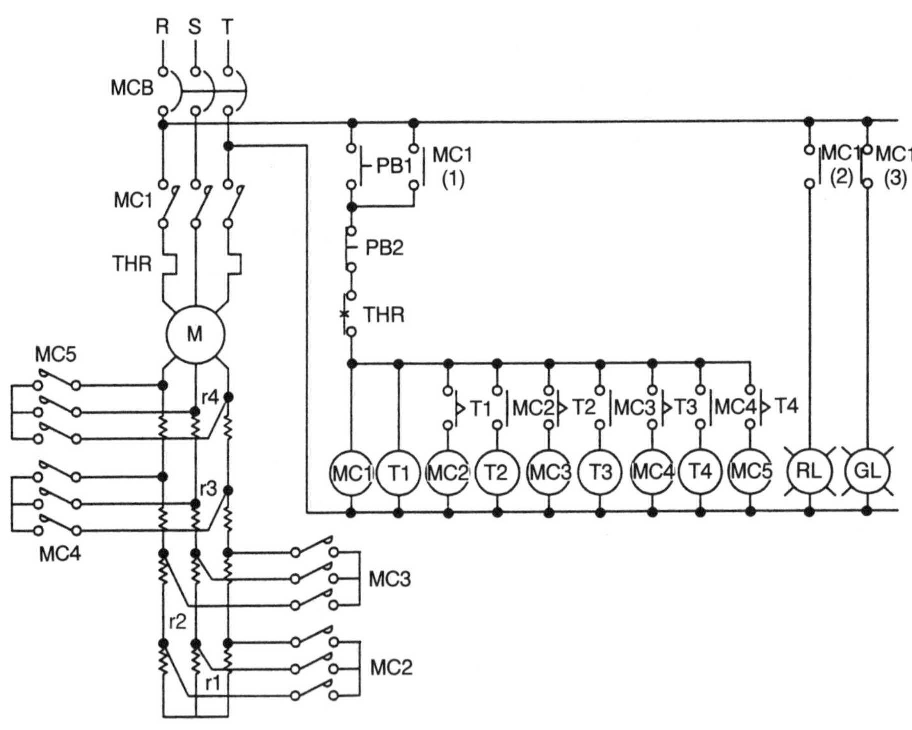

그림 2-117 권선형 유도 전동기의 저항 기동회로

[동작설명]

① 배선용 차단기의 MCB를 닫으면 제어회로에 전원이 투입되면서

　－ MC1(3)의 접점에 의해 정지 표시등 GL이 점등된다.

② 기동 스위치 PB1을 누르면 전자 접촉기 MC1이 작동되어

　－ 주회로 접점 MC1이 닫혀 전동기는 전저항 $(r_1 + r_2 + r_3 + r_4)$으로 기동된다.

    – MC1(1) 접점이 닫혀 자기유지 회로가 동작한다.

    – MC1(2) 접점이 닫혀 운전 표시등 RL이 점등된다.

    – MC1(3) 접점이 열려 정지 표시등 GL이 소등된다.

    – 동시에 타이머 코일 T1이 작동한다.

③ 타이머 T1이 설정시간에 도달되면

    – 타이머 접점 T1이 닫혀 전자 접촉기 MC2가 작동한다.

    – 주회로 접점 MC2가 닫히게 되어 저항 r_1은 단락된다.

    – 동시에 타이머 코일 T2가 작동한다.

④ 타이머 T2가 설정시간에 도달되면

    – 타이머 접점 T2가 닫혀 전자 접촉기 MC3이 작동된다.

    – 주회로 접점 MC3이 닫히게 되어 저항 r_2가 단락된다.

    – 동시에 타이머 코일 T3이 작동한다.

⑤ 타이머 T3이 설정시간에 도달되면

    – 타이머 접점 T3이 닫혀 전자 접촉기 MC4가 작동한다.

    – 주회로 접점 MC4가 닫히게 되어 저항 r_3은 단락된다.

    – 동시에 타이머 코일 T4가 작동한다.

⑥ 타이머 T4가 설정시간에 도달되면

    – 타이머 접점 T4가 닫혀 전자 접촉기 MC5가 작동한다.

    – 주회로 접점 MC5가 닫히게 되어 저항 r_4는 단락되며, 이 때 기동저항기의 저항은 전부 단락되므로 외부저항값이 0이 되고 따라서 전동기는 전전압으로 운전된다.

⑦ 정지 스위치 PB2를 누르면

    – 모든 기기가 처음 상태로 복귀된다.

참 고

터미널 블록(Terminal block)

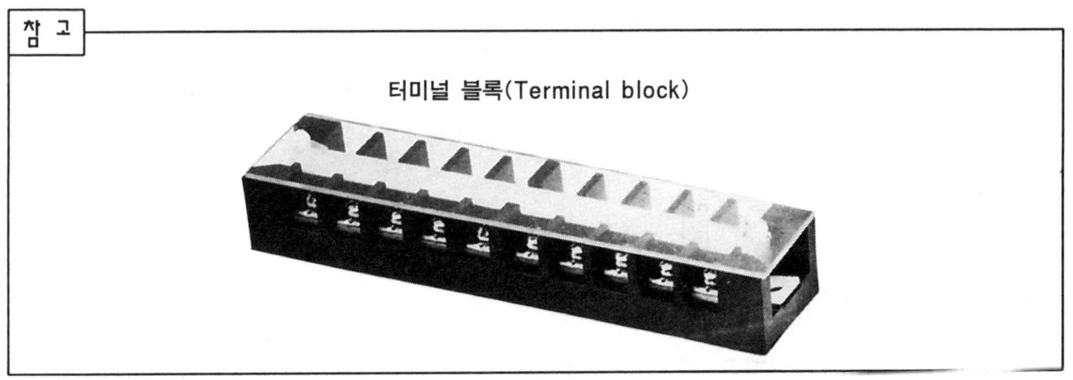

(9) 콘덴서 전동기의 기동 · 정지 회로

교류 전동기 중 그 출력이 250W 미만의 것을 소형 AC전동기라 하며 그 중에서 단상전원용 전동기는 대부분 콘덴서(condensor) 기동 전동기이다.

콘덴서 전동기는 주권선과 보조권선이 전기각으로 90° 극축을 달리하여 권선이 감겨 있고 콘덴서는 이 보조권선에 직렬로 접속하고, 보조권선에 흐르는 전류위상을 진상으로 동작시킨다.

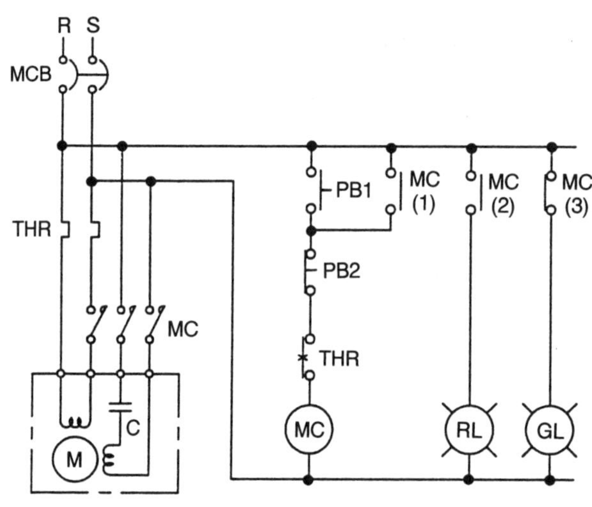

그림 2-118 콘덴서 전동기의 기동 · 정지 회로

[동작설명]

① 배선용 차단기의 MCB를 닫으면 제어회로에 전원이 투입되면서
   – MC(3) 접점에 의해 정지 표시등 GL이 점등된다.

② 기동 스위치 PB1을 누르면
   – 전자 접촉기 MC가 작동되어 주회로 접점 MC가 닫혀 전동기가 회전한다.
   – MC(1) 접점이 닫혀 자기유지 회로가 동작한다.
   – MC(2) 접점이 닫혀 운전 표시등 RL이 소등된다.
   – MC(3) 접점이 열려 정지 표시등 GL이 점등된다.

③ 정지 스위치 PB2를 누르면
   – 전자 접촉기 MC가 복귀되고 모든 기기가 처음 상태로 복귀된다.

(10) 콘덴서 전동기의 정역회로

콘덴서 전동기의 정역변환은 콘덴서에 접속된 전원선을 바꾸어야 하고 이를 위해서는 2개의 릴레이나 전자 접촉기가 필요하다. 그림 2-119는 콘덴서 전동기의 정역회전 운전회로이다.

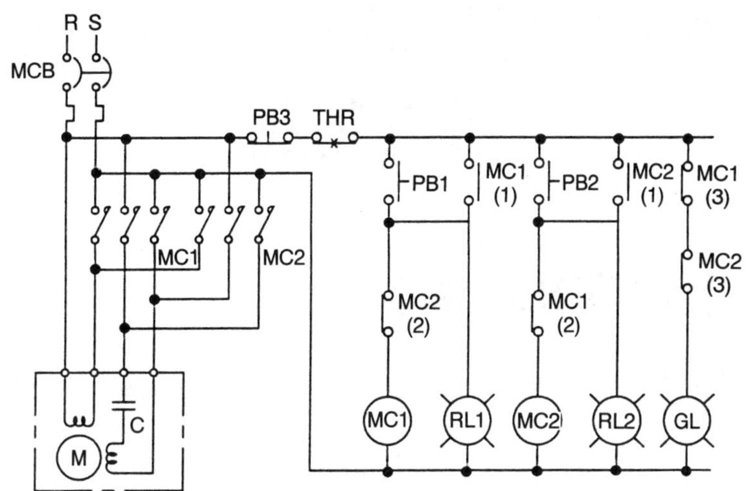

그림 2-119 콘덴서 전동기의 정역회로

[동작설명]

① 배선용 차단기의 MCB를 닫으면 제어회로에 전원이 투입되고

　– MC1(3)과 MC2(3) 접점에 의해 정지 표시등 GL이 점등된다.

② 정회전 스위치 PB1을 누르면 전자 접촉기 MC1이 작동되어

　– 주회로 접점 MC1이 닫혀 전동기가 정회전한다.

　– MC1(1) 접점이 닫혀 자기유지 회로가 동작되며, 정회전 표시등 RL1이 점등된다.

　– MC1(2) 접점이 열려 정회전 하는 동안 역회전 신호가 동작되지 못하도록 인터록을
　건다.

　– MC1(3) 접점이 열려 정지 표시등 GL이 소등된다.

③ 정지 스위치 PB3을 누르면 초기상태로 복귀된다.

④ 역회전 스위치 PB2를 누르면 전자 접촉기 MC2가 작동되어

　– 주회로 접점 MC2가 닫혀 전동기가 역회전한다.

　– MC2(1) 접점이 닫혀 자기유지 회로가 동작되며, 역회전 표시등 RL2가 점등된다.

　– MC2(2) 접점이 열려 역회전 하는 동안 정회전 신호가 동작되지 못하도록 인터록을
　건다.

　– MC2(3) 접점이 열려 정지 표시등 GL이 소등된다.

⑤ 정지 스위치 PB3을 누르면 초기상태로 복귀된다.

5. 에어실린더(Air Cylinder)의 제어회로

5-1 공기압 제어의 특성

자동화 기계에서 각 요소의 운동형태를 살펴보면, 크게 직선운동과 회전운동의 두 가지 형태이다.

일반적으로 회전운동은 전동기(motor)에서 얻게 되고, 직선운동은 전동기의 회전운동을 볼 나사(ball screw)나 체인 등의 메커니즘을 이용하여 변환시키거나, 공기압이나 유압 실린더 또는 전기 솔레노이드 등에서 얻게 된다. 그러나 전동기의 회전운동을 직선운동으로 변환시키는 시스템은 복잡하기 때문에 코스트가 높아지는 경향이 있다. 또한 전기 솔레노이드의 경우는 출력이 작고, 이동거리(행정길이)를 크게 할 수 없는 단점이 있다. 유압 실린더를 이용하는 방법도 있지만, 유압은 에너지의 발생이나 에너지를 저장할 수 있는 한계성, 에너지의 전달 측면에서 여러 가지 문제가 있어 큰 출력을 필요로 하는 설비나 기계 외에는 부적당하다고 할 수 있다.

반면에 공기압은 사용하는 에너지를 얻기 쉽고 또한 많은 양을 축적할 수 있어 비상운전이 가능하고, 취급하기 쉬운데다 비교적 먼 거리라도 자유롭게 이동시킬 수 있는 장점이 있기 때문에 산업설비 자동화의 직선운동 요소로서 가장 많이 이용되고 있다.

(1) 공기압 시스템의 개요

공기압 기술이란 요컨대 에어실린더를 동작시키는 기술이라고 표현해도 과언이 아닐 만큼 에어실린더가 대부분이다. 그림 2-120은 가장 일반적인 공기압 시스템의 실체도와 회로도를 나타낸 것으로, 이것으로 먼저 공기압 회로란 어떤 것인가를 이해하기 바란다.

먼저 컴프레서에 의해 발생된 압축공기(압력 $5\sim8kgf/cm^2$ 정도)는 저장탱크에 축적된 후, 배관에 의해 전달되고 밸브의 개방에 따라 필터에 도착된다.

필터에서는 먼지나 수분을 제거하고 깨끗한 공기로 만든다. 다음에 압력조절 밸브(감압 밸브 또는 레귤레이터(Regulator)라고도 함)에 유입되어 사용압력(일반적으로 $4\sim6kgf/cm^2$)까지 감압되어 안정된 압력의 공기가 나온다. 이어서 루브리케이터(오일러라고도 함)로 들어가 안개상(狀)의 기름이 흡입된다.

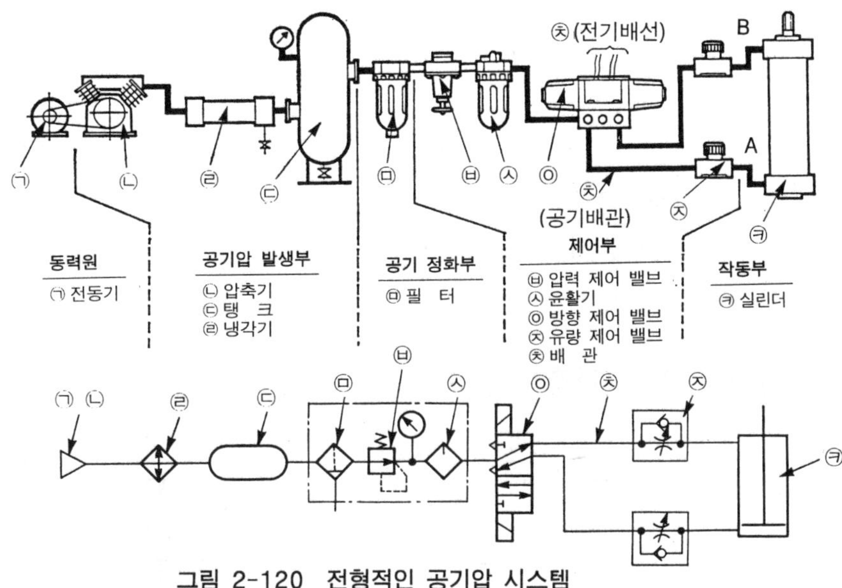

그림 2-120 전형적인 공기압 시스템

이 안개상태의 기름은 다음에 이어지는 방향제어 밸브나 에어실린더가 원활하게 작동되도록 윤활제 역할을 한다. 이와 같이 질이 조정된 압축공기는 다음의 방향제어 밸브로 유입된다. 이 밸브는 그 명칭이 말해 주듯이 공기의 흐름방향을 제어하는 역할을 한다. 즉 에어실린더의 헤드측(A측)으로 공기가 들어가게 하거나, 로드측(B측)으로 들어가게 하는 역할을 한다.

이 때, 방향제어 밸브와 실린더 사이에는 유량조절 밸브(스피드 컨트롤러라고도 함)를 설치하여 실린더로 유입되거나, 실린더에서 유출되는 압축공기량을 조절하여 실린더의 속도를 조절하기도 한다.

방향제어 밸브는 공기압 회로의 주된 기기로서 조작방식에 따라 여러 가지 종류가 있다. 전자석으로 조작되는 전자밸브, 공기압으로 동작되는 공기압 밸브(마스터 밸브라고도 함), 기계력으로 조작되는 기계력 조작밸브, 사람의 손과 발로 동작시키는 인력(人力)조작 밸브 등이 기능에 따라 사용되고 있다.

이와 같은 공기압 시스템의 목적은 방향제어 밸브의 제어조작에 의해 에어실린더를 전진시키거나 후진시켜 유효한 일을 하는 것이다. 요컨대 방향제어 밸브를 목적에 따라 제어함으로써 에어실린더를 목적에 맞게 작동시키는 것으로 공기압 제어기술의 핵심은 방향제어 밸브의 변환조작 기술이라고 말할 수 있다.

그런데 방향제어 밸브를 변환시키는 방법에는 사람이 임의로 조작하는 수동제어를 제외하면 크게 공기압 조작 방식과 전자 조작 방식으로 구분된다. 즉 공기압 제어를 시퀀스 제이에 이용힐 때 실린더의 작동 에너지인 공기압을 밸브의 제어에도 이용하는 방법(이것을 진공기압(all pneumatic) 방식이라 한다)과 밸브의 제어에는 전기를 사용하는 방법(이것을 전기 - 공압방식이라 한다)이 있다. 이 중에서 전공기압 방식은 작업환경이 전기를 사용하지 못하는 경우, 예를 들면 폭발의 위험성이나 감전의 위험성이 있는 작업환경 등에 제한적으로 사용되고, 그밖의 대부분은 전기신호에 의해 밸브를 제어하여 실린더의 운동방향을 변환하는 방법을 사용하고 있다.

여기에서 전기신호에 의해 밸브가 동작되어 실린더의 운동방향을 제어시키는 밸브를 전자(電磁) 밸브라 한다.

(2) 에어실린더와 전자밸브의 관계

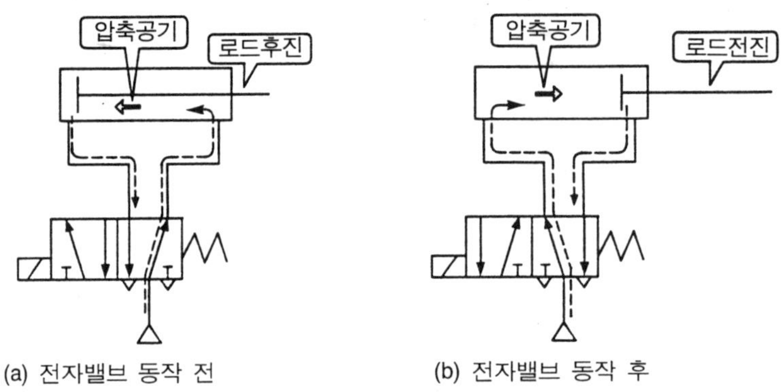

그림 2-121 에어실린더와 전자밸브의 관계도

그림 2-121은 에어실린더와 전자밸브의 관계를 나타낸 그림으로, 솔레노이드와 스프링의 힘에 의하여 공기의 통로를 전환하고 있는 모양을 나타내고 있다.

먼저 (a)그림은 전자밸브의 솔레노이드 코일에 전류를 인가하지 않은 상태(OFF상태)로 공기압은 실린더의 후진측(로드측이라 함)으로 작용하고 있기 때문에 피스톤 로드는 후진되어 있다. 전자밸브의 솔레노이드에 전류를 인가(ON)하면 그림 (b)와 같이 전자밸브의 위치가 변환되어 압축공기가 실린더의 전진측(헤드측이라 함)에 작용하여 피스톤의 단면적에 압력을 가하므로 피스톤 로드는 전진하게 된다. 피스톤 로드를 전·후진시키는 데는 공기압 회로와는 별도로 전기회로를 만들어야 한다. 이는 전기회로의 솔레노이드를 ON(여자)·OFF(소자)시킴으로써 피스톤 로드가 전·후진하기 때문이다.

그림 2-122는 에어실린더를 5포트 2위치 전자밸브로 제어하는 공기압 구성도와 그 전기회로의 예를 나타냈다. 그림 (b)는 PB1을 누르고 있는 동안만 피스톤 로드가 전진하고, PB1에서 손을 떼면 밸브가 내장된 스프링으로 복귀되기 때문에 즉시 후진한다. 그러나 그림 (c)는 자기유지 회로를 구성하고 있기 때문에 순간적으로 PB1을 눌렀다 손을 떼도, 실린더가 계속 전진하며 PB2를 눌러야 비로소 복귀한다.

에어실린더를 제어하는 전자밸브는 제어목적에 따라 여러 가지가 있으며 그 종류와 특성을 알아본다.

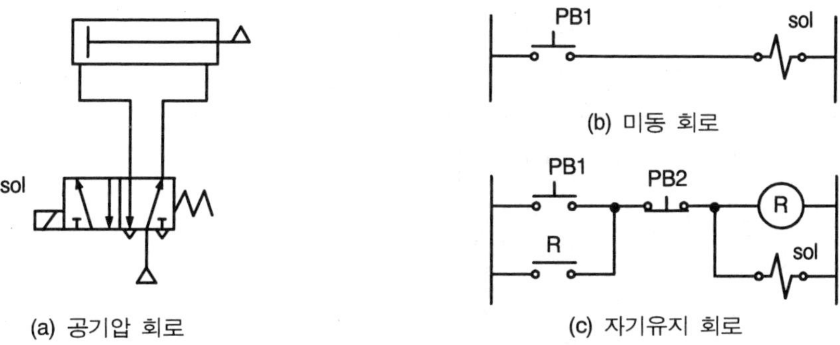

그림 2-122 실린더 제어의 기본

(3) 전자밸브

1) 전자밸브의 특성과 원리

전자밸브란 방향변환 밸브와 전자석(電磁石)을 일체화시켜 전자석에 전류를 통전시키거나, 또는 단전시키는 동작에 의해 공기의 흐름을 변환시키는 밸브의 총칭으로 일반적으로 솔레노이드 밸브라 부르기도 한다.

전자밸브는 크게 나누어 전자석 부분과 밸브 부분으로 구성되어 있으며, 전자석의 힘으로 밸브가 직접 변환되는 직동식과 파일럿 밸브가 내장된 간접식(파일럿 작동형)이 있다.

표 2-15 전자석의 종류에 따른 분류

구 분	종 류	특 징
조작 방식	직동형	응답성이 좋다. 소비전력이 크다.
	파일럿형	소비전력이 작다. 응답성이 나쁘다. 동작이 조용하다.
전자석의 종류	T플런저형	형상이 크고 소비전력이 크다. 흡인력이 커서 행정길이를 길게 할 수 있다. 스풀형의 직동식에 많이 사용한다.
	I플런저형	크기가 소형이다. 파일럿 작동형에 주로 사용된다.
전원의 종류	DC 전원형	작동이 원활하다. 스위칭이 쉽다. 사용 수명이 길다. 소음이 적다.
	AC 전원형	스위칭 시간이 빠르다. 흡인력이 세다. 잡음이 생긴다.

표 2-16 전자밸브의 일반적 분류

구 분		기 호	내 용
주 관로가 접속되는 포트의 수	2포트 밸브		두 개의 작동 유체의 통로 개구부가 있는 전자밸브
	3포트 밸브		세 개의 작동 유체의 통로 개구부가 있는 전자밸브
	4포트 밸브		네 개의 작동 유체의 통로 개구부가 있는 전자밸브
	5포트 밸브		다섯 개의 작동 유체의 통로 개구부가 있는 전자밸브
제어위치 의 수	2위치 밸브		두 개의 밸브 몸통 위치를 갖춘 전자밸브
	3위치 밸브		세 개의 밸브 몸통 위치를 갖춘 전자밸브
	4위치 밸브		네 개의 밸브 몸통 위치를 갖춘 전자밸브
중앙위치 에서 흐름의 형식	올포트 블록		3위치 밸브에서 중앙위치의 모든 포트가 닫혀 있는 형식
	PAB접속 (프레셔 센터)		3위치 밸브에서 중앙위치 상태가 P, A, B포트가 접속되어 있는 형식
	ABR접속 (엑조스트 센터)		3위치 밸브에서 중앙위치 상태가 A, B, R포트가 접속되어 있는 형식
정상위치 에서 흐름의 형식	상시 닫힘 (Normal Close)		정상위치가 닫힌 위치인 상태
	상시 열림 (Normal Open)		정상위치가 열린 위치인 상태
복귀형식	스프링 복귀		조작력을 제거했을 때, 스프링으로 밸브 몸통을 정상위치에 복귀시키는 방법
	공기압 복귀		조작력을 제거했을 때, 공기압으로 밸브 몸통을 정상위치에 복귀시키는 방법
	디텐드		밸브 몸통을 복귀 또는 눈금에 의해 어느 위치를 유지한다.
솔레노이드의 수	싱글 솔레노이드		코일이 한 개 있는 전자밸브
	더블 솔레노이드		코일이 두 개 있는 전자밸브
조작형식	직동식		한 뭉치로 조립된 전자석에 의한 조작 방식
	파일럿 작동식		전자석으로 파일럿 밸브를 조작하여 그 공기압으로 조작하는 방식
전 원	전압·주파수	코일을 구동하기 위한 전원 교류 110, 220[V], 직류 12, 24[V] 등. 주파수 50, 60Hz	

또한 일반적인 방향변환 밸브와 같이 포트의 수나 제어위치의 수, 솔레노이드의 수, 중립위치에서 흐름의 형식, 장착방법에 따라 여러 가지로 분류되며, 그 일반적인 분류방법에 따른 전자밸브의 종류를 표 2-16에 나타냈다.

2) 3포트 2위치 전자밸브

그림 2-123은 파일럿 작동형 3포트 2위치 전자밸브의 내부구조이다.

작동원리는 솔레노이드에 전류를 인가하지 않은 상태에서는 그림 (a)와 같이 밸브는 내장된 스프링에 의해 스풀이 밀려 원위치 되어 있으며 유체 통로는 A포트와 R포트가 연결되어 있고, P포트는 차단되어 있다. 이 상태에서 솔레노이드를 여자시키면 그림 (b)와 같이 전자석이 플런저를 흡인하여 내부 공기 통로는 P포트와 A포트가 접속되고 R포트는 차단된다. 이와 같이 3포트 밸브는 한 위치에서는 압축공기를 공급하고, 반대 위치에서는 공급된 압축공기를 방출하므로 단동 실린더의 방향제어나 공기 클러치, 공기 브레이크 등의 조작, 공기 탱크에의 압력 충전이나 방출, 공압원의 차단, 방출 등에 사용된다.

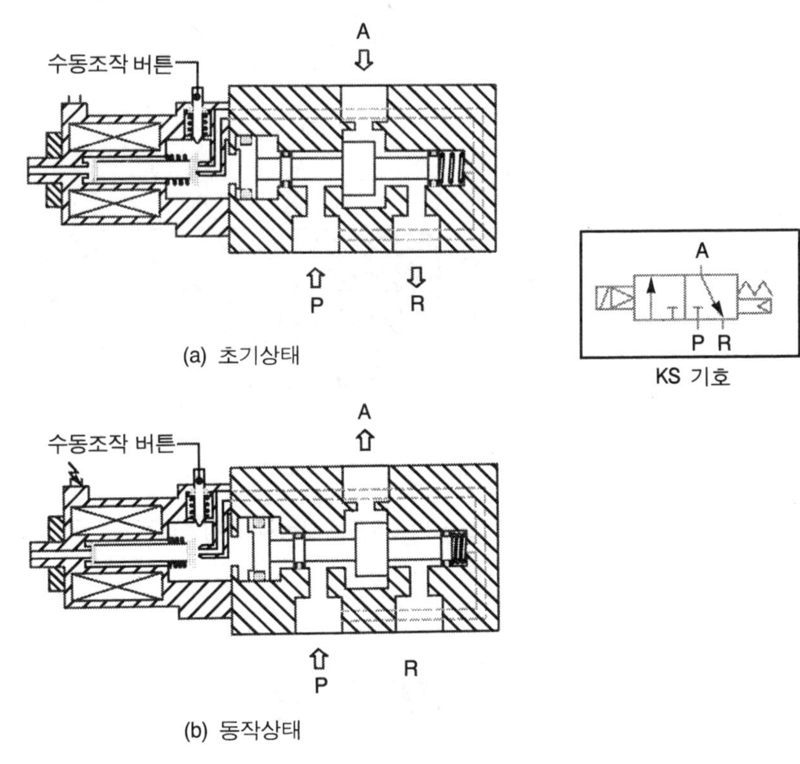

그림 2-123 3포트 2위치 전자밸브

3) 5포트 2위치 전자밸브

그림 2-124는 5포트 2위치 더블 솔레노이드 방식 전자밸브의 구조를 나타냈다. 이와

같은 5포트 전자밸브는 전기 - 공압 제어에서 복동 실린더의 제어나, 공압 모터 또는 공압 요동형 액추에이터의 방향제어에 많이 쓰이고 있으며 동작원리는 다음과 같다.

먼저 그림 (a)는 좌측 솔레노이드에 전류를 인가하였을 때로 플런저가 전자석에 의해 흡인되어 내부 공기통로를 열어 주기 때문에 밸브의 스풀은 공압에 의해 우측으로 밀려 있고, 공기의 통로는 P포트는 B포트에 이어져 있고 A포트의 공기는 R2포트로 배기되고 있는 상태이다. 물론 이 상태에서 솔레노이드에 인가했던 전류를 차단하여도 밸브는 그림 상태를 유지한다. 이것은 이 밸브가 플립플롭형의 메모리 밸브이기 때문이다. 또한 좌측 솔레노이드의 전류를 차단하고 반대로 우측 솔레노이드에 전류를 인가하면, 그림 (b)와 같이 압축공기는 P포트에서 A포트로 통하게 되고 B포트는 R1포트를 통해 배기한다.

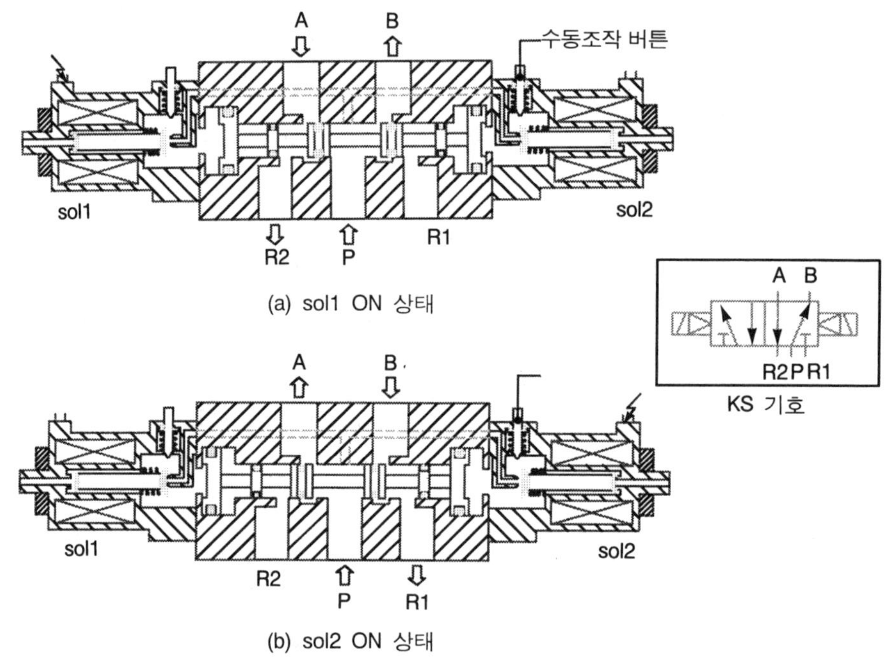

그림 2-124 5포트 2위치 전자밸브(더블 솔레노이드형)

5-2 에어실린더의 기본회로

(1) 단동 실린더의 제어회로

단동 실린더란 실린더의 전·후진 운동 중 어느 한 방향의 운동에만 공기압력을 사용하고 반대 방향의 운동은 내장된 스프링력이나 피스톤의 자중(自重), 또는 외력 등에 의해 복귀되는 실린더를 말한다. 이 실린더는 구조상 행정거리(stroke)를 길게 할 수 없어 주로 클램핑, 프레싱, 이젝팅, 이송 등의 용도로 사용된다.

단동 실린더를 제어하기 위해서는 3포트 방향변환 밸브 1개나 2포트 방향변환 밸브 2개가 필요하며, 그림 2-125는 3포트 2위치 전자밸브로 공압 단동 실린더를 제어하는 공압 구성도이다. 한 개의 공압 실린더를 왕복 작동시키는 전기회로는 그 내용과 목적에 따라 여러 가지 종류가 있으므로, 공압 실린더를 제어하는 전기 회로도를 작성할 때는 반드시 먼저 공압회로 구성도를 표시해 주어야 한다.

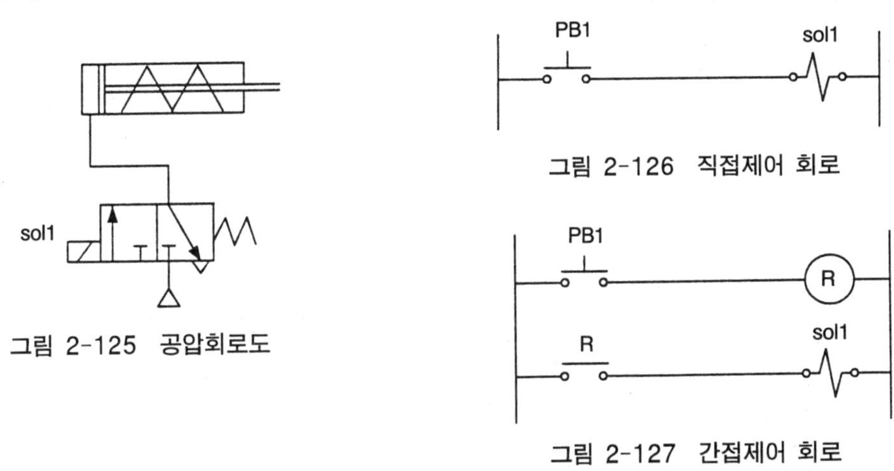

그림 2-125 공압회로도

그림 2-126 직접제어 회로

그림 2-127 간접제어 회로

그림 2-126은 그림 2-125의 공압회로를 제어하는 전기회로로, 누름버튼 스위치에 의해 직접 전자밸브의 솔레노이드에 통전시켜 실린더를 제어하는 직접회로이고, 그림 2-127은 직접제어하기 곤란한 경우에 사용되는 간접제어 회로이다. 즉 누름버튼 스위치를 눌러 릴레이를 여자시키고, 그 릴레이의 a접점으로 솔레노이드를 여자시켜 실린더를 제어하는 회로이다.

(2) 복동 실린더의 왕복 작동회로

복동 실린더의 방향을 제어하기 위해서는 4포트 밸브나 5포트 밸브 1개가 필요하며, 경우에 따라서는 3포트 밸브 2개로 제어하기도 하나 대부분은 그림 2-128과 같이 5포트 밸브로 제어하는 경우가 많다.

그림 2-129는 직접제어 회로도로 누름버튼 스위치 PB1을 눌러 솔레노이드를 여자시킴에 따라 실린더를 왕복 작동시키는 회로이다. 그러나 이 회로는 실린더가 동작할 때까지 누름버튼 스위치를 계속 누르고 있어야 하는 불편이 있으므로 그림 2-130과 같이 자기유지 회로를 구성하면 쉽게 해결할 수 있다.

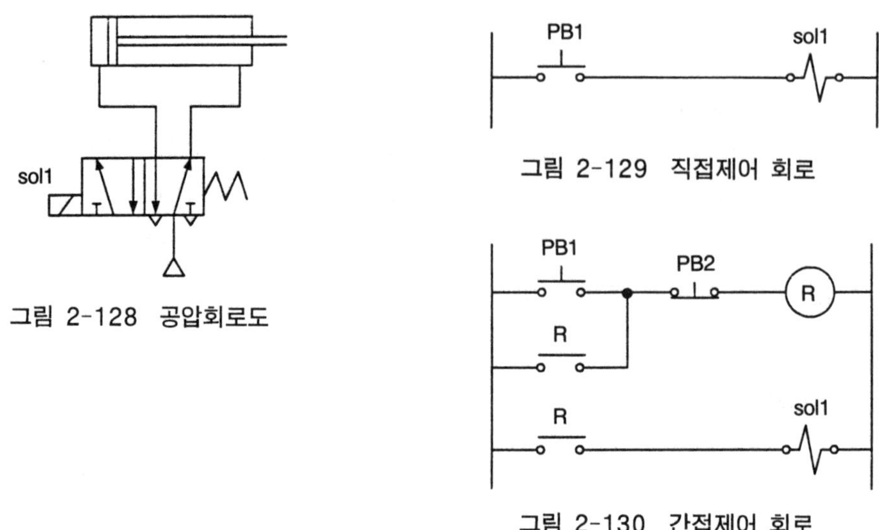

그림 2-128 공압회로도

그림 2-129 직접제어 회로

그림 2-130 간접제어 회로

그림 2-130은 간접제어 형식으로 누름버튼 스위치 PB1을 누르면 릴레이가 여자되고 자기유지되며 릴레이의 a접점에 의해 솔레노이드를 동작시켜 실린더를 전진시킨다. 이 때 누름버튼에서 손을 떼도 실린더는 자기유지 회로에 의해 전진을 계속하고, PB2를 ON시켜야만 자기유지가 해제되어 실린더가 복귀한다.

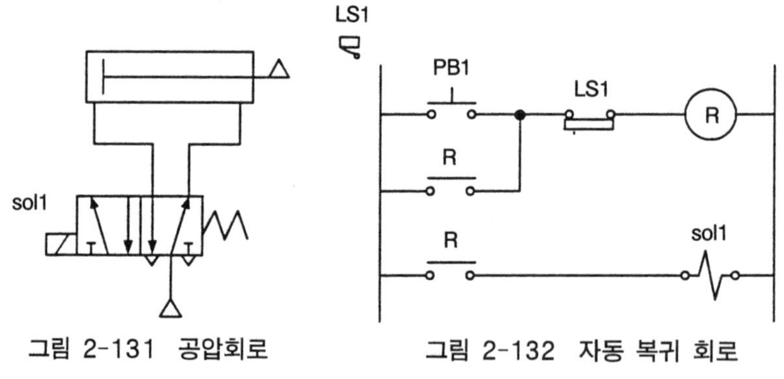

그림 2-131 공압회로

그림 2-132 자동 복귀 회로

이 회로도는 실린더의 후진신호를 작업자가 판단하여 누름버튼 스위치를 누름으로써 이루어지나, 실린더가 전진 끝단에 도달되면 자동적으로 복귀되어야 하는 경우에는 그림 2-131과 같이 실린더 전진행정 끝단에 리밋 스위치를 설치하여 그 신호로서 자기유지를 해제케 하면 가능하므로 그림 2-132와 같이 된다.

지금까지는 전자밸브가 편측(single)인 경우의 회로에 대해 설명하였으나, 양측인 경우는 그 성격이 달라진다. 즉, 편측 전자밸브인 경우는 솔레노이드에 통전하면 실린더가 전진하고, 솔레노이드에 통전했던 전류를 끊어 버리면 복귀하나, 양측 전자밸브의 경우는 실린더 전진측 솔레노이드를 ON시키면 실린더가 전진하고 전진 도중에 솔레노이드의 전류를 차단하여도 그 상태 유지가 가능하다. 실린더를 복귀시키기 위해서는 전진측 솔레노이드를

OFF시킨 다음에 복귀측 솔레노이드를 ON시켜야만 가능하므로 이것을 회로도로 표현하면
그림 2-134와 같이 된다.

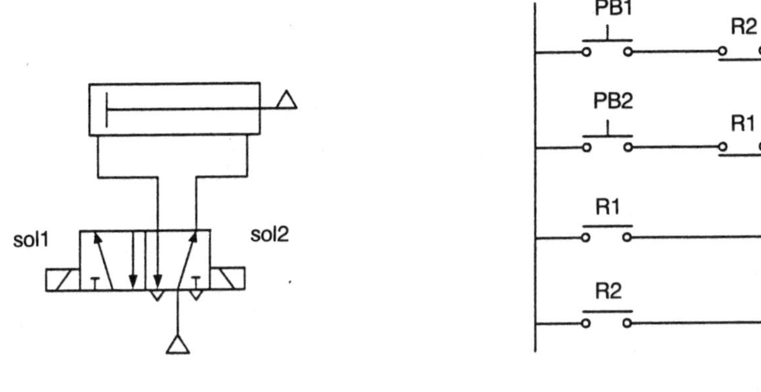

<table>
<tr><td>그림 2-133 공압회로</td><td>그림 2-134 수동 왕복 회로</td></tr>
</table>

(3) 전진단에서 일정시간 정지 후 복귀하는 회로

피스톤 로드를 전진 끝단에서 일정시간 정지시킨 후 복귀시키는 회로는 자동화 장치
나 기계에서 종종 볼 수 있다. 이와 같은 경우는 타이머를 사용하여 타이머의 접점을 활
용한다.

그림 2-136은 그림 2-135의 공압회로를 제어하는 회로도로, 누름버튼 스위치 PB1을 누르
면 실린더가 전진하고, 전진끝단에서 리밋 스위치 LS2를 눌러 타이머를 동작시키며, 이 타
이머에 설정된 시간 경과 후에 타이머 접점을 ON시켜 그 신호로서 릴레이 R3을 ON시키
므로 실린더가 후진하는 회로이다.

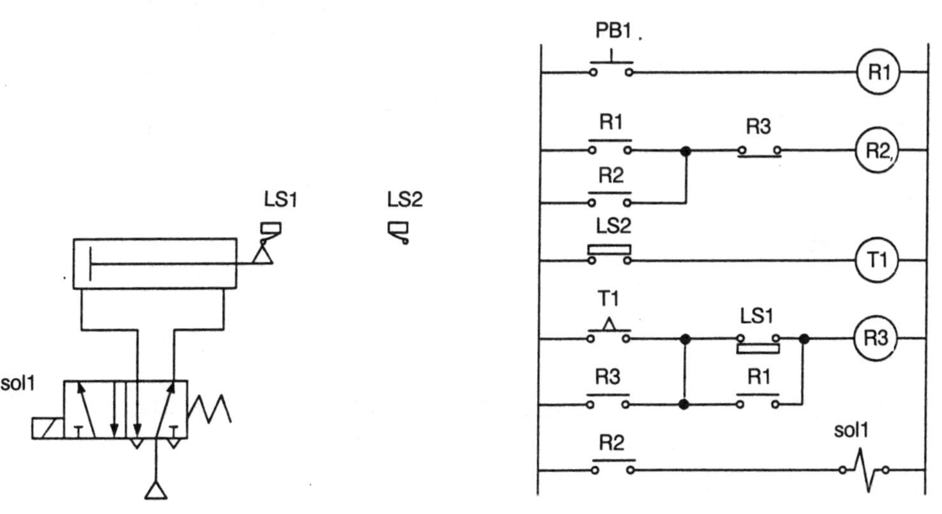

그림 2-135 공압회로   그림 2-136 전진단에서 일정시간 정지 후 복귀하는 회로

(4) 연속 왕복 작동 회로

그림 2-137의 공압회로를 연속왕복 작동시키는 회로가 그림 2-138의 회로이다. 동작원리는 시동신호인 누름버튼 스위치 PB1을 누르면 R1이 여자되고, 2열의 R1접점에 의해 자기유지된다. 동시에 3열의 R1접점이 ON되어 R2가 여자되고 자기유지 된다. 따라서 7열의 sol1이 ON되어 실린더가 전진한다. 전진 끝단에서 LS2에 접촉되면 5열의 R3이 여자되고 자기유지 되며, 3열의 R3접점은 OFF되어 R2의 자기유지가 해제된다. 그러므로 7열의 R2접점도 떨어져 실린더는 후진한다.

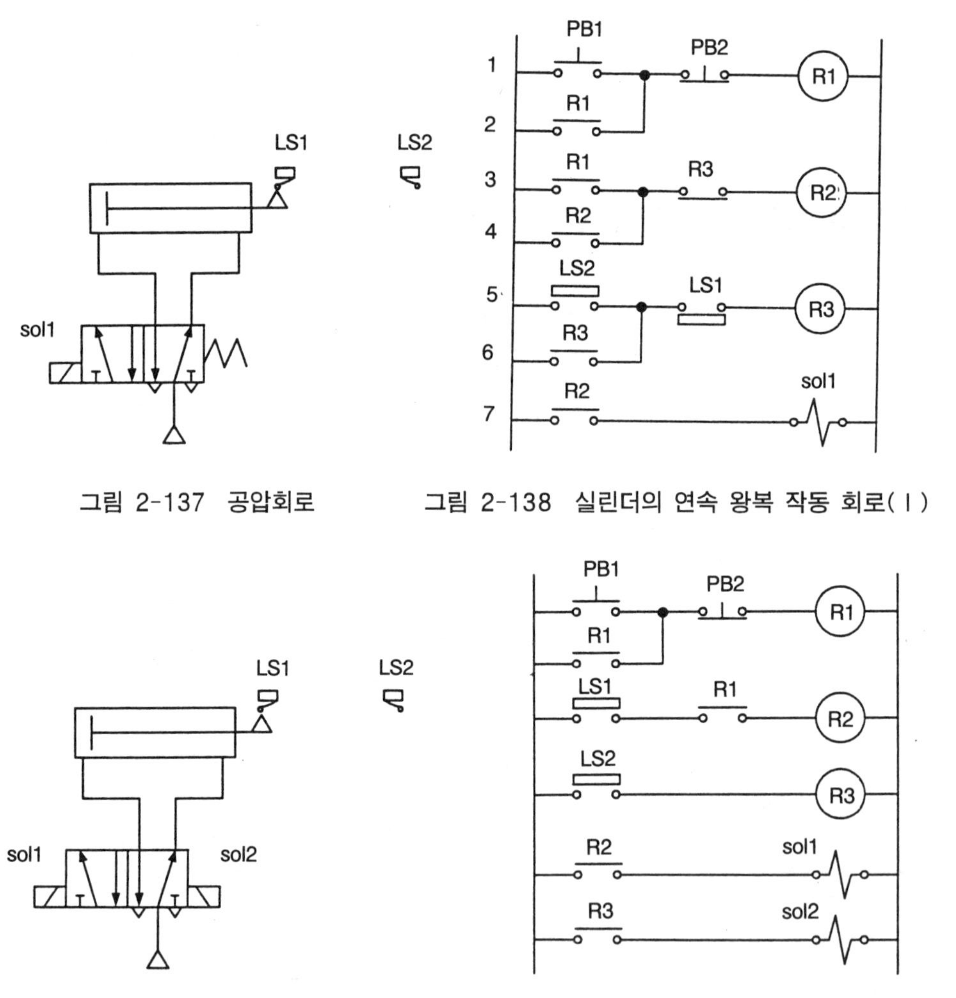

그림 2-137 공압회로   그림 2-138 실린더의 연속 왕복 작동 회로(Ⅰ)

그림 2-139 공압회로   그림 2-140 실린더의 연속 왕복 작동 회로(Ⅱ)

실린더가 후진 끝까지 도달되어 LS1 리밋 스위치를 ON시키면 R3의 자기유지가 해제되고, 그로 인해서 3열의 R3접점은 다시 b접점으로 원위치 되므로 R2의 코일이 자기유지되고 7열의 R2접점도 ON되어 실린더는 다시 전진한다.

이와 같이 실린더는 계속 전진과 후진을 반복하며, 이것을 정지시키려면 1열의 정지버튼 PB2를 눌러 R1의 자기유지를 해제시켜야 한다.

그림 2-140도 복동 실린더를 연속적으로 왕복 작동시키는 회로이나, 그림 2-138과 다른 점은 그림 2-139에 공압회로를 나타낸 바와 같이 양측 전자밸브로 실린더를 제어하는 경우의 회로이다.

5-3 에어실린더의 순차 작동 회로

자동화 장치나 기계 등은 공압 실린더나 모터, 전자 클러치, 전자 브레이크, 솔레노이드 등 다수의 액추에이터가 정해진 순서에 따라 동작되어 목적을 달성하는 것이다. 이와 같이 미리 정해진 순서에 따라 작업의 각 단계를 순차적으로 진행시켜 나가는 제어를 시퀀스 제어 또는 순서제어라고 한다.

시퀀스 회로는 리밋 스위치 등의 검출기에 의해 액추에이터의 동작완료 신호를 받아 다음 단계의 작업을 진행시켜 나가는 순서제어와, 일정시간이 경과하면 단계적으로 다음 작업을 진행해 나가는 타임제어의 두 가지로 대별된다.

그러나 대부분의 생산활동에 이용되는 자동화 기계는 주로 순서제어에 의해 제어된다. 그 이유는 타임제어가 작업의 각 단계를 타이머의 설정시간으로 조절되기 때문에, 이 타이머의 설정시간이 길면 사이클 타임이 길어 생산속도에 영향을 미치고, 타이머의 설정시간을 빠르게 하면 외란 등의 요인에 의해 각 단계의 작업시간이 설정시간을 초과하면 불량품 발생이나 트러블 발생의 요인이 되기 때문이다.

다수의 실린더를 순차작동시키기 위해 시퀀스 회로를 설계하는 방법은 크게 두 가지로 분류된다. 그 하나는 체계적인 방법으로 정해진 지침을 이용하여 회로를 설계하는 것으로, 이 방식은 제어 회로가 체계적이고 일정한 신뢰성과 정렬된 회로를 얻을 수 있는 방법이다. 또 다른 하나는 직관에 의한 방법으로 직관과 경험에 기초를 두고 회로를 설계하므로 안정된 회로를 얻을 수 있으나 복잡한 제어의 경우는 많은 시간과 경험이 필요하다.

(1) 주회로 차단법에 의한 설계법

주회로 차단법이란 말 그대로 솔레노이드를 구동하는 주회로 구간에서 복귀신호를 주어 솔레노이드에 통전하던 신호를 차단하여 제어하는 것으로 그림 2-141의 공압회로와 같이 공압 액추에이터를 편측 전자밸브로 제어하는 회로에 적용되는 방식이다.

즉, 편측 전자밸브로 공압 실린더를 제어하려면 먼저 릴레이의 a접점으로 솔레노이드를 통전시켜 동작시키고 이 릴레이를 OFF시키면 밸브는 내장된 스프링에 의해 원위치 되어 실린더가 후진되므로, 주회로 구간에서 솔레노이드에 통전하는 전류를 릴레이의 b접점으로 차단시킴으로써 실린더를 후진시키는 일이 가능한 것이다. 이와 같은 설계법을 주회로 차단법이라고 하고 설계 순서 및 방법은 다음과 같다.

　문제로 그림 2-141의 공압회로를 그림 2-142에 나타낸 시퀀스 차트와 같이 동작시키는 회로를 설계하기로 한다.

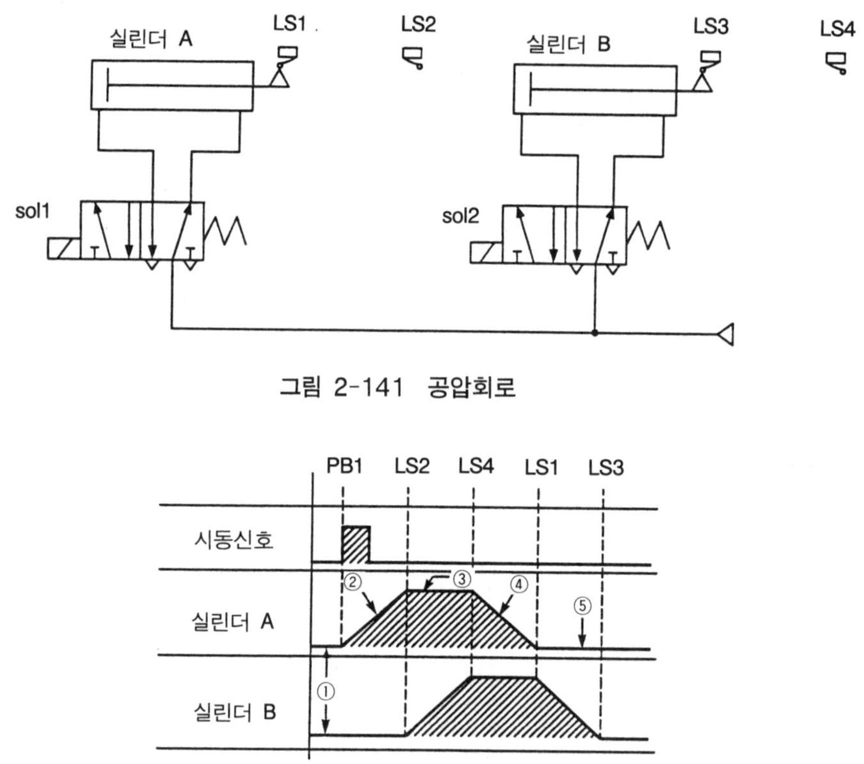

그림 2-141 공압회로

그림 2-142 시퀀스 차트

　먼저 시퀀스 차트를 보는 법을 설명하면 다음과 같다.

　①의 수평선은 실린더 A와 실린더 B가 후진 상태에서 정지되고 있음을 나타낸다.

　②의 대각선 '／'은 PB1의 신호에 의해 실린더 A의 피스톤 로드가 전진운동을 하고 있음을 의미한다.

　③의 수평선은 실린더 A가 전진 완료되어 정지하고 있음을 나타낸다.

　④의 대각선 '＼'은 리밋 스위치 LS4의 신호에 의해 실린더 A의 피스톤 로드가 후진 운동을 하고 있음을 의미한다.

　⑤의 수평선은 실린더A가 후진 상태에서 정지되고 있음을 나타낸다.

따라서 그림 2-142의 시퀀스 차트의 내용을 해석하면, 초기상태에서는 실린더 A, B가 후진된 위치에서 정지되어 있고, 시작신호 PB1이 ON되면 먼저 실린더 A가 전진한다. 실린더 A가 전진 완료되면, 리밋 스위치 LS2가 ON되는데 이 신호에 의해 실린더 B가 전진한다. 이 때 실린더 A는 전진 상태에서 정지하고 있다. 실린더 B가 전진 완료되어 리밋 스위치 LS4가 ON되면 그 신호에 의해 실린더 A가 후진하게 되고, 이 때 실린더 B는 전진 상태에서 정지되어 있다. 실린더 A가 후진 완료되어 LS1 리밋 스위치가 ON되고, 그 신호에 의해 실린더 B가 후진 운동을 하며, 이 때 실린더 A는 후진되어 정지하고 있다.

액추에이터의 운동 상태를 나타내는 방법에는 이와 같은 시퀀스 차트 이외에도 타임차트(시간선도)가 있고, 또 운동상태를 서술적으로 나타내는 방법, 벡터적 표시법, 간략적 표시법 등이 있으며, 그 표현 방법은 표 2-17과 같다.

표 2-17 운동 순서를 나타내는 각종 표현법

구 분	시퀀스 차트	벡터적 표시법	서술적 표시법	간략적 표시법
실린더의 전진	/	→	실린더 A가 전진	+
실린더의 후진	\	←	실린더 A가 후진	−
정 지	−		실린더가 정지되어 있다.	

한편 주회로 차단법의 설계순서는 다음과 같다.

1) 1단계 : 동작순서를 간략적 표시법으로 나타낸다.
2) 2단계 : 공압회로를 그리고 검출기를 배치한다.
3) 3단계 : 제어회로를 작성한다.

동작순서는 시퀀스 차트에 나타낸 바와 같이 작성하면 다음과 같다.

$$A+ \ B+ \ A- \ B-$$

다음은 제어회로 작성방법이다.

① 먼저 제어 모선을 수직평행 또는 수평평행하게 두 줄을 긋고 그 사이에 운동 스텝수만큼 제어요소인 릴레이를 배치한다.
② 시퀀스 마지막 스텝 완료신호인 LS3과 시동신호를 직렬로 R1에 접속하고 자기유지시킨다.
③ R1의 신호로 첫 스텝인 A+를 시키기 위해 주회로 구간에서 R1의 a접점을 통해 sol1에 접속한다(그림 2-143 9열).
④ A실린더가 전진 완료되면 LS2 리밋 스위치가 동작하므로 LS2와 전단계 신호인 R1의

a접점을 직렬로 R2 릴레이에 접속하고 자기유지 시킨다(그림 2-143 3, 4열).

⑤ 이 신호로 두번째 스텝인 B+를 진행시켜야 되므로 주회로 구간에서 R2의 a접점을 통해 sol2에 접속한다(그림 2-143 10열).

⑥ 두번째 스텝이 완료되었다는 신호 LS4와 전단계 신호 R2를 직렬로 하여 R3에 접속하고 자기유지 시킨다(그림 2-143 5, 6열) 이 신호로 세번째 스텝인 A-를 시켜야 하므로 주회로 구간에서 A실린더 제어용 솔레노이드 sol1위에 R3의 b접점을 삽입한다(그림2-143 9열).

⑦ 세번째 스텝이 완료되면 LS1 리밋 스위치가 동작되므로 LS1과 전단계 신호 R3을 직렬 하여 R4의 릴레이에 접속하고 자기유지 시킨다(그림 2-143 7, 8열). 이 신호로 네번째 스텝인 B-를 시켜야 하므로 ⑥항과 같이 주회로 구간에서 sol2 위에 R4의 b접점을 접속한다. 그리고 마지막 스텝까지 설계가 완료되면 자기유지를 해제하기 위해 마지막 스텝의 릴레이 R4의 b접점을 첫 스텝신호인 R1 릴레이 코일과의 자기유지 라인 중간에 삽입한다.

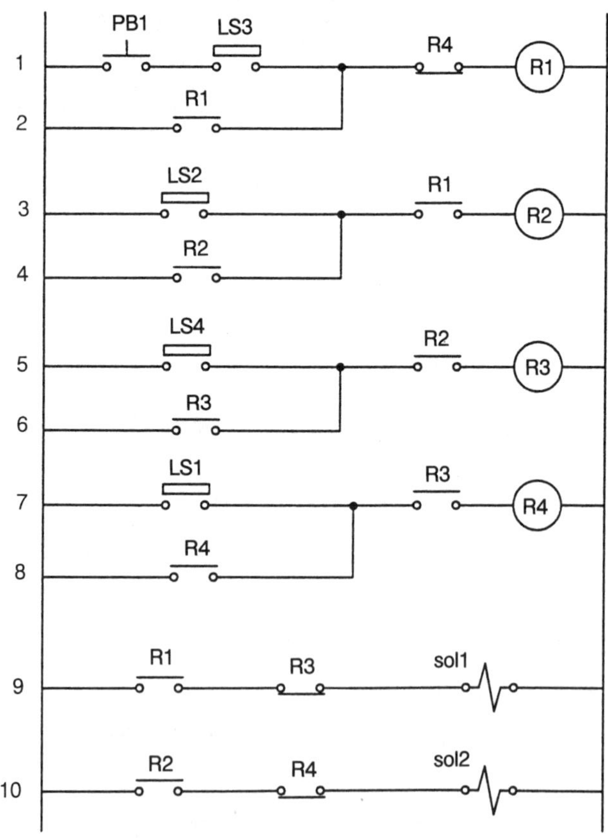

그림 2-143 A+B+A-B- 시키는 전기회로

이와 같이 하면 제어회로의 설계가 완료되는데 설계방법의 요점은 다음과 같다. 즉 액추에이터의 동작순서에 따라 리밋 스위치 신호와 전단계 신호로서 릴레이를 여자시키고 자기유지 시킨다. 전진신호는 릴레이의 a접점으로 주회로 구간에서 솔레노이드와 접속하고, 복귀신호는 해당 릴레이의 b접점으로 주회로 구간에서 솔레노이드 위에 접속하여 구성하며, 마지막 스텝의 릴레이가 동작하면 모든 릴레이가 순차적으로 자기유지가 해제되도록 구성하는 것이다.

다만, 이와 같은 주회로 차단법은 회로설계가 규칙적이고 신호의 처리가 간단하여 설계는 용이하나, 시스템의 동작시간이 길면 그에 따라 릴레이의 동작시간도 길어진다는 단점이 있다.

(2) 최대 신호 차단법

그림 2-146은 그림 2-144의 공압회로를 그림 2-145의 시퀀스 차트와 같이 동작시키는 제어회로이다. 즉 공압회로에서 나타낸 바와 같이 양측 전자밸브로 공압 실린더를 제어하는 회로로서, 각각의 운동 스텝에 릴레이를 할당했고 레지스터의 원리를 이용한 회로 설계로, 리밋 스위치의 신호와 전 신호의 동작신호인 릴레이의 a접점을 AND로 하여 다음 스텝의 릴레이를 동작시키고, 그 스텝 신호의 b접점으로 전 신호를 차단시키도록 구성된 회로이다. 이와 같이 각각의 제어신호를 자기유지시키고 다음 운동 스텝 신호에 인터록시킴으로써 운동의 제어가 확실한 설계방법으로 최대신호 차단법이라 하며 설계방법은 다음과 같다.

먼저 동작 순서를 간략적으로 표시하고 각 스텝에 릴레이를 할당한다.

$$A+ \quad A- \quad B+ \quad B-$$
$$\downarrow \quad \downarrow \quad \downarrow \quad \downarrow$$
$$R1 \quad R2 \quad R3 \quad R4$$

두번째로 공압회로를 작성하고 리밋 스위치를 배치한다. 공압회로는 그림 2-144와 같다.

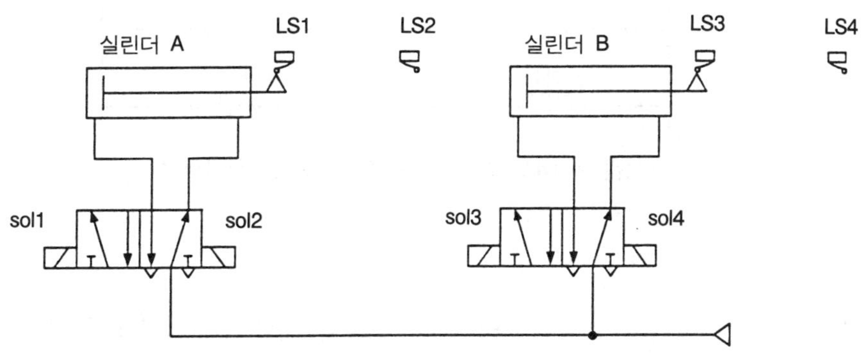

그림 2-144 공압회로

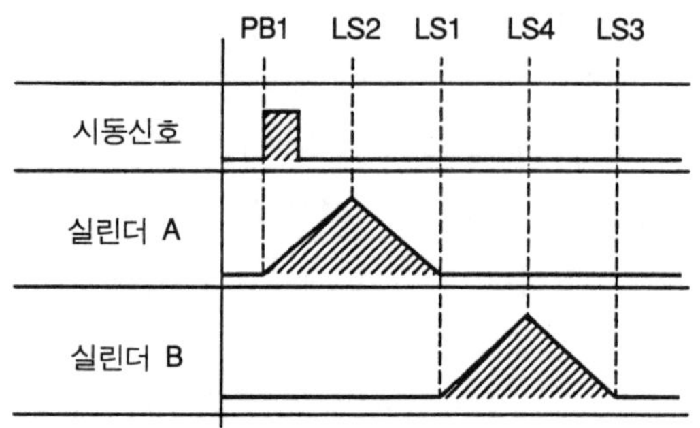

그림 2-145 시퀀스 차트

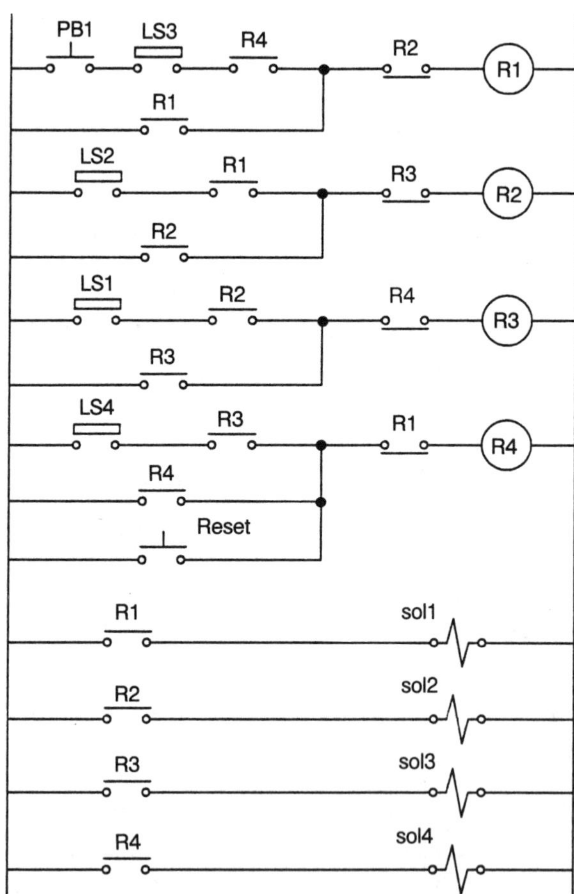

그림 2-146 A+A-B+B- 시키는 전기회로

세번째로 제어회로를 작성한다.

① 시동신호인 누름버튼 스위치 PB1과 최종 스텝 완료 신호인 LS3을 직렬로 연결하고
  자기유지 시킨다.

② 첫번째 스텝 완료 신호인 LS2와 전단계 신호 R1의 a접점을 직렬로 연결하고 자기유지 시킨다. 이와 같이 리밋 스위치의 동작순서대로 전단계 신호와 직렬로 차례로 연결하고 각 동작마다 자기유지 시킨다.

③ 전단계 신호의 리셋은 릴레이의 b접점을 자기유지 라인 밑에 삽입하여 다음 스텝이 동작되면 자기유지가 해제되도록 한다.

④ 마지막 스텝은 자기유지 회로와 병렬로 리셋 스위치를 접속하여 시퀀스 첫 스텝에 전단계 보증신호를 줄 수 있도록 한다.

⑤ 주회로를 그리고 작동순서에 따라 릴레이의 a접점을 솔레노이드와 접속하여 회로를 완성한다.

그림 2-146 회로의 동작원리는 다음과 같다.

먼저 전기를 투입한 후, 첫 사이클은 반드시 리셋 스위치를 눌러 첫번째 스텝에 전단계 보증신호를 준 후, 시동 스위치인 PB1을 누르면 릴레이 R1이 여자되고 자기유지 되며, R1의 a접점에 의해 sol1이 동작되므로 실린더 A가 전진한다. 실린더 A가 전진완료되어 LS2가 ON되면 LS2와 R1이 AND로 되어 R2 릴레이가 여자되고 자기유지 된다. 이 R2의 a접점으로서 sol2가 ON되어 실린더 A가 후진한다. 이와 같이 리밋 스위치의 동작 순서에 따라 각 스텝이 차례로 진행되어 실린더가 순차적으로 동작하는 것이다.

(3) 최소신호 차단법

2개 이상의 실린더를 순차 작동시킬 경우, 제어 요소의 수를 최소화 하고 제어 시간을 짧게 하여 확실한 기능을 얻기 위한 설계법을 최소신호 차단법이라 하고 설계방법은 다음과 같다.

먼저 회로를 설계하기 전에 동작 시퀀스를 간략적으로 나타내고 그룹으로 분리한다. 이 그룹을 나누는 것은 릴레이의 수를 최소화하기 위한 것으로, 방법은 동일 실린더의 전·후진 동작이 한 그룹에 한 번씩만 나타나도록 분리한다.

회로설계용 모델로 2개의 실린더를 순차작동시킬 때 가장 많이 사용되는 A+B+B−A−를 예로 하여 설계하기로 한다. 먼저 간략적 표시법으로 나타낸 후 그룹으로 분리하면 다음과 같다.

A+B+ / B−A−
(1그룹)　　(2그룹)

두번째로 공압회로를 작성하고 리밋 스위치를 배치한다. 최소신호 차단법은 양측 전자밸브를 사용하였을 때에만 적용되므로 공압회로를 작성하면 그림 2-147과 같다.

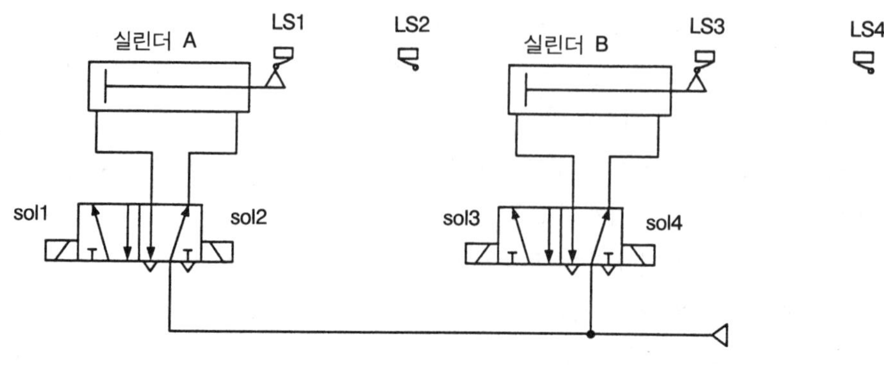

그림 2-147 공압회로

세번째로 제어회로를 작성한다. 제어회로를 작성하기 위해서는 먼저 제어모선을 수직평행 또는 수평평행하게 두 줄을 긋고

① 제어회로 구간에는 (그룹수−1)만큼의 릴레이를 배치하고 주회로란에는 그룹라인을 그린다.

② 시동 스위치와 마지막 스텝 완료 신호인 LS1을 직렬로 하여 릴레이에 접속하고 자기유지 시킨다. 그리고 주회로에서 분리한 그룹선에 릴레이의 a, b접점으로 신호선을 그린다

③ 주회로의 Ⅰ라인에서 A+ 동작을 위해 솔레노이드 sol1과 직접 연결한다.

④ Ⅰ그룹의 두번째 스텝은 Ⅰ그룹의 첫 스텝이 완료된 후에 이루어져야 하므로 LS2를 삽입하여 sol3에 연결한다.

⑤ Ⅰ그룹이 종료되면 신호를 Ⅱ그룹으로 넘겨야 하므로 Ⅰ그룹 신호를 리셋시켜야 한다. 따라서 시퀀스 두번째 완료 신호인 LS4로 자기유지를 해제하도록 한다.

⑥ ⑤의 동작으로 주회로의 Ⅱ그룹에 신호가 존재하므로 Ⅱ그룹에서 직접 sol4에 연결하여 세번째 스텝을 진행시킨다.

⑦ 세번째 스텝이 완료된 신호 LS3을 삽입하여 Ⅱ라인에서 sol2와 연결하면 회로가 완성된다.

이와 같이 신호를 최소화하여 회로를 설계하는 최소신호 차단법은, 회로설계가 간단하고 제어기기가 최소화되어 경제적이기는 하나, 기계나 장치가 정지시에도 주 전원을 차단하지 않는 한 어느 한 그룹에 신호가 존재함에 따라 솔레노이드에 통전한다는 단점이 있다.

그리고 앞서 설계한 최대신호 차단법이나 최소신호 차단법은 본 예에서와 같이 실린더를 제어하는 전자밸브가 양측인 경우에만 적용된다는 점이 전기 - 공압회로에서 제한적으로 이용되고 있다는 점이다.

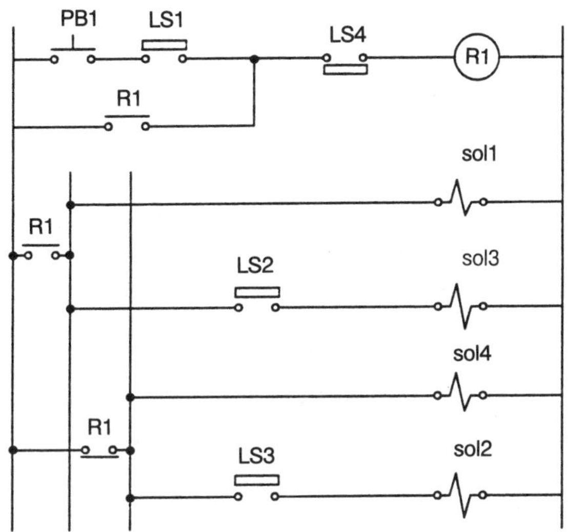

그림 2-148 A＋B＋B－A－시키는 전기회로

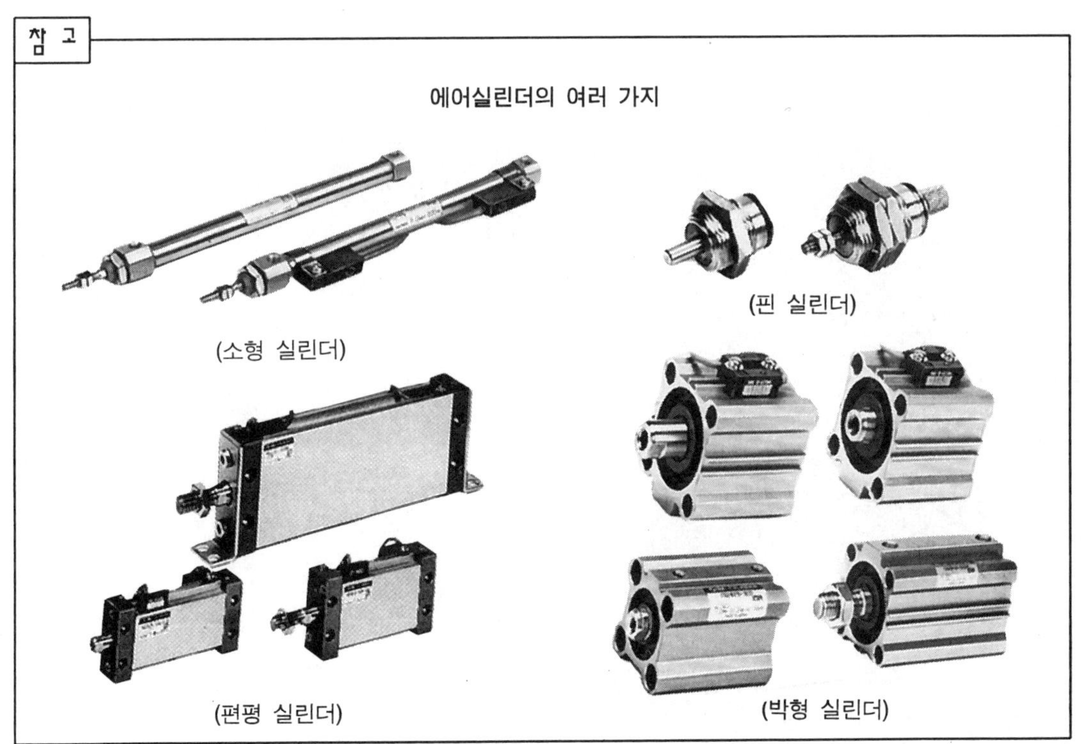

무접점 시퀀스 제어

1. 무접점 시퀀스의 기초

(1) 무접점 시퀀스의 개요

제어회로에 사용되는 소자로서 반도체 스위칭(switching) 소자를 이용한 무접점(無接点) 계전기에 의하여 구성되는 시퀀스 회로를 무접점 시퀀스 또는 로직(logic) 시퀀스라 한다.

무접점 계전기는 다이오드(diode), 트랜지스터(transistor), IC 등의 반도체 스위칭 소자를 사용하며, 기본적인 제어회로의 기능을 갖추게 한 반도체 논리회로에는 AND회로, OR회로, NOT회로, NAND회로, 플립플롭 회로와 같은 기본회로 이외에도 기억회로, 지연회로, 미분회로 등이 있다.

논리회로의 '논리'는 로직이라고도 하는데, 그 말은 '절차에 따라 처리된다'는 뜻이다. 로직 시퀀스에서는 대응되는 2개의 신호 '1'과 '0'을 사용하는데, 이것을 2값 신호 또는 바이너리 신호라 한다. 전자 릴레이에서는 접점이 열려 있을 때는 '0', 닫혀 있을 때는 '1'로 표시했지만, 로직 시퀀스에서는 입력과 출력단자에 전압이 걸려 있을 때는 '1' 그렇지 않을 때는 '0'으로 표시한다.

(2) 반도체

물질은 크게 전기가 잘 통하는 전도체와 전기가 통하지 않는 절연체, 그리고 그 중간에 해당하는 반도체로 분류된다.

반도체란 저항률이 전도체와 절연체의 중간인 $10^{-5} \sim 10^{6}[\Omega \cdot m]$(저항률) 정도까지의 범위에 있는 물질로서, 반도체의 재료는 본래 절연물에 가까운 물질이다. 따라서 통상 전기를 나르는 역할을 하는 자유전자는 존재하지 않지만, 온도가 상승하면 약간의 자유전자가 발생한다. 이때문에 전기가 통하기 쉬운 도체로 작용한다. 이 경우 자유전자가 발생되는 원인은 반도체 속에 포함되어 있는 미량의 불순물 성분으로서 이것이 중요한 역할을 한다.

반도체의 일반적인 성질은 저항값이 온도나 특수 불순물 이외에 전계, 자계, 빛, 압력, 방사선 등의 영향에 의해서도 변화를 받을 수가 있다. 또 단순한 금속 저항체에서는 볼 수 없는 여러 가지의 성질을 지니고 있기 때문에 응용 범위가 넓은 재료라 할 수 있다.

(3) 반도체 재료의 종류

반도체 재료는 규소(Si : 실리콘이라고도 함), 게르마늄(Ge), 셀렌(Se) 등과 같은 단원자 물질(원소 반도체라 함)과 몇 개의 원자의 조합으로 된 화합물(화합물 반도체라 함)이 있다. 따라서 그 종류는 많이 있으나 반도체 소자에 쓰이는 것으로는 전기적 특성, 가공성, 가격 등 여러 가지의 제약에서 결정이 된다. 표 3-1에 반도체 재료를 용도별로 나타냈다.

표 3-1 반도체 재료와 그 용도

용 도	반 도 체 재 료	
	원소 반도체	화합물 반도체
다이오드, 트랜지스터, IC소자	Si, Ge	GaAs
사이리스터, 스위치소자	Si, Ge	.
마이크로파 발전소자	Si, Ge	GaAs, InP, (InSb)(GaSb)
광 기전력 소자	Si, Ge, Se	GaAs, (AlGa)As, (GaIn)(PAs), CdS, CdTe
광도전 소자	Ge	InSb, CdS, CdSe, PbS, PbSe, PbTe
일렉트롤 미네센 소자	.	GaAs, GaP, Ga(PAs), GaN, (AlGa)As, ZnS, Zn(SSe), SiC
반도체 레이저	.	GaAs, (AlGa)As, (GaIn)(PAs), (AlGa)(AsSb)
서미스터	.	(NiO)(Li2O), Fe3O4, V2O5, BaTiO3, WO3, SrTiO3
바리스터	Si, Se	SiC, Cu2O, BaTiO3, ZnO
열전 냉각 소자	.	Bi2Te, Bi2Se3, Sb2Te3
정류기 소자	Ge, Si, Se	Cu2O
압전 소자	Ge, Si, Se, Te	GaAs, GaSb, CdS, CdSe, Zns, ZnO
전자 방출 재료	.	GaAs, BaO, MgO, (InAs)(GaAs), (GaAs)(GaSb), BaTiO3
방사선 검지기 재료	Ge, Si	GaAs, CdTe

(4) N형 반도체와 P형 반도체

실리콘에 극히 소량의 비소를 1000만분의 1이하 정도로 가해서 단결정을 만든다. 이렇게 하면 그림 3-1에 나타낸 바와 같이 5개의 가전자(價電子) 가운데 4개는 실리콘 원자와의 공유 결합으로서 사용되지만, 나머지 1개는 자유전자로 맴돌게 된다. 이 단결정은 자유전자, 즉 (−)를 지닌 반도체이므로 네거티브(negative), (−)의 N을 붙여 N형 반도체라 부르고 있다. 그리고 혼입된 비소나 안티몬 등의 불순물을 도너(donor)라 한다.

표 3-2 N형 반도체와 P형 반도체

모 재 (가전자 4개를 가진 것)	불 순 물	
	N형 반도체 (가전자 5개를 가진 것)	P형 반도체 (가전자 3개를 가진 것)
실리콘(Si) 게르마늄(Ge)	비소(As) 인(P) 안티몬(Sb)	인듐(In) 갈륨(Ga) 알루미늄(Al)

　P형 반도체란 실리콘에 제3가 원자인 붕소, 갈륨, 인듐 등을 조금 섞어 단결정을 만들어 본다. 이들 원자는 3개의 손을 지니고 있으므로, 4개의 손을 지니고 있는 실리콘의 원자와 결합하는 데는 1개만큼의 원자손이 부족하다. 즉, 최초부터 정공이 존재하게 된다. 이와 같은 상태에 에너지를 가하게 되면, 옆의 결합 전자가 순차로 이 구멍을 채우기 위해 이동하므로 정공이 이동한 것과 똑같은 결과가 된다. 따라서 이 단결정은 '정(正)'을 지닌 반도체라 하는 것으로, 정을 뜻하는 포지티브(positive), (+)의 P를 붙여 P형 반도체라 부르고 있다. 여기에 혼입된 불순물을 억셉터(accepter)라 한다.

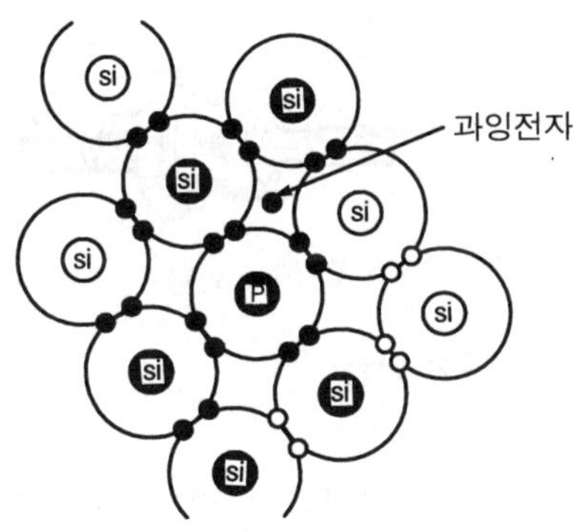

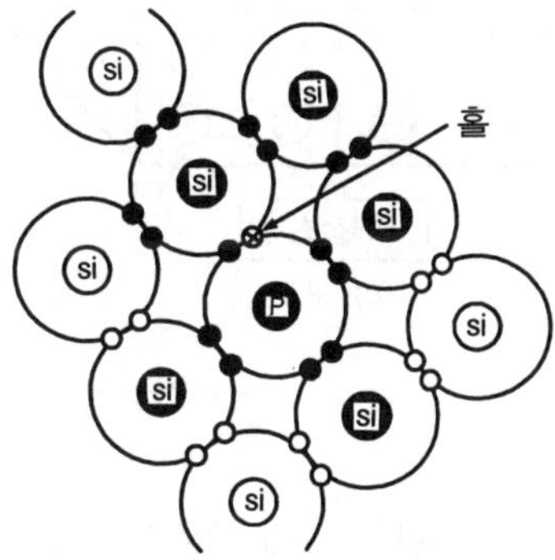

그림 3-1 N형 반도체의 구조　　　　그림 3-2 P형 반도체의 구조

2. 반도체 소자의 종류

(1) 다이오드(diode)

다이오드란 P형 반도체와 N형 반도체를 접합한 구조이다. 순방향 전압에 대해서는 저항값이 거의 0 [Ω]을 나타내지만, 역방향 전압에 대해서는 매우 큰 저항값을 나타내는 반도체로서, 정류특성(整流特性)을 가지고 있다.

정류특성이란 다이오드는 전류를 한 방향으로만 흐르게 하고 반대 방향으로는 거의 흐르지 않게 하는 것을 말한다.

1) 다이오드의 구조

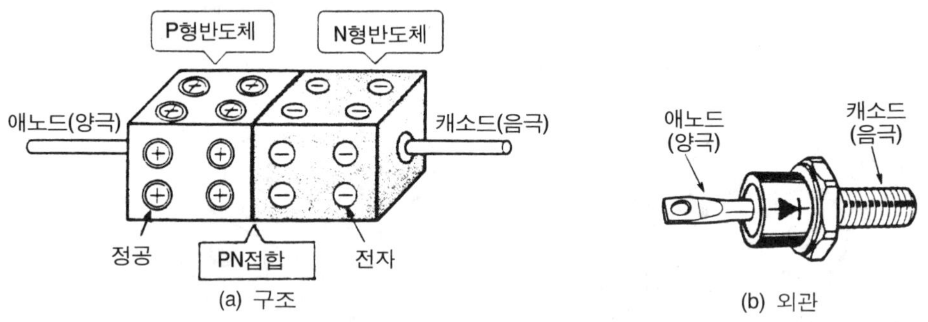

그림 3-3 다이오드의 구조와 외관

다이오드는 일반적으로 PN접합을 기본으로 하여 구성되어 있다. P형 반도체와 N형 반도체를 접합한 것을 PN접합이라 하고, P형 반도체측을 애노드(양극 : anode), N형 반도체측을 캐소드(음극 : cathode)라 한다.

2) 다이오드의 순방향 전압

다이오드의 애노드에 전원의 +극을 접속하고, 캐소드에 전원의 −극을 접속하는 것을 다이오드에 순방향 전압을 인가한다고 한다.

다이오드에 순방향 전압을 인가하면 양극에서 음극을 향해서 전류가 흐른다.

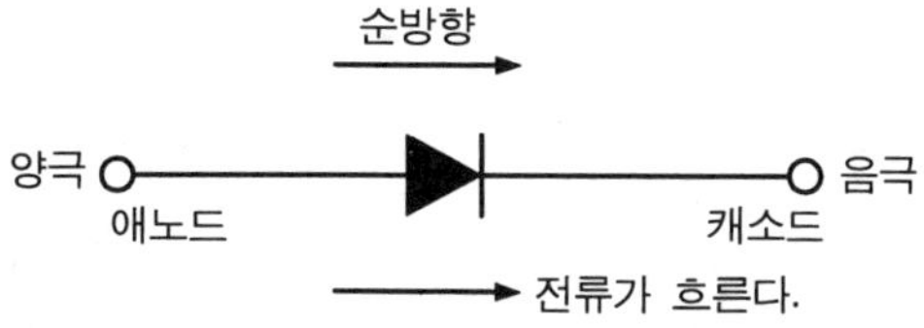

그림 3-4 다이오드의 순방향 전압

3) 다이오드의 역방향 전압

다이오드의 애노드에 전원의 −극을 접속하고, 캐소드에 전원의 +극을 접속하는 것을 다이오드에 역방향 전압을 인가한다고 한다.

다이오드에 역방향 전압을 인가하면 큰 저항이 생겨 전류가 흐르지 않게 된다.

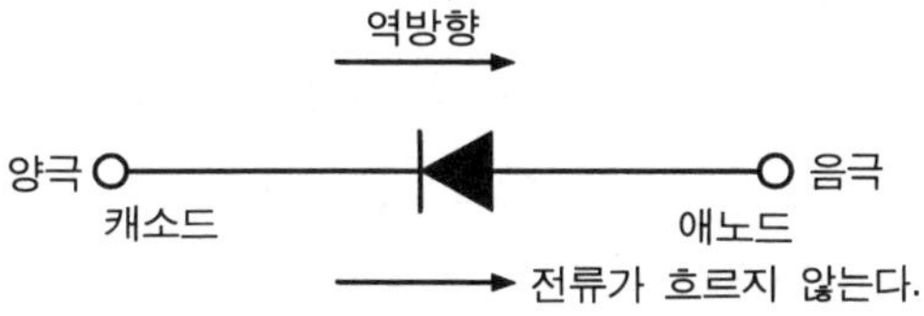

그림 3-5 다이오드의 역방향 전압

4) 다이오드의 스위칭 동작

다이오드의 스위칭 동작이란 앞서 설명한 다이오드의 순방향과 역방향의 두 가지 성질을 이용한 것으로, 이 순방향과 역방향의 성질을 이용하여 회로의 개폐를 하게 한 것이 다이오드의 스위칭 동작이다.

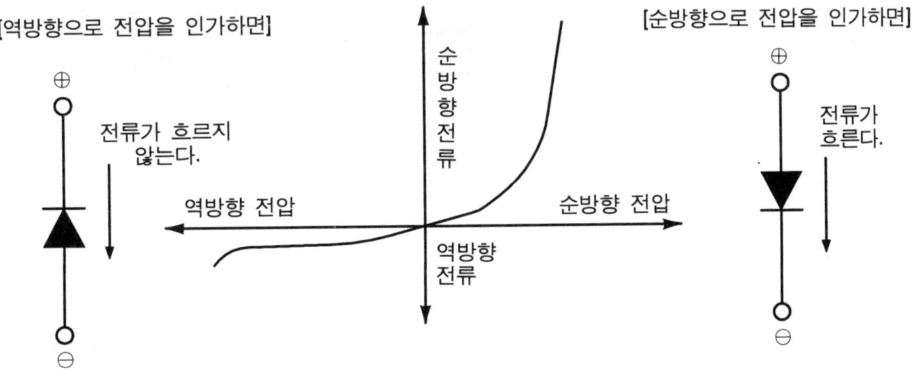

그림 3-6 다이오드의 방향 특성

① 역방향 전압 인가 상태

다이오드에 그림 3-7 (a)와 같이 전압을 인가하면, 전류가 흐르지 않는다는 것은 그림 (b)의 회로에서 스위치가 열려 있는 것과 같은 작용을 하는 것이 된다.

따라서 램프가 동작하지 않는다.

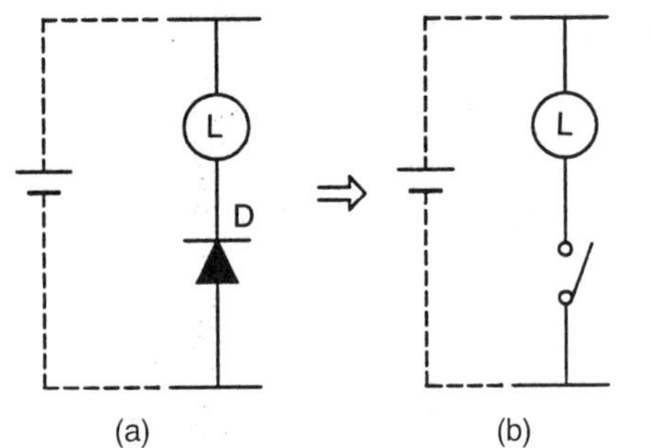

그림 3-7　역방향 전압 인가시

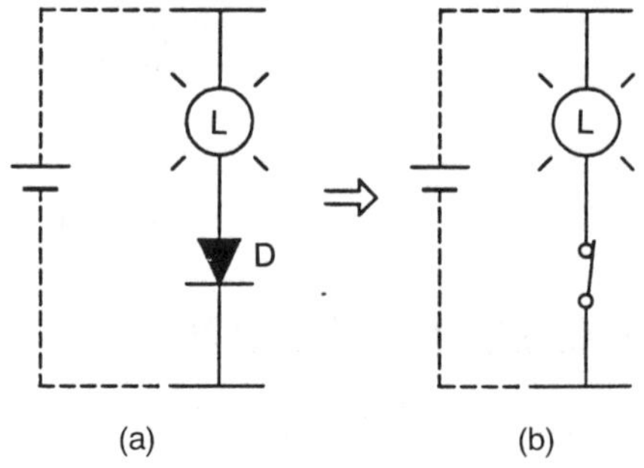

그림 3-8　순방향 전압 인가시

② **순방향 전압 인가 상태**

다이오드에 그림 3-8 (a)와 같이 순방향 전압을 인가하면, 전류가 흐른다는 것은 그림 (b)의 스위치 회로에서 스위치가 닫혀 있는 것과 같은 작용을 하는 것이 된다.

따라서 램프가 점등된다.

5) 다이오드의 종류와 그림기호

다이오드는 기호 D로서 나타내며 그림기호는 애노드를 나타내는 화살표를 삼각형으로 표현하고, 캐소드를 정삼각형의 정점에 접하는 선분으로 나타낸다. 화살표의 방향은 전류가 흐르는 방향을 나타내며 혼동될 우려가 없을 때에는 원을 생략해도 무방하다.

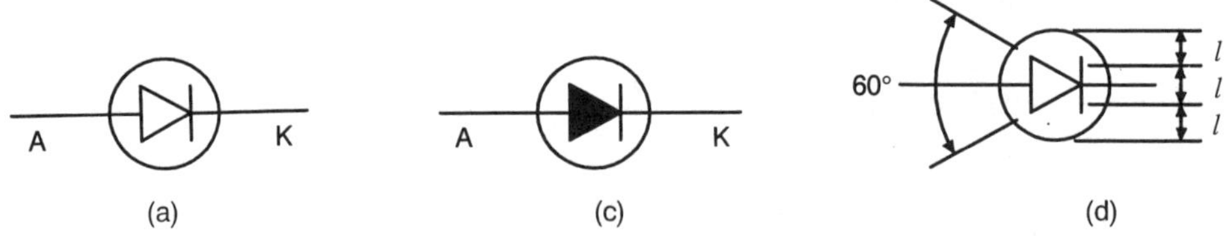

그림 3-9　다이오드의 기호 작도법

① **정전압 다이오드**

정전압 다이오드는 제너 다이오드(zener diode)라고도 하며, 규정 전압 이하에서는 전류가 거의 흐르지 않으나, 어떤 전압(이를 제너전압이라 함) 이상이 되면 전류가 급속하게 흘러서 전압이 일정하게 되는 소자를 말한다.

이 전압이 일정하게 되는 성질은 전압레벨 검출, 정전압 회로 등에 이용된다.

② **포토 다이오드**

포토 다이오드(photo diode)란 광전 감광면에 입사(入射)되는 빛의 양에 의해 전도

율이 바뀌는 성질을 이용하여 빛의 변화를 전기적인 변화로 변환하는 회로에 이용
된다.

③ 발광 다이오드

발광 다이오드(light-emission diode)란 전류를 흘리면 빛을 발생시키는 소자로서 순방
향의 전류에 대해서만 동작한다. 통상 백열전구에 비해 저전압, 저전류로 발광하며, 발
광량은 적지만 응답이 빠른 것이 특징이다.

(2) 트랜지스터(transistor)

트랜지스터란 P형 반도체와 N형 반도체를 교대로 접합한 3층의 반도체 소자로서, 그 조
합에 따라 PNP형과 NPN형 트랜지스터가 있다.

1) PNP형 트랜지스터

P형 반도체와 N형 반도체를 P형·N형·P형순으로 접합한 것을 PNP형 트랜지스터라
한다.

PNP형 트랜지스터에서는 위쪽의 P형 반도체를 콜렉터 C(Collector)전극, 중앙의 N형
반도체를 베이스 B(Base)전극, 아래쪽의 P형 반도체를 이미터 E(Emitter)전극이라 한다.

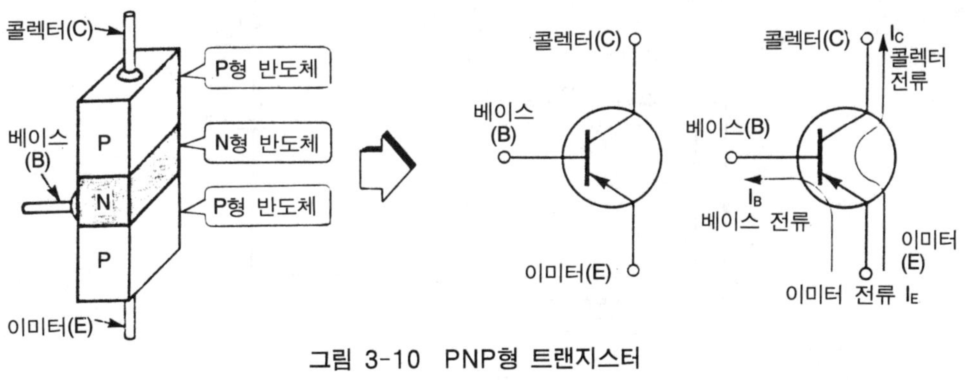

그림 3-10 PNP형 트랜지스터

그림 3-11 NPN형 트랜지스터

2) NPN형 트랜지스터

P형 반도체와 N형 반도체를 N형·P형·N형순으로 접합한 것을 NPN형 트랜지스터라 한다.

NPN형 트랜지스터에서는 위쪽의 N형 반도체를 콜렉터 C전극, 중앙의 P형 반도체를 베이스 B전극, 아래쪽의 N형 반도체를 이미터 E전극이라 한다.

3) PNP형 트랜지스터의 동작원리

PNP형 트랜지스터의 베이스 회로에는 베이스 B가 마이너스(음), 이미터 E가 플러스(양)가 되도록 전지 E_B를 접속한다. 또 콜렉터 회로에는 콜렉터 C가 마이너스(음), 이미터 E가 플러스(양)로 되도록 전지 E_C를 접속한다. 이것은 정확하게 NPN형 트랜지스터의 경우와 반대로 되어 있다.

① 베이스와 이미터 사이에 전압을 인가했을 경우의 동작

그림 3-12와 같이 PNP형 트랜지스터의 베이스와 이미터 사이에 전압을 인가했을 경우의 동작에 관해서 살펴보기로 한다.

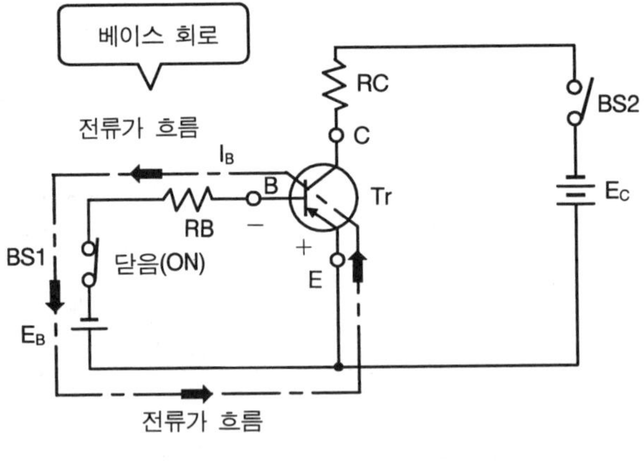

그림 3-12

PNP형 트랜지스터의 베이스(N형 반도체)와 이미터는 PN접합의 형식으로 되어 있다.

- 베이스 회로에 있어서 토글 스위치 BS1을 닫으면(ON) 베이스(B)에 전지 E_B의 음(−)극이, 또 이미터(E)에 양(+)극이 접속되므로 이것은 순방향의 전압이 인가된 것으로 된다.
- 베이스 B(N형 반도체) 내에 존재하는 전자 ⊖는 전지 E_B의 양극에 흡인되어서 이미터(E)로 향해 이동된다.
- 이미터 E(P형 반도체) 내에 존재하는 정공 ⊕는 전지 E_B의 음극에 흡인되어서 베이스(B)로 이동한다.

- 따라서 베이스 회로에는 이미터(E)에서 베이스(B)로 향하여 전류(베이스 전류 I_B라 함)가 흐르게 된다.

② 콜렉터와 이미터 사이에 전압을 인가했을 경우의 동작

그림 3-13과 같이 PNP형 트랜지스터의 콜렉터와 이미터 사이에 전압을 인가했을 경우의 동작에 관해서 살펴보기로 한다.

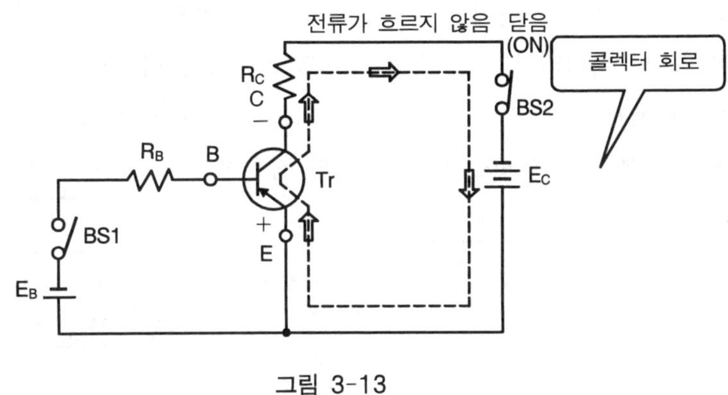

그림 3-13

PNP형 트랜지스터의 콜렉터(C)와 이미터(E)는 P형 반도체이기 때문에 PN접합을 형성하지 못하므로 전류는 흐르지 않는다.

- 콜렉터 회로에 있어서 토글 스위치 BS2를 닫으면 콜렉터(C)에 전지 E_C의 음(−)극이, 또 이미터(E)에 양(+)극이 접속된다.
- 이미터 E(P형 반도체) 내에 존재하는 정공 ⊕는 전지 E_C의 양극에 반발되어서 이미터 내를 위쪽으로 베이스(B)를 향해서 이동한다.(베이스에는 전자가 있으므로 이 전자와 중화될 것 같으나 중화되지 않는다. 왜냐하면 중화되려면 베이스 단자에서 다른 (−)전기(전자)가 들어와야 하는데 베이스 단자에는 아무런 전원도 접속되어 있지 않기 때문이다.)
- 콜렉터 C(P형 반도체) 내에 존재하는 정공 ⊕는 전지 E_C의 음극에 흡입되어서 콜렉터 내를 위쪽으로 이동하지만 뒤에서 정공이 들어 올 수 있는 상태로 되어 있지 않으므로 흘러 나갈 수 없다.

③ 베이스와 이미터, 콜렉터와 이미터 사이에 전압을 인가한 경우의 동작

PNP형 트랜지스터의 베이스와 이미터 및 콜렉터와 이미터 사이에 동시에 전압을 인가했을 경우의 동작에 관하여 살펴보기로 한다.

- 베이스 회로의 토글 스위치 BS1을 닫으면 베이스와 이미터 사이에는 순방향 전압 E_B가 인가되기 때문에 이미터 내의 정공 ⊕는 베이스를 향해서 이동하고, 베이스 내의 전자 ⊖는 이미터를 향해서 이동하므로 베이스 전류 I_B가 흐른다.

- 콜렉터 회로의 토글 스위치 **BS2**를 닫으면 콜렉터와 이미터 사이에는 E_B보다 훨씬 높은 플러스의 전압 E_C가 인가되어 있기 때문에 베이스를 향한 이미터 내의 정공 ⊕는 이에 흡인되어서 베이스(수 미크론 정도로 얇은 층)를 넘어서 콜렉터에 흘러 들어가서 콜렉터 내의 정공이 흘러나오게 하는 상태가 되므로 콜렉터 전류 I_C로 된다.

- 콜렉터와 이미터 사이에만 전압을 인가했을 때에는 전류가 흐르지 않지만 동시에 베이스와 이미터 사이에 순방향의 전압을 걸면 베이스 전류 I_B가 흐름과 동시에 이미터에서 콜렉터를 향해서 콜렉터 전류 I_C가 흐른다.

- PNP형 트랜지스터에서는 이미터 내의 정공이 '전기를 나른다'는 것이 특징이다.

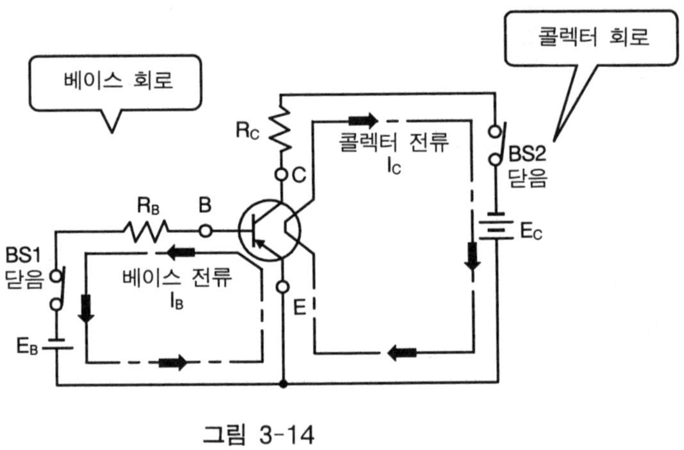

그림 3-14

4) NPN형 트랜지스터의 동작원리

NPN형 트랜지스터의 베이스 회로에는 베이스가 양(+), 이미터가 음(−)이 되도록 전지 E_B를 접속한다. 또 콜렉터 회로에는 콜렉터가 양(+), 이미터가 음(−)이 되도록 전지 E_C를 접속한다.

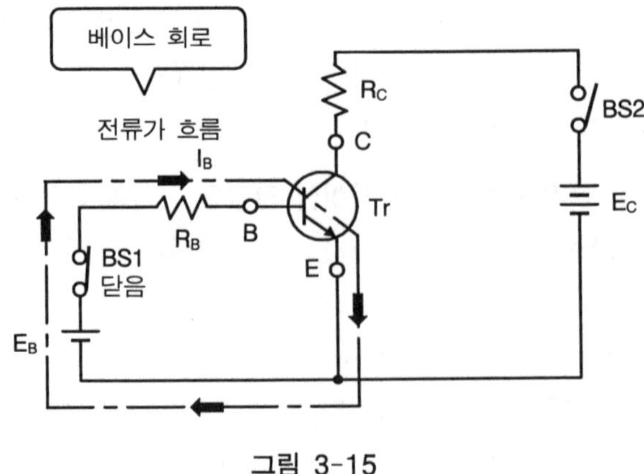

그림 3-15

① 베이스와 이미터 사이에 전압을 인가했을 경우의 동작

그림 3-15와 같이 NPN형 트랜지스터의 베이스와 이미터 사이에 전압을 인가했을 경우의 동작에 관해서 살펴보기로 한다.

NPN형 트랜지스터의 베이스(P형 반도체)와 이미터(N형 반도체)는 PN접합의 형식으로 되어 있다.

- 베이스 회로에 있어서 토글 스위치 BS1을 닫으면 베이스(B)에 전지 E_B의 양(+)극이, 또 이미터(E)에 음(−)극이 접속되므로 이것은 순방향의 전압이 인가된 것으로 된다.
- 베이스(P형 반도체) 내에 존재하는 정공 ⊕는 전지 E_B의 음(−)극에 흡인되어서 이미터로 향하여 이동한다.
- 이미터(N형 반도체) 내에 존재하는 전자 ⊖는 전지 E_B의 양(+)극에 흡인되어서 베이스로 향하여 이동한다.
- 따라서 베이스 회로에는 베이스(B)에서 이미터(E)로 향하여 전류(베이스 전류 I_B라 함)가 흐르게 된다.

② 콜렉터와 이미터 사이에 전압을 인가했을 경우의 동작

그림 3-16과 같이 NPN형 트랜지스터의 콜렉터와 이미터 사이에 전압을 인가했을 경우의 동작에 관하여 살펴보기로 한다.

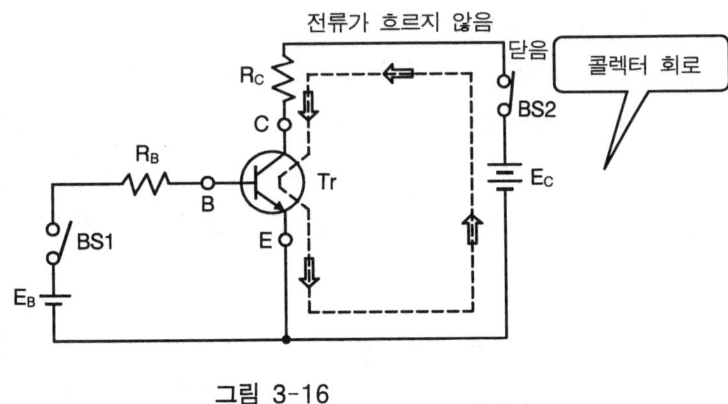

그림 3-16

NPN형 트랜지스터의 콜렉터(C)와 이미터(E)는 다 같은 N형 반도체이므로 PN접합을 형성하지 못하므로 전류는 흐르지 않는다.

- 콜렉터 회로에 있어서 토글 스위치 BS2를 닫으면 콜렉터(C)에 전지 E_C의 양(+)극이, 또 이미터(E)에 음(−)극이 접속된다.
- 이미디(N형 반도제) 내에 존재하는 전자 ⊖는 전지 E_C의 음(−)극에 반발되어서 이미터 내를 상측의 베이스(B)로 향해서 이동한다. (베이스에는 정공이 있으므로

이 정공과 중화될 것 같으나 중화되지 않는다. 왜냐하면 중화하기 위해서는 베이스 단자에서 다른 (+)전기(정공)가 들어가야 하는데 베이스 단자에는 아무런 전원도 접속되어 있지 않기 때문이다.)

- 콜렉터(P형 반도체) 내에 존재하는 전자 ⊖는 전지 E_C의 양(+)극에 흡인되어서 콜렉터 내를 위측으로 이동하지만 뒤에서 전자가 들어올 수 없는 상태로 되어 있기 때문에 흘러 나갈 수는 없다.

③ 베이스와 이미터, 콜렉터와 이미터 사이에 전압을 인가한 경우의 동작

NPN형 트랜지스터의 베이스와 이미터 및 콜렉터와 이미터 사이에 동시에 전압을 인가했을 경우의 동작에 관하여 살펴보기로 한다.

NPN형 트랜지스터는 베이스 전류 I_B가 흐르면 콜렉터 전류 I_C가 콜렉터에서 이미터로 향해서 흐른다.

- 베이스 회로의 토글 스위치 BS1을 닫으면 베이스와 이미터 사이에는 순방향 전압 E_B가 인가되기 때문에 이미터 내의 전자 ⊖는 베이스를 향해서 이동하고, 베이스 내의 정공 ⊕는 이미터를 향해서 이동하므로 베이스 전류 I_B가 흐른다.

- 콜렉터 회로의 토글 스위치 BS2를 닫으면 콜렉터와 이미터 사이에는 E_B보다 훨씬 높은 플러스 전압 E_C가 인가되어 있기 때문에, 베이스로 향한 이미터 내의 전자 ⊖는 이에 흡인되어서 베이스(수 미크론 정도로 얇은 층)를 넘어서 콜렉터에 흘러 들어가서, 콜렉터 전류 I_C로 된다.

- 콜렉터와 이미터 사이에만 전압을 인가해서는 전류가 흐르지 않지만, 동시에 베이스와 이미터 사이에 순방향의 전압을 걸면 베이스 전류 I_B가 흐름과 동시에 콜렉터에서 이미터를 향해서 콜렉터 전류 I_C가 흐른다.

- NPN형 트랜지스터에서는 이미터 내의 전자가 '전기를 나른다'는 것이 특징이라 할 수 있다.

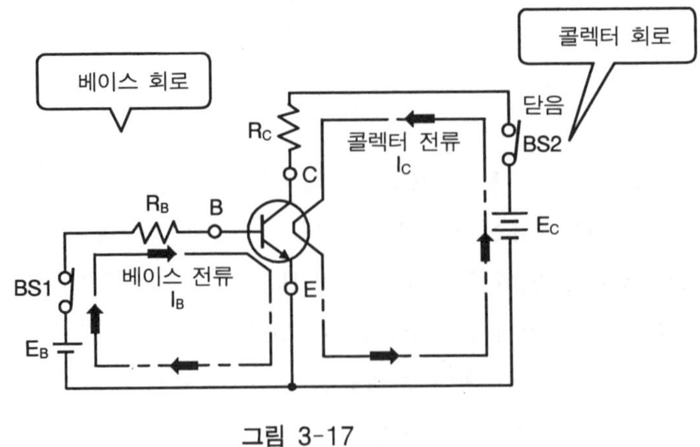

그림 3-17

5) 트랜지스터의 스위칭 동작

트랜지스터의 특성은 베이스 전류의 크기에 따라서 OFF영역(차단영역)과 ON영역(포화영역) 및 그 중간의 활성영역으로 나눌 수가 있는데, 트랜지스터의 베이스 전류의 크기를 변화시킴에 따라서 이 ON영역과 OFF영역만을 동작시키도록 하여 회로의 개폐를 행하는 스위치 소자로서 트랜지스터를 이용하도록 한 것이 트랜지스터의 스위칭 동작이다.

① 트랜지스터의 OFF 동작

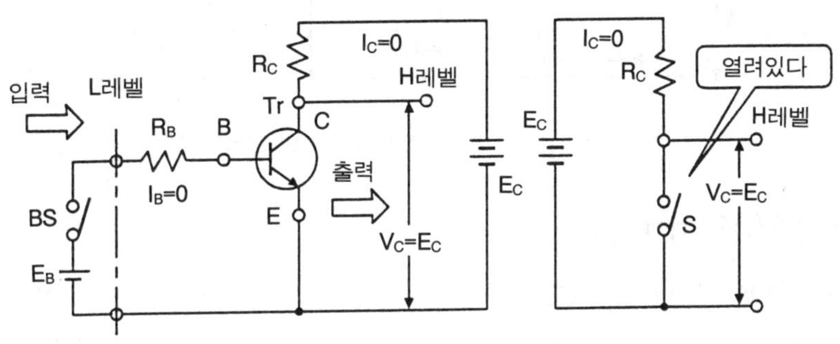

그림 3-18 NPN형 트랜지스터의 OFF 상태

트랜지스터에서 베이스 회로의 베이스와 이미터를 입력단자, 또 콜렉터 회로의 콜렉터와 이미터를 출력단자라 한다. 그림 3-18에서 베이스 회로의 스위치 **BS**를 연 상태에서는 베이스에 전압이 인가되지 않은 상태이므로 베이스 전류가 흐르지 않는다. 따라서 콜렉터에서 이미터로 향한 콜렉터 전류 I_C도 흐르지 않는다.

콜렉터 전류가 흐르지 않는다는 것은 콜렉터와 이미터 사이가 개방되어 있는 것과 같기 때문에 트랜지스터를 스위치 S라 생각하면 그 스위치가 열려 있게 되는 것이다. 이것을 트랜지스터의 **OFF** 동작이라고 한다.

콜렉터 회로에서의 콜렉터와 이미터 사이가 열려 있는 상태에서 출력단자(C - E사이)의 전압은 $+E_C$[V]가 된다.

② 트랜지스터의 ON 동작

그림 3-19에서 베이스 회로의 스위치 **BS**를 닫으면 전지 E_B에서 저항기 R_B를 통하여 베이스에서 이미터를 향해서 베이스 전류 I_B가 흐른다. 따라서 콜렉터에서 이미터로 향한 콜렉터 전류 I_C가 흐른다.

콜렉터 전류가 흐른다는 것은 콜렉터와 이미터 사이가 닫혀 있는 것이 되므로 트랜지스터를 스위치 S라 생각하면 그 스위치가 닫혀 있는 것이 된다. 이것을 트랜지스터의 ON 동작이라고 한다.

콜렉터 회로에서의 콜렉터와 이미터 사이가 닫혀 있는 상태에서 출력단자(C - E사
이)의 전압은 거의 0 [V]가 된다.

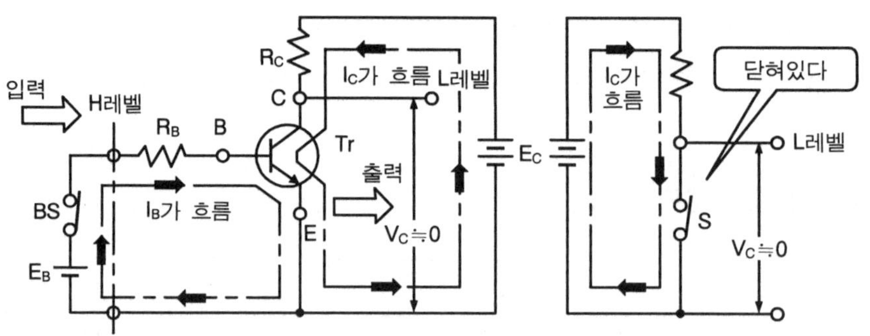

그림 3-19 NPN형 트랜지스터의 ON 상태

(3) 사이리스터(Thyristor)

사이리스터는 1958년 미국의 GE사가 개발한 상품명으로 일반적으로 실리콘 제어 정류
소자(SCR ; Silicon Controlled Rectifier)를 말한다. 3개 이상의 접합을 포장하여 양극, 음극
및 P영역에 접속된 게이트의 3종의 단자를 구비하고, 음(陰)의 양극 전압에 있어서는 저지
특성을 지니며, 양(陽)의 양극전압에 있어서는 OFF상태 및 ON상태의 2개의 안정상태를 지
닐 수가 있으므로 OFF상태에서 ON상태로의 이행을 게이트 전류에 의해서 제어할 수 있는
반도체 소자이다.

사이리스터는 PNPN구조로서 3개의 접합면을 가지고 있어서 좌단의 P형 반도체를 애노
드(A) 전극으로 하고, 우단의 N형 반도체는 캐소드(K) 전극으로 되어 있다.

N형 반도체와 N형 반도체 사이에 끼워진 P형 반도체에서 게이트(G)전극을 빼낸 것을 P
게이트 사이리스터라 하며, P형 반도체 사이에 끼워진 N형 반도체에서 게이트(G)전극을
빼낸 것을 N게이트 사이리스터라 한다.

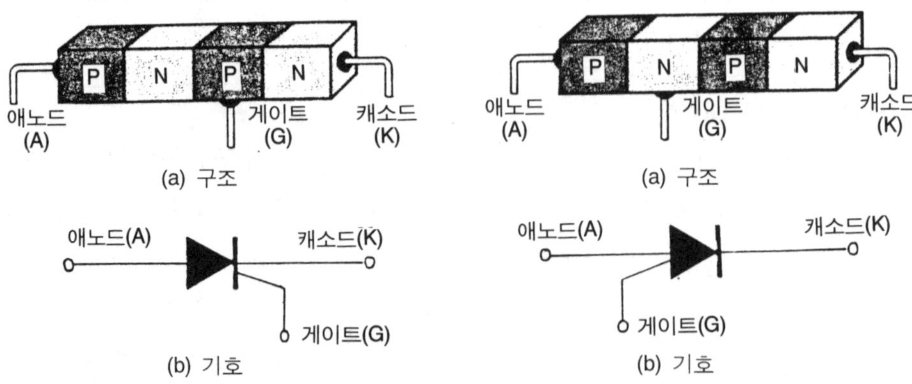

그림 3-20 P게이트 사이리스터의 구조와 기호　　그림 3-21 N게이트 사이리스터의 구조와 기호

이와 같은 사이리스터는 동등한 성능을 가진 수은 정류기나 자기 증폭기 등에 비해 다음과 같은 특징이 있다.

① 전력손실이 적고 효율이 높다.

② 스위칭 시간이 수μs로 빠르다.

③ 냉각이 간단하며 소음이 없다.

④ 수명이 길고 신뢰성이 높다.

⑤ 소형 경량이나 과부하 내량이 작은 단점이 있다.

사이리스터의 용도는 무접점의 스위치용, 전동기의 속도제어, 각종 정류기용, 대전류 펄스 발생기 등으로 점차 그 사용이 증대되고 있다.

(4) 트라이액(Triac)

트라이액은 양방향(교류)에 전류가 흘러 게이트 전압은 음양 어느 쪽이든지 동작되고, 사이리스터를 역방향으로 병렬로 조합시킨 것과 똑같은 작동을 하는 3극 쌍방향 사이리스터이다. 이 소자에 의해서 간단하게 교류전력의 개폐, 제어가 가능하게 된다.

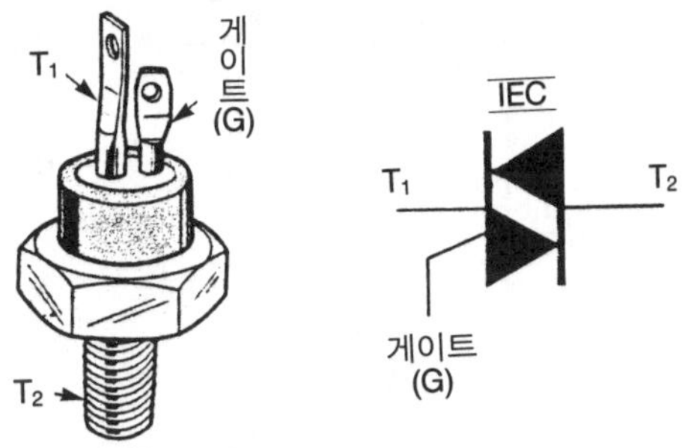

그림 3-22   트라이액의 외관과 기호

3. 논리회로

(1) AND회로

　　모든 입력이 있을 때에만 출력이 나타나는 회로이며, 직렬스위치 회로와 같다. 논리적 회로라고도 하며, A와 B라는 뜻의 A AND B에서 이름 지어진 것이다.

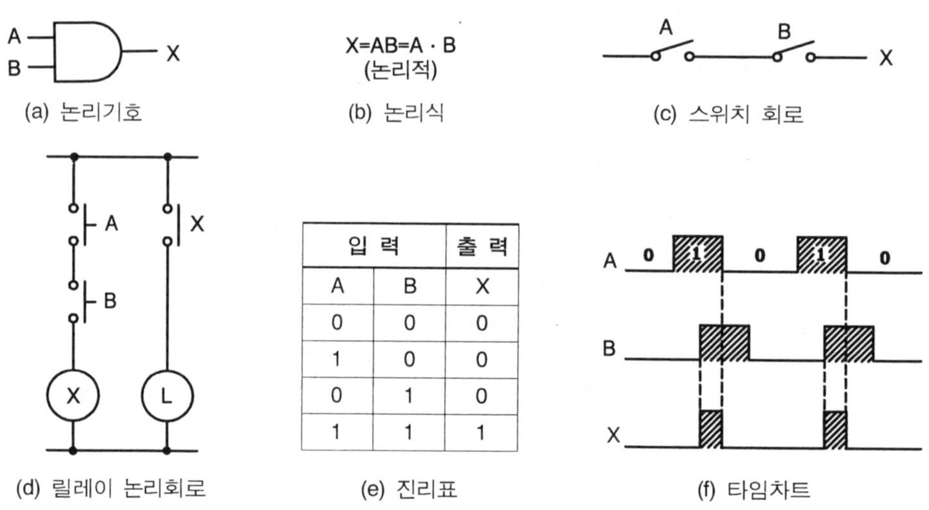

입 력		출 력
A	B	X
0	0	0
1	0	0
0	1	0
1	1	1

그림 3-23　AND논리의 표현법

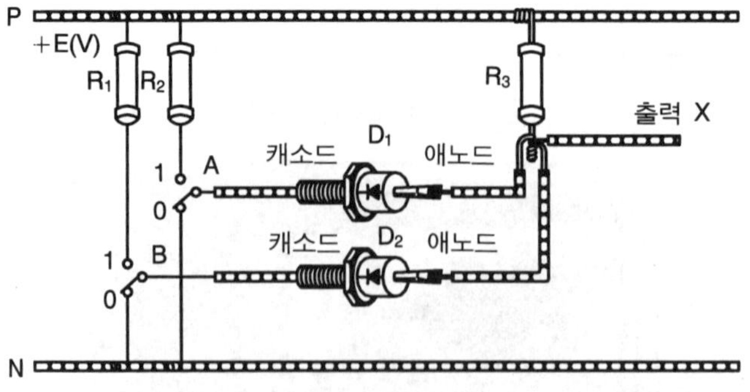

그림 3-24　다이오드에 의한 AND회로의 실체 배선도

다이오드에 의한 AND회로는 입력단자 A와 B가 모두 1(+E[V]의 신호레벨)일 때만 다이오드 D_1 및 D_2가 역방향이 되어 입력측에 전류를 흘리지 않고, 출력단자 X에 +E[V]의 전압이 발생된다.

1) 입력 A와 B가 모두 0일 때 동작

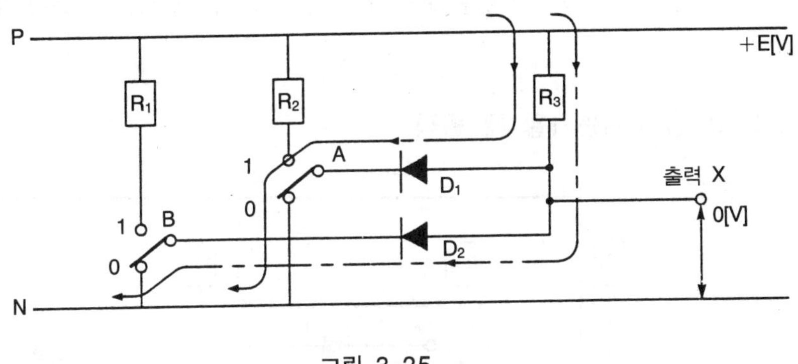

그림 3-25

[동작설명]

① 다이오드 D_1에는 전원 P−R3−D_1−A−전원 N의 회로가 연결되어 순방향 전압 +E가 인가되어 전류가 흐르게 된다.

② 다이오드 D_2에는 전원 P−R3−D_2−B−전원 N의 회로가 연결되어 순방향 전압 +E가 인가되어 전류가 흐르게 된다.

③ 따라서 출력 X에는 전압이 걸리지 않게 된다.

2) 입력 A는 1, 입력 B는 0일 때 동작

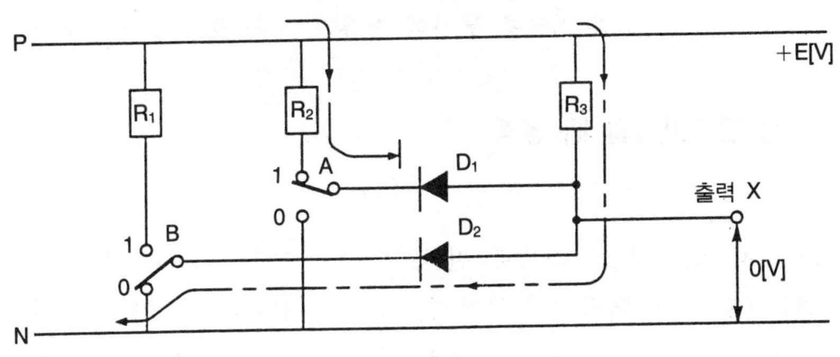

그림 3-26

[동작설명]

① 입력스위치 A를 신호 1쪽으로 전환시키면 다이오드 D_1은 전원 P−R2−A−D_1−R3−전원 P로 되어, 역방향 전압이 인가되므로 전류는 흐르지 않는다.

② 다이오드 D_2에는 전원 P−R3−D_2−B−전원 N의 회로가 연결되어, 순방향 전압 +E가 인가되어 전류가 흐른다.

③ 따라서 다이오드 D_2의 회로를 통하여 전류가 계속 흐르므로 출력 X는 0의 상태가 된다.

3) 입력 A는 0, 입력 B는 1일 때 동작

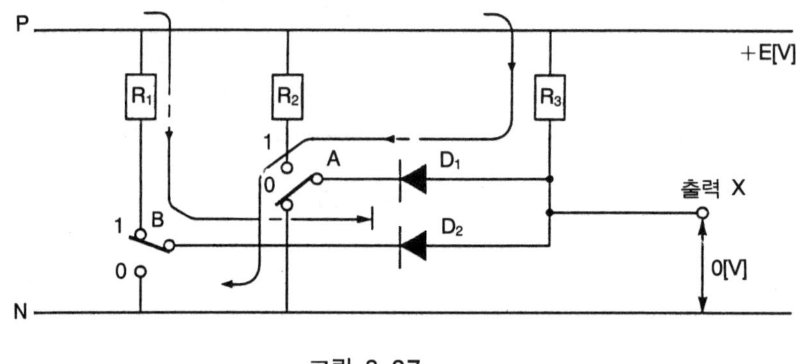

그림 3-27

[동작설명]

① 다이오드 D_1에는 전원 P−R3−D_1−A−전원 N의 회로가 연결되어, 순방향 전압 +E가 인가되어 전류가 흐른다.

② 입력스위치 B를 신호 1쪽으로 전환시키면 다이오드 D_2는 전원 P−R1−B−D_2−R3−전원 P로 되어 역방향 전압이 인가되므로 전류는 흐르지 않는다.

③ 따라서 다이오드 D_1의 회로를 통하여 전류가 계속 흐르므로 출력 X는 0이 된다.

4) 입력 A, B 모두가 1일 때 동작

[동작설명]

① 입력스위치 A를 신호 1쪽으로 전환시키면 다이오드 D_1은 전원 P−R2−A−D_1−R3−전원 P로 되어 역방향 전압이 인가되므로 전류는 흐르지 않는다.

② 입력스위치 B를 신호 1쪽으로 전환시키면 다이오드 D_2는 전원 P−R1−B−D_2−R3−전원 P로 되어 역방향 전압이 인가되므로 전류는 흐르지 않는다.

③ 따라서 입력측에 전류가 흐르지 않으므로 출력 X에는 +E[V]의 전압이 걸려 신호 1이 된다.

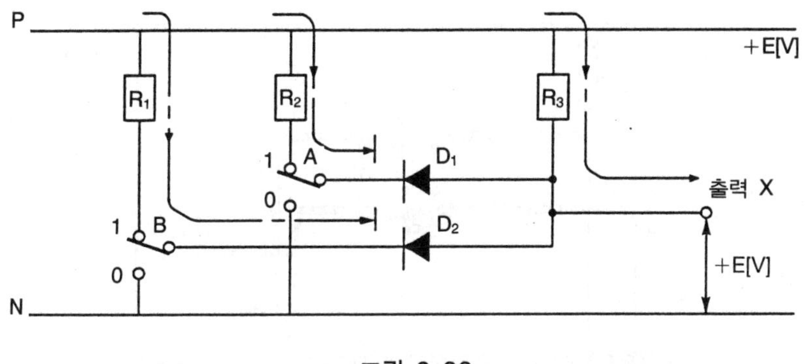

그림 3-28

(2) OR회로

　여러 개의 입력 중 어느 하나 또는 그 이상의 입력이 있으면 출력이 나타나는 회로이며 병렬스위치 회로와 같다.

　OR회로는 논리합 회로라고도 하며, A 또는 B, 즉 A OR B라고 하는 데서 이름지어진 것이다.

　다이오드에 의한 OR회로는 입력단자 A 또는 B 중 어느 한쪽이나 양쪽 모두 1(+E[V]의 신호레벨)일 때, 그 다이오드에 순방향 전압이 인가되어 저항 R3을 통하여 전류가 흐르며 출력단자 X에 +E[V]의 전압이 발생된다.

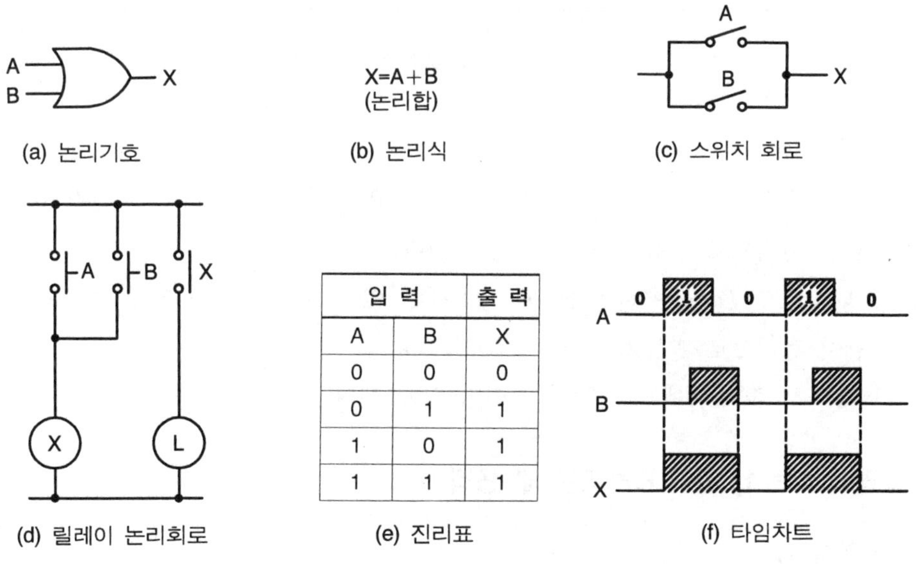

그림 3-29　OR논리의 표현법

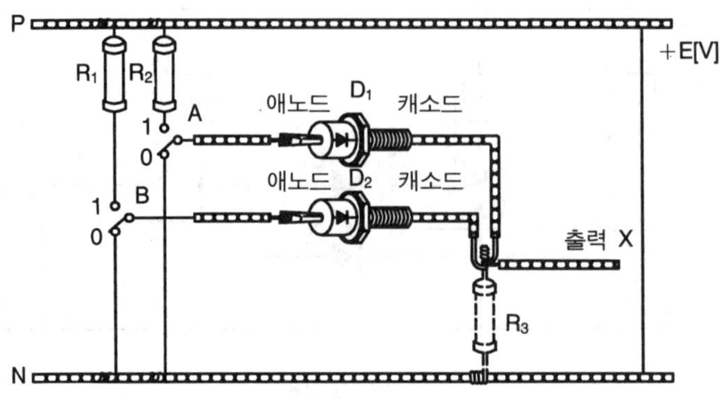

그림 3-30 다이오드에 의한 OR회로의 실체 배선도

1) 입력 A와 B가 모두 0일 때 동작

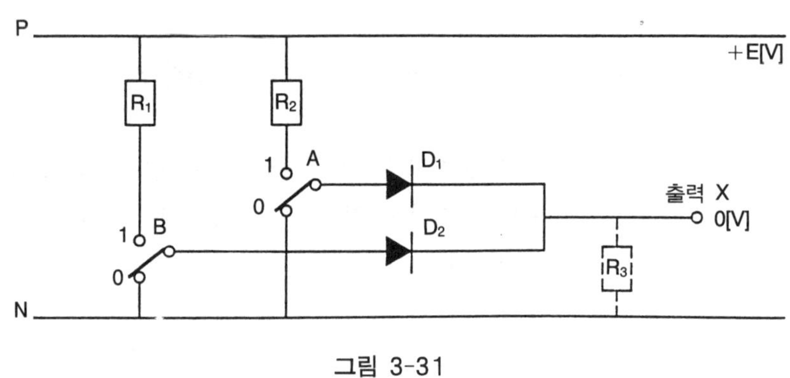

그림 3-31

[동작설명]

① 다이오드 D_1에는 전원 N-A- D_1 -X-R3-전원 N의 회로가 연결되어 역방향 전압이 걸리므로 전류가 흐르지 않게 된다.

② 다이오드 D_2에는 전원 N-B- D_2 -X-R3-전원 N의 회로가 연결되어 역방향 전압이 걸리므로 전류가 흐르지 않게 된다.

③ 따라서 출력 X에는 전압이 걸리지 않게 된다.

2) 입력 A는 1, 입력 B는 0일 때 동작

[동작설명]

① 입력스위치 A를 신호 1쪽으로 전환시키면 다이오드 D_1은 전원 P-R2- D_1 -X의 회로가 연결되어 순방향 전압이 인가되므로 출력이 나온다.

② 다이오드 D_2에는 전원 N-B- D_2 -X의 회로에 역방향 전압이 걸리므로 전류가 흐르지 않게 된다.

③ 따라서 출력 X에는 입력 A의 회로에서 인가된 전압이 걸리게 된다.

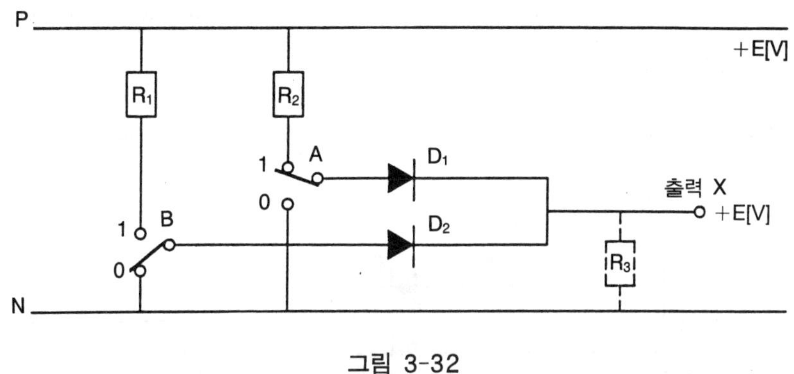

그림 3-32

3) 입력 A는 0, 입력 B는 1일 때 동작

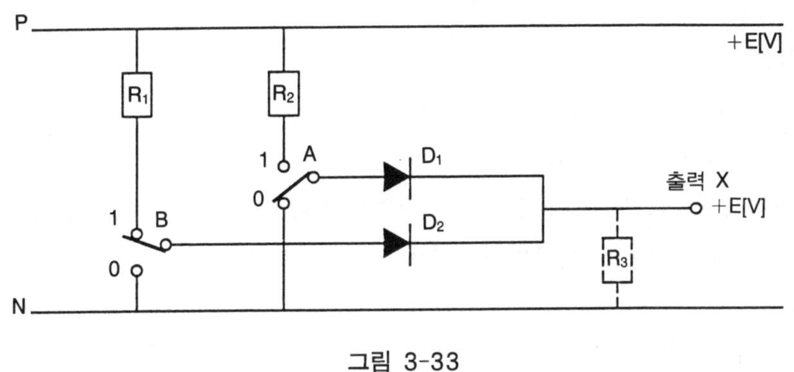

그림 3-33

[동작설명]

① 다이오드 D_1에는 전원 $N-A-D_1-X$의 회로에 역방향 전압이 걸리므로 전류가 흐르지 않게 된다.

② 입력스위치 B를 신호 1쪽으로 전환시키면 다이오드 D_2에는 전원 $P-R1-D_2-X$ 의 회로가 연결되어 순방향 전압이 인가되므로 출력이 나온다.

③ 따라서 출력 X에는 입력 B의 회로에서 인가된 전압이 걸리게 된다.

4) 입력 A와 B 모두 1일 때 동작

[동작설명]

① 다이오드 D_1에는 전원 $P-R2-A-D_1-X$의 회로가 연결되어 순방향 전압이 인가 되므로 출력이 나온다.

② 다이오드 D_2에는 전원 $P-R1-B-D_2-X$의 회로가 연결되어 순방향 전압이 인가

되므로 출력이 나온다.

③ 따라서 출력 X에는 입력 A와 입력 B에서 인가된 전압이 함께 걸리므로 +E[V]의 전압이 나오게 된다.

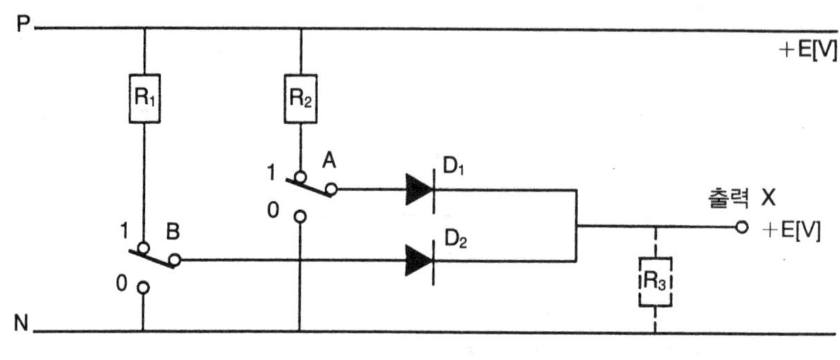

그림 3-34

(3) NOT회로

NOT회로란 출력이 입력의 반대가 되는 회로로서 입력이 1일 때 출력은 0, 입력이 0일 때 출력은 1이 되는 회로를 말하며, 논리부정 회로라고도 한다. 즉 이 회로는 입력에 대한 반전상태의 출력이 나타나는 것에서 '입력에 대해 출력이 부정된 상태다'라고 하고, 이 부정하는 것을 영어인 NOT에서 이름지어진 것이다.

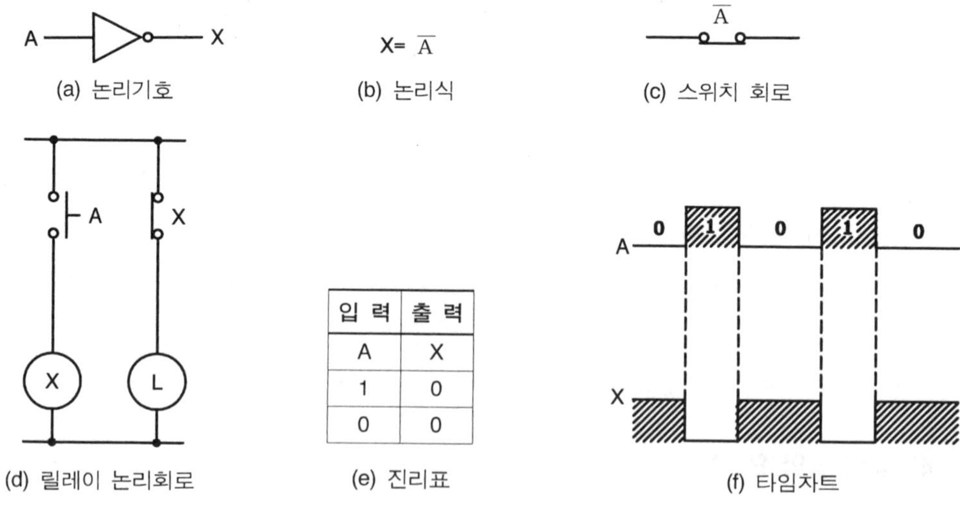

그림 3-35 NOT논리의 표현법

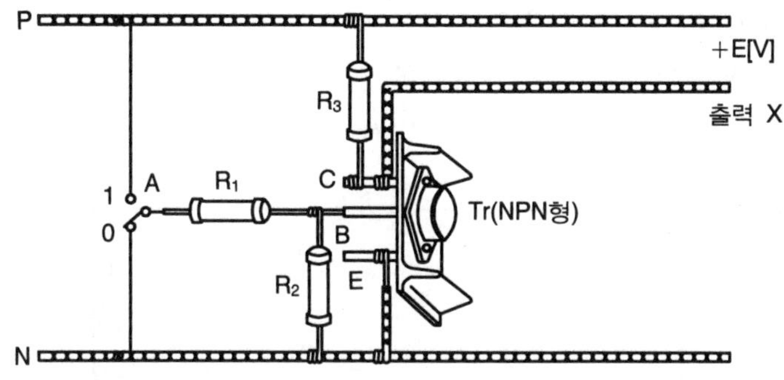

그림 3-36 트랜지스터에 의한 NOT회로의 실체 배선도

트랜지스터에 의한 NOT회로란 그림 3-36에서 입력단자 A에 전압이 인가되지 않을 때는 트랜지스터에 베이스 전류가 흐르지 않기 때문에 OFF상태로 되어 출력단자 X에 전압 + E[V]가 걸리고, 입력신호 A에 전압이 인가되면 트랜지스터의 베이스에 전류가 흘러 ON상태가 되어 출력단자 X의 전압이 0[V]로 떨어져 신호가 0이 된다.

1) 입력 A가 0일 때 동작

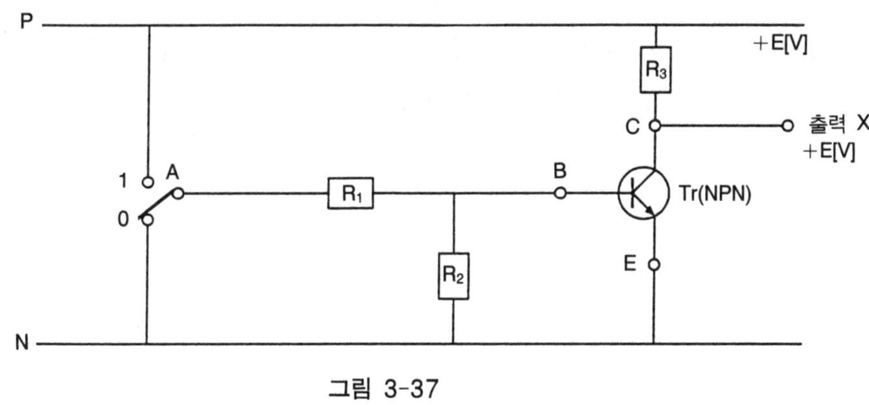

그림 3-37

[동작설명]
　① 입력 A가 0이면 트랜지스터 베이스에 전압이 걸리지 않고 베이스 전류도 흐르지 않기 때문에, 콜렉터 전류도 흐르지 못하므로 트랜지스터 Tr은 작동하지 않는다.
　② 따라서 콜렉터와 이미터 사이가 차단된 상태이므로 출력 X에는 전압이 걸린다.

2) 입력 A가 1일 때 동작

[동작설명]
　① 입력 스위치 A를 신호 1쪽으로 전환시키면 트랜지스터 베이스에 전압이 걸리고 전

원 P−A−R1−B−E−전원 N으로 연결되어 베이스 전류가 흐르고, 따라서 전원 P−R3−C−E−전원 N으로 콜렉터 전류도 흐른다.

② 따라서 출력 X에는 전압이 걸리지 않게 된다.

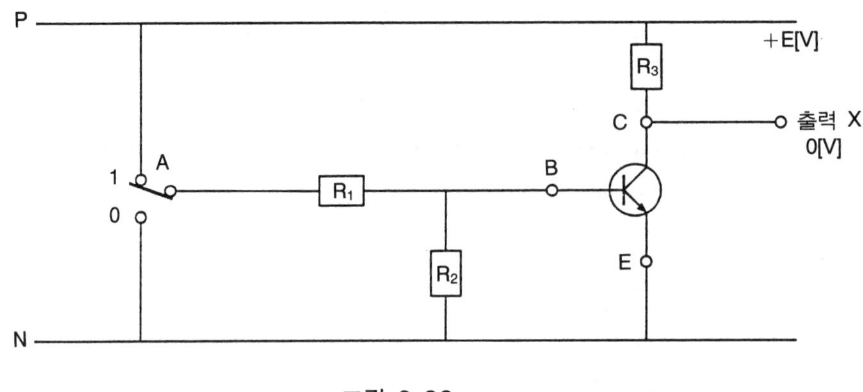

그림 3-38

(4) NAND회로

NAND회로란 AND회로의 출력을 반전(NOT)시킨 논리로 모든 입력이 있을 때에만 출력이 없는 회로이다.

부정 논리곱 또는 역 논리곱 회로라고도 하며, AND와 NOT회로를 조합한 회로이다. AND를 부정하는 기능을 가지고 있다고 해서 AND앞에 N을 붙여 NAND회로라고 부른다.

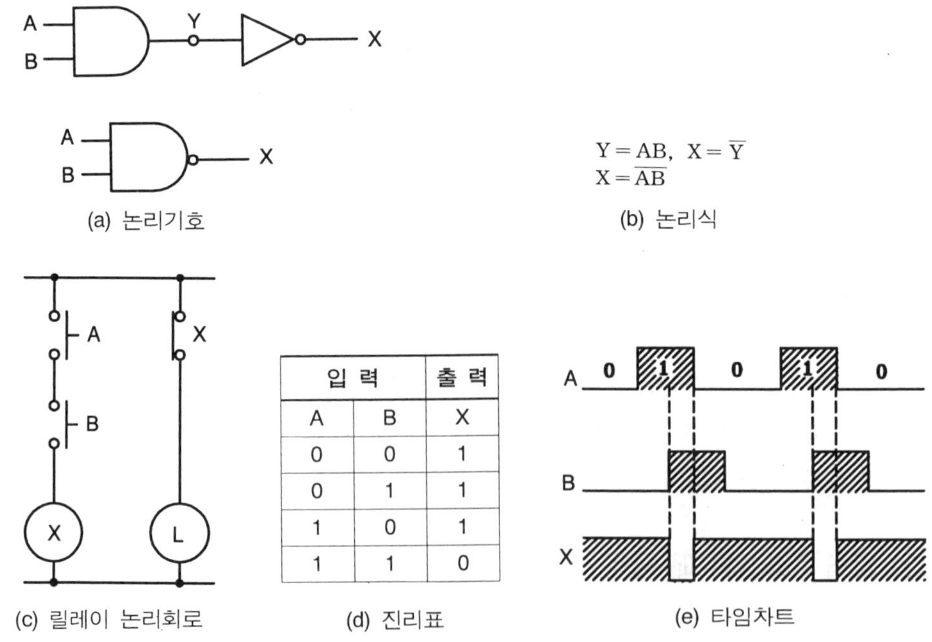

(a) 논리기호

(b) 논리식

$$Y = AB, \quad X = \overline{Y}$$
$$X = \overline{AB}$$

(c) 릴레이 논리회로

(d) 진리표

입 력		출 력
A	B	X
0	0	1
0	1	1
1	0	1
1	1	0

(e) 타임차트

그림 3-39 NAND 논리의 표현법

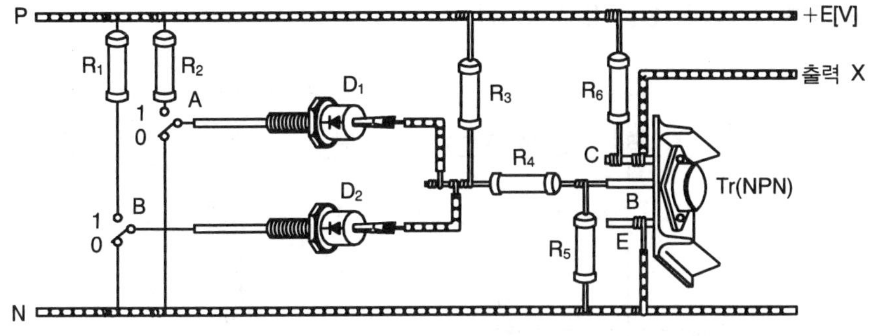

그림 3-40 다이오드와 트랜지스터에 의한 NAND회로의 실체 배선도

　그림 3-40은 다이오드와 트랜지스터에 의한 NAND회로의 예로서, 입력단자 A와 B에 동시에 신호가 있을 때에만 다이오드에 의한 AND회로의 출력에 전압이 생기므로, 트랜지스터의 베이스 전류가 흘러 트랜지스터가 ON상태로 되기 때문에 출력단자 X의 전압은 거의 0이 된다.

　이것은 다이오드에 의한 AND의 출력을 트랜지스터에 의하여 반전시키는 원리이다.

1) 입력 A와 B가 모두 0일 때 동작

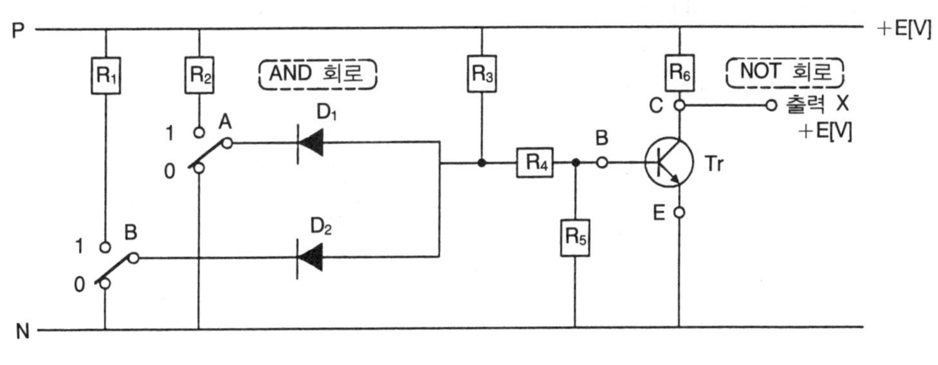

그림 3-41

[동작설명]

① 입력스위치 A의 회로는 전원 P−R3−D_1−A−전원 N의 회로가 연결되어 다이오드 D_1에 순방향 전압이 인가되므로 Tr의 베이스에 전압이 걸리지 않게 된다.

② 입력스위치 B의 회로도 전원 P−R3−D_2−B−전원 N의 회로가 연결되어 다이오드 D_2에 순방향 전압이 인가되므로 Tr의 베이스에 전압이 걸리지 않게 된다.

③ 따라서 Tr은 OFF상테이므로 출력 X에는 전압이 나오게 된다.

2) 입력 A는 1, 입력 B는 0일 때 동작

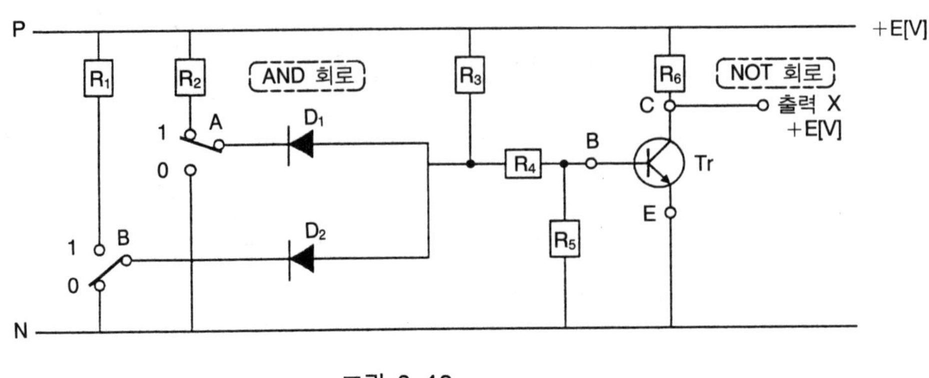

그림 3-42

[동작설명]

① 입력스위치 A를 신호 1쪽으로 전환시키면 다이오드 D_1은 전원 P−R3− D_1−A −R2−전원 P로 되어 역방향 전압이 인가되므로 전류의 흐름이 정지된다.

② 입력스위치 B의 회로는 전원 P−R3− D_2−B−전원 N의 회로가 연결되어 다이오 드의 순방향 전압이 인가되므로 Tr의 베이스에 전압이 걸리지 않게 된다.

③ 따라서 Tr은 OFF상태이므로 출력 X에는 전압이 나오게 된다.

3) 입력 A는 0, 입력 B는 1일 때 동작

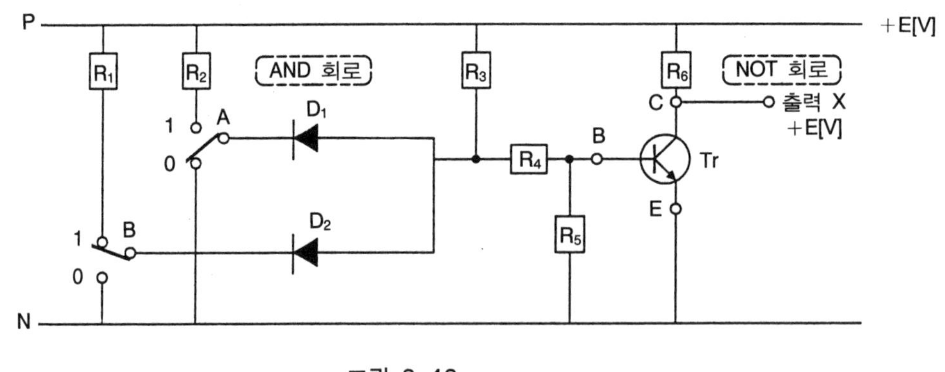

그림 3-43

[동작설명]

① 입력스위치 A의 회로는 전원 P−R3− D_1−A−전원 N의 회로가 연결되어 다이오 드 D_1에 순방향 전압이 인가되므로 Tr의 베이스에 전압이 걸리지 않게 된다.

② 입력스위치 B를 신호 1쪽으로 전환시키면 다이오드 D_2는 전원 P−R3− D_2−B −R1−전원 P로 되어 역방향 전압이 인가되므로 전류의 흐름이 정지된다.

③ 따라서 Tr은 OFF상태이므로 출력 X에는 전압이 나오게 된다.

4) 입력 A와 B 모두 1일 때 동작

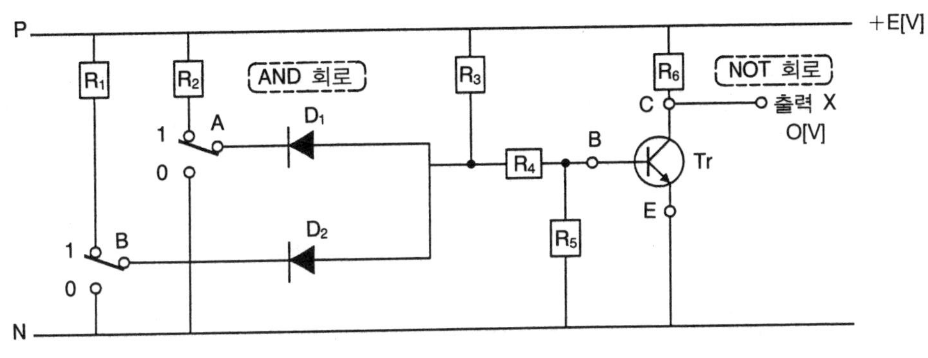

그림 3-44

[동작설명]

① 입력스위치 A의 회로는 전원 $P-R3-D_1-A-R2-$전원 P로 되어 역방향 전압이
인가되므로 전류의 흐름이 정지된다.

② 입력스위치 B의 회로는 전원 $P-R3-D_2-B-R1-$전원 P로 되어 역방향 전압이
인가되므로 전류의 흐름이 정지된다.

③ 따라서 전원 $P-R3-R4-B$의 전류가 흐르고 Tr의 베이스에 전압이 걸리게 되어
Tr이 ON되므로 출력 X에는 전압이 걸리지 않게 된다.

(5) NOR회로

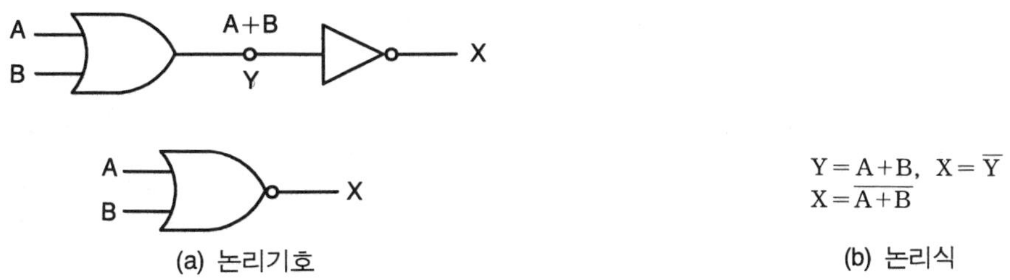

$$Y = A + B, \quad X = \overline{Y}$$
$$X = \overline{A + B}$$

(a) 논리기호　　　　　(b) 논리식

참 고

로드리스(Rodless) 실린더
피스톤 로드가 없는 실린더로 표준형의 에
어실린더에 비해 실지면적을 극소화시킬 수
있는 장점이 있다.

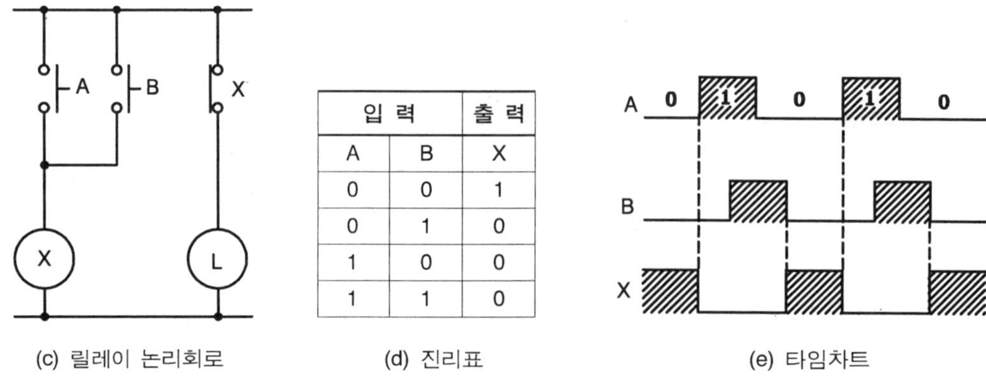

(c) 릴레이 논리회로   (d) 진리표   (e) 타임차트

그림 3-45 NOR 논리의 표현법

NOR회로란 OR회로의 출력을 반전(NOT)시킨 논리로, 모든 입력이 없을 때에만 출력이 나타나는 회로이다.

부정 논리합이라고도 하며, OR회로와 NOT회로를 조합하여 OR를 부정하는 기능을 가지고 있다고 해서 OR앞에 N을 붙여 NOR회로라고 부른다.

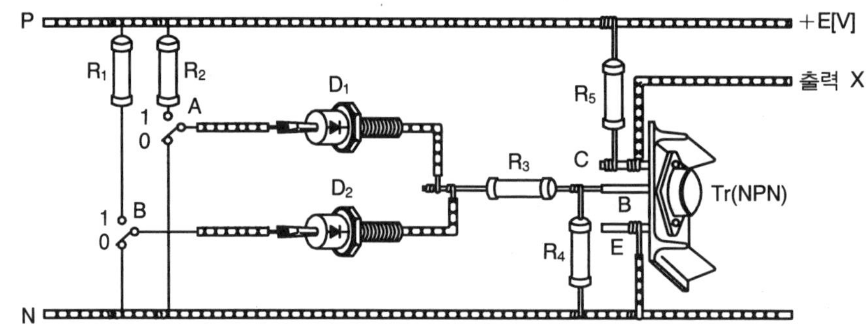

그림 3-46 다이오드와 트랜지스터에 의한 NOR회로의 실체 배선도

그림 3-46은 다이오드에 의한 OR회로와 트랜지스터에 의한 NOT회로를 접속한 NOR회로이다. 그림에서 입력단자 A 또는 B 중 어느 하나나 또는 둘 다 신호가 ON되면 다이오드에 의한 OR회로의 출력에 전압이 생기므로 트랜지스터의 베이스 전류가 흘러 트랜지스터가 ON상태로 되고, 따라서 출력단자 X의 전압이 0[V]로 되는 회로이다.

1) 입력 A와 B가 모두 0일 때 동작

[동작설명]

① 다이오드 D_1에는 전원 N−A− D_1 −R3−R4−전원 N이 되어 역방향 전압이 인가되므로 전류가 흐르지 않게 된다.

② 다이오드 D_2에는 전원 N−B−D_2−R3−R4−전원 N의 회로이므로 마찬가지로 전류의 흐름이 생기지 않는다.

③ 따라서 Tr의 베이스에 전압이 인가되지 않아 OFF상태이므로 출력 X에는 전압이 나오게 된다.

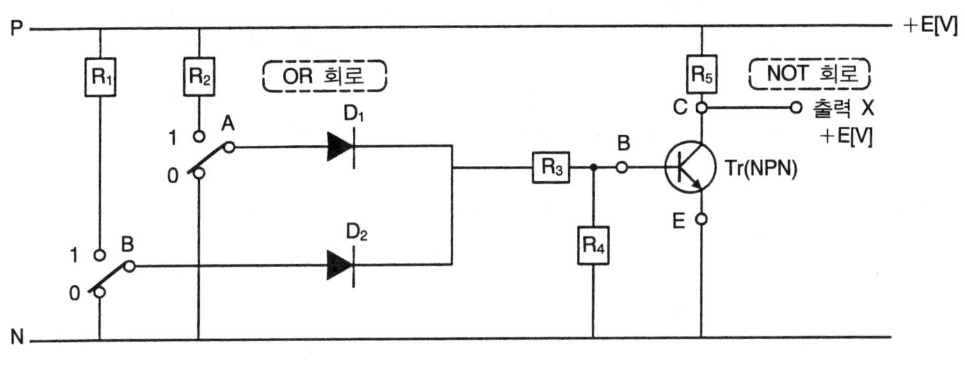

그림 3-47

2) 입력 A는 1, 입력 B는 0일 때 동작

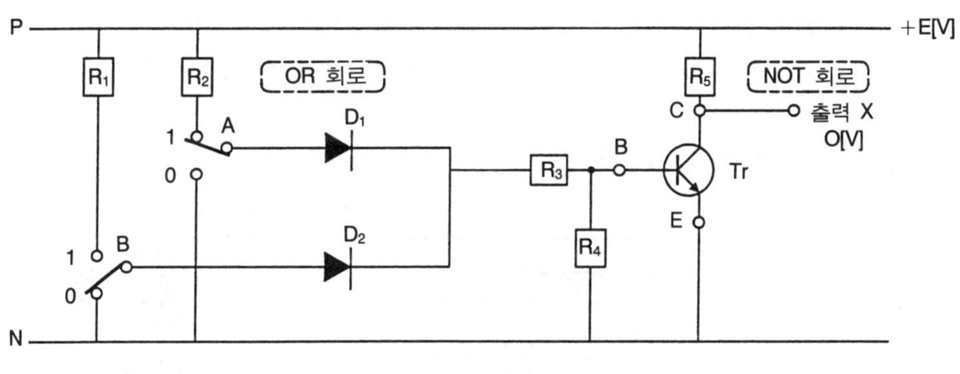

그림 3-48

[동작설명]

① 입력스위치 A를 신호 1쪽으로 전환시키면 다이오드 D_1은 전원 P−R2−A−D_1−R3−B로 되어 순방향 전압이 인가되고, Tr의 베이스에 전압이 걸리므로 베이스 전류도 흐르고 콜렉터 전류도 흘러 Tr이 ON된다.

② 다이오드 D_2에는 전원 N−B−D_2−R3−R4−전원 N의 회로이므로 역방향 전압이 인가되므로 전류가 흐르지 않게 된다.

③ 따라서 ①의 상태로 Tr이 ON되므로 출력 X는 전압이 나오지 않게 된다.

3) 입력 A는 0, 입력 B는 1일 때 동작

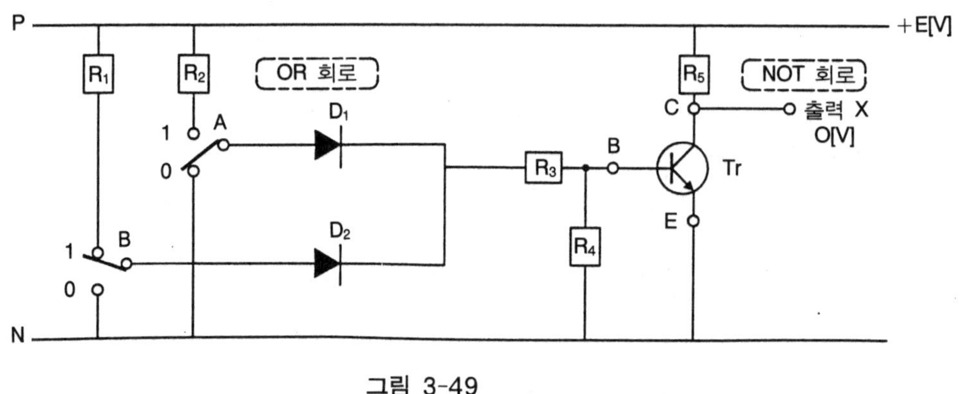

그림 3-49

[동작설명]

① 다이오드 D_1에는 전원 N−A−D_1−R3−R4−전원 N이 되어 역방향 전압이 인가 되므로 전류의 흐름이 생기지 않는다.

② 입력스위치 B를 신호 1쪽으로 전환시키면 다이오드 D_2는 전원 P−R1−B−D_2 −R3−B로 되어 순방향 전압이 걸리고 Tr의 베이스에 전압이 걸려 Tr이 ON된다.

③ 따라서 ②의 상태로 Tr이 ON되므로 출력 X는 전압이 나오지 않게 된다.

4) 입력 A, B 모두가 1일 때 동작

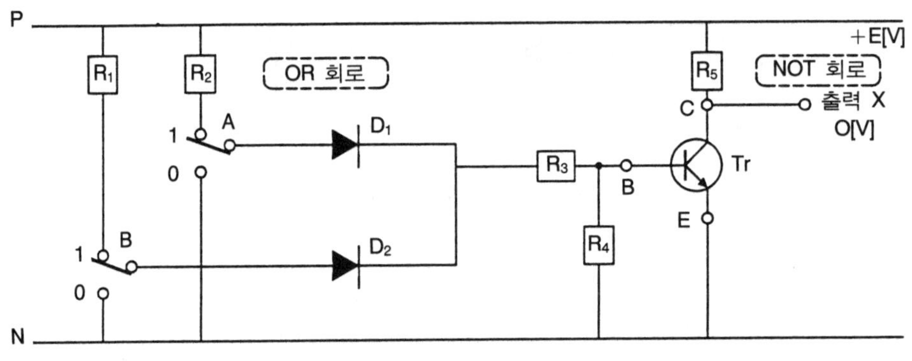

그림 3-50

[동작설명]

① 다이오드 D_1은 전원 P−R2−A−D_1−R3−B로 되어 순방향 전압이 걸리고 Tr의 베이스에 전압이 걸리므로 Tr이 ON된다.

② 다이오드 D_2는 전원 $P-R1-B-D_2-R3-B$로 되어 순방향 전압이 걸리고, Tr에는 베이스 전류가 흐르며, 콜렉터 전류도 흐르게 된다.

③ 따라서 출력 X에는 전압이 걸리지 않게 된다.

참 고

공압 로터리 액추에이터

정해진 각도 범위 안에서 요동 운동을 하는 액추에이터로 밸브의 개폐, 자동문의 개폐, 산업용 로봇의 구동, 인덱스 테이블의 구동 등에 이용된다.

4. 무접점 시퀀스의 기본회로

(1) 자기유지(self holding) 회로

　자기유지 회로란 세트 신호에 의해 얻어진 출력이 자신의 신호에 의해 동작회로를 만들어 세트 신호가 제거되어도 계속 동작되는 회로를 말하며, 리셋(복귀)신호가 입력되면 복귀한다.

　자기유지 회로에는 세트 신호와 리셋 신호를 동시에 입력하였을 경우, 세트 신호를 우선으로 하여 동작되는 세트 우선의 자기유지 회로(기동우선 회로라고도 함)와 리셋 신호가 우선으로 하여 출력을 내지 않는 리셋 우선의 자기유지 회로(정지우선 회로라고도 함)가 있다.

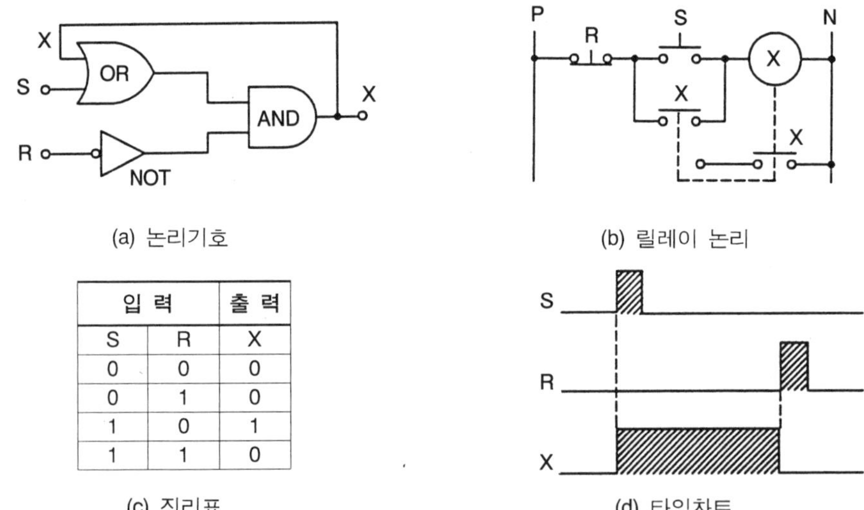

입　력		출　력
S	R	X
0	0	0
0	1	0
1	0	1
1	1	0

(c) 진리표

그림 3-51 자기유지 회로의 각종 표현법

1) 논리기호도 설명

① 입력신호 S=1이고 R=0일 때

　그림 3-52에 나타낸 바와 같이 입력 R은 NOT회로이므로 입력이 없을 때 신호가 1

이므로, 이 상태에서 입력 S에 1을 주면 OR회로를 통하여 AND회로의 출력조건이 만족되어 출력 X는 1이 되고, X의 출력이 다시 OR회로의 입력으로 되돌아가 AND회로에 1을 주어 입력 S를 제거해도 출력 X는 계속 1이 된다.

② 입력신호 S=0이고 R=1일 때

출력 X가 1일 때 입력 R에 1을 주면 그림 3-53과 같이 NOT회로를 지나 반전하여 0이 되므로 AND회로의 출력조건이 되지 못하여 출력 X값이 0이 된다.

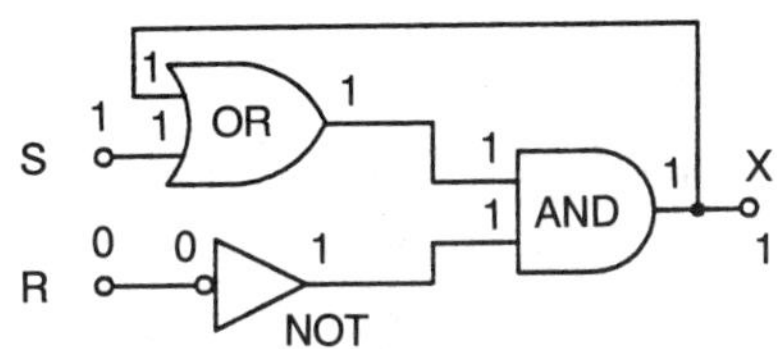
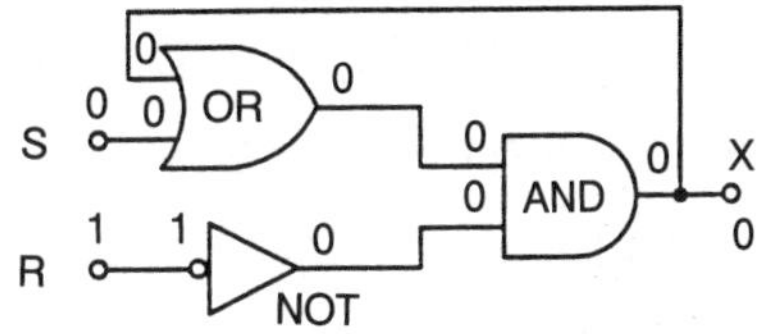

그림 3-52 입력 S에 1을 줄 때   그림 3-53 입력 R에 1을 줄 때

2) 무접점의 자기유지 회로

그림 3-54는 트랜지스터와 다이오드에 의한 자기유지 회로로, 이 회로의 동작원리는 다음과 같다.

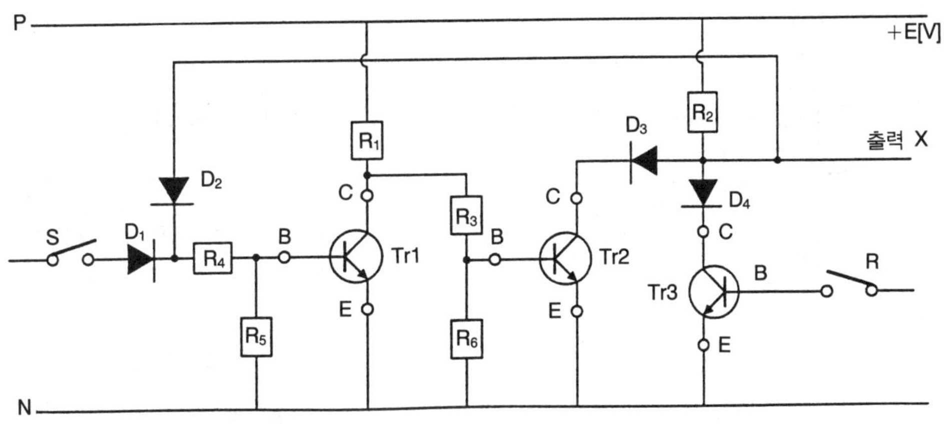

그림 3-54 무접점의 자기유지 회로

① 입력 S가 0이면 Tr1의 베이스에 전류가 흐르지 않으므로 Tr1은 OFF상태이다.

② Tr1이 차단되면 전원 P−R1−R3−Tr2 B(Tr2의 베이스)의 회로가 되어 Tr2에 베이스 전류가 흐르고 Tr2는 도통되어 전원 P−R2−D3−Tr2−전원 N의 회로가 연결되어 전류가 계속 흐른다.

③ 따라서 출력 X에는 전압이 걸리지 않는다.

④ 입력 S가 1이면 D1−R4를 통하여 Tr1에 베이스 전류를 흘리고 콜렉터 전류가 흐른다.

⑤ Tr1이 도통되면 전원 P−R1−Tr1−전원 N의 회로가 연결, Tr2에 베이스 전류를 흘리지 못한다.

⑥ 따라서 전원 P−R2−X로 되어 출력이 나오게 되며 전원 P−R2−X−D2−R4로 계속 Tr1 베이스에 전류를 흘려 입력 S를 제거하여도 계속 작동한다. 즉 자기유지된다.

⑦ 이 상태에서 입력 R에 1을 주면 Tr3에 베이스 전류가 흐르고 콜렉터 전류도 흘러 출력 X로 흐르던 전류가 전원 P−R2−D4−Tr3−전원 N으로 계속 흐른다.

⑧ 그러므로 자기유지 회로도 차단되어 Tr1의 작동이 정지되며, 전원 P−R1−R3−Tr2 B(Tr2의 베이스)로 Tr2의 베이스 전류가 흐르고 Tr2가 도통되어 전원 P−R2−D3−Tr2−전원 N의 회로가 형성되어 전류가 계속 흐른다.

⑨ 따라서 출력 X에는 전압이 걸리지 않는다.

(2) 인터록(inter-lock) 회로

인터록 회로란 2개의 입력 중 먼저 동작한 쪽이 우선적으로 동작되고, 다른 쪽의 동작을 금지하는 회로를 말하며, 다른 말로 선행동작 우선회로, 상대동작 금지회로 또는 동결(凍結)회로라고도 한다.

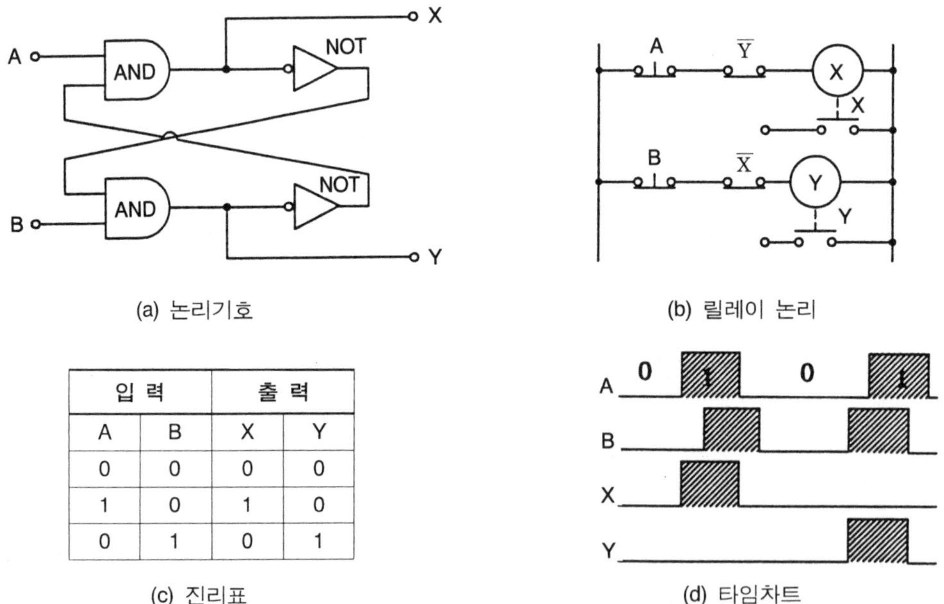

입 력		출 력	
A	B	X	Y
0	0	0	0
1	0	1	0
0	1	0	1

(c) 진리표

그림 3-55 인터록 회로의 각종 표현법

1) 논리기호도 설명

① 입력 A는 1, B는 0일 때

입력 A에 1을 주면 AND1의 입력조건이 되며, 다른 입력 하나는 NOT2의 출력이므로 1이 되어 AND1의 출력조건이 완료되어 출력 X는 1이 된다.

② 입력 A에 1을 준 후 입력 B에 1을 줄 때

입력 A에 1을 주어 출력 X가 1이 되면 NOT1회로의 입력도 1이 되어 반전되므로 AND2의 입력 하나가 0이 되므로 입력 B에 1을 주어도 AND2의 출력조건이 되지 못한다.

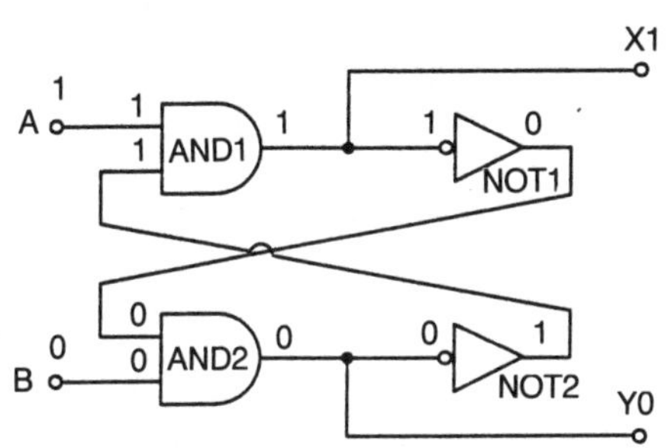

그림 3-56 입력 A는 1, B는 0일 때

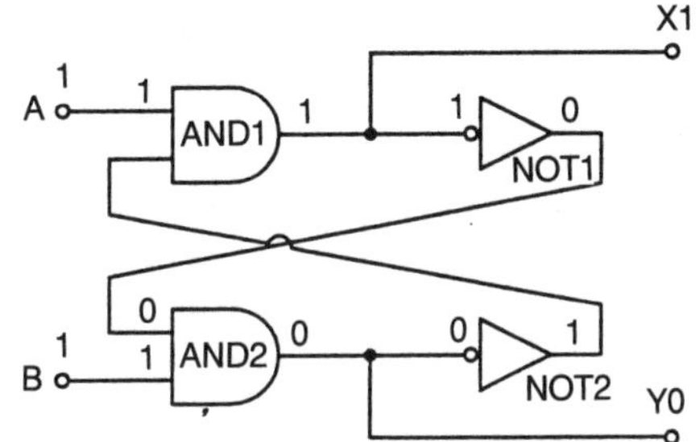

그림 3-57 입력 A에 1을 준 후 B에 1을 줄 때

③ 입력 A는 0, 입력 B는 1일 때

입력 B에 1을 주면 AND2의 입력조건이 되고, 다른 입력 하나는 NOT1의 출력이므로 1이 되어 AND2의 출력조건이 완료되어 출력 Y는 1이 된다.

④ 입력 B에 1을 준 후 입력 A에 1을 줄 때

입력 B에 1을 주어 출력 Y가 1이 되면 NOT2회로의 입력도 1이 되어 반전되므로 AND1의 입력 하나가 0이 되므로 입력 A에 1을 주어도 AND1의 출력조건이 되지 못한다.

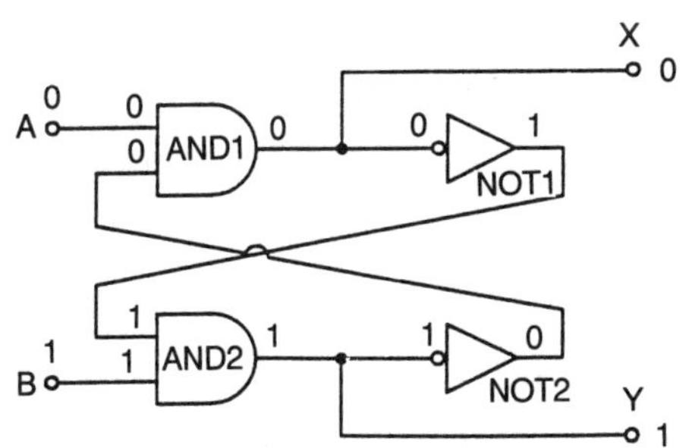

그림 3-58 입력 A는 0, B는 1일 때

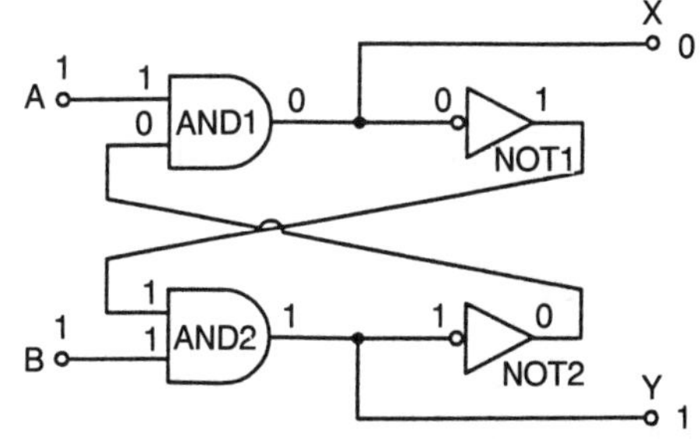

그림 3 59 입력 B에 1을 순 후 A에 1을 줄 때

2) 무접점의 인터록 회로

그림 3-60은 트랜지스터와 다이오드에 의한 인터록 회로이며 그 동작원리는 다음과
같다.

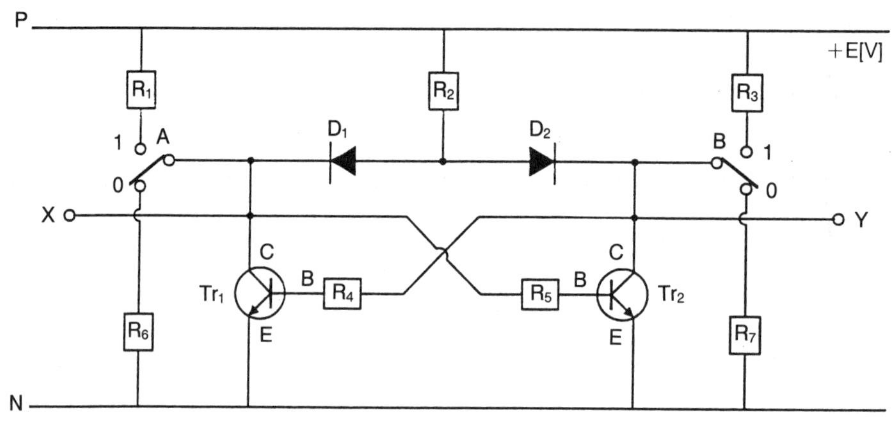

그림 3-60 무접점의 인터록 회로

그림 3-60에서 입력 A와 B에 신호가 없을 때에는 다이오드 D1과 D2에 순방향 전압이
인가되어 전류가 계속 흐르므로 출력 X와 Y에는 전압이 걸리지 않는다.
이 상태에서 입력 A만 신호 1을 주면
   - 전원 P−R2−D1−A−R1−전원 P의 회로가 되어 전류의 흐름이 정지되나, 전원 P
     −R1−A−R5−Tr2 B로 되어 Tr2에 베이스 전류가 흐르게 된다.
   - Tr2에 베이스 전류가 흐르면 Tr2에 콜렉터 전류가 흐르므로 전원 P−R2−D2−Tr2
     −전원 N의 회로가 연결되어 전류가 계속 흐른다.
   - 또한 P−R1−A−X의 회로가 되어 출력 X에 전압이 걸린다.

출력 X에 출력이 있는(신호 1) 상태에서 입력 B를 주면
   - 전원 P−R3−Tr2−전원 N의 회로가 연결되어 전류가 계속 흐르게 된다.
   - 따라서 입력 A에 1을 준 후 입력 B에 1을 주어도 X에서 계속 출력이 나오며, Y에
     서는 출력이 나오지 않는다. 즉 출력 Y는 출력 X에 의해 인터록 되어 있다.

(3) 일치회로

2개의 입력신호가 함께 ON되어 있거나 또는 함께 OFF되어 있는 경우와 같이, 2개의 신
호 상태가 일치하고 있을 때에만 출력이 1이 되는 회로를 일치회로라 한다. 이 회로는 제
어측 신호와 설정측 신호가 일치되었을 때에만 다음 단계로의 순차제어가 필요한 경우 등
에 적용된다.

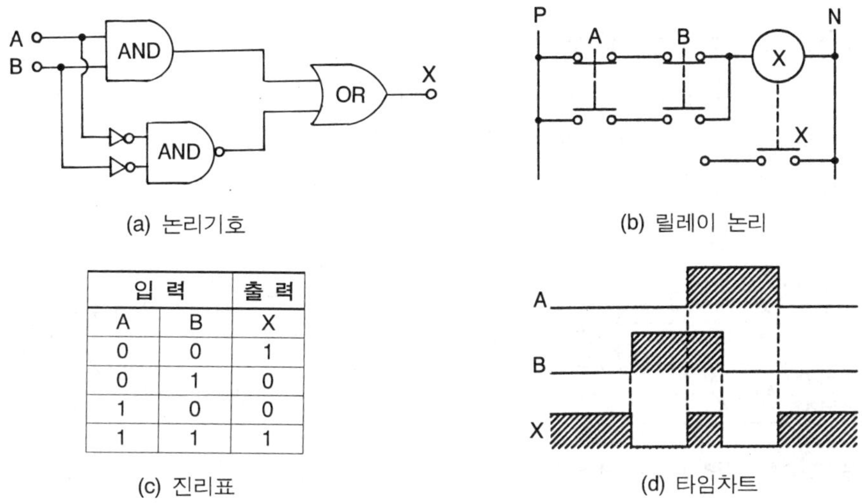

(a) 논리기호

(b) 릴레이 논리

입 력		출 력
A	B	X
0	0	1
0	1	0
1	0	0
1	1	1

(c) 진리표

(d) 타임차트

그림 3-61 일치회로의 각종 표현법

1) 논리기호도 설명

① 입력 A와 B가 모두 0일 때

AND회로는 입력 A와 입력 B가 0이므로 출력이 나오지 않으며, NAND회로는 입력 A와 입력 B가 0이므로 출력조건이 만족되어 OR회로를 통하며 출력 X는 1이 된다. 따라서 출력이 나온다.

② 입력 A와 B가 모두 1일 때

AND회로는 입력 A와 입력 B가 1이므로 출력조건이 만족되어 OR회로를 통하며 출력 X는 1이 된다. 그러나 NAND회로의 입력 A와 입력 B가 1이므로 출력을 내지 못한다. 따라서 출력이 나온다.

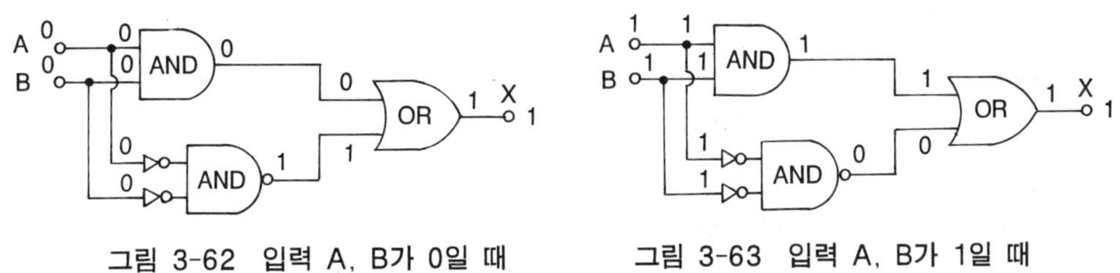

그림 3-62 입력 A, B가 0일 때   그림 3-63 입력 A, B가 1일 때

③ 입력 A는 1, 입력 B는 0일 때

AND회로는 A가 1이어서 입력조건이 되나 B는 0이므로 출력조건이 되지 못하며, NAND회로의 B는 0이어서 반전되므로 입력조건이 되나 A가 1이므로 출력조건이 되지 못하여 출력 X는 0이 된다.

④ 입력 A는 0, 입력 B는 1일 때

AND회로는 B가 1이므로 입력조건이 되나 A는 0이므로 출력조건이 되지 못하며, NAND회로의 A는 0이어서 입력조건이 되나 B가 1이므로 반전하여 출력조건이 되지 못하여 출력 X는 0이 된다.

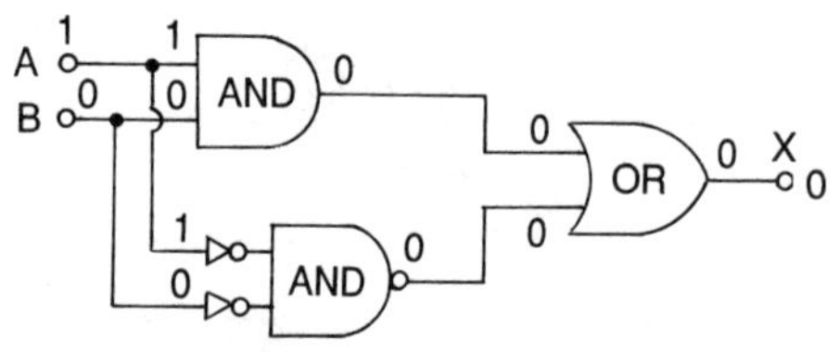

그림 3-64 입력 A=1, B=0일 때

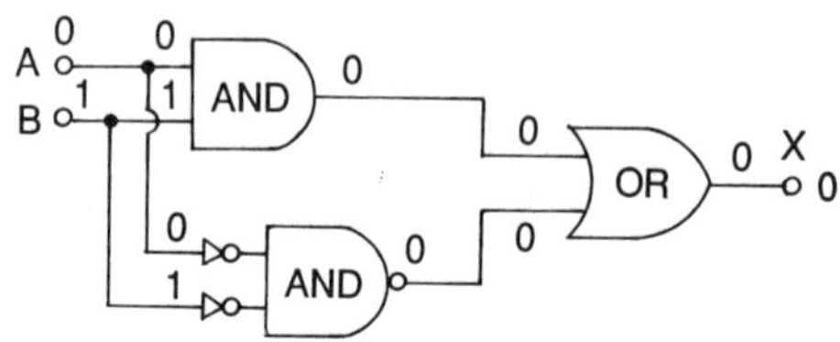

그림 3-65 입력 A=0, B=1일 때

2) 무접점의 일치회로

다이오드와 트랜지스터에 의한 일치회로를 그림 3-66에 나타냈으며, 이 회로의 동작원리는 다음과 같다.

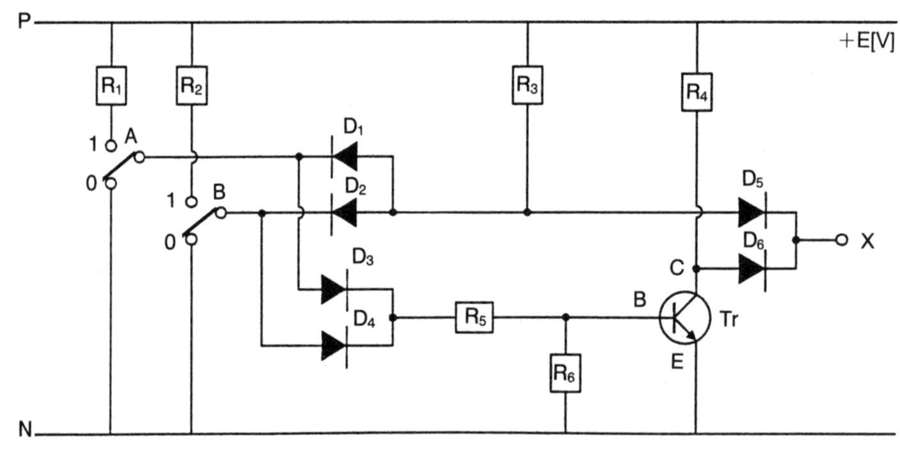

그림 3-66 무접점의 일치회로

민저 입력 A, B 모두가 0일 때는
- 입력 A가 0이면 전원 P−R3−D1−A−전원 N의 회로가 되어 D1에 순방향 전압이 걸려 회로에 전류가 계속 흐르므로, D3을 통하여 Tr의 베이스에 전압을 인가하지 못한다.
- 입력 B가 0이면 전원 P−R3−D2−B−전원 N의 회로가 되어 D4를 통하여 Tr의 베이스에 전압을 인가하지 못한다.
- Tr에 베이스 전압이 걸리지 않아 전원 P−R4−D6−X의 회로가 되어 출력 X에는

전압이 나오게 된다.

그러나 입력 A에 신호 1을 주고 입력 B는 신호가 없을 때는

- 입력 A가 1일 때의 회로는 전원 P−R3−D1−A−R1−전원 P로 되어 전류의 흐름이 정지되기 때문에 전원 P−R1−A−D3−R5−Tr B로 되어 Tr에 베이스 전압이 걸리고 베이스 전류도 흘러 Tr은 도통된다.
- 입력 B가 0이면 전원 P−R3−D2−B−전원 N의 회로가 연결되어 회로에 전류가 계속 흐른다.
- 따라서 Tr의 도통으로 전원 P−R4−Tr−전원 N의 회로와 또한 전원 P−R3−D2−B−전원 N의 회로가 연결되어 전류가 계속 흐르므로 출력 X에는 전압이 걸리지 않는다.

이 동작은 입력 B가 1이고 입력 A가 0일 때도 비슷하다.

그러나 입력 A와 B에 모두 신호 1을 주면

- 입력 A가 1이면 전원 P−R1−A−D3−R5−Tr B의 회로가 연결되어 Tr에 베이스 전류를 흘린다.
- 같은 방법으로 입력 B가 1이면 전원 P−R2−B−D4−R5−Tr B 회로가 연결되어 Tr에 베이스 전류를 흘린다.
- Tr에 베이스 전류가 흘러 Tr은 도통되고(콜렉터 전류가 흐르고) 전원 P−R4−Tr−전원 N의 회로가 연결되어 전류가 계속 흐르나 전원 P−R3−D5−X의 회로는 연결되어 출력 X에는 전압이 나오게 된다.

(4) 금지(inhibit)회로

AND 입력의 하나를 금지입력인 NOT회로와 조합하여 이 금지입력에 신호가 존재하면 AND회로의 출력이 1로 되지 않도록 하게 한 회로이며, 어떤 입력으로 시퀀스의 진행을 중단시킬 때 적용된다.

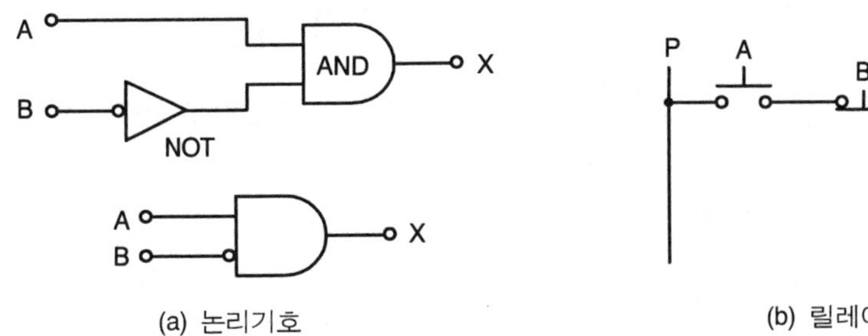

(a) 논리기호   (b) 릴레이 논리

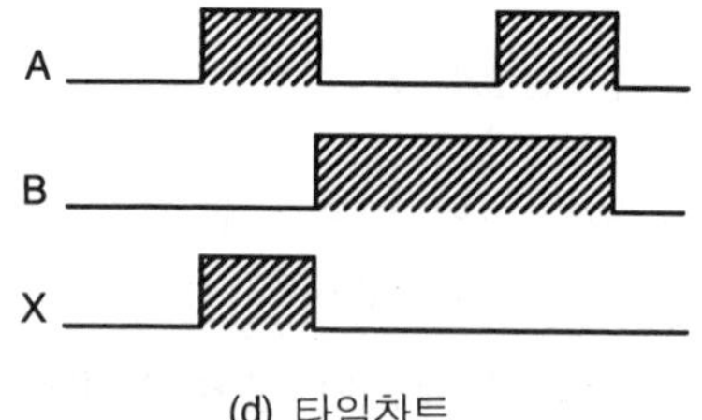

입 력		출 력
A	B	X
0	0	0
1	0	1
0	1	0
1	1	0

(c) 진리표

(d) 타임차트

그림 3-67 금지회로의 각종 표현법

1) 논리기호도 설명

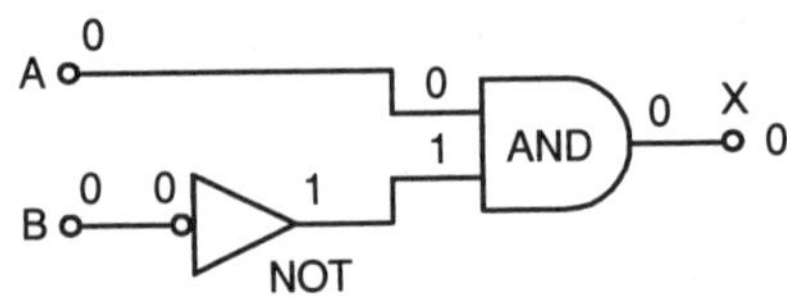

그림 3-68 입력 A, B가 0일 때

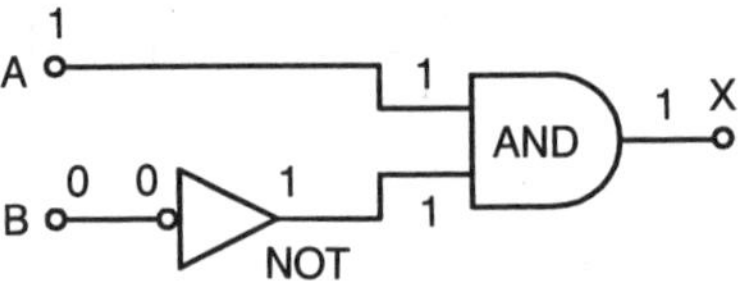

그림 3-69 입력 A=1, B=0일 때

① 입력 A와 B가 모두 0일 때

입력 B는 NOT회로를 지나므로 입력 B가 0이면 AND 입력은 1이 되나 입력 A는 0이므로 AND회로의 출력조건(입력 A와 입력 B가 1일 때에만 출력 X가 나온다)이 되지 못하므로 출력 X는 0이 된다.

② 입력 A는 1, 입력 B는 0일 때

입력 A는 1이므로 AND회로의 입력조건이 만족되었으며, 금지회로 입력 B가 0이므로 NOT회로에서 반전하여 AND회로 입력이 1이 되고 출력조건이 만족되므로 출력 X는 1이 된다.

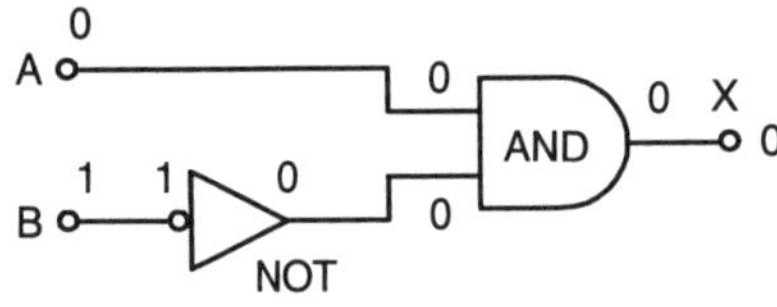

그림 3-70 입력 A=0, B=1일 때

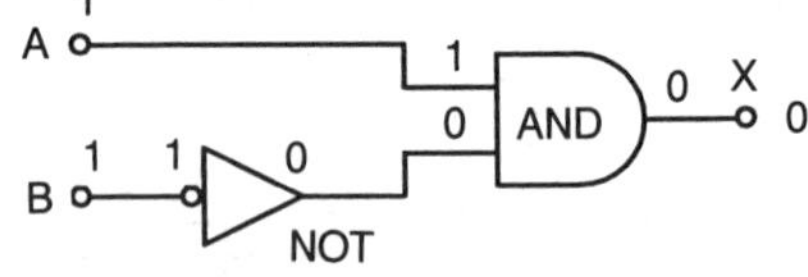

그림 3-71 입력 A, B가 1일 때

③ 입력 A는 0, 입력 B는 1일 때

입력 A가 0이므로 AND회로의 입력조건이 되지 않고, 입력 B도 NOT회로이므로 1을 주면 AND회로 입력은 0이 되므로 출력 X는 0이 된다.

④ **입력 A와 B가 모두 1일 때**

입력 A가 1이므로 A측의 입력 조건은 만족되었으나, 입력 B도 1이므로 NOT회로에서 반전하여 AND회로의 입력은 0이 되므로 출력 X는 0이 된다.

2) 무접점의 금지회로

무접점의 금지회로는 그림 3-72와 같으며 이 회로의 동작원리는 다음과 같다.

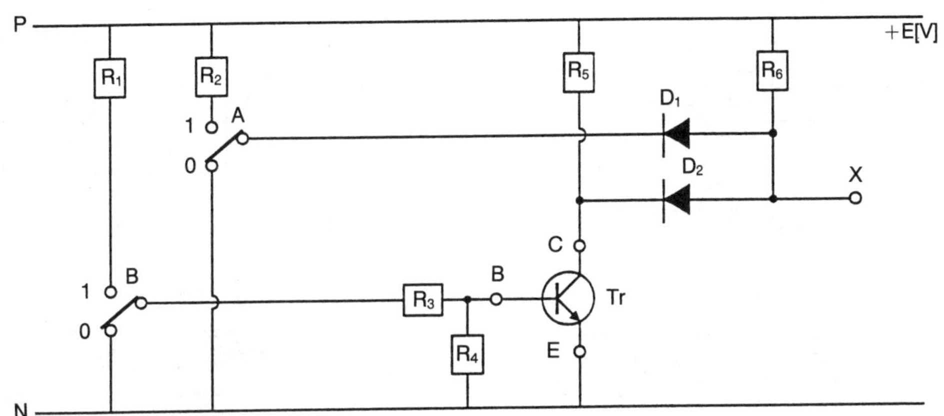

그림 3-72 무접점의 금지회로

먼저 입력 A와 B가 모두 0일 때는
- 입력 A가 0일 때는 전원 P-R6-D1-A-전원 N의 회로가 연결되어 전류가 계속 흐른다.
- 입력 B가 0이면 전원 N-B-R3-R4로 되어 회로의 전위는 0이 된다.
- 또한 A를 통하여 전류가 계속 흐르므로 출력 X에는 전압이 나오지 않는다.

이 상태에서 입력 A에만 신호 1을 주면
- 전원 P-R6-D1-A-R2-전원 P로 되어 회로에 전류가 흐르지 않는다.
- 전류가 흐르지 않으므로 전원 P-R6-X로 되어 출력 X에는 전압이 걸린다.

이 상태에서 금지입력 B에 신호 1을 주면
- 입력 A가 0이면 전원 P-R6-D1-A-전원 N의 회로가 연결되어 회로에 전류가 계속 흐른다. (출력 X에 전압이 걸리지 않는다.)
- 입력 B에 1을 주면 전원 P-R1-B-R3-Tr B로 되어 Tr에 베이스 전압이 걸리고 베이스 전류도 흘러 Tr이 도통된다.
- Tr이 도통되면 전원 P-R6-D2-Tr-전원 N으로 회로가 연결되어 회로에 전류가

계속 흐르며, 전원 P−R5−Tr−전원 N의 회로에도 흐른다.

－ 전류가 흐르면 출력 X에서는 전압이 나오지 않는다.

(5) 변환회로

변환회로란 두 개의 출력상태를 1개의 입력 신호와 2개의 변환신호에 의해 2개의 출력 중 어느 하나로 출력하는 회로를 말한다.

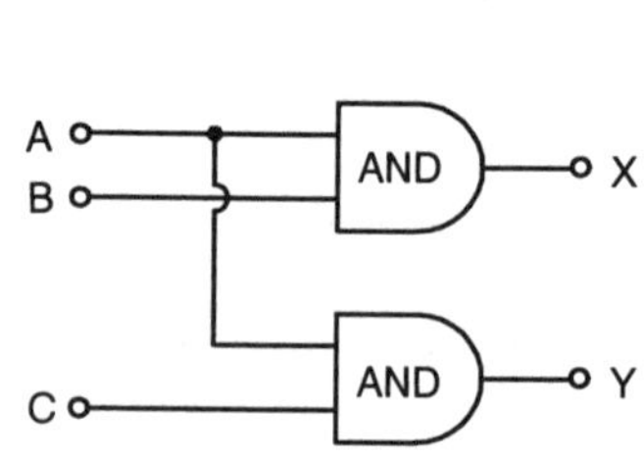

(a) 논리기호

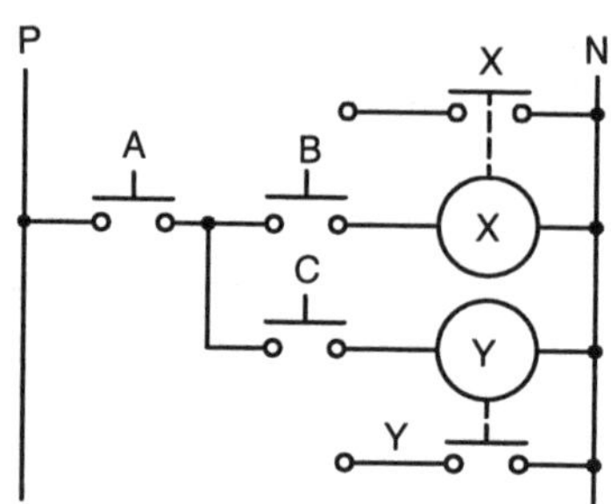

(b) 릴레이 논리

입 력			출 력	
A	B	C	X	Y
0	0	0	0	0
0	1	0	0	0
0	0	1	0	0
1	1	0	1	0
1	0	1	0	1

(c) 진리표

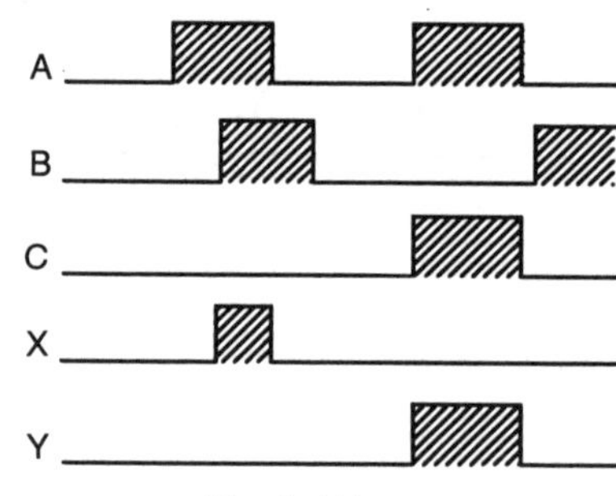

(d) 타임차트

그림 3-73 변환회로의 각종 표현법

1) 논리기호도 설명

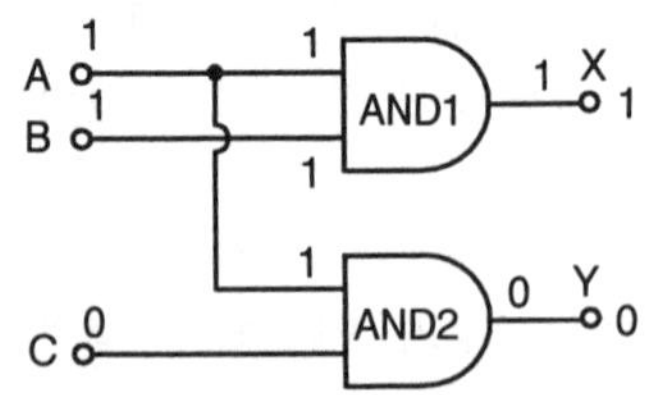

그림 3-74 A=1, B=1, C=0일 때

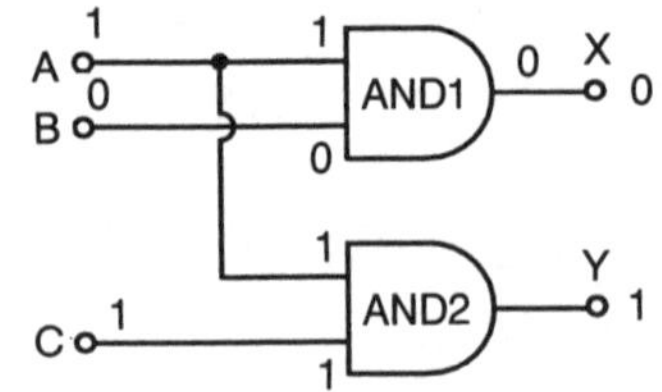

그림 3-75 A=1, B=0, C=1일 때

① 입력 A와 B가 1이고 입력 C가 0일 때

입력 A와 B가 1이면 AND1의 출력조건이 만족되어 출력 X는 1이 된다. 그러나

AND2의 회로는 입력 A는 1이나 입력 C가 0이므로 출력조건이 만족되지 못하므로 출력 Y는 0이 된다. 따라서 출력 X만 나온다.

② 입력 A와 C가 1이고 입력 B가 0일 때

AND1의 회로는 입력 A는 1이나 입력 B가 0이므로 출력조건이 되지 못하여 출력 X는 0이 된다. 그러나 AND2의 회로는 입력 A와 입력 C가 1이므로 출력조건이 만족되어 출력 Y는 1이 된다. 따라서 출력 Y만 나온다.

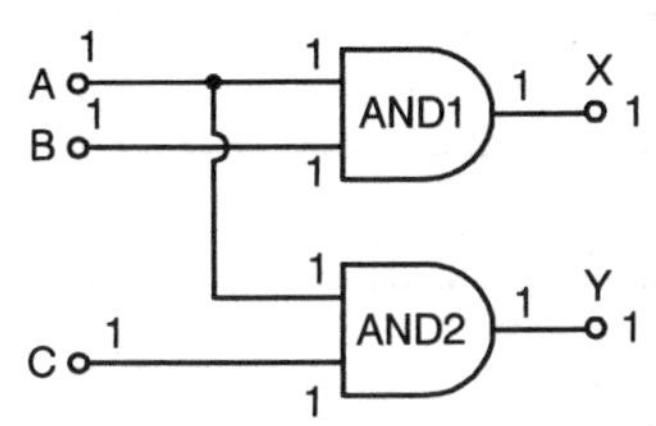

그림 3-76 A, B, C가 모두 1일 때

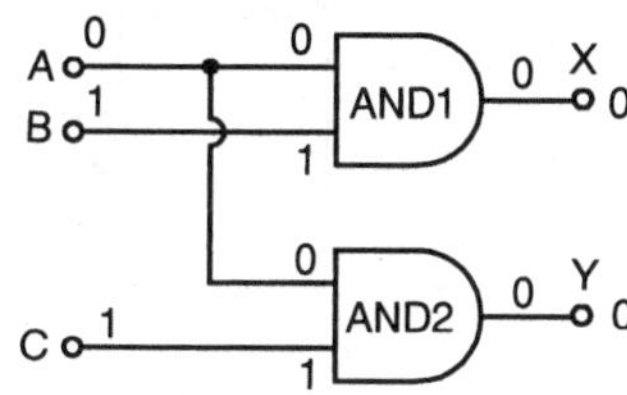

그림 3-77 A는 0이고 B, C가 1일 때

③ 입력 A와 입력 B, 입력 C가 1일 때

AND1의 회로는 입력 A와 입력 B가 1이므로 출력조건이 만족되어 출력 X는 1이 된다. 같은 방법으로 AND2의 회로도 입력 A와 입력 C가 1이므로 출력조건이 만족되어 출력 Y도 1이 된다.

④ 입력 A는 0이고, 입력 B와 입력 C가 1일 때

AND1의 회로는 입력 B는 1이나 입력 A가 0이므로 출력조건이 되지 못하여 출력 X는 0이 된다. 그리고 AND2의 회로는 입력 C는 1이나 입력 A가 0이므로 출력조건이 되지 못하여 출력 Y는 0이 된다.

2) 무접점의 변환회로와 동작

다이오드에 의한 무접점의 변환회로는 그림 3-78과 같으며 이 회로의 동작원리는 다음과 같다.

먼저 입력 A, B, C가 모두 0일 때

① 입력 A가 0이면 전원 P−R5−D5−D1−A−전원 N의 회로가 연결되어 회로에는 전류가 계속 흐르고, 또한 전원 P−R4−D4−D1−A−전원 N의 회로에도 계속 전류가 흐른다.

② 입력 B가 0이면 전원 P−R4−D2−B−전원 N의 회로가 연결되어 회로에는 전류가 계속 흐른다.

③ 입력 C가 0이면 전원 P−R5−D3−C−전원 N의 회로가 연결되어 회로에는 전류가 계속 흐른다.

④ 전류가 흐르면 출력 X와 출력 Y에는 전압이 걸리지 않는다. (0이 된다)

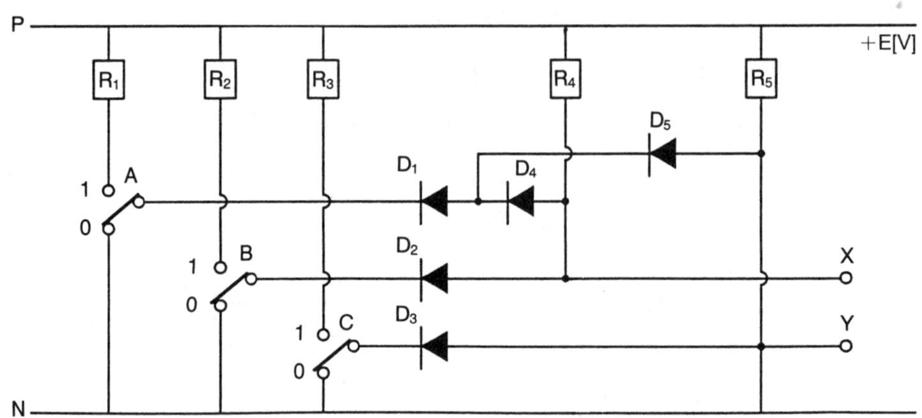

그림 3-78 무접점의 변환회로

입력 A, B가 1이고, C가 0일 때는

① 입력 A가 1이면 전원 P−R5−D5−D1−A−R1−전원 P의 회로와 전원 P−R4−D1−A−R1−전원 P의 회로가 되어 전류가 흐름이 정지된다.

② 입력 B가 1이면 전원 P−R4−D2−B−R2−전원 P의 회로가 되어 전류의 흐름이 정지된다.

③ 전류의 흐름이 정지되면 전원 P−R4−X의 회로가 형성되어 출력 X에는 전압이 나오게 된다.

④ 입력 C가 0이면 전원 P−R5−D3−C−전원 N의 회로가 연결되어 전류가 계속 흐르므로 출력 Y에는 전압이 걸리지 않는다.

또한 입력 A, C가 1이고, B가 0일 때는

① 입력 A가 1이면 전원 P−R5−D5−D1−A−R1−전원 P의 회로와 전원 P−R4−D1−A−R1−전원 P의 회로가 되어 전류가 흐름이 정지된다.

② 입력 B가 0이면 전원 P−R4−D2−B−전원 N의 회로가 연결되어 회로에는 전류가 계속 흐른다.

③ 전류가 계속 흐르므로 출력 X에는 전압이 걸리지 않는다.

④ 입력 C가 1이면 전원 P−R5−D3−C−R3−전원 P의 회로가 연결되어 전류의 흐름이 정지된다.

⑤ 전류의 흐름이 정지되면 입력 A와 입력 C의 회로에서 전류의 흐름이 정지되므로 출력 Y는 전원 P−R5−Y의 회로가 되어 전압이 나오게 된다.

입력 B와 C는 1이나, A가 0일 때는

① 입력 A가 0이면 전원 P−R5−D5−D1−A−전원 N의 회로와 전원 P−R4−D4−D1 −A−전원 N의 회로가 연결되어 전류가 계속 흐른다.

② 입력 B가 1이면 P−R4−D2−B−R2−P의 회로가 되어 전류의 흐름이 정지된다.

③ 입력 C가 1이면 전원 P−R5−D3−C−R3−전원 P의 회로가 연결되어 전류의 흐름 이 정지된다.

④ 따라서 전류는 입력 A를 통하여 흐르므로 출력 X와 출력 Y에는 전압이 걸리지 않 는다.

(6) 배타적 OR회로

배타적 OR(exclusive OR)회로란 2개의 입력을 가지는 경우, 두 입력이 모두 같을 때 출 력이 0이 되고, 두 입력이 서로 다를 때는 출력이 1이 되는 회로를 말하며 반일치(反一致) 회로라고도 한다.

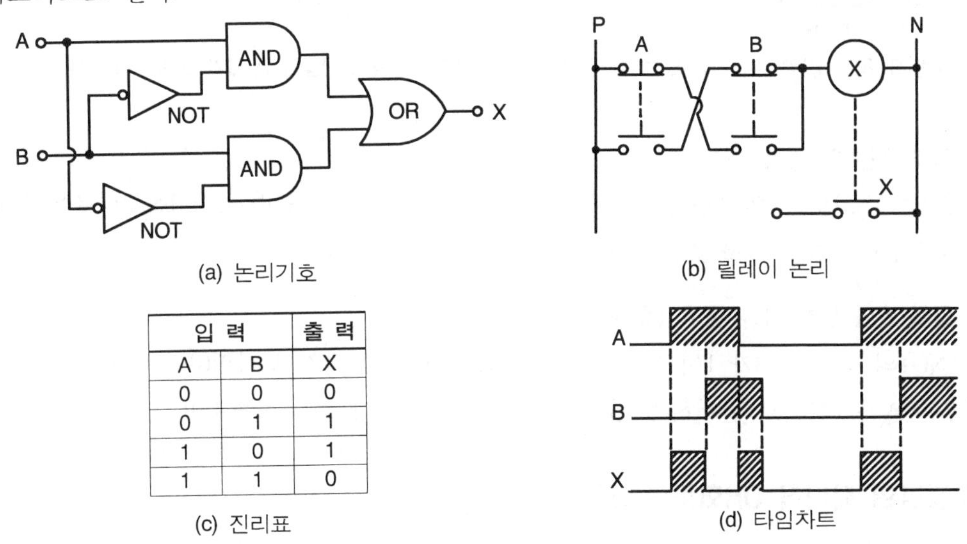

(a) 논리기호

(b) 릴레이 논리

입 력		출 력
A	B	X
0	0	0
0	1	1
1	0	1
1	1	0

(c) 진리표

(d) 타임차트

그림 3-79 배타적 OR회로의 각종 표현법

1) 논리기호도 설명

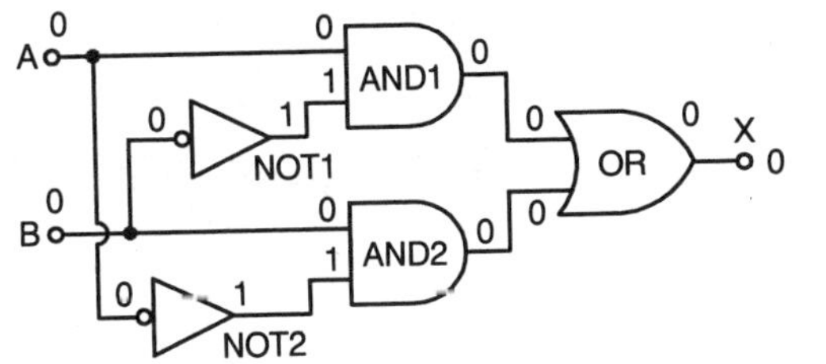

그림 3-80 입력 A, B가 모두 0일 때

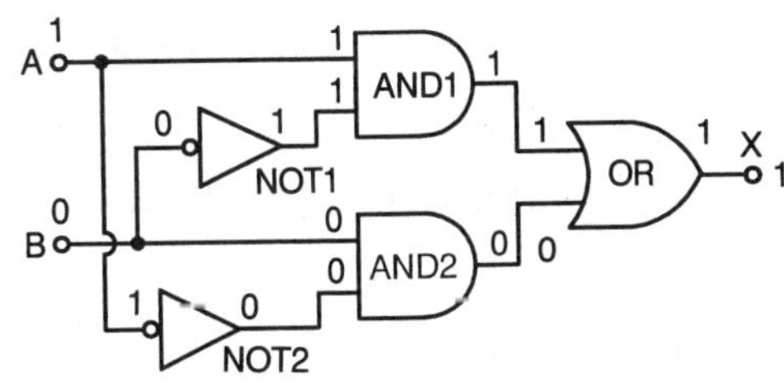

그림 3-81 입력 A는 1, B는 0일 때

① 입력 A와 입력 B가 모두 0일 때

AND1의 회로는 입력 A가 0이므로 입력조건이 되지 못하며, 또한 AND2의 회로도 입력 B가 0이므로 입력조건이 되지 못하여 출력 X는 0이 된다.

② 입력 A는 1, 입력 B는 0일 때

AND1의 회로는 입력 A가 1이므로 입력조건이 되고, 입력 B는 0이므로 반전하여 입력조건이 되므로(NOT1 회로를 통하여 반전) 출력 X는 1이 되고, AND2의 회로는 입력조건이 0이 된다.

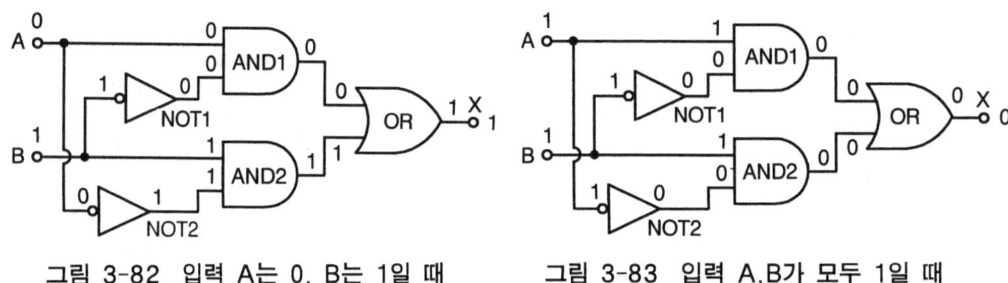

그림 3-82 입력 A는 0, B는 1일 때   그림 3-83 입력 A,B가 모두 1일 때

③ 입력 A는 0, 입력 B는 1일 때

AND1의 회로는 입력조건이 0이 되나, AND2의 회로는 입력 A의 NOT회로에서 반전하여 1이 되므로 출력조건이 만족되어 출력 X는 1이 된다.

④ 입력 A와 입력 B가 모두 1일 때

AND1의 회로는 B가 1이므로 반전하여 입력 조건이 되지 못하며(0이 되어), AND2의 회로는 A가 1이므로 반전하여 입력조건이 되지 못하여 출력 X는 0이 된다.

2) 무접점의 배타적 OR회로와 동작 설명

그림 3-84는 다이오드와 트랜지스터에 의한 배타적 OR회로이고, 이 회로의 동작원리는 다음과 같다.

먼저 입력 A, B가 모두 0일 때

① 입력 A가 0이면 전원 P−R3−D1−A−R1−전원 P의 회로가 되어 전류의 흐름이 정지되나 전원 P−R1−A−D3−R5−Tr B의 회로가 연결되어 Tr에 베이스 전류가 흐른다.

② 입력 B가 0이면 전원 P−R3−D2−B−전원 N의 회로가 연결되어 전류가 계속 흐른다.

③ 따라서 출력 X에는 전압이 걸리지 않게 된다.

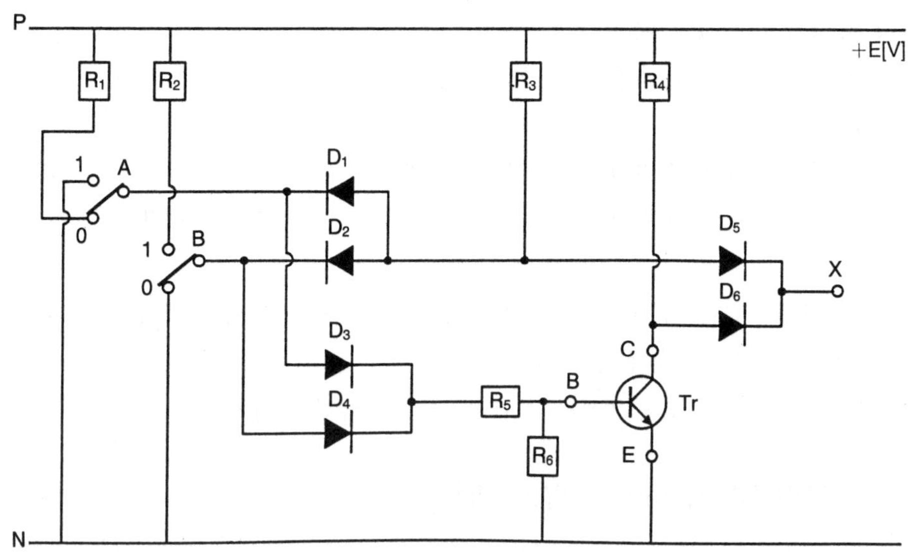

그림 3-84 무접점의 배타적 OR회로

입력 A가 1이고, B가 0일 때는

① 입력 A가 1이면 전원 P−R3−D1−A−전원 N의 회로가 연결되어 전류가 계속 흐른다. (Tr에 베이스 전압이 걸리지 않는다.)

② 입력 B가 0이면 전원 P−R3−D2−B−전원 N의 회로가 연결되어 전류가 계속 흐른다. (Tr에 베이스 전압이 걸리지 않는다.)

③ 따라서 전원 P−R4−D6−X의 회로가 연결되어 출력 X에는 전압이 걸리게 된다. (1이 된다.)

반대로 입력 A가 0이고, B가 1일 때는

① 입력 A가 0이면 전원 P−R3−D1−A−R1−전원 P의 회로가 되어 전류의 흐름이 정지되나, 전원 P−R1−A−D3−R5−Tr B의 회로가 연결되어 Tr에 베이스 전류가 흐른다.

② 입력 B가 1이면 전원 P−R3−D2−B−R2−전원 P의 회로가 되어 전류의 흐름이 정지되나, 전원 P−R2−B−D4−R5−Tr B의 회로가 연결되어 Tr에 베이스 전류가 흐른다.

③ Tr에 베이스 전류가 흐르면 Tr은 콜렉터 전류를 흘리게 되어 전원 P−R4−Tr−전원 N의 회로가 연결되어 전류가 계속 흐른다.

④ 그러나 전원 P−R3−D5−X의 회로에서 출력 X의 전압이 나오게 된다.

입력 A, B가 모두 1일 때

① 입력 A가 1이면 전원 P−R3−D1−A−전원 N의 회로가 연결되어 전류가 계속 흐른다.

② 입력 B가 1이면 전원 P−R3−D2−B−R2−전원 P의 회로가 되어 전류의 흐름이 정지되나, 전원 P−R2−B−D4−R5−Tr B의 회로가 연결되어 Tr에 베이스 전류를 흘린다.

③ Tr에 베이스 전류가 흘러 Tr은 콜렉터 전류를 흘리게 되며, 전원 P−R4−Tr−전원 N의 회로가 연결되어 전류가 계속 흐른다.

④ 전류가 흐르므로 출력 X에는 전압이 걸리지 않게 된다.

(7) 온 딜레이(ON-delay) 타이머 회로

온 딜레이 타이머 회로란, 입력이 주어지고 바로 출력이 ON되는 것이 아니라 미리 설정된 시간이 경과하면 출력이 1이 되고, 입력이 제거되면 출력이 곧바로 0이 되는 회로를 말한다.

전자회로에서 타이머 회로는 콘덴서(C)와 저항(R)로 구성되는 CR회로에서, 콘덴서(C)를 충전하는 데 소요되는 시간을 이용하는데, 입력신호를 인가한 시점부터 시간차를 가지고 일정시간 경과 후에 출력신호를 내게 하고 있다.

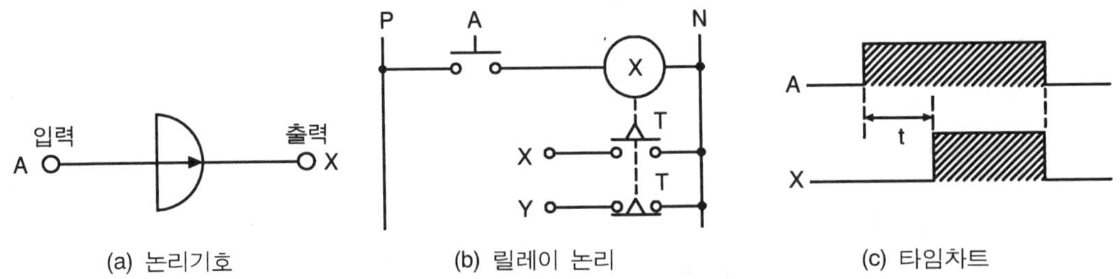

(a) 논리기호   (b) 릴레이 논리   (c) 타임차트

그림 3-85 온 딜레이 회로의 각종 표현법

그림 3-86은 제너 다이오드(ZD)와 콘덴서(C) 회로에 의해 입력신호를 지연 작동시켜 출력을 내게 하는 무접점의 온 딜레이 타이머 회로이다.

동작원리는 입력 A에 신호가 없을 때는 전원 P−R2−R4−Tr2 B에 전류가 흐르기 때문에 출력 X에는 신호가 없다.

입력신호 A에 신호 1을 주면 전원 P−A−R1−C−전원 N의 회로가 연결되어 R1에서 조정된 전류가 콘덴서에 충전을 시작한다. 콘덴서에 충전이 완료되면 제너 다이오드가 작동되고, 따라서 Tr1의 베이스에 전압이 가해지며 그 결과 전원 P−R2−Tr1−전원 N의 회로가 연결되어 전류가 흐르므로 Tr2가 OFF되어 출력 X에 전압이 나오게 된다.

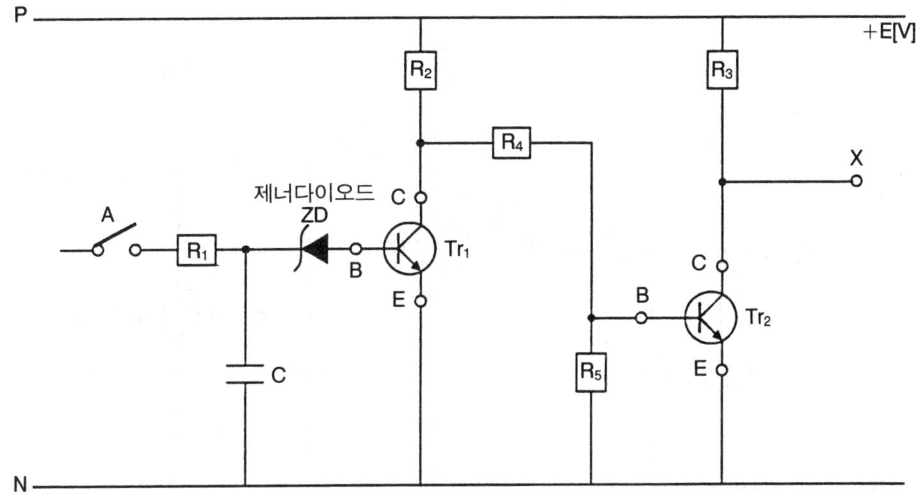

그림 3-86 무접점의 온 딜레이 회로

　결론적으로 입력 A가 ON되면 곧바로 출력이 나오는 것이 아니라, 저항 R1로 조정된 전류가 콘덴서(C)에 충전된 시간 후에 트랜지스터를 작동시켜 신호가 나타나므로 온시간 지연(ON-delay) 회로라고 한다.

(8) 오프 딜레이(OFF-delay) 타이머 회로

　오프 딜레이 타이머 회로란 입력이 주어지면 곧바로 출력이 1이 되지만 입력이 제거되면 출력이 바로 0이 되지 않고, 미리 설정된 시간이 경과되어야만 출력이 0으로 되는 회로를 말하며, 온 딜레이 타이머 회로와는 반대로 콘덴서와 저항회로의 방전특성을 이용한다.

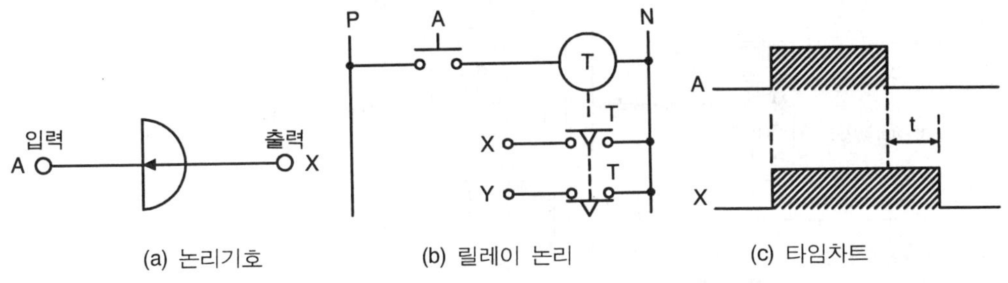

(a) 논리기호　　　　　(b) 릴레이 논리　　　　　(c) 타임차트

그림 3-87 오프 딜레이 회로의 각종 표현법

　그림 3-88은 입력신호가 제거되면 곧바로 출력이 OFF되지 않고 콘덴서에 축적된 전류가 방전된 후에 출력이 OFF되는 오프 딜레이 타이머 회로로서, 콘덴서의 방전특성을 이용한 회로이다.

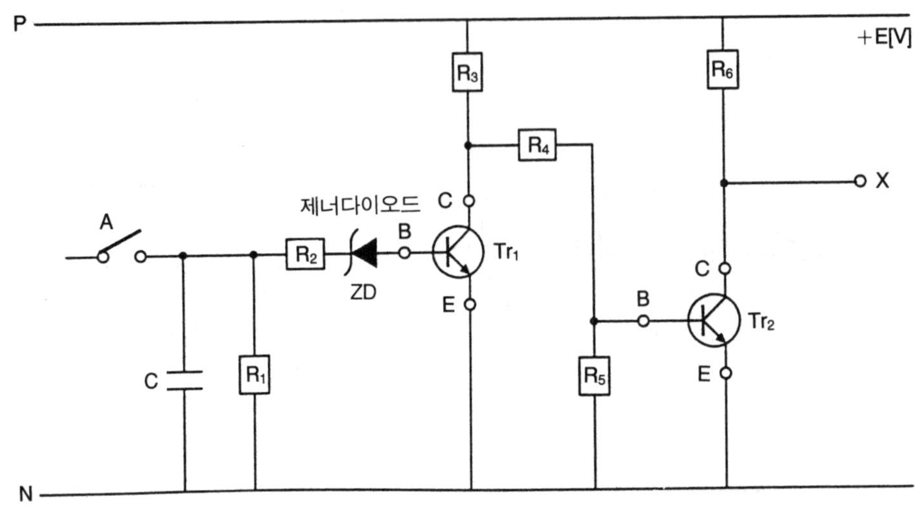

그림 3-88 무접점의 오프 딜레이 회로

참 고

배선용 차단기 선정시 고려사항

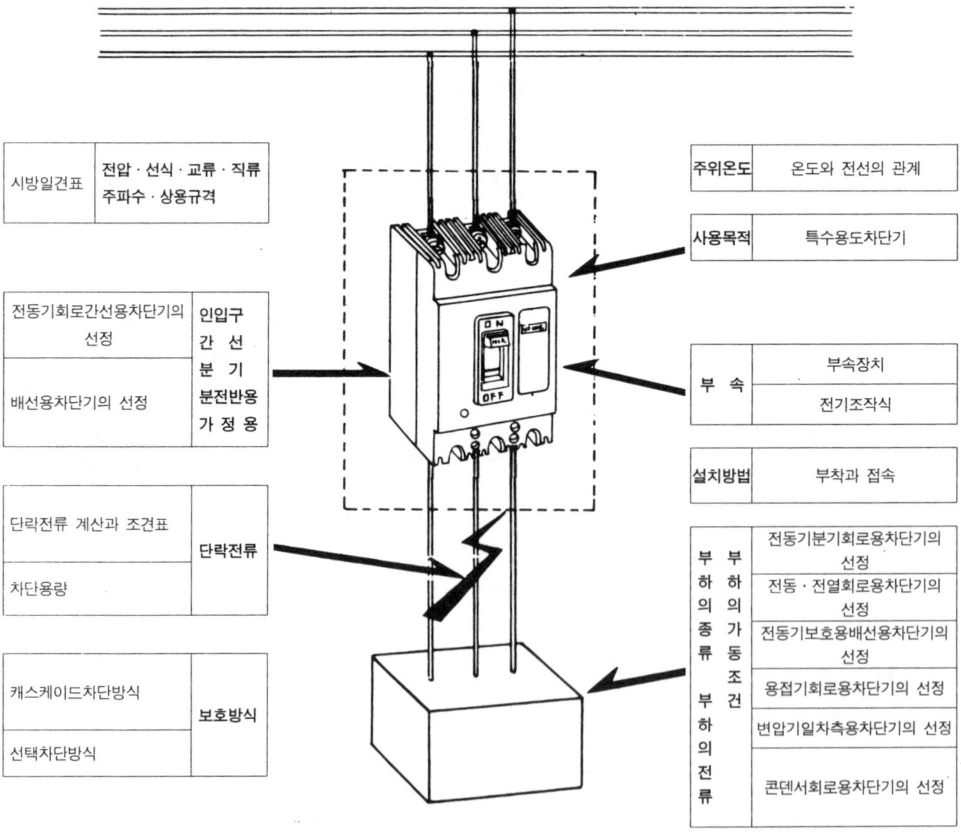

시방일견표	전압·선식·교류·직류 주파수·상용규격

전동기회로간선용차단기의 선정	인입구
	간 선
	분 기
배선용차단기의 선정	분전반용
	가 정 용

단락전류 계산과 조건표	단락전류
차단용량	

캐스케이드차단방식	보호방식
선택차단방식	

주위온도	온도와 전선의 관계

사용목적	특수용도차단기

부 속	부속장치
	전기조작식

설치방법	부착과 접속

부하의 종류	부하의 가동조건	전동기분기회로용차단기의 선정
		전동·전열회로용차단기의 선정
		전동기보호용배선용차단기의 선정
	부하의 전류	용접기회로용차단기의 선정
		변압기일차측용차단기의 선정
		콘덴서회로용차단기의 선정

그림에서 입력 A가 열려 있을 때는 전원 P-R3-R4를 통해 Tr2의 베이스에 전압을 인가하므로 Tr2가 도통상태가 되어 출력 X에 신호가 존재하지 않는다. 이 상태에서 입력 A를 닫으면 곧바로 콘덴서(C)가 충전되고 제너전압이 상승되어 제너다이오드(ZD)를 작동시킨다. 따라서 Tr1의 베이스에 전압이 걸리고 Tr1이 작동되므로 전원 P- R3-Tr1-전원 N의 회로가 연결되어 전류가 흐르므로 전원 P-R3-R4를 통해 Tr2의 베이스 전류가 차단된다. 그 결과 Tr2가 OFF되므로 출력 X에 전압이 걸리게 된다.

이 상태에서 입력 A를 제거하면 Tr1이 바로 OFF 되지 않고 콘덴서 C가 방전하기 시작하여 제너전압 이하로 떨어지면 Tr1의 베이스 전압이 끊어져 Tr1이 차단되고, 그 결과 전원 P-R3-R4의 회로가 회복되어 Tr2가 작동되므로 출력 X가 OFF되는 회로이다.

5. 무접점 시퀀스의 입출력 회로

　무접점 시퀀스의 신호 흐름도 유접점 시퀀스에서와 마찬가지로 작업 명령을 받아 그 내용을 처리하여 목적에 맞게 제어대상을 구동하는 것이다. 다만, 무접점 시퀀스나 다음 장에서 설명하는 PLC는 릴레이 시퀀스와는 달리 연산 처리부의 핵심이 반도체 소자이고 전기적 충격에도 약하므로, 입출력 회로를 완충회로로 사용하여 외부제어 기기들과 분리시키고, 또한 전원 변환 역할이 필요해지며, 따라서 이 역할을 담당하는 입출력 회로부가 있다.

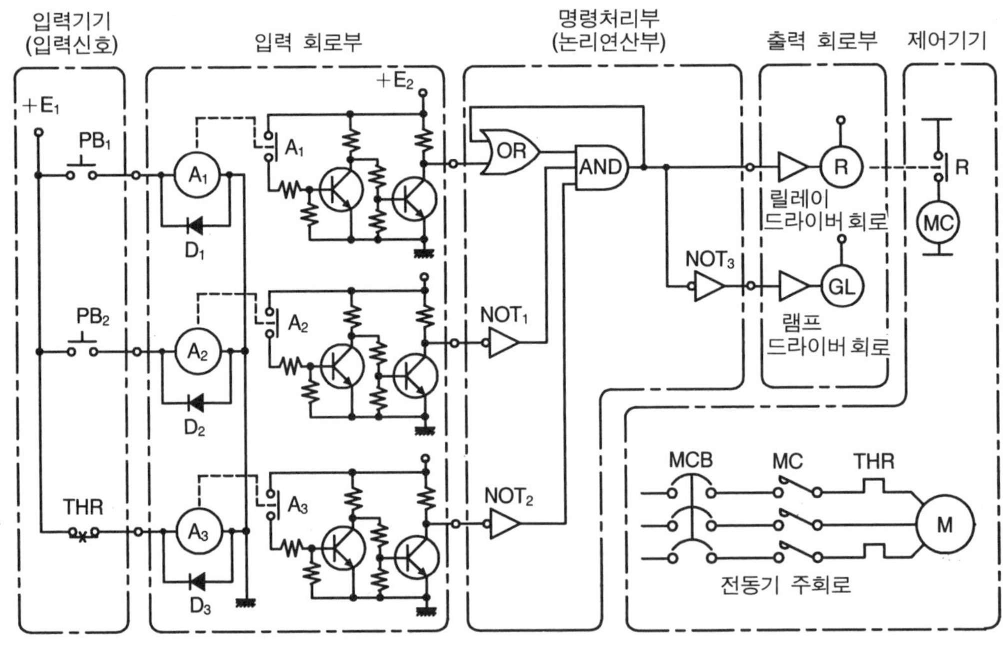

그림 3-89　무접점 시퀀스의 실제(전동기의 기동 · 정지 회로)

1) 입력 회로부

　입력 회로부는 외부 입력기기의 입력신호를 받아 명령 처리부가 동작할 수 있는 신호 레벨로 변환하는 작용을 하며, 기능에 따라 전압레벨을 변환하는 회로, 입력접점의 채터링이나 입력기기로부터 진입해 오는 노이즈를 흡수하는 필터회로, 노이즈를 차단하는 절연회로 등이 있다.

2) 출력 회로부

출력 회로부는 명령 처리부의 출력신호를 외부기기가 동작하는 데 적합한 신호레벨로 증폭시키는 작용을 하며, 기능에 따라 신호레벨 증폭회로, 외부기기로부터 침입되는 노이즈를 차단하는 절연회로 등이 있다.

3) 명령 처리부

AND회로, OR회로, NOT회로 등의 논리소자에 의하여 자기유지, 인터록, 타이머 회로 등을 구성하고, 이들을 조합하여 제어대상의 부하를 제어하는 기능을 가지며, 제어회로(논리회로)는 횡서로 표시하고 도면 왼쪽에서 오른쪽으로 신호가 흐르도록 하는 것을 원칙으로 한다.

(1) 입력부의 전압레벨 변환회로

무접점 시퀀스 회로는 반도체 소자의 특성으로 인해 DC 12~5[V] 정도의 낮은 전압을 사용하기 때문에, AC 110, 220[V]의 높은 전압레벨로 사용되는 유접점 외부기기의 신호를 직접 사용할 수 없다. 따라서 외부신호를 받아 명령 처리부가 연산할 수 있는 신호레벨로 낮추어야 하고 이를 위해 입력부의 전압레벨 변환회로가 필요하다.

1) 저항분압에 의한 전압레벨 변환회로

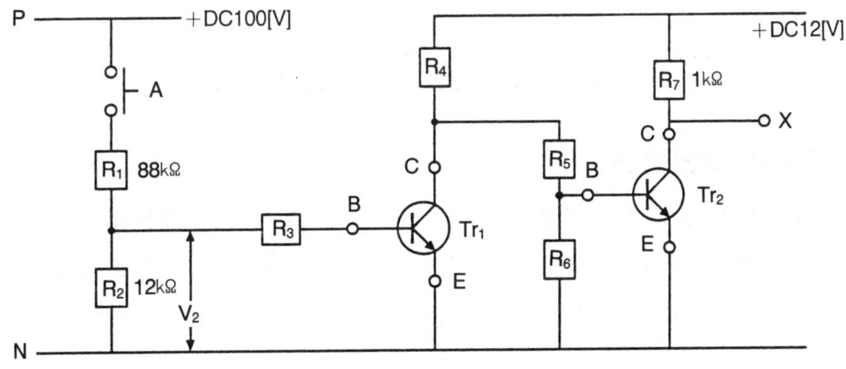

그림 3-90 저항분압에 의한 전압레벨 변환회로

그림 3-90은 저항분압법을 이용 전압레벨을 떨어뜨리는 무접점의 입력회로의 예이다. 옴의 법칙(전류는 전압에 비례하고 저항에 반비례한다)을 응용한 것으로 회로 내에 저항을 직렬로 하여 높은 전압을 분압하는 것이다.

즉, 그림에서 분압 전압 V_2는

$$V_2 = \frac{R_2}{R_1 + R_2} \times V_1 \text{ [V]}$$

$$= \frac{12000}{88000 + 12000} \times 100 = 12 \text{ [V]}$$

가 되어 약 12[V]의 전압이 걸리게 된다.

동작원리는 외부입력 A가 ON되면 분압된 전압(12[V])이 R3을 거쳐 Tr의 베이스에 전압을 인가해 Tr1이 동작되고, 그 결과 R4 - R5를 통해 Tr2의 베이스 전류가 차단되므로 출력 X에 전압이 가해져 제어 연산부로 신호를 주게 된다.

2) 변압기에 의한 전압레벨 변환회로

그림 3-91은 변압기와 정류기를 통하여 직류 5[V]를 얻는 회로로, 최근 IC칩의 입력회로로 사용된다. X1은 H레벨 입력으로, X2는 L레벨 입력의 시퀀스 회로에 접속한다.

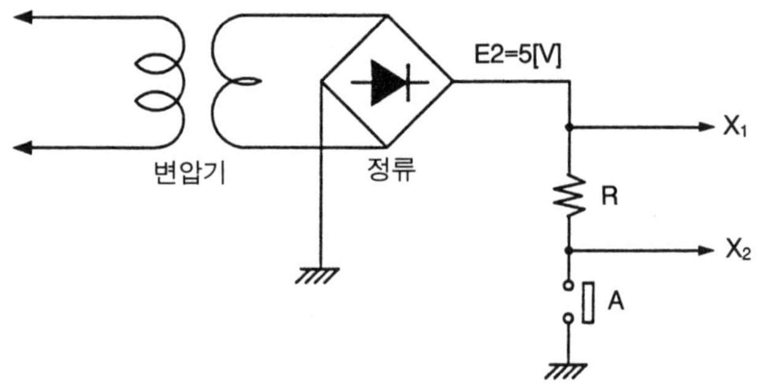

그림 3-91 변압기를 이용한 입력회로

(2) 입력부의 절연회로

명령 처리부의 반도체 소자들은 저전압·저전류로 동작하기 때문에 외부로부터 침입하는 전기적 잡음에 의해서도 파괴될 수 있다. 따라서 명령 처리부의 반도체 소자를 보호하기 위해서는 외부로부터 침입하는 노이즈를 차단시켜야 하고, 이를 위해 절연회로가 사용된다.

절연방법은 포토 커플러(Photo coupler)를 사용하거나 릴레이(Relay)를 사용하여 입력 회로부와 내부회로 사이를 전기적으로 분리시키는 것이다.

1) 포토 커플러에 의한 절연회로

그림 3-92는 포토 커플러를 이용한 입력부의 절연회로의 예로서, 동작원리는 외부의 입력신호로 발광 다이오드를 발광시켜 그 빛을 포토 트랜지스터(Photo transistor)로 받아 다시 전기신호로 변환하여 무접점 시퀀스 회로에 전달하는 것이다.

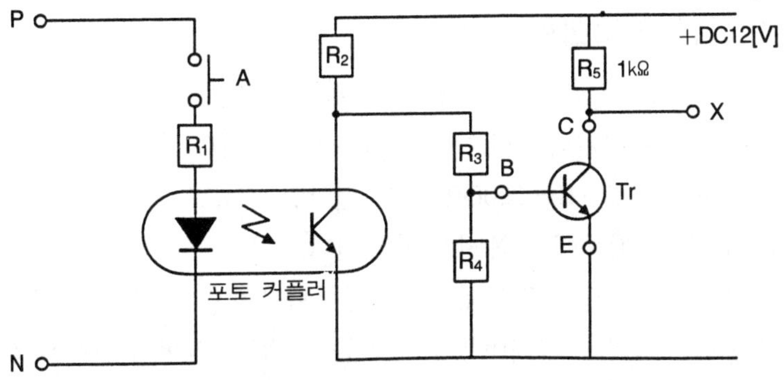

그림 3-92 포토 커플러를 이용한 입력부의 절연회로

이 방법은 외부의 입력신호를 빛으로 변환하여 내부회로로 보내기 때문에 외부 입력 기기를 통해 침입하는 전기적 잡음을 차단시킬 수 있다.

2) 릴레이에 의한 절연회로

릴레이에 의한 절연회로는 릴레이의 전원단자와 접점단자가 전기적·기계적으로 완전히 분리(절연)되어 있다는 것을 이용한 것으로, 외부기기의 신호로 릴레이 코일을 구동하고, 이 릴레이 코일에 의해 접점이 ON되면 내부회로에 신호가 가해져 동작하는 방식이다.

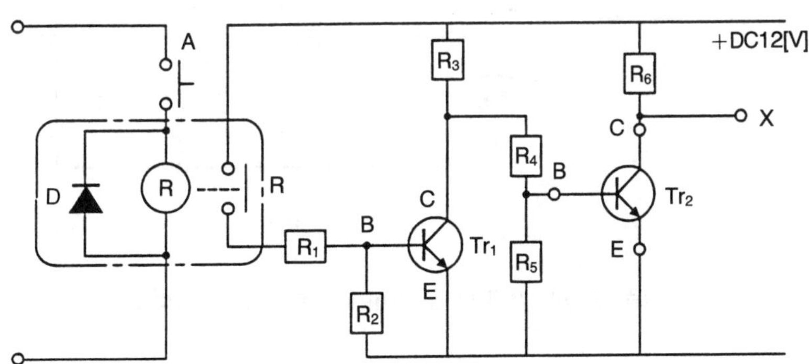

그림 3-93 릴레이를 이용한 입력부의 절연회로

그림 3-93은 이 방식의 예로서, 동작원리는 외부 스위치 A가 ON되면 릴레이 코일 R이 동작되고, 이에 따라 a접점 R이 닫히게 된다. 그 결과 +12[V]가 R의 a접점과 R1을 통해 Tr1의 베이스에 가해지고 따라서 Tr1이 도통된다. 그러므로 R3과 R4를 통해 Tr2의 베이스에 가해졌던 전류가 차단되므로 Tr2가 OFF되고 출력 X가 ON되어 내부신호로 출력을 주게 된다.

(3) 출력부의 파워 증폭회로

명령 처리부의 구성소자가 5~12[V] 정도의 제어 전원과 수 mA의 저전류로 동작하기 때문에 입력부에서는 외부기기의 신호를 낮추었으나, 반대로 출력부에서는 명령 처리부의 신호로는 DC 12~48[V], AC 110~220[V] 등의 전압과 전류도 100mA~수 A정도까지의 외부기기를 구동할 수 없기 때문에 증폭시켜야만 한다.

이를 위해 사용되는 회로가 출력부의 파워 증폭회로이고, 파워를 증폭시키는 방법에는 트랜지스터를 사용하는 방법과 릴레이를 사용하는 방법, 트라이액이나 SSR 등의 사이리스터 기기를 사용하는 방법 등이 사용되고 있다.

1) 트랜지스터에 의한 파워 증폭회로

그림 3-94가 트랜지스터를 이용한 파워 증폭회로의 예로서 2개의 트랜지스터를 이용, 하나는 플로어로 사용되고 다른 하나는 베이스에 전류를 공급하여 전류 증폭을 하는 회로이다.

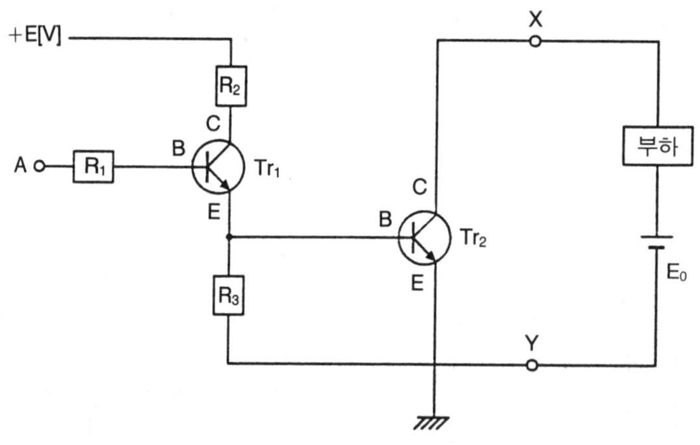

그림 3-94 이미터 플로어에 의한 파워 증폭회로

동작원리는 입력신호 A가 1이 되면 Tr1이 도통되어 +E[V]가 R2를 지나 Tr1을 흐르므로, Tr1의 베이스 전류 I_{B1}과 콜렉터 전류 I_{C1}이 트랜지스터 Tr2의 베이스 전류로 흐른다. 그 결과 Tr2도 도통되어 부하전류 I_0로 증폭되어 부하를 작동시키게 된다.

2) 릴레이에 의한 증폭회로

DC릴레이를 사용하여 명령 처리부로부터의 신호로 릴레이 코일을 여자시키고 그 릴레이의 접점에 부하를 연결하여 구동하는 방법으로, 릴레이의 증폭특성을 이용한 것이 파워 증폭회로이다.

그림 3-95가 그 일례로, 명령 처리부로부터의 신호를 드라이버 회로가 받아 릴레이 코일을 여자시키면 릴레이 접점이 닫혀 부하가 동작되는 회로이다.

릴레이에 의한 파워 증폭회로는 증폭 용량이 비교적 크고, 부하 전원도 AC나 DC 모두 사용할 수 있다는 특징이 있다.

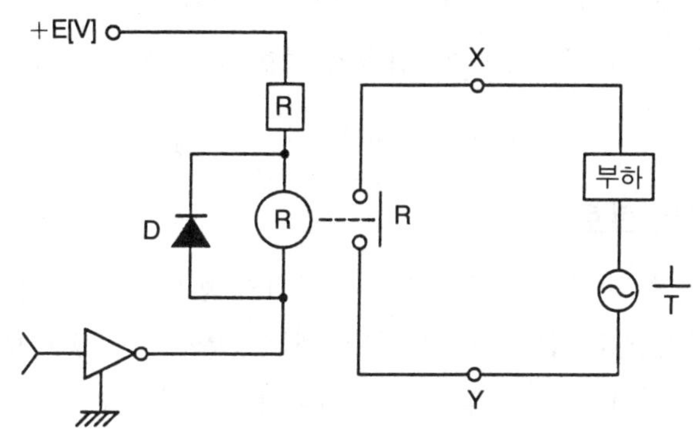

그림 3-95 릴레이에 의한 파워 증폭회로

(4) 출력부의 절연회로

입력부와 마찬가지로 외부 출력기기로부터 침입되는 노이즈를 차단하여 명령 처리부를 보호함과 동시에 오동작을 방지하기 위한 목적으로 사용되며, 절연방법으로는 입력부와 마찬가지로 포토 커플러나 릴레이를 사용한다.

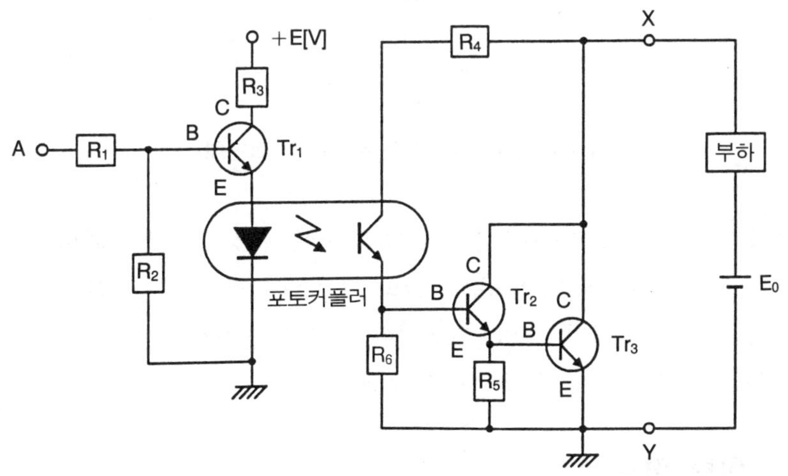

그림 3-96 포토 커플러를 이용한 출력부의 절연회로

1) 포토 커플러에 의한 절연회로

포토 커플러에 의한 출력부의 절연회로는 그림 3-96과 같이 무접점 회로의 발광 다이

오드와 포토 트랜지스터의 조합으로 이루어지며, 파워앰프의 전단계에서 신호의 절연을 실시한다.

동작원리는 내부회로에서 연산결과에 의해 출력명령 A가 주어지면 Tr1에 베이스 전압이 걸린다. 따라서 Tr1은 도통되고 +E[V]는 발광 다이오드에 걸려 발광 다이오드는 빛을 발생시키고 이 빛에 의해 포토 트랜지스터가 동작된다.

포토 트랜지스터가 동작되면 달링톤 접속에 의한 파워앰프가 작동하고 부하회로에 증폭된 부하전류가 공급된다.

2) 릴레이에 의한 절연회로

릴레이에 의한 출력부의 절연회로는 입력부에서와 반대로 내부의 출력신호로 직류 릴레이 코일을 구동하고, 릴레이의 접점을 통해 외부 부하가 구동되도록 한 회로이며, 파워앰프 회로의 뒷단계에서 신호의 절연을 실시한다.

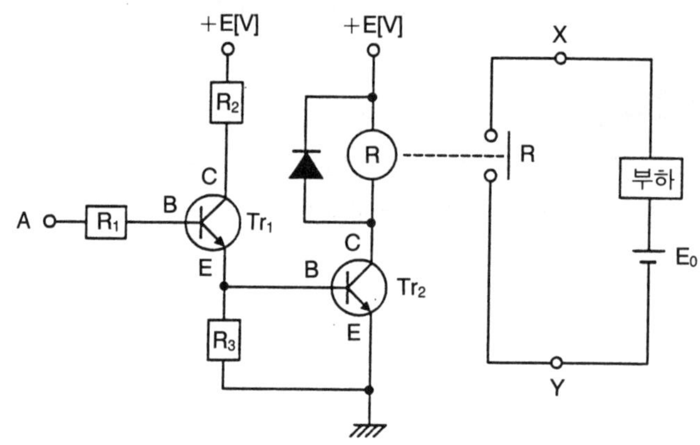

그림 3-97 릴레이에 의한 출력부의 절연회로

그림 3-97 회로의 동작원리는 내부신호에 의해 A에 신호 1이 주어지면 Tr1에 베이스 전압이 인가되고 Tr1이 도통된다. 따라서 Tr2의 베이스에 전류를 흘린다.

Tr2 베이스에 전압이 걸리면 Tr2도 도통되어 회로를 연결시켜 주므로 릴레이 코일이 작동된다. 따라서 a접점 R이 닫혀 부하가 작동된다.

(5) 램프 드라이브 회로

램프 드라이브 회로란 표시용 램프 등을 작동시키기 위한 증폭회로의 일종으로 램프 점등시 돌입전류를 제한하기 위한 회로이며, 램프 인디케이터라고도 한다.

1) 직렬저항 방식

필라멘트형 표시등과 직렬저항을 넣어 점등시 돌입전류를 제한하는 방식이다.

그림 3-98에서 입력 A에 1을 주면 Tr에 베이스 전압이 걸리며 베이스 전류가 흐르고, 따라서 콜렉터 전류도 흘러 Tr이 도통되나 저항 R2에 의하여 제한된 전류로 램프(L)가 점등되게 하는 것이다

2) 암 점등 방식

램프가 OFF상태에서도 ON되지 않을 정도의 전류를 계속 흘려 예열시켜서 점등시에 흐르는 돌입전류를 제한하는 방식이다.

그림 3-99와 같이 램프가 OFF상태에서도 +E[V]−L−R2−어스로 회로가 연결되어 미세한 전류가 흐르며, 입력 A가 1이 되면 베이스 전압이 걸리고 베이스 전류도 흘러 Tr이 도통되고 램프(L)가 점등된다.

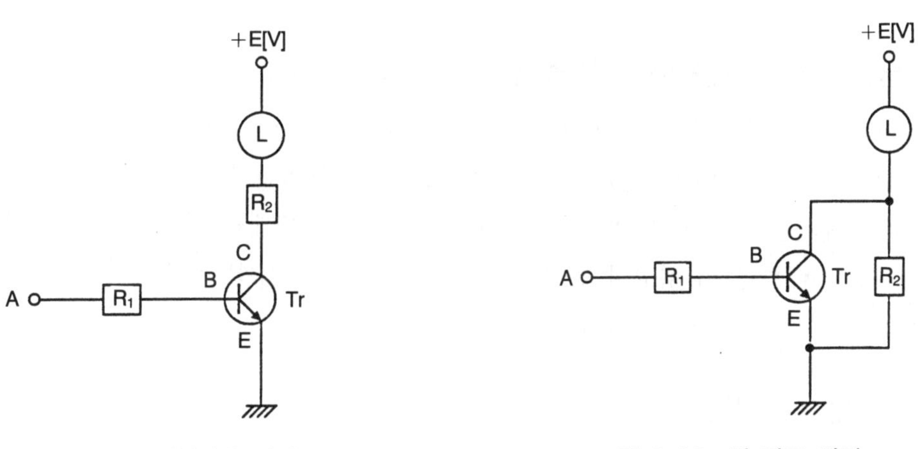

그림 3-98 직렬저항 방식	그림 3-99 암 점등 방식

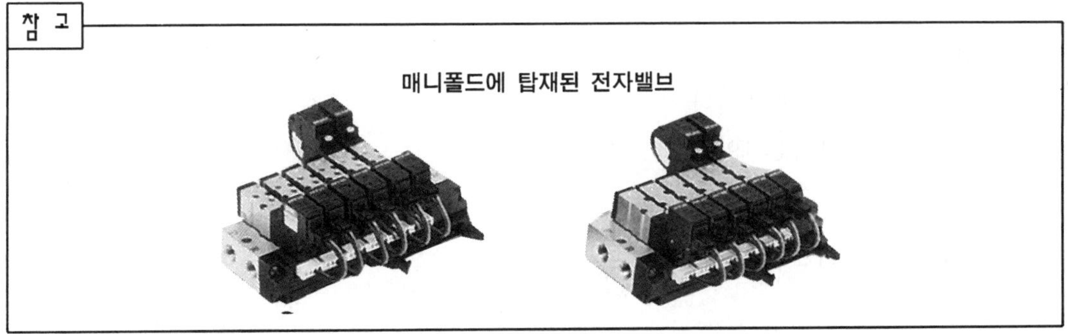

6. 논리연산과 등가 변환

한 개의 논리조건을 해결하는 회로는 한 개만이 아니고 그 밖에도 있을 수 있다. 이러한 경우 논리조건의 내용을 그대로 가지고 있으면서 다른 것으로 치환하는 것을 등가(等價) 변환이라 한다. 등가 변환은 논리조건의 회로만이 아니고 일반적인 시퀀스 제어회로의 간략화를 위해서도 중요하다.

시퀀스 제어회로의 등가변환은 간단한 회로에서는 직관적으로 이루어진다. 그러나 복잡한 회로에 있어서는 간단히 해결할 수 없으므로 논리 대수를 응용하면 편리하다. 여기서는 논리구성과 식을 간단히 하기 위하여 이용되는 논리대수, 드모르간 정리, 카르노 맵 등에 대해서 알아본다.

(1) 논리대수의 공리와 기본법칙

논리대수는 보통의 대수와는 달리 변수는 2개의 상태를 나타내는 2값신호 0과 1을 사용하며, AND(논리곱), OR(논리합), NOT(부정)의 3가지 기본연산의 조합을 말한다.

논리대수에서 다루는 변수 0과 1은 숫자로서의 값을 나타내는 것이 아니고, 상태를 나타내는 논리값, 예를 들어 접점의 열림상태를 0, 닫힘상태를 1, 또는 전압레벨의 L을 0, H를 1로 나타내는 기호의 뜻으로 생각하면 된다.

1) 논리대수의 공리

논리대수의 기본은 공리(公理)이며, 이것은 접점의 도통(1)과 ˙비도통(0)에 대응시켜 표시한 것이다.

① **공리 1**
- A가 1이 아니면 0이다
- B가 0이 아니면 1이다

② **공리 2**
- $0 + 0 = 0$
- $1 + 0 = 1$

  • $1 + 1 = 1$

③ **공리 3**

  • $0 \cdot 0 = 0$

  • $1 \cdot 0 = 0$

  • $1 \cdot 1 = 1$

표 3-3 논리대수의 공리

	공 리	대응 접점 회로		대응 논리도
1	$1 \cdot 1 = 1$			
2	$1 \cdot 0 = 0$			
3	$0 \cdot 0 = 0$			
4	$1 + 1 = 1$			
5	$1 + 0 = 1$			
6	$0 + 0 = 0$			
7	$\overline{1} = 0$	의 부정은		
8	$\overline{0} = 1$	의 부정은		

2) 논리대수의 공식

A, B, C가 논리변수일 때 다음 식이 성립된다.

① 교환의 법칙 $A + B = B + A$
$\qquad\qquad\quad A \cdot B = B \cdot A$

② 결합의 법칙 $(A + B) + C = A + (B + C)$
$\qquad\qquad\quad (A \cdot B) \cdot C = A \cdot (B \cdot C)$

③ 분배의 법칙 $A + (B \cdot C) = (A + B) \cdot (A + C)$
$\qquad\qquad\quad A \cdot (B + C) = A \cdot B + A \cdot C$

④ 흡수의 법칙 $(A + \overline{B}) \cdot B = A \cdot B$
$\qquad\qquad\quad A \cdot \overline{B} + B = A + B$

$$A + A \cdot B = A$$
$$A \cdot (A + B) = A$$

⑤ 동일의 법칙　　$A + A = A$

$$A \cdot A = A$$

⑥ 부정의 법칙　　$A + \overline{A} = 1$

$$A \cdot \overline{A} = 0$$

$$\overline{\overline{A}} = A$$

3) 논리공식의 증명

여기서 일례로 $A \cdot A = A$가 되는 것을 증명해 보자.

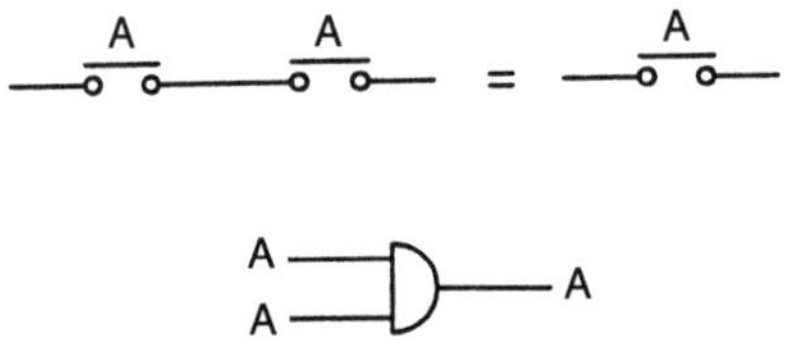

그림 3-100

그림 3-100은 이 공식을 접점회로로 나타낸 것으로 2개의 접점 A는 하나의 입력신호이므로 (b)와 같이 한 개의 접점 A로 합칠 수 있다. 또한 수식적으로 생각해도 A=1일 때와 A=0일 때의 2개로 나누어 생각하면 A=1일 때는

$$1 \cdot 1 = 1$$

A=0일 때는

$$0 \cdot 0 = 0$$

이 되므로 표 3-4에 나타낸 공리 중의 한 개로 적용된다. 따라서 $A \cdot A = A$가 성립되는 것이 증명된다. 같은 의미로 표 3-4는 논리대수의 기본공식을 접점회로로 나타낸 것으로 접점회로만 살펴보더라도 공식이 성립된다는 것을 증명할 수 있다.

또한 2진수 '0', '1' 및 논리변수 A, B일 때 다음이 성립한다.

① $A + 0 = A$　　OR :

　$A \cdot 1 = A$　　AND :

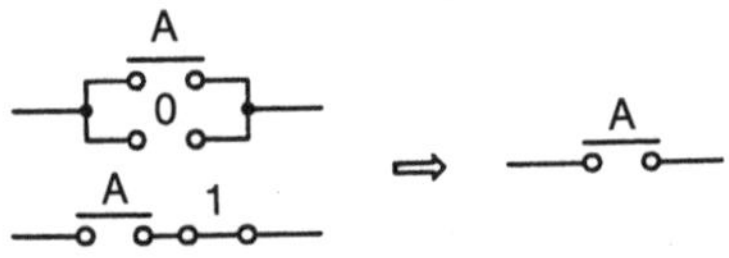

② $A + A = A$　　OR :

　$A \cdot A = A$　　AND :

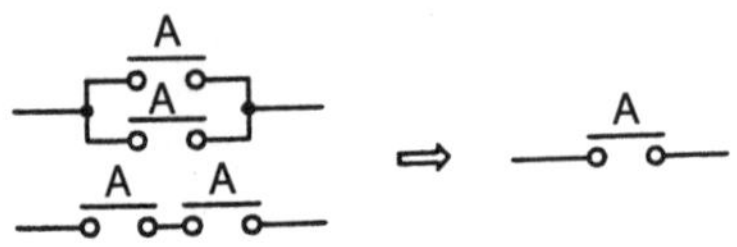

표 3-4 논리공식(기본공식)

	논리공식	좌 변	우 변
1	$A \cdot A = A$	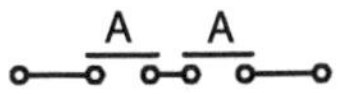 (접점도)	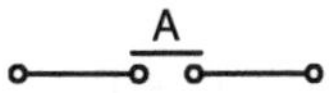 (접점도)
2	$A + A = A$	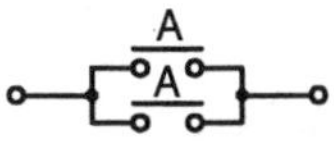 (접점도)	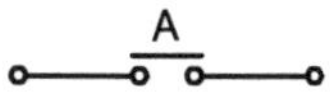 (접점도)
3	$A \cdot \overline{A} = 0$	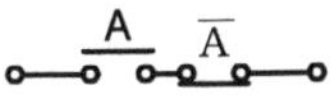 (접점도)	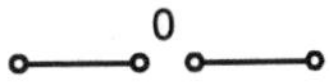 (접점도)
4	$A + \overline{A} = 1$	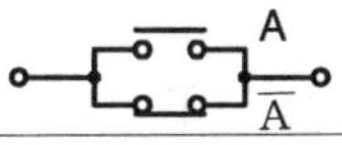 (접점도)	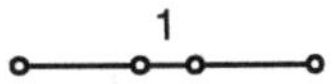 (접점도)
5	$A + 0 = A$	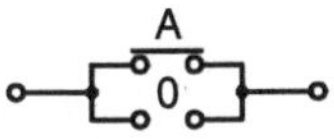 (접점도)	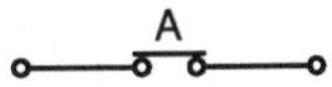 (접점도)
6	$A \cdot 0 = 0$	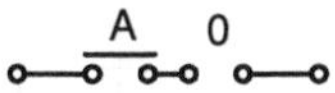 (접점도)	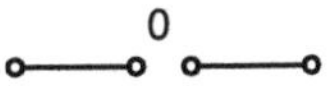 (접점도)
7	$A + 1 = 1$	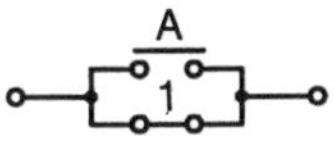 (접점도)	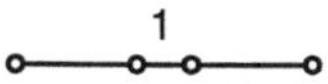 (접점도)
9	$A \cdot B = B \cdot A$	 (접점도)	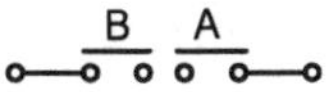 (접점도)
9	$A + B = B + A$	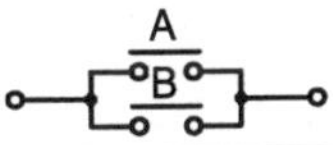 (접점도)	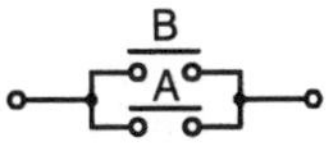 (접점도)
10	$A(B+C) = AB + AC$	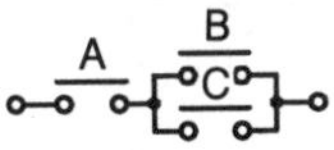 (접점도)	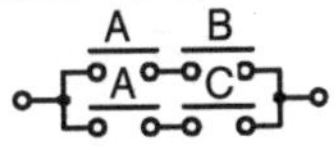 (접점도)
11	$A + A \cdot B = A$	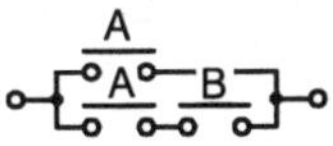 (접점도)	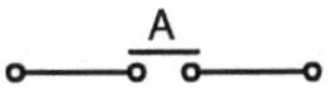 (접점도)
12	$A(A+B) = A$	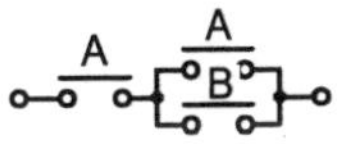 (접점도)	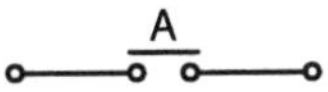 (접점도)
13	$A \cdot \overline{B} + B = A + B$	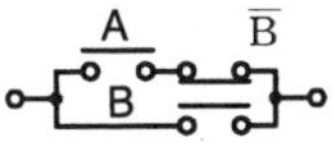 (접점도)	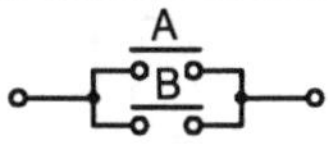 (접점도)
14	$(A + \overline{B})B = A \cdot B$	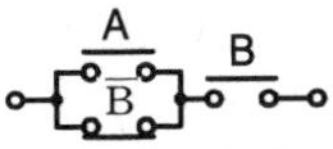 (접점도)	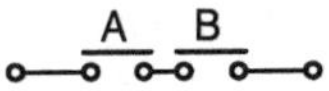 (접점도)
15	$(A+B) \cdot (B+C) \cdot (C+\overline{A})$ $= (A+B) \cdot (C+\overline{A})$	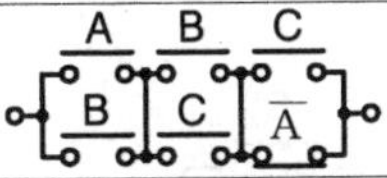 (접점도)	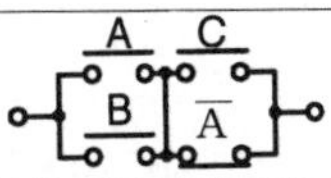 (접점도)
16	$(A+B) \cdot (\overline{A}+C)$ $= (A \cdot C) + (\overline{A} \cdot B)$	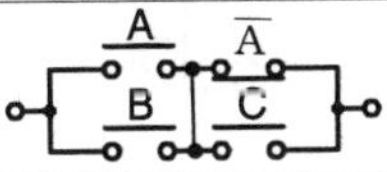 (접점도)	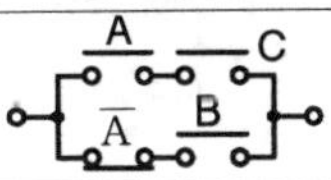 (접점도)

③ A + 1 = 1   OR :

A + $\overline{A}$ = 1   OR :

④ A · 0 = 0   AND :

A · $\overline{A}$ = 0   AND :

⑤ 2중 NOT는 NOT이 아니다.

$$\overline{\overline{A}} = A \qquad\qquad \overline{\overline{A \cdot B}} = A \cdot B$$

$$\overline{\overline{A + B}} = A + B \qquad \overline{\overline{A} \cdot \overline{B}} = \overline{A} \cdot \overline{B}$$

⑥ '0'과 '1'의 연산

$$0 + 0 = 0 \qquad 0 + 1 = 1 \qquad \overline{0} = 1$$

$$0 \cdot 1 = 0 \qquad 1 \cdot 1 = 1 \qquad \overline{1} = 0$$

4) 논리식의 간단화

① A+A·B = A ← A+AB = A·(1+B) = A·1 = A →(1+B) = 1

A·B(직렬)와 A의 병렬, A AND B에 OR A, B는 관계 없다.

② A·(A+B) = A

A+B(병렬)에 A 직렬, A OR B에 AND A, B는 관계없다.

③ A+ $\overline{A}$·B = A+B

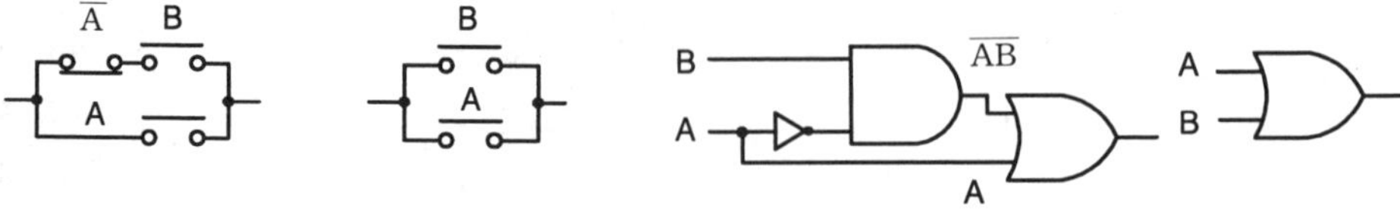

$\overline{A} \cdot B$(직렬)와 A 병렬, $\overline{A}$ AND B에 OR A, $\overline{A}$는 관계없다.

④ $X = A + B + \overline{B}$ → $B + \overline{B} = 1$이므로

 $= A + 1 = 1$

⑤ $X = A \cdot (B + \overline{B})$ → $B + \overline{B} = 1$이므로

 $= A \cdot 1 = A$

⑥ $X = A \cdot (A + B + C)$

 $= A \cdot A + A \cdot B + A \cdot C$ → $A \cdot A = A$

 $= A + A \cdot B + A \cdot C$

 $= A \cdot (1 + B + C)$ → $1 + B + C = 1$

 $= A \cdot 1 = A$

⑦ $X = A \cdot \overline{B} + B + A \cdot C$

 $= A + B + A \cdot C$

 $= A \cdot (1 + C) + B$ → $1 + C = 1$

 $= A \cdot 1 + B$ → $A \cdot 1 = A$

 $= A + B$

⑧ $X = (A + B) \cdot (\overline{A} + \overline{B}) \cdot \overline{B}$

 $= (A \cdot \overline{A} + A \cdot \overline{B} + \overline{A} \cdot B + B \cdot \overline{B}) \cdot \overline{B}$ → $A \cdot \overline{A} = 0$, $B \cdot \overline{B} = 0$

 $= (0 + A \cdot \overline{B} + \overline{A} \cdot B + 0) \cdot \overline{B}$

 $= A \cdot \overline{B} \cdot \overline{B} + \overline{A} \cdot B \cdot \overline{B}$ → $\overline{B} \cdot \overline{B} = \overline{B}$, $B \cdot \overline{B} = 0$

 $= A \cdot \overline{B} + \overline{A} \cdot 0$ → $\overline{A} \cdot 0 = 0$

 $= A \cdot \overline{B} + 0$

 $= A \cdot \overline{B}$

⑨ $X = A \cdot B + \overline{A} \cdot C + B \cdot C + \overline{B} \cdot C$

 $= A \cdot B + \overline{A} \cdot C + C \cdot (B + \overline{B})$ → $B + \overline{B} = 1$

 $= A \cdot B + \overline{A} \cdot C + C \cdot 1$

 $= A \cdot B + \overline{A} \cdot C + C$

 $= A \cdot B + C \cdot (\overline{A} + 1)$ → $\overline{A} + 1 = 1$

 $= A \cdot B + C \cdot 1$ → $C \cdot 1 = C$

 $= A \cdot B + C$

(2) DeMorgan의 정리

$\overline{A+B} = \overline{A}\cdot\overline{B}$　　　$\overline{A\cdot B} = \overline{A}+\overline{B}$

$A+B = \overline{\overline{A}\cdot\overline{B}}$　　　$A\cdot B = \overline{\overline{A}+\overline{B}}$

(3) 카르노 도표(Karnaugh map)

그림 3-101을 카르노 도표라 하며 식을 간단히 하는 데 사용된다.

① 논리식을 도표에 적어 넣는다.

② 서로 이웃된 식을 2^m개 즉 2, 4, 8개 ... 등으로 가능한 한 크게 묶어 묶음원(subcube)을 그린다. 이 때 중복이 적을수록 간단해진다.

③ 묶어진 부분 중 변하지 않는 변수만을 골라 더하면 된다.

A \ B	$\overline{B}$	B
$\overline{A}$		
A		

(a) 2변수

A \ BC	$\overline{B}\,\overline{C}$	$\overline{B}C$	BC	$B\overline{C}$
$\overline{A}$				
A				

(b) 3변수

AB \ CD	$\overline{C}\,\overline{D}$	$\overline{C}D$	CD	$C\overline{D}$
$\overline{A}\,\overline{B}$				
$\overline{A}B$				
AB				
$A\overline{B}$				

(c) 4변수

그림 3-101

④ A+ $\overline{A}$·B = A+B의 증명

그림 3-102와 같이 2개의 묶음원에서 변하지 않는 것은 가로원에서 A, 세로원에서 B뿐이므로 A+ $\overline{A}$·B = A+B가 된다.

B \ A	$\overline{B}$	B
$\overline{A}$		$\overline{A}B$
A	A	A

그림 3-102

⑤ $X = \overline{A}BC + \overline{A}B\overline{C} + A\overline{B}C + AB\overline{C}$ 를 간단히 해보자.

그림 3-103의 2개의 묶음원에서 변하지 않는 것은 가로원에서 $\overline{A}B$, 세로원에서 $B\overline{C}$ 이고 $A\overline{B}C$는 독립이므로 이것을 합하면 $X = \overline{A}B + B\overline{C} + A\overline{B}C$가 된다.

A \ BC	$\overline{B}\,\overline{C}$	$\overline{B}\,C$	$B\,C$	$B\,\overline{C}$
$\overline{A}$			$\overline{A}BC$	$\overline{A}B\overline{C}$
A		$A\overline{B}C$		$AB\overline{C}$

그림 3-103

⑥ $X = \overline{A}\,\overline{B}\,\overline{C} + A\overline{B}\,\overline{C} + \overline{A}B\overline{C} + AB\overline{C}$ 를 간단히 해보자

그림 3-104에서 식 4개로 묶음원이 1개이고 변하지·않는 것은 $\overline{C}$ 하나뿐이다.

$\therefore X = \overline{C}$

가 된다.

A \ BC	$\overline{B}\,\overline{C}$	$\overline{B}\,C$	$B\,C$	$B\,\overline{C}$
$\overline{A}$	$\overline{A}\,\overline{B}\,\overline{C}$			$\overline{A}B\overline{C}$
A	$A\overline{B}\,\overline{C}$			$AB\overline{C}$

그림 3-104

⑦ $X = \overline{A}\,\overline{B}\,\overline{C}\,\overline{D} + \overline{A}\,\overline{B}\,\overline{C}D + \overline{A}B\overline{C}D + \overline{A}B\overline{C}\,\overline{D} + \overline{A}BCD + \overline{A}BC\overline{D} + AB\overline{C}D + ABCD$
를 간단히 해보자.

그림 3-105에서 묶음원을 3개 그릴 수 있고, 각각의 묶음원에서 변하지 않는 것은 $\overline{A}\,\overline{B}\,\overline{C}$, BD, $\overline{A}C\overline{D}$ 뿐이다.

$\therefore X = \overline{A}\,\overline{B}\,\overline{C} + BD + \overline{A}C\overline{D}$

가 된다.

AB \ CD	$\overline{C}\,\overline{D}$	$\overline{C}\,D$	$C\,D$	$C\,\overline{D}$
$\overline{A}\,\overline{B}$	$\overline{A}\,\overline{B}\,\overline{C}\,\overline{D}$	$\overline{A}\,\overline{B}\,\overline{C}D$		$\overline{A}\,\overline{B}C\overline{D}$
$\overline{A}B$		$\overline{A}B\overline{C}D$	$\overline{A}BCD$	$\overline{A}BC\overline{D}$
AB		$AB\overline{C}D$	$ABCD$	
$A\overline{B}$				

그림 3-105

PLC

1. PLC의 개요

1-1 시퀀서의 개요

시퀀스 제어는 제어대상의 동작순서에 따라 회로를 결정하므로 제어대상이나 동작순서가 조금만 바뀌어도 회로가 달라져 배선을 다시 하여야 한다. 또한 제어대상에 맞추어 명령처리의 기능을 변경하거나, 추가하는 경우에 간단히 되지 않는 것이 보통이다. 따라서 표준화나 양산화가 대단히 어려워 그때마다 하나하나 설계·제작하는 것이 보통이다.

그러므로 회로를 간단히 조합할 수 있으면서 용이하게 변경 가능한 범용성이 있는 제어장치가 준비된다면 그때마다 제어장치를 설계하지 않더라도 활용할 수 있어 좋게 된다. 이와 같은 이유로 비교적 간단히 순서 변경이 가능한 장치가 개발되었고, 이것을 일반적으로 시퀀서(sequencer), 또는 시퀀스 컨트롤러라고 부른다.

시퀀스 제어에는 앞서도 언급한 바와 같이 주로 제어대상의 조건에 맞추어 시퀀스의 각 단계를 차례로 진행시켜 나가는 순서 프로그램 제어와 시간설정 요소만으로 시퀀스를 진행시켜 나가는 시한 프로그램 제어가 있다. 프로그램 시퀀서는 이와 같은 프로그램용 시퀀스 제어를 하기 위해 만들어진 것으로 카운터, 타이머, 캠 등의 복합기기를 이용한 것이 대부분이며, 캠식의 프로그램 타이머처럼 간단한 것에서부터 드럼식, 핀보드식, 카드식 등 여러 가지 종류가 있다.

(1) 로터리 캠식 시퀀서

로터리 캠(rotary cam)식 시퀀서는 그림 4-1에 나타낸 바와 같이, 전동기로 구동되는 회전 샤프트에 몇 개의 캠을 포개어 각 캠에 대응한 위치에 마이크로 스위치를 설치한 것으로, 샤프트의 회전에 따라 마이크로 스위치가 차례로 ON · OFF하여 외부로 신호를 내보내는 것이다.

이 방식은 구조가 간단하고 견고하기 때문에 고장이 적어서 반복 시한프로그램 제어에 적당하다. 또한 구동축상에 다수의 캠을 탑재할 수 있으므로 동시에 많은 출력을 얻을 수 있으나, 기계적 마모부분이 있는데다 정밀한 설정이 곤란하다는 단점을 지니고 있어 소규모 제어에 한정된다.

또한 로터리 캠식은 제어변경에 대응하기 위해서 여러 가지 형식의 캠을 미리 준비해 두어야 하는 불편이 따른다. 로터리 캠식의 이러한 불편을 해소한 것이 드럼(drum)형 시퀀서로, 이 형식은 회전 드럼의 원주 위에 홈을 마련해 두고 캠에 상당되는 돌기물을 매설한 구조로서, 이 돌기물을 삽입하거나 제거하는 것에 따라 마이크로 스위치에서 나오는 신호를 자유자재로 조절할 수 있는 장점이 있다.

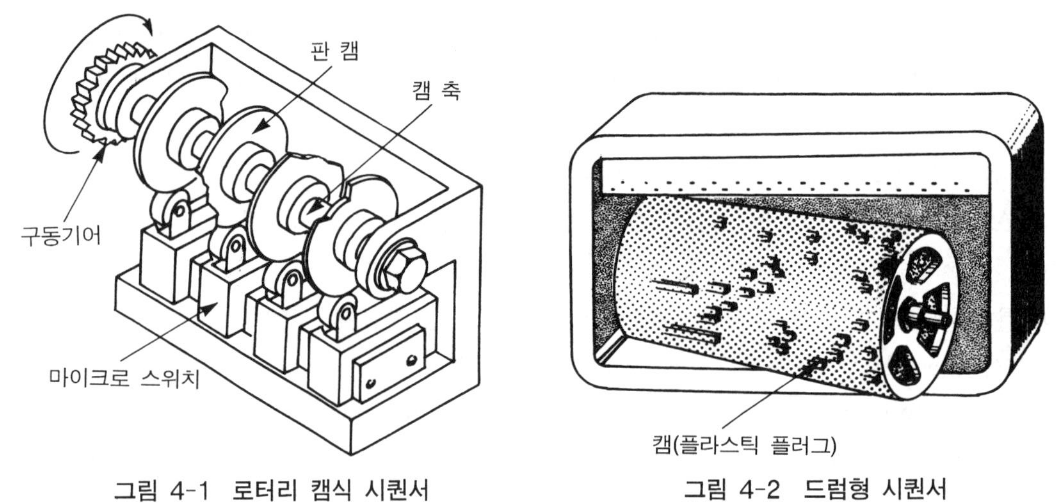

그림 4-1 로터리 캠식 시퀀서   그림 4-2 드럼형 시퀀서

(2) 핀보드식 시퀀서

세로와 가로에 바둑판처럼 배치된 도체의 교점을 다이오드가 삽입된 핀에 의해 단락함으로써 특정회로에 출력을 내는 방식이며, 매트릭스 회로(matrix circuit)를 응용한 것이다.

이 방식은 입출력 설정이 가장 직관적이고 이해하기 쉬운데다 IC 등의 무접점 소자를 접속하기 쉽다는 특징이 있다. 그러나 핀보드(pin board)가 커지고 가격도 비교적 높아 일부 제어내용 변경이 많은 자동 사이클 기계 등에 한정적으로 사용되고 있다.

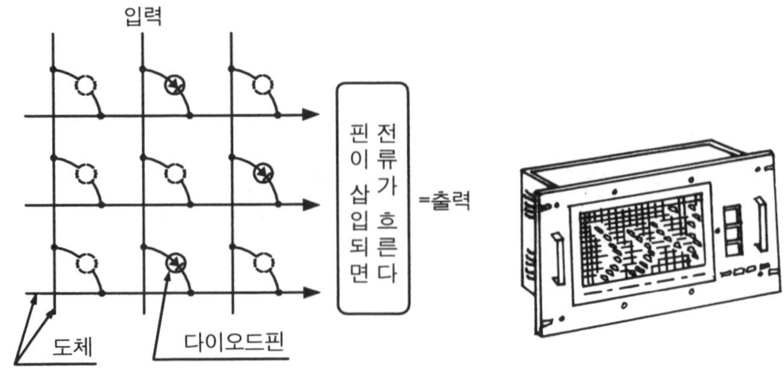

그림 4-3 핀보드식 시퀀서

이상과 같은 단순한 시퀀서는 직관적으로 시퀀스 변경이 가능하다는 점과 구조가 간단하여 취급이 용이하다는 장점이 있다. 그러나 표 4-1에 나타낸 바와 같이 입출력 점수가 20~50점의 소규모 제어장치에서, 주로 시한 프로그램 제어에 적용되기 때문에 오늘날 복잡한 산업용 기계나 장치가 제기능을 발휘하기 위해 적용하기는 곤란하여 점차 그 이용이 줄어들고 있으며, 대신에 프로그램 변경만으로 어떠한 제어내용 변경에도 대응 가능한 PLC가 출현한 것이다.

표 4-1 단순한 시퀀서의 기능비교

종류 \ 항목	입출력 점수	스텝수	환산 릴레이 수	특 징
로터리 캠식	20~50	10~30	20~50	• 구조가 간단하다. • 설정이 직관적이다.
핀보드식	30~50	10~70	20~70	• 회로의 IC화, 소형화가 가능하다. • 노이즈에 안정적이다 • 설정이 직관적이다.

1-2 PLC의 정의

1960년도 이래 미니 컴퓨터의 발전·성장은 제어 기술자에게도 큰 관심사였으나, 주로 데이터 처리용으로 개발된 컴퓨터는 산업용 제어장치에 적용하기에는 몇 가지의 문제점을 안고 있으며, 특히 가격이 비싼데다 컴퓨터에 대한 전문지식을 습득하지 않으면 안되게 되었다. 따라서 낮은 가격으로 고도의 기능을 갖는 새로운 제어장치가 절실하게 요구되었다. 1969년에 미국의 General Motor사가 기계 제어용의 간단한 제어장치가 출현한다면 제어 기술자들이 당장 컴퓨터를 배우지 않더라도 사용할 수 있다고 판단하여, 산업용 제어장치가 구비해야 할 조건을 구입 시방서에 명시함에 따라 PLC라는 제품이 출현하게 되었다.

참 고

프로그래머블 컨트롤러의 명칭
우리 나라에서는 일반적으로 PLC(Programmable Logic Controller)라는 통칭이 폭넓게 사용되고 있으나, 정식 명칭은 프로그래머블 컨트롤러이다. 이밖에도 시퀀스 컨트롤러(SC), 공정논리 제어기 등으로 불리우고 있다. 프로그래머블 컨트롤러의 약어는 PC가 되지만 일반적으로 PC는 퍼스널 컴퓨터라는 이미지가 선행되고, 메이커측에서도 통상 PLC라 부르고 있으므로 이 책에서도 일반적으로 통용되는 PLC로 표기하였으니 | 참고 비란디.

GM사에서 새로운 제어장치 구입시방서에 명시한 10가지 요구조건은 다음과 같다.

① 새로운 컨트롤러는 용이하게 프로그램의 작성 및 변경이 가능해야 한다. 즉 동작 시퀀스를 쉽게 변경할 수 있고, 현장에서도 실시 가능해야 한다.

② 새로운 컨트롤러는 보수가 쉽고 수리가 가능해야 한다. 가능한 한 플러그 인 방식을 기본으로 한다.

③ 유닛은 플랜트의 주위 환경 속에서 릴레이 제어반보다 신뢰성이 높은 조작능력을 가지고 있어야 한다.

④ 바닥설치 면적의 코스트를 절감하기 위해 릴레이 제어반보다 소형이어야 한다.

⑤ 중앙에 있는 제어장치로 데이터를 전송할 수 있어야 한다.

⑥ 현재 사용하고 있는 릴레이식 또는 반도체식 제어반과 가격이 비슷해야 한다.

⑦ 전 입력은 교류 115V를 적용할 수 있어야 한다.

⑧ 전 출력은 교류 115V, 2A 이상의 용량으로 솔레노이드 밸브, 모터 스타터 및 이에 상당하는 것을 직접 조작할 수 있어야 한다.

⑨ 일반적으로 시스템을 대폭적으로 변경하지 않고도 기본유닛은 확장할 수 있어야 한다.

⑩ 각 유닛은 최저 4000워드까지 확장할 수 있는 프로그래머블한 메모리를 갖추고 있어야 한다.

이 요구에 따라 미국의 Allen-Bradley사 등 컴퓨터 관련 회사들이 10가지 요구조건을 만족시키기 위해, IC와 반도체 소자를 이용한 마이크로 프로세서 기능을 갖는 새로운 유형의 컨트롤러를 개발하게 되었고, 1969년에 Allen-Bradley사가 PDQ11, Modicon사가 084, Digital Equipment사가 PDP-14 등을 발표하면서 최초의 PLC가 탄생하게 되었다.

즉, 이와 같은 배경으로 탄생된 새로운 제어장치가 논리연산이 주된 기능이라는 점에서 Programmable Logic Controller(PLC)로 명칭을 붙이게 된 것이다.

그러나 PLC는 사용자가 요구하는 방향으로 점차 발전되었고, 그 결과 논리연산 기능 외에 수치연산 기능, 데이터 처리기능, 프로그램 제어기능 등이 가미되면서 Logic이라는 말이 무의미해짐에 따라 Programmable Controller(PC)로 부르게 되었고, 1976년에 미국의 NEMA (National Electrical Manufacturers Association)에서 프로그래머블 컨트롤러에 대한 규격을 최초로 제정하면서 비약적으로 발전하게 되었다.

PLC에 대한 NEMA의 정의는 다음과 같다.

『논리연산, 순서제어, 타이밍, 계수, 산술연산 등의 제어동작을 시키기 위해 제어순서를 일련의 명령어 형식으로 기억하는 메모리를 갖추고, 이 메모리의 내용에 따라 디지털, 아날로그의 입출력 모듈을 통해 각종 기계와 프로세스를 제어하는 디지털 조작형의 전자장치이다.』

즉 프로그래머블 컨트롤러는 각종의 릴레이류, 타이머, 카운터, 가감산 장치 등을 조합하여 사용하던 종래의 제어장치를, IC 등의 반도체를 사용하여 소형화하고 기능을 대폭 확대하는 한편, 제어내용의 설정 및 수정을 용이하게 할 수 있는 프로그램 방식의 범용 제어장치인 것이다.

1-3 PLC와 컴퓨터

PLC는 컴퓨터 기술에 의해 탄생된 새로운 제어장치이나, 사무실에서 사용되고 있는 컴퓨터와는 달리 현장 제어용이기 때문에 그 구조에 차이가 있고, 소프트웨어 측면에서도 제어 기술자들이 쉽게 접근할 수 있도록 구성되어 있다.

(1) 하드웨어

컴퓨터는 고도의 계산이나 사무처리 등에 사용되기 때문에 입출력 장치가 키보드, 마우스, CRT, 프린터 등 컴퓨터용으로 설계된 기기이다. 따라서 두뇌에 해당되는 연산·기억장치가 비교적 큰 스페이스를 차지하고, 손발에 상당하는 입출력 장치는 비교적 작다. 즉 컴퓨터는 두뇌부분이 크며, 약전기기 형태의 구조이기 때문에 설치환경이 양호한 사무실 등에서 사용되지 않으면 안된다.

이에 비해 PLC는 릴레이 제어반 대신에 등장한 것이므로 입출력은 리밋 스위치나 솔레노이드 밸브 등 AC 110~220[V]급의 강전기기가 많다. 또한 각종 기계나 기기에서 발생되는 전기적 잡음, 온도, 습도, 먼지 등이 많은 열악한 환경에서 사용된다.

그런데 PLC도 연산부분은 컴퓨터와 같이 IC 등의 약전부품으로 구성되어 있기 때문에 입출력 기기와 제어 연산부의 사이에 신호를 변환, 증폭하거나 노이즈를 없애는 회로 등이 필요하게 된다. 한마디로 PLC는 열악한 환경조건에 견디기 위해 튼튼한 보호구조가 필요하기 때문에 강전구조이다.

(2) 소프트웨어

컴퓨터의 프로그램에 사용되는 언어는 포트란(FOTRAN)이나 코볼(COBOL) 등 전용 컴퓨터 언어이며, 그 때문에 전문교육을 받은 사람이 아니면 간단히 사용하지 못한다.

그러나 PLC는 기계나 장치를 운전하는 기능공이나 설비를 보수 유지하는 기술자가 알 수 있도록 종전부터 사용해 오던 시퀀스 회로에 가까운 언어나 기호를 사용하기 때문에 간단한 교육만으로도 누구든지 프로그래밍 할 수 있다.

결론적으로 PLC는 기술적으로는 컴퓨터이지만 사용법에서 보면 현장의 제어장치이며, 말하자면 산업용 컴퓨터라 할 수 있겠다.

표 4-2 PLC와 컴퓨터의 비교

항 목		PLC	컴퓨터
하 드 웨 어	입 력	• 누름버튼 스위치 • 리밋 스위치 • 센서 등에서 오는 강전 신호	• 키보드 • 마우스 등으로 넣는 약전 신호
	출 력	• 모터 • 릴레이 • 솔레노이드 등을 구동하는 강전 출력	• 프린터 • 모니터 • 플로터 등으로 나타내는 약전 출력
	사용장소	현장의 기계 부근	사무실이나 공조실
	구 조	강약전 병용	약전 구조
	용 도	기계 설비의 제어	데이터 처리
소 프 트 웨 어	취급자	작업자나 설비 관리자	프로그래머, 오퍼레이터
	프로그램 언어	시퀀스 회로를 중심으로 한 언어	전문 컴퓨터 언어

참 고

탠덤(Tandum)형 에어 실린더

2개의 에어 실린더를 직렬연결한 실린더로 출력을 2배로 얻을 수 있다.

2. PLC의 구성과 원리

2-1 하드웨어의 구성

　PLC는 CPU를 포함한 제어 연산부, 메모리부, 입력부, 출력부, 전원장치 및 주변기기로 구성되어 있다.

　그림 4-4는 PLC의 구성도와 마이크로 컴퓨터의 구성도를 나타낸 것으로 하드웨어의 구성이 비슷하다는 것을 알 수 있다.

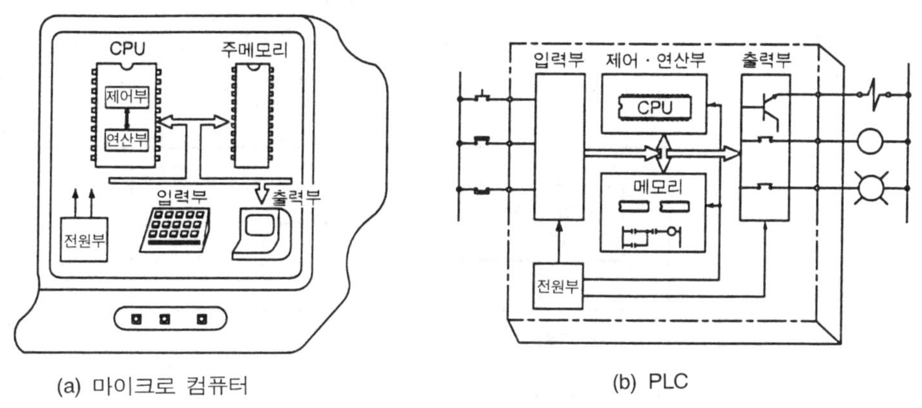

그림 4-4　PLC와 마이크로 컴퓨터의 비교

　주요 구성부를 비교해 보면 PLC의 제어 연산부는 마이크로 컴퓨터의 CPU이며, PLC의 기본 소프트웨어와 사용자 프로그램을 격납하는 메모리부는 마이크로 컴퓨터의 주메모리와 기능이 같다. 또한 각종의 입력신호 지령용 조작 스위치와 기계의 위치를 검출하는 센서 등의 신호를 입력하는 입력부는 컴퓨터의 키보드와 같고, 연산결과를 출력하여 실린더나 모터 등을 기동시키는 PLC의 출력부는 컴퓨터의 CRT나 프린터에 상응된다.

　이상과 같이 PLC와 마이크로 컴퓨터는 그 구성과 연산처리를 실시하는 프로세스가 거의 동일하며, 이때문에 PLC를 산업용 컴퓨터라 부르기도 한다. 다만 이 두 가지가 외관상 가장 다르게 되어 있는 부분은 입력부와 출력부로서 이것은 PLC에서는 시퀀스 제어가 주

업무이기 때문에 시퀀스 제어를 위한 다양한 종류의 입력신호와 대전압, 대전류를 취급하는 출력신호를 다루기 쉽도록 되어 있고, 그 구조는 설치환경과 보수유지상의 문제를 고려하여 주로 환경이 양호한 사무실에서 사용하는 마이크로 컴퓨터와는 다르게 되어 있다.

2-2 제어 연산부

제어 연산 부분은 중앙처리장치(Central Processing Unit : CPU)라고도 부르며, 그림 4-5에 나타낸 바와 같이 논리연산 부분(Arithmetic and Logic Unit : ALU), 명령어 어드레스를 호출하는 프로그램 카운터 및 몇 개의 레지스터, 명령해독 제어부분 등으로 구성되어 있다.

소형이든 대형이든 모든 PLC에는 CPU를 포함하고 있다. PLC나 컴퓨터는 그 심장부기 마이크로 프로세서로 마이크로 컴퓨터용으로 개발된 8비트나 16비트의 범용 CPU를 PLC에도 사용하고 있기 때문에 릴레이나 타이머, 카운터 등의 기능도 간단히 실현할 수 있다.

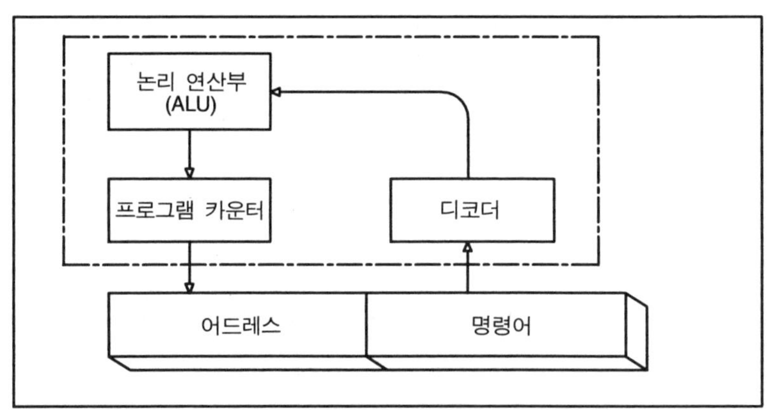

그림 4-5 CPU의 구성도

연산원리는 PLC를 운전모드로 하면 프로그램의 내용에 따라 실행을 하는데 먼저 메모리 어드레스를 결정해야 하므로 이 기능을 프로그램 카운터가 담당한다. 즉 프로그램 카운터의 번호에 맞는 어드레스의 명령을 취출하여 디코더(decoder)가 명령을 해독하게 되고, 연산부에서 연산을 실시하여 레지스터에 기록함과 동시에 그 결과에 따라 출력을 내보내게 된다. 취출된 명령의 처리가 완료되면 프로그램 카운터는 1씩 증가되어 다음 명령을 취출하게 되고 계속적으로 연산처리를 실시한다. 이 과정을 그림으로 나타낸 것이 그림 4-6이다.

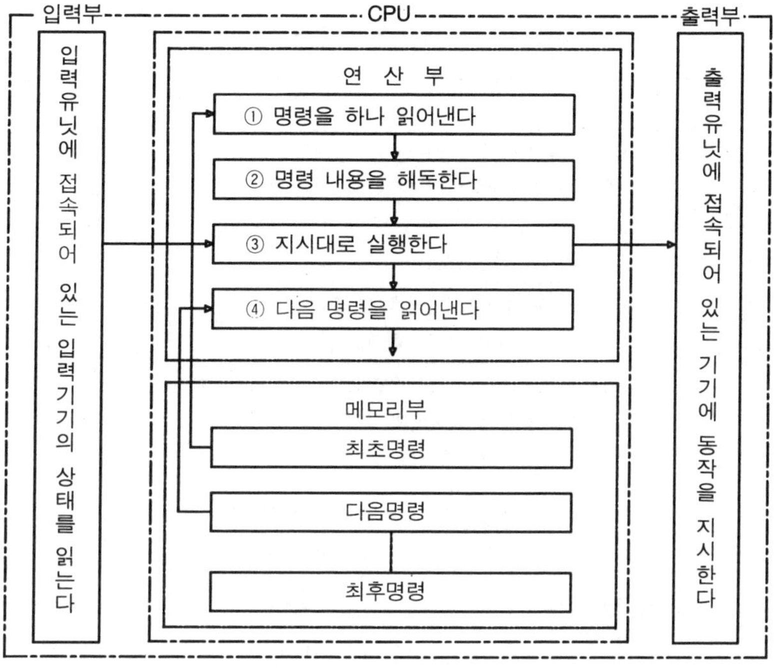

그림 4-6 PLC의 동작원리

2-3 메모리부

(1) 메모리의 종류와 기능

사용자가 작성한 시퀀스 프로그램의 내용을 저장하는 데 사용되는 부분이 PLC의 메모리부로서, 여기에 사용되는 메모리에는 사용하는 목적에 따라서, 또는 사용소자에 따라서 여러 종류가 적절히 사용되고 있다.

마이크로 컴퓨터에서는 주 메모리와 보조 메모리로 구분되고, 주 메모리는 CPU가 직접 명령을 읽어 내거나 데이터를 읽기, 쓰기하는 메모리로서 대체로 LSI(Large scale integration)로 이루어진 RAM이 사용된다. 그리고 보조 메모리는 연산부의 외부에 놓여지는 것으로 주 메모리에 기억할 수 없는 데이터나 프로그램을 일시 기억해 두기 위하여 쓰여진다. 이 보조 메모리에는 자기 디스크인 하드 디스크나 플로피 디스크가 주로 사용되는데, PLC에는 보조 메모리가 별도로 구비되어 있지 않다.

표 4-3 메모리의 사용소자에 따른 분류

종 류	특 징
자기코어 메모리	자기코어를 매트릭스상으로 짜 선택한 어드레스에 전류를 흘려 자화시켜서 내용을 기억시킨다. 리드(read)는 리드전류에 의해 코어 내용을 검지한다. 그러나 한 번 읽어내면 자화가 반전되므로 rewrite를 해 둔다. 이 때문에 코어 매트릭스의 주변회로가 복잡해지고 소비전력이 크다는 단점이 있다.
와이어 메모리	와이어에 자성(磁性) 박막을 도금하여 코어대신에 사용한다. 비파괴 리드가 가능하지만 리드 레벨이 코어에 비해 작다.
IC 메모리	IC의 기본로직의 하나인 플립플롭(Flip-fiop)을 기억요소로서 사용하여 고집적화한 것이다. 현재 사용되는 메모리의 주종이다.

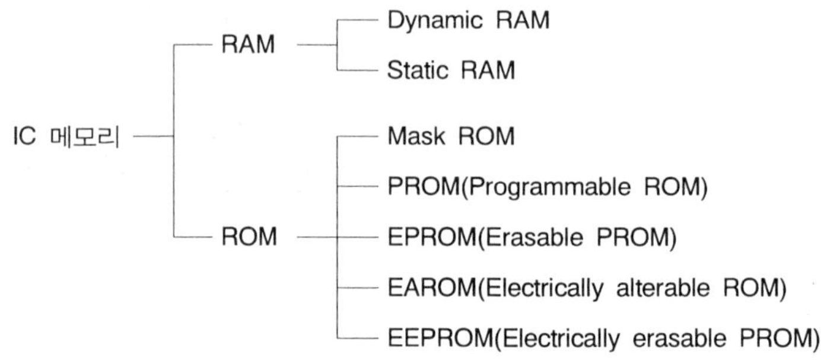

그림 4-7 IC 메모리의 종류

1) RAM

RAM은 Random Access Memory의 약어로서 각각의 메모리 워드 또는 비트에 데이터를 쓰거나 읽는 것이 자유로운 메모리를 말한다.

종류로는 다이내믹 RAM과 스태틱 RAM이 있으며, 스태틱 RAM은 릴레이 제어에서 사용되는 래치와 유사한 기능을 하는 트랜지스터를 사용하는 것으로 소비전력이 낮아 배터리 백업이 가능한 소형 컴퓨터, 계측기 등의 보조 기억장치에 주로 쓰이며, 집적도가 낮아 고가인 단점이 있다.

다이내믹 RAM은 구조면에서 스태틱 RAM과는 차이가 있으며, 메모리에 기억된 내용을 유지하기 위해서는 연속적인 재충전 작업이 필요하다. 따라서 메모리 내의 각 비트들의 내용을 유지하기 위해 충전용 캐피시터를 사용한다. 이런 종류의 메모리는 집적도가 높고 가격이 저렴하여 범용 컴퓨터의 주기억장치에 주로 사용된다.

RAM은 데이터를 쓰거나 읽는 것이 자유로운 반면 전원이 차단되면 메모리에 저장된 내용이 지워져 버리는 단점이 있다. 즉 RAM은 전원차단시 10^9초 이내에 기억된 정보가 지워져 버리므로 소멸성 메모리라 한다.

따라서 전원이 끊겨도 저장된 내용을 유지하기 위해서는 비상용 전원장치가 필요하다. 이러한 이유로 PLC 시스템의 CPU 내에는 전원차단시 RAM에 전원을 공급하기 위한 백업용 배터리가 갖추어져 있다.

그러나 이와 같은 문제는 ROM을 사용하면 해결되므로 PLC운전에 있어서 프로그램의 작성이나 변경이 필요한 초기운전 단계에는 RAM을 사용하고, 프로그램 변경이 필요 없는 정상운전 단계에서는 ROM운전으로 전환하는 것이 시스템의 운전측면에서 안정적이라 할 수 있다.

2) ROM

ROM(Read Only Memory)은 읽어내기 전용의 메모리로서, 간단하게 메모리에 기억된 내용을 변경하거나 새롭게 기억하는 것이 곤란하다. 따라서 ROM은 대부분 시스템 프로그램 저장용으로 사용되며, PLC에서 사용자 프로그램 격납용으로 사용할 경우는 테스트 운전이 종료되어 더 이상 프로그램 변경이 필요없을 때 사용하면 백업용 배터리를 준비해야 하는 등의 문제가 없다.

ROM에는 그림 4-7에 나타낸 몇 가지의 형태가 있다. 이 중에서 마스크 ROM은 IC 작성시에 기억시키는 내용도 함께 IC 내부회로에 조립되어서 IC가 완성되면 내용도 기억되는 형태이기 때문에, 동일한 내용의 ROM을 대량으로 생산하는 경우에 이 마스크 ROM을 사용하면 가격절감을 꾀할 수 있는 이점이 있다.

또한 ROM에는 사용자가 그때마다 자신의 형편에 맞게 기억시켜 사용할 수 있는 PROM이 있는데, 이 PROM에 내용을 기입하기 위해서는 PROM 기입 전용툴이 필요하며 이것을 롬 라이터(ROM Writer)라 한다.

PROM에는 한 번 기입해서 사용한 후 잘못 기입하였거나 또는 새로운 프로그램을 기입하기 위해 ROM의 내용을 소거하고 재차 기입할 수 있는 EPROM이 있다. EPROM의 소거 방법으로는 ROM IC의 중앙에 투명한 창을 설치하여 이 창에 자외선을 조사(照射)함으로써 ROM의 내용을 지울 수 있는 것이 일반적이다.

자외선을 조사하여 ROM의 내용을 소거하는 전용툴을 롬 이레이저(ROM Eraser)라고 한다. 이와 같이 EPROM은 몇 번이고 ROM의 내용을 변경할 수 있기 때문에 마이컴의 프로그램 개발이나 PLC에서 사용자 프로그램 격납용으로 적합하다.

또한 RAM과 EPROM의 특징을 겸비한 새로운 형태의 ROM이 EEPROM으로서, 이 EEPROM은 EPROM에서와 같이 기록이나 소거에 특별한 장치를 필요로 하지 않고, RAM 사용시의 불편한 점인 배터리가 없어도 기억된 내용을 유지할 수 있는 장점을 가지고 있다. 다만 EPROM에 비해 어느 정도 값이 비싸다는 단점이 있다.

(2) 저장용량과 크기

컴퓨터나 PLC는 단지 신호의 유무를 표시할 수 있는 신호 0과 신호 1의 두 가지 상태만을 인식한다. 따라서 자료는 이러한 두 가지 신호의 조합으로 기억장치 속에 기억되어 있으며, 통상전압이 2.0~5.0[V]는 1로 표시하고, 0~0.8[V] 사이는 0으로 표시한다.

이렇게 두 가지 형태로 표시되기 때문에 이것을 2값신호 또는 2진수라 부른다. 가장 작은 메모리 단위인 저장위치는 0과 1 중 어느 하나의 값이 기억된다. 이와 같은 가장 작은 자료의 단위를 비트(bit)라 한다.

기억용량은 이 비트의 수량을 나타내는 것으로 K(kilo)는 대용량에 사용되며, 1kilo bit(1kbit)는 1024bit이다. 예를 들어 ROM이 2048bit의 기억용량을 가지고 있다면 이것은 2kilo bit ROM이며 간단히 2k ROM이라 표시한다.

단어의 길이는 하나의 메모리 워드에 포함되는 비트의 개수를 나타내며, 기억용량은 512×8bit와 같은 단어의 수량과 단어 길이(語長)의 곱으로 표시된다. 위와 같은 경우라면 각 8bit씩 512개의 단어를 기억할 수 있는 용량이 된다.

그러나 PLC의 기억용량에서는 저장될 수 있는 비트의 수량보다 워드(Word)의 수량이 더욱 관심의 대상이 되며 따라서 단위도 K-word를 적용한다. PLC 메이커가 제공하는 카탈로그에는 1K 또는 1K word라고 표시되거나 스텝(Step)으로 표시되어 있는 경우가 대부분이며, 이는 저장할 수 있는 단어의 수량을 나타낸 것이다.

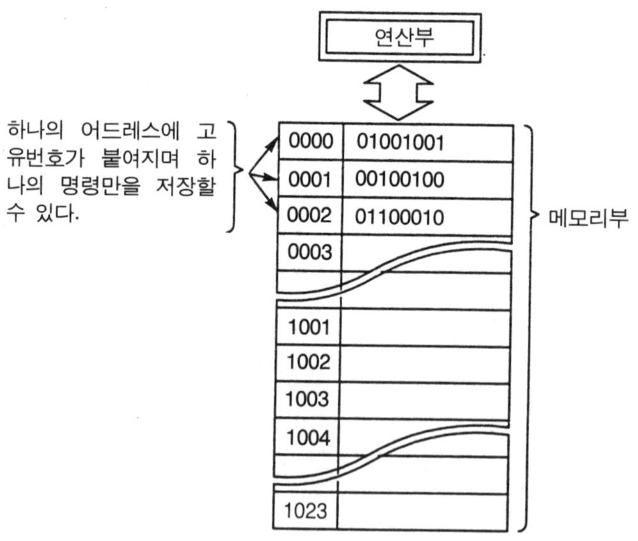

그림 4-8 메모리의 개념적 구조(1K Word의 경우)

2-4 입력부

PLC의 입력부는 외부로부터 수신되는 다양한 입력신호를 제어 연산부가 처리할 수 있는 IC신호 레벨로 변환시켜 연산부에 전송한다. 즉 입력부는 누름버튼 스위치, 리밋 스위치, 근접 스위치 등의 입력신호를 PLC의 제어 연산부에 전기 신호로 접속하기 위한 인터페이스 역할을 담당하는 것이다.

여기서는 PLC 입력부의 구성과 원리, 입력부 선정 요점, 입력유닛의 종류에 대해 설명한다.

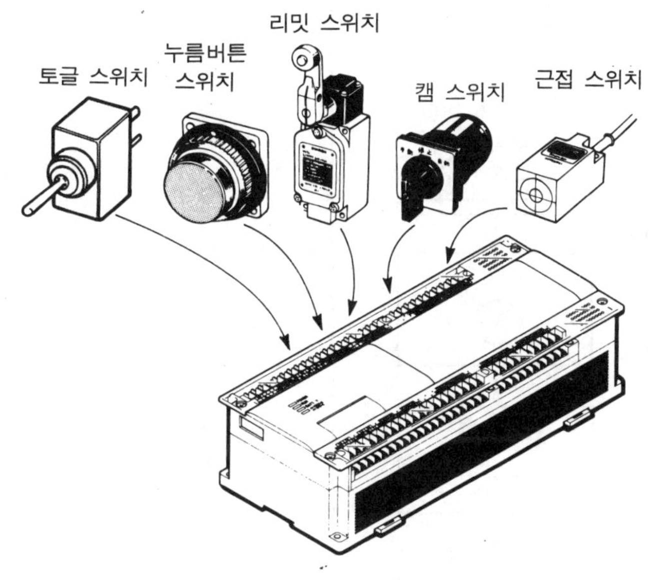

그림 4-9 PLC의 입력기기

(1) 입력부의 구성과 기능

입력부는 크게 입력기기와 PLC와 접속하는 유닛단자, 외부기기의 신호를 PLC의 CPU에 맞는 낮은 전위값으로 변환하는 신호 변환부, 입력상태를 가시적으로 나타내는 표시 회로부와 입력부에 포함되는 노이즈나 서지전압, 전류를 흡수하는 필터회로, 노이즈의 내부침투를 막는 절연 회로부로 구성되어 있다.

1) 입력기기와 입력신호

시퀀스 제어의 목적으로 이용되는 입력기기에는 용도에 따라 다양한 종류가 있으며, 따라서 PLC에 입력되는 신호의 형태도 다양하다.

PLC의 입력신호는 크게 디지털 입력신호와 아날로그 입력신호로 대별되고, 사용전원의 종류와 적용전압의 레벨에 따라 여러 가지로 분류된다.

표 4-4는 PLC에 입력되는 입력기기의 종류와 적용전압을 나타낸 것으로 개개의 입력기기에 따라 사용되는 전압이 각기 다르다. 그러므로 PLC의 입력부는 입력기기가 취급하는 전압에 맞게 할당해야 되므로, 그에 따른 적합한 입력유닛을 선정하지 않으면 안된다.

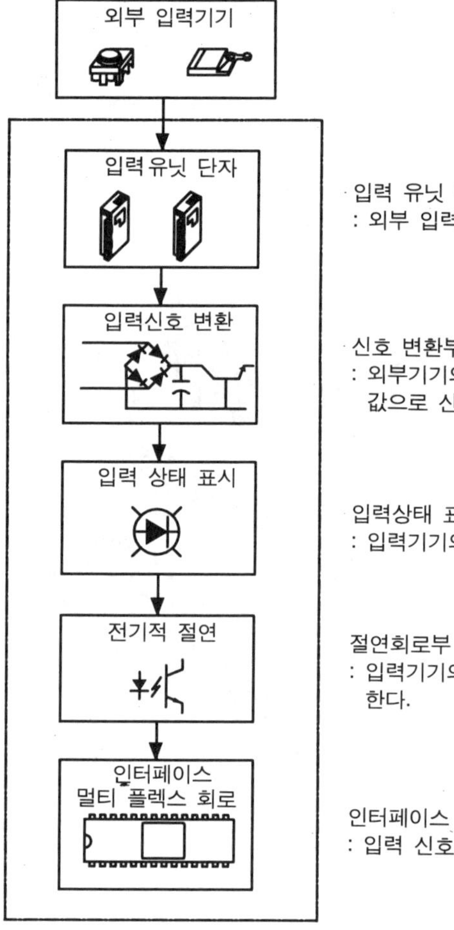

그림 4-10 입력부의 신호 블록도

표 4-4 PLC의 입력기기와 적용전압

종 류	적용전압	입력기기의 종류
강전기기	AC 110V AC 220V	누름버튼 스위치, 각종 절환 스위치, 리밋 스위치, 강전용의 릴레이 접점, 전자 접촉기, 개폐기의 접점 등의 접점 입력기기
약전기기	DC 12V DC 24V	누름버튼 스위치, 디지털 스위치, 마이크로 스위치 등 접촉 신뢰성이 높은 접점 입력기기와 근접 스위치, 광전 센서 등의 무접점 입력기기
계측기나 컴퓨터 신호	DC 5V DC 12V	출력부에 TR이나 TTL-IC를 사용한 입력기기

2) 신호 변환부

입력유닛의 입력신호 변환회로는 외부기기의 입력신호를 CPU가 처리할 수 있도록 CPU의 신호레벨로 변환하는 회로이다.

입력신호 중 디지털 입력신호의 신호변환은 비교적 간단하나 아날로그 입력신호의 변환은 신호 변환기와 입력신호 사이의 변환비율이 필요하다. 디지털 입력신호의 변환이 입력기기의 ON/OFF 상태를 CPU에 전달하는 것에 비해 아날로그 입력신호의 변환은 2진 신호로 CPU에 전달하도록 되어 있다.

ON/OFF 형태의 입력신호 중 DC전원의 입력신호는 저항회로를 이용하여 간단히 변환이 가능하나, AC전원의 경우는 브리지 정류기와 저항을 연결하여 직류신호로 변환한다. 그림 4-11은 대표적인 디지털 입력신호의 변환회로를 나타낸 것이다.

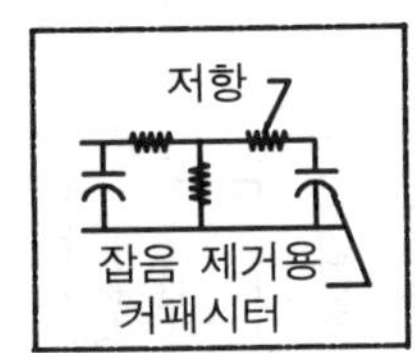

(a) DC전원 변환회로

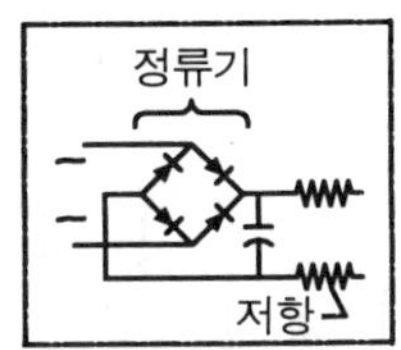

(b) AC전원 변환회로

그림 4-11 입력유닛의 신호변환 형태

3) 표시 회로부

입력신호의 표시는 기계의 보수·점검이나 조정시에 편리하다. 특히, 조정과 디버그를 완료하여 정상운전에 들어간 경우 TR이나 IC 같은 전자부품의 고장에 의한 PLC 자체의 사고는 비교적 적으나, 마이크로 스위치나 검출기의 접점불량과 접속부의 나사풀림, 고정위치의 어긋남 등에 의한 사고가 대부분이다. 그러므로 이와 같은 사고가 발생한 경우에 입력신호 표시등은 입력유닛이나 PLC 자체가 고장인지, 또는 외부 입력기기의 불량에 의한 것인지를 바로 판단할 수 있게 하여 보수·점검의 시간을 단축시키게 된다.

입력의 동작여부 또는 동작의 상태 등을 점검하기 위해 사용되는 인디케이터로는 LED나 네온램프 또는 백열전구 등이 있으나 비교적 수명이 긴 LED가 가장 많이 사용되고 있다. 그림 4-12는 입력신호 표시장치인 LED를 나타낸 것이다.

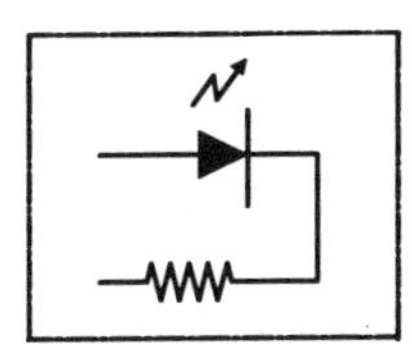

(a) 표시기호와 회로

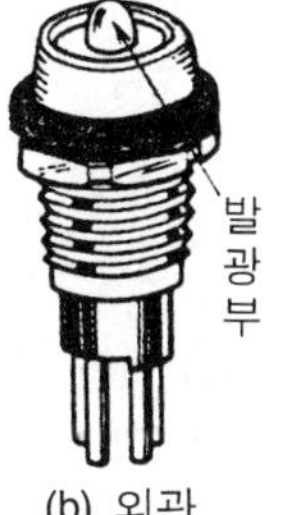

(b) 외관

그림 4-12 LED

4) 절연 회로부

입력유닛에는 입력부에 접속되는 외부기기와 CPU 사이를 전기적으로 절연한 절연형식과 외부기기가 콤먼선을 통하여 CPU와 전기적으로 이어져 있는 비절연 형식이 있다.

입력유닛의 절연 회로부는 입력신호 변환기를 거친 외부 입력신호를 CPU와 전기적으로 분리하는 것이 목적이다. 이것은 신호 변환시 제거되지 않은 전기적 잡음이나 과전압으로부터 CPU를 보호하기 위함이다.

절연방법 중 보편적으로 많이 이용되는 방법이 빛에 의한 방법이다. 이 장치는 입력신호를 전기원으로 사용하는 LED를 캡슐화하여 빛에 의해 동작되는 트랜지스터를 이용, 스위칭 동작을 얻어내는 것이다. 이것을 포토 커플러(Photo Coupler)라 하며, 빛을 이용한 절연방법 이외에도 코일을 이용한 트랜스포머를 사용하는 방법과 트랜스포머 대신에 리드 릴레이를 이용하는 방법도 있다.

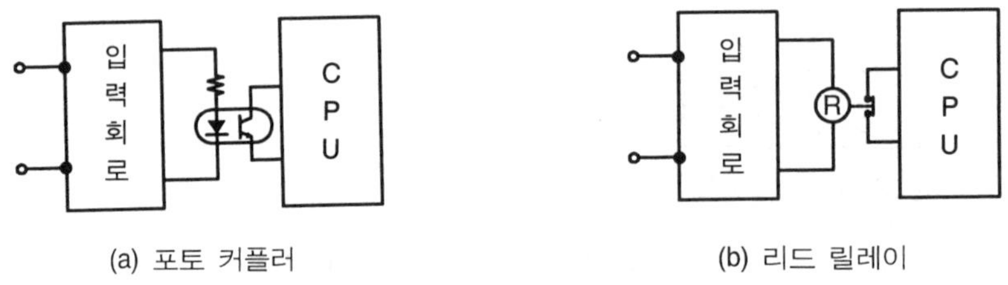

그림 4-13 입력부의 절연소자 종류

(2) 입력유닛의 선정요점

PLC의 입력유닛을 선정하는 것도 기본부 선정 못지않게 중요하며, 여기에서는 입력유닛을 선정할 때의 검토항목과 고려사항에 대해 설명한다.

입력부 선정시 검토항목

① AC 입력인지 DC입력인지의 여부
② 정격전압
③ 정격전류
④ 절연의 유무
⑤ 입력신호의 표시 유무
⑥ 입력 응답시간
⑦ 입력 점수
⑧ 증설의 필요성
⑨ 입력기기와 입력유닛의 접속 방식 등

1) 입력전원의 종류

교류를 입력전원으로 사용할 때는 특별한 입력용 전원장치가 필요하지 않으므로 사용이 편리하다는 장점이 있다. 특히 입력기기로 리밋 스위치나 전자 개폐기, 전자 접촉기 등의 강전용 접점을 사용하는 경우, 접촉 신뢰성은 일반적으로 전압이 높을수록 좋으므로 AC입력을 사용하는 쪽이 바람직하다.

직류를 입력전원으로 사용하는 입력기기로는 근접 스위치나 광전 센서 등의 무접점 신호기기와 소형 릴레이의 미소 접점신호, 키보드, 디지털 스위치 등의 데이터 입력신호의 취급시에 사용된다.

DC 입력유닛은 AC 입력유닛과는 달리 입력 신호선이 길어도 전자유도 등에 의한 오동작이 적은 것이 장점인 반면에, 강전용의 접점을 입력신호로 사용하는 경우에는, 전압이 낮고 입력전류도 작기 때문에 접촉불량 등에 대한 주의가 필요하다.

2) 정격전압

AC 입력으로는 110V와 220V가 일반적이다. AC 입력에서 유접점 입력기기일 경우는 어느 전압을 채용해도 접점의 접촉 신뢰성에 문제가 없다. 다만 이 경우에는 접촉 신뢰성보다는 오히려 감전에 의한 작업자의 안전을 고려하여야 하고, 특히 접점의 ON/OFF 시 발생되는 서지전압에 의한 PLC의 영향을 고려할 때 AC 110V를 사용하는 것이 220V를 채용하는 것보다 유리하다.

DC 입력에는 12V, 24V, 48V, 100V 등이 사용되고 있다. DC 입력의 경우는 앞에서도 언급한 바와 같이 유접점의 접촉 신뢰성은 고전압이 더 유리하므로 입력기기의 정격전압에 사용상 문제가 없다면 24V나 48V를 채용하는 것이 유리하다.

3) 정격전류

PLC 입력유닛의 정격전류는 3mA~10mA가 대부분이며 특별한 것에는 30mA까지 있다.

입력유닛이 포토 커플러를 사용하여 절연한 형식에는 정격의 공급전압과 함께 규정전류를 흘리게 하지 않으면 안되므로 주의가 필요하다.

4) 절연의 유무

절연의 유무는 절연방식이 비절연 방식보다 신뢰성 측면에서 안전하기 때문에 가급적 절연된 입력유닛을 채용해야 하나, 제어반상의 조작 패널과 같이 짧은 배선으로 접속되는 경우나 노이즈 환경이 양호한 장소에는 비절연 방식을 채용해도 무방하다.

5) 동작표시의 유무

입력신호의 동작상태를 나타내 주는 동작표시 기능은 기계의 보수나 점검 및 조정시
에 편리하기 때문에 중요한 신호의 입력에는 표시회로에 의한 표시등이 부착되어 있는
입력유닛을 채용하는 것이 좋다.

6) 입력 응답시간

일반 입력유닛의 응답시간은 1ms~15ms 정도이다. 따라서 조작 패널에서의 누름버튼
스위치나 전자 접촉기 등의 보조접점에서의 신호를 취급하는 경우에는 문제시되지 않
는다.

그러나 계측기나 특히 로터리 엔코더 등에서 발신되는 신호를 수신하여 처리해야 할
경우에는 일반적인 AC나 DC입력 유닛으로는 곤란하므로 고속 카운터 입력유닛의 사용
을 검토하여야 한다.

7) 입력점수

PLC의 입력점수는 제어 시스템이 입력점수를 몇 개 필요로 하고 있는가의 문제이며,
당연히 시스템의 크기와 복잡도에 따라 관계가 있다.

입력점수는 시퀀스 제어에 필요한 명령지령용 입력신호의 수와 검출 및 보호용 입력
신호수를 계산하여 필요로 하는 수만큼 준비해야 하는데, 조정과 테스트를 하다 보면 추
가하지 않으면 안되는 경우가 많다. 때문에 다소의 여유를 가지고 입력점수를 확보하여
두는 편이 좋다. 또한 하나의 입력점이 고장시 입력카드를 교체하지 않고도 손쉽게 대처
할 수 있도록 하는 여유분도 고려하는 것이 바람직하다.

PLC 메이커에서 출하되는 하나의 입력카드에는 통상 4점, 8점, 16점, 32점 등의 입력
수가 하나의 그룹으로 형성되어 나오나 16점이나 32점 카드가 주로 사용된다.

8) 증설의 필요성

이것은 증설의 필요성이 생긴 경우 손쉽게 대처하기 위한 문제인데, PLC의 입력부 선
정시 검토항목이라기보다는 좀더 먼저 검토해 두지 않으면 안되는, 말하자면 PLC의 기
종선정에 있어서 중요 사항이다.

PLC의 외관 구조에 따라 모든 구성부가 일체로 된 단독형 PLC는 비교적 값이 싸고
간편하게 이용할 수 있는 반면에, 입출력 점수가 고정되어 있기 때문에 대폭적인 입출력
점수의 증가가 예상되는 시스템에는 채용하지 않는 편이 바람직하다.

반면에 제어연산부와 입출력부가 각각 유닛으로 구성되어 있는 빌딩블록형(유닛형이
라고도 함)의 PLC에서는 입력부나 출력부의 증설이 유닛단위로 가능하기 때문에 증설시

간단하게 대처할 수 있으며, 보수나 유닛 고장시 교환이 필요한 경우에도 손쉽게 대처할 수 있다.

9) 입력기기와의 접속방식

외부 입력기기와 입력유닛의 접속방식은 크게 두 가지로 분류된다. 그것은 컴퓨터의 신호선과 같은 커넥터식과 터미널(압착단자)을 접속하여 고정할 수 있는 단자대식이다.

통상 32점 이상의 입력점수가 하나의 유닛으로 된 입력유닛에서는 커넥터 방식이 쓰이고, 일반적인 8점이나 16점, 32점 정도의 일반 시퀀스 입력용 유닛에는 단자대 방식이 많다.

또한 접속방식을 검토하는 데 있어 검토할 항목으로는 입력점수 몇 점마다 콤먼선(공통선)이 준비되어 있는가도 조사하여 둘 필요가 있다. 이것은 만일 전 입력점이 1개의 콤먼선으로 되어 있는 경우는 결선작업시 공수(工數)가 절약되는 이점이 있으나, 1개의 입력유닛에 복수계통의 입력을 사용할 경우에는 계통별로 분리하지 않으면 안되는 일이 발생되기 때문에 적당한 형식을 선정하여야 한다.

(3) 입력유닛의 종류와 회로

한 번 채용된 PLC는 장시간 안정되고 신뢰성 있게 사용되어야 하므로 사용되는 입력기기에 맞는 입력유닛의 선정은 매우 중요하다. 당연히 PLC에 입력되는 입력기기의 종류와 형태가 많은 만큼 PLC 메이커에서 제품화한 입력유닛의 종류도 다양하다. 여기서는 각 입력유닛의 종류와 그 회로예를 보면서 기능과 특성을 알아본다.

1) AC 입력유닛

AC 입력유닛은 상용전원인 AC 110/220V를 입력전원으로 사용하기 때문에 특별히 입력용 전원을 준비할 필요가 없다.

AC 입력유닛에 적용되는 시퀀스 입력기기로는 누름버튼 스위치, 각종 절환 스위치, 리밋 스위치, 릴레이, 타이머의 접점, 전자 접촉기, 개폐기의 접점신호 등을 들 수 있다.

그림 4-14는 AC 입력유닛의 내부회로로, 누름버튼 스위치나 리밋 스위치를 눌렀을 때 AC 입력전원을 통해 입력되는 전류는 정류기에서 직류신호로 변환되고, 이 전류에 의해 포토 커플러의 발광 다이오드를 발광시켜 내부회로에 신호를 보내게 된다.

이때문에 AC 입력의 경우에는 필연적으로 포토 커플러나 절연 트랜스를 사용하여 절연한 형식으로 된다.

AC 입력유닛의 종류는 입력전압의 정격에 따라서 110V, 220V용과 110/220V 겸용으로 나누어진다.

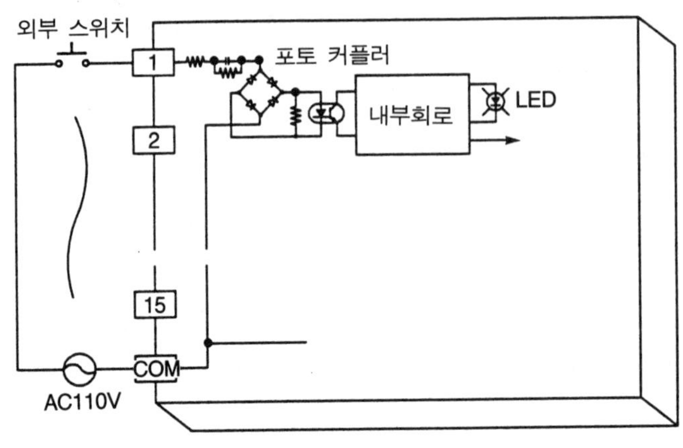

그림 4-14 AC 입력유닛(절연형식)

표 4-5는 AC 110V 입력유닛의 사양예로, 이 형식은 입력점수가 16점이고 전점 콤먼방식을 취하고 있어 배선절감을 꾀하고 있다. 이 입력유닛은 입력저항이 10kΩ 정도로 크지만, 응답시간은 15ms 정도로 다음에 설명하는 DC 입력유닛에 비해 느린 편이다.

표 4-5 AC 110V 입력유닛의 사양예

항 목		형 식	AC 입력유닛
			MX 10
입력점수			16점
절연방식			photo coupler 절연
정격 입력전압			AC 100~120V, 50/60Hz
정격 입력전류			10mA(AC 110V, 60Hz)
사용전압 범위			AC 85~132V (50/60Hz ±5%)
돌입전류			최대 300mA, 0.3ms 이내 (AC132V)
ON전압/ON전류			AC 80V 이상 / 6mA 이상
OFF전압/OFF전류			AC 40V 이하 / 4mA 이하
입력저항			약 10kΩ(60Hz)
응답시간		OFF→ON	15ms 이하
		ON→OFF	25ms 이하
콤먼방식			16점 1콤먼
동작표시			LED 점등
외부접속방식			20점 단자대 커넥터

PLC 메이커가 제공하는 카탈로그에는 표 4-5에 나타낸 항목 외에도 적합 전선의 굵기

나 사용 압착단자의 형식 등과 함께 내부회로의 구성도, 단자대 구성도 등도 함께 제공하는 경우가 많다.

2) DC 입력유닛

DC 입력유닛은 각종의 조작 스위치, 마이크로 스위치 등의 접점에 의한 입력신호와 근접 스위치, 광전 센서 등의 트랜지스터에 의한 입력신호 및 계측기 등의 TTL-IC에 의한 입력신호 등 폭넓은 용도에 사용된다.

DC 입력유닛에는 입력전압의 정격에 따라 12V, 24V, 48V 등의 세 종류가 많이 사용되고, 콤먼방식에 따라서도 싱크방식과 소스방식 등이 있다. 또한 내부회로와 입력유닛 사이가 절연된 절연형식과 절연하지 않은 비절연 형식 등 그 종류가 꽤 많다.

그림 4-15에 나타낸 것은 싱크방식에 절연형식의 DC 입력유닛의 회로예이고, 표 4-6에 이 방식의 사양예를 나타냈다.

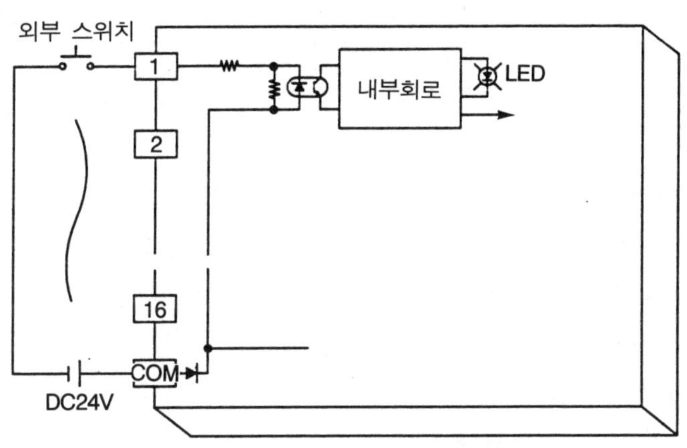

그림 4-15 싱크형식 DC 입력유닛(절연형식)

DC 입력유닛에서 싱크방식은 입력전원의 +가 입력회로의 콤먼측에 가해지고, 입력단자에서 입력기기를 통해 −에 접속된다. 따라서 입력기기가 동작(ON)하면 입력단자의 전압이 −전위로 되어 COM단자와 입력단자 사이에 입력전압이 인가되어 전류는 입력단자에서 입력전원의 −측으로 흐른다. 이와 같은 형식을 싱크방식의 입력유닛이라 한다.

그림 4-15는 포토 커플러를 채용하여 입력회로와 내부회로 사이를 절연하고 있는 형식이다. 이와 같은 절연형식은 누름버튼 스위치나 트랜지스터를 통해 입력되는 신호는 포토 커플러의 발광 다이오드를 발광시켜 이 광에 의하여 수광소자를 통전시키는 구조의 광 결합방식의 구조이기 때문에, 내부회로의 신호 접지계인 콤먼라인의 전위를 동요시키거나 전위차를 발생시키지 않는다. 이때문에 절연형식의 입력회로는 노이즈 환경이 나쁜 장소에서도 사용이 적합하다.

표 4-6 DC 입력유닛의 사양예

항 목		형 식	DC 입력유닛
			MX 40
입력점수			16점
절연방식			photo coupler 절연
정격 입력전압			DC 24V
정격 입력전류			10mA
사용전압 범위			DC 10.2~26.4V(리플률 5% 이내)
ON전압/ON전류			DC 9.5V 이상 / 3mA 이상
OFF전압/OFF전류			AC 6V 이하 / 1.5mA 이하
입력저항			약 2.4kΩ
응답시간	OFF→ON		10ms 이하
	ON→OFF		10ms 이하
콤먼방식			8점 1콤먼
동작표시			LED 점등
외부접속방식			20점 단자대 커넥터

　　DC 입력유닛에는 이와 같은 싱크방식 외에도 콤먼측이 −전위인 소스형식이 있으며, 최근에는 사용자가 임의로 선택할 수 있는 싱크/소스 겸용의 형식도 나와 있다.

　　DC 입력유닛에서 싱크형식이나 소스형식의 선택은 각종의 조작 스위치나 리밋 스위치 등의 접점 입력기기를 접속할 경우는 문제가 없으나 근접 스위치나 광전 센서 등 트랜지스터 출력형 센서를 접속할 경우는 센서의 출력형식이 NPN, 또는 PNP형식에 따라 알맞게 선정하지 않으면 안된다.

3) 센서용 입력유닛

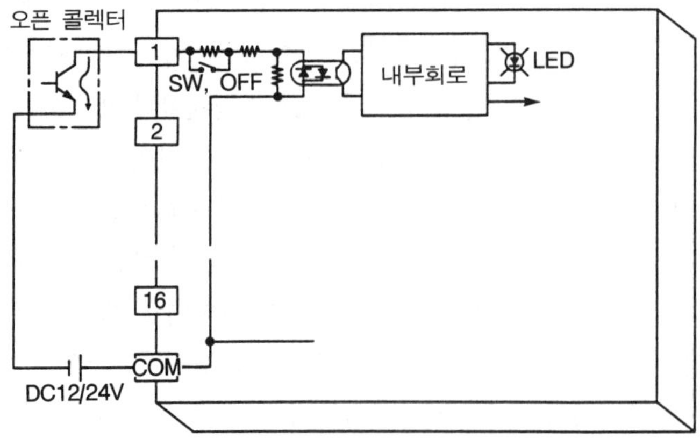

그림 4-16 센서용 입력유닛(싱크/소스형식)

그림 4-16은 전압 출력형 근접 스위치, 광전 센서 등의 무접점 입력기기용 입력유닛의 회로예로서 싱크/소스 겸용이다. 센서용 입력유닛은 기본적으로는 DC 입력유닛이지만 표 4-7에 나타낸 사양예와 같이 응답시간이 1.5ms 이하로 DC 입력유닛에 비해 매우 빠르다는 특징을 가지고 있다.

또한 이 회로는 사용자가 싱크 또는 소스 입력형식을 선택할 수 있는 무극성 형식이며, 내부회로 스위치의 ON·OFF에 따라 사용전압 범위도 DC 4.5~26.4V로 넓은 특징을 가지고 있다.

표 4-7 센서용 입력유닛의 사양예

항 목 \ 형 식	센서용 입력유닛 MX 70		
입력점수	16점		
절연방식	photo coupler 절연		
정격 입력전압	DC 5V	DC 12V	DC 24V
정격 입력전류	5.5mA	3mA	6mA
사용전압 범위	DC 4.5~5.5V(SW ON), DC 10.2~26.4V(SW OFF)		
입력저항	1.4kΩ(SW ON), 5.5kΩ(SW OFF)		
응답시간 OFF→ON	1.5ms 이하		
응답시간 ON→OFF	3ms 이하		
콤먼방식	8점 1콤먼		
동작표시	LED 점등		
외부접속방식	20점 단자대 커넥터		

4) 고속 카운터 입력유닛

일반적으로 PLC가 갖는 CPU의 카운터는 스캔타임의 관계로 인해 1초당 10회 정도의 계수(計數)가 한계이다. 이때문에 위치 결정 제어나 정치수 제어를 위해 고속 계수용 카운터를 필요로 하는 제어는 CPU의 카운터로는 계수가 불가능하므로 CPU와는 독립적으로 설계된 고속 카운터 유닛으로 해야 가능하다.

고속 카운터 유닛은 그림 4-17에 그 블록도를 나타낸 바와 같이 가감산 카운터와 설정값 기억회로 및 그 두 값을 비교하는 비교회로 등으로 구성되고, 설정값에 대한 카운터 값의 내소나 일치신호를 출력한다.

비교회로에서 출력된 신호는 CPU로 보내 PLC의 프로그램으로 처리하면 연산시간에 의한 지연이 발생되므로 고속 카운터 유닛에서 처리된다.

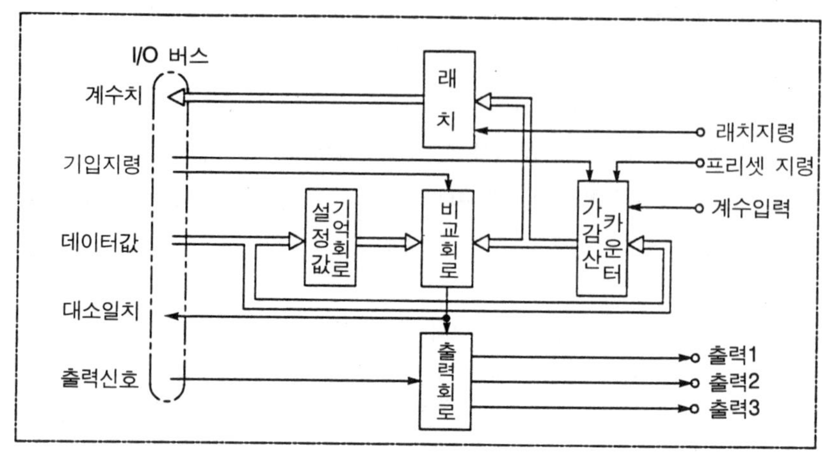

그림 4-17 고속 카운터 유닛의 블록도

즉, 고속 카운터 유닛을 사용하면 메이커의 기종에 따라서는 1만 카운트/초에서 5만 카운트/초까지 계수가 가능하므로 펄스 엔코더 등에서 발신하는 신호를 수신할 수 있다.

CPU의 카운터와 고속 카운터 유닛의 카운터의 차이점은 다음과 같다.

① 감산 및 가산이 가능하다.
② 설정값에 도달되어도 카운터는 정지하지 않고 최대값까지 카운트한다.
③ 설정값의 일치신호는 물론 대소 비교신호가 있다.
④ 출력신호는 고속 카운터 유닛 자체에서 출력이 가능하다.

그림 4-18은 고속 카운터 유닛을 적용한 시스템의 구성예를 나타낸 것이다.

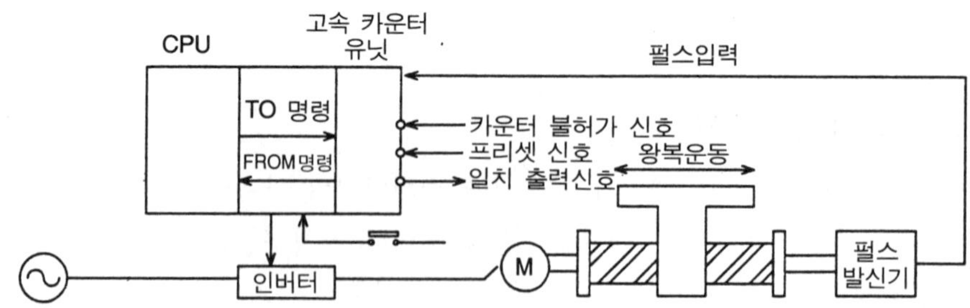

그림 4-18 고속 카운터 유닛을 적용한 시스템

표 4-8 고속 카운터 유닛의 사양예

| 항 목 | 형 식 | 고속 카운터 유닛 |
		MS 10S
입력	계수 속도	50K pps
	계수 범위	0~999999
	신호수	2개 (A상, B상)
	절연방식	포토 커플러 절연
	입력펄스 전압레벨	DC 5~24V
	카운트 펄스폭	5 μ sec
	I/O 점유 점수	64점
	접속방식	단자대 커넥터
	리셋 신호 레벨	DC 24V
	대소 비교 결과	현재치 > 설정치 현재치 = 설정치 현재치 < 설정치
출력	출력방식	트랜지스터
	부하전류	0.5A
	사용전압 범위	DC 21.6 ~ 26.4V
	출력 지연 시간 OFF→ON	0.5ms
	출력 지연 시간 ON→OFF	0.5ms
	절연방식	포토 커플러 절연

5) 아날로그 입력유닛

　PLC의 내부는 0V와 5V의 신호구분으로 동작되는 디지털 작동이므로 아날로그 신호를 직접 받아 처리할 수는 없다. 따라서 아날로그 신호는 아날로그/디지털 변환유닛을 거쳐 PLC의 CPU가 처리할 수 있는 디지털 값으로 변환시킬 필요가 있고, 이러한 용도에 이용되는 유닛을 아날로그 입력유닛 또는 A/D 변환유닛이라 한다.

　여기서 아날로그 양이란 전압, 전류, 온도, 유량, 압력, 속도 등과 같이 연속해서 변화하는 양을 말하는 것으로, 온도를 예로 들면 그림 4-19에 나타낸 바와 같이 시간에 따라 그 값이 연속해서 변화한다. 그러나 이와 같이 변화하는 온도를 직접 A/D 변환유닛에 입력할 수 없으므로 아날로그 양을 직류전압이나 전류로 동일하게 변환시키는 트랜스듀서(transducer)를 경유하여 PLC에 입력한다.

　한편 PLC의 CPU에서 연산결과를 내보내는 신호는 디지털 작동 신호이므로 아날로그 입력신호로 동작되는 AC 서보모터나 DC 서보모터, 모터 가변속 장치, 인버터, 각종 조절장치 등의 출력기기는 입력과 반대로 D/A 변환유닛을 통해 아날로그 양으로 변환하여야만 구동이 가능하다.

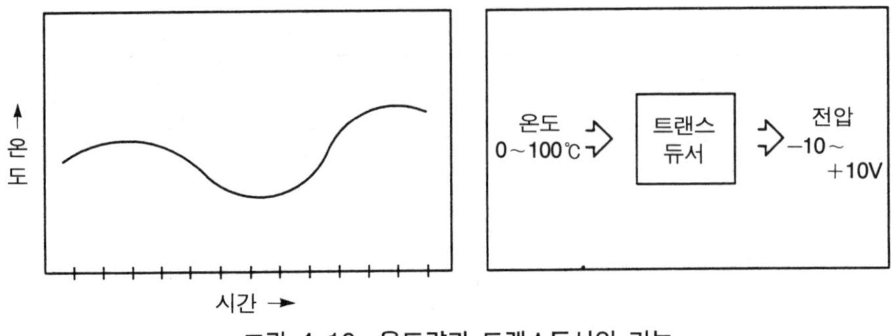

그림 4-19 온도량과 트랜스듀서의 기능

즉 PLC의 CPU는 디지털 값으로 연산되기 때문에 아날로그 양을 직접 입력할 수 없으므로 그림 4-20과 같이 아날로그 양을 디지털 값으로 변환하여 PLC의 CPU에 입력하고, 외부로 아날로그 양을 출력하려면 CPU의 디지털 값을 다시 아날로그 양으로 변환할 필요가 있다. 이러한 기능을 처리하는 것이 A/D 변환유닛과 D/A 변환유닛이다.

그림 4-20 PLC에서 아날로그 양 처리

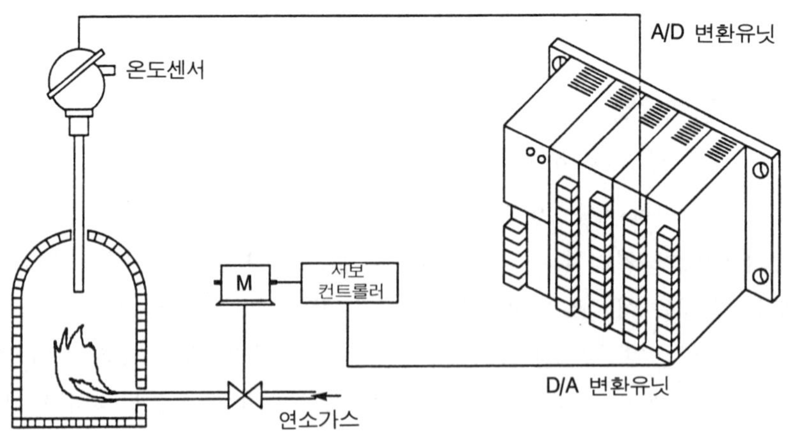

그림 4-21 노 안의 온도제어 시스템

A/D, D/A 변환유닛을 사용한 시스템의 예를 그림 4-21에 나타냈다. 이것은 노(爐) 안의 온도제어 시스템으로 노 안의 내부온도에 따라 가스버너에 공급되는 연소가스량을 서보모터로 제어한다. 즉 노 안의 온도를 일정하게 유지하려고 할 때, 온도가 낮으면 가

스밸브의 열림양을 크게 하고, 온도가 높으면 밸브를 닫거나 밸브의 열림양을 적게 하여 연소불꽃의 크기에 의해 온도를 일정하게 조절하게 된다.

한편 앞에서도 언급한 바와 같이 물리량인 온도, 압력, 유량, 속도 센서 등의 신호나 전기량인 전압, 전류, 주파수 등을 A/D 변환유닛에 직접 입력할 수 없으므로 등가의 아날로그 양을 전압이나 전류로 변환하여 입력하여야 한다. 이것은 D/A 변환유닛에서도 마찬가지이다. 이 관계를 그림 4-22에 나타냈다.

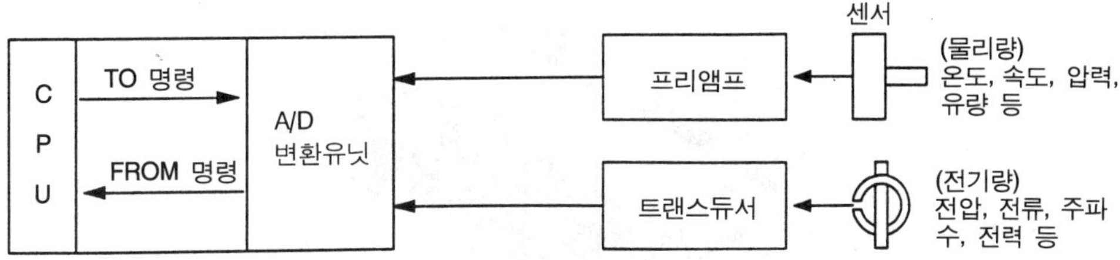

그림 4-22 A/D 변환유닛에의 적용입력

표 4-9 아날로그 입력유닛의 사양예

항 목＼형 식	아날로그 입력유닛
	M68AD
입력점수	8점
점유점수	32점
절연방식	photo coupler 절연
아날로그 입력	−12mA ~ +20mA(입력저항 250Ω) DC 0~±10V(입력저항 30kΩ)
디지털 출력	+20mA일 때 1000, −12mA일 때 −1000, +10V일 때 2000, −0V일 때 −2000
분해능	전류 20μA(±1/1000) 전압 5mV(±1/2000)
조합정도	±1% 이하
응답속도	2.5ms

2-5 출력부

PLC의 출력부는 시퀀스 프로그램의 연산결과에 따라 실린더나 모터, 파일럿 램프 등과 같은 제어대상물을 작동시키거나, NC제어장치나 컴퓨터로 데이터를 전송하기 위해 제어연산부와 제어대상물 간의 신호결합을 수행하는 부분이다.

PLC로 제어하는 제어대상물은 그 용량이 수 mA의 표시등에서부터 수십 kW와 같은 대용량의 모터에 이르기까지 다양하다. 또한 제어대상물을 동작시키는 전압도 AC와 DC로 나누어지며, 그 레벨도 5V정도의 낮은 전압에서부터 수 kV나 되는 높은 전압도 있다. 여기서는 PLC 출력부의 구성과 원리, 출력부 선정시 검토항목, 대표적인 출력유닛의 특성과 회로에 대해 살펴본다.

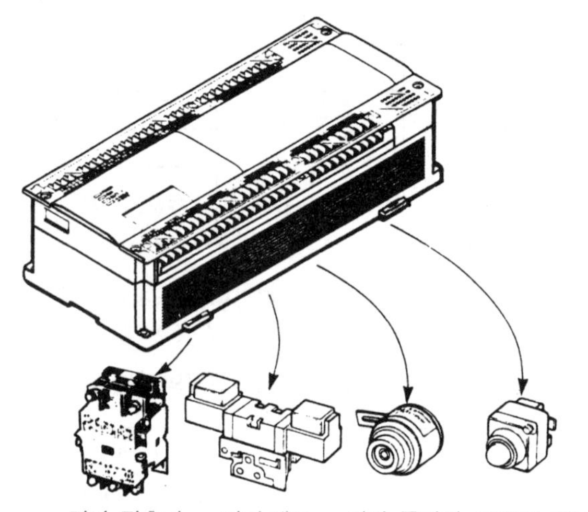

그림 4-23 PLC의 출력기기

(1) 출력부의 구성과 기능

출력부의 구성은 그림 4-24에 나타낸 바와 같이 인터페이스/멀티 플렉스 회로, 래치회로, 절연 회로부, 표시 회로부, 신호변환부 및 출력유닛 단자로 구성되어 있다. 이것은 입력부와 그 구성과 기능이 비슷하며, 다만 신호 흐름의 순서가 반대로 되어 있을 뿐이다.

1) 출력기기의 종류와 출력신호

시퀀스 제어의 목적을 달성하기 위한 구동기기로는 사용용도와 특성에 따라 다양한 종류가 있으며, 따라서 PLC의 출력에 접속되는 신호의 형태도 다양하다. 디지털 신호형태의 구동기기로는 솔레노이드 밸브, 파워 컨덕터, 릴레이 코일, 벨, 부저 및 모터 구동용 전자 접촉기 등이 있으며, 아날로그 형태의 구동기기로는 유량밸브, AC, DC 드라이버, 아날로그 미터계, 온도 조절계, 유량 조절계 등이 있다.

이들 구동기기들은 앞서 설명한 것과 같이 전류용량이나 사용전압이 아주 작은 용량에서부터 대용량에 이르는 것까지 있다.

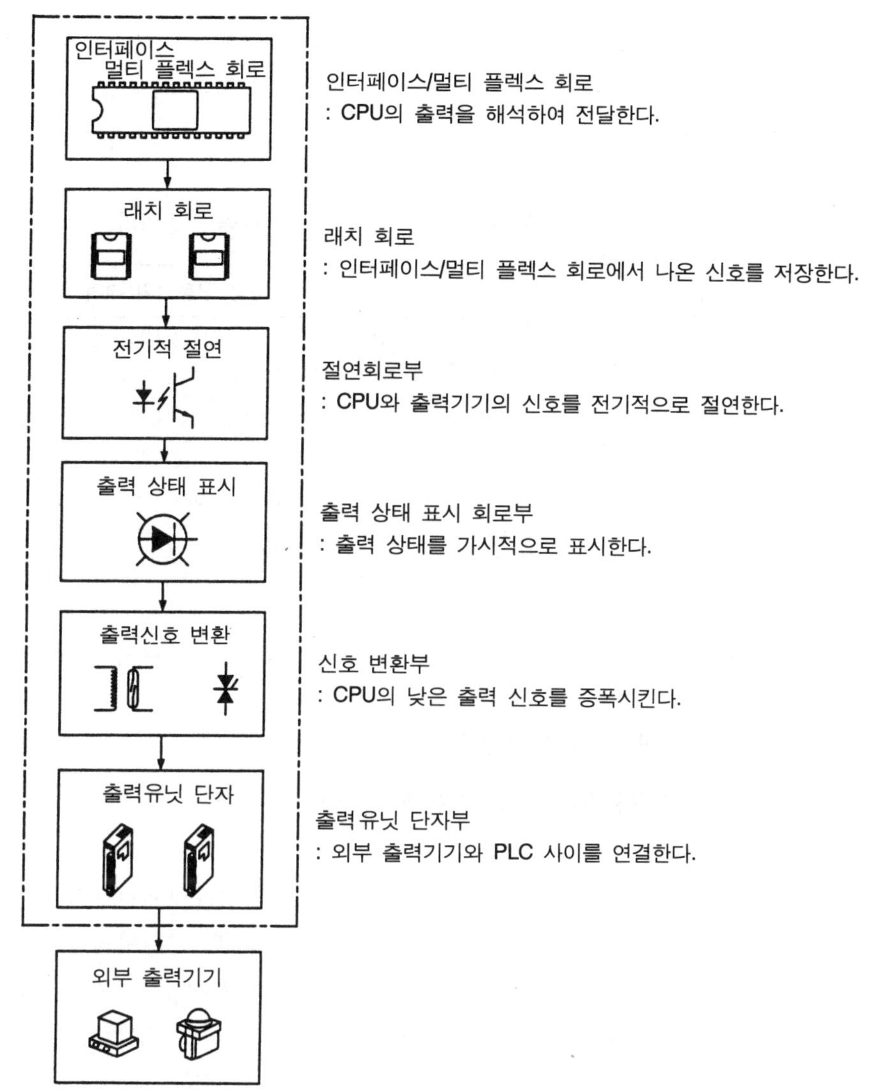

그림 4-24 출력부의 블록도

그런데 PLC 내의 IC나 트랜지스터로는 파워가 큰 솔레노이드 밸브나 모터 등을 직접 작동시키는 것이 곤란하다. 때문에 대용량의 모터나 고전압 기기는 릴레이라든지 전자 접촉기 등을 거쳐서 간접적으로 작동시켜야 한다. 따라서 PLC의 출력부에 접속되는 부하의 종류는 매우 많다. 압도적으로 채용되고 있는 것은 릴레이, 전자 접촉기, 솔레노이드, 전자 클러치, 브레이크 등인데 근래에 들어서는 고도의 제어 시스템이 많이 나와 단순한 시퀀스 제어에만 한정되지 않고, 컴퓨터나 NC제어장치, 각종 계측장치로 데이터나 제어신호 등을 전송하지 않으면 안되게 되었다.

또한 릴레이 하나만 보더라도 종류는 여러 가지이며, 작동에 필요한 전압과 전류도 다양하다. 이때문에 제어장치 설계자는 PLC 메이커가 내놓고 있는 출력부에 대한 사양서를 참고하여 사용하는 출력기기에 가장 적합한 유닛을 선택하여 사용하여야 한다.

표 4-10은 PLC의 대표적 출력형식과 적용 구동기기를 나타낸 것이다.

표 4-10 출력유닛의 종류와 적용 구동기기

출력형식		적용 구동기기(부하)
트랜지스터 출력		리드 릴레이, DC 솔레노이드, LED 표시등, 소용량 램프 및 NC제어장치나 컴퓨터로의 데이터 전송이나 제어신호 송출용
접점 출력	스파크 킬러 부착형	전자 접촉기, 전자 솔레노이드, 전자 클러치, 전자 브레이크 등의 일반적인 유도부하
	스파크 킬러 없는 형	리드 릴레이, 솔리드 스테이트 타이머, 네온램프 등과 같이 누설전류가 문제시 되는 경부하
트라이액 출력		전자 접촉기, 전자 솔레노이드, 전자 클러치, 전자 브레이크와 같은 AC 유도부하
아날로그 출력		서보모터, 모터 가변속 장치, 각종 조절장치 등

3) 절연 회로부와 표시 회로부

절연회로는 입력유닛의 회로와 설계, 기능면에서 반대로 되어 있을 뿐 역할이나 사용하는 소자도 같다.

그런데 출력유닛에 사용될 절연회로의 선택은 입력유닛에서보다 더 주의가 필요하다. 왜냐하면 입력유닛에서는 낮은 전류를 사용하여 외부 스위치의 접점에 의한 바운싱과 같은 전기적 잡음은 크게 발생되지 않는다. 그러나 출력유닛에서는 외부에 접속된 기기를 제어할 수 있어야 하므로 출력 증폭기로 트랜지스터나 릴레이, 트라이액 등을 사용하고 있다. 이 트랜지스터나 트라이액 등을 이용하는 외부 기기들의 동작전류는 스위치 ON시 1~2A에 달하여 CPU를 파괴시키기에 충분한 전자기적 잡음을 일으키기 때문이다. 따라서 출력유닛의 절연회로는 유닛의 제어동작에 의해 발생되는 전자기적 잡음에 의해 PLC나 주변기기에 영향을 미치지 않도록 선택하여야 한다.

한편 출력유닛의 표시 회로부는 외부 구동기기의 동작상태 점검과 출력유닛의 점검시에 유효한 것으로, 표시장치의 종류는 입력유닛에서와 같다.

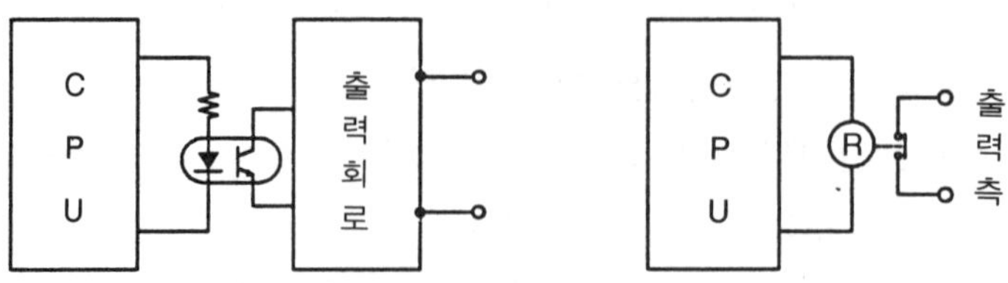

그림 4-25 절연회로의 종류

4) 신호 변환부

출력유닛에서 신호 변환부는 입력유닛의 기능과는 반대로 CPU에서 나오는 미소한 값의 신호를 외부 구동기기를 제어할 수 있는 신호레벨로 증폭시키는 역할을 한다.

PLC에서 사용하고 있는 신호 증폭용 기기로는 일반적으로 릴레이, 트랜지스터, 트라이액, SSR 등이 사용되고 있으며, 특수한 것으로는 아날로그 출력, 음성정보 출력 등이 사용된다. 이들 신호 변환요소의 형태는 그림 4-26과 같으며, 이 증폭요소가 PLC 출력유닛의 종류를 나타내는 것이므로 이후에 상세히 설명하였다.

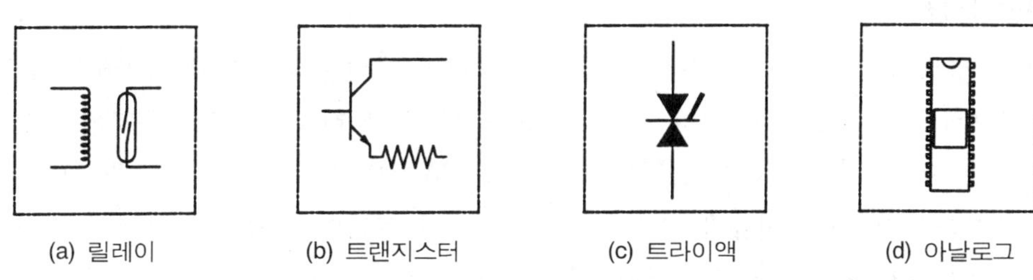

그림 4-26 출력유닛의 신호변환 요소

(2) 출력유닛의 선정 요점

PLC에 적용되는 출력기기는 아주 작은 용량에서부터 대용량의 전압, 전류와, 전원의 종류에 있어서도 직류와 교류로 작동되는 것 등 여러 가지가 있으므로 출력유닛의 선정은 부하의 종류, 구동 용량, 부하의 돌입전류, 수명, 응답시간 등을 종합적으로 고려하여 선정하지 않으면 안된다.

출력부 선정시 검토항목

① 부하의 종류(AC 부하인가 또는 DC 부하인가)
② 구동 용량
③ 돌입전류
④ 절연의 유무
⑤ 응답시간
⑥ 수 명
⑦ 출력상태의 표시유무
⑧ 출력점수
⑨ 출력기기와 출력유닛의 접속방식 등

---

1) 부하의 종류

부하의 종류를 분류하는 방법에는 여러 가지가 있으나 PLC의 출력유닛 선정시 먼저 검토할 항목은 전원에 따른 종류이다.

PLC의 디지털 출력에는 접점 출력, 트랜지스터 출력, 트라이액 출력 등이 대표적인 것으로, 이것은 신호증폭 요소로 사용되는 소자의 특성에 따라 구동가능한 전원의 종류가 정해지기 때문이다. 즉 트랜지스터 출력유닛은 DC부하만 직접 구동할 수 있는 반면, 트라이액 출력유닛은 AC부하만 구동 가능하다. 그러나 접점 출력유닛은 말 그대로 신호증폭 요소로 릴레이 등의 접점기기를 사용하므로 DC부하나 AC부하를 모두 구동할 수 있다.

2) 구동 용량

PLC의 출력유닛으로 직접 구동할 수 있는 부하의 용량은 메이커가 제공하는 출력유닛의 사양서를 참고로 해야 한다. 디지털 출력유닛 중 트랜지스터 출력유닛은 보통 0.1~0.2A 정도로 작고, 트라이액 출력의 경우는 1~2A 정도인 반면, 접점 출력유닛은 2~5A 정도이다. 다만 구동전류가 클수록 트랜지스터나 트라이액 등의 회로에서 발생하는 발열이 커지는데, PLC의 사용 주위온도는 일반적으로 0~55℃ 정도이므로, 주위온도가 높아지면 출력유닛의 발열도 검토하지 않으면 안된다. 즉 주위온도에 의해 출력유닛의 총 부하전류가 제한되므로 대용량을 구동할 때는 특히 주의가 필요하다.

3) 돌입전류

전자 밸브나 전자 접촉기, 릴레이 등의 유도부하는 전원이 투입되어 정격에 도달될 때까지는 표 4-11에 나타낸 바와 같이 정격전류의 수배에서 20배 정도까지의 돌입전류(rush current)가 흐른다. 이 돌입전류는 트라이액이나 접점의 파괴 또는 수명의 저하 등을 초래하므로 트라이액이나 접점 출력유닛을 사용할 때는 부하의 돌입전류와 그 시간에 주의하고 사용기기의 돌입전류가 사양서의 규정치 내에 드는가를 확인할 필요가 있다.

표 4-11 돌입전류값

부하의 종류	정격전류의 배수
솔레노이드	8 ~ 20
릴레이 코일	3 ~ 10
백열 전구	10 ~ 15
모 터	5 ~ 10

또한 직류의 전자밸브나 전자 개폐기 등의 경우는 차단시 서지전압이 발생한다. 따라서 DC 출력유닛의 트랜지스터에는 일반적으로 다이오드나 제너 다이오드로 서지 흡수 대책이 고려되어 있다.

4) 누설전류

AC 출력유닛의 트라이액이나 접점 출력유닛에는 접점을 보호하기 위해 접점과 병렬로 스파크 킬러가 부착되어 있다. 그런데 전압을 인가하면 이 스파크 킬러를 통해 누설전류가 흘러 오출력을 일으키거나 부하가 ON된 채 OFF되지 않는 중대한 트러블을 야기시킨다.

일례로 그림 4-27은 접점 출력유닛의 예로서, 접점을 보호하기 위해 접점간에 CR식 스파크 킬러를 삽입한 경우이다. 그림 상태에서 출력 O1의 접점 ⓐ - ⓑ가 열려 있어도 O1과 콤먼 사이에는 접점 보호용으로 삽입되어 있는 스파크 킬러를 통해 조금씩이기는 하지만 전류가 흐른다. 이것을 누설전류라 하며, 이것은 출력전원으로서 AC전원을 사용했을 경우에 발생되고, DC전원에서는 누설전류가 발생되지 않는다.

이 경우는 접점출력의 예인데 트랜지스터나 트라이액을 이용한 무접점 출력에서도 소자를 보호하기 위해 삽입하는 보호회로에 의해 누설전류가 발생하고, 이 전류에 의하여 출력기기가 오동작할 수 있다.

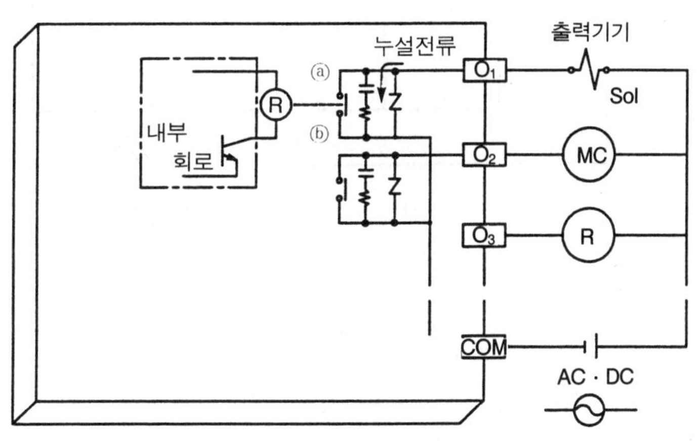

그림 4-27 접점 출력유닛에서의 누설전류

누설전류에 의한 영향은 출력기기의 부하가 소용량인 경부하에서 크게 나타나고, 출력회로의 접점이나 트라이액이 OFF 상태임에도 불구하고 다음과 같은 문제를 일으킨다.

① 소형 릴레이가 진동하거나 오동작 한다. 특히 릴레이를 ON에서 OFF로 하려고 할 때 ON 상태인 채 OFF되기까지의 시간이 길어진다.
② 전자밸브를 ON에서 OFF로 하려고 할 때, 밸브가 복귀되지 않거나 진동한다.
③ 전자식 타이머가 OFF하거나 시간이 길어진다.
④ 네온램프가 점등해 버린다.
⑤ 모터식 타이머의 동작이 부정확하게 된다.

한편 누설전류에 의한 오동작 방지대책은 다음과 같다.

① 출력기기가 릴레이 등과 같이 DC전원의 사용이 가능한 기기일 경우는 출력전원을 DC로 변경한다.

② 접점이나 트라이액 소자의 수명을 단축시키거나 파괴할 위험이 없는 출력기기에서는 보호회로가 없는 형식을 선택한다.

③ 출력전원을 낮추어 사용한다.

④ 누설전류가 흘러도 동작하지 않는 릴레이를 사용한다.

⑤ 더미저항을 삽입하여 출력기기로 흐르는 누설전류량을 감소시킨다(그림 4-28).

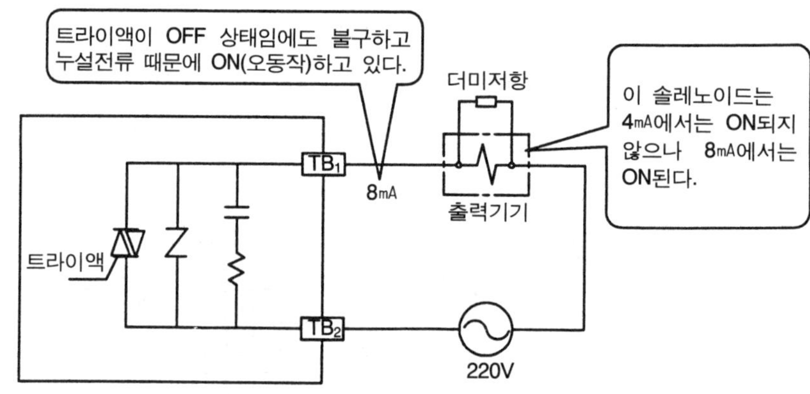

그림 4-28 누설전류의 대책예

5) 수 명

트랜지스터 출력이나 트라이액 출력유닛은 정격 내에서 올바른 사용법만 지킨다면 반영구적으로 사용할 수 있다. 그러나 접점출력 유닛의 경우는 일반적인 릴레이와 동일하게 접점의 수명에 주의할 필요가 있다.

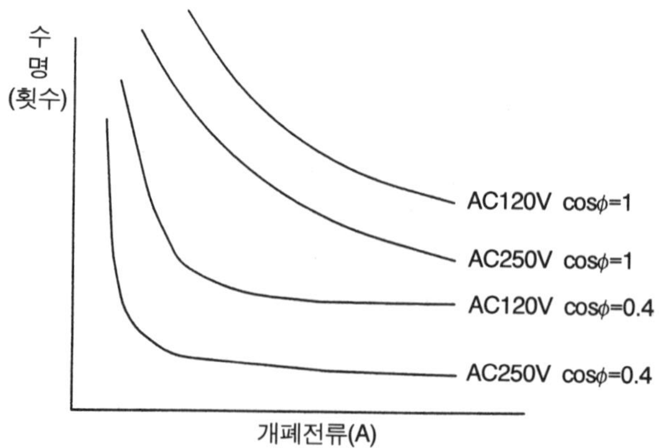

그림 4-29 접점의 수명 특성

접점수명은 그림 4-29에 나타낸 접점수명의 특성에서 보인 바와 같이 부하전류와 전압이 작을수록, 또 역률이 클수록 길어진다.

따라서 릴레이 접점을 보호하기 위해 CR식 스파크 킬러가 삽입된 형식의 채용도 고려해야 한다. 반대로 전압, 전류가 작은 부하인 경우는 접점의 접촉불량을 일으키는 경우가 있으므로 이 때는 DC출력 형식을 선정하는 등의 배려가 필요하다.

(3) 출력유닛의 종류와 회로

PLC의 출력유닛에 사용되는 종류는 릴레이를 사용한 유접점 출력과 트랜지스터 또는 트라이액을 이용한 무접점 출력으로 구분하고, 그 외에 아날로그 출력유닛이나 음성출력 등이 있다. 여기서는 각 출력유닛의 회로예와 사양예를 살펴보며 그 특성을 이해한다.

1) 접점 출력유닛

접점 출력유닛이란 신호증폭 요소로 릴레이를 사용한 것이다. 릴레이는 코일부와 접점부가 완전히 절연되어 있으므로 릴레이 회로와 동일하게 사용할 수 있다.

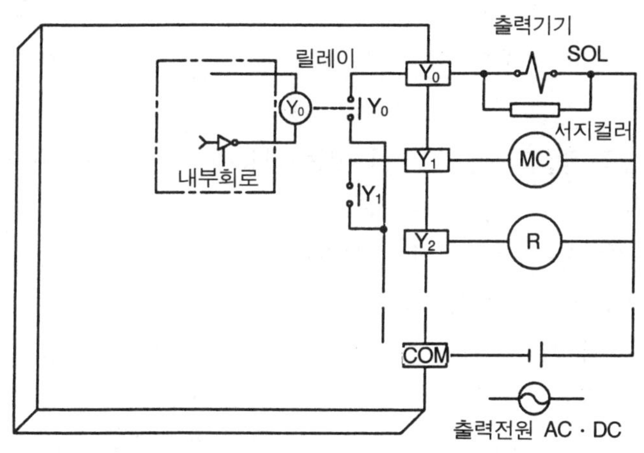

그림 4-30 접점 출력 회로도

접점 출력유닛은 직류와 교류 모두 사용할 수 있어 편리하나, 수명에 한계가 있고 또 접촉불량에도 주의할 필요가 있다.

그림 4-30은 접점 출력유닛의 회로예로 그림에서 보아 알 수 있듯이 PLC의 내부회로와 외부의 구동기기 회로와는 릴레이 코일과 접점으로 분리되어 있어 절연효과를 얻을 수 있다. 그러나 메이커에 따라서는 다시 포토 커플러 등을 이용 절연하여 이중으로 절연효과를 내도록 하는 경우도 있다.

표 4-11은 접점출력의 사양예로 여기서는 그림 4-30을 보면서 접점 출력유닛의 사양에 대해 설명하기로 한다.

표 4-11 접점 출력유닛의 사양예

항 목	형 식		접점 출력유닛 XY 10A
1	출 력 점 수		16점
2	정격개폐 전압·전류		AC 240V, 5A / DC 24V, 5A
3	최소 개폐 부하		DC 5V, 1mA
4	최대 개폐 부하		AC 264V, DC 125V
5	응답시간	OFF → ON	10ms 이하
		ON → OFF	10ms 이하
6	수 명	기 계 적	2000만회 이상
		전 기 적	20만회 이상
7	최대 개폐 빈도		3600회/시간
8	스파크 킬러		없음
9	콤 먼 방 식		8점/1콤먼
10	동 작 표 시		LED 점등
11	외부 접속방식		20점 단자대 커넥터

표 4-11의 항목 중, 2~7에 나타나 있는 내용은 이 출력유닛에 사용되고 있는 릴레이의 전기사양이다.

이 유닛에 접속하는 외부기기는 정격 개폐전압 및 전류를 지킨다면 AC전원에서나 DC전원에서 모두 사용이 가능하다.

릴레이로 개폐가 가능한 최대부하는 부하가 전자 솔레노이드나 전자 클러치, 전자 개폐기 등과 같이 유도성 부하인가 또는 백열등과 같은 저항성 부하인가, 그것들을 AC로 동작시킬 것인가, 또는 DC로 동작시킬 것인가에 따라서도 달라진다. 기타 접점의 수명은 접점 보호회로의 유무에 따라 달라지기도 하는데, 이것들은 모두 유접점기기의 공통된 내용이다.

2) 트랜지스터 출력유닛

트랜지스터 출력유닛은 릴레이를 이용한 접점출력에 비하여 수명이 길고 고빈도의 동작에 용이하다. 그러나 신호변환 요소로 반도체 소자인 트랜지스터를 이용한 것이기 때문에 출력기기의 전원은 DC에 한정되고, 접점출력이나 트라이액 출력에 비해 개폐전류도 작다.

그림 4-31은 트랜지스터 출력(싱크형식)으로 포토 커플러를 사용 절연한 형식의 회로

예이다. 이 회로는 내부회로와 출력 트랜지스터간을 절연하고 있기 때문에 외부에 접속한 전자 솔레노이드나 릴레이의 **ON/OFF**에 의하여 내부회로가 영향을 받는 일은 없다.

트랜지스터 출력의 경우에도 절연형식과 비절연형식에 관계없이 정격전압, 최대부하전류는 엄밀히 지키지 않으면 안된다. 특히 출력전류의 돌입전류에 대해 세심한 주의를 기울일 필요가 있다.

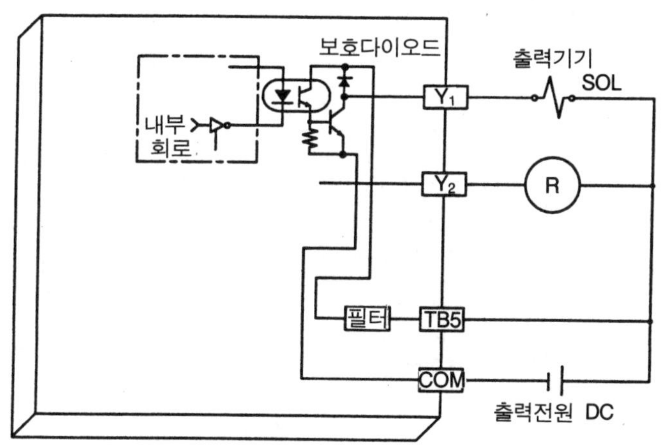

그림 4-31 트랜지스터 출력 회로도

종류로는 구동시 출력단자쪽이 +로 되는 소스형식과 출력단자쪽이 −가 되는 싱크형식이 있다.

표 4-12 트랜지스터 출력유닛의 사양예

항 목	모 델 명		트랜지스터 출력 유닛
			MY 40
1	출 력 점 수		16점
2	절 연 방 식		photo coupler 절연
3	정격 부하전압		DC 12/24V
4	사용부하 전압 범위		DC 10.2 ~ 40V
5	최대 부하전류		0.1A/1점
6	최대 돌입전류		0.4A
7	응답시간	OFF → ON	2ms 이하
		ON → OFF	2ms 이하
8	서 지 킬 러		서지 흡수용 다이오드
9	콤 먼 방 식		8점 1콤먼
10	동 작 표 시		LED전등
11	외부 접속방식		20점 단자대 콘넥터

3) 트라이액 출력유닛

출력 증폭요소로 트라이액을 사용한 것을 트라이액 출력유닛이라 한다. 이 유닛의 특징은 응답속도가 통상 1ms 이하로 접점 출력에 비해 10배 이상 고속이며, 구동 개폐 부하 용량도 비교적 크다. 따라서 개폐빈도가 큰 부하나 전자 솔레노이드 등의 코일부하로 대용량 부하인 경우는 트라이액 출력유닛을 사용하는 것이 바람직하다. 이것은 접점 출력유닛을 사용할 경우, 부하전류의 크기가 증가함에 따라 수명이 대폭적으로 단축되는 원인이 되기 때문이다.

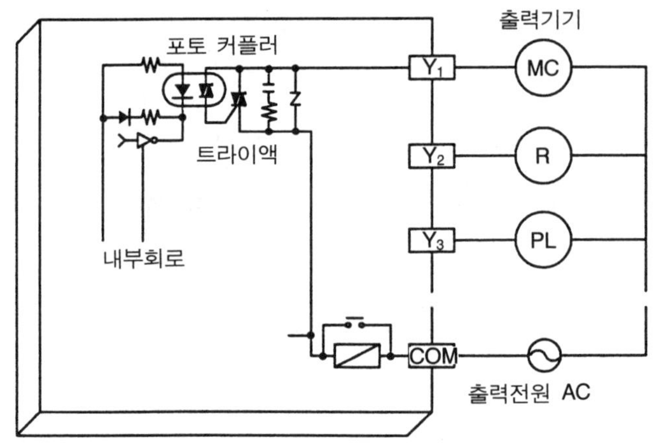

그림 4-32 트라이액 출력의 회로도

표 4-13 트라이액 출력유닛의 사양예

항 목	모 델		트라이액 출력유닛 MY 22
1	출 력 점 수		16점
2	절 연 방 식		photo coupler 절연
3	정격 부하전압		AC 100~240V, 50/60Hz
4	최대 부하전압		AC 264V
5	최대 부하전류		2A/1점
6	응답시간	OFF → ON	1ms 이하
		ON → OFF	1ms 이하
7	서 지 킬 러		CR 업소버 및 바리스터
8	콤 먼 방 식		8점/1콤먼
9	동 작 표 시		LED 점등
10	외부 접속방식		20점 단자대 커넥터

그림 4-32는 트라이액 출력유닛의 회로예로서 포토 커플러에 의해 내부회로와 절연된 상태를 보여주고 있다. 일반적으로 트라이액 출력에 접속하는 부하는 서지전압이 발생하기 쉬운 전자 접촉기나 전자 개폐기, 전자 솔레노이드, 대용량의 릴레이 등과 같은 유도부하이다. 이들 기기에서 부하전류가 200V에서 5A를 넘는 경우에는 노이즈를 발생시켜 외부에 영향을 줄 뿐만 아니라, 출력 전원까지도 영향을 끼칠 수 있으므로 제로크로스가 부착된 출력유닛을 채용하는 쪽이 좋다.

또 트라이액 회로에서는 그림 4-32에서도 알 수 있듯이 서지 킬러가 내장되어 있는 것이 보통이다. 이때문에 출력기기의 종류에 따라서는 누설전류에 의한 오동작을 유발하는 경우가 있으므로 주의해서 사용해야 한다.

표 4-13은 트라이액 출력유닛의 사양예로 항목3에서 보인 것과 같이 트라이액의 특성상 트라이액 출력의 외부전원은 AC이어야만 한다. 모든 출력유닛에 있어서 마찬가지로 부하전압, 최대 부하전류 등에 대해서 절대로 이들 조건이 지켜지지 않으면 안된다.

4) 아날로그 출력유닛

앞서 아날로그 입력유닛에서 언급한 바와 같이 PLC의 연산부는 디지털 연산이기 때문에 아날로그 신호로 동작되는 AC나 DC 서보모터, 모터 가변속 장치, 각종 조절 장치 등의 제어는 실현 불가능하므로 PLC의 디지털 출력값을 아날로그 양으로 변환해야 하고, 이 기능을 하는 것이 아날로그 출력유닛(D/A변환유닛)이다.

아날로그 출력유닛은 CPU에서 송출된 디지털 양을 아날로그 출력유닛 안의 D/A변환기에서 아날로그 양으로 변환하여 출력한다. 변환된 아날로그 신호는 절연회로로 디지털 신호쪽과 절연하여 노이즈의 영향이나 고전압 인가에 의한 CPU의 파괴를 방지하고 있다.

아날로그 출력신호는 아날로그 입력과 마찬가지로 전압의 경우는 0~±5V, 0~±100V, 0~5V, 0~10V 등을 쓰고 전류의 경우는 0~20mA, 4~20mA 등을 사용한다. 또한 아날로그로 변환된 디지털 값은 8, 10, 12 비트 바이너리 값을 많이 쓰고 부호가 붙은 것도 있다.

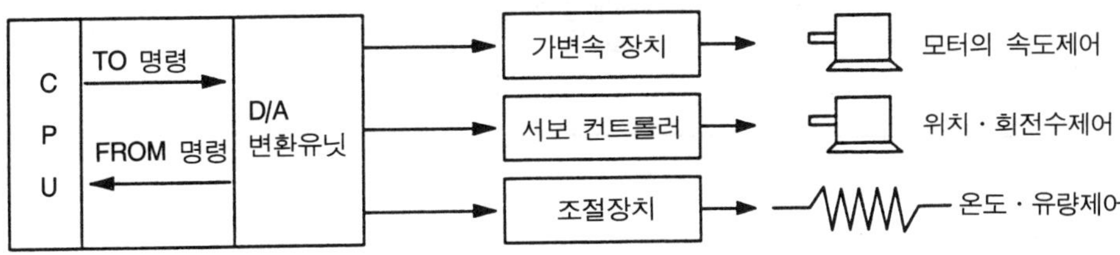

그림 4-33 아날로그 출력유닛의 적용기기

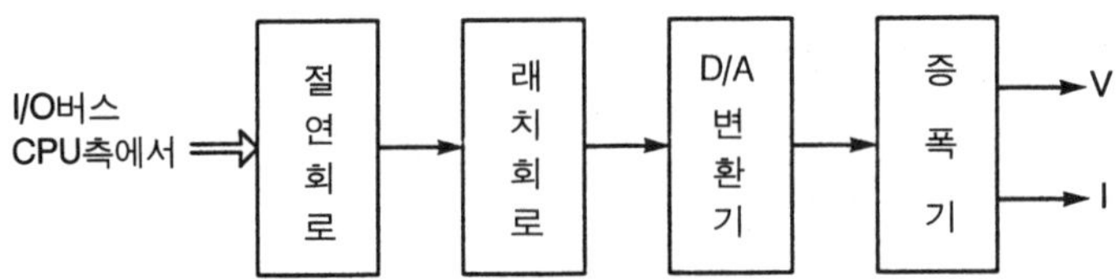

그림 4-34 아날로그 출력유닛의 블록도

표 4-14 아날로그 출력유닛의 사양예

항 목 \ 형 식	아날로그 출력유닛
	M62 DA
출 력 점 수	2점
점 유 점 수	32점
절 연 방 식	photo coupler 절연
디 지 털 입 력	$0 \sim \pm 1000(-12mA \sim 20mA)$
아날로그 출력	$0 \sim \pm 2000(\pm 10V)$
분 해 능	$20\mu A(\pm 1/1000)$, $5mV(\pm 1/2000)$
종 합 정 도	$\pm 1\%$ 이하
응 답 속 도	15ms 이하

참 고

3. PLC의 주변기기

3-1 주변기기의 필요성

PLC의 하드웨어는 트랜지스터나 IC 등으로 구성되며, 그 자체는 부품의 집합체에 불과하다. 따라서 사람이 기계나 장치의 제어내용을 가르쳐 주어야 비로소 일을 한다. 이 때에 필요한 것이 주변기기이며, PLC와 그것을 다루는 인간의 연계기관, 말하자면 맨 머신 인터페이스이다.

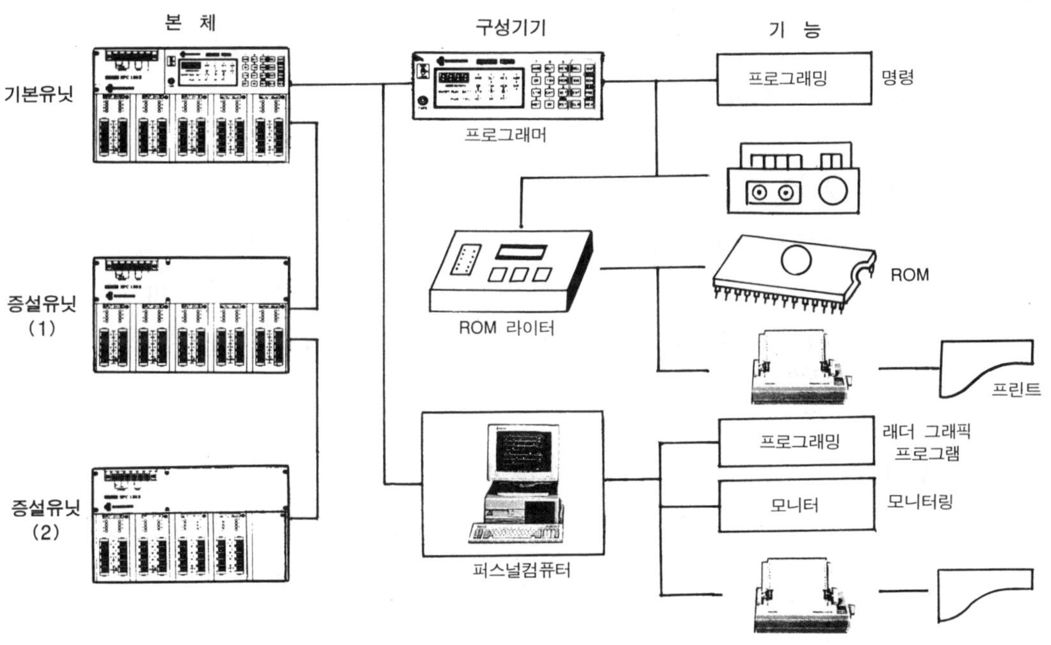

그림 4-35 PLC 주변기기의 구성과 기능

PLC에 있어서 주변기기의 역할은 프로그래밍, 모니터링, 디버깅, 프로그램 리스트 작성 및 보존 등 PLC 운용을 지원하는 것이다. 따라서 PLC를 사용한 제어 시스템의 신뢰성이나 조작의 편리함, 트러블 슈팅의 용이함 등은 이 주변기기의 기능에 의해 좌우된다고 해도 과언이 아닐 것이다.

또한 최근에는 PLC의 고급 사용법이 많아져, 그것을 서포트하는 주변기기의 기능제고 요구도 절실해졌다. 이를 위해 마이컴을 사용하여 고기능화해서 취급성을 향상시킨 주변기기가 늘어가고 있다. 즉 프로그램 기입이나 읽기뿐만 아니고 동작상태의 모니터 체크나 시운전 기능의 향상, 프로그램의 보존이나 도면화 등의 기능을 갖추어 PLC를 보다 사용하기 쉽고, 보다 고기능화하기 위한 필수품으로 주변기기의 역할이 더욱 증대되었다.

3-2 주변기기의 구성과 기능

PLC 주변기기의 주된 기능은 앞서도 언급한 바와 같이 프로그램의 작성, 수정, 모니터 기능, 프로그램의 보존, 체크 기능 등이 있으며, 현재 주로 사용중인 PLC 주변기기의 구성도를 나타낸 것이 그림 4-35이다.

(1) 프로그래밍 기능

사용자 프로그램을 메모리에 기입하는 기능으로서 휴대용의 핸디형 프로그래머나 컴퓨터 등이 사용된다. 이 기능에는 프로그램의 변경이나 추가를 하기 쉽도록 이미 기입된 프로그램을 읽어내어 부분적으로 삭제하든지 어드레스를 이동시키든지 하는 이른바 프로그램의 편집작업도 가능하여야 한다.

(2) 모니터 기능

입·출력신호의 상태나 타이머 또는 카운터의 도중경과를 표시하여 운전상태의 체크에 사용한다. 또 회로도나 타임차트 등을 디스플레이 위에 표시하여 휘도(輝度)를 바꾸어 동작상태를 알기 쉽게 표시하기도 한다.

(3) 체크 기능

특정 어드레스를 호출하여 프로그램 유무를 체크하든지, 프로그램의 문법체크나 따로 보관된 정확한 프로그램과의 대조 등을 한다.

(4) 시운전 기능의 향상

시운전 때에 출력을 차단, 모의적으로 입력을 주어 프로그램의 시뮬레이션을 하거나 강제 출력을 시키고, 또는 운전중에 타이머·카운터의 설정값을 변경하는 기능이다.

(5) 프로그램 보존과 도면화

메모리 내의 프로그램을 플로피 디스크나 카세트 테이프 등에 옮기든지, 프린터로 래더 도(圖)를 그리게 하여 도면화해서 보존하는 등의 기능이다.

이상과 같은 기능을 실현하기 위해 각종 주변기기가 갖추어져 있다. 이들 주변기기는 프로그램방식이나 하드웨어 구성 등에 따라 달라지고 메이커에 따라 기능이나 종류가 다르므로, 메이커나 기종이 다른 PLC에는 접속하지 못한다.

3-3 주요 주변기기

(1) 핸디형 프로그래머

핸디형 프로그래머, 프로그램 로더, 또는 단순히 프로그래머 등으로 불리우는 이 장치는 그 구성도를 그림 4-36에 나타낸 바와 같이 휴대하기 간편한 프로그래밍 도구이다. 이것은 PLC 본체에 직접 장착하여 사용할 수 있어 PLC의 설치현장에서 그 성능을 발휘한다.

핸디형 프로그래머는 크게 명령키 조작부와 어드레스와 데이터를 나타내는 표시부로 구성되어 있다. 표시부의 표시 방법에 따라서는 LCD(액정) 디스플레이를 사용하는 방식과 LED에 의해 해당 명령을 표시하는 방법 등이 있으나 최근에는 LCD 형식이 주종이다.

또한 PLC 본체 즉, CPU와 통신하는 방법에 따라서도 온라인 방식과 오프라인 방식으로 구분된다. 여기서 온라인 방식이란 PLC의 본체에 의해 전원을 공급받아 작동되는 형식으로 본체 없이는 프로그램의 작성이나 수정이 불가능한 형식이다. 반면에 오프라인 기능이 있는 프로그래머는 PLC의 본체가 없더라도 프로그램의 작성이나 수정이 가능하고, 그 내용을 프로그래머에 내장되어 있는 메모리에 저장시킨 후 본체에 전송시켜 사용할 수 있다. 그러므로 오프라인 기능의 프로그래머는 사무실에서 프로그래머만을 가지고 프로그램의 작성이나 수정작업을 한 후 설치현장에 가서 PLC에 전송하여 사용할 수 있기 때문에 편리하다. 물론 이러한 기능의 프로그래머에는 프로그래머 내에 별도의 메모리가 있어야 하고 전원이 끊겨도 프로그램 내용의 보존을 할 수 있는 배터리도 갖추어져 있어야 한다.

핸디형 프로그래머는 PLC를 사용할 경우 최소로 필요한 주변기기이며 다음과 같은 기능이 있다.

① 기록 : 지정한 어드레스에 명령을 저장한다.
② 읽기 : 지정된 어드레스의 명령을 호출하여 표시창에 나타낸다.
③ 삭제 : 지정된 어드레스의 명령어나 지정구간의 명령어를 삭제시킨다.
④ 삽입 : 지정된 어드레스에 새로운 명령을 끼워 넣는다.
⑤ 기타 : 모니터, 테스트, 전송, 설정값 변경 등의 기능이 있다.

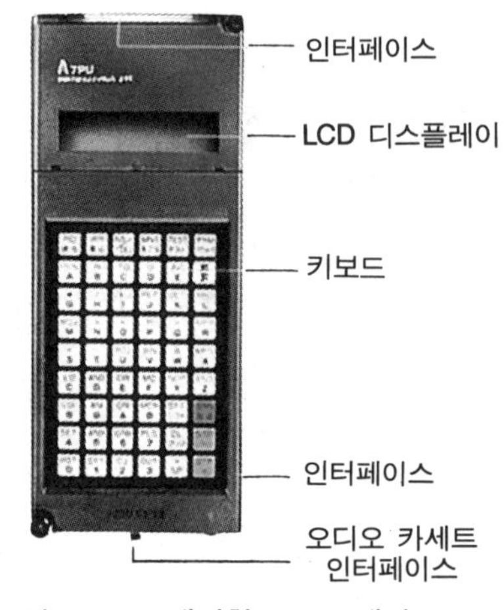

그림 4-36 핸디형 프로그래머

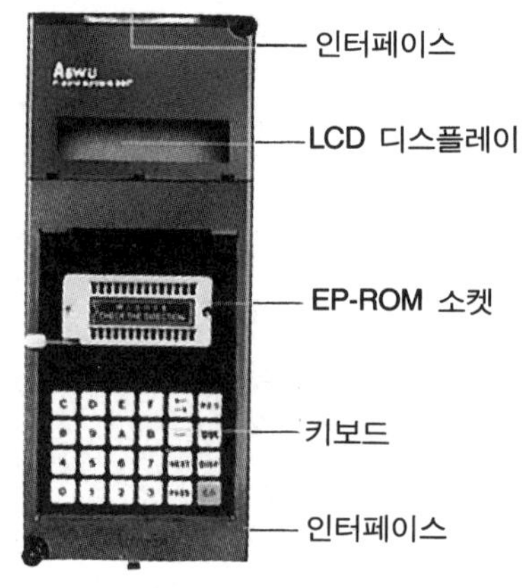

그림 4-37 ROM 라이터

(2) 롬 라이터(ROM writer)

PLC가 조정과 테스트 운전을 끝내고 정상운전에 들어갔을 때 RAM 운전보다 ROM 운전이 신뢰성이 높고 백업용 배터리도 필요없어 안정적이라는 것은 앞서 설명하였다. PLC를 ROM 운전하기 위해서는 먼저 ROM에 프로그램의 내용을 써넣기 위한 ROM 라이터가 필요하다.

ROM 라이터의 주된 기능은 ROM에 프로그램을 써넣는 것이며, 그 외에 메이커에 따라서는 프린터나 다른 기기와의 인터페이스 기능이 부가된 것도 있다.

ROM 라이터의 종류로는 PLC의 프로그램 메모리에 들어 있는 시퀀스 프로그램을 ROM 라이터로 읽고, PROM 등에 써넣는 형식이 있다. 다만, 한가지 알아야 할 것은 현재 시판되고 있는 PLC들의 명령어 체계가 각각 다르므로 ROM 라이터 또한 타기종과는 호환성이 없다는 것이다. 그림 4-37은 ROM 라이터의 예이다.

(3) CRT형 프로그래밍 장치

핸디형 프로그래머가 LCD나 LED 표시창을 사용한 작은 크기인 반면에 대형의 CRT (Cathode Ray Tube)나 액정 디스플레이를 사용한 프로그래밍 장치를 CRT형 프로그래밍 장치 또는 그래픽 프로그래밍 패널(GPP)이라고 한다.

CRT형 프로그래밍 장치는 주로 대형이고 그 기능도 풍부하다. 표시창이 대형이어서 래더 언어를 그대로 입력할 수 있고, 많은 데이터를 한 번에 모니터링 할 수 있는 특징을 지니고 있다. 또한 프로그램의 작성이나 수정은 기본기능이고, 롬 라이터 기능, 프린터 인터페이스 기능, 플로피 디스크 등에 프로그램 내용의 보존기능 등이 있으며, 앞서 설명한 핸디형 프로그래머에 비해서 다음과 같이 기능이 있다.

① 프로그래밍 기능의 향상

기록이나 읽기 작업시 래더도로 표시하므로 전개된 회로를 그대로 프로그래밍 할 수 있고, 따라서 명령어 서술식에 비해 작업이 간단하고 실수가 적다.

② 편집기능의 향상

화면 위에서 릴레이 회로도 작성과 같이 접점을 추가하거나 삭제하는 등 회로를 보면서 작업하기 때문에 알기 쉽고 간단하다.

③ 모니터링 및 시운전 기능의 향상

신호에 의해 ON되어 있는 접점이나 초기상태에서 ON되어 있는 접점 등을 휘도를 바꾸어 나타내 주고 많은 양의 데이터를 일시에 판독할 수 있어 편리하다.

④ 체크기능의 향상

출력번호를 지정하여 그 코일을 포함한 여러 개의 라인(Rung)을 읽어서 표시할 수 있다.

CRT형 프로그래밍 장치는 이상의 장점 외에도 전원장치가 내장되어 있어 오프라인에 의해 동작되므로 설치현장과 떨어진 사무실에서도 작업이 가능하다는 특징을 겸비하고 있다. 그러나 크기가 대형이어서 휴대하기 불편하고 가격이 비싸다는 단점이 있다. 또한 앞서 설명한 핸디형 프로그래머나 CRT형 프로그래밍 장치는 모두 타기종이나 타 메이커의 PLC와 호환성이 없다는 점을 알아야 한다. 따라서 최근에는 이러한 단점을 보완한 것으로 퍼스널 컴퓨터를 이용한 프로그래밍법이 각광을 받고 있다.

그림 4-38 CRT형 프로그래밍 장치의 일례

(4) 퍼스널 컴퓨터

최근 PLC의 프로그래밍, 프로그램의 보존, 프로그램 리스트 작성, 모니터링 등을 위해 퍼스널 컴퓨터(퍼스컴)을 이용하는 사례가 많아지고 있다. 퍼스컴은 이제 사무실은 물론 각 가정에서도 쉽게 볼 수 있을 정도로 보급이 많이 되어 있으므로 퍼스컴을 PLC의 프로그래밍 도구로 이용한다면, 핸디형 프로그래머나 CRT형 프로그래밍 장치를 구입하지 않아도 즉, 추가지출 없이도 각종 프로그래밍과 큰 표시화면을 이용한 데이터의 모니터링, 프로그램 리스트의 프린터 출력, 작성된 프로그램의 디스켓에 의한 보관 등이 가능하다.

그러나 컴퓨터를 PLC에 프로그래밍 도구로 이용하기 위해 가장 중요한 점은 사용하는 PLC기종이 컴퓨터와 통신이 가능한 구조이냐 하는 문제이다. 즉 종전에 개발된 대부분의 PLC들은 컴퓨터와 직접 통신할 수 없는 기종이 많다. 따라서 메이커에서는 이러한 문제점을 보완하기 위해 최근 컴퓨터와의 인터페이스 유닛을 추가로 상품화하고 있으나 이 역시 추가 지출이 요구되므로 선정에 있어서 반드시 검토해야 할 항목이다.

(5) 기 타

기타 PLC의 주변기기로는 프로그램의 보존이나 복사, 메모리에의 써넣기(rewrite) 등을 위해 사용하는 카세트 데크나 래더도를 도면으로 출력하기 위한 프린터, 레코더 등이 있다.

레코더는 프린터와 카세트 데크의 두 기능을 갖춘 것으로 프로그램의 테스트나 디버그 또는 여러 대의 PLC에 같은 프로그램을 기입할 때에 주로 사용되어 왔지만 최근 퍼스컴을 프로그래밍 도구로 이용함에 따라 점차 사라지고 있다.

참 고

디버그(Debug)
bug는 빈대를 뜻하는 것으로 디버그는 프로그램 중 불량부분을 없애는 것을 말한다. 통상 프로그램의 체크, 수정에 관한 일을 통틀어 디버그라 부른다.

버퍼(Buffer)
필요한 정보를 일시적으로 저장하거나, 또는 다른 장치에서 데이터를 전송하는 경우에 일시적으로 데이터를 기억시켜 동작속도의 타이밍을 취하기 위하여 사용되는 영역이나 레지스터 등을 말한다.

4. PLC의 선정과 취급기술

4-1 PLC 도입의 경제계산

기계나 장치의 제어 시스템을 계획함에 있어서 제어의 대부분을 차지하는 시퀀스 제어를 어떻게 구성하느냐는 완성된 제어 시스템의 성능이나 가격, 신뢰성 등에 크게 영향을 준다.

최근 대량생산 등에 의한 반도체 부품의 가격 하락으로 PLC 가격이 떨어져 릴레이 제어반과 맞먹는 가격형성이 되었다는 점과 릴레이 제어반을 훨씬 웃도는 고기능과 신뢰성이 향상된다는 점, 또한 사양변경에 따른 대응성이나 프로그래밍, 보수유지 등이 간편해졌다는 점 등으로 이제는 시퀀스제어에 PLC를 사용한다는 것이 상식이 되다시피 되었다.

그러나 소규모 제어 시스템에서는 초기 비용(initial cost)을 고려할 때 아직은 PLC 쪽이 고가이므로 이 같은 경우 PLC 채택을 통한 기능 향상의 파급효과를 포함하여 생각해도 릴레이 제어로 할 것인가 또는 PLC 제어로 할 것인가를 판단하는 것이 쉽지 않은 부분이다. 특히 PLC에서는 기능제고와 공기의 단축, 신뢰성 제고 등이 인건비 절감에 큰 효과가 나타나기 때문에 이들을 정량적으로 경제성을 비교하기가 어렵다. 여기에 선택기준이 되는 항목을 제시하니 참고하기 바란다.

① **초기비용(initial cost)**

하드웨어 가격, 소프트웨어 비용, 설치 공사비, 시운전비 등

② **가동 비용(running cost)**

고장 수리비, 보수 점검비, 예비 부품비 등

③ **설비 변경에 따른 비용**

설치 후 변경이나 증설, 개조에 소요되는 비용 등

④ **기능 효과**

스피드 향상, 원격제어, 연산 기능 등의 고기능 효과 등

⑤ **파급 효과**

　　장래의 확장성, 기밀 유지 등

4-2 기종 선정 방법

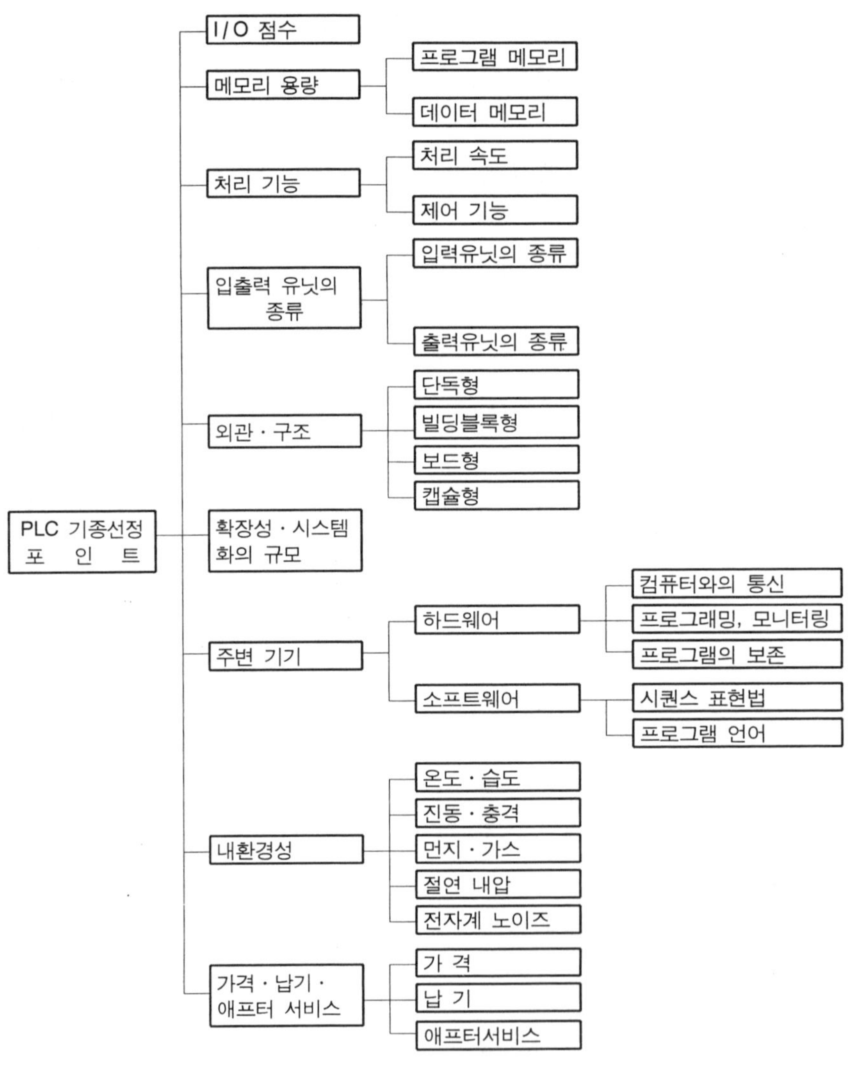

그림 4-39　PLC의 기종선정 포인트

　　한 번 선택하여 채용한 **PLC**는 그 기계가 가동하고 있는 한 장기적으로 신뢰하여 사용할 수 있어야 한다. 물론 앞에서도 서술한 바와 같이 시퀀스 프로그램은 기계장치의 메이커뿐만 아니라 최종 사용자측에서도 변경이나 수정이 간단하지 않으면 안된다. 이와 같은 이유에서 PLC의 기종 선정에 당면해서는 PLC 본체의 사양서나 입출력부의 사양서 검토는 물론, 사양서에는 나타나 있지 않은 신뢰성 문제, 보수나 애프터서비스, 사용상의 편리와 지원장치 등에 대해서도 세심한 검토가 이루어져야 한다.

PLC 기종선정을 위해서는 그림 4-39와 같이 각 항목을 종합적으로 검토하여 기종을 선정하는 것이 바람직하다.

PLC의 하드웨어는 릴레이나 스위치와 같은 부품 레벨의 제품이 아니라, 그 핵심은 마이크로 프로세서를 중심으로 한 전자 장치 레벨의 제품이므로 선정시에는 특히 신뢰성의 확보가 최우선되어야 한다. 또한 사용상의 편리함이나 지원장치 등도 종합적으로 검토해야 하는데, 지원장치는 프로그램의 작성과 실제로 기계에서의 디버그, 도큐먼트의 작성 및 보수와 제어상태의 체크 등을 용이하게 할 수 있는 것이 필요조건이다.

특히 이제까지 사용되어 온 PLC 기종이나 메이커를 변경할 경우에는 다시 지원장치를 구입하지 않으면 안 될 뿐만 아니라, 프로그래밍과 디버그의 방법도 습득하지 않으면 안되고 이러한 변경에 따른 영향은 비단 설계자뿐만 아니라 운용, 보수, 점검을 하는 현장기술자까지도 영향을 미친다는 것을 염두에 두어야 한다.

(1) I/O 점수 계산

PLC 선정에 있어서 입출력 점수는 매우 중요하며, 대부분의 PLC는 입출력 점수가 곧 PLC의 규모(크기)를 좌우한다. PLC에 있어서 전원장치나 CPU유닛은 PLC의 용량이 크게 달라져도 그 크기가 변화되지는 않는다. 다만, 시스템의 외형상 크기를 좌우하는 것은 바로 이 입출력 점수인 것이다.

PLC의 기종명을 살펴보더라도 대부분의 PLC가 모델명 다음에 숫자가 붙어 있는데 이 숫자가 바로 PLC의 입출력 점수를 나타낸다.

입출력 점수는 대개 장치의 규모와 제어기능에 따라 결정되는데, 표 4-14는 입출력 점수에 따른 PLC의 분류방법을 나타냈다.

표 4-14 입출력 점수에 따른 PLC의 분류

분 류	소 · 중 형	중 형	중 · 대 형	대 형
입출력 점수	약 10~128점	약 64~256점	약 128~512점	512점 이상

입출력 점수의 파악은 장치가 제작완료되었거나 또는 장치의 제어회로가 설계되었다면, 그 결정이 간단하다. 그러나 대부분 기계나 장치가 제작중에 제어장치도 제작되어야만 하므로 입출력 점수는 예측해야 하고, 그 예측이 정확하지 않으면 안된다.

입출력 점수의 선정은 통상 다음과 같이 구분하여 정확히 산출하는 것이 바람직하다.

① 명령지령용 입력신호 : 조작패널상의 절환 스위치, 누름버튼 스위치 등의 신호수의 합계

② 검출·보호용 입력신호 : 리밋 스위치, 근접 스위치, 광전 센서, 열동형 계전기 등의 검출 및 보호용 신호수의 합계

③ 구동부의 출력신호 : 전자 계전기, 전자 개폐기, 전자 클러치, 전자 솔레노이드 등의 출력 신호수의 합계

④ 표시·경보용 출력신호 : 감시반이나 제어반 등의 파일럿 램프, 부저, 벨 등 신호수의 합계

이상의 입출력 점수를 파악하여 선정하되 장래 증설 등의 여유를 고려하여 다음 식으로 결정한다.

I/O 점수 = 계산상의 I/O 점수 ×1.2 정도

입출력 합계 점수가 PLC의 최대 입출력 점수를 초과하는 경우는 여러 대를 복수로 사용하면 되지만 이 때는 입출력 신호수의 합계 외에도 PLC 상호간에 주고받는 신호수까지 고려하여 선정하여야만 한다.

(2) 메모리 용량산출

PLC의 메모리는 프로그램 메모리와 데이터 메모리로 구분된다. 프로그램 메모리는 사용자가 작성한 프로그램을 격납하기 위한 메모리이고, 데이터 메모리는 입출력부로부터의 데이터(외부 입출력의 상태)나 보조 릴레이와 같은 연산 도중의 결과를 기억하는 부분이다.

메모리 용량은 입출력 점수의 규모와 마찬가지로 약간의 여유를 두면 프로그램의 변경이나 추가에 손쉽게 대응할 수 있다.

1) 프로그램 메모리

프로그램 메모리는 프로그램을 구성하는 명령어가 워드(Word)라는 형태로 기억되고 1워드마다 어드레스가 붙여져 있다. 따라서 프로그램 메모리의 크기는 통상 워드나 스텝으로 나타낸다. 메이커의 사양서를 보면 메모리 용량은 대부분 1K워드 또는 2K워드 등 킬로워드의 K로 표시되는데 1K워드는 1024워드나 스텝을 가리킨다.

그림 4-40은 2K워드 용량의 메모리에 명령어가 격납된 상태를 보여주고 있다.

한편 프로그램 메모리의 용량도 제어회로를 설계하면 쉽게 그 용량이 결정되어지지만, 대부분 제어회로를 설계하기 전, 즉 장치가 완성되기 전에 PLC도 구매 발주되는 경우가 많으므로 사용자는 사전에 필요로 하는 메모리 용량을 결정해야 한다.

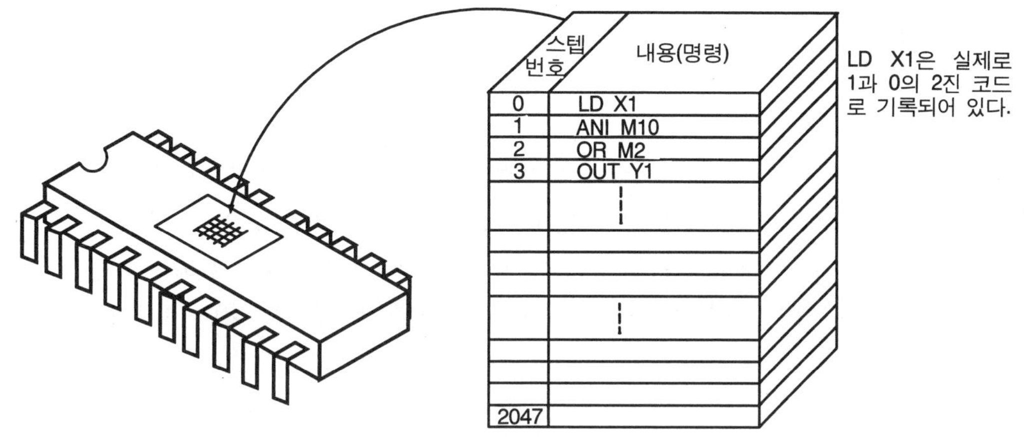

그림 4-40 메모리에 명령어가 격납된 상태

경험적으로 프로그램 메모리의 용량은 다음과 같이 산출한다.

① 간단한 시퀀스 제어인 경우

   메모리 용량 = I/O 점수 × 5~10

② 복잡한 시퀀스 제어인 경우

   메모리 용량 = I/O 점수 × 10~15

③ 산술연산이나 위치결정 등의 복잡 고도의 제어인 경우

   메모리 용량 = I/O 점수 × 20 이상

표 4-15 메모리 용량에 따른 PLC의 규모별 분류

분　류	소·중형	중　형	중·대형	대　형
프로그램 메모리 용량	0.3~2Kword	2~4Kword	4~8Kword	8~16Kword

2) 데이터 메모리

데이터 메모리의 종류는 시퀀스 연산에서 신호중계나 신호를 기억시키는 기능 등의 내부 릴레이와 타이머, 카운터 등이 기본으로 준비되어 있고, 그 외에도 데이터 레지스터, 링크 레지스터 등이 기종에 따라 실장되어 있다. 내부 릴레이의 종류는 용도에 따라 일반 릴레이와 정전시 그 상태유지가 가능한 래치 릴레이, PLC간 통신 용도의 링크 릴레이 등으로 구별되고, 이들 데이터 메모리는 점수로 용량을 표시한다.

프로그램 메모리가 입출력 점수와 제어의 복잡도에 비례하여 용량을 선정하는 것과 같이 데이터 메모리도 마찬가지이다. 일반적으로 PLC 메이커에서는 프로그램 메모리에 비교하여 부족하지 않도록 배려하여 제조하나, 사용자 입장에서는 특수기능의 데이터 메모리에 대해서 세심한 검토가 이루어져야 한다.

(3) 처리기능

1) 처리속도

PLC의 처리속도는 메모리에 저장된 명령을 호출하여 연산하고 그 결과를 내는 데까지 걸리는 시간으로, 처리속도는 곧 PLC의 응답시간을 결정하는 요인이 된다.

처리속도의 표시는 1명령이나 1K 스텝분의 명령을 연산하는 데 소요되는 시간으로 나타내는데, 일반 시퀀스 제어용에 이용되는 PLC는 $2 \sim 5 \mu s$/스텝 정도이면 충분하다.

2) 제어기능

PLC에서는 시퀀스 제어(논리연산) 기능 외에도 타이머, 카운터 기능이 부가되어 있는 것이 보통이다.

이 외에도 시퀀스 제어를 보다 효과적으로 하는 확장기능 명령으로 시프트 레지스터, 스텝 컨트롤러, 마스터 컨트롤, 산술연산, 비교연산, 데이터 전송 등 다채로운 데이터 메모리와 그것들을 실행시키는 명령기능을 갖춘 PLC가 있다. 따라서 제어 시스템이 논리연산, 산술연산, 아날로그 조절연산, 데이터 변경, 리모트 I/O, 데이터 링크, 퍼스널 컴퓨터와의 인터페이스 등 어떠한 기능을 PLC에 요구하는가에 따라 기종선정이 달라진다.

(4) 입출력 유닛의 종류

1) 입력유닛의 종류

입력유닛의 종류는 크게 디지털 입력유닛, 아날로그 입력유닛, 센서 입력유닛, 고속카운터 입력유닛으로 나눌 수 있다.

사용전원의 종류에 따라서도 AC입력과 DC입력으로 나누어지며, AC입력에는 110V, 220V, 110V/220V 겸용 등이 있고, DC입력에는 12V, 24V, 48V 등이 가장 많이 사용되고 있다.

입력유닛의 선정에 관해서는 먼저 시스템의 하드웨어를 설계시, 입력유닛의 종류를 될수록 적게 하기 위해 입력기기의 정격 선정을 염두에 두어야 한다.

2) 출력유닛의 종류

출력유닛의 종류는 출력부 항에서 설명한 것과 같이 접점 출력유닛, 트랜지스터 출력유닛, 트라이액 출력유닛, 아날로그 출력유닛 등이 사용되고 있다. 하지만 이들 유닛에도 독립접점형, 콤먼형이 있어 전압, 전류뿐만 아니라 배선, 유지, 보수 등을 고려한 선정이 필요하다.

(5) 외관 · 구조

PLC는 일반적으로 기본유닛과 증설유닛으로 나눌 수 있다. 기본유닛은 전원장치와 CPU가 기본으로 탑재되고, 대부분 입력유닛과 출력유닛까지 포함된 구조이다.

증설유닛은 입출력부 전용으로 CPU를 포함하지 않고 단지 기본유닛과 인터페이스할 수 있도록 되어 있다.

PLC 선정에 있어서 외관과 구조는 제어목적에 따라 알맞는 형태와 사이즈의 PLC를 선택하는 것이 중요하다. 또 PLC의 입출력 점수를 증가하거나 위치결정용 유닛 등 특수기능의 유닛을 접속하기 위한 구조도 외관 · 구조를 검토하는 데 있어 포인트이다.

1) 단독형

블록형이나 패키지 형식이라고도 불리우는 이 형식은 PLC의 구성요소인 전원장치, CPU부분, 입출력 부분 등 필요한 기능 전부를 콤팩트한 케이스에 수납하여 PLC를 제어 컴포넌트의 감각으로 이용할 수 있는 것을 노린 구조이다.

단독형 구조는 소규모의 PLC에 많이 채용되어 증설단위는 블록단위로 확장하고, 제어반 내에 설치할 경우 작업을 용이하기 위해 DIN레일에 쉽게 부착되도록 되어 있는 것이 많다.

기본유닛의 입출력 점수는 고정되어 있는 것이 대부분이며, 증설유닛에 입출력의 종류를 다양하게 준비하고 있다.

그림 4-41 단독형 PLC

그림 4-42 빌딩 블록형 PLC

2) 빌딩 블록형

이것은 베이스 유닛에 외형치수를 표준화한 CPU유닛, 전원유닛, 각종 입출력 유닛, 특수기능 유닛 등을 사용자가 그 용도에 적합하도록 선택하여 PLC를 구성하도록 한 구조이다.

입출력 점수나 기능의 확장이 자유자재라는 점에서 매우 플렉시빌리티가 높으므로 중
· 대형 PLC에서 널리 사용하고 있는 구조이다.

그림 4-42는 이 형식의 외관도를 나타낸 것이다. 최근에는 빌딩블록 형식 중에도 높이
방향의 치수를 극도로 작게 하여 뒤에 설명하는 보드형의 특징도 함께 갖고 있는 것도
있다.

3) 보드형

일반적으로 입출력 점수가 비교적 적은 중 · 소규모의 기종에 많으며, 경량 · 박형을
노린 구조이다. 메커트로닉스 지향으로 개발된 것으로 기계의 제어반에 내장하며, 경우
에 따라서는 제어반 문의 안쪽에 부착하여 공간의 유효한 활용 등 소형화, 경량화, 박형
화된 구조이다.

PLC의 기능 전부를 1장의 프린트 기판에 실장한 것이기 때문에 원보드(One board)형
이라 불리우기도 하며, 두께가 얇기 때문에 플랫타입이라 부르기도 한다.

그림 4-43 보드형 PLC의 외관

(6) 기 타

1) 확장성, 시스템화의 규모

자동화의 추진은 공장을 설립할 때부터 완전 자동화를 실현시키기보다는 단계별 자동
화 추진이 이상적이라고 한다. 따라서 한 번 채용된 PLC가 단위 기계의 운전에 국한되
지 않고 상위 기종과의 통신 기능도 필요해지고, 또한 장비의 기능 확대로 인해 증설이
불가피한 경우도 있다.

이 때 시스템을 대폭적으로 교체하지 않고도 대응하기 위해서는 PLC의 확장성이나
여타 시스템과 시스템화의 기능도 고려해야 한다.

2) 주변기기

주변기기의 역할은 프로그래밍 및 디버깅, 모니터링, 프로그램 리스트 작성 그리고 프로그램의 보존 등 PLC의 운용을 지원하는 것이다. PLC의 기종 선정시는 관련 주변기기의 하드웨어와 소프트웨어를 종합적으로 검토하여 선정하는 것이 중요하다.

3) 내환경성

PLC의 가동률이나 수명은 설치 환경에 따라 큰 영향을 받는다. 따라서 시스템의 신뢰성을 확보하기 위해서는 시스템 설계에 앞서 설치 장소의 환경을 충분히 고려할 필요가 있다.

기본적으로는 PLC에 악영향을 끼치는 요인을 가능한 한 적게 하는 것이 필요하다. 그러나 어느 정도의 대책까지 실시하느냐는 트러블 발생시의 영향도와 설치환경 및 대책 비용을 고려하여 결정해야 한다. PLC는 극히 보통의 시스템이라면 특별한 대책을 실시하지 않아도 사용할 수 있게 되어 있으나, 사전에 대책을 실시해 두면 시스템의 신뢰성이 향상되어 장기적인 가동률의 향상을 도모할 수 있다.

PLC가 설치되는 환경에서 신뢰성에 영향을 주는 주된 항목으로는 다음과 같은 것을 생각할 수 있다.

① 사용온도　　　　　② 습도
③ 진동·충격　　　　④ 먼지, 부식성가스
⑤ 절연내압　　　　　⑥ 전자계 노이즈

이 중에서 PLC의 고장률을 낮추는 요인은 사용 온습도나 절연내압 등이고 먼지나 부식성가스 등은 재생불능의 고장을 일으키는 원인이라 할 수 있겠다.

이들 항목에 대한 자세한 내용은 9항의 PLC의 설치 환경과 노이즈 대책에서 설명한다.

4) 가격·납기·애프터서비스

최종적으로 PLC의 가격, 납기, 애프터서비스는 물론 각종 서포트 체계까지도 검토하여야 한다.

제어장치의 메이커측은 기계설비의 수명이 다할 때까지 보수·서비스의 책임을 져야 한다. 이때문에 제어장치에 해당하는 PLC에 대해서도 장기간에 걸쳐 보수·서비스가 요구된다. PLC 메이커측의 기술지원 내지는 보수부품에 관한 애프터서비스 태세가 갖추어져 있는 것은 PLC 선택시의 중요한 포인트이다.

가격도 기종선정시 중요한 하나의 검토항목인데 PLC의 가격을 외형적인 것만 가지고 비교하는 것은 곤란하다. 즉, 신뢰성이나 애프터서비스 등은 외형적으로는 드러나 보이지는 않으나 매우 중요한 점이다. 다만, PLC 본체에 대해서만 이야기한다면, 동일 규모의 시스템에서 가격이 극단적으로 많이 차이나는 것 같으면 사양서에 나타나지 않은 신뢰성, 애프터서비스, 사용상의 편리함 등에 주의를 기울일 필요가 있다.

또한 연수회나 사용자 교육센터를 운영하고 있는지의 여부도 체크 항목이다.

4-3 PLC 성능사양의 예와 보는 법

표 4-17 PLC 기본부의 성능 사양예

	항 목		사 양
1	제어방식		스토어드 프로그램 반복연산
2	입출력 제어방식		일괄처리 방식
3	프로그램 언어		시퀀스 제어 전용언어
4	명령어	명 령 수	29종류(시퀀스 명령 14종, 기본 명령 15종)
		응용 명령수	151 종류
		주된 명령	AND, OR, NOT, OUT 등의 기본 명령에 비교 명령, 산술 명령, 이동 명령, 전송 명령, 회전 명령, 변환 명령, 처리 명령 등
5	처리속도		1.2 μs/step (시퀀스 명령)
6	프로그램 용량		4K step
7	입출력 점수		192점
8	내부릴레이 점 수	보조 릴레이	1024점(M0~M63F)
		Keep 릴레이	512점(M0~M31F)
		특수 릴레이	256점(M0~M15F)
9	타이머		100ms타이머 192점 (T0~T191) 10ms타이머 64점 (T192~T255) ON-Delay, OFF-Delay, 적산 타이머
10	카운터		256점 (C0~C255) UP, DOWN, UP-DOWN, Ring 카운터
11	데이터 레지스터		1024점 (D0~D1023) 1bit
12	컴퓨터 링크		RS-232C
13	허용 정전시간		10ms
14	자기진단 기능		연산지체 감시, 전원이상 검출, I/O유닛 진단, 배터리 이상 검출, 메모리 이상 검출 등을 특수 릴레이로 검출하여 경보 및 메시지 출력

제어·연산부와 메모리는 PLC의 핵심이 되는 부분이며, 아무리 소규모의 PLC라도 반드시 필요한 부분이다. 그래서 제어·연산부와 메모리부를 합하여 PLC의 기본부라 하며, 통상 CPU부분(유닛)이라 부른다. PLC의 기종을 선정할 때는 입출력부의 사양보다 기본부의 사양을 먼저 보고 이해하여야 한다.

여기서는 현재 사용되고 있는 PLC의 대표적인 성능사양을 예로 들어 차례로 살펴보기로 한다.

(1) 제어방식

PLC의 제어방식에서 스토어드(stored) 프로그램을 반복연산하는 방식이란, 모든 시퀀스 프로그램을 메모리에 격납해 두고, 시퀀스 프로그램을 실행할 때에는 최초의 명령인 0번 스텝부터 차례로 순차적으로 실행하고, 최후의 스텝인 END 명령까지 실행을 완료하면 다시 선두의 스텝으로 돌아가 PLC의 운전모드가 정지(stop)모드로 될 때까지 몇 번이고 반복하여 실행하는 것을 말한다.

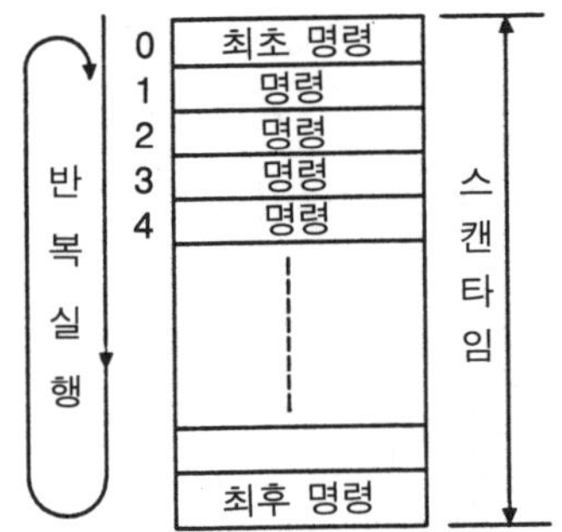

그림 4-44 스토어드 프로그램 반복연산 처리

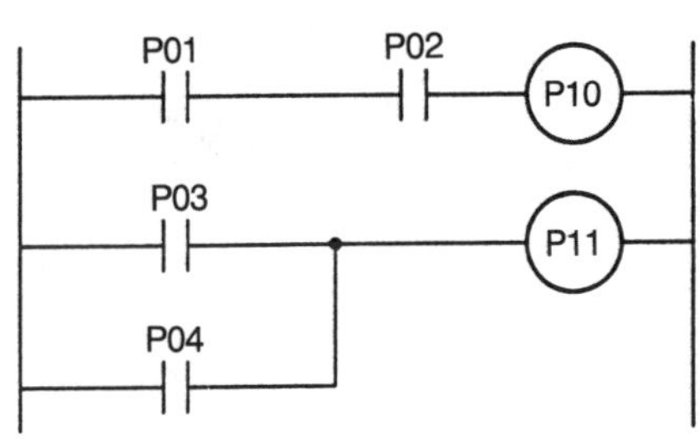

그림 4-45 시퀀스 회로도

그림 4-44는 반복연산 처리과정을 그림으로 나타낸 것으로 대부분의 PLC는 이와 같은 직렬 반복연산 방식을 제어방식으로 채용하고 있다.

반복연산 처리방식에 대해 좀더 쉽게 이해하도록 하기 위하여 그림 4-45와 같은 시퀀스

참고

서지(Surge)

이상상태를 말하는 것으로 전기에서는 이상전압을 말하고, 유압에서는 과도적으로 상승되는 압력을 의미한다.

제어회로에서 코일에 흐르고 있는 전류를 끊었을 때 발생하는 슈가적인 고전압을 서지전압이라고 한다.

이 서지전압은 반도체를 파괴시키거나 접점의 수명을 단축시키며, 또한 노이즈원이 되기 때문에 오동작 발생의 원인이 되기도 한다.

회로를 예로 하여 설명하기로 한다.

그림 4-45 회로의 동작은 입력 P01과 P02가 동시에 ON되면 출력 P10이 ON되고, 또 입력 P03이나 P04가 ON되면 출력 P11이 ON되도록 구성된 회로이다.

PLC는 그림 4-47과 같이, 제어부분에 마이크로 컴퓨터를 사용하고 입력유닛, 출력유닛 그리고 이들 데이터를 격납하기 위한 입출력용 메모리, 시퀀스 프로그램을 격납하기 위한 프로그램 입력장치 및 PLC의 동작을 컨트롤하기 위한 제어용 메모리로 구성되어 있다.

PLC를 운전상태(RUN 모드)로 하면, 제어·연산부는 최초의 입력유닛에서 현재의 입력 상태를 읽고 입출력 메모리의 입력부분에 이 상태를 기록한다.

그림 4-45의 P01~P04는 이 때 입력된다.

다음에 기록된 입력상태를 근거로 하여 시퀀스 프로그램용 메모리에 격납된 내용을 선 두 스텝부터 1스텝마다 읽고 차례로 실행해 나간다.

실행결과는 입출력용 메모리의 출력부분에 기록된다. 그림 4-45의 시퀀스 회로의 경우에는, 최초에 P01과 P02의 AND를 실행하여 그 결과를 출력 P10에 대응하는 입출력용 메모리에 기록한다. 다음에 P03과 P04의 OR를 실행하여 그 결과를 같은 요령으로 입출력용 메모리에 기록한다. 이 실행동작은 시퀀스 프로그램의 최종 스텝(END 명령)까지 반복된다.

모든 시퀀스 프로그램이 처리되면 다음에 입출력 메모리의 출력부분에 기록된 내용을 출력유닛에 출력동작을 보낸다. 그림 4-45의 P10, P11은 여기서 출력유닛에 출력된다.

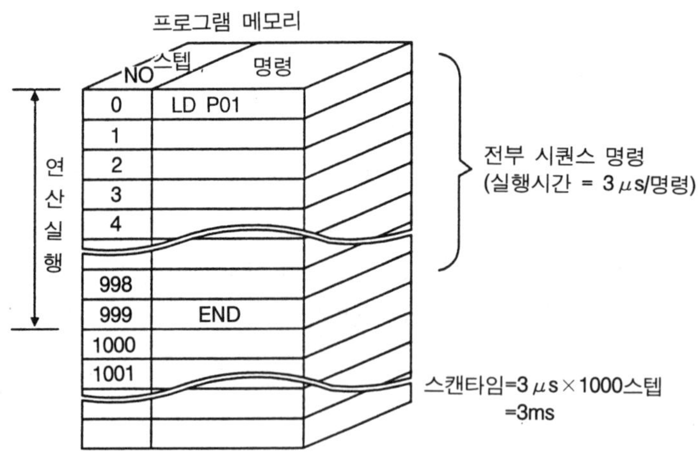

그림 4-46 스캔 타임의 계산예

위의 내용을 1사이클로 하여 반복처리를 진행하는 방식이 반복연산(사이클릭) 처리방식 이다. 또한 반복연산 처리 중 1사이클을 실행하는 데 소요되는 시간을 스캔(Scan) 타임 또 는 사이클 타임이라 한다. 즉, 그림 4-44에서 볼 수 있듯이 최초의 단계인 0스텝에서 최후 의 스텝까지 실행하는 데 걸리는 시간을 말하는 것으로 이 스캔타임은 시퀀스 프로그램의 스텝수와 처리내용에 따라 변한다. 스캔타임의 계산은 다음 식으로 산출한다.

$$스캔타임 = 스텝수 \times 처리속도$$

통상 스캔타임은 수 ms정도로 길어도 수십 ms이내여야 한다. 즉 스캔타임이 수백 ms이상이 되면 신호지연이 길어져 제어장치로 적합하지 않기 때문이다.

그림 4-46은 스캔 타임의 계산예를 그림으로 보여주고 있다.

또한 PLC의 제어방식 중에서 인터럽트 처리를 하는 기종도 있다. 주로 중형이상의 PLC에서 제어방식으로 채택하고 있는 인터럽트 처리란, 반복연산 처리방식으로 구성된 PLC는 앞에서 설명한 바와 같이 제어동작의 실행시간이 스캔 타임에 의해 규정되어 있으며, 기본적으로는 그 이상의 빠른 처리와 응답에 추종할 수 없다. 그러나 일반적으로 어느 특정의 입력이 들어갔을 때, 즉시 응답되는 제어동작을 요구하는 경우가 있다. 이와 같은 용도를 위해, PLC에서는 인터럽트 처리라 말하는 기능을 갖춘 기종도 있다.

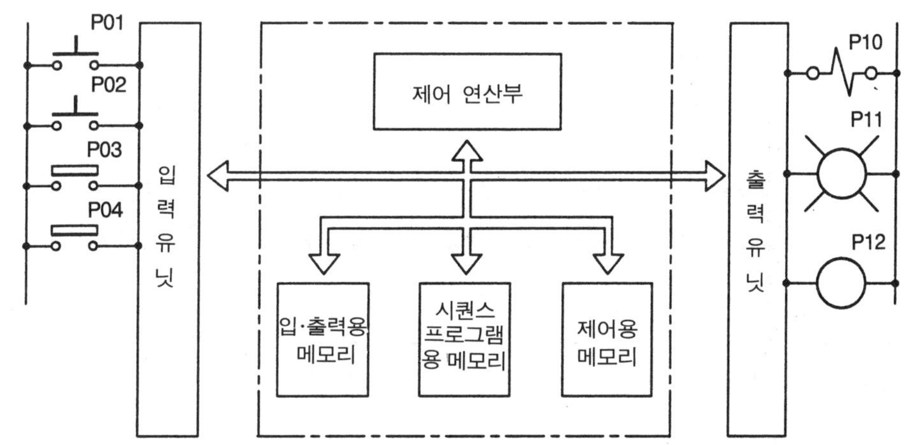

입력신호	PLC					출력신호
프로세스 동작	하드웨어	소프트웨어				프로세스 동작
	입력번호 할당	입력상태 읽음	처리	처리결과 기록	출력번호 할당	

그림 4-47 PLC의 구성과 동작의 역할 분담

인터럽트 처리기능은 그림 4-48과 같이 통상의 반복연산 처리와는 별도로 처리되며, 인터럽트 입력의 발생에 의해 반복연산 처리를 중단하고 인터럽트 프로그램의 실행을 시작한다. 그리고 인터럽트 처리가 종료되면, 다시 인터럽트가 들어오기 전의 상태로 복귀한다. 그림 4-48에서는 시퀀스 회로를 실행하는 처리중에 인터럽트가 발생하여 인터럽트 처리가 시작되었는데, 사이클릭 처리의 임의의 개소에서 인터럽트 프로그램으로 분기하는 것이 가능하다. 통상, 이 인터럽트 입력용으로 몇 개의 인터럽트 입력단자가 PLC 본체에 별도로 마련되어 있어, DC 입력 등으로 사용할 수 있게 되어 있다.

또한 중형 이상의 PLC 기종에서는 인터럽트 입력 전용 유닛으로서 수십 점의 인터럽트 처리를 할 수 있도록 구성된 것도 있다.

인터럽트 처리에 관한 취급은 PLC의 기종에 따라서, 또한 명령어의 방식에 따라서도 각각 차이가 있어 동일하게 논할 수는 없다.

여기서는 4점의 인터럽트를 처리할 수 있는 PLC에 대해 릴레이 심벌방식 프로그램을 예로 들어 설명한다.

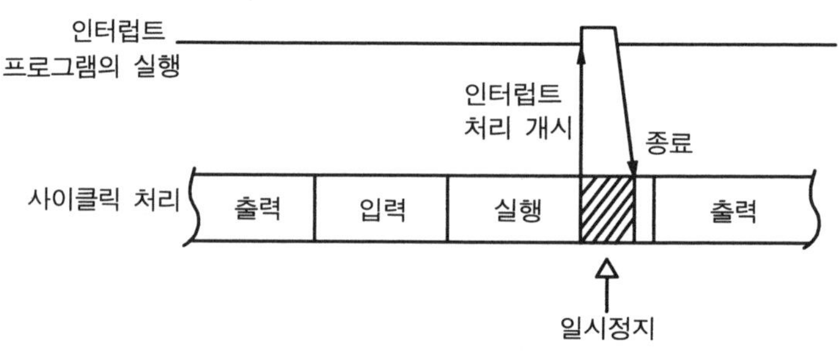

그림 4-48 인터럽트 처리를 포함한 사이클릭 처리방식

사용자는 그림 4-49와 같이 먼저 인터럽트 처리에 관계되지 않는 프로그램을 0스텝부터 작성한다. 물론 프로그램의 끝에는 END 명령을 기입한다. 그래야만 여기까지의 스텝이 사이클릭 처리로 실행된다.

END 명령의 다음 스텝부터 사용자는 인터럽트 처리를 위한 프로그램을 삽입할 수 있다. 그림 4-50에 인터럽트 처리를 위한 시퀀스 프로그램 예를 나타냈다.

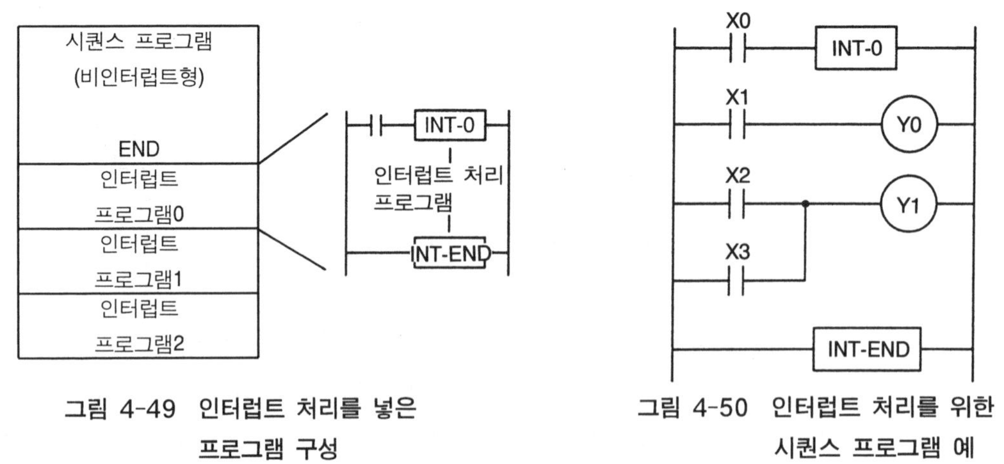

그림 4-49 인터럽트 처리를 넣은 프로그램 구성

그림 4-50 인터럽트 처리를 위한 시퀀스 프로그램 예

그림 4-50은 인터럽트 입력 INT-0에 대응하는 시퀀스 프로그램을 작성한 것이다. 인터럽트 신호 INT-0이 입력되면 인터럽트 프로그램의 실행으로 들어간다.

최초에 걸려 있는 접점 X0와 INT-0 명령의 질력접속 부분은 접점 X0이 ON되면, 인터럽트 입력 INT-0에 대응하여 인터럽트 처리용 시퀀스 프로그램(INT-0 명령의 다음 스텝 이후부터 INT-END 스텝까지)의 처리를 시작하는 시퀀스이다. 입력 X0이 ON되어 있지 않으면 인터럽트 처리를 실행하지 않고 정상적인 프로그램 실행으로 돌아간다.

그림 4-50에서는 인터럽트 입력 X0이 ON으로 되어 있으면, 다음에 X1의 내용을 출력 Y0에 출력하고, 입력 X2나 입력 X3이 ON되어 있으면 출력 Y1을 ON시킨다.

맨 끝에 쓰인 INT-END 명령은 인터럽트 처리의 프로그램 종료를 나타내며, 이 명령을 실행하면 원래의 반복연산 처리로 돌아간다.

이와 같이 인터럽트 처리를 사용하면, 반복연산 처리에 의한 시퀀스 프로그램보다 우선적으로 실행할 수 있다.

(2) 입출력 제어방식

PLC의 입출력 제어방식은 크게 일괄처리(refresh) 방식과 직접처리(direct) 방식으로 구별된다. 기종에 따라서는 입력은 일괄처리하고 출력은 직접처리하거나, 반대로 입력은 직접처리하고 출력은 일괄처리하는 등 혼합형을 채택하거나 이상의 네 가지 방식 중 어느 하나를 선택하여 운전할 수 있는 기종도 있다.

먼저 일괄처리 방식이란 그림 4-51에 그 블록도를 나타낸 바와 같이 프로그램을 실행하기 전에 입력유닛에서 입력 데이터를 읽어 데이터 메모리의 입력용 영역(버퍼)에 일괄하여 저장하고(이것을 입력 리프레시라 함) 연산을 시작한다. 그리고 END 명령까지 연산이 완료되면 연산결과에 의해 데이터의 출력용 영역(버퍼)에 있는 데이터를 일괄하여 출력유닛에 출력(이것을 출력 리프레시라 함)하는 방식을 말한다.

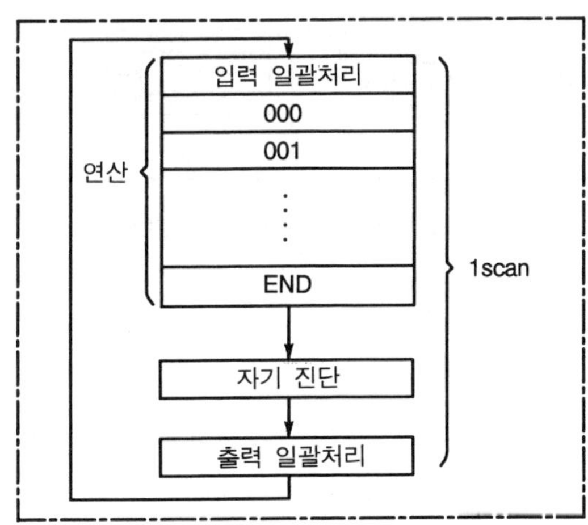

그림 4-51 일괄처리 방식의 처리순서

즉 시퀀스 프로그램을 연산하기 전에 일괄적으로 입력유닛의 입력정보를 입력용 데이터 메모리에 저장해 두고, 실행할 때는 데이터 메모리 내의 입력정보를 리드(read)하여 연산을 하고 그 결과는 출력용의 데이터 메모리에 기록해 둔다. 계속해서 1사이클의 연산이 종료되면 출력용 데이터 메모리에 기록된 결과를 일괄적으로 출력유닛에 보내 출력하는 것이다. 따라서 연산지연 시간은 최대 2스캔까지이다.

그리고 직접처리 방식이란 그림 4-53에 신호 흐름도를 나타낸 바와 같이 입·출력의 정보를 메모리에 기록하지 않고 연산도중의 내용에 따라 입력상태를 읽고, 또한 연산결과를 즉시 출력유닛에 보내 실행을 하는 동시에 데이터를 출력용 데이터 메모리에 저장하는 처리방식을 말한다. 이 방식은 입력신호의 변화에 대한 출력유닛의 변화가 최대 1스캔 지연된다.

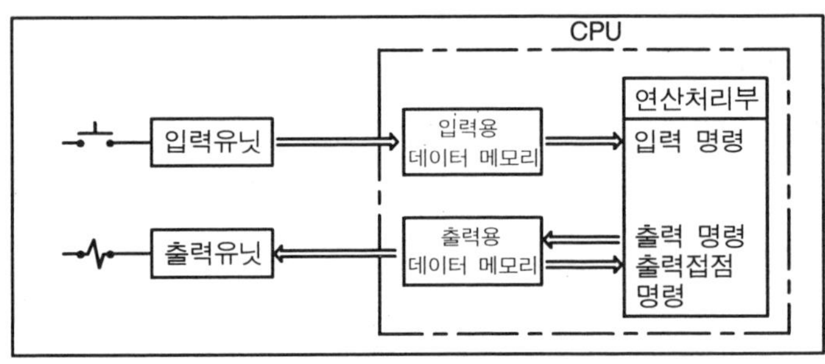

그림 4-52 일괄처리 방식

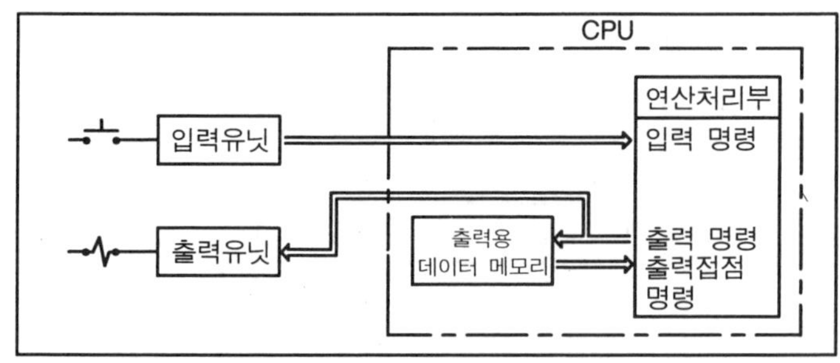

그림 4-53 직접처리 방식

(3) 프로그램 언어

PLC에서 사용되는 프로그래밍 언어는 제반문제에 쉽게 적용되어야 하고, 최소한의 노력으로 제어문제를 해결할 수 있도록 준비되어야 한다. 더구나 공압이나 유압, 전기회로 설계분야에서 일하는 사람에게도 쉽게 이해되어야 하고 컴퓨터에 관한 특별한 지식이 없어도 사용될 수 있어야 한다. 즉, PLC가 추구하는 보수성이나 제어내용 변경의 용이성 등에 부합되려면 언어가 차지하는 비중은 매우 큰 것이다.

일반적으로 종래부터 계속 사용되어 왔던 대표적인 시퀀스 표현방법과 그 표현예를 그림 4-54와 그림 4-55에 나타냈다.

그림 4-54 시퀀스 표현 방법

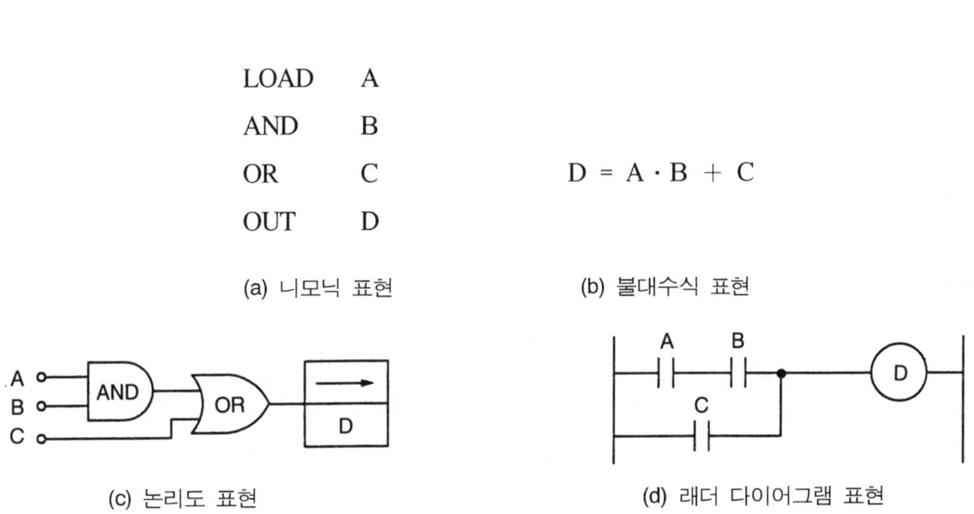

(a) 니모닉 표현 (b) 불대수식 표현

(c) 논리도 표현 (d) 래더 다이어그램 표현

그림 4-55 시퀀스의 표현예

니모닉 표현방식은 컴퓨터의 어셈블러 명령을 기본으로 하며 그림 4-55에 나타낸 바와 같이 AND, OR, NOT 등의 명령어로 프로그램하는 방식이다. 예컨대, 접점의 직렬접속을 AND, 병렬접속을 OR, b접점을 NOT 등으로 표현한 것으로 회로의 접속상태를 상정하기 쉬운 표현이 사용되고, CPU의 내부처리 기능을 니모닉에 의해 순차적으로 기술한 것이다.

또한 불 대수식 표현은 수학적인 표현형식을 기본으로 한 것으로 이 두 가지 표현방식은 문자만으로 기술(記述)하기 때문에 프로그램을 이해하는 데 있어서 어려움이 있다는 단점이 있다.

이에 반해 프로그램을 이해하기 쉽도록 그림형식으로 표현한 것이 논리도 표현방식과 래더 다이어그램 표현방식이다.

논리도 표현방식은 회로도의 심볼을 이용한 것으로 무접점 회로의 표현식으로 많이 이용된다.

한편 래더 다이어그램 표현은 종래부터 기계제어에 사용되어 왔던 릴레이 코일과 접점으로 논리를 기술했던 릴레이 시퀀스도를 단순한 도형표시로 표현한 것이다. 이 중에서 현재 PLC 프로그램 표현법의 주류가 되어 있는 것이 래더 다이어그램 방식이다.

그 이유는 이 방식이 종래의 릴레이나 타이머에 의한 시퀀스 회로의 전용이 가능하기 때문이다. 즉 이미 종래의 회로설계 기술에 익숙한 기술자나 릴레이 심볼에 오랫동안 친숙한 현장 기술자들도 PLC의 기본원리만 이해하는 것으로 프로그래밍 처리가 가능하며, 시퀀스의 표현이나 신호의 흐름 등을 이해하는 데 있어 용이하기 때문이다.

PLC 메이커가 제공하는 사양서에는 표 4-17의 3항에 나타낸 바와 같이 프로그램 언어에 시퀀스 전용언어라고 표현한 경우가 많은데, 이것은 대부분 릴레이 심볼식인 래더 다이어그램이나 로직 심벌릭어인 니모닉 언어를 병용하고 있다는 의미이다. 즉 프로그래밍 규칙에 따라 니모닉 언어를 사용하여 프로그램 할 수 있거나 래더 다이어그램식으로 프로그램 할 수 있는 것을 말한다.

(4) 명령어

명령어는 시퀀스 명령과 응용 명령으로 구분되며, 경우에 따라서는 표 4-17과 같이 시퀀스 명령과 기본 명령, 응용 명령 등으로 구분하는 메이커도 있으나 기본적으로는 논리처리 명령과 데이터처리 및 통신, 링크처리 기능을 하는 응용 명령으로 나뉘어진다.

시퀀스 명령이란, 릴레이 회로의 시퀀스 전개도와 같이 시퀀스 회로를 PLC 내의 메모리 상으로 실현하는 데 필요한 명령으로 논리개시 명령이나 AND, OR, NOT 등의 접점과 접점을 접속처리하기 위한 명령을 말한다.

응용 명령이란 시퀀스 명령처럼 접점 또는 내부 데이터를 하나씩 다루는 것이 아니라 복수 개의 접점 또는 복수 개의 내부 데이터를 하나의 데이터 군으로 묶어 더하기, 빼기, 비교 등을 수행하기 위한 명령이나 데이터의 일괄시프트, 데이터의 반전 등과 같은 명령이기 때문에 거의 모든 PLC가 다루고 있다. 다만 앞서도 언급한 바와 같이 PLC에 대한 규격이나 운영체계가 아직은 통일이 되지 않았기 때문에 같은 기능을 수행할지라도 PLC에 따라 명령의 표현이나 문장의 구성이 다르다. 따라서 PLC의 명령들을 충분히 활용하여 이상적인 프로그램을 설계하기 위해서는 먼저 사용하려고 하는 PLC의 명령어 숙지가 선행되어야 한다.

(5) 처리속도

컴퓨터의 처리속도는 사용되는 CPU의 종류에 따라 결정된다. PLC도 컴퓨터와 같은 기능의 마이크로 프로세서를 사용하기 때문에 당연히 CPU의 등급에 따라 처리속도가 달라진다.

다만 PLC에서는 사용하는 CPU의 등급이 같아도 처리속도까지 동일하지는 않다. 즉 사용하는 언어체계나 언어의 길이(語長)에 따라 달라지게 되는데 결국 PLC에서 처리속도는 표 4-17의 5항에 나타낸 바와 같이 한 명령을 처리하는 데 걸리는 시간으로 표시된다.

표 4-17에 나타낸 PLC의 처리속도는 1명령(step)을 처리하는 데 걸리는 시간이 $1.2\mu s$임을 보여 주고 있다. 이와 같이 PLC의 처리속도는 한 명령을 처리하는 시간이 몇 μs이라고 표시되는데 중형 이하의 PLC는 약 $1\sim5\mu s$ 정도가 일반적이다. 따라서 예로 선택한 PLC의 처리속도는 비교적 빠른 편에 속하며, 여기서 주의할 점은 이 처리속도가 모든 명령에 적용되는 것이 아니고 시퀀스 명령일 때만 $1.2\mu s$가 소요된다는 것이다. 프로그램을 작성하다 보면 보통 AND나 OR 명령과 같은 시퀀스 명령은 한 명령이 한 스텝분의 메모리를 처리하지만 응용 명령들은 $2\sim5$스텝분의 메모리를 사용한다. 응용 명령 하나가 3스텝분의 메모리를 사용하고 있다면 당연히 처리속도는 $1.2\mu s \times 3 = 3.6\mu s$가 소요된다.

이것은 프로그램의 스캔타임이 프로그램의 크기(길이)로만 결정되는 것이 아니라 사용하는 명령의 종류에 의해서도 달라지는 것을 보여준다. 스캔타임이 문제될 경우에는 가능한 한 시퀀스 명령을 사용하여 처리하고, 응용 명령의 사용을 적게 하면 프로그램의 스캔타임을 단축할 수 있다.

(6) 프로그램 용량

프로그램 용량이 4K step이란 $1024 \times 4 = 4096$스텝분의 명령어를 기억할 수 있다는 의미이다. 따라서 이 PLC의 입·출력 점수가 최대 192점이므로 일반적인 시퀀스제어 프로그램을 작성할 경우 메모리 용량은 입·출력 점수에 비해 충분하다고 할 수 있다. 다만 여기서 주의할 사항은 메모리 용량이 4096스텝이라고 해서 4096 어드레스분의 명령어를 저장시킨다는 의미는 결코 아니다. 이것은 앞서도 언급한 바와 같이 명령어에 따라서, 특히 응용 명령의 경우는 래더도로 표현하면 한 명령에 불과할지라도 메모리에 저장할 때는 $3\sim5$ 어드레스분의 메모리가 소요되기도 하기 때문이다.

(7) 입·출력 점수

이것은 PLC가 사용할 수 있는 입력점수와 출력점수의 합계를 나타낸다. 이 사양의 PLC는 입력유닛에는 DC입력과 AC입력유닛이 있고, 각각 16점 단위로 구성되어 있다. 그리고 출력유닛에는 릴레이, TR, SSR 등 세 종류가 있으며 이것 또한 16점 점수로 구성되어 있다. 그리고 하나의 유닛에 DC입력 8점과 릴레이 출력 8점이 복합 구성되어 있는 혼합유닛도 있다. 따라서 이 PLC의 입·출력 구성은 16점 단위로 조합할 수 있고 최대 192점까지 설정할 수 있다.

(8) 내부 릴레이

　내부 릴레이란, 유접점 회로에서 전자 릴레이와 같이 신호를 중계하거나 접속, 차단, 일시기억 등의 역할을 하는 가상의 메모리로서 내부 릴레이, 내부 데이터 메모리, 내부 출력 코일 등으로 표시되며 그 용량은 점수로 나타낸다.

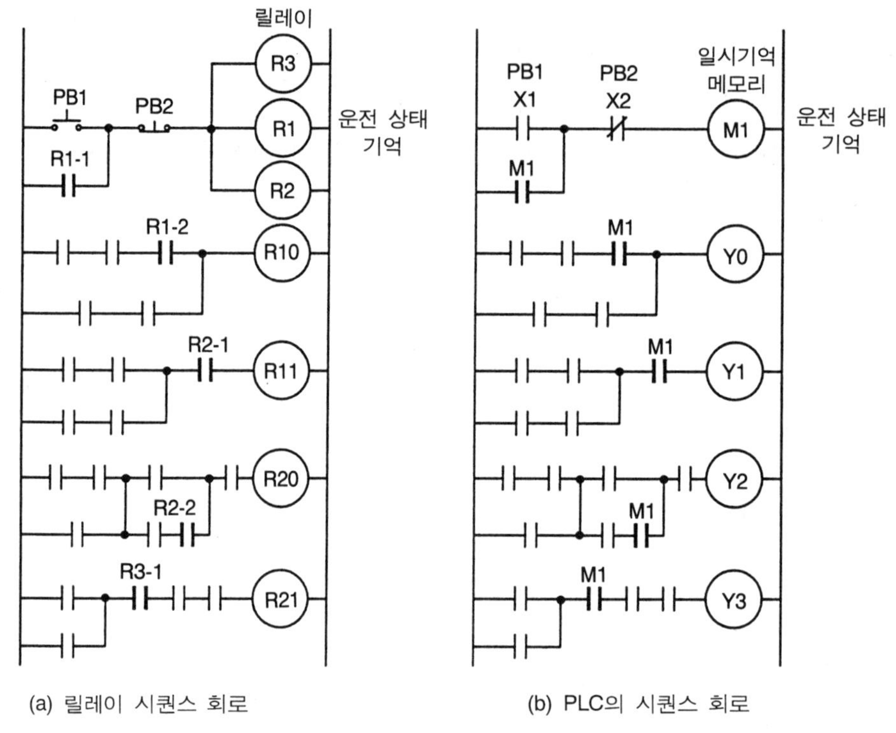

(a) 릴레이 시퀀스 회로　　　　　　　(b) PLC의 시퀀스 회로

그림 4-56 릴레이 접점회로와 PLC 일시기억 메모리의 비교

　내부 릴레이는 표 4-17에서와 같이 크게 보조 릴레이, 키프(keep) 릴레이, 특수 릴레이 등으로 나타내는데, 보조 릴레이란 일반 릴레이와 같이 신호가 존재하면 동작하고, 신호가 소멸되면 OFF되는 릴레이를 말한다. 키프 릴레이는 래치 릴레이를 말하는 것으로 정전유지 코일이다. 또한 특수 릴레이는 말 그대로 특수한 기능의 릴레이로 이 특수 릴레이가 ON되면 연산을 중지하거나 운전상태의 표시, 배터리 소요상태 체크 등의 역할을 한다. 특수 릴레이는 시퀀스를 편성하는 메모리로는 이용할 수 없다.

　표 4-17에서 보조 릴레이는 M이라는 디바이스를 사용하고 M0~M63F까지 1024점의 수량을 사용할 수 있다는 것을 나타내고 있는데, 여기서 정수는 16진수를 사용하고 있음을 알 수 있다. 이와 같이 PLC에서는 기종에 따라 8진수, 10진수, 16진수 등을 사용하고 있으므로 사용할 때 주의가 필요하다.

　또한 내부 릴레이 1개는 시퀀스 회로에 있어서 무한대의 접점 회로수를 지닌 릴레이 1

개(실제로는 존재하지 않는다)에 상당한다고 생각하면 된다. 릴레이에서 접점의 회로수는 유한(1~4가 많다)이며, 그 릴레이가 지니는 접점 회로수 밖에 사용할 수 없다. 이에 비해 PLC의 내부 릴레이로는 시퀀스를 편성하는 데 필요하다면 몇 번이라도 사용할 수 있다. 이것은 PLC의 내부 릴레이가 갖는 특성이며 릴레이의 접점회로와 크게 다른 점이다.

그림 4-56은 릴레이 시퀀스 회로와 PLC의 내부 릴레이를 사용한 시퀀스도를 비교한 것이다. 그림 (a)의 회로는 운전버튼 PB-1을 누르면 정지버튼 PB-2가 눌러질 때까지 운전상태를 자기유지하고, 운전상태에서 다른 조건이 성립되면 릴레이 (R10), (R11), (R20), (R21)이 동작(ON)한다는 것이다.

운전상태를 나타내는 (R1)의 릴레이가 접점회로를 두 개 가지고 있다고 하면, 이 릴레이에 의하여 자신(R1)의 자기유지와 (R10)의 회로에 사용할 수 있다. 그러나 (R11)과 (R20)을 위해서 사용하기는 접점 회로수가 부족하기 때문에 그림과 같이 (R2)를 추가해야만 한다. (R21)의 회로가 필요하다면 그 위에 (R3)을 추가하여 필요한 접점 회로수를 확보하지 않으면 안된다.

이에 비해 PLC의 내부 릴레이를 사용하는 경우에는 이와 같은 접점 회로수의 부족에 대해 전혀 마음 쓸 필요가 없고, 필요한 횟수만큼 사용할 수 있다는 장점이 있다.

(9) 타이머

표 4-17의 PLC는 T0~T255까지 256개의 타이머가 있다. 그 중 T0~T191까지 192점의 타이머는 100ms 베이스의 타이머이고, T192~T255까지 64점은 10ms 베이스의 타이머이다. 따라서 설정치는 0.1초 또는 0.01초 단위로 시간 설정이 가능하고, 지연회로의 방식에는 ON시간 지연회로와 OFF시간 지연회로 등을 자유로이 구성할 수 있다. 또한 사양에서 나타낸 바와 같이 16진수를 사용한 내부 릴레이와는 달리 타이머와 카운터의 번호는 10진수를 사용하고 있음을 알 수 있다.

(10) 카운터

카운터는 C라는 디바이스를 사용하고 C0~C255까지 256점을 확보하고 있다.

카운터의 형태는 카운터 입력이 있을 때마다 1씩 증가하는 UP 카운터와 반대로 1씩 감소하는 DOWN 카운터, 그리고 하나의 카운터 회로에서 가산신호와 감산신호에 의해 현재치를 1씩 증가시키거나 감소시키는 기능의 UP-DOWN 카운터가 있다. 또한 링 카운터로도 사용할 수 있는데, 링 카운터란 일반적인 UP, DOWN 카운터와는 달리 카운터 펄스가 입력될 때마다 현재치를 1씩 증가시키고 설정치에 도달되면 출력신호를 내는데 여기서 다시 카운터 펄스가 입력되면 현재치를 0으로 함과 동시에 출력신호도 OFF시키고 다시 0부터 계수를 시작하는 기능의 카운터를 말한다.

(11) 데이터 레지스터

데이터 레지스터란 데이터를 일시적으로 기억해 두는 메모리의 형태이다. 이 PLC의 데이터 레지스터는 D0~D1023까지 1024개를 장착하고 있으며 데이터의 길이는 16bit를 취급하고 있음을 보여주고 있다.

데이터 레지스터는 PLC 외부로부터 데이터를 입력받아 저장하거나 또는 프로그램에 의해 설정된 데이터를 저장하여 가·감산, 대소 비교 등의 연산이 필요한 경우에 데이터를 뽑아내고 그 결과를 저장하는 데 이용된다.

(12) 컴퓨터 링크

PLC의 CPU와 퍼스널 컴퓨터를 접속하여 데이터를 주고받기 위해 물리적으로 연결하는 기능을 컴퓨터 링크라 하는데 이 기종은 RS-232C로 접속한다는 것을 나타내고 있다.

RS-232C란 국제 전신전화 자문위원회(CCITT)의 권고를 받아 미국의 전자공업협회(EIA)가 1969년에 제정한 데이터 단말(DTE)과 모뎀(DCE)간의 인터페이스 규격으로 컴퓨터와 프린터간 통신이 대표적인 사용예이다.

따라서 이 PLC는 RS-232C 케이블에 의해 직접 PLC와 컴퓨터간의 통신이 가능하고 있음을 보여주고 있다.

(13) 허용 정전시간

순간 정전시간이 10ms이하이면 PLC는 정상운전을 한다는 의미를 나타낸다. 즉 PLC의 공급전원이 10ms이상 정전하면 전원 이상으로 취급된다. 전원이 10ms 후에 회복되어도 타이머, 카운터, 데이터 레지스터, 일시기억 메모리는 처음 상태에서 다시 스타트한다. 또 시퀀스 프로그램도 전원이 회복되면 최초의 스텝에서부터 실행한다.

(14) 자기진단 기능

외부의 입력상황이나 내부 연산결과 및 각 유닛의 기능상태 등을 진단하여 그 결과에 따라 정상상태 또는 이상상태를 LED 점등이나 표시창을 통한 메시지 송출 등으로 경보해 주는 기능을 자기진단 기능이라 한다.

자기진단 기능의 대표적 기능을 설명하면 다음과 같다.

① 연산지체 감시 : 워치 도그 타이머(watch dog timer)를 사용하여 하드웨어나 소프트웨어의 이상에 의한 CPU의 지체를 검출하는 것으로 최소 200ms에서 최대 2sec까지 파라미터로 지정할 수 있다. 1스텝부터 워치 도그 타이머 시간을 체크하여 1스캔 처리 시간이 지정된 시간보다 짧은 경우에는 연산을 계속하지만 긴 경우에는 PLC의 연산

실행이 중지되고 출력은 모두 **OFF**된다.

② 전원이상 검출 : **PLC** 전원유닛에 입력되는 전압이 정격전압의 허용치를 초과하는 경우나 순간 허용 정전시간 이상 정전되었을 경우 전원이상으로 검출한다.

③ I/O유닛 진단 : 베이스 보드에 장착된 I/O의 슬롯(slot)이 착탈되었거나 불완전하게 접속되었을 때 이를 검출하는 기능이다.

④ 배터리 이상 검출 : **CPU** 유닛 내의 배터리 유닛전압이 메모리 백업전압 이하로 떨어지면 이를 감지하여 **CPU** 유닛에 장착된 **BAT LED**가 점등되는 기능이다.

용어 설명

디바이스(Device)
PLC 내에 있는 릴레이나 타이머, 카운터 등 프로그램으로 이용되는 요소를 말한다.

5. PLC의 프로그래밍

5-1 프로그래밍 순서

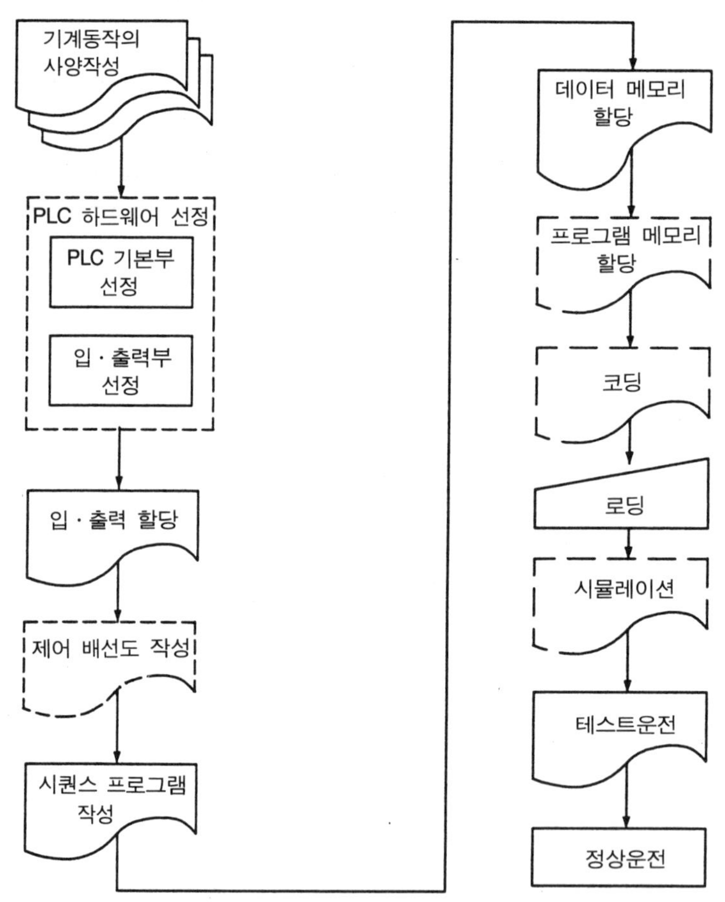

그림 4-57 PLC 운전을 위한 프로그래밍 플로

　PLC의 제어동작은 시퀀스 프로그램이 격납되어 있는 메모리의 내용을 제어·연산부가 차례로 읽어 내면서 실행한다.

기호나 심볼을 이용하여 작성한 프로그램은 PLC에서 사용되는 마이크로 프로세서가 이해할 수 있는 머신코드로 변화되어 격납된다. 이 작업은 프로그램 입력장치와 PLC의 시스템 프로그램의 동작으로 이루어진다. 따라서 시퀀스 프로그램은 시스템 프로그램이 변역할 수 있는 약속에 따라 설계함과 동시에 메모리에의 격납도 규칙이나 제약사항을 반드시 지켜야 한다.

시퀀스 프로그램 작성시의 약속이나 메모리에 격납할 때의 규칙은 PLC 메이커가 다르면 물론이거니와 기종이 다른 경우에도 달라진다. 일단 사용할 PLC가 결정되면 먼저 시퀀스 프로그램을 작성해야 하는데, 우선 PLC 프로그램을 작성하기 위한 순서를 차례대로 설명하기로 한다.

시퀀스 프로그램을 작성하여 PLC가 운전되기까지의 작업순서를 플로차트로 나타낸 것이 그림 4-57이다. 그림에서 나타낸 과정은 모든 시스템마다 반드시 지켜야 하는 것은 아니며, 특히 점선으로 나타낸 과정은 PLC의 기종에 따라서 또는 제어장치 설계자에 따라서는 생략될 수도 있음을 의미한다.

지금부터는 프로그래밍을 위한 각 단계에서 실시해야 할 내용과 주의사항에 대해 알아본다.

(1) 제1단계 : 기계동작의 사양작성

제1단계로 제어대상의 기계나 장치의 동작 내용을 파악하여 다음 사항들을 결정한다.

① 작업내용의 구체적 공정도를 작성한다.
② 액추에이터의 종류와 수량을 결정한다.
③ 센서의 종류와 수량을 결정한다.

모든 기계장치나 설비 등은 동작해야 할 순서나 정해진 범위 내에서 운전되어야만 목적을 달성하고, 이 목적달성을 위해 정해진 순서, 정해진 범위 내에서 동작되도록 조작하는 것이 제어이다.

시퀀스 제어를 실현하는 수단으로는 여러 가지 방법이 있지만 설계자는 대상기계의 공정도를 기초로 하여 시행착오를 반복하면서 프로그램을 작성한다. 프로그램을 작성하는 것은 시퀀스 제어를 표현하는 것이며, 이를 수행하기 위해서는 기계장치의 동작순서뿐만 아니라 제어대상의 성질을 잘 조사하여 제어상 어떤 문제가 있는지, 또 그 문제가 제어대상에 어떤 영향을 주는지 또는 대상기기의 오퍼레이터가 어떤 지식을 가지고 어떤 조작을 하는지 등을 알 필요가 있다.

때문에 프로그램 설계자는 제어대상의 기계나 장치가 동작되어야 할 모든 조건을 한눈에 파악할 필요가 있고, 이를 위해 공정도가 필요하다. 그러나 공정도는 제조과정중에 포함되는 공구 및 장비를 포함한 제품생산에 대한 전체 계획도이므로 복잡하게 되기 쉽고,

실질적으로 제어대상의 운동조건을 한눈에 파악하기 어렵다. 따라서 제어조건에 관한 각종의 기능도가 이용되는데 대표적인 것으로 타임차트가 많이 이용되고 그 밖에 각종 기호도가 이용된다.

일례로 그림 4-58이 타임차트인데 이와 같은 타임차트(time chart)의 작성법은 다음과 같다.

① X축을 시간축으로 하고 Y축에 입·출력기기를 표시한다.
② X축의 시간분할은 입·출력기기의 동작변화에 대응시켜 작성한다.
③ 출력기기의 변화점은 인터록되는 입력기기와 관련하여 화살표 등으로 표시한다.
④ 모든 입·출력기기는 누락되지 않게 기입한다.
⑤ 플랜트(plant) 장치가 대규모이면 각 기기별, 블록별로 작성한다.

구분		\ 스텝	0	1	2	3	4	5	
입 력	1	스타트 (PB1)	▬						
	2	워크도착 검출(LS1)	▬						
	3	하강 위치(LS3)	▬▬			▬▬▬▬			
	4	상승 위치(LS4)			▬			▬	
	5	소재 유무 검출(LS2)							
	6	슬라이드 후진(LS5)	▬▬▬						▬
	7	슬라이드 전진(LS6)				▬			
	8	클램프 완료(LS7)		▬▬▬▬				▬	
	9	·							
		·							
		·							
출 력	1	리프팅 실린더(CYL1)			▬				
	2	슬라이드 실린더(CYL2)				▬			
	3	클램프 실린더(CYL3)	▬▬▬					▬	
	4	컨베이어 기동모터(M1)	▬▬▬▬▬▬▬▬						
	5	·							

그림 4-58 타임차트의 예

또한, 공작기계 등에서는 기계의 일련동작을 작동선도로서 나타내는 경우가 많은데 그 일례가 그림 4-59이다.

이와 같은 작동선도는 정해진 사이클 표시기호에 의해 운동의 동작순서를 나타내고 그 대응점에 입력과 출력의 변화상태를 기입하고, 또한 운동상태를 간략하게 명기함으로써 쉽게 그 기계의 동작을 파악할 수 있게 되어 있다.

그림 4-59의 작동내용은 먼저 수동으로 공작물이 기계에 반입되는데, 공작물 반입이 끝나면, '입력의 변화'로서 ⊕LS0이 ON된다. 이 상태에서 시동버튼을 누르면 자동운전이 시작되어 '출력의 변화'로서 전자밸브 출력이 SOL1, SOL2가 ON되어 '자동문 Close' 상태가 된다. 그리고 문이 닫혀서 '결과적으로 생기는 변화'로서 문 Open 확인의 ⊖LS2가 되어, 다음 사이클로 이행한다.

이와 같이 어떤 동작상태에 있어서 입력의 변화로 인한 출력상태의 변화, 출력상태의 변화로 인한 작동상태의 기록 및 작동이 이루어진 결과에 따른 입력상태의 변화를 선도 내에 기입함으로써 시스템의 작동 사양을 확실히 표현하고 있다.

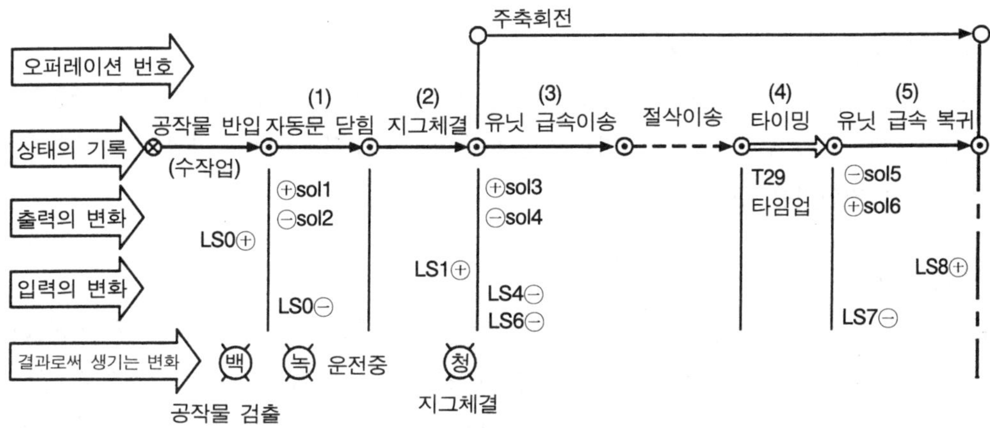

⊗	인간의 동작	→	급속이송	⊕	그 기기가 작동중에 있는 상태
⊙	시 동		급속복귀 기타작동	⊖	그 기기가 작동중이거나 정지되어 있는 상태
○	작동점	⇢	절삭이송	⊏⊐/	자동운전인 경우의 조건
─·─	관련표시선	⇒	드웰	/⊏⊐	수동운전인 경우의 조건
→‖	일련작동 종료점			⊏⊐	자동·수동운전 모두의 경우

그림 4-59 공작기계의 작동선도와 표시법의 예

그리고 제1단계에서는 공정도의 작성과 함께 액추에이터 및 검출기의 종류와 수량을 결정해야 한다. 이것은 액추에이터의 종류에 따라 출력유닛을 설정하고 또한 검출기의 종류와 형식에 따라 입력유닛의 형식을 결정해야 하며, 그 수량은 곧 PLC의 입·출력 점수에 따른 규모를 결정지어야 하기 때문이다.

(2) 제2단계 : PLC의 하드웨어 선정

제2단계로는 적용할 PLC를 선정해야 되는데, PLC의 하드웨어부 선정에 관련한 사항들에 대해서는 앞서 설명한 대로이다. 기본부의 검토항목으로는 프로그램 메모리의 용량, 처리속도, 명령의 종류와 연산기능, 데이터 메모리의 종류와 점수, 정전유지 기능의 필요성, 입·출력 점수 등이다.

입력부에 대해서는 PLC에 접속할 입력기기의 종류와 수를 조사하여 적절한 입력형식과 그 점수, 절연방식, 정격전압, 응답시간, 표시장치의 유무 등이 검토항목이다.

출력부도 접속할 출력기기의 종류와 수를 조사하여 필요한 출력형식과 출력점수, 절연방식, 정격전압과 전류, 응답시간, 표시장치의 유무 등이 검토항목이다.

(3) 제3단계 : 입·출력 할당

입·출력 할당이란 조작패널상의 각종 명령 스위치, 검출 스위치, 제어대상의 조작기기, 표시등 등의 입·출력기기를 PLC의 입력유닛과 출력유닛의 몇 번째 입력점과 출력점에 접속하여 사용할 것인가를 정하는 것이다.

1) 입력할당

PLC의 입력기기는 크게 조작반에 설치된 명령지령용의 각종 스위치와 액추에이터의 동작상태 등을 검출하는 검출기기나 장치를 보호하기 위한 보호용 기기 등으로 구별된다. 입력할당은 이들 기기들을 PLC의 입력유닛 종류에 따라 각각 몇 번에 입력할 것인가를 결정하는 것으로 몇 가지 사항을 지켜서 할당을 하고 그 결과를 표로 정리해 두는 것이 좋다. 이것은 다음 단계의 코딩 작업시에 반드시 필요하며 프로그램이 완료되어 기계가 정상운전 후에도 기계의 보수·유지를 위해 꼭 필요한 것이다.

번 호	입력NO	입 력 신 호 명	기 호	단자대NO	비 고
1	P01	기동 스위치	PB1	TB1	누름버튼 스위치
2	P02	정지 스위치	PB2	TB2	누름버튼 스위치
3	P03	비상정지 스위치	PB3	TB3	누름버튼 스위치
4	P04	소재유무 검출센서	MAG	TB4	광전센서
5	P05	클램프 실린더 후진끝 검출 스위치	LS3	TB5	실린더 스위치
6	P0A	클램프 실린더 전진끝 검출 스위치	LS4	TB10	실린더 스위치
7	P0B			TB11	

그림 4-60 입력 할당표

① 동일 전압마다 정리하여 할당한다.

통상 PLC의 입력유닛은 앞서 설명한 바와 같이 입력전원과 전압에 따라 그 형식이 정해져 있다. 그러므로 1개의 입력유닛에는 2종의 전압을 부가할 수 없으므로 먼저 AC입력기기와 DC입력기기로 구별해야 하며, 전압도 구분하여 할당해야 한다.

② 동일 종류의 기기마다 정리하여 할당한다.

이것은 조작패널에서 명령지령용 스위치, 리밋 스위치, 무접점 센서 등을 각 군으로 묶어서 할당한다는 것을 말한다. 이렇게 함으로써 ①항의 조건에도 원칙적으로 적용되며, 그룹별 배선에 따른 노이즈 영향도 줄일 수 있는 이점이 있다.

  예) LS1 → I1
      LS2 → I2
      LS3 → I3
      PB1 → I10
      PB2 → I11

③ 제어 시스템의 작동 블록으로 정리하여 할당한다.

이것은 ①항과 ②항의 조건을 보다 정리한 것으로, 예를 들어 수동전진 신호와 수동후진 신호는 인접되게, 또 연속 사이클 신호와 연속 사이클 정지신호는 인접하게 할당하면 배선작업 및 보수·유지시는 물론 배선 점검 등에도 편리하기 때문이다.

  예) PB5 → I10 : 수동전진 신호
      PB6 → I11 : 수동후진 신호
      LS10 → I15 : 전진 행정끝 위치 검출 신호
      LS11 → I16 : 후진 행정끝 위치 검출 신호

④ 무접점 입력기기의 경우는 접속형식을 확인한다.

3선식 광전 센서나 근접 스위치 등을 DC 입력유닛에 접속할 경우는 전압형식과 함께 콤먼방식의 검토도 이루어져야 한다.

DC 입력유닛은 콤먼라인이 +측에 있도록 되어 있는가, 또는 −측에 되어 있는가에 따라 싱크(sink) 입력형식과 소스(source) 입력형식으로 나뉘어진다. 그런데 트랜지스터 출력형식의 근접 스위치나 광전 센서는 출력형식에 따라 PNP형과 NPN형으로 나누어진다는 것을 앞에서 설명한 바 있다.

따라서 싱크입력형의 DC 입력유닛에는 NPN형식의 근접 스위치나 광전 센서가 접속할 수 있지만, PNP형식의 기기는 직접 접속할 수 없으므로 입력형식의 검토가 반드시 필요하다.

⑤ 예비접점을 할당한다.

이것은 만일 입력점수 1점이 고장되었을 때 간단하게 프로그램 변경만으로 대처할 수 있도록 여분의 접점을 할당하는 것을 말한다. 즉 16점의 입력유닛을 사용할 때 14 ~15점만을 할당하고 1~2점 정도는 예비로 두어 접점 고장시 바로 대처할 수 있도록 여유를 둔다.

⑥ 입력점수 절약대책을 강구한다.

PLC의 주요 구성인 입력부, 출력부, 제어·연산부, 전원장치 중에서 외관의 크기를 좌우하는 것은 입·출력부이다. 이것은 PLC의 가격에도 큰 비중을 차지하고 있는 것이다. 그러므로 입력할당에서 입력점수 절약대책을 강구하는 것은 코스트를 낮추는 중요한 요소이고, 또한 제어패널을 콤팩트하게 한다.

㉠ 병렬접속 입력의 경우

예를 들어 그림 4-61 (a)에 나타낸 것과 같이 동일 기능의 조작 스위치 중, 제어반 패널상의 조작 스위치와 원격용 조작 스위치가 각각 있는 경우는 그림 4-61 (b)와 같이 정리하면 입력점수 1점과 프로그램 1스텝이 절약된다.

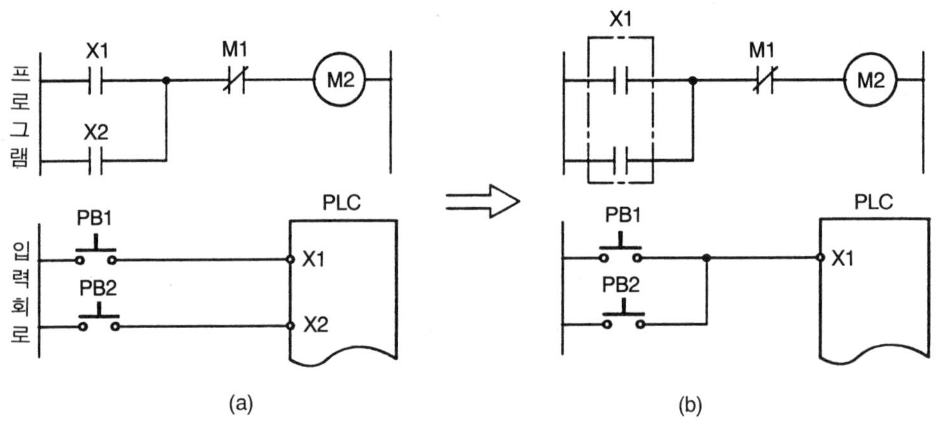

그림 4-61 병렬접속 입력

㉡ 직렬접속 입력의 경우

시퀀스 프로그램상에서 외부 입력기기가 직렬접속인 경우는 외부에서 직렬접속하고 PLC에 입력하면 입력점수 절약과 함께 프로그램 스텝수도 줄일 수 있다. 그 일례를 그림 4-62에 나타냈다.

이상의 방법으로 입력을 할당하고 그 결과를 표로 정리한다.

그림 4-60이 입력 할당표의 예이다.

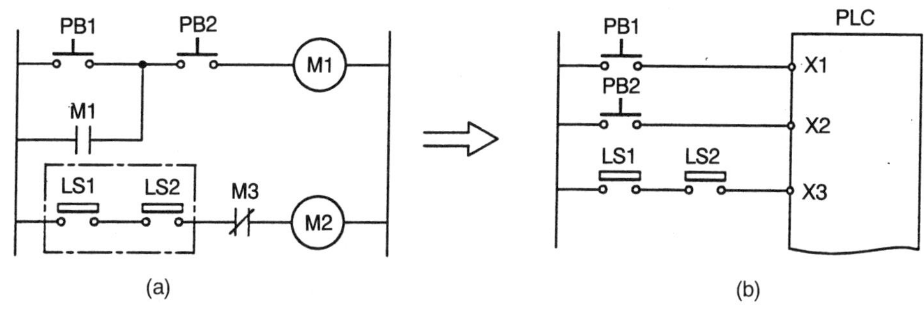

그림 4-62 직렬접속 입력

2) 출력할당

출력할당도 입력할당과 같이 몇 가지 원칙을 지켜가며 출력기기를 할당하고 이것을 표로 정리해 둔다.

그림 4-63은 출력할당표의 일례이며, 출력할당의 방법은 다음과 같다.

번 호	출력NO	출 력 신 호 명	기 호	단자대NO	비 고
1	O11	클램프 실린더용 전자밸브	SOL1	TB1	전자밸브
2	O12	이송 실린더용 전자밸브	SOL2	TB2	전자밸브
3	O13	운전 표시등	PL1	TB3	파일럿 램프
4	O14	정지 표시등	PL2	TB4	파일럿 램프

그림 4-63 출력 할당표

① 동일 전압마다 정리하여 할당한다.

출력할당도 입력할당과 마찬가지로 사용되는 출력기기의 사용전원과 전압에 따라 구분하여야 한다.

② 동일 종류의 기기별로 정리하여 할당한다.

이것도 입력할당에서와 마찬가지로 전자밸브군(群), 릴레이군, 파일럿 램프군, 전자접촉기군 등으로 묶어서 정리하면 ①항의 조건에도 충족되고, 그룹별 배선에 의한 노이즈 영향도 줄일 수 있다.

③ 관련기기는 연번으로 할당한다.

동일 액추에이터의 상반된 운동신호인 정회전 - 역회전, 전진 - 후진, 상승 - 하강 등은 인접하게 할당하는 것이 배선도 용이하고 보수·유지에 있어서도 편리하다.

④ 예비접점을 할당한다.

입력할당과 마찬가지로 출력점 1점 고장시 간단하게 대처할 수 있도록 미리 준비하기 위한 것이다.

⑤ 출력점수의 절약대책을 강구한다.

출력할당에 있어서 출력점수 절약대책을 강구하는 것도 중요한 점의 하나이다. 예를 들어, 출력 감시를 위한 표시등이나 부저 출력등과 해당 부하는 병렬로 접속하여 출력점수를 절약하거나, 또한 동일 액추에이터의 출력이 정반대의 동작을 요구할 때는 출력점 1점으로 릴레이를 구동하고 그 릴레이의 a접점과 b접점을 활용하여 출력점수를 절약할 수 있다.

(4) 제4단계 : 제어배선도의 작성

제어배선도의 작성은 시퀀스도 작성시 사용하는 표시기호를 사용하여 입·출력 할당에서 결정한 입·출력 번호에 해당기기의 접속과 전원의 구분, 콤먼라인과의 접속관계 등을 한 눈에 파악할 수 있도록 정리하여 작성한다.

제어배선도를 작성하는 것은 PLC 프로그래밍을 위해 반드시 필요한 작업은 아니고, 입·출력 기기와 PLC의 접속을 명확히 하여 입·출력 할당을 검토하여 배선작업시 실수를 방지할 수 있고, 보수·유지에 있어서도 배선점검에 유용하기 때문에 작성해 두는 것이 좋다.

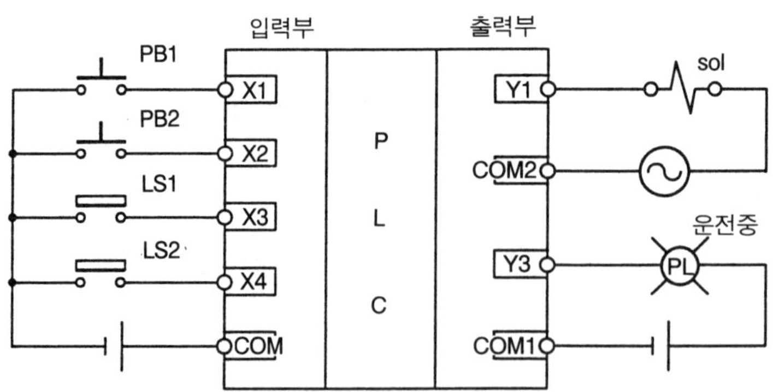

그림 4-64 단독형 PLC의 제어배선도

작성방법은 PLC의 외관형태가 단독형인 경우는 그림 4-64와 같이 좌측에 입력기기를, 우측에 출력기기의 배선관계를 나타내면 좋다. 그러나 입·출력 점수가 많은 빌딩블록 방식의 경우는 이와 같이 표현하는 것이 곤란하므로 그림 4-65와 같이 입력유닛과 출력유닛을 구분하여 작성하는 것이 좋다.

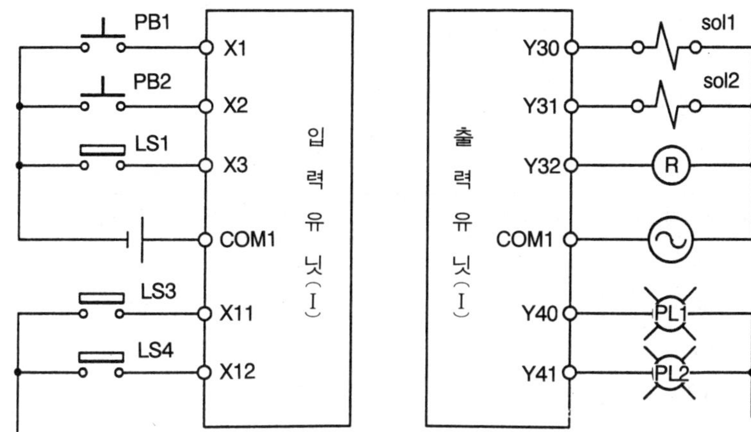

그림 4-65 빌딩블록형 PLC의 제어배선도

(5) 제5단계 : 시퀀스 프로그램의 작성

프로그래밍 작업 중 어느 제어방식에 있어서도 시퀀스 프로그램을 작성하는 것이 제일 중요하며, 또한 제일 어려운 작업이다.

통상 PLC의 시퀀스 프로그램은 릴레이 심볼식의 래더 다이어그램에 의해 작성하는 것이 대부분이다. 이상적인 프로그램 작성을 위해서는 사용하는 PLC의 명령어를 충분히 이해하고 있어야 하며, 전동기나 전자밸브를 제어하는 기본회로의 숙지도 반드시 필요하다.

(6) 제6단계 : 데이터 메모리의 할당

시퀀스 프로그램에 기초해서 내부 릴레이(일시기억 메모리), 타이머, 카운터, 레지스터 등의 데이터 메모리를 할당한다. 내부 릴레이는 신호의 상태 기억이나 중계, 펄스발생 기능을 위해 사용된다. 내부 릴레이 할당에 있어서 중요한 점은 시스템의 특성에 따라 정전시 동작상태 유지가 필요한 기능에는 래치 릴레이를 할당하여야 한다는 것에 주의하여야 한다.

타이머나 카운터의 할당에 있어서는 기종에 따라 타이머와 카운터를 공용으로 사용하는 기종도 있는데 이 때는 타이머에 할당한 고유번호를 카운터로 사용할 수 없다는 점에 유의해야 한다. 또한 타이머의 경우는 최소시간 설정단위와 설정범위를 반드시 확인하여야 하고, 카운터 할당에 있어서도 카운터의 기능과 설정치를 확인한 후 할당하여야 한다.

내부 릴레이나 타이머, 카운터 등의 할당은 그림 4-66 , 4-67과 같이 표를 작성하고, 프로그램 작성중에 사용한 보조릴레이나 타이머에 ○표를 해 놓거나 코멘트를 기입해 두면 나중에 알기 쉽고, 중복하여 사용할 우려도 없다.

제어규모가 커지면 아무래도 여러 사람이 분담하여 프로그램을 작성하지 않으면 안된다. 이런 경우에는 각 개인이 사용할 수 있는 내부 릴레이의 범위나 타이머, 카운터 등의 번호를 정해 두지 않으면 중복하여 사용할 가능성이 많아지기 때문이다.

내부 릴레이 할당표

No,1

내부 릴레이 No	사 용 여 부	기 호	코 멘 트
M0	o	R0	PL1 ON
M1	o	R1	Sol1 ON
M2	o	R2	Sol2 ON
M3	o	R3	Sol2 OFF
M4	o	R4	
M5			
M100	o	R51	비상정지
M101	o	R52	비상정지 해제
M102			

그림 4-66 내부 릴레이 할당표

타이머/카운터 할당표

T/C No	사용여부	설정치	코 멘 트	기 타
00				
T01	o	3sec	실린더 상승시간	
T02	o	1.5sec	중간 정지시간	
03				
04				
05				
C06	o	50회	생산개수용	
C07	o	10회		
08				
09				

그림 4-67 타이머/카운터 할당표

(7) 제7단계 : 프로그램 메모리의 할당

PLC 1대로 기계 1대를 제어하는 경우는 메모리 할당이 의미가 없으나, 플렉시블한 기계에서 여러 가지 패턴제어를 실행하거나, 집중제어와 같이 PLC 1대로서 복수의 기계를 제어하는 경우 또는, 제어프로그램 이외에 여러 가지 부가 기능의 프로그램이 있는 경우는 전 메모리를 몇 개의 블록으로 분할해야 한다.

1) 동일 기계에서 복수의 가공이나 조립패턴이 있는 경우

공통의 관리 프로그램으로 실행할 가공패턴을 판단하여 해당 가공패턴의 프로그램을 실행하는 경우 메모리를 할당한다. 여기서 공통 프로그램은 각 프로그램에 공통으로 하는 처리를 말한다.

2) 복수의 기계를 1대의 PLC로 제어하는 집중 시스템의 경우

이송라인이나 관련된 동작의 연속된 복수의 기계가 라인 구성으로 되어 있는 경우로서 공통의 인터록 프로그램은 전 기계의 기동과 정지의 시퀀스나 전체의 반송이나 추적 등의 공통처리를 하는 프로그램이다.

3) 2차 기능의 프로그램을 부가하는 경우

PLC에 집중한 제어정보를 활용하여 생산 데이터나 기계의 가공 데이터를 수집하거나, 기계의 이상이나 고장을 검출하는 2차 기능의 프로그램을 부가한 경우라면 메모리를 할당해야 한다.

(8) 제8단계 : 코딩(coding)

시퀀스 프로그램을 PLC의 메모리에 격납하기 위해 시퀀스 프로그램의 내용을 PLC 명령어로 변환하는 작업을 코딩이라 한다. 이 코딩작업은 니모닉방식의 언어를 사용하는 기종에 한정되며 릴레이 심볼릭어를 사용하는 기종에서는 의미가 없다.

코딩을 하기 위해서는 사용하는 PLC의 명령어를 충분히 익히고 시퀀스 프로그램과 입·출력 할당표, 데이터 메모리 할당표 등을 보면서 차례대로 실시한다. 코딩의 결과는 그림 4-68과 같이 코딩표를 작성하고, 다음 사항에 주의하여 실시한다.

① a, b접점 상태에 유의한다.
② 접점의 블록간 접속을 포함하여 직렬, 병렬 접속에 유의한다.
③ 접점, 코일, 입·출력 할당번호 등을 확인하면서 실시한다.
④ 타이머나 카운터의 설정치에 유의한다.
⑤ 스텝(어드레스)수 절약방법 등을 강구하면서 실시한다.

이것은 스캔(scan)타임을 단축시킬 수 있기 때문에 가능한 한 실시하는 것이 좋다. 그 일례를 그림 4-69에 나타냈다.

코딩표   NO 1

스텝 No	명 령 어	데 이 터
0	LOAD	P01
1	OR	M1
2	AND NOT	M20
3	OUT	M1
4	LOAD	X2
5	AND	X5
6	OR	M2
7	AND	P03
:	:	:
:	:	:
98	OUT	Y52
99	END	

LOAD, AND NOT과 같은 명령어는 PLC기종에 따라 다르다.
예컨대 LOAD→LD, RD, START 등으로, AND NOT→ANI처럼 기술하기도 한다.

그림 4-68 코딩예

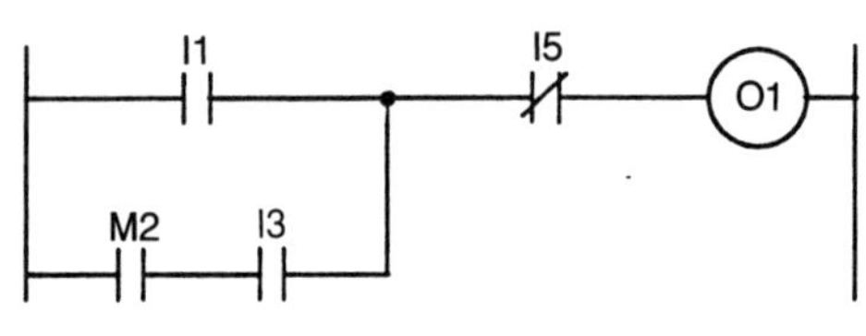

(a) 시퀀스도

스텝No	명령어	데이터
0	LOAD	I1
1	LOAD	M2
2	AND	I3
3	OR LOAD	
4	AND NOT	I5
5	OUT	O1

(b) 순서대로 코딩할 경우

스텝No	명령어	데이터
0	LOAD	M2
1	AND	I3
2	OR	I1
3	AND NOT	I5
4	OUT	O1

(c) 스텝수 절약을 위해 순서를 바꾼 경우

그림 4-69 스텝수 절약의 예

(9) 제9단계 : 로딩(loading)

9단계로 프로그램 입력장치를 이용하여 시퀀스 프로그램의 내용을 PLC의 메모리에 격납한다. 이 작업을 로딩이라 하며, 로딩을 하기 위해서는 기존의 PLC 메모리에 있는 내용을 소거시킨 후, 로직 심볼릭어를 사용하는 PLC에서는 코딩표를 보고, 릴레이 심볼릭어를 사용하는 PLC에서는 시퀀스 다이어그램을 보면서 메모리에 격납한다.

프로그램 입력방법은 메이커마다 각각 다르므로 사전에 사용법을 충분히 숙지해야 되며, 특히 기존의 릴레이 회로를 그대로 사용할 경우는 주의해야 한다.

일례로 그림 4-70의 (a)와 같은 릴레이 회로는 입력 스위치가 연동(連動)작동이므로 자기유지 회로가 동작되지만, 이것을 (b)그림과 같이 그대로 로딩하여 사용한다면 PLC는 어드레스 순번에 따라 직렬연산하므로 자기유지가 불가능하다. 따라서 이와 같은 경우에는 PLC 입력용 프로그램으로 변경해야 하며, 또한 PLC에서는 이중 출력 사용금지 법칙이나 다중 출력회로 등이 PLC에 따라 적용되지 않는 경우가 많으므로 주의가 필요하다.

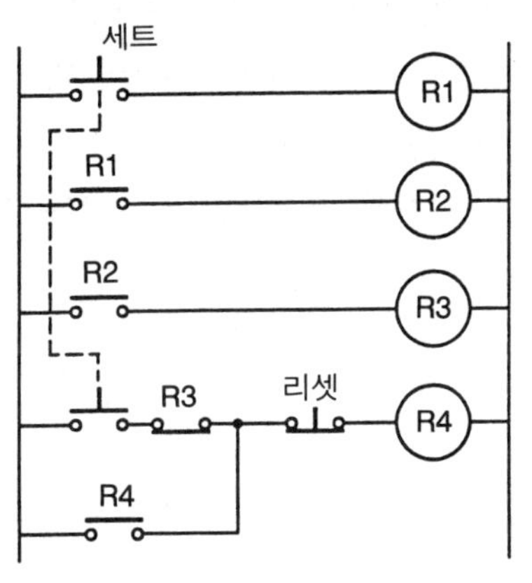

(a) 전자 릴레이의 병렬연산
(R4의 자기유지가 가능하다.)

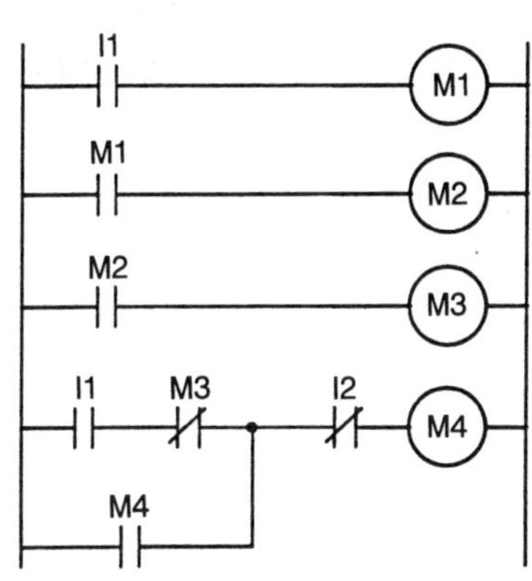

(b) 직렬연산인 경우의 잘못된 회로
(M4의 자기유지가 불가능하다.)

그림 4-70 릴레이 회로의 PLC 연산 불가능 예

(10) 제10단계 : 시뮬레이션(simulation)

간단한 제어 시스템인 경우 로딩이 완료되면 곧바로 시운전에 들어가도 사고를 일으킬 가능성이 적어 문제시되지 않지만, 비교적 제어 난이도가 높거나 대형의 제어 시스템의 경우에는 처음부터 완벽하게 논리를 성립시키는 것이 곤란하고, 또한 논리가 불완전한 시스템을 곧바로 시운전에 들어갔을 경우 사고를 일으키거나 시스템에 치명적인 상처를 줄 수도 있다. 이러한 이유에서 시운전에 앞서 강제 입·출력 명령을 이용하거나 모의 입력에 의한 방법 등으로 시뮬레이션을 한다.

1) 조작 스위치 등을 이용한 모의 입력에 의한 시뮬레이션

조작 스위치 박스 등의 모의 입력장치를 이용하여 프로그램의 순서에 따라 스위치를 입력하여 출력의 결과를 PLC의 출력유닛에 장착되어 있는 LED나 모니터링 장치로 확인하는 방법이다.

2) 강제 입력기능을 사용한 시뮬레이션

PLC를 운전모드로 놓고 프로그래머를 이용하여 강제입력 모드에서 시퀀스 프로그램을 보면서 입력을 ON·OFF하여 출력을 확인한다. 이 방법은 프로그램의 논리상태를 점검하기 위한 것으로 단계별로 입력을 강제로 ON시켜 그 출력의 상태를 출력유닛의 LED 등으로 확인하고 잘못된 부분이 발견되면 바로 수정할 수 있다.

3) 강제 출력기능을 사용한 시뮬레이션

PLC를 프로그램 모드로 놓고 프로그래머를 이용하여 강제출력 기능에서 출력을 ON·OFF시켜 PLC와 부하의 결선상태나 부하의 동작상태 등을 확인한다. 이 방법은 PLC를 운전모드로 하지 않고 프로그램 모드로 한다는 것에 주의하여야 한다.

이상의 방법으로 프로그래밍을 종료하고 테스트 운전을 거쳐 PLC를 정상운전 한다.

5-2 명령어의 종류와 사용법

　현재 PLC는 언어체계를 비롯하여 각종 기능이 아직까지 규격으로 제정되지 않고 있다는 것은 앞서 설명한 바 있다. 따라서 PLC 메이커들은 그들 나름대로 언어를 개발하여 사용하고 있고, 이것이 사용자 측면에서 하나의 어려움이 되고 있다. 즉, 한 공장에서 사용되고 있는 PLC는 각종 기계의 특성과 수입기계 등으로 인해 2~3기종 이상이 사용되고 있는 것이 현실이다. 그리고 이들 PLC 들이 각기 다른 언어와 표현법을 쓰고 있으며, 각종 기능이 다르기 때문에 프로그램 설계자는 물론 운전자나 유지·보수 담당자들까지도 사용상 어려움을 격고 있는 것이다.

　그러나 여러 기종의 PLC를 사용해 보면 그 사용언어나 체계, 기능 들이 완전히 다른 것이 아니고 서로 비슷하며 2~3가지 패턴으로 형성되어 있음을 알 수 있다. 그러므로 여기서는 특정의 한 기종의 PLC에 대해 설명하지 않고 국내 PLC 기종 중 비교적 많이 사용되고 있는 PLC 4기종을 예로 들어 기본 명령의 표현법과 그 사용법을 다루어 어느 기종의 PLC를 선택하여도 쉽게 접근할 수 있도록 한다.

(1) 연산대상

　연산대상이란 회로에 나타나 있는 접점이나 내부 코일의 명칭으로 예를 들면, 외부입력은 X나 I, 외부출력은 Y나 O, 타이머는 T, 카운터는 C와 같은 기호로 나타낸다.

　연산대상의 요소에는 외부 입·출력, 내부 릴레이, 타이머, 카운터, 레지스터 등이 있으며, 연산대상의 표현방법으로는 주로 연산대상 요소 다음에 번호를 붙여 나타내거나, 요소의 기호를 사용하지 않고 단지 번호만으로 연산대상을 나타내는 기종도 있다.

　연산대상의 예와 표시기호를 표 4-18에 나타냈다.

표 4-18　연산대상 요소와 요소번호

명 칭	표 시 기 호			
	A기종	B기종	C기종	D기종
외 부 입 력	P○○	I○○	0, 1, 2, ····	X○○
외 부 출 력	P○○	O○○	20, 21, 22, ···	Y○○
내 부 릴 레 이	M○○	C○○	170, 171, ···	M○○
타 이 머	T○○	TMR○○	TIM○○	T○○
카 운 터	C○○	CNT○○	CNT○○	C○○
정 수		R○○		K○○

주) A, B, C, D는 실제로 우리나라에서 제작 판매하고 있는 PLC기종을 약칭한 것이다.

표 4-19 기본 명령의 종류

번호	기 능	명 령 기 호				회 로 의 표 시
		A기종	B기종	C기종	D기종	
1	논리 연산개시 (연산개시 a접점)	LOAD	START	STR (STORE)	LD	
2	논리부정 연산개시 (연산개시 b접점)	LOAD NOT	START NOT	STR NOT	LDI	
3	직렬회로 접속의 a접점	AND	AND	AND	AND	
4	직렬회로 접속의 b접점	AND NOT	AND NOT	AND NOT	ANI	
5	병렬회로 접속의 a접점	OR	OR	OR	OR	
6	병렬회로 접속의 b접점	OR NOT	OR NOT	OR NOT	ORI	
7	블록간 직렬 접속	AND LOAD	AND ENTER	AND STR	ANB	
8	블록간 병렬 접속	OR LOAD	OR ENTER	OR STR	ORB	
9	논리결과에 의한 출력 명령	OUT	OUT	OUT	OUT	
10	마스터 컨트롤의 시작	MCS	MCR	MCS	MC	MC00
11	마스터 컨트롤의 해제	MCS CLR	END	MCR	MCR	MCR00
12	동작유지출력 명령	SET	SET	SET	SET	
13	동작유지해제 명령	RST	RST	RST	RST	
14	무 처 리	NOP			NOP	프로그램 스페이스용
15	프로그램 종료	END			END	

(2) 명령의 종류와 기능

앞서 (1)항에서 설정한 기종의 기본 명령의 종류와 기호, 기능을 표 4-19에 나타냈다.

표에서 명령기호의 A, B, C, D는 기종을 나타낸 것으로 명령의 표현에는 표에서 보인 것과 같이 동일한 기능일지라도 기종에 따라서는 호칭이 전혀 다르며, 2언어로 1개의 기능을 표현하기도 한다.

이후부터는 이들 4기종의 명령어를 사용하여 회로를 작성하고 코딩을 하기로 하며, 기종의 표시는 A기종, B기종, C기종, D기종 등으로 표시한다.

(3) 기본 명령의 사용법과 차이점

PLC의 시퀀스 프로그램을 설계하는 방법은 여러 가지가 있다. 예를 들면 기존부터 사용해 오던 릴레이 제어반의 시퀀스 회로를 그대로 변환하여 사용하기도 하고, 또한 PLC의 각종 명령을 이용하여 작성하기도 한다. 그러나 앞서도 언급한 바와 같이 응용 명령 하나를 처리하는 데 걸리는 시간은 적게는 기본 명령의 2배에서부터 6~7배에 달하는 명령도 있어 응용 명령어만을 사용하여 작성한 시퀀스 프로그램은 스캔타임이 길어져 응답지연을 발생시킬 수도 있다. 그러므로 비교적 간단한 시퀀스 제어는 기본 명령어를 적절히 활용하여 시퀀스 프로그램을 작성하는 편이 오히려 이상적일 수도 있다.

PLC의 기능을 충분히 활용하여 이상적인 시퀀스 프로그램을 작성하기 위해서는 먼저 명령어의 기능을 충분히 이해하여야 하는 전제조건이 따른다.

그래서 이 항에서는 각 기본 명령어의 사용법과 기타 주의 사항을 예제를 통하여 설명한다. 여기서 A, B, C, D기종으로 표시하는 것은 앞서 연산대상 요소에서 선택한 실제의 PLC를 약칭한 것이다.

1) 논리연산 개시와 출력 명령의 사용법

일례로 누름버튼 스위치의 입력이 ON되면 두 개의 출력이 반전되는 회로를 예로 들어 살펴본다. 즉, 그림 4-71에 나타낸 타임차트와 같이 PB1의 입력이 없을 때는 R2 릴레이가 ON되고 R1 릴레이는 OFF되어 있지만, PB1의 입력이 존재할 때는 R1 릴레이가 ON되고 R2 릴레이는 OFF되는 회로에 대해 4기종 PLC의 코딩법과 주의 사항에 대해 설명한다.

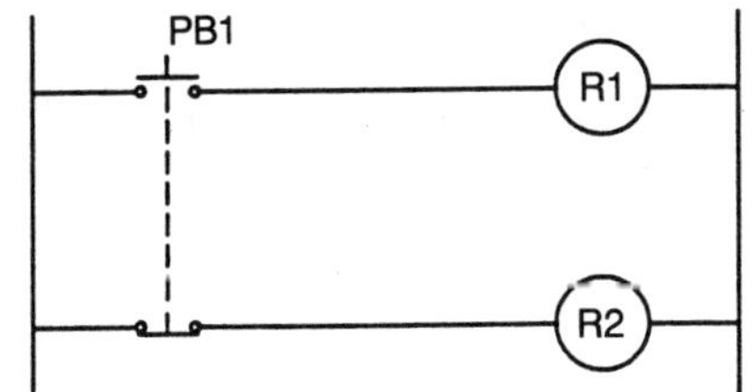
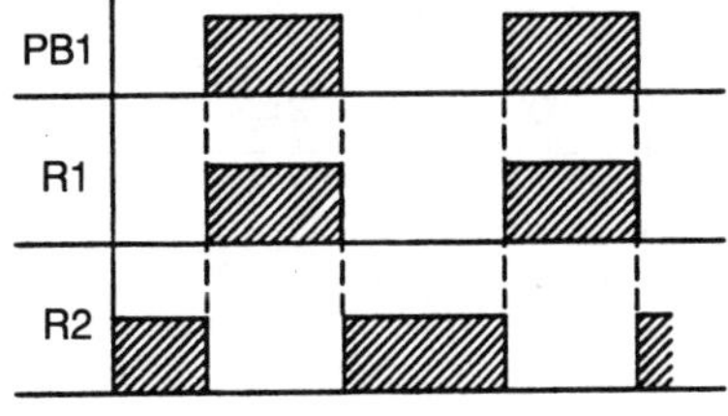

그림 4-71 릴레이 회로와 타임차트

그림 4-72는 릴레이 회로를 래더도로 표시하고, 입출력의 할당표를 나타낸 것이다.

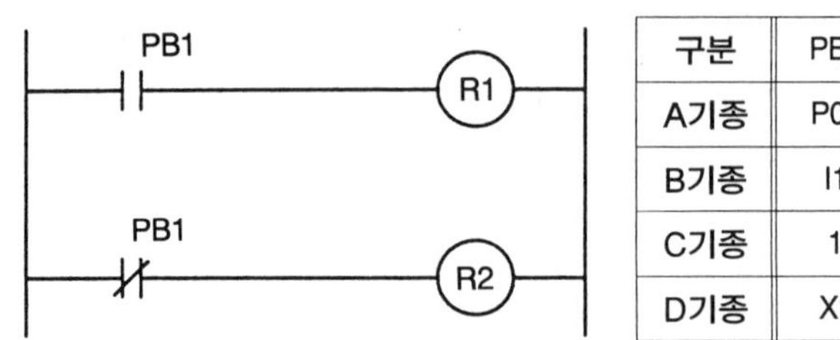

구분	PB1	R1	R2
A기종	P01	P10	P11
B기종	I1	O1	O2
C기종	1	30	31
D기종	X1	Y31	Y32

그림 4-72 래더도와 할당표

① A기종의 코딩과 사용법

스 텝	명 령	
0	LOAD	P00
1	OUT	P10
2	LOAD NOT	P00
3	OUT	P11

㉠ LOAD, LOAD NOT 명령은 회로(Rung)의 시작점에 사용한다.

㉡ LOAD는 연산개시 a접점, LOAD NOT은 연산개시 b접점을 의미한다.

㉢ OUT은 연산결과 출력을 의미한다.

② B기종의 코딩과 사용법

스 텝	명 령	
0	START	I1
1	OUT	O33
2	START NOT	I1
3	OUT	O34

㉠ START는 회로시작의 a접점 명령이고, START NOT은 회로시작의 b접점에 사용한다.

㉡ OUT은 외부출력, 내부출력 코일의 구동 명령이다.

㉢ 한 회로(Rung)에 출력을 병렬 연결할 수 없다.

③ C기종의 코딩과 사용법

스 텝	명 령	
0	STR	1
1	OUT	20
2	STR NOT	1
3	OUT	21

㉠ STR은 STORE의 약자로서 회로시작의 a접점에, STR NOT은 회로시작점 b 접점에 사용한다.

㉡ OUT 명령은 외부출력, 내부출력, 타이머, 카운터, 시프트레지스터 등에 대한 코일 구동 명령이다. 병렬의 OUT 명령(다중출력)은 몇 번이라도 계속 사용할 수 있다.

④ D기종의 코딩과 사용법

스 텝	명 령	
0	LD	X1
1	OUT	Y1
2	LDI	X1
3	OUT	Y2

㉠ LD, LDI 등의 접점 명령은 입력 X, 출력 Y, 내부 릴레이 M, 타이머 T, 카운터 C 등의 접점에 대해 이용할 수 있다.

㉡ OUT의 구동 명령은 입력 릴레이 X 이외의 요소에 이용할 수 있다.

⑤ 접점 사용할 때의 주의사항

㉠ 연산결과에 의한 출력인 OUT 명령에는 외부입력 요소는 사용할 수 없고, 통상 외부출력, 내부출력(내부 릴레이), 타이머, 카운터, 시프트레지스터 등에 대해 사용할 수 있다.

㉡ OUT 명령으로 지정한 요소의 접점은 다른 코일을 구동시키는 입력조건으로 얼마든지 사용할 수 있다(그림 4-73).

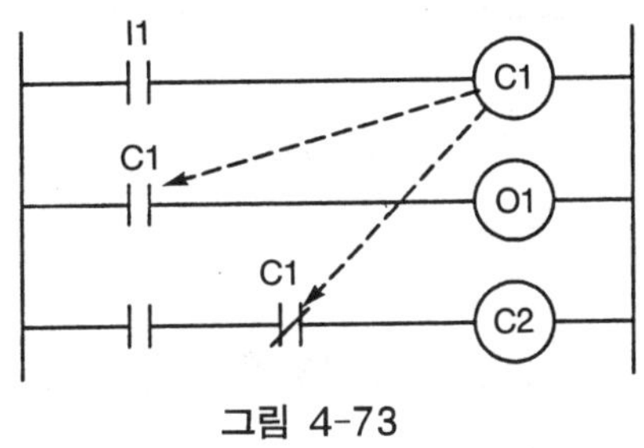

그림 4-73

이것은 내부 릴레이뿐만 아니고 외부 입·출력, 타이머, 카운터 등의 접속점에 대한 사용 횟수도 제한이 없으므로 보조접점으로서 얼마든지 사용할 수 있다.

바로 이 점이 릴레이 시퀀스 회로보다 PLC를 이용하는 것이 시퀀스 프로그램의 설계가 용이하다는 점의 하나이다.

㉢ 외부입력은 한 번의 결선만으로도 a접점 상태나 b접점 상태를 명령어로 선택 지정할 수 있고, 그 사용 횟수에도 제한이 없다(그림 4-74).

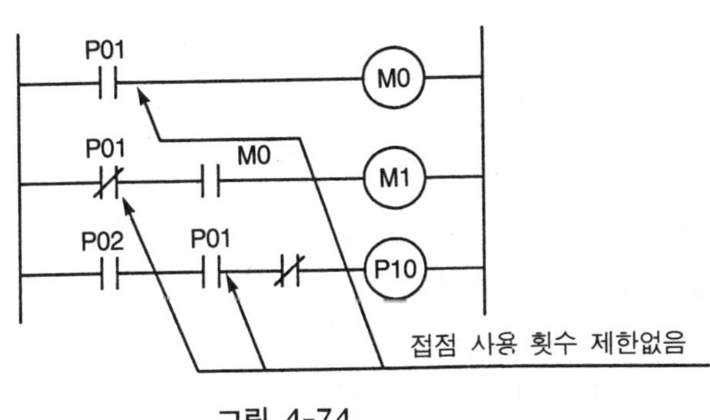

그림 4-74

ㄹ 출력코일의 우측(아래)에는 접점을 둘 수 없다. 따라서 필요한 경우에는 출력코일의 좌측(위에)에 두어야 한다(그림 4-75).

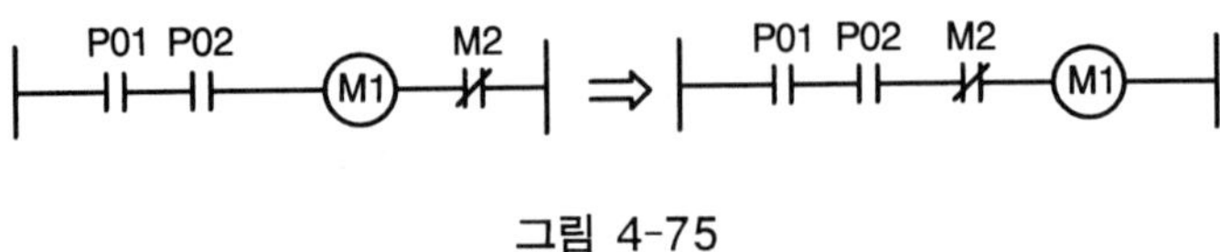

그림 4-75

ㅁ 출력코일(타이머, 카운터 등을 포함)은 두 번이상 사용하지 말고 하나로 정리해야 한다(이중 출력금지 조항. (그림 4-76)).

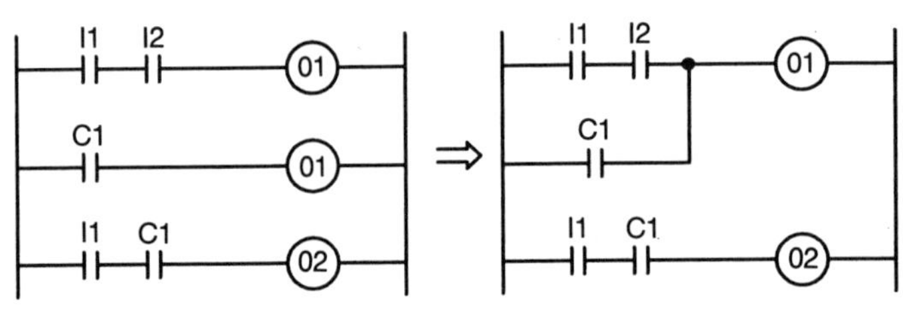

그림 4-76

⑥ **기종의 상이점**

ㄱ 특수 릴레이를 제외하고는 입력조건없이 곧바로 출력을 사용할 수 없다. 이 때는 사용하지 않는 코일의 b접점을 입력으로 하여 접속한다(그림 4-77). 그러나 B기종과 같이 일부 기종은 사용할 수도 있다.

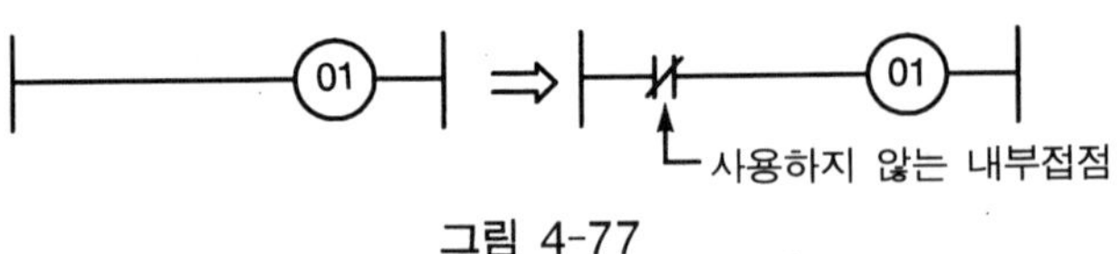

그림 4-77

ㄴ A기종이나 C기종의 PLC에서와 같이 다중출력이 가능한 기종도 있지만, B기종과 같이 다중출력을 허용하지 않는 기종도 있다는 것에 유의하여야 한다. 다중출력이 가능한 PLC에서는 다중출력 회로로 구성하면 프로그램의 스텝수를 절약하게 되고 그에 따라 스캔타임도 줄일 수 있는 장점이 있다.

만일 다중출력을 허용하지 않는 PLC에서 그림 4-78의 회로를 사용할 때는 그림 4-79와 같이 회로를 변환하여 사용하여야 한다. 이 두 회로를 비교할 때, 각 회로 우측의 코딩표를 보면 알 수 있듯이, 다중출력을 사용하면 8스텝으로 가능하지만, 다중출력이 허용되지 않는 기종에서는 이보다 많은 12스텝이 된다.

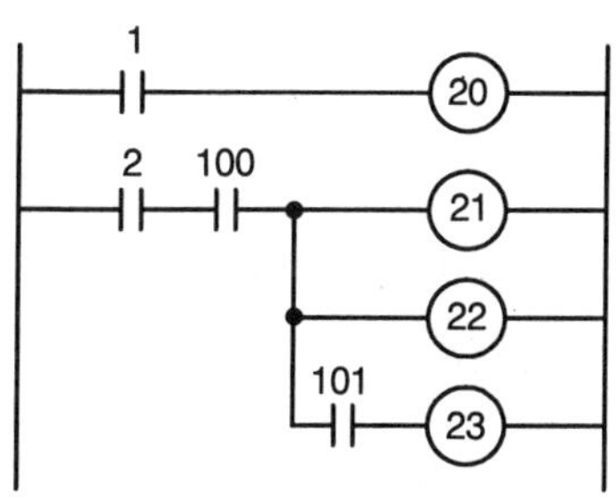

그림 4-78　다중출력 회로의 예

스 텝	명　령	
0	STR	1
1	OUT	20
2	STR	2
3	AND	100
4	OUT	21
5	OUT	22
6	AND	101
7	OUT	23

스 텝	명　령	
0	STR	1
1	OUT	20
2	STR	2
3	AND	100
4	OUT	21
5	STR	2
6	AND	100
7	OUT	22
8	STR	2
9	AND	100
10	AND	101
11	OUT	23

그림 4-79

2) 접점의 직렬접속

접점의 직렬접속에 있어 a접점 접속의 경우는 AND 명령을 사용하고 b접점 접속의 경우는 AND NOT 명령을 사용한다. 직렬접속 a접점 명령은 통상 대부분 PLC가 AND 명령을 사용하나, b접점 명령은 AND의 부정인 AND NOT 명령이나 AND Inverse의 약자인 ANI 명령을 사용하기도 한다.

① **사용예**

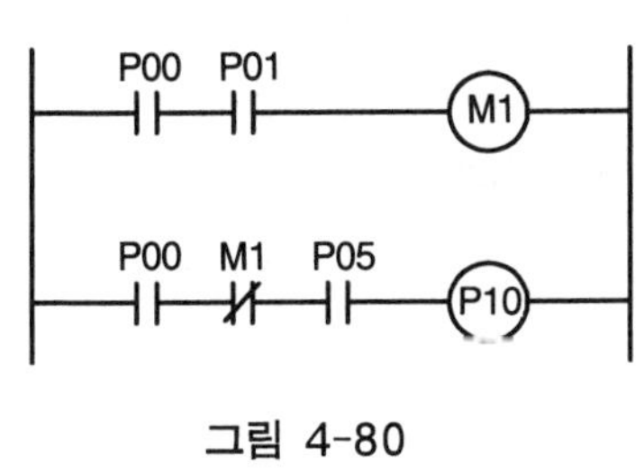

그림 4-80

스 텝	명　령	
0	LOAD	P00
1	AND	P01
2	OUT	M01
3	LOAD	P00
4	AND NOT	M1
5	AND	P05
6	OUT	P10

② **주의사항**

통상 직렬회로에서 직렬에 사용하는 접점의 사용개수는 제한이 없다(그림 4-81). 릴레이 심벌릭어(래더 다이어그램)를 언어로 로딩하는 PLC에서는 기종에 따라 접점 사용의 개수가 제한되기도 하는데 그 제한 개수가 통상 10개 이상이므로 큰 문제는 되지 않으나 사용할 때는 확인해 둘 필요가 있다.

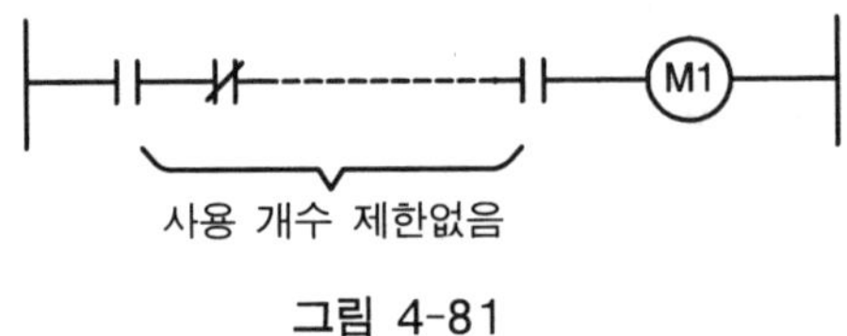

그림 4-81

3) 접점의 병렬접속

접점의 병렬접속은 모든 기종이 OR 명령을 사용한다. 그러나 병렬접속의 b접점은 OR NOT 명령을 사용하기도 하고 또는 OR Inverse의 약자인 ORI 명령을 사용하기도 한다. 이와 같은 OR나 OR NOT 또는 ORI 명령은 접점 1개의 병렬접속인 경우에만 사용되며, 병렬접속 접점이 2개 이상인 경우는 사용할 수 없다.

① **사용예**

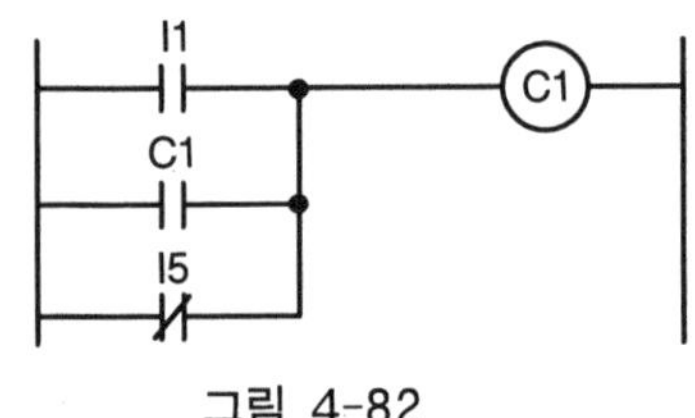

그림 4-82

스 텝	명 령	
0	START	I1
1	OR	C1
2	OR NOT	I5
3	OUT	C1

② **주의사항**

㉠ 병렬회로에서 병렬에 접속하는 접점수의 사용 개수는 제한이 없다.

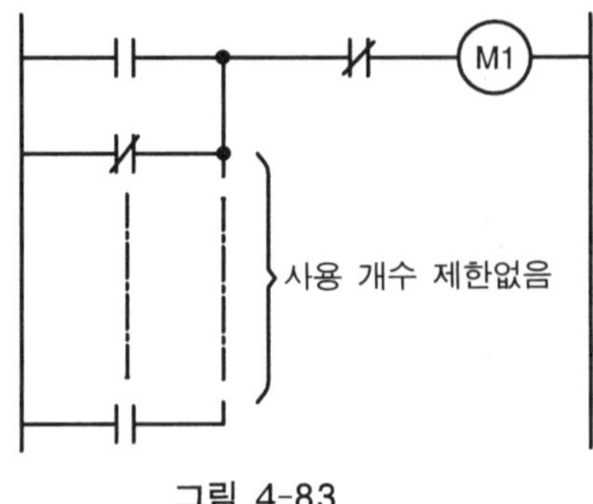

그림 4-83

ⓛ 병렬로 접속된 라인의 접점이 1개 이상인 경우는 OR 명령을 사용할 수 없다(그림 4-84). 이와 같은 경우는 다음에 설명하는 접점의 블록간 접속 명령을 사용하여야 한다.

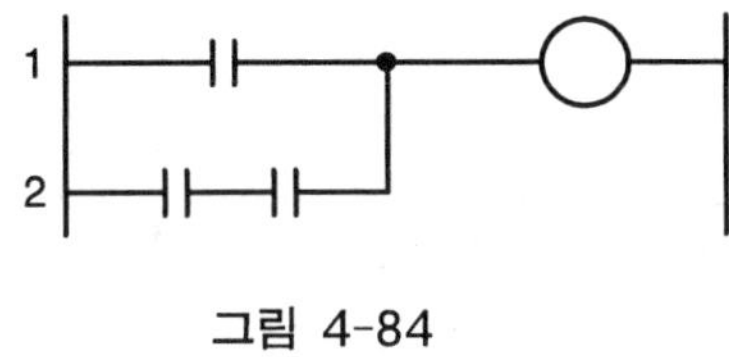

그림 4-84

4) 접점의 블록간 접속

① 병렬회로 블록의 직렬접속(A기종 사용할 때)

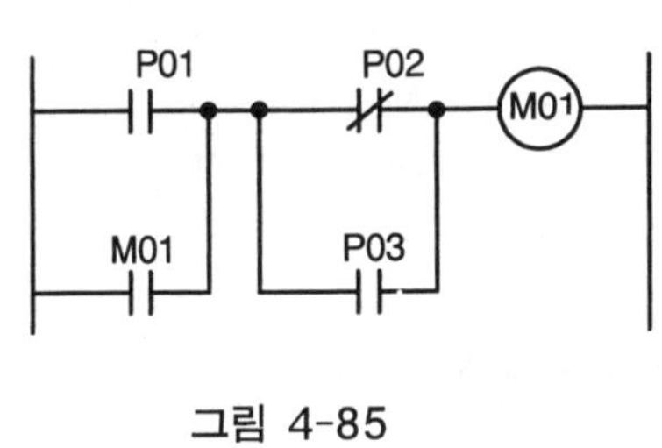

그림 4-85

스 텝	명 령	
0	LOAD	P01
1	OR	M01
2	LOAD NOT	P02
3	OR	P03
4	AND LOAD	
5	OUT	M01

② 직렬회로 블록의 병렬접속(C기종 사용할 때)

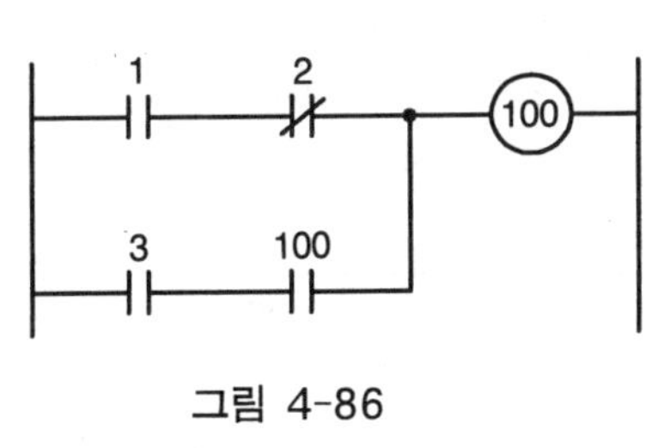

그림 4-86

스 텝	명 령	
0	STR	1
1	AND NOT	2
2	STR	100
3	AND	3
4	OR STR	
5	OUT	100

2개 이상의 접점이 병렬접속된 회로를 병렬회로 블록이라 하며, 병렬회로 블록을 직렬접속하는 경우, 분기의 시작은 연산개시 명령(LOAD, LOAD NOT 또는 STR, STR NOT 등)을 사용하며, 분기의 종료는 AND LOAD(A기종), AND ENT(B기종), AND STR (C기종), ANDB(D기종) 등의 명령을 사용한다.

2개 이상의 접점이 직렬접속된 회로를 직렬회로 블록이라 하며, 직렬회로 블록을 병렬접속하는 경우, 분기의 시작은 연산개시 명령을 사용하고, 분기의 종료는 OR LOAD(A기종), OR ENT(B기종), OR STR(C기종), ORB(D기종) 명령을 사용한다.

③ 프로그램의 순서

㉠ 그림 4-87과 같이 직렬접점이 많은 회로를 그림 4-88과 같이 위에 그리면 접점의
병렬접속 명령을 사용하지 않고도 프로그램화할 수 있어 스텝수를 절약할 수 있
다. 따라서 스캔타임이 줄어든다.

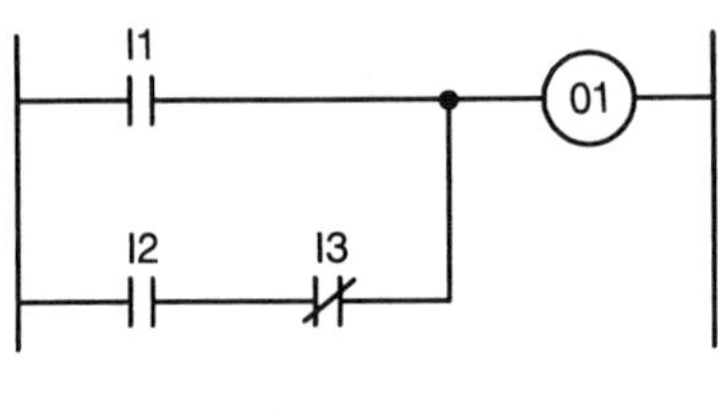

그림 4-87

스 텝	명 령	
0	START	I1
1	START	I2
2	AND NOT	I3
3	OR ENT	
4	OUT	O1

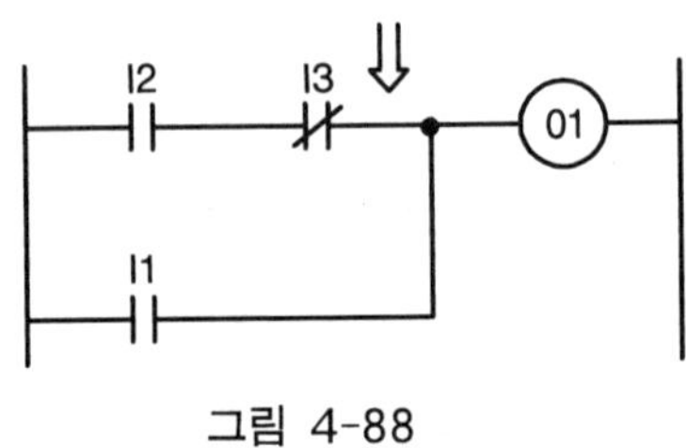

그림 4-88

스 텝	명 령	
0	START	I2
1	AND NOT	I3
2	OR	I1
3	OUT	O1

㉡ 그림 4-89의 병렬회로는 그림 4-90과 같이 왼쪽에 그리면 좋다.

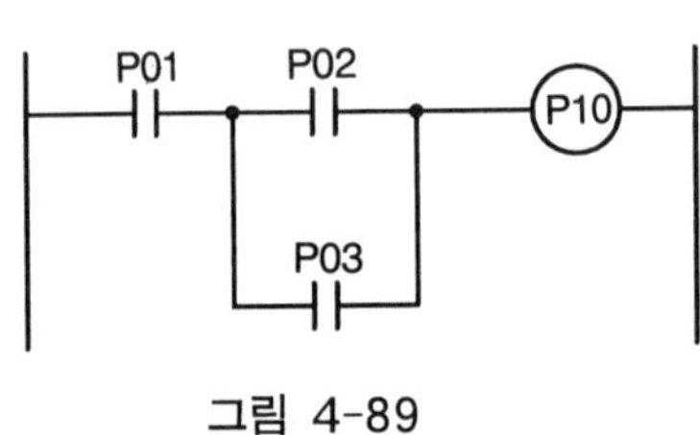

그림 4-89

스 텝	명 령	
0	LOAD	P01
1	LOAD	P02
2	OR	P03
3	AND LOAD	
4	OUT	P10

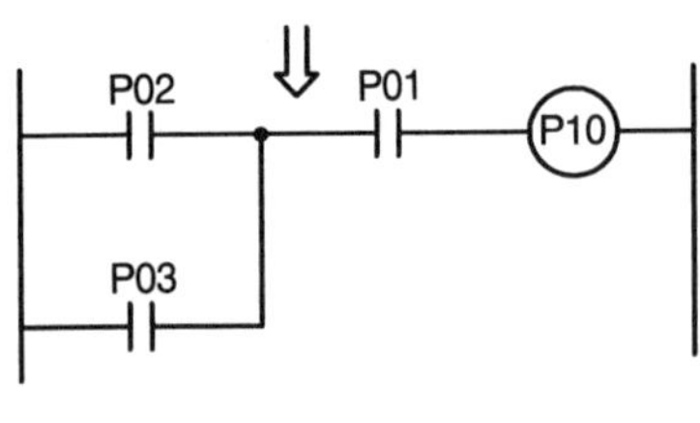

그림 4-90

스 텝	명 령	
0	LOAD	P02
1	OR	P03
2	AND	P01
3	OUT	P10

㉢ 연속적으로 회로의 블록을 직렬접속하는 경우, 프로그램을 입력하는 방법에는 두
가지가 있으나, 연속 사용하는 경우는 명령의 사용횟수에 제한이 있으므로 다음의
(c)와 같이 프로그램하면 좋다. 이것은 직렬회로의 블록을 병렬접속할 경우도 동
일하다.

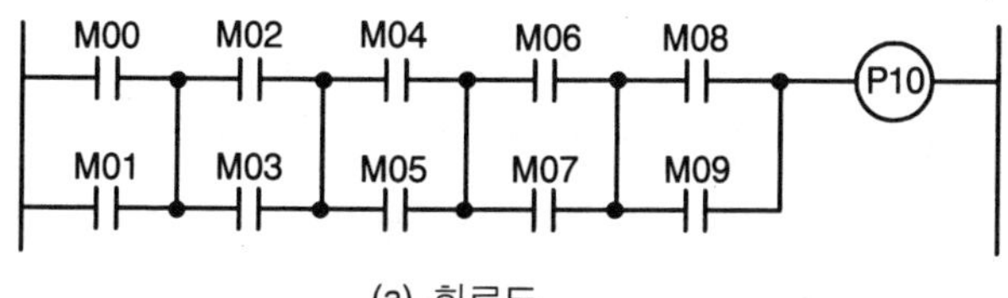

(a) 회로도

스텝	명 령		스텝	명 령
0	LOAD M00		0	LOAD M00
1	OR M01		1	OR M01
2	LOAD M02		2	LOAD M02
3	OR M03		3	OR M03
4	LOAD M04		4	AND LOAD
5	OR M05		5	LOAD M04
6	LOAD M06		6	OR M05
7	OR M07		7	AND LOAD
8	LOAD M08		8	LOAD M06
9	OR M09		9	OR M07
10	AND LOAD		10	AND LOAD
11	AND LOAD		11	LOAD M08
12	AND LOAD		12	OR M09
13	AND LOAD		13	AND LOAD
14	OUT P10		14	OUT P10

(b) 연속 사용의 경우

(사용횟수에 제한이 있다. A, D기종의
경우 최대 8~9 명령이다.)

(c) 단계적 사용의 경우

(사용횟수에 제한이 없다.)

5) SET과 RST 명령의 사용법

릴레이 회로에서는 한 번 입력된 신호를 기억시켜 그 상태를 계속 유지시키기 위해서
자기유지 회로를 이용한다. 자기유지 회로란 그림 4-91에 나타낸 바와 같이 릴레이 자신
의 접점을 입력조건과 병렬로 접속하여 입력이 ON되었다 제거되어도 자신의 접점에 의
해 동작상태 유지가 가능한 회로를 말한다.

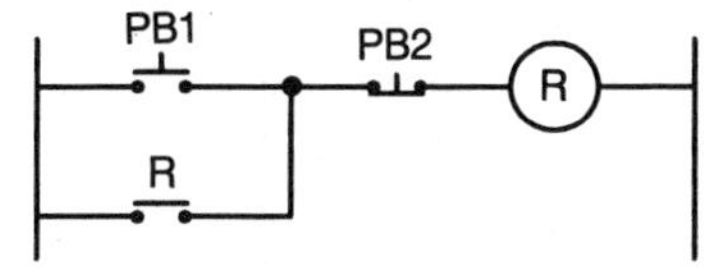

(a) 릴레이의 자기유지 회로

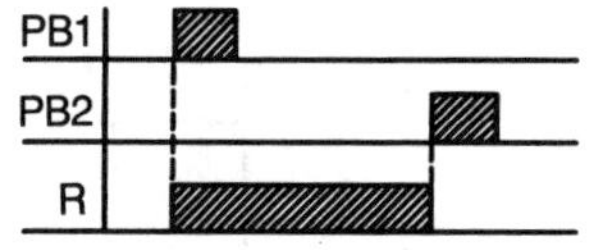

(b) 타임차트

그림 4-91 릴레이 자기유지 회로와 타임차트

그러나 이와 같은 자기유지 회로는 정전이 되었다 회복되면 그 상태가 소멸되어 버리

기 때문에 특수 릴레이의 일종인 래치(키프)릴레이를 사용한다. 그러나 PLC에서는 지정 코일의 SET과 RST(reset) 명령을 사용하면 자신의 접점으로 회로를 구성하지 않아도 동작상태의 유지가 가능하고 또한 정전시 그 상태유지도 할 수 있어 편리하다.

그림 4-92는 SET와 RST 명령을 사용한 회로예로서 그 동작원리를 타임차트에 나타낸 바와 같이 입력 I1이 ON되어 출력 O33이 ON된다. 이 상태에서 입력 I1이 OFF되어도 출력 O33은 계속 ON 상태를 유지한다. 이 때 정전이 되었다 회복되어도 출력 O33은 ON되어 있으며 입력 I2가 ON되어야만 출력 O33이 OFF되는 회로이다. 즉, 이상과 같이 SET 명령은 입력조건이 ON되면 지정 출력을 ON 상태로 자기유지시켜 입력이 OFF되거나 정전이 되어도 출력상태를 ON 상태로 계속 유지하며 RST의 입력조건이 ON되어야만 OFF된다.

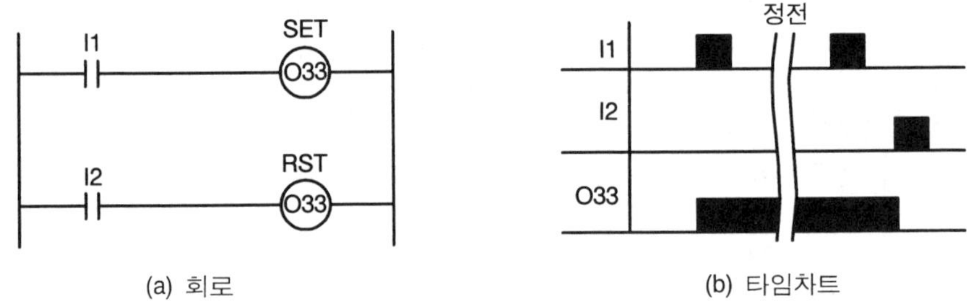

(a) 회로   (b) 타임차트

그림 4-92 SET와 RST 명령을 사용한 회로

① SET와 RST(reset)는 지정코일을 ON·OFF시키는 기능으로, 내부 입·출력 코일을 정전기억 가능하도록 설계하는 것이 목적이다.

② SET와 RST 코일은 반드시 쌍으로 사용하여야 한다.

③ SET와 RST 입력이 동시에 ON되면 리셋 조건이 우선이다.

④ 기종에 따라서 RST 명령은 타이머나 카운터의 설정치를 초기화시키는 명령으로 이용되기도 한다. 특히 적산타이머의 초기화는 반드시 이 RST 명령만으로 이루어진다.

그러나 정전유지가 가능한 내부코일을 사용하여 회로를 구성하면 SET와 RST 명령을 사용하지 않고도 동일한 기능의 회로를 구성할 수 있다(그림 4-93).

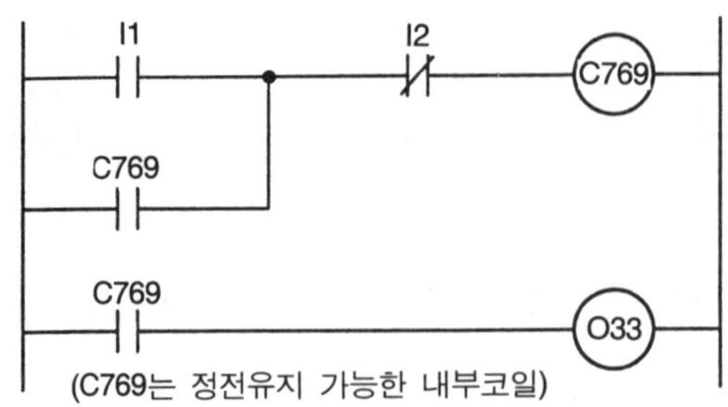

(C769는 정전유지 가능한 내부코일)

그림 4-93 SET, RST의 등가회로

6) 마스터 컨트롤 명령의 사용법

마스터 컨트롤(Master Control)이란 어느 입력 조건에 의해 정해진 범위 내의 관련기기를 제어하는 것으로 그 일례를 그림 4-94에 나타냈다. 이 회로는 P00과 P01이 ON되어야만 M01이 ON되고, M02는 P00과 P02가 ON되어야만 한다. 또는 M03은 P00, M02, P03이 모두 ON되어야만 ON되는 회로인데 어느 것이나 P00이 ON되어 있지 않으면 동작할 수 없다. 이와 같이 어느 특정의 입력조건이 만족될 때에만 회로가 동작하도록 된 것으로 주로 자동·수동 선택회로나 비상정지 회로 등에 적용된다.

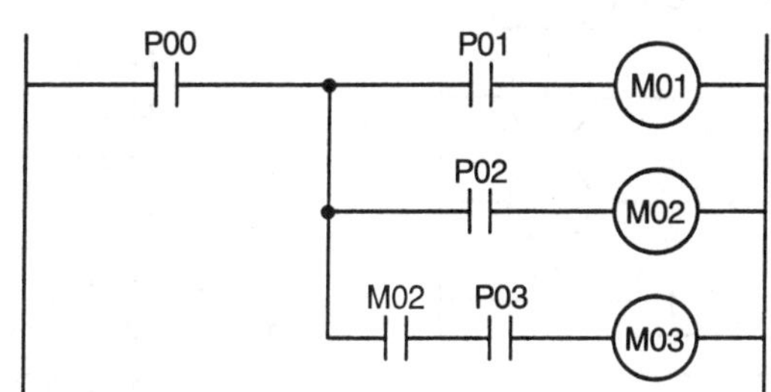

그림 4-94 마스터 컨트롤의 구성회로

그러나 PLC에서는 마스터 컨트롤 명령을 사용하면 릴레이 회로에서와 같이 제어 모선을 분리하지 않아도 되는데 이 마스터 컨트롤의 기능이나 사용법은 PLC의 기종에 따라 큰 차이가 있다. 따라서 여기서는 앞서 설명한 4기종 PLC를 예로 들어 마스터 컨트롤의 명령어와 사용법을 설명한다.

① A기종의 경우

명령 ─┌─ MCS(Master Control Set)
　　　└─ MCS CLR(Master Control Clear)

㉠ MCS의 입력조건이 ON되면 MCS번호와 동일한 MCS CLR까지를 실행하고, 입력조건이 OFF되면 실행하지 않는다.

㉡ MCS와 MCS CLR은 반드시 쌍으로 사용하여야 한다.

㉢ 네스팅(nesting)은 0~7까지 8레벨을 설정할 수 있다.

㉣ 우선순위는 MCS번호 0이 가장 높고 7이 가장 낮으므로 우선순위가 높은 순으로 사용하고 해제는 그 역순으로 해야 한다.

㉤ MCS의 명령은 기능키(FUN) 입력 후 10번으로 지정하고, MCS CLR의 명령은 11번으로 시정하는 것에 유의하여야 힌다.

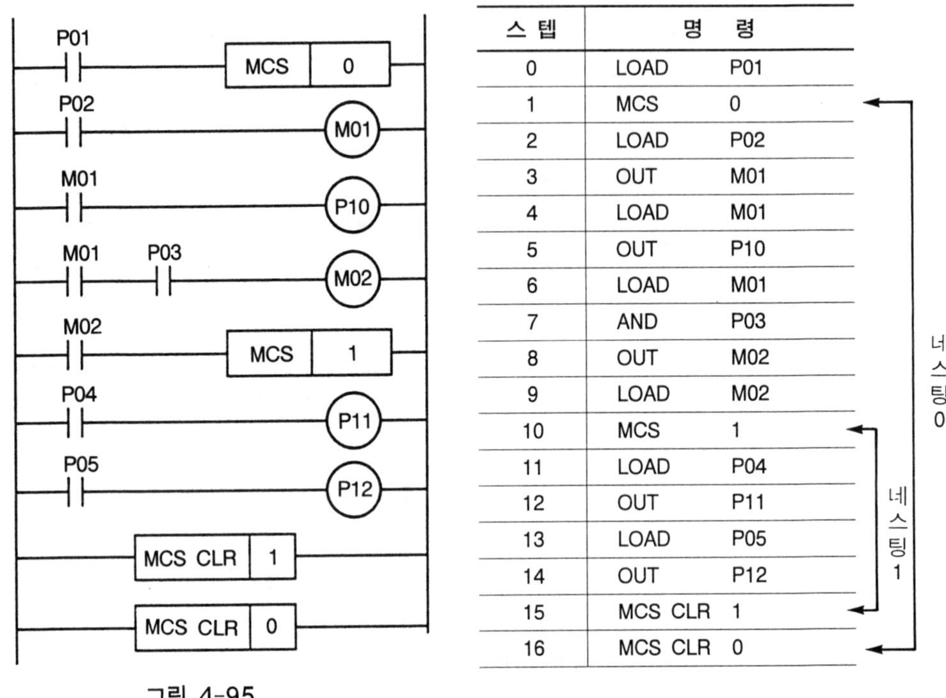

스 텝	명 령	
0	LOAD	P01
1	MCS	0
2	LOAD	P02
3	OUT	M01
4	LOAD	M01
5	OUT	P10
6	LOAD	M01
7	AND	P03
8	OUT	M02
9	LOAD	M02
10	MCS	1
11	LOAD	P04
12	OUT	P11
13	LOAD	P05
14	OUT	P12
15	MCS CLR	1
16	MCS CLR	0

그림 4-95

회로 4-95의 동작은 P01이 ON된 후 각 라인(Rung)의 입력조건이 만족되어야 M01, P10, M02, P11, P12가 동작할 수 있으며, P11과 P12는 P01과 M02가 먼저 ON된 후 각각의 입력이 만족되었을 때만 동작할 수 있는 회로로서 등가의 래더도를 나타내면 그림 4-96과 같다.

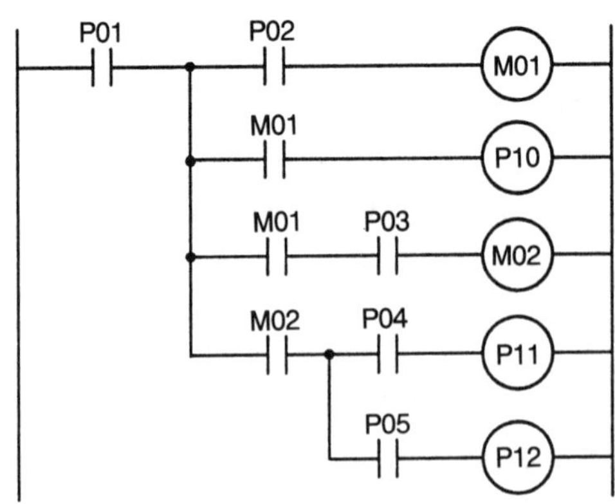

그림 4-96 그림 4-95의 등가회로

② B기종의 경우

명령 ─┬─ MCR(Master Control Relay)
　　　 └─ END : 마스터 컨트롤의 종료

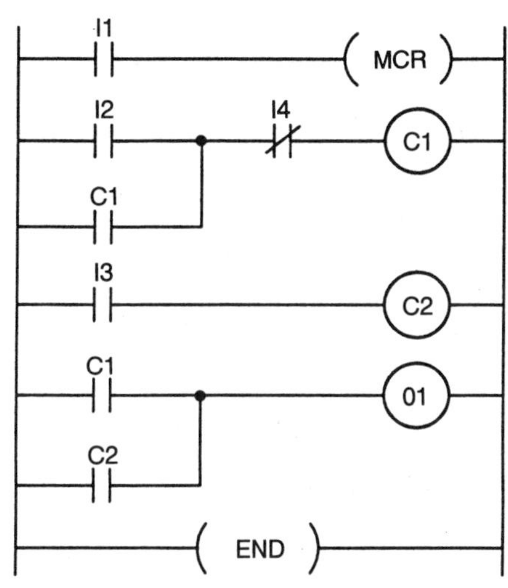

스 텝	명 령	
0	START	I1
1	MCR	
2	START	I2
3	OR	C1
4	AND NOT	I4
5	OUT	C1
6	START	I3
7	OUT	C2
8	START	C1
9	OR	C2
10	OUT	O1
11	END	

그림 4-97

B기종은 MCR이 ON되면 MCR의 종료구간인 END 명령 전까지의 모든 출력조건이 입력조건에 관계없이 OFF된다. 따라서 A기종과는 기능이 반대이다.

㉠ 회로의 동작은 입력 I2나 I3이 ON되면 출력 O1이 동작한다. 그러나 입력 I1이 ON되면 입력 I2나 I3이 ON되어도 내부코일 C1, C2는 물론이고 출력 O1도 OFF된다. 즉 MCR이 ON되면 MCR과 END사이의 모든 출력코일은 입력조건에 관계없이 OFF된다.

㉡ MCR 명령은 일정한 구간 내에서 어느 조건이 입력되면 구간 내의 모든 출력을 정지시킬 때 사용한다. 따라서 비상정지 기능으로도 사용할 수 있다.

㉢ MCR코일은 한 번 사용할 때마다 END 코일을 한 번씩 사용하여야 한다.

㉣ END 명령은 입력조건을 사용하지 않는다.

㉤ END 명령은 프로그램의 종료를 의미하는 것이 아니므로 END 명령 이후에도 프로그램이 가능하다.

③ C기종의 경우

명령 ─┬─ MCS(Master Control Set)
　　　 └─ MCR(Master Control Reset)

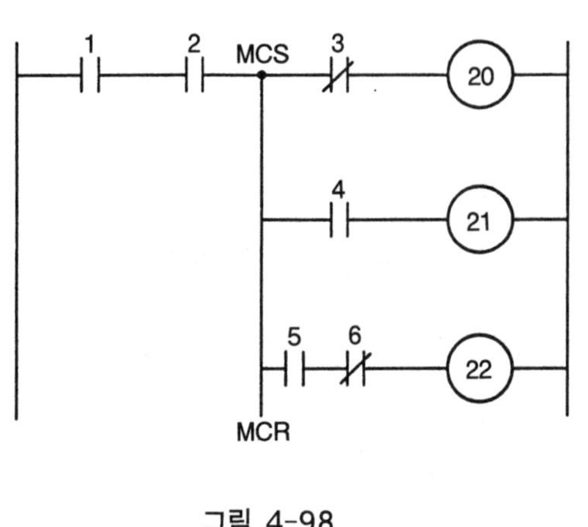

스 텝	명 령	
0	STR	1
1	AND	2
2	MCS	
3	STR NOT	3
4	OUT	20
5	STR	4
6	OUT	21
7	STR	5
8	AND NOT	6
9	OUT	22
10	MCR	

그림 4-98

㉠ MCS, MCR은 모선을 제어하는 접점에 사용하고, 반드시 쌍으로 사용한다.

㉡ MCS 명령 이후에는 STR이나 STR NOT 명령을 사용한다.

㉢ 네스팅은 7레벨까지 가능하다.

㉣ 그림 4-98의 회로를 마스터 컨트롤 명령으로 사용하지 않고 일반 논리회로로 변환하면 그림 4-99와 같이 되고 스텝수도 늘어난다.

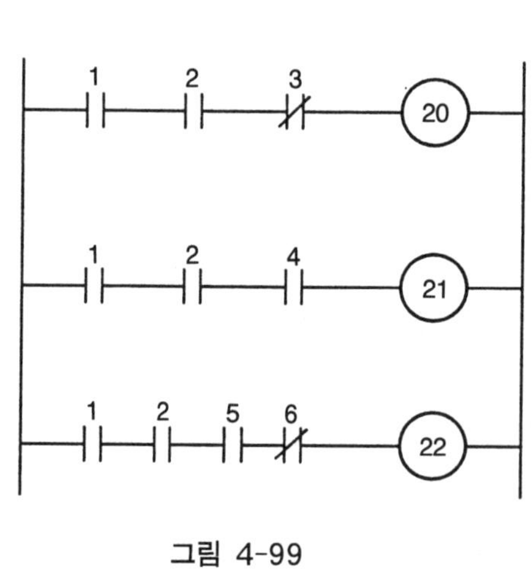

스 텝	명 령	
0	STR	1
1	AND	2
2	AND NOT	3
3	OUT	20
4	STR	1
5	AND	2
6	AND	4
7	OUT	21
8	STR	1
9	AND	2
10	AND	5
11	AND NOT	6
12	OUT	22

그림 4-99

④ **D기종의 경우**

명령 ┬ MC(Master Control)
　　 └ MCR(Master Control Reset)

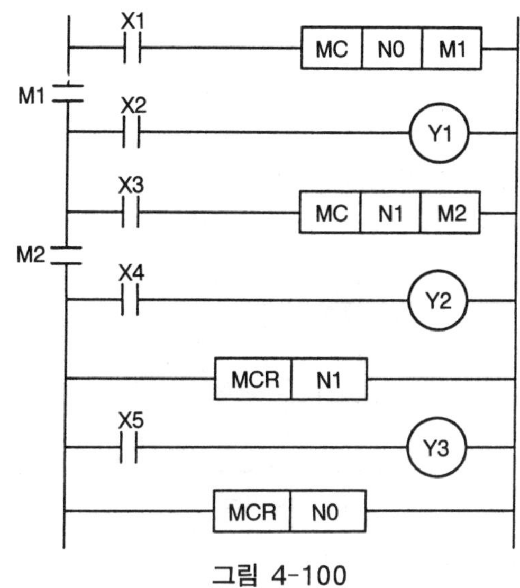

스 텝	명 령	
0	LD	X1
1	MC	0
	SP	M1
2	LD	X2
3	OUT	Y1
4	LD	X3
5	MC	1
	SP	M2
6	LD	X4
7	OUT	Y2
8	MCR	1
9	LD	X5
10	OUT	Y3
11	MCR	0

그림 4-100

㉠ 회로의 동작은, 출력 Y1은 입력 X1과 X2가 ON되어야만 동작한다. 또한 출력 Y2는 입력 X1과 X3, X4가 모두 ON되어야만 동작한다. 그리고 출력 Y3는 입력 X1과 입력 X5가 ON되면 동작한다.

이와 같이 MC 명령은 공통직렬 접점 접속을 의미하는 것으로 네스팅 레벨 N이 깊어짐에 따라 공통 직렬 접점이 많아지게 된다.

㉡ MC 명령과 MCR 명령은 반드시 쌍으로 사용하여야 하고 MCR 명령은 큰 네스팅 레벨의 것부터 해제하여 최후에는 MCR N0 명령을 프로그래밍해야 한다.

㉢ 네스팅 레벨은 0~7번까지로 8레벨이 가능하다.

7) 타이머의 명령과 사용법

타이머(timer)는 시퀀스 제어에서 없어서는 안될 중요한 신호처리 요소이다. 모든 PLC는 타이머의 기능이 내장되어 있으며, 그 수량도 적게는 수십 개에서 수백 개까지 내장하고 있어 각종 자동기계의 타이밍 구동이나 교통 신호기 제어와 같은 타임제어에도 대부분 PLC로 제어하고 있는 추세이다.

PLC의 타이머는 그 정도가 스캔타임에 의해 영향을 받기는 하나 설정치를 0.1초(100ms 타이머), 0.01초(10ms 타이머) 단위로 할 수 있고, 설정시간도 보통 수분에서 수십 분 정도이나 타이머를 조합하여 사용하면 몇 시간이라도 간단히 설정할 수 있는 이점이 있다.

PLC가 내장하고 있는 타이머 기능의 명령이나 사용법은 기종에 따라 약간의 차이가 있으므로 여기서는 앞서 예시한 4기종의 타이머 사용법과 특징을 설명한다.

① A기종의 경우

A기종의 타이머에는 ON딜레이 타이머, OFF딜레이 타이머, 적산 타이머, 모노스테이블 타이머, 리트리거블 모노스테이블 타이머 등의 종류가 있으며, 설정치의 종류에 따

라서 100ms 타이머와 10ms 타이머가 있다.

㉠ ON딜레이 타이머 : 입력조건이 ON되어 있는 동안 현재치를 증가하여 타이머의 설정치에 도달하면 타이머의 접점이 ON되고, 입력조건이 OFF되거나 RESET 명령이 입력되면 타이머 출력이 OFF되고 현재치는 0이 되는 타이머이다.

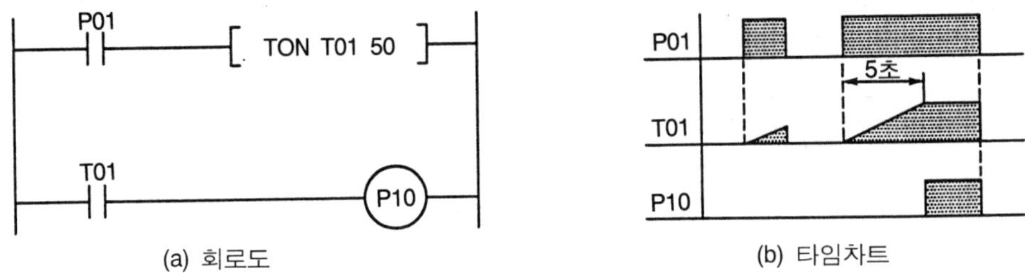

(a) 회로도　　　　　　　　(b) 타임차트

그림 4-101　ON딜레이 타이머 회로와 타임차트

㉡ OFF딜레이 타이머 : 입력조건이 ON되어 있는 동안 타이머의 현재치는 설정치가 되며 출력은 ON된다. 그러나 입력조건이 OFF되면 타이머의 현재치가 설정치로부터 감산되어 0이 되면 출력이 OFF되는 타이머이다.

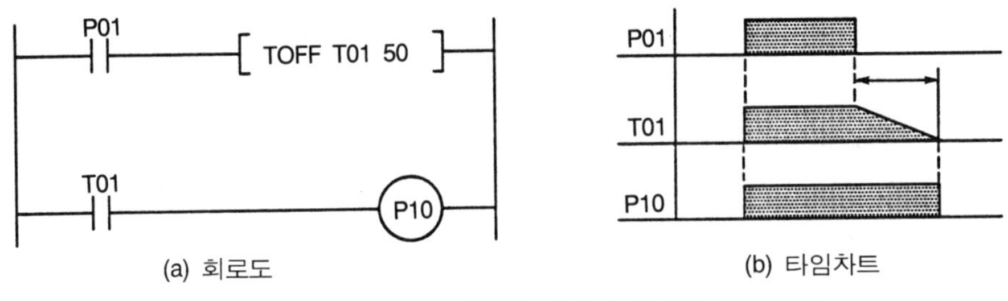

(a) 회로도　　　　　　　　(b) 타임차트

그림 4-102　OFF딜레이 타이머 회로와 타임차트

㉢ 적산 타이머 : 입력조건이 성립되어 있는 동안 현재치를 증가하고 누적된 값이 설정치에 도달하면 타이머 접점이 ON된다. 이 타이머는 정전시에도 현재값을 유지하므로 라인 시스템 제어에서의 타이머에 적합하다. 타이머 출력의 OFF는 RESET신호를 입력하여야만 가능하다.

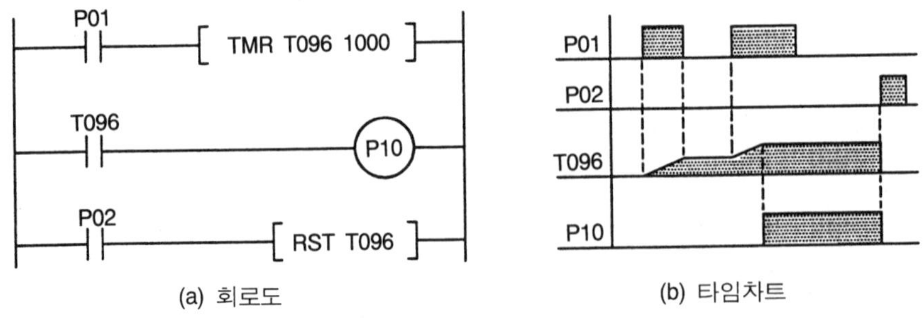

(a) 회로도　　　　　　　　(b) 타임차트

그림 4-103　적산 타이머 회로와 타임차트

㉣ 모노스테이블 타이머 : 입력조건이 성립되면 타이머 출력이 동시에 ON되고 타이머의 현재치가 설정치로부터 감소하기 시작하여 0이 되면 타이머 출력이 OFF되는 타이머이다. 이 타이머는 출력이 ON된 후에 입력조건이 ON · OFF되더라도 이를 무시하고 감산을 계속한다.

㉤ 리트리거블 모노스테이블 타이머 : 이 타이머는 입력조건이 성립되면 출력이 동시에 ON되고 타이머의 현재치가 설정치로부터 감소하기 시작하여 0이 되면 타이머의 출력이 OFF되는 타이머이나, 타이머 현재치가 0이 되기 전에 중간에 입력조건이 ON · OFF하면 타이머의 현재치가 설정치로 되고 다시 감소하기 시작하여 0이 되면 출력이 OFF된다. 이 타이머의 응용예를 그림 4-104에 나타냈다. 원리는 공급장치로부터 일정간격으로 공급되는 제품에 의해 반송장치의 이상을 검출하는 예로 검출기의 ON신호가 설정시간을 초과하면 즉시 타이머 출력이 OFF되므로 출력 P10이 OFF되어 이상신호를 발생시키도록 구성된 회로이다.

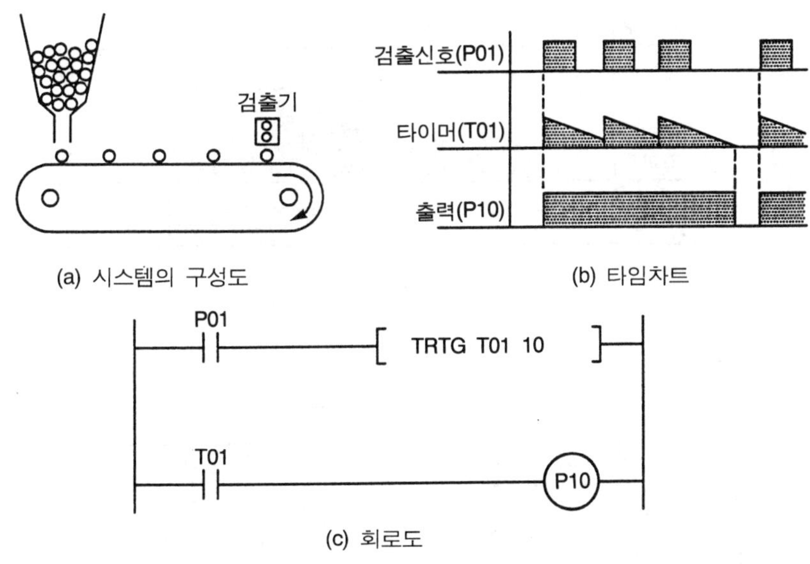

그림 4-104 반송장치의 고장 검출회로

② B기종의 경우

B기종에는 512개의 타이머 기능이 내장되어 있고 종류에는 ON딜레이 타이머와 OFF딜레이 타이머가 있다. 타이머의 설정치는 0.1초 단위로 6553.5초까지 설정할 수 있고 모두 적산타이머로 구성되어 있다.

㉠ 타이머 입력 I1이 ON되면 타이미기 작동하여 R5의 경과치가 0.1초 단위로 증가하여 설정치가 되면 출력 O1을 ON시킨다.

㉡ O1이 ON되어 있는 경우는 경과치가 설정치로 되어 있으므로 I1이 ON · OFF되어

도 타이머에는 변화가 없다.

ⓒ 입력 I2는 타이머 리셋 신호로 I2가 ON되면 타이머는 즉시 0으로 리셋된다.

ⓓ 이상의 결과를 타임차트로 나타내면 그림 4-106과 같고, 결론적으로 이 기종의 타이머는 적산 타이머임을 알 수 있다.

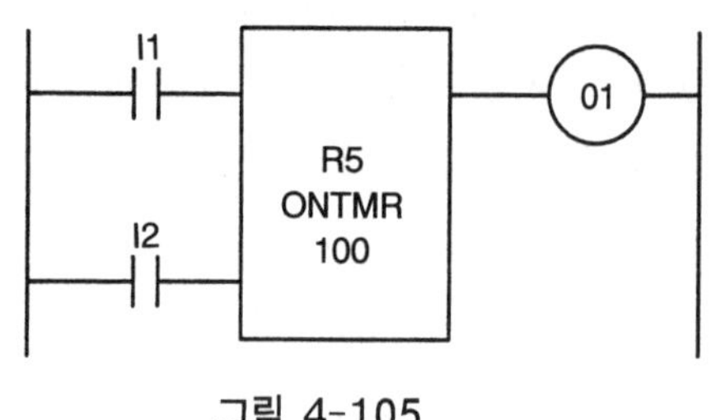

스 텝	명 령	
0	START	I1
1	START	I2
2	TIMER	R5
		100
3	OUT	O1

그림 4-105

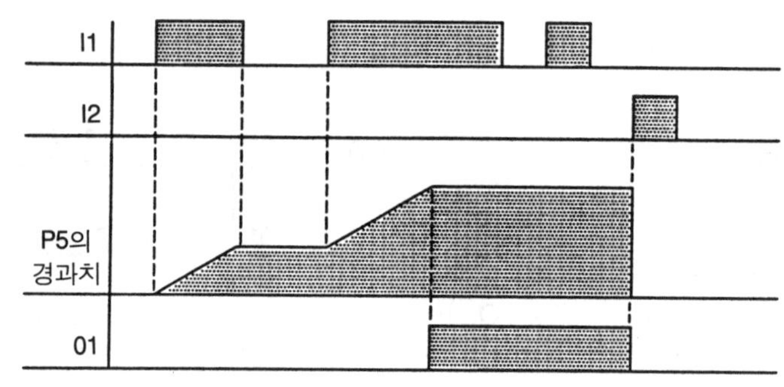

그림 4-106 타임차트

③ **C기종의 경우**

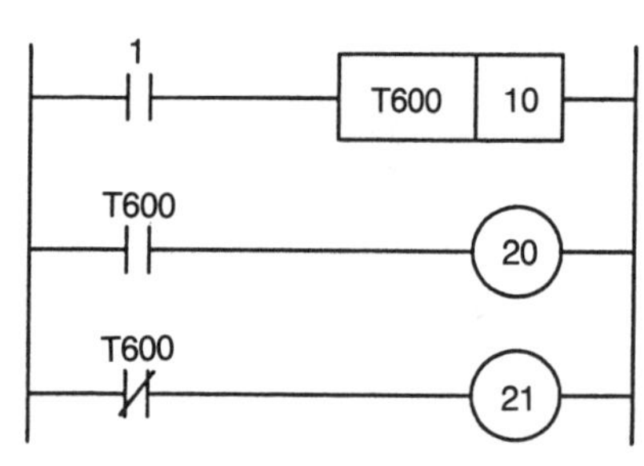

스 텝	명 령	
0	STR	1
1	TIM	600
2		10
3	STR TIM	600
4	OUT	20
5	STR NOT TIM	600
6	OUT	21

그림 4-107

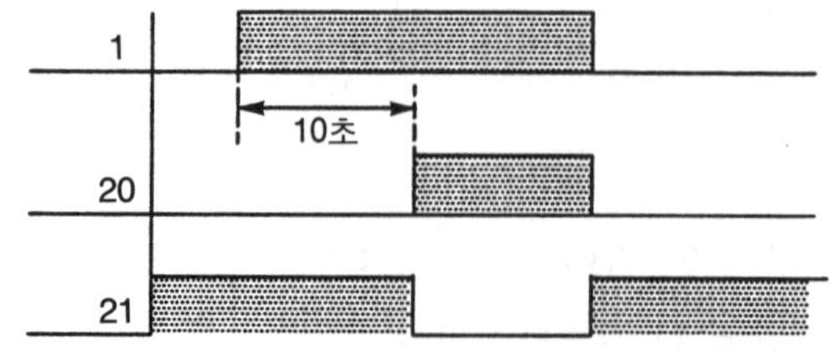

그림 4-108 타임차트

㉠ 입력 1이 ON되면 타이머의 경과치가 0부터 0.1초 단위로 증가되어 설정치가 되면 출력점이 변화한다. 즉, 출력 20은 ON되고 출력 21은 OFF된다.

㉡ 경과치는 설정치가 되어도 계속 증가되며, 타이머 입력이 OFF되면 타이머는 OFF되고 경과치는 0이 된다.

㉢ 주의할 점은 타이머는 카운터와 동일 번호를 사용하므로 카운터에서 사용한 번호는 사용할 수 없고, 프로그램 입력시는 타이머 번호를 지정하고 설정치를 지정하지 않으면 에러가 발생한다.

㉣ 그림 4-107 회로의 동작은 그림 4-108에 나타낸 타임차트와 같으며, 타이머의 접점은 사용횟수에 제한이 없다.

④ D기종의 경우

D기종의 타이머는 총 256개가 내장되어 있고 0.1초 단위로 설정할 수 있는 100ms타이머가 200개, 0.01초단위의 10ms 타이머가 56개 있다.

타이머의 설정시간은 3276.7초까지 설정가능하고 파라미터(Parameter)지정에 의해 일반과 적산타이머로 설정할 수 있다.

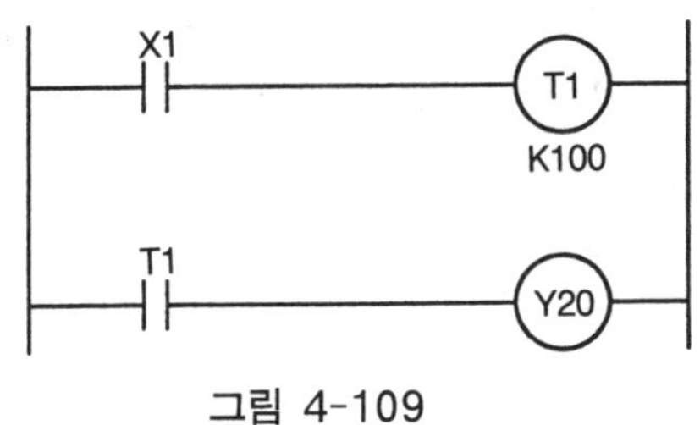

스 텝	명 령	
0	LD	X1
1	OUT	T1
	SP	K100
2	LD	T1
3	OUT	Y20

그림 4-109

㉠ 입력 X1이 ON되면 타이머 코일 T1이 ON하여 설정값까지 계수하여 설정값보다 계수값이 같거나 크게 되면 접점은 다음과 같이 동작한다.

구 분	계수치 〈 설정치	계수치 ≥ 설정치
a접점	OFF (비통전)	ON (통전)
b접점	ON (통전)	OFF (비통전)

㉡ 타이머 명령을 사용하는 경우는, 먼저 타이머 코일 번호를 지정하고 설정치를 입력하여야 한다. PLC에서 타이머의 설정치는 초(sec)단위를 사용하는 경우는 많지 않고 10ms나 100ms 단위로 설정하는 것에 유의하여야 한다. 본 예에서 T1은 100ms 베이스의 타이머이다.

㉢ 그림 4-109 타이머 회로의 동작원리와 타임차트는 그림 4-110과 같다.

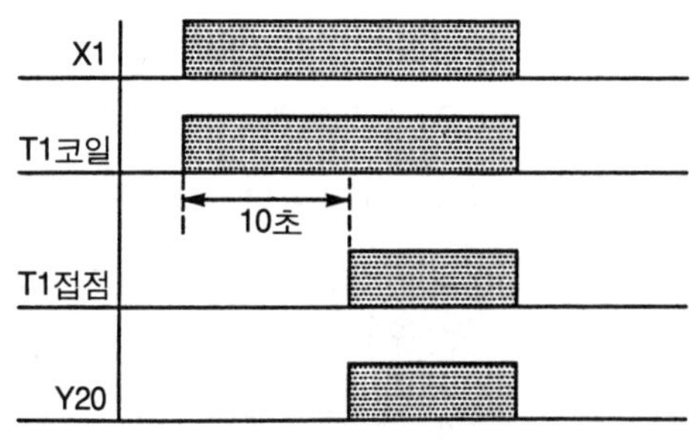

그림 4-110　타임차트

입력 X1이 ON되면 동시에 타이머 코일이 동작되고 설정치인 10초 후에 타이머 접점 T1이 ON된다. 따라서 출력 Y20이 동작되고, 입력 X1이 OFF되면 타이머 코일, 타이머 접점, 출력순으로 동시에 OFF된다.

ㄹ) 타이머에는 위에 설명한 일반적인 타이머 외에 적산타이머가 있고 사용법도 일반 타이머와는 약간 다르다. 적산타이머의 회로구성과 원리를 다음에 제시한다.

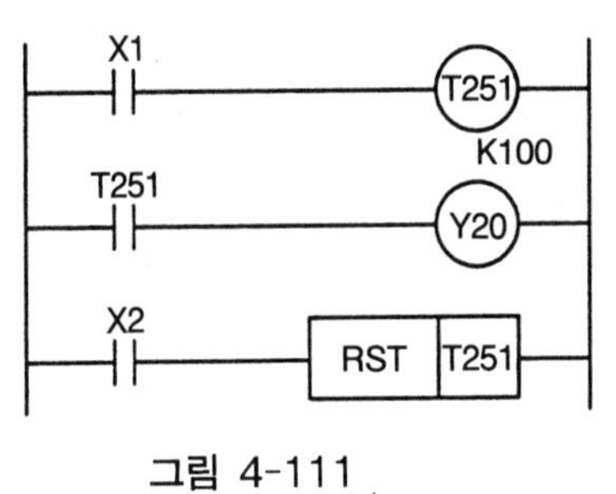

그림 4-111

스 텝	명 령	
0	LD	X1
1	OUT	T251
	SP	K100
2	LD	T251
3	OUT	Y20
4	LD	X2
5	RST	T251

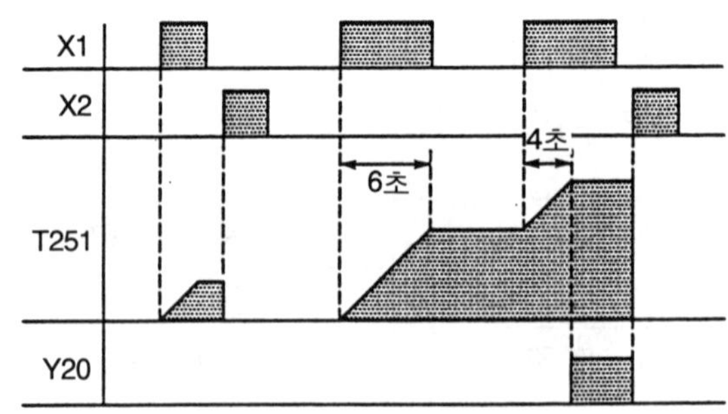

그림 4-112　타임차트

적산타이머의 동작원리는 그림 4-112의 타임차트에 나타낸 것과 같이 타이머 입력 X1이 ON되어 있는 동안만 계수하고, 입력 X1이 OFF되더라도 계수값이 초기화되지 않고 그 상태가 유지된다. 다시 입력 X1이 ON되면 계속해서 계수하여, 입력 X1의 ON시간 합계가 설정값에 도달하면 타이머의 출력접점이 동작한다. 따라서 출력 Y20이 ON된다.

이후에는 입력 X1이 OFF되어도 타이머 접점은 계속 ON되어 있으며, 리셋 입력 X2가 ON되면 타이머의 현재값은 0이 되고 타이머의 접점도 OFF된다. 또한 이 타이머는 계수 도중에 정전되더라도 타이머의 현재값은 기억되어 있어 정전 전·후 구동의 합계시간이 되면 타이머가 구동한다.

8) 카운터의 명령과 사용법

카운터는 기계의 동작횟수나 생산량의 계수 등을 위해 사용되는 기기로서 계수치의 표시는 물론 설정치에 도달되면 적절한 제어 출력신호를 내보내는 기기의 일종이다.

PLC에는 타이머와 비슷한 수량의 카운터가 내장되어 있고, 카운터의 기능도 단순히 계수치를 표시하는 토털 카운터가 아니고 프리세트값까지 계수하였을 때 제어 출력을 내보내는 프리세트 카운터 기능을 가지고 있다. 또한 계수 방식도 가산 및 감산은 기본 기능이고 가·감산식 카운터, 링 카운터 기능도 겸비한 기종도 있다.

① A기종의 경우

A기종은 모델에 따라 128점에서부터 256점까지의 카운터 기능이 있고, 카운터의 형 태에도 가산(UP) 카운터, 감산(DOWN) 카운터, 가·감산(UP-DOWN) 카운터, 링(RING) 카운터 등이 있다. 또한 카운터의 설정치는 최대 65535까지 할 수 있다.

㉠ 가산(UP) 카운터의 회로구성과 동작원리

가산 카운터는 카운터 입력(Pulse)이 입력될 때마다 현재치를 +1하고 현재치가 설정치 이상이 되면 출력을 ON한다. 설정치 이상에서 계속 카운트 입력이 ON되면 계수를 계속하여 최대치까지 계수하며, 리셋신호가 입력되면 출력을 OFF시키며 현 재치를 0으로 한다.

그림 4-113에서 P01은 카운트 펄스 입력신호이고, P02는 카운트 리셋신호이다. CTU는 UP 카운터 명령이고, C01은 카운터 번호이며, 10은 카운터 설정치이다. 동작 은 P01이 ON·OFF하여 10회의 입력을 발생시키면 카운터 출력이 ON되어 출력 P10 이 ON되고 리셋신호 P02가 입력되면 카운터 출력이 OFF되고 설정치도 0으로 된다.

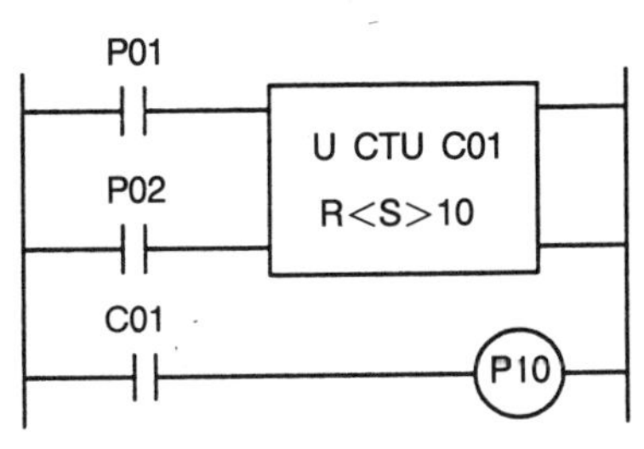

스 텝	명 령	
0	LOAD	P01
1	LOAD	P02
2	CTU	C01
3		10
4	LOAD	C01
5	OUT	P10

그림 4-113

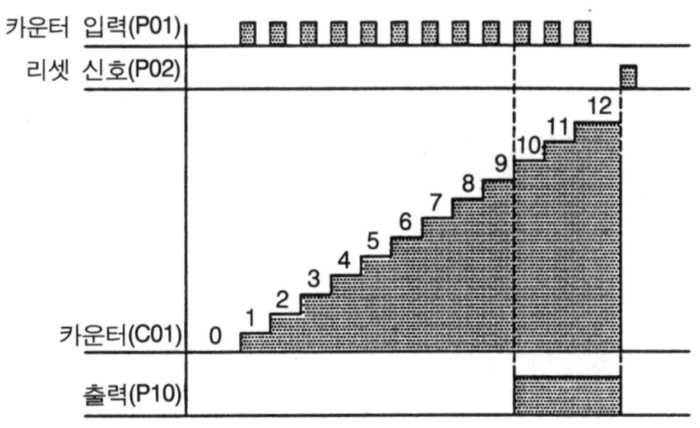

그림 4-114 타임차트

ⓒ 감산(DOWN) 카운터

감산 카운터는 카운터 펄스가 입력될 때마다 설정치로부터 1씩 감산을 하여 현재치가 0이 되면 카운터 출력을 ON시킨다. 그리고 리셋신호가 입력되면 카운터 출력이 OFF되고 현재치는 설정치가 된다. 회로구성은 가산 카운터와 동일하며 명령은 CTD를 사용한다.

ⓓ 가·감산(UP-DOWN) 카운터의 회로구성과 동작원리

가·감산 카운터는 말 그대로 가산 카운터와 감산 카운터의 기능을 합한 것으로 가산 펄스가 입력될 때마다 현재치를 1씩 가산하며, 현재치가 설정치 이상이 되면 카운터 출력을 ON시킨다. 그러나 감산 펄스가 입력되면 가산 펄스의 현재치에서 1씩 감산을 하고 리셋신호가 ON되면 현재치는 0으로 된다.

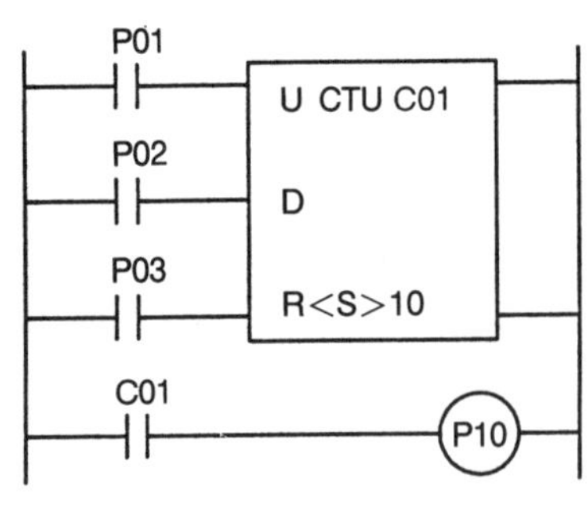

그림 4-115

스 텝	명 령	
0	LOAD	P01
1	LOAD	P02
2	LOAD	P03
3	CTU	C01
4		10
5	LOAD	C01
6	OUT	P10

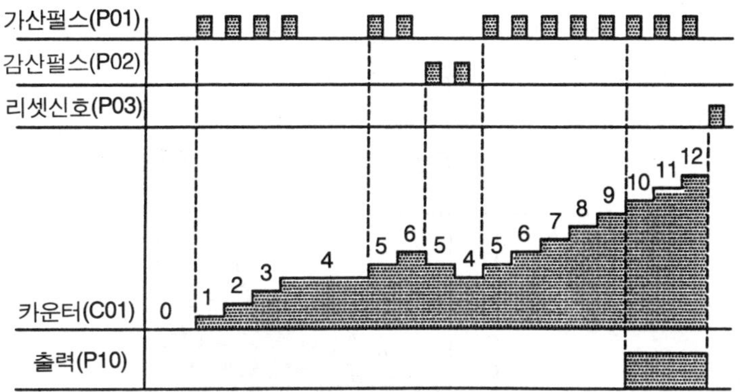

그림 4-116 타임차트

㉣ 링(RING)카운터

링카운터는 가산, 감산, 가·감산 카운터와는 달리 현재치가 설정치에 도달된 후 카운트 펄스가 입력되면 계속 계수를 진행하지 않고 현재치를 0으로 하고 다시 카운트를 시작하는 카운터이다. 즉 카운트 펄스가 입력될 때마다 현재치를 1씩 증가시키고 현재치가 설정치에 도달되면 출력을 ON시킨다. 계속해서 카운트 펄스가 입력되면 출력을 OFF로 하고 동시에 현재치를 0으로 하여 계수를 시작한다.

② B기종의 경우

B기종의 카운터는 타이머와 같은 내부레지스터(R)를 사용하며, 512점까지 사용할 수 있다. 따라서 이 기종은 타이머로 512점을 사용하였다면 카운터는 1점도 사용할 수 없다. 카운터의 종류에는 가산 카운터와 감산 카운터가 있으며, 최대 65535회까지 설정할 수 있다.

㉠ 입력 I1이 10회 ON하면 출력 O1을 ON시키고 입력 I2가 ON되면 출력 O1이 OFF 되는 프로그램은 다음과 같다.

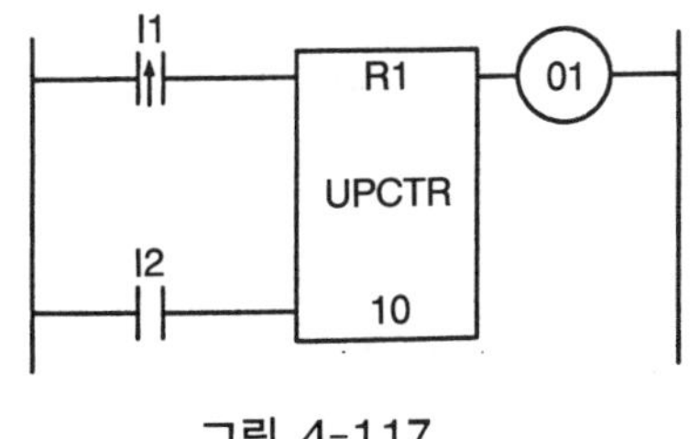

그림 4-117

스 텝	명 령	
0	START	I1
1	START	I2
2	CNTR	R1
		10
3	OUT	O1

이 기종에서는 카운터 입력으로 펄스접점 (┤↑├)을 사용하고 있다는 것에 주의해야 한다. 펄스접점이란 일반접점(┤ ├)과는 달리 입력이 OFF에서 ON이 되는 순간 1스캔 동안만 입력을 허용하는 접점으로, 그림 4-117의 우측 코딩표에는

일반접점과 구분이 되어 있지 않으나 프로그래머로 입력할 때 기능키에 의해 지정한다. 일반점점과 펄스접점의 동작상태는 그림 4-119와 같다.

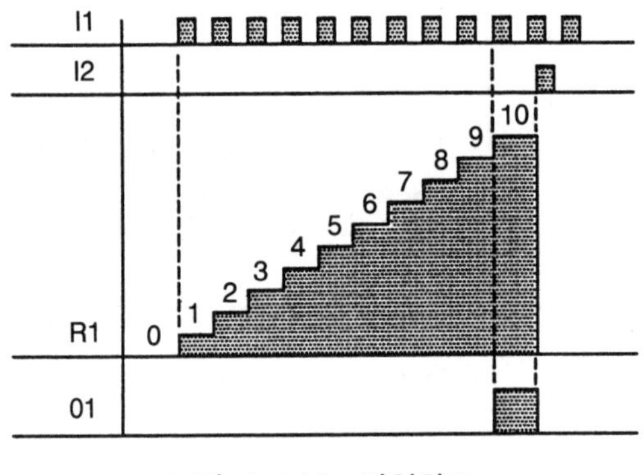

그림 4-118 타임차트

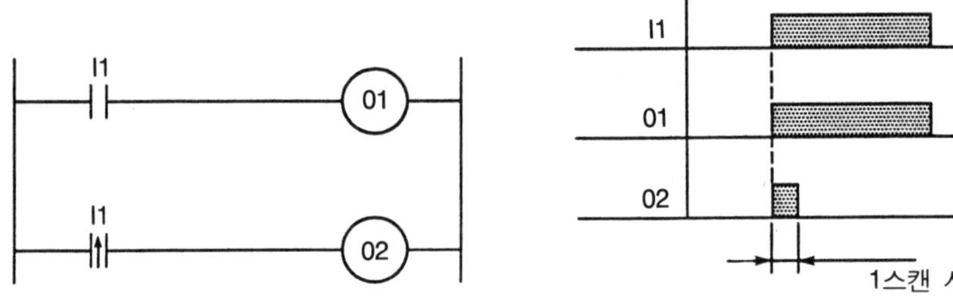

그림 4-119 펄스접점의 동작

ⓛ 다운 카운터를 사용하여 5회 카운트를 입력하면 출력을 내는 프로그램은 다음과 같다.

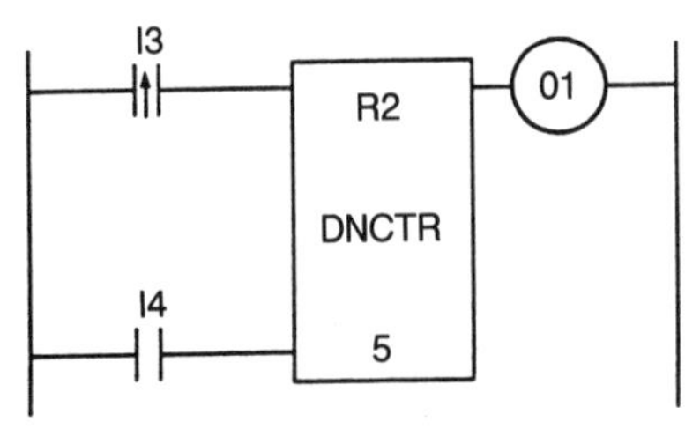

그림 4-120

스 텝	명 령	
0	START	I3
1	START	I4
2	CNTR	R2
		5
3	OUT	O1

회로의 동작은 입력 I3이 OFF에서 ON으로 될 때마다 카운터 경과치 R의 값이 1씩 감소하여 R의 경과치가 0이 되면 I3이 ON되어도 더 이상 감소하지 않으며 출력 O1이 ON된다. 입력 I4는 카운터 리셋 입력으로 I4가 ON되면 R2의 경과치는 설정치로 리셋된다.

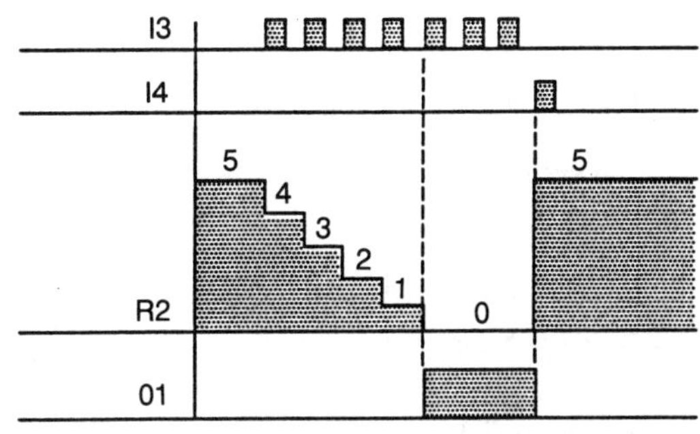

그림 4-121 타임차트

③ C기종의 경우

C기종의 카운터도 타이머와 동일한 고유번호를 사용하므로 타이머에서 사용한 점수는 카운터로 사용할 수 없고, 최대 9999회까지 설정가능한 카운터를 64점 내장하고 있다.

카운터 입력 1이 5회 입력되면 출력 20이 ON되고, 10회 입력되면 출력 21이 ON되는 프로그램은 다음과 같다.

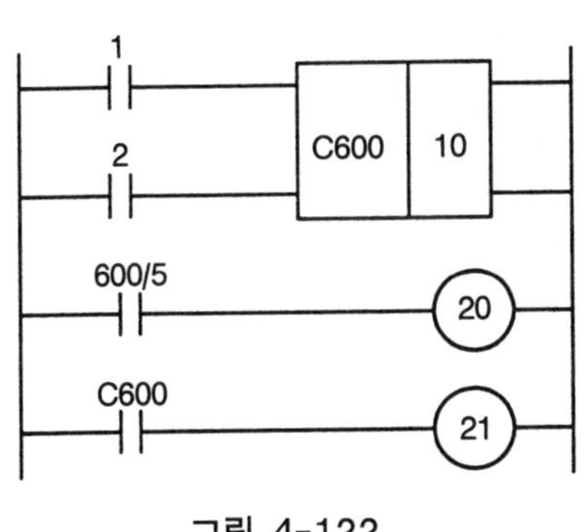

그림 4-122

스 텝	명	령
0	STR	1
1	STR	2
2	CNT	600
3		10
4	STR	600
5		5
6	OUT	20
7	STR CNT	600
8	OUT	21

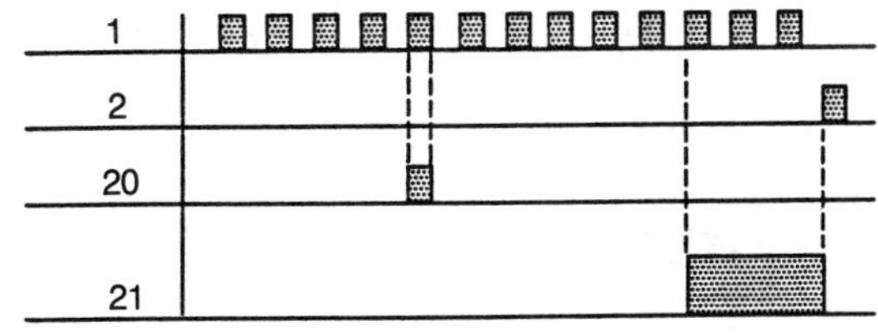

그림 4-123 타임차트

회로의 동작원리는 카운터 입력 1이 ON될 때마다 현재치를 1씩 증가시키고 현재치가 설정치가 되면 출력이 ON된다. 다른 기종과 다른 점은 설정치 외에 설정치 내의 임의 계수치에서도 출력을 얻어낼 수 있다는 점이다.

④ D기종의 경우

카운터 입력 X1이 10회 ON하면 출력 Y50을 ON시키고, 입력 X2가 ON되면 Y50을 OFF시키고 카운터도 초기화시키는 프로그램은 다음과 같다.

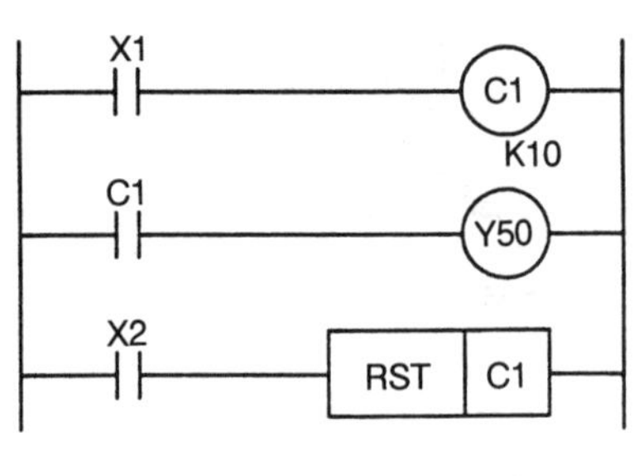

스 텝	명 령	
0	LD	X1
1	OUT	C1
		K10
2	LD	C1
3	OUT	Y50
4	LD	X2
5	RST	C1

그림 4-124

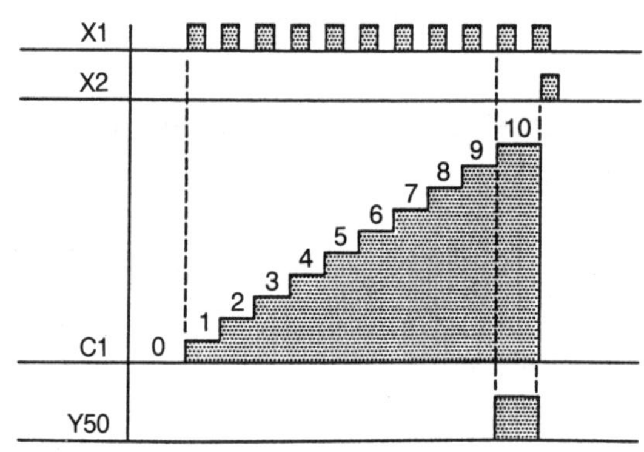

그림 4-125 타임차트

동작원리는 카운터 입력 X1이 OFF에서 ON으로 변할 때마다 카운터의 현재값이 1씩 증가하고, 이것이 설정값인 10에 달하면 출력접점을 동작시킨다. 따라서 카운터 접점신호를 받아 출력 Y50이 ON되고, 카운트업 후에는 카운터의 현재값은 변화하지 않고 출력접점도 리셋 입력이 ON될 때까지 변화가 없다. 리셋 입력 X2가 ON하면 카운터는 초기화되고 접점도 복귀한다.

9) 데이터의 이동 명령과 사용법

레지스터에 저장된 데이터를 입력신호에 따라 지정된 비트(bit)만큼 이동시키는 기능을 이동 명령이라 하고, 메이커에 따라 Bit shift, Bit device shift, Shift Register 등의 명칭으로 불린다.

이동 명령은 컨베이어(Conveyor) 시스템이나 인덱스(Index) 테이블상의 제어에 있어서, 여러 위치에서 작업된 정보나 검사 등의 데이터를 검출한 후 컨베이어나 인덱스 테이블의 이동에 따라 그 상태를 기억시켜 이동하고, 다른 위치에서 그 정보에 따라 작업을 실시하거나 조치를 실시하는 경우 등의 공정제어에 유용한 처리 명령이다.

① A기종의 경우

데이터가 격납되어 있는 영역의 Start Bit와 실행이 종결되는 영역의 End Bit를 지정함에 따라 Bit Shift를 실행하게 되는 것으로 BSFT나 BSFTP 명령을 사용한다.

일례로 입력신호 P01이 ON될 때마다 P05의 데이터를 Start Bit P050부터 End Bit P055 지정에 의해 Bit Shift하고 P050의 데이터는 P02로 주는 프로그램은 다음과 같다.

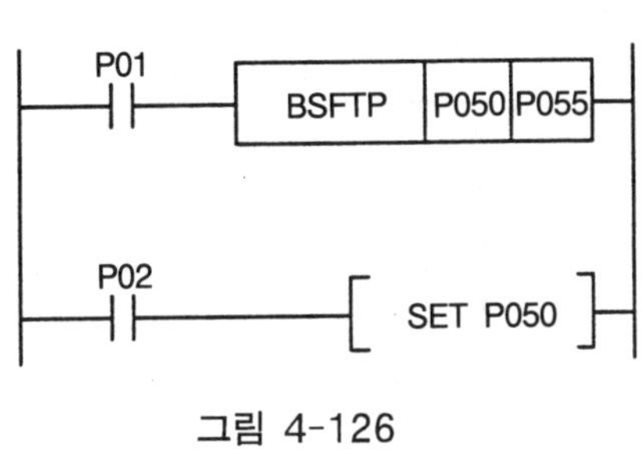

그림 4-126

스 텝	명 령	
0	LOAD	P01
1	BSFTP	
2		P050
3		P055
4	LOAD	P02
5	SET	P050

② B기종의 경우

B기종의 경우 이동 명령은 시프트 라이트와 시프트 레프트의 두 종류가 있고, SHR 명령을 사용한다. 시프트 라이트는 시프트 입력에 따라 레지스터의 데이터를 정해진 bit만큼 오른쪽으로 이동시키는 명령이고, 시프트 레프트는 정해진 bit만큼 왼쪽으로 이동시키는 명령이다.

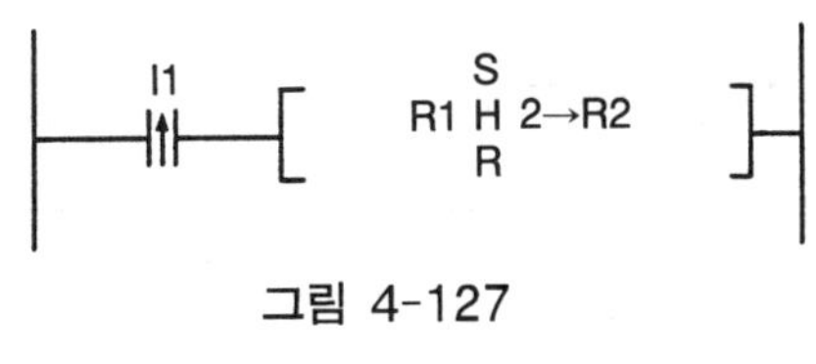

그림 4-127

스 텝	명 령	
0	START	I1
1	SHR	R1
2		2
3		R2
4	OUT	F1

그림 4-127의 동작원리는 입력 I1이 OFF에서 ON될 때마다 R1의 데이터가 2bit씩 오른쪽으로 이동하여 R2에 정장되는 프로그램이다.

③ C기종의 경우

C기종은 이동 명령을 시프트 레지스터라고 SR 명령을 사용한다. 시프트 레지스터의 범위는 400~577까지 임의의 시작번호를 지정함으로써 최소 2에서 최대 128점의 접속이 가능하다.

그림 4-128에서 1은 시프트 레지스터 입력신호이고, 2는 시프트 펄스, 3은 리셋 입력신호이다. 또한 400은 시프트 레지스터 시작번호이고 410은 최종번호이다. 동작원리

는 1에 의해 우측으로 1bit씩 데이터를 이동시키는 프로그램으로서 데이터가 400, 401, 410번에 있을 때마다 출력 20, 21, 22를 ON시킨다.

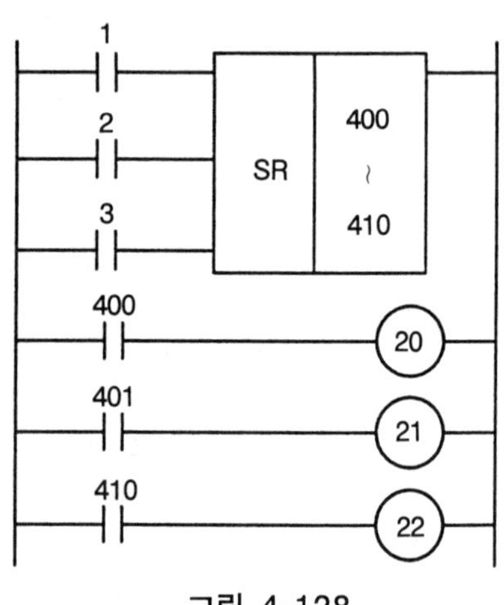

스 텝	명 령	
0	STR	1
1	STR	2
2	STR	3
3	SR	400
4		410
5	STR	400
6	OUT	20
7	STR	401
8	OUT	21
9	STR	410
10	OUT	22

그림 4-128

④ D기종의 경우

D기종은 시프트 명령으로 SFT와 SFTP를 사용한다. 이 기종은 시프트하는 선두의 디바이스는 SET 명령으로 ON시키고, 지정된 디바이스보다 낮은 디바이스의 ON · OFF 상태를 지정된 디바이스에 시프트하고 전단계 디바이스를 OFF하는 원리로 동작된다. 또한 연속으로 SFT, SFTP 명령을 사용하는 경우는 디바이스 번호가 큰 것부터 프로그램한다는 것이 이 PLC의 다른 점이다.

일례로 입력 X1이 ON될 때마다 Y20~Y25를 시프트하는 프로그램은 다음과 같다.

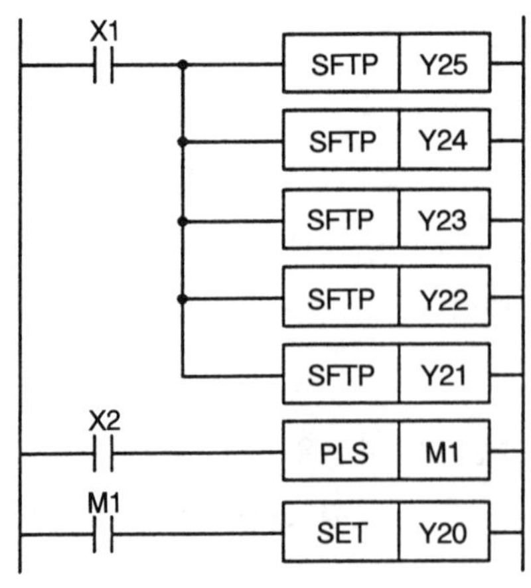

스 텝	명 령	
0	LD	X1
1	SFTP	Y25
2	SFTP	Y24
3	SFTP	Y23
4	SFTP	Y22
5	SFTP	Y21
6	LD	X2
7	PLS	M1
8	LD	M1
9	SET	Y20

그림 4-129

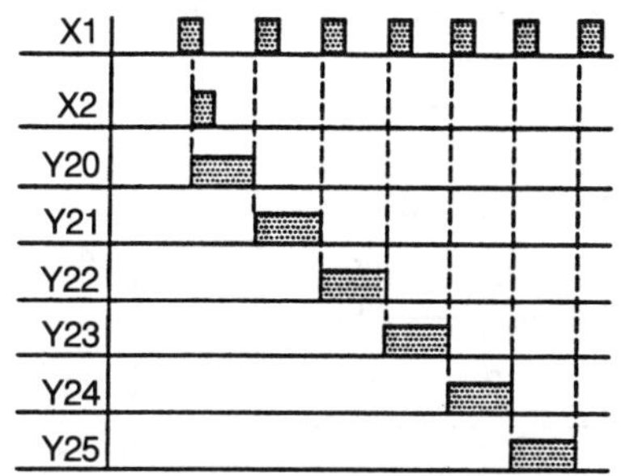

그림 4-130 타임차트

그림 4-129의 동작원리는 X2가 ON되었을 때 Y20이 ON되고, X1이 입력될 때마다 Y20의 데이터가 1씩 이동되는 것으로, PLS 명령은 펄스 입력 명령으로 X2가 OFF에서 ON될 때 동작시간에 관계없이 1스캔동안만 ON시키고 그 외에는 OFF시키는 기능이다. 이 회로의 타임차트는 그림 4-130과 같다.

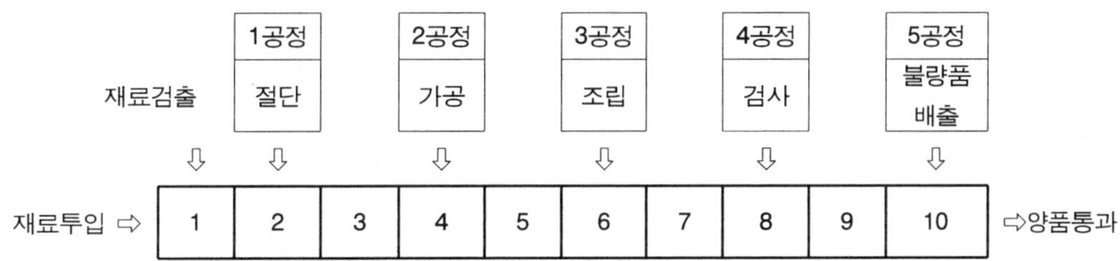

그림 4-131 시스템 구성도

이동 명령의 응용예로 그림 4-131과 같은 제조라인을 제어하는 프로그램을 나타냈다. 라인의 구성은 10단으로 분리되어 5공정의 작업을 실시한다. 먼저 재료가 투입되면 2단의 제1공정에서 절단작업을 실시하고 4단의 제2공정에서 가공작업, 6단의 제3공정에서 조립작업을 하고 이어서 8단의 제4공정에서 검사를 실시한다. 그리고 이 정보에 의해 10단의 제5공정에서 양품은 통과시키나 불량품은 배출시켜야 한다.

제어의 핵심은 제품이 없는데도 공정 1, 2, 3이 동작하게 되면 기계 및 원료의 낭비가 되므로 1단에서 재료투입의 유무를 검출하는 센서를 설치하고, 그 신호에 의해 시프트 데이터를 발생시키도록 한다.

이 기계의 제어 프로그램을 C기종의 명령어로 작성한 것이 그림 4-132이다.

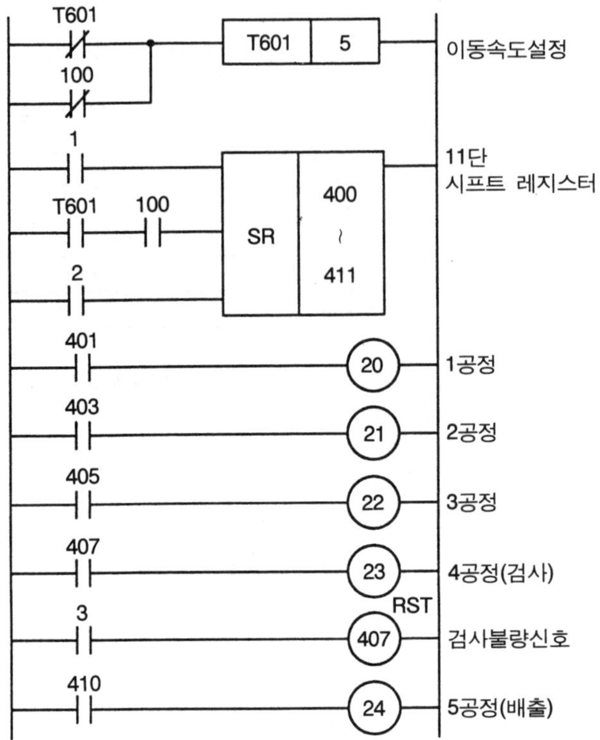

그림 4-132 이동 명령을 사용한 제어회로

6. PLC에 의한 에어실린더의 제어회로

에어실린더의 구조·원리를 포함하여 공기압 제어 시스템의 특성에 관한 사항은 앞서 제2장의 5-1항에서 설명한 바 있으므로 여기서는 바로 PLC를 이용한 에어실린더의 제어회로에 대해 설명하기로 한다.

6-1 싱글(Single) 전자밸브에 의한 실린더 제어회로

싱글(편측) 전자밸브란 방향 변환 밸브의 한쪽에만 솔레노이드가 있는 것으로 5포트(port) 2위치(position) 싱글 전자밸브와 복동 실린더의 접속도를 그림 4-133에 나타냈다. 먼저 그림(a)는 전자밸브의 솔레노이드에 전류를 인가하지 않은 상태(OFF)로서, 밸브의 위치는 내장된 스프링에 의해 b위치로 되어 압축공기는 P포트에서 B포트를 지나 실린더 후진측(로드측)에 작용하기 때문에 실린더의 피스톤 로드는 후진되어 있다.

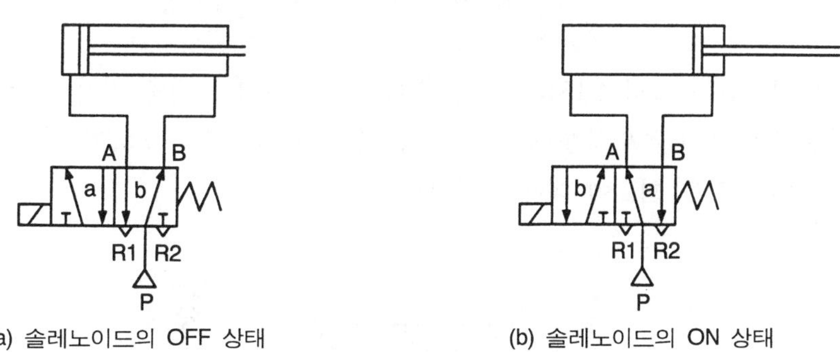

(a) 솔레노이드의 OFF 상태 (b) 솔레노이드의 ON 상태

그림 4-133 싱글 전자밸브에 의한 복동 실린더의 제어 구성도

그리고 그림(b)는 솔레노이드에 전류를 통전한 상태(ON)로서 밸브가 동작되어 a위치로 전환되므로 압축공기는 P포트에서 A포트를 통해 실린더 전진측에 압력을 가하게 되므로

실린더의 피스톤이 전진하게 된다. 이 때, 로드측에 있던 압축공기는 전자밸브의 B포트에서 R2포트를 통해 대기 중으로 방출된다. 물론 이 상태에서 실린더를 후진시키기 위해서는 전자밸브의 솔레노이드에 인가했던 전류를 차단(OFF)시키면 전자밸브는 내장된 복귀 스프링에 의해 그림(a)와 같이 b위치로 전환되므로 실린더가 복귀된다.

그런데 실린더의 제어는 통상 피스톤 로드끝에 도그(dog)를 취부하거나 로드끝에 장착되어 연동되는 메커니즘에 검출기구를 설치하여 위치 검출용으로 설치되어 있는 리밋 스위치를 동작시켜 그 리밋 스위치의 접점신호를 이용한다. 또한, 최근에는 로드의 움직임을 검출하지 않고 실린더 튜브 내에서 이동되는 피스톤의 위치를 리드 스위치(실린더 스위치라고 함)로 검출하는 방식이 많이 사용되고 있다.

실린더의 피스톤 위치를 검출하는 각종의 리드 스위치를 사진 4-1에 나타냈다.

사진 4-1 실린더 스위치

그러면 이제부터는 그림 4-134와 같이 에어 복동실린더가 편측 전자밸브로 제어되고, 실린더의 전진끝과 후진끝 위치를 검출하는 검출용 스위치 LS1과 LS2가 설치되어 있는 공기압 시스템을 제어하는 회로에 대해 알아본다.

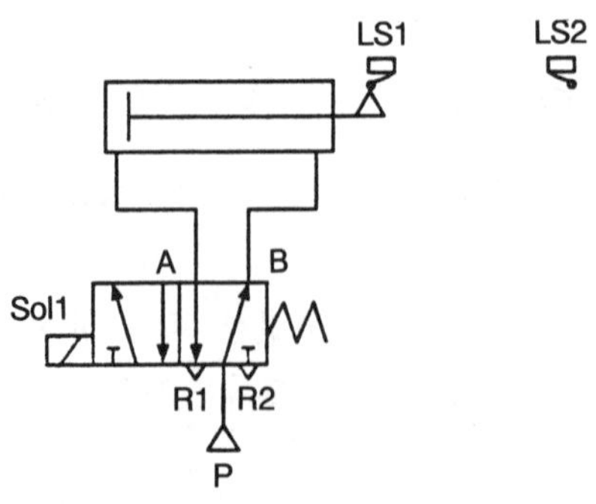

그림 4-134 공기압 회로 구성도

먼저 실린더가 전진되기 위한 조건은 실린더가 후진상태에서 출발되어야 하므로 실린더의 후진끝 검출신호 LS1이 ON되어 있어야 하며 시동신호가 필요하다. 즉, 시동신호(PB1)와 LS1이 AND 동작일 때 솔레노이드 Sol1에 전류를 인가하여 전자밸브를 동작시킴에 따라 실린더가 전진되고 실린더 전진끝까지 도달되면 스스로 복귀되어야 하므로 전진끝을 검출하는 LS2 신호에 의해 Sol1에 통전하는 전류를 차단시켜야 된다. 이 조건을 회로로 전개하면 그림 4-135와 같다.

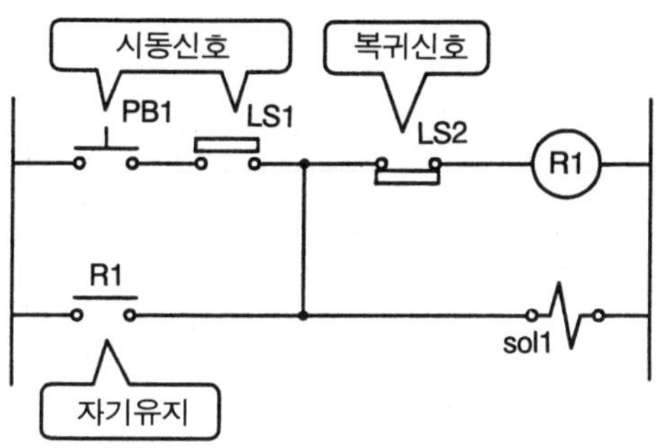

그림 4-135   1사이클 제어회로

그림 4-135의 동작원리는 PB1과 LS1이 시동신호로서 실린더가 후진된 위치에 있으면 정상위치로 LS1이 ON되어 있다. 이 상태에서 PB1 스위치를 누르면 PB1과 LS1이 만족되고 LS2가 b접점 접속이기 때문에 릴레이 코일 R1과 솔레노이드 Sol1이 동시에 여자된다. 따라서 전자밸브가 위치 전환되고 실린더가 전진된다.

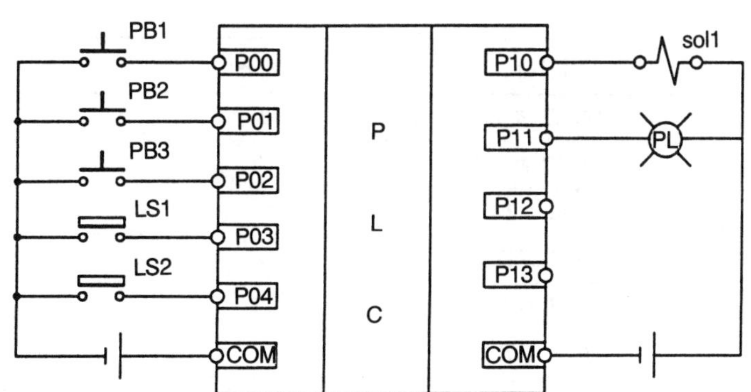

그림 4-136   I/O 할당과 배선도

실린더가 전진을 시작하면 LS1이 OFF되고, 또한 시동 스위치 PB1도 계속 누르고 있을 수 없으므로 릴레이 R1의 a접점으로 자기유지 회로를 구성하였다. 그러므로 실린더는 전진을 계속하여 전진끝까지 도달되면 LS2 리밋 스위치가 ON된다. 여기서 LS2 리밋 스위치는 b접점 접속이므로 누르면 a접점으로 변환되어 회로를 끊게 되어 자기유지 회로를 해제시킨다. 그 결과 릴레이 R1과 솔레노이드 Sol1이 복귀되므로 밸브가 복귀되어 실린더를 후진시키고 자기유지도 해제된다.

이 회로는 시동 스위치 PB1을 누를 때마다 실린더가 전진끝까지 도달된 후 스스로 복귀하는 자동 1사이클(단동 사이클) 회로이다. 그러나 자동화 기계에서는 자동 1사이클 회로도 필요하지만 통상 연속 사이클 운전이 대부분이다. 따라서 여기에 연속 사이클 운전기능의 회로가 필요한데 연속 사이클 기능과 운전표시등 회로를 부가하여 PLC로 제어하는 회로가 그림 4-137이다. 그리고 이 회로를 A기종으로 코딩한 것이 그림 4-138이다.

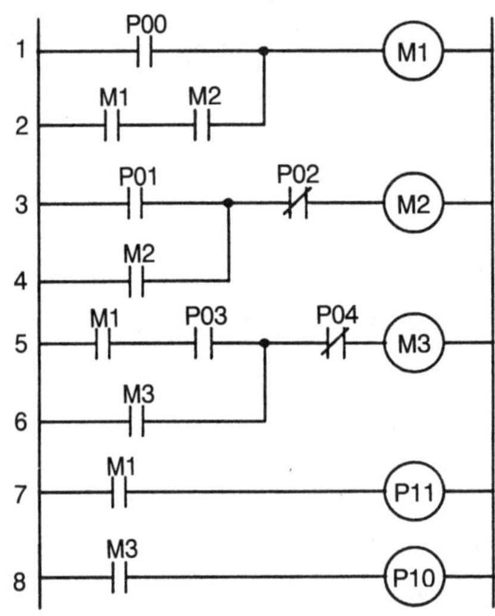

그림 4-137 제어회로

스텝 No	명령어	스텝 No	명령어
0	LOAD P00	9	LOAD M1
1	LOAD M1	10	AND P03
2	AND M2	11	OR M3
3	OR LOAD	12	AND NOT P04
4	OUT M1	13	OUT M3
5	LOAD P01	14	LOAD M1
6	OR M2	15	OUT P11
7	AND NOT P02	16	LOAD M3
8	OUT M2	17	OUT P10

그림 4-138 코딩표

그림 4-137 회로의 동작원리는 연속 사이클 신호를 주지 않고 단동 사이클 신호 P00만 눌렀다 떼면 M1이 ON되고 5열의 M1이 여자되어 그림 4-135의 1사이클 회로와 같이 동작된다.

그러나 연속 사이클 운전을 위해 P01이 ON되면 M2가 동작되어 4열의 a접점에 의해 자기유지되고 2열의 M2의 a접점도 세트된다. 이 상태에서 시동신호 P00이 ON되면 5열의 M1 a접점이 닫혀 M3이 세트되기 때문에 자기유지되고, 8열의 M3도 ON되어 P10이 동작되므로 실린더가 전진된다. 동시에 2열이 M1도 세트되는데 이 때 M2가 먼저 세트되어 있으므로 내부코일 M1의 자기유지 회로가 동작된다. 따라서 시동신호 P00에서 손을 떼도 M1이 계속 ON되어 있으므로 5열의 M1도 계속 세트되어 있다. 그 결과 실린더는 P03과 P04의 신호에 의해 전진과 후진 동작을 반복하고 정지시키기 위해서는 M1의 자기유지를 해제시켜야 되므로, 연속 사이클 정지신호인 P02가 ON되면 M2가 리셋되고 2열의 M2접점이 끊겨 M1의 자기유지가 해제되고 연속 사이클 운전이 정지된다. 물론 운전 표시등 P11은 M1이 동작되어 있는 동안 계속 점등되어 실린더가 동작중임을 표시해 준다.

이것을 타임차트로 나타낸 것이 그림 4-139이다.

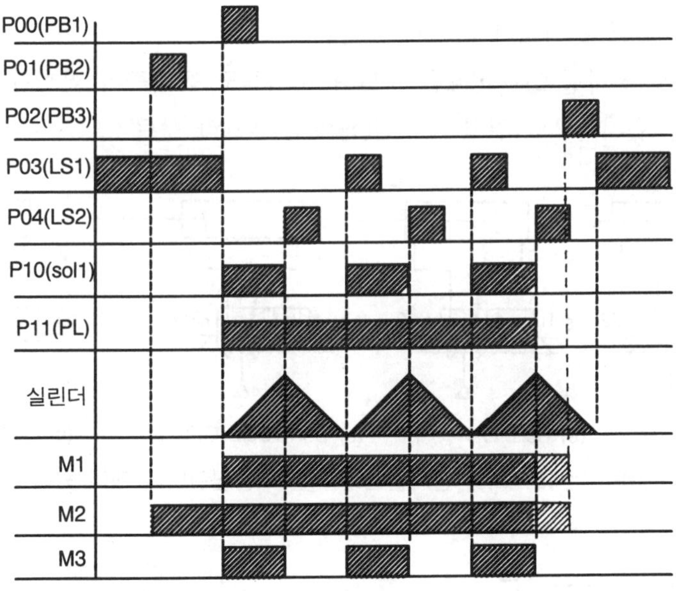

그림 4-139 타임차트

6-2 더블(double) 전자밸브에 의한
실린더 제어회로

　　더블(양측) 전자밸브란 방향변환 밸브의 양쪽 모두에 솔레노이드가 있는 것으로 5포트 2위치 더블 전자밸브와 복동 실린더의 운동도를 그림 4-140에 나타냈다.

　　먼저 그림(a)는 Sol1과 Sol2에 신호가 없을 때로 이 때 밸브의 위치는 b위치이다. 그리고 그림(b)는 Sol1에 전류를 인가하고 Sol2에는 신호가 없을 때로 방향제어 밸브는 a위치로 되어 실린더가 전진중이다. 그리고 그림(c)는 (b) 동작 후 Sol1과 Sol2 모두 신호를 제거했을 때로 방향제어 밸브는 a위치에서 고정되어 있고, 그 결과 실린더는 전진 상태에서 정지되어 있다. 이 상태에서 Sol2에만 신호를 주면 그림(d)와 같이 밸브의 위치가 b위치로 되어 실린더가 후진하게 된다.

　　즉 더블 전자밸브는 Sol1에 전기신호를 주면 실린더가 전진하고, 이 때 전진중에 Sol1의 신호를 제거해도 실린더는 끝까지 전진하여 정지된다. 실린더를 후진시키기 위해서는 Sol2에 신호를 주면 되는데 이 때는 반드시 Sol1에 전기신호가 없어야 한다. 물론 이것은 Sol1이 동작중일 때 Sol2에도 신호가 있어서는 안된다.

　　결론적으로 더블 전자밸브로 신호를 주었다 제거해도 반대측의 신호가 입력될 때까지는 밸브가 그 위치를 유지하므로 일명 메모리(memory)밸브라 부르기도 한다.

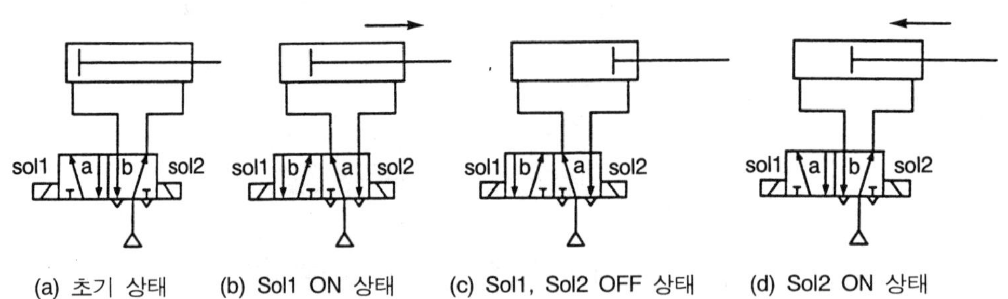

(a) 초기 상태　　　(b) Sol1 ON 상태　　　(c) Sol1, Sol2 OFF 상태　　　(d) Sol2 ON 상태

그림 4-140　더블 전자밸브에 의한 복동실린더의 제어 원리도

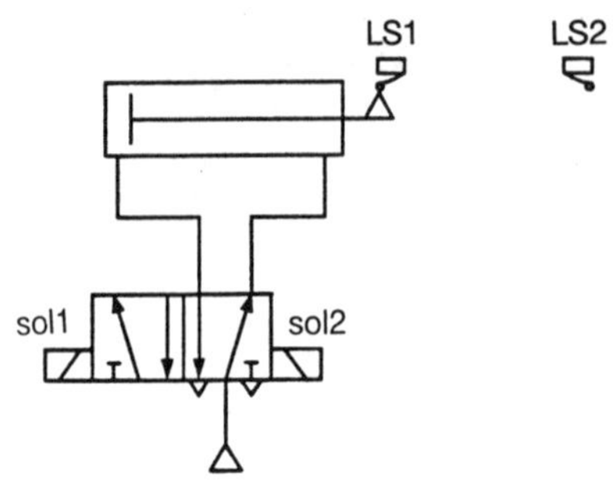

그림 4-141　공기압 회로 구성도

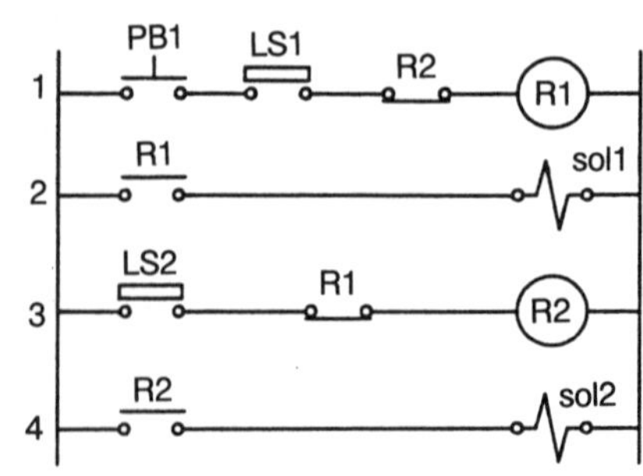

그림 4-142　제어 회로도

　　그림 4-142의 제어회로는 그림 4-141의 공기압 회로를 제어하는 릴레이 회로도로 동작원리는 다음과 같다.

　　실린더가 후진된 상태에서 PB1을 누르면 PB1과 LS1이 AND로 되어 릴레이 코일이 여자되고 2열의 R1 a접점이 닫혀 Sol1에 전류를 통전시키므로 실린더가 전진한다. 실린더가 전진 완료되어 LS2 리밋 스위치가 동작되면 R2 릴레이가 여자되고, 4열의 R2 a접점을 닫아 Sol2에 전기신호를 주어 실린더를 후진시킨다.

　　회로에서 1열의 R2 b접점과 3열의 R1 b접점은 상대측 회로에 인터록을 걸어 주는 것으로 R1과 R2가 동시에 ON되는 것을 막아주고 있다. 즉, 실린더가 정상적으로 동작될 때에는 R1과 R2가 동시에 ON될 수는 없다. 그러나 리밋 스위치가 접점사고를 일으키거나, 또는 외부의 물리적 힘에 의해 동시에 동작될 경우 신호중복이 발생되게 되고, 이것을 모르고 일정시간 방치하면 솔레노이드가 타버리는 중대한 문제를 발생시킬 수 있기 때문이다.

　　이 회로를 B기종의 PLC로 제어한 것이 그림 4-144이다.

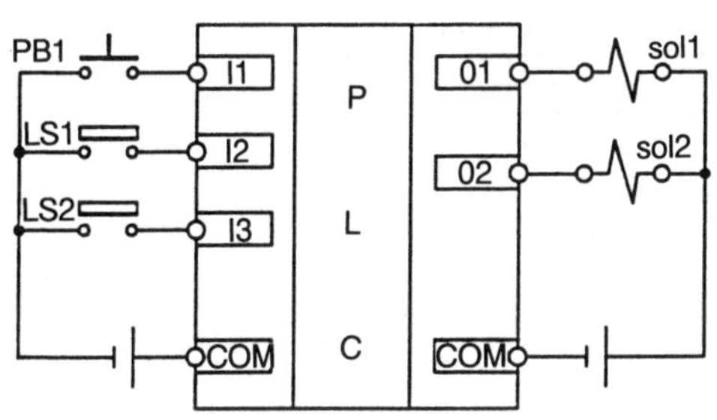

그림 4-143 I/O 할당과 배선도

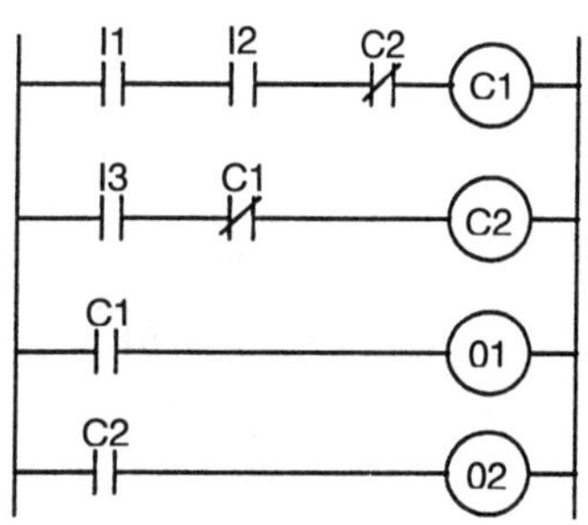

그림 4-144 제어 회로도

스텝 No	명령어		스텝 NO	명령어	
0	START	I1	6	OUT	C2
1	AND	I2	7	START	C1
2	AND NOT	C2	8	OUT	O1
3	OUT	C1	9	START	C2
4	START	I3	10	OUT	O2
5	AND NOT	C1			

그림 4-145 코딩표

6-3 2개 실린더의 순차 작동회로

자동화 장치나 기계 등은 공유압 실린더나 전동기, 전자 클러치, 브레이크 등 다수의 액추에이터가 정해진 순서에 따라 동작되어 목적을 달성하는 것이다. 이와 같이 미리 정해진 순서에 따라 작업의 각 단계를 순차적으로 진행시키는 회로를 시퀀스 회로 또는 순차작동 회로라고 한다.

여기서는 2개의 공기압 실린더를 순차작동시키는 기능의 PLC 회로를 설명한다.

두 개의 복동 실린더로 구성된 기계에서 시동신호를 주면 A실린더가 전진하고 이어서 B실린더가 전진하여 전진 끝단에 도달되면 복귀하고, 마지막으로 A실린더가 복귀하여 1사이클이 종료되는 조건의 회로를 살펴보자.

실린더의 전진운동을 간략적 표시로 +라 하고, 후진운동을 −라고 할 때, 운동순서를 순서대로 표시하면, A+B+B−A−가 된다.

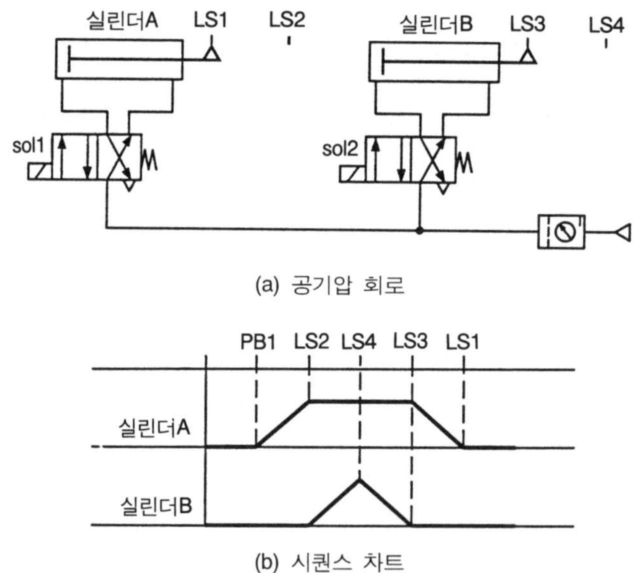

그림 4-146 공기압 회로와 시퀀스 차트

전자밸브를 이용하여 공기압 액추에이터를 제어하는 전기회로를 작성할 경우는 먼저 공기압 회로와 검출기의 배치도를 나타내야 한다. 이것은 공기압 액추에이터를 제어하는 전자밸브가 싱글이냐 또는 더블이냐에 따라 제어회로는 전혀 다르고, 검출기의 유무에 따라서도 회로의 형태가 달라지기 때문이다. 그림 4-146이 앞서 설명한 동작내용의 공기압 회로와 시퀀스 차트이다.

이 시스템을 A기종의 PLC로 제어하기 위해서 입·출력 할당과 배선도를 그림 4-147에 나타냈다.

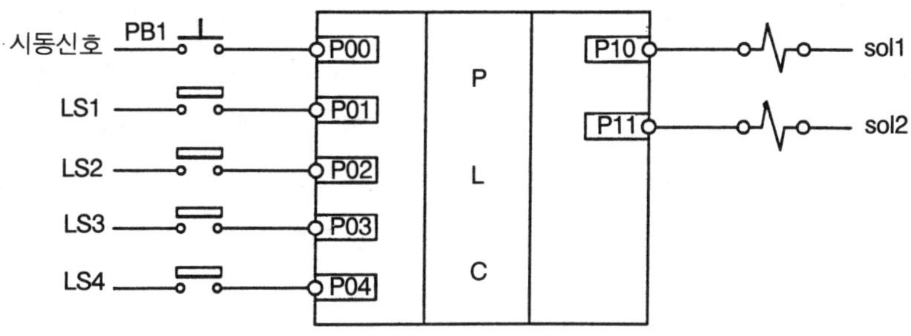

그림 4-147 I/O 할당과 배선도

먼저 첫 스텝인 A+가 되기 위한 조건을 정리하면 A+는 제어계의 선두 스텝으로 시스템의 초기상태에서 시동신호가 입력되면 동작되어야 한다. 따라서 시동신호와 A실린더와 B실린더가 각각 후진위치에 있다는 신호인 LS1과 LS3이 모두 만족될 때에만 동작되어야 하므로 다음 그림과 같이 구성된다. 물론 여기서는 앞서 설명한 바와 같이 싱글 전자밸브 이기 때문에 반드시 자기유지 회로로 하여야 한다.

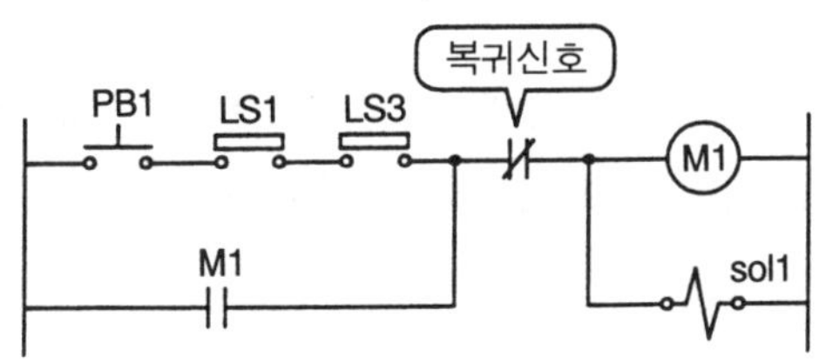

그림 4-148 A+ 회로

A실린더가 전진 완료되어 LS2 리밋 스위치가 ON되면 두번째 스텝인 B실린더가 전진되어야 하고, 이 때까지는 LS3 리밋 스위치가 ON되어 있어야 하므로 LS2와 LS3이 AND일 때 B+가 되도록 구성하면 된다.

그러나 이와 같이 외부신호만으로 동작조건을 구성하면 스위치의 고장이나 오동작이 발생될 때 트러블이 발생될 수 있다. 내부조건까지 고려하면 보다 안전하게 할 수 있으므로, 전 단계 동작완료 신호를 외부신호와 AND조건으로 하여 모두 만족될 때 B+가 되도록 구성한 것이 그림 4-149이다.

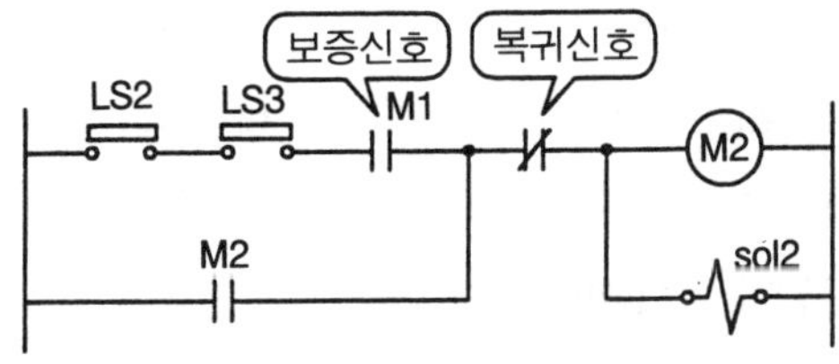

그림 4-149 B+ 회로

B실린더가 전진 완료되면 LS4가 ON되고 이 신호로써 세번째 스텝인 B-가 되어야 한다. 따라서 B-를 시키기 위해서는 B+신호를 리셋시켜야 하므로 그림 4-149의 B+ 회로에서 복귀신호에 LS4 리밋 스위치를 b접점으로 하면 간단히 해결된다. 그러나 이것도 내부신호와 외부신호를 AND 조건으로 하면 더욱 안정적이므로 그림 4-150과 같이 한다. 그리고 내부 릴레이의 b접점을 B+ 회로의 복귀신호로 하면 된다.

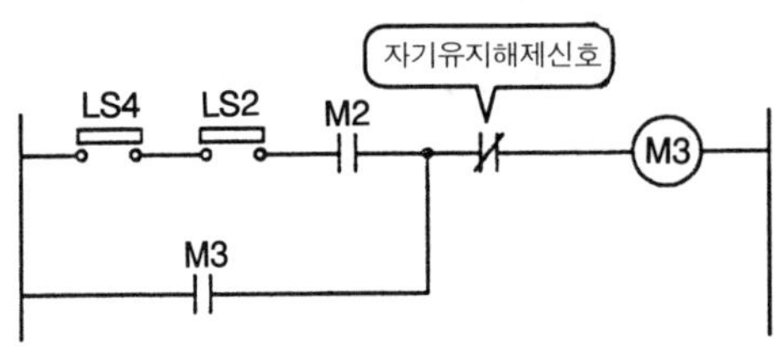

그림 4-150 B - 회로

세번째 스텝인 B실린더가 후진완료되면 리밋 스위치 LS3이 ON되고, 이 신호로써 네번째 스텝인 A실린더를 후진시켜야 한다.

A실린더를 후진시키기 위해서는 Sol1에 신호를 주는 M1 릴레이의 자기유지를 해제시키면 된다. 따라서 그림 4-151과 같이하여 M4 릴레이를 세트시키고 이 릴레이의 b접점을 A + 회로의 복귀신호로 하면 된다.

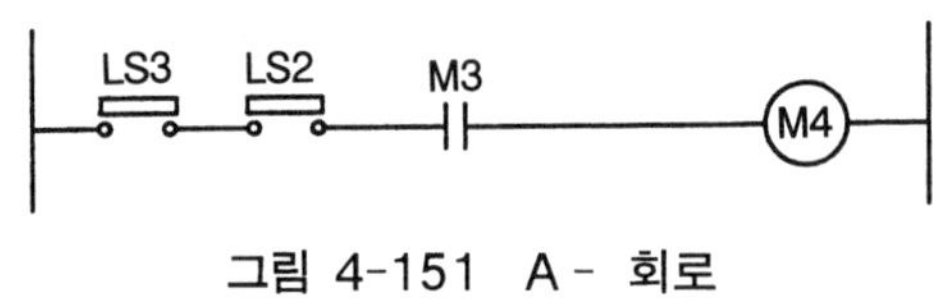

그림 4-151 A - 회로

이상의 회로를 정리하면 그림 4-152와 같다. 물론 이 회로는 시동 스위치인 PB1을 누를 때마다 두 개의 실린더가 A+B+B-A-의 순서로 동작되는 단동 사이클 회로이다.

그러나 자동화 기계나 설비는 1사이클 자동운전 회로 외에도 연속 사이클 운전 기능이나 비상정지 기능, 소재 유무 검출기능, 수동작업 기능, 카운터 등이 필요하며, 작업에 필요한 이들 조건의 기능을 회로에서의 부가조건(附加條件)이라 한다. 이들 부가조건의 회로는 단동 사이클 회로설계시 적절히 삽입하여 회로도를 완성해 나가기도 하나 대부분은 단동 사이클 회로설계 후에 필요한 기능을 삽입하는 방법이 많이 사용되고 있다.

그러면 여기서는 각 부가조건 기능의 기본 개념을 설명하고 마지막에 그림 4-152의 A+B+B-A- 회로에 각 기능을 삽입하여 보기로 한다.

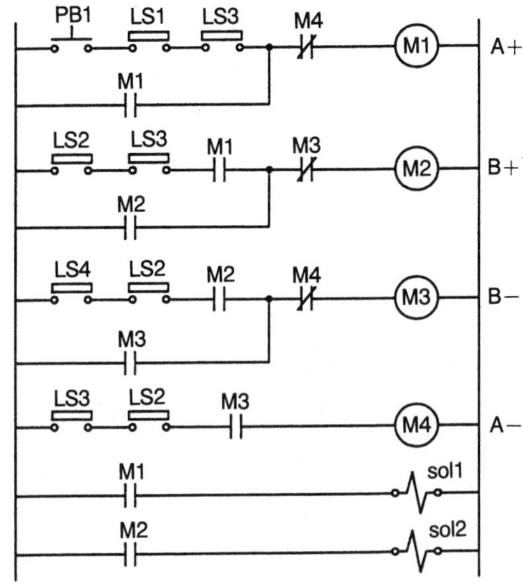

그림 4-152 A+B+B-A-의 1사이클 회로

(1) 연속 사이클

그림 4-152의 회로에서 제어계의 시동 스위치인 PB1 스위치를 계속 누르고 있으면 제어계는 연속작업이 가능하다. 그러므로 시동 스위치를 자동복귀형 스위치가 아닌 토글 스위치로 교체하면 연속 사이클 운전이 쉽게 해결된다.

즉 단동 사이클 운전인 경우는 토글 스위치를 ON시킨 후 제어계가 스타트되면 곧바로 OFF시킴에 따라 1사이클 운전이 가능하다. 그리고 연속 사이클 운전을 할 때는 토글 스위치를 계속 ON시켜 놓으면 연속운전이 가능하게 된다.

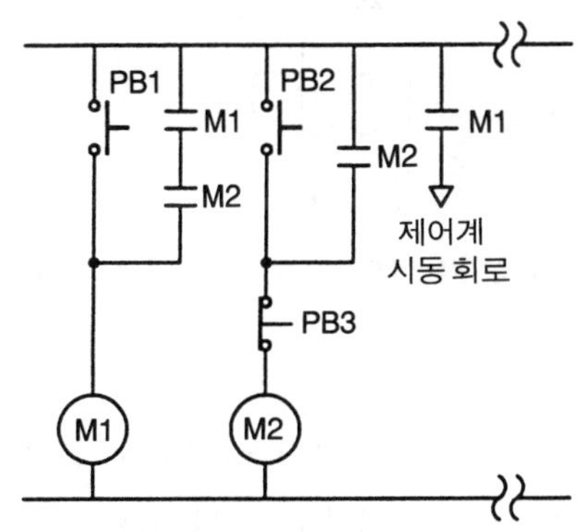

그림 4-153 연속 사이클 기능회로

이와 같이 연속 사이클 기능을 부가하기 위해 유지형 스위치를 사용하면 회로가 간단해지는 장점은 있으나, 조작의 불편함이나 연속 사이클 선택신호나 제어계의 시동신호 등의 구분이 없다는 단점이 있다. 따라서 회로가 다소 복잡해지더라도 연속운전인 경우는 먼저 연속운전이 선택된 후 시동신호에 의해서만 제어계가 스타트되도록 구성하면 회로 4-153과 같이 된다.

(2) 비상정지 기능

비상정지는 말 그대로 작업자나 기계가 어떤 위험에 처했을 때 위험으로부터 안전할 수 있도록 부가되는 기능으로, 비상정지시 공유압 실린더 등에 취해지는 조건들은 시스템의 특성에 따라 여러 가지 형태로 적용된다.

예를 들어 어떤 경우는, ① 비상정지 신호가 입력되면 실린더에 가해지는 압력을 제거시켜 작업자가 실린더의 피스톤 로드를 임의로 조정할 수 있게 하는 조건이나 또는, ② 다수의 실린더가 순차작동할 때 비상정지 신호가 입력되면 모든 실린더가 즉시 복귀되는 조건, ③ 정해진 복귀순서에 따라 복귀되어야 하는 조건, ④ 현재 운동중인 상태에서 그대로 정지되어야 하는 조건 등이 필요하기도 한다.

비상정지 조건 ①항은 제어회로에서도 대책을 실시해야 하고, 또한 공기압 구성도에서도 대책을 세워야 한다. 일례로 그림 4-154와 같이 방향제어용 전자밸브 전단에 동력원(공기압)을 차단시킬 수 있는 전자밸브를 설치하여 비상정지 신호에 의해 솔레노이드·Sol3을 작동시키면 실린더의 전진실과 후진실 모두에 압력이 걸리지 않는 상태가 되므로 피스톤 로드를 임의로 움직일 수 있다.

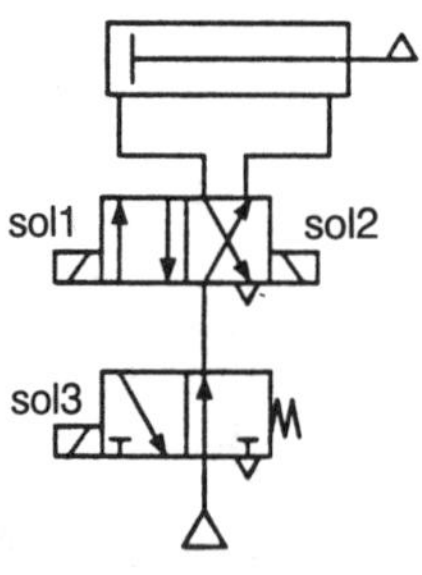

그림 4-154 비상정지시 실린더 내의 공기압을 모두 배출시키는 기능의 공압 구성도

또한 그림 4-154의 방법 외에도 방향제어 밸브로 3위치 전자밸브를 사용하고 밸브의 중앙위치가 ABR접속형(센터 엑조스트형)을 사용하여도 해결할 수 있다.

한편 비상정지 조건 ②항의 경우는 다음과 같이 회로를 구성하여 해결할 수 있다. 즉 비상정지 신호인 누름버튼 스위치 PB4를 누르면 내부 릴레이 M7이 여자되어 제어회로 구간을 차단시키므로, 편측 전자밸브를 사용하여 실린더를 제어하는 경우는 주회로 구간의 ①항과 같이 별다른 조치를 취하지 않아도 솔레노이드에 통전하는 전류를 차단시키므로 실린더는 즉시 복귀된다. 그러나 양측 전자밸브를 사용하여 제어하는 경우는 주회로 구간의

②항과 같이 복귀측 솔레노이드 코일에 비상정지 신호 M7을 병렬로 접속하여 복귀시킬 필요가 있다.

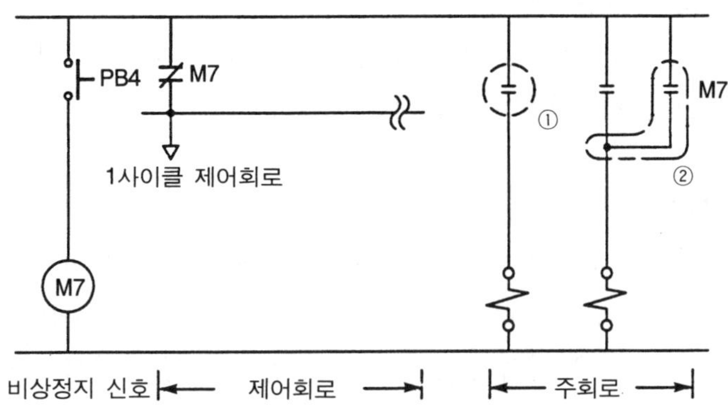

그림 4-155 비상정지 기능회로(1)

그림 4-155의 회로를 PLC로 프로그램할 경우는 분기 명령을 이용하여 프로그램할 수도 있지만, 마스터 컨트롤 명령을 이용하면 회로를 더욱 간단하게 정리할 수 있다.

비상정지 조건 ③항의 경우는 ②항과는 달리 동시에 복귀가 이루어지는 것이 아니라 복귀순서가 정해진 시스템의 예이다. 일례로 A실린더가 클램핑하고 B실린더가 드릴유닛을 이송하여 가공하는 시스템의 경우 비상정지시 동시에 복귀되어서는 곤란하다.

따라서 이러한 시스템에서는 이송유닛의 B실린더가 복귀된 후 클램핑용 A실린더가 복귀되어야 하는 조건이 필요하게 되는 것이다.

그림 4-156은 이러한 기능의 기본 회로도로 비상정지 신호 PB4가 입력되면 내부 릴레이 M7이 여자되어 자기유지되고, 동시에 B실린더 복귀용 솔레노이드에 강제신호를 주어 복귀시킨다. 또한 A실린더 복귀용 솔레노이드 코일은 비상정지 신호 M7과 B실린더 후진끝 검출신호인 LS3을 AND로 하여 접속되어 있기 때문에 비상정지 신호가 입력되어도 B실린더가 복귀되어야만 A실린더가 강제 복귀되는 것이다.

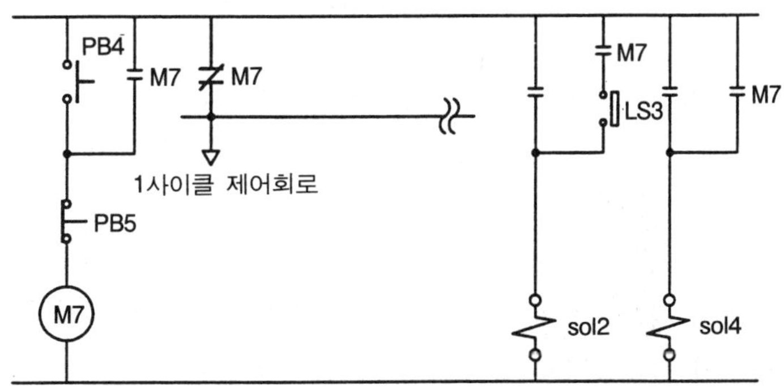

그림 4-156 비상정지 기능회로(2)

한편 비상정지 조건 ④항은 제어회로에서의 대책도 중요하지만 먼저 공기압 구성회로에서의 대책이 선행되어야 한다. 즉 실린더를 임의의 위치에서 정지시킬 수 있는 기능의 실린더를 채용하거나 또는 방향제어 밸브로 실린더를 정지시킬 수 있는 기능의 밸브, 예를 들어 3위치 밸브 중 중앙위치의 형식이 PAB접속형(센터 프레셔형)이나 올포트 블록형(센터 클로즈드형)의 밸브를 채용하여야 하는 전제조건이 따른다.

(3) 수동작업 기능

수동작업 기능은 기계의 조정이나 리셋시, 또는 부분적인 조작이 필요할 때 작업자가 임의로 동작시킬 수 있는 기능을 말하는 것으로, PLC의 기능 중에 강제출력 기능이 내장된 기종에서는 회로에서의 대책을 취하지 않아도 강제 출력 명령에 의해 임의로 동작시킬 수 있다. 그러나 수동작업이 빈번할 경우는 조작 스위치에 의해 동작시키는 편이 유리하고, 또한 강제 출력기능이 없는 기종에서도 회로에서의 대책이 필요하므로 수동작업 기능회로의 몇 가지 예를 소개한다.

먼저 수동작업 기능의 회로를 부여한 순차작동 회로의 일례가 그림 4-157이다. 이 회로는 그림 4-152의 회로에 실린더를 수동조작으로 전진 및 후진시키는 기능의 회로가 첨가된 것이다.

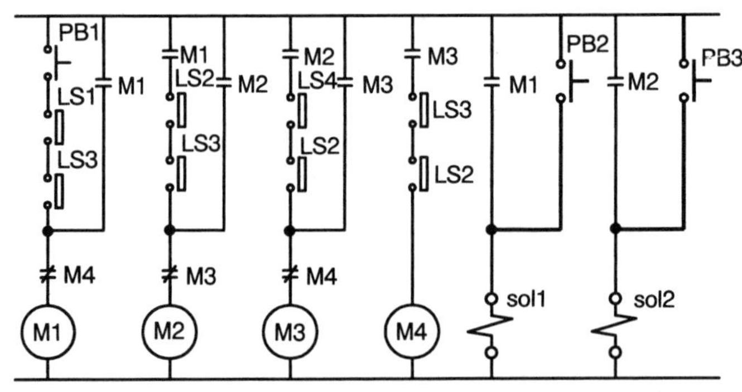

그림 4-157 수동작업 기능회로(1)

이 경우는, 주회로에서 수동작업용 스위치를 이용하여 실린더를 동작시키는 것으로 이와 같은 방법은 제어반과 기계의 거리가 짧은 배선이고, 또한 구동부하가 작은 경부하인 경우에 적당하다.

반면에 구동부하의 용량이 크고, 제어반과 기계의 거리가 먼 경우는 제어회로 구간에서 조치를 실시해야 한다. 이 때 주의사항으로는 수동조작으로 내부 릴레이를 ON시키게 되므로 그로 인해 다른 기기의 동작에 영향을 주어서는 안된다. 만일 회로가 복잡하고 수동작업 기능이 많이 부가되어 간섭이 발생할 우려가 있을 때는 먼저 수동운전과 자동운전을 선택한 후 수동조작을 실시하는 것도 하나의 대책으로서 안전하다. 그 일례가 그림 4-158 으로 이 회로에서 수동작업을 할 경우는 먼저 셀렉터 스위치로 수동운전 모드에 놓고 수 동조작 스위치를 조작함에 따라 수동작업이 가능하다.

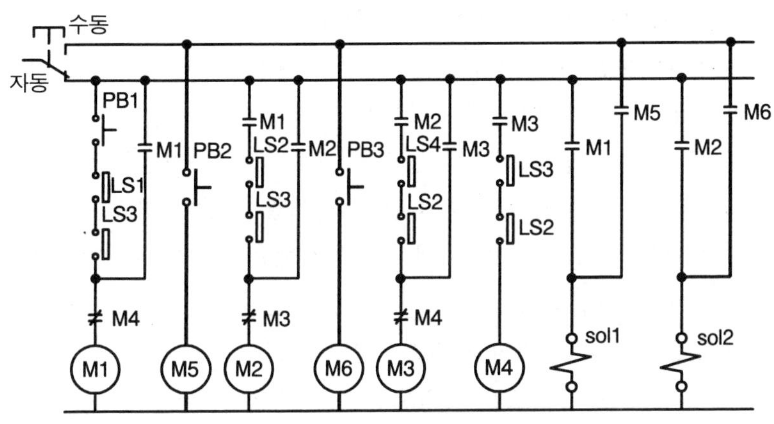

그림 4-158 수동작업 기능회로(2)

(4) 소재 유무 검출기능

매거진(magazine)이나 각종의 피더(feeder)로부터 소재나 부품을 공급받아 가공 또는 조립 을 하는 전용기에서는 부품 공급장치에 부품이 떨어지면 기계는 더 이상 운전되지 않아야 한다. 즉 부품 공급장치에 부품이 없으면 당연히 기계는 시동되지 말아야 하기 때문에 소 재의 유무를 검출(magazine monitoring)하는 기능이 필요하다.

소재 유무의 검출은 통상 소재나 부품이 크고 그 무게가 마이크로 스위치를 동작시키는 힘보다 크면 마이크로 스위치를 사용하나, 소재나 부품의 치수가 작고 가벼우면 비접촉식의 근접 스위치나 광전 센서가 사용된다. 따라서 제어회로의 기능부 가 방법은 시동조건, 즉 시퀀스의 제1스텝 기동조 건과 직렬로 접속하면 된다.

또한 한 대의 기계가 여러 대의 부품 공급장치 로부터 각각의 부품을 공급받아 조립하는 경우는,

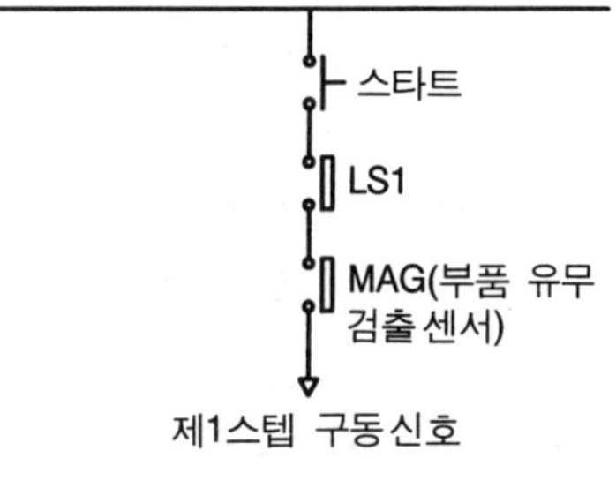

그림 4-159 소재 유무 검출기능

각각의 부품 공급장치에 소재 유무를 검출하는 검출기를 설치하고 그 검출기의 신호를 전 부 직렬접속하여 어느 하나의 부품이 떨어지더라도 시동되지 않도록 하여야 한다.

(5) 카운터 기능

카운터는 기계나 장치의 동작횟수를 계수하거나 생산수량의 누계용으로 사용된다. PLC에는 프리세트 기능의 카운터가 상당수 내장되어 있기 때문에 단순히 계수하는 기능 외에도 설정치에 따라 제어출력을 적절히 활용할 수 있다.

PLC의 내부 카운터에 대한 사용법과 각종 기능에 대해서는 앞서 기본 명령어 항에서 설명하였으므로 여기서는 회로에 기능 부가방법을 설명한다.

카운터를 사용할 때 고려할 점은 카운트 펄스로 어떤 신호를 이용하느냐이다. 예를 들어 실린더 3개가 각각 정해진 순서로 전·후진하여 1사이클 운동을 하고, 1사이클이 종료되면, 작업이 끝나는 기계가 있다. 그러면 기계의 운동스텝은 6스텝인데 여기서 카운트 펄스로 이용할 신호는 몇 번째 스텝의 신호로 할 것인가를 결정해야 한다.

카운터의 사용목적이 기계나 장치의 동작횟수를 카운트할 경우는 어느 신호를 사용해도 무방하다. 그러나 생산수량을 카운트할 목적으로 사용되는 카운터는 1사이클의 최종 스텝 동작신호를 카운트 펄스로 이용하는 것이 바람직하다. 그 이유는 동작횟수의 카운트는 기계의 유지·보수나 수명 등을 계산하기 위해 카운트하므로 어느 신호를 이용해도 그다지 문제되지 않으나, 생산수량을 카운트할 경우에 선두 스텝의 신호를 이용한다면, 만일 기계가 3스텝까지 동작 후에 트러블이 발생되었을 경우 비상정지 등의 신호가 가해지고 기계는 정지된다. 이 경우 대부분 트러블이 제거된 후 기계는 리셋되어 다시 시동되는데, 이 때의 사이클은 양품을 생산하지 않았음에도 불구하고 카운터는 생산수량으로 카운트하므로 최종적으로 검토하면 수량부족이 발생되기 때문이다.

그리고 생산수량 카운트의 경우는 단순히 계속적으로 카운트하는 경우보다는 일정량 카운트한 후 기계나 장치를 일시 정지시키는 경우가 많은데, 이 때는 카운터의 b접점을 연속 동작 발생신호에 접속시켜 신호를 차단시킴으로써 해결할 수 있다.

그림 4-160이 그림 4-152의 1사이클 회로에 비상정지 기능, 연속 사이클 기능 및 단동 사이클 선택 운전기능, 카운터 기능이 부가된 회로이다.

먼저 누름버튼 스위치 PB4가 비상정지 스위치로 마스터 컨트롤 명령을 사용하였다. 따라서 MCS 0이 ON되어 있는 동안에는 정상운전이 가능하지만, PB4가 입력되면 MCS 0이 OFF되므로 2열부터 MCS CLR 0전까지의 12열까지 실행이 중단되므로 실린더는 복귀하여 정지된다.

그리고 PB2는 연속 사이클 운전선택 스위치이고, PB3은 연속 사이클 정지 스위치로서 PB2가 입력되면 내부릴레이 M6이 세트되고 자기유지된다. 이 상태에서 시동 스위치 PB1이 ON되면 M7이 세트되어 제어계가 시동되면서 5열의 M7과 M6이 ON되므로 M7의 자기유지 회로가 동작되어 연속 사이클 운전이 가능하다. 또한 이 제어계는 연속 사이클 운전 중이라도 100회 동작하면 스스로 정지되도록 카운터 기능을 부가하였다.

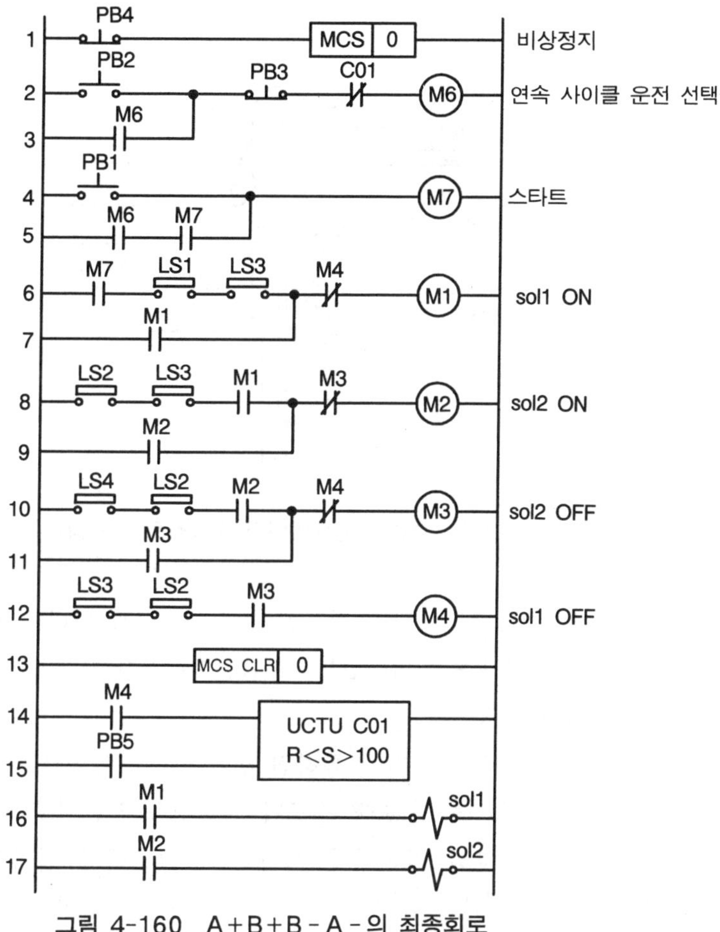

그림 4-160 A+B+B-A-의 최종회로

6-4 컨베이어간 이송장치의 제어회로

그림 4-161은 제1컨베이어로부터 이송되어 온 부품상자를 높이가 다른 제2컨베이어로 옮겨 주는 컨베이어간 이송장치의 구성도이다.

이송장치의 동작순서는 부품상자가 제1컨베이어를 타고 이송되어 상승 위치까지 도착되면 LS5 검출 스위치가 ON된다. LS5 신호가 ON되면 실린더 A가 상승하여 부품상자를 B 실린더 앞까지 들어올린다. A실린더가 부품상자를 상승완료시켜 LS2 신호가 ON되면 B실린더가 전진하여 부품상자를 제2컨베이어로 밀어 이송한다. 그 다음에 A실린더는 하강하고, 하강완료하여 LS1 리밋 스위치를 ON시키면 B실린더가 복귀하여 1사이클이 종료된다. 다시 제1컨베이어를 디고 부품상자기 도달되면 상기와 같은 동작을 빈복한다.

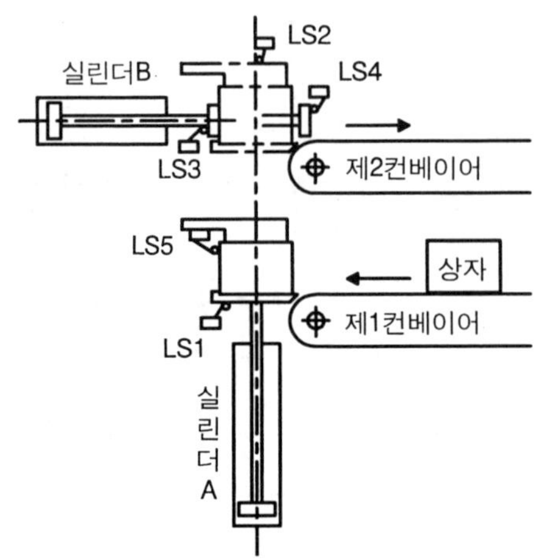

그림 4-161 컨베이어간 이송장치의 구성도

이 시스템의 공기압 회로와 시퀀스 차트를 그림 4-162에 나타냈다. 여기서 주목할 점은 상승용의 A실린더를 제어하는 전자밸브는 더블(양측) 전자밸브이고, B실린더는 싱글(편측) 전자밸브를 사용하였다는 점이다.

전자밸브를 솔레노이드 수에 따라 분류하면 싱글형과 더블형으로 구분하는데, 통상 에어 실린더를 제어하는 전자밸브는 약 80% 정도가 싱글형을 사용하고 있다. 그 이유는 싱글형이 더블형에 비해 전자밸브의 가격면과 제어 소자수(릴레이 제어에서는 릴레이의 개수, PLC제어에서는 I/O점수)가 적게 들어 경제성이 우수하기 때문이다.

그러나 그림 4-161에서 상승용의 A실린더를 제어하는 전자밸브가 싱글형이라고 가정하고, 만일 A실린더가 부품상자를 밀어 올려 B실린더가 제2컨베이어로 이동시키려고 할 때, 정전이나 기타 사고로 인해 제어회로의 전기가 끊어지면 어떤 현상이 발생될 것인가를 생각한다면 정전이 되더라도 그 상태가 기억되는 더블 전자밸브를 채용하는 것이 바람직하다. 전자밸브의 사용 비율 중 약 20% 정도가 더블형인데, 이 더블형이 사용할 신호부분이 바로 이와 같이 정전이 되더라도 시스템이 안전측면으로 작동되어야 할 부분으로서 주로 클램프용 실린더나 리프트용 실린더 등이다.

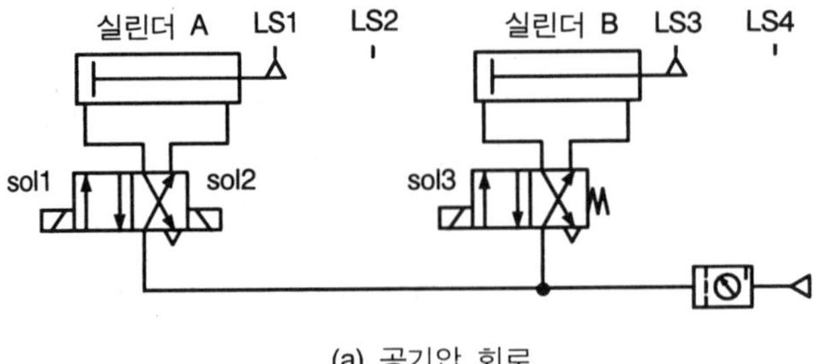

(a) 공기압 회로

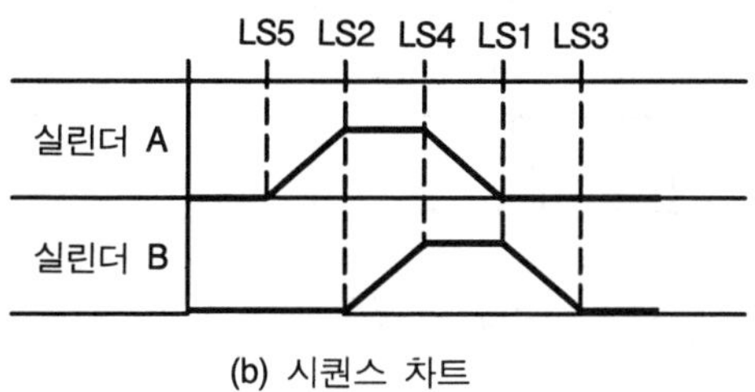

(b) 시퀀스 차트

그림 4-162 공기압 회로와 시퀀스 차트

컨베이어간 이송장치의 입·출력 할당과 배치도를 그림 4-163에 나타냈다.

그러면 각 운동 스텝별 제어회로에 대해 알아본다. 먼저 제1스텝의 A+가 되기 위한 조건은 시퀀스의 첫 스텝이므로, 시동신호와 A실린더와 B실린더가 모두 후진되어 있을 때 부품상자가 도착되면 전진되어야 하므로 그림 4-164와 같이 하여야 한다.

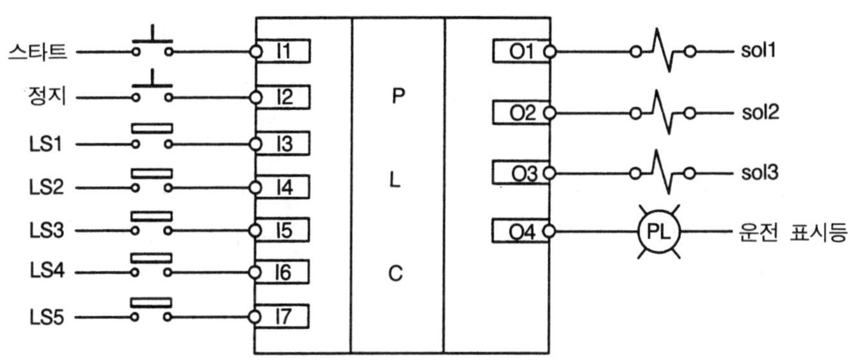

그림 4-163 입·출력 할당과 배치도(B기종)

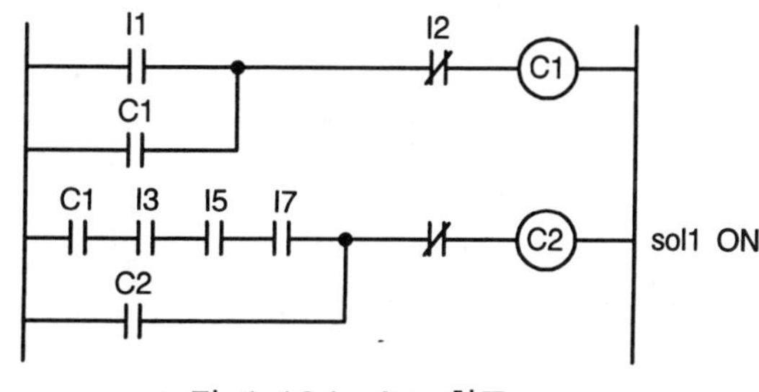

그림 4-164 A+ 회로

두번째 스텝인 B+가 되기 위한 조건으로는 먼저 A실린더가 상승완료되어야 하므로 LS2 신호와 이 때 B실린더는 후진위치에 있어야 하므로 LS3의 I5 신호가 모두 만족되어야 하고, 여기에서 전단계 동작 완료의 내부 신호인 C2를 직렬접속하여야 하므로 그림 4-165와 같이 된다.

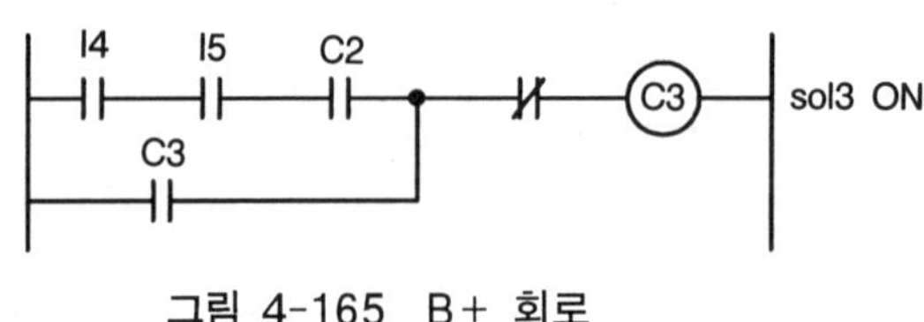

그림 4-165 B+ 회로

　　B실린더가 전진 완료되어 부품상자가 제2컨베이어로 이송되면 이어서 A실린더가 하강
되어야 한다. A실린더가 후진되기 위해서는 Sol1 신호를 차단시키고 Sol2에 신호를 주어야
하므로 그림 4-164 A+ 회로의 C2 내부 릴레이를 리셋시키는 신호는 C4가 되고 또한 C4
의 a접점에 의해 Sol2에 신호를 주면 된다.

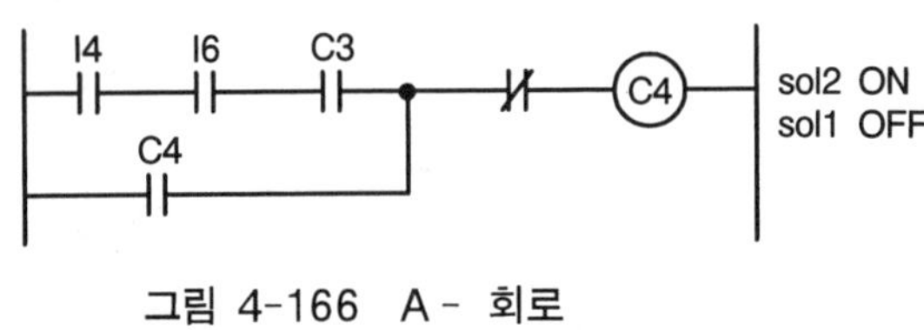

그림 4-166 A - 회로

　　마지막으로 A실린더가 후진 완료되면 B실린더가 복귀되어야 하고, 이 때 B실린더는 싱
글 전자밸브이므로 다음 그림 4-167과 같이 하여 내부 릴레이 C5를 세트시켜 Sol3을 ON시
키는 신호 C3을 리셋시키면 된다.

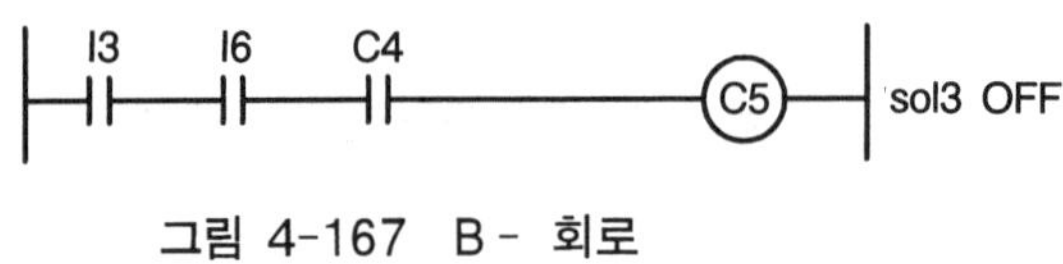

그림 4-167 B - 회로

참 고

중립위치의 밸브

세 개의 제어위치를 갖는 밸브에서 중앙밸브 몸체의 위치를 중앙위치 또는 중립위치라 한다. 중앙위치
에서 흐름의 형식에 따라 여러 가지가 있으며, 그 중에서 다음 세 종류가 많이 사용된다.

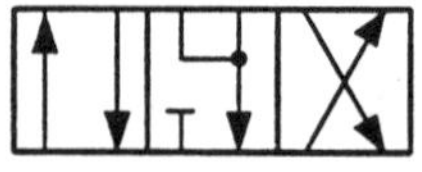

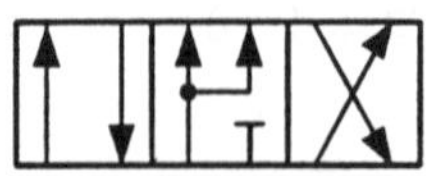

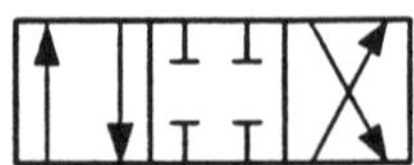

(a) 엑조스트 센터형　　　　　　　(b) 프레셔 센터형　　　　　　　(c) 올포트 블록형

　　(ABR접속형)　　　　　　　　　　(PAB접속형)

이상의 순서로 각 단계별 동작회로를 설계한 후 이들을 정리한 것이 그림 4-168이다. 이 회로는 시동신호 I1이 ON되면 C1이 세트되어 자기유지되고 운전표시 램프가 점등된다. 그리고 제1컨베이어에 의해 부품상자가 도착되어 LS5의 리밋 스위치가 ON되면 입력 I7이 ON되어 A+B+A−B−의 순서로 순차작동되고 다시 부품상자가 도착되면 계속적으로 반복동작을 하며, 정지 스위치 I2가 입력되면 운전이 중지되는 회로이다.

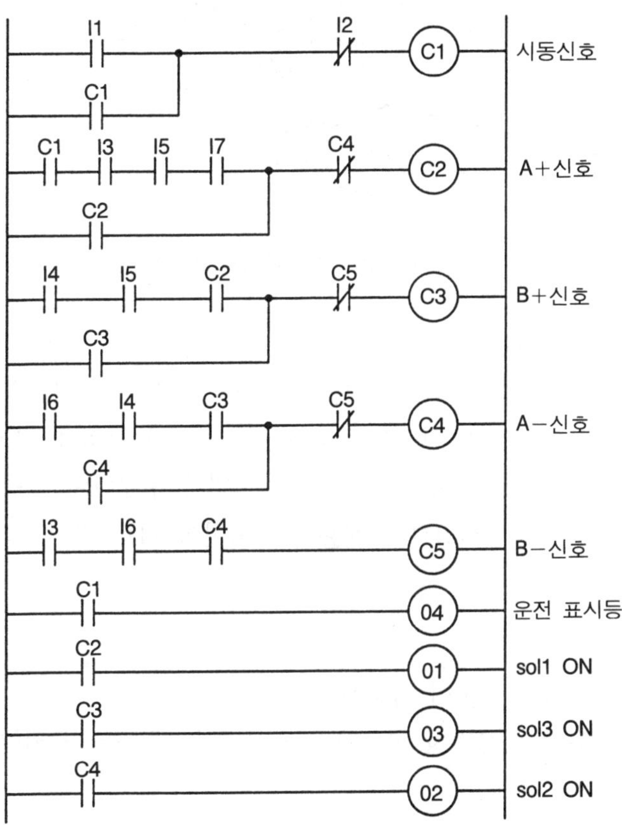

그림 4-168 컨베이어간 이송장치의 제어회로

6-5 드릴링 장치의 제어회로

그림 4-169는 매거진에 저장된 부품을 A실린더가 분리 이송하여 고정하면 드릴유닛이 하강하여 구멍가공을 하고, 가공이 종료되면 송출 실린더가 부품을 밀어 컨베이어로 이송하는 전용기의 일종이다.

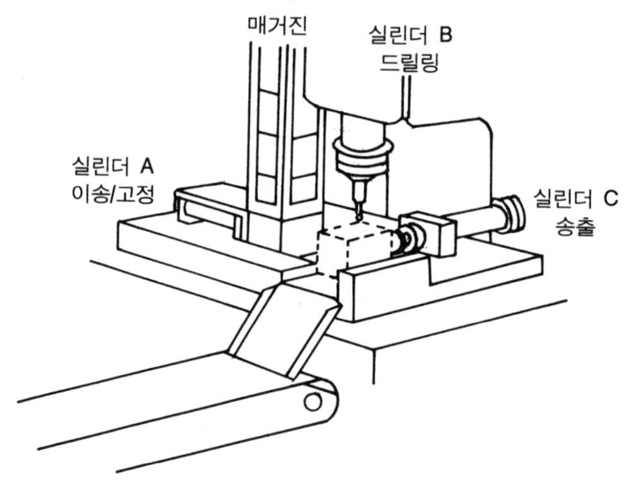

그림 4-169 드릴링 장치의 구성도

드릴링 장치의 동작순서는 매거진에 부품이 있을 때에만 시동되어야 하고, 시동신호가 ON되면 먼저 A실린더가 전진하여 매거진으로부터 부품을 분리이송하여 고정한다. 고정이 완료되면 드릴 이송유닛의 B실린더가 하강하여 구멍뚫기 작업을 하고 작업이·끝나면 상승하여 복귀한다. B실린더가 복귀 완료되면 A실린더가 후진하여 클램핑을 해제하고, 이어서 송출용의 C실린더가 전·후진하여 제품을 컨베이어 위로 밀어 이송하여 1사이클이 종료된다.

그 제어조건은 다음과 같다.

① 단동 및 연속 사이클 운전이 가능하여야 한다.
② 구멍뚫기 작업중에 비상정지 신호가 입력되면 B실린더가 복귀된 후 A실린더가 복귀되어야 한다.
③ 1개의 매거진에 50개의 부품이 저장가능하므로 연속 사이클 운전시에는 50개 작업 후에 스스로 정지하여야 한다.
④ A, B, C실린더는 각각의 수동운전 스위치에 의해 동작 가능해야 한다.

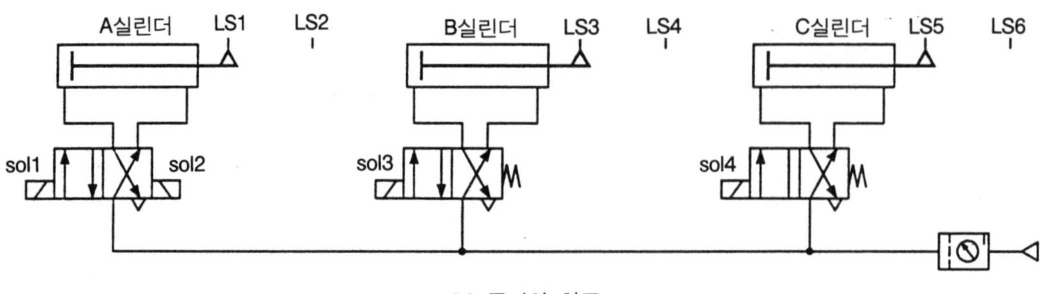

(a) 공기압 회로

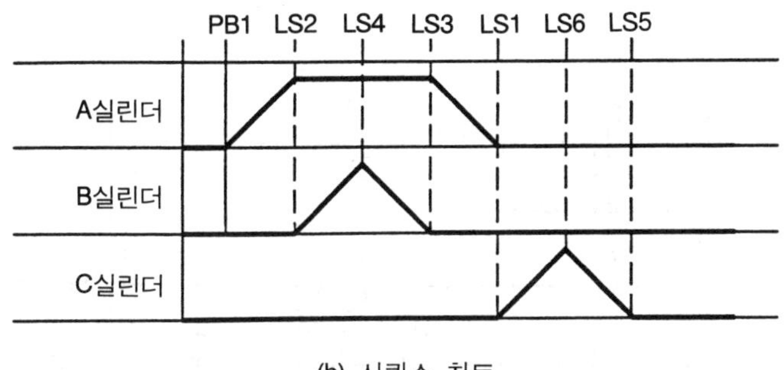

(b) 시퀀스 차트

그림 4-170 공기압 회로와 시퀀스 차트

그리고 3개의 실린더를 제어하는 전자밸브는 그림 4-170의 공기압 회로에 나타낸 바와 같이 클램프용 실린더는 구멍가공 작업중에 정전이 되더라도 클램프가 풀리지 않도록 메모리형의 더블 전자밸브를 사용하고, B와 C실린더는 싱글 전자밸브를 사용하였다.

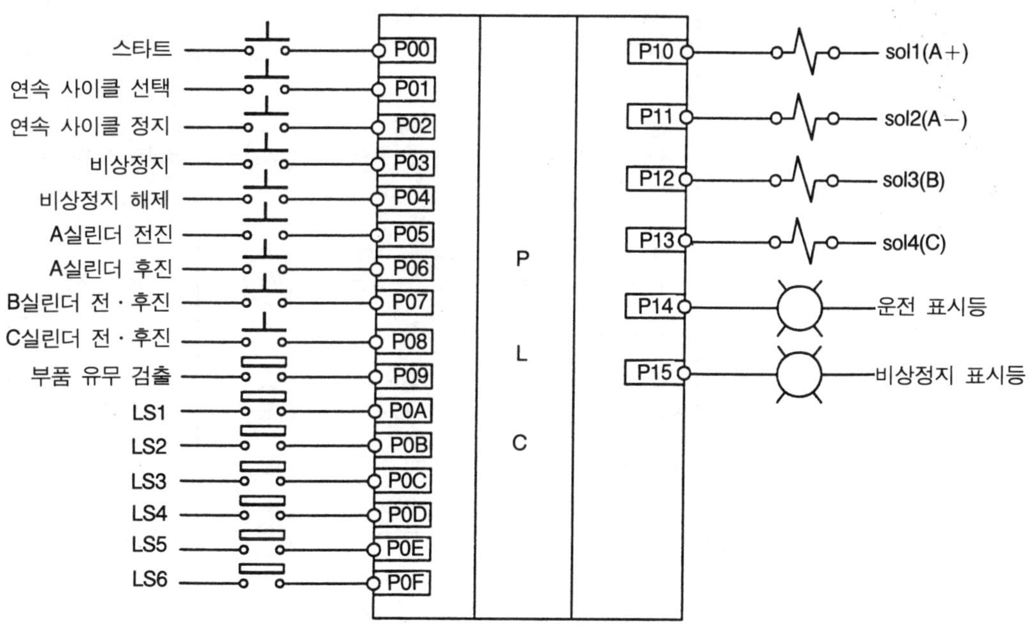

그림 4-171 입·출력 할당과 배치도(A기종)

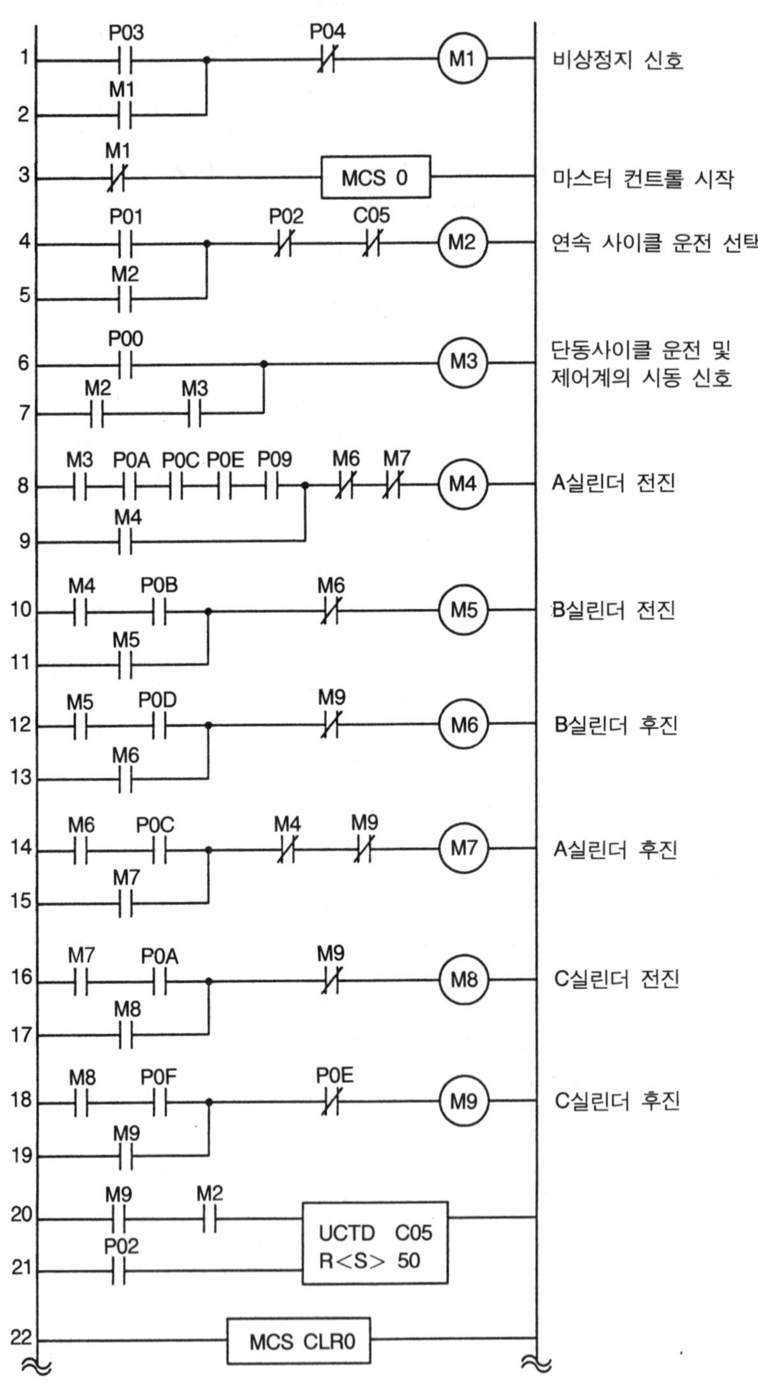

그림 4-172 드릴링 장치의 제어회로(Ⅰ)

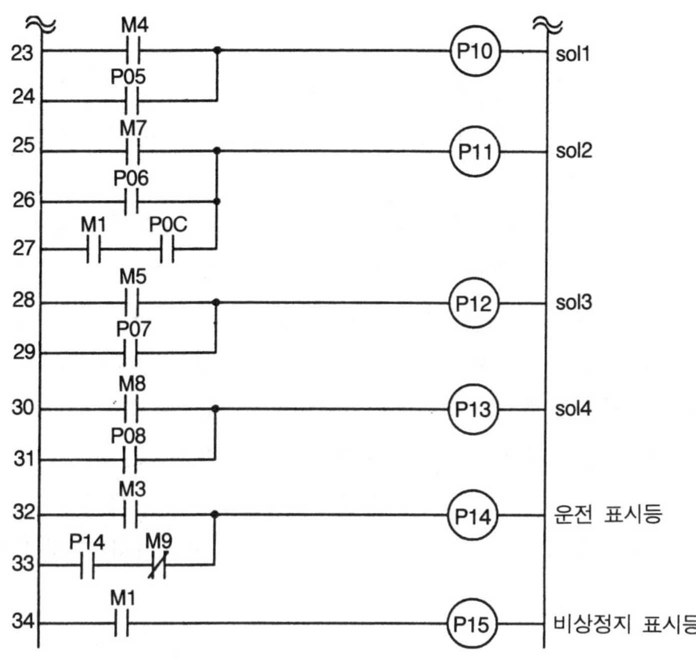

그림 4-172 드릴링 장치의 제어회로(Ⅱ)

회로의 동작원리는 다음과 같다.

비상정지 기능은 마스터 컨트롤의 MCS 명령을 사용하였다. 즉 A기종은 MCS의 입력조건이 ON하면 MCS CLR까지를 실행하고, 입력조건이 OFF되면 실행하지 않기 때문에 정상상태에서는 M1이 OFF되어 있으므로 3열의 MCS가 ON되어 있어 4열부터 21열까지의 제어회로가 정상적으로 실행된다.

그러나 트러블이 발생되어 비상정지 신호 P03이 입력되면 M1이 세트되고 자기유지되며, MCS의 입력조건인 3열의 M1 b접점을 열어 OFF 상태로 하므로 21열까지가 연산을 중지한다. 따라서 모든 내부 릴레이가 입력조건에 관계없이 OFF되므로 만일 3스텝인 B+까지 실행중이었다면 싱글 전자밸브를 사용하는 B실린더는 즉시 복귀된다. 그리고 C실린더가 복귀 완료되었다는 신호 LS3의 P0C와 비상정지 신호 M1이 만족되어 27열의 회로에 의해 P11이 ON되어 A실린더가 복귀된다. 즉 비상정지 신호가 입력되면 B와 C실린더는 즉시 복귀되나 A실린더는 B실린더가 복귀된 후에만 복귀할 수 있다. 또한 M1이 세트되면 동시에 34열에 의해 P15가 ON되어 비상정지 표시등이 점등되어 비상정지 상태임을 나타낸다.

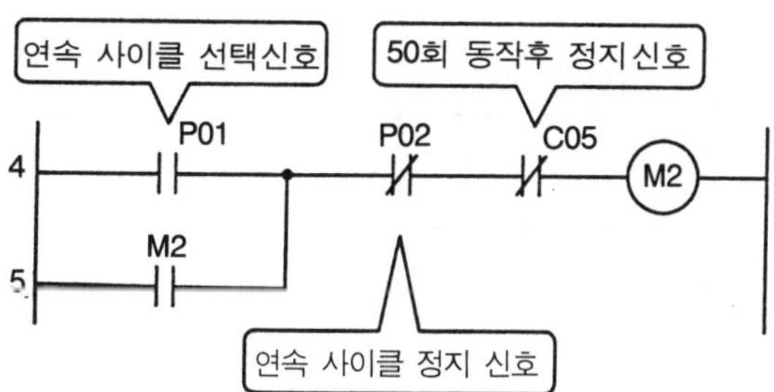

그림 4-173 연속 사이클 선택 운전회로

　연속 사이클 선택운전은 P01이 ON되면 M2가 세트되고 자기유지 된다. 그리고 7열의 M2접점을 닫아 준비상태에 들어가고, 이 상태에서 시동 스위치 P00이 ON되면 M3이 세트되며 그 결과 7열의 자기유지 회로가 동작되어 8열의 M3이 계속 ON되어 연속운전이 가능해진다.

　연속 사이클 운전의 정지는 연속 사이클 정지 스위치 P02가 ON되거나 또는 연속운전으로 50회가 동작되면 C05가 ON되므로 자동적으로 정지된다.

　그리고 첫 스텝인 A+의 회로는 그림 4-174에 나타낸 바와 같이 시동조건으로는 시동신호 M3과 A, B, C실린더가 후진위치에 있다는 리밋 스위치 신호 P0A, P0C, P0E, 그리고 매거진에 부품이 있다는 신호 P09가 모두 만족될 때 내부릴레이 M4를 세트시켜 M4에 의해 P10을 ON시키게 되고 솔레노이드 Sol1이 ON되어 실린더 A가 전진한다.

　b접점의 M6은 Sol2에 신호를 주기 위해 자기유지를 해제시키는 신호이고 M7은 후진신호 M7이 ON되어 Sol2에 신호가 가해질 때 어떠한 이유에서도 반대측의 Sol1이 ON되지 않도록 인터록을 걸어 준 신호이다.

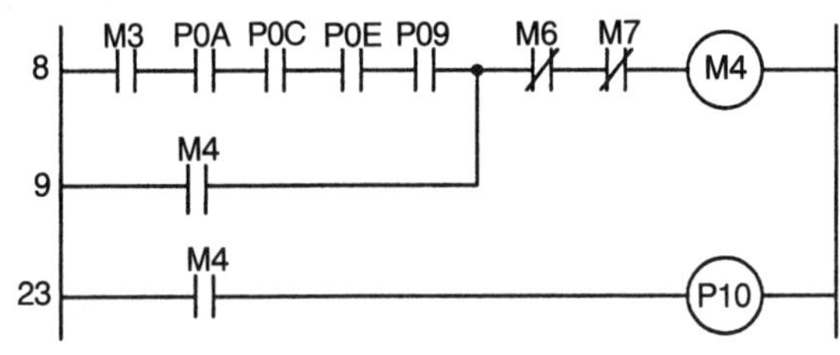

그림 4-174　A+ 회로

　두번째 스텝의 B+가 되기 위한 조건은 A실린더가 전진 완료되었다는 신호 P0B와 B, C 실린더가 후진 위치에 있다는 신호 P0C, P0E 신호가 모두 만족되어야 하고, 전단계 동작의 내부신호 M4가 AND일 때 내부 릴레이 M5를 세트시켜 Sol3에 신호를 주면 된다.

　그러나 그림 4-175에 B+ 회로를 나타낸 바와 같이 외부신호 P0C와 P0E를 생략하였다. 이것은 내부신호 M4를 사용한 것에 의해 P0C와 P0E의 상태가 만족되므로 PLC의 스캔타임을 줄이기 위해 생략한 것이다.

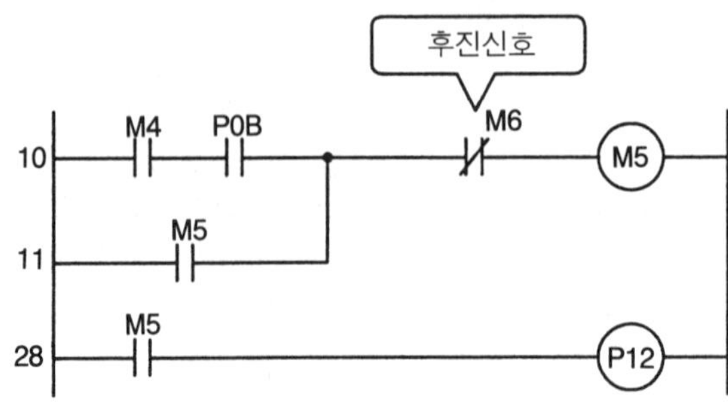

그림 4-175　B+ 회로

세번째 스텝의 B- 회로는 B실린더를 제어하는 전자밸브가 싱글형이기 때문에 B+ 회로의 자기유지를 해제시키면 가능하므로 12열과 같이 B실린더가 전진 완료 되었다는 신호 P0D와, 전단계 내부신호 M5를 직렬로 하여 내부릴레이 M6을 세트시키고 이 릴레이의 b접점을 10열의 B+ 회로에 삽입시킨 것이다.

그리고 네번째 스텝의 A- 회로는 같은 방법으로 전단계 스텝의 이행완료 신호인 P0C와 전단계 내부신호 M6을 직렬로 하여 내부릴레이 M7을 세트시키고 이 릴레이의 a접점으로 25열에서와 같이 출력 P11을 ON시켜 동작시키고 있다.

또한 C실린더의 제어회로도 싱글형 전자밸브이기 때문에 B실린더의 제어회로와 같은 방법으로 하였다.

부가기능의 카운터 회로는 20열과 21열에 나타낸 바와 같이 시퀀스의 마지막 스텝의 신호 M9에 의해 카운트 펄스로 카운트하도록 되어 있다. 다만, 직렬로 접속된 M2는 연속 사이클 선택운전 신호로서 카운터는 연속 사이클 운전시에만 카운트하도록 한 것이다. 그리고 카운터 리셋의 P02가 설정치인 50회까지 카운트되면 4열의 연속작업 지령신호 M2를 리셋시켜 연속 사이클 작업을 중지시키게 된다.

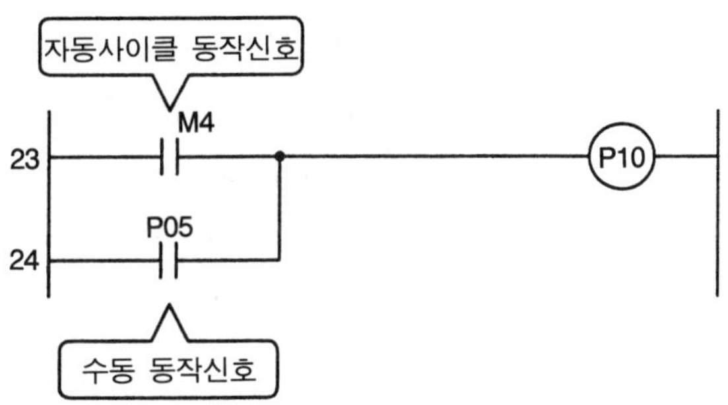

그림 4-176 Sol1 동작회로

솔레노이드 Sol1의 동작회로는 그림 4-176에 나타낸 바와 같이 자동운전 동작회로와 수동운전 동작회로가 병렬로 접속되어 출력 P10을 ON시키도록 되어 있다. 즉 자동 사이클 운전시에는 내부릴레이 M4의 신호에 의해 P10이 ON되어 동작되고, 수동작업시에는 수동작업 스위치 P05를 ON시킴에 의해 개별운전이 가능하도록 되어 있다.

솔레노이드 Sol2의 동작회로는 그림 4-177에 나타낸 바와 같이 자동동작 회로, 수동동작 회로, 비상정지 회로가 병렬로 접속되어 어느 조건이 ON되더라도 출력 P11을 ON시키도록 구성되어 있다. 즉 자동 사이클 운전시에는 내부릴레이 M7의 신호에 의해 동작되고, 수동작업시에는 P06에 의해 동작된다. 그리고 비상정지 상태에서는 비상정지 신호 M1과 B실린더가 복귀완료되었다는 신호 P0C가 ON되어 있으면 강제로 P11이 ON되어 A실린더가 복귀된다.

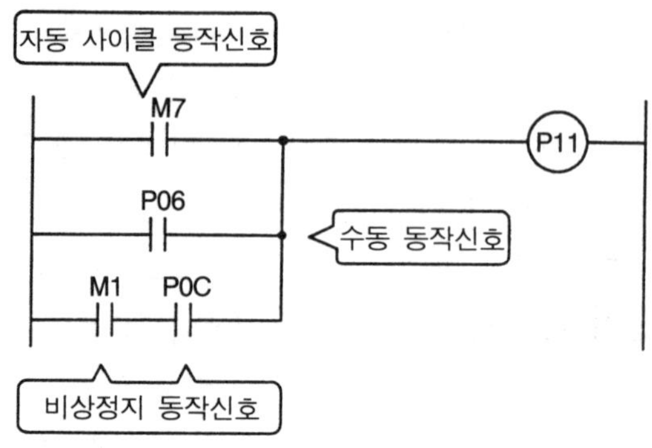

그림 4-177 Sol2 동작회로

솔레노이드 Sol3나 Sol4의 동작회로도 자동 사이클 동작회로와 수동운전 동작회로가 병렬로 접속되어 정상운전에서는 내부 릴레이 신호에 의해 동작되고, 수동운전시에는 수동운전 스위치가 ON되어 있으면 실린더가 전진하고 수동운전 스위치가 OFF되면 복귀된다.

운전 표시등 회로는 그림 4-178과 같이 자기유지 회로로 구성되어 있다. 이것은 단동 사이클 운전중에도 마지막 스텝 운동시까지 운전 표시등을 점등하기 위한 것이다. 즉 연속 사이클 운전중일 때는 내부 릴레이 M3이 자기유지되어 계속 ON되어 있으므로 출력 P14가 계속 ON되어 운전 표시등이 점등되어 있으나, 단동 사이클 운전시에는 시동 스위치 신호 P00이 ON되어 있는 동안만 M3이 ON되어 운전 표시등이 점등되고, 시동 스위치에서 손을 떼면 시퀀스는 계속 진행되나 운전 표시등은 소등된다. 따라서 이 점을 보완하기 위해 출력 P14로 자기유지시키고 마지막 스텝의 이행완료 신호인 M9로 자기유지를 해제하도록 한 것이다.

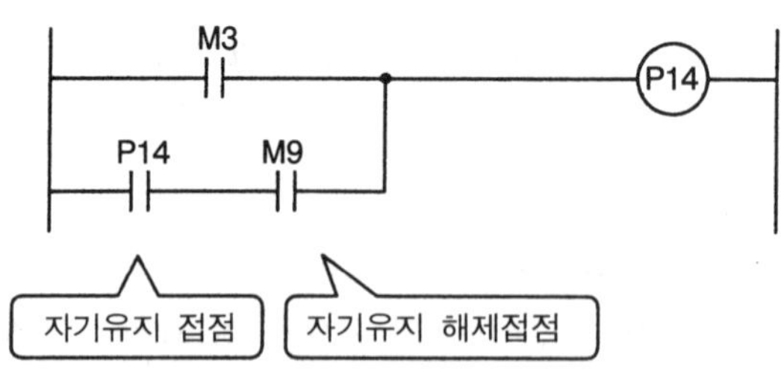

그림 4-178 운전표시등 회로

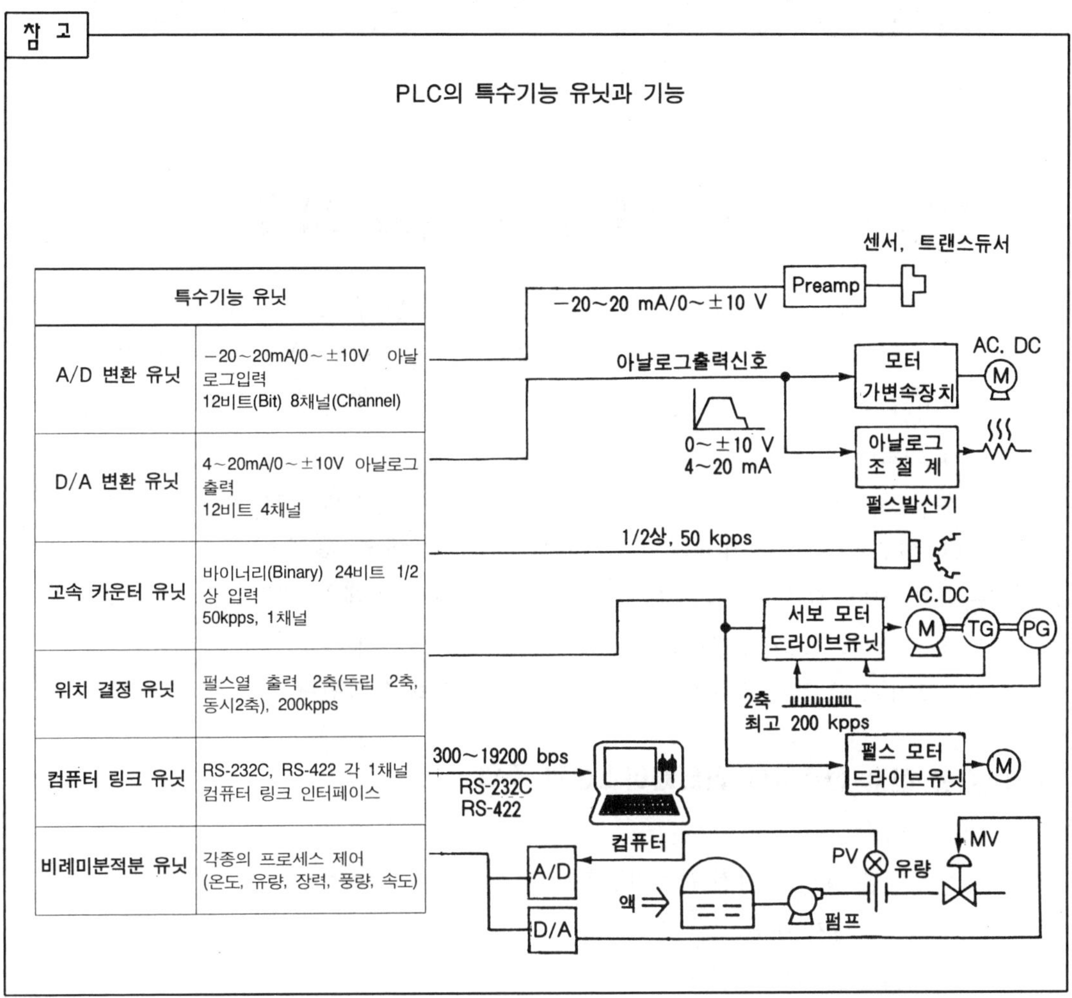
참 고
PLC의 특수기능 유닛과 기능
특수기능 유닛
A/D 변환 유닛
-20~20mA/0~±10V 아날로그입력
12비트(Bit) 8채널(Channel)
D/A 변환 유닛
4~20mA/0~±10V 아날로그출력
12비트 4채널
고속 카운터 유닛
바이너리(Binary) 24비트 1/2상 입력
50kpps, 1채널
위치 결정 유닛
펄스열 출력 2축(독립 2축, 동시2축), 200kpps
컴퓨터 링크 유닛
RS-232C, RS-422 각 1채널
컴퓨터 링크 인터페이스
비례미분적분 유닛
각종의 프로세스 제어
(온도, 유량, 장력, 풍량, 속도)
센서, 트랜스듀서
Preamp
-20~20 mA/0~±10 V
아날로그출력신호
0~±10 V
4~20 mA
모터 가변속장치
AC. DC
M
아날로그 조절계
펄스발신기
1/2상, 50 kpps
서보 모터 드라이브유닛
AC.DC
M TG PG
2축
최고 200 kpps
펄스 모터 드라이브유닛
M
300~19200 bps
RS-232C
RS-422
컴퓨터
A/D
D/A
액
펌프
PV 유량
MV

7. PLC에 의한 전동기 제어회로

7-1 PLC에 의한 전동기 제어의 개요

　생산현장이나 공조 설비 등에서 사용되고 있는 전동기는 유도 전동기, 직류 전동기, 서보 모터 등과 같이 여러 종류가 있는데, 그 중에서도 압도적으로 많이 사용되고 있는 것은 유도 전동기이다. 여기서는 3상 유도 전동기의 시동·운전·정지 등을 PLC에 의하여 제어하는 방법에 대하여 설명한다.

　전동기 운전 시퀀스를 PLC로 제어하는 경우도 최종적인 전동기의 구동은 전자 접촉기에 의존한다. PLC에 의한 전자 접촉기의 제어도 본질적으로는 릴레이 회로의 경우와 비슷하나 릴레이와 전자 접촉기가 혼연일체가 되어 구성되는 종래의 제어반에 비교하면, PLC와 구동부가 명확히 분리되게 되므로 나름대로의 설계상 주의가 필요하다.

　PLC 적용상의 주된 주의점을 열거하면 다음 세 가지로 요약된다.

1) PLC와 전자 접촉기의 인터페이스상의 주의

　① 하드웨어
　　㉠ 부하전류 용량(돌입전류/유지전류)
　　㉡ 노이즈·서지 대책
　　㉢ 보조접점 입력의 접촉불량 대책
　② 소프트웨어 : 신호의 채터링 대책

2) 시스템 구성상의 주의

　① 구동회로와 제어(PLC)회로의 구분
　② 신뢰성 향상을 위한 입·출력 회로의 다중화

3) 프로그램 작성상의 주의

　① PLC 내부논리와 출력기기의 상태 일치화

이상의 주의점을 고려하여 약점을 보완하고 PLC고유의 특징을 잘 살리면 신뢰성 높은 시스템을 구축할 수 있다.

(1) 릴레이 제어반과 PLC시스템과의 비교

종래의 릴레이와 전자 접촉기로 구성된 제어반은 릴레이 시퀀스와 전자 접촉기의 회로가 명확히 구분되지 않고, 전자 접촉기의 보조접점, 릴레이, 외부 인터록 등이 혼합되어 회로가 구성된다. 이에 비해 PLC를 사용하는 경우는 시퀀스(소프트웨어)와 전자 접촉기(하드웨어)가 명확히 분리되게 된다.

PLC를 적용한 시스템에서는 종래의 릴레이 제어반에 비해 그 신뢰성은 대폭 향상되나, 입·출력 유닛은 강전회로에 의한 서지전압 등의 타격을 받는 일이 많다.

(2) 전자 접촉기 회로의 PLC적용

구체적인 예로서 그림 4-179의 (a)와 같은 프레스 운전회로에서 전자 접촉기 회로의 PLC 적용을 살펴보기로 한다.

이 회로의 동작원리를 간단하게 설명한다. 하강 신호용의 PB1을 누르면 전자 접촉기 MC1이 여자하여 자기유지됨과 동시에 모터가 회전하여 프레스는 하강한다. 하한에 도달되면 리밋 스위치 LS1을 OFF시킴과 동시에 타이머 T가 동작을 개시한다.

그리고 0.5초 후에 MC2가 여자되어 프레스는 상승하고 LS2가 동작되면 정지한다. 또 하강시에도 PB2를 누르면 프레스는 무조건 상승하고, 비상정지 PB-ES에서는 무조건 정지한다.

이 회로를 PLC에 적용할 경우, 방법에 따라 여러 종류가 있으나 여기서는 그림 4-179의 (c), (d)에 나타낸 두 가지 예를 살펴보기로 한다.

그림 (c)의 적용예 1은 외부 기기신호를 독립적으로 PLC에 접속하고, 시퀀스 회로를 전면적으로 치환한 경우이다. 이에 비해 그림 (d)의 적용예 2는 PLC의 특성과 회로의 특징을 고려하여 신뢰성 향상과 유닛화를 도모한 경우이다.

이 회로에서는 안전에 관계되는 비상정지 신호나 LS1, LS2는 직접 하드회로로 구성되어 있으며, 상승용의 PB2도 b접점 입력으로 접속되어 있다. 또한 외부회로가 있기 때문에 PLC의 출력과 실제의 전자 접촉기 MC와의 상태가 맞지 않는지를 감시할 수 있는 동작확인 신호 MC1과 MC2가 입력되어 있다.

이들 두 가지 적용법의 장·단점을 살펴보면 표 4-20과 같다. 적용예 1의 경우는 프로그램의 작성이 자유로워 PLC의 특성을 최대한 살린 시스템이며, 적용예 2는 고장시 피해 파급이 적도록 현실적인 신뢰성을 고려한 시스템이라 할 수 있겠다. 따라서 전자 접촉기를 이용한 전동기 운전회로를 PLC에 적용할 경우는, 회로의 중요도, 고장시의 대책, 회로변경의 가능성, 가격 등을 종합적으로 판단할 필요가 있다.

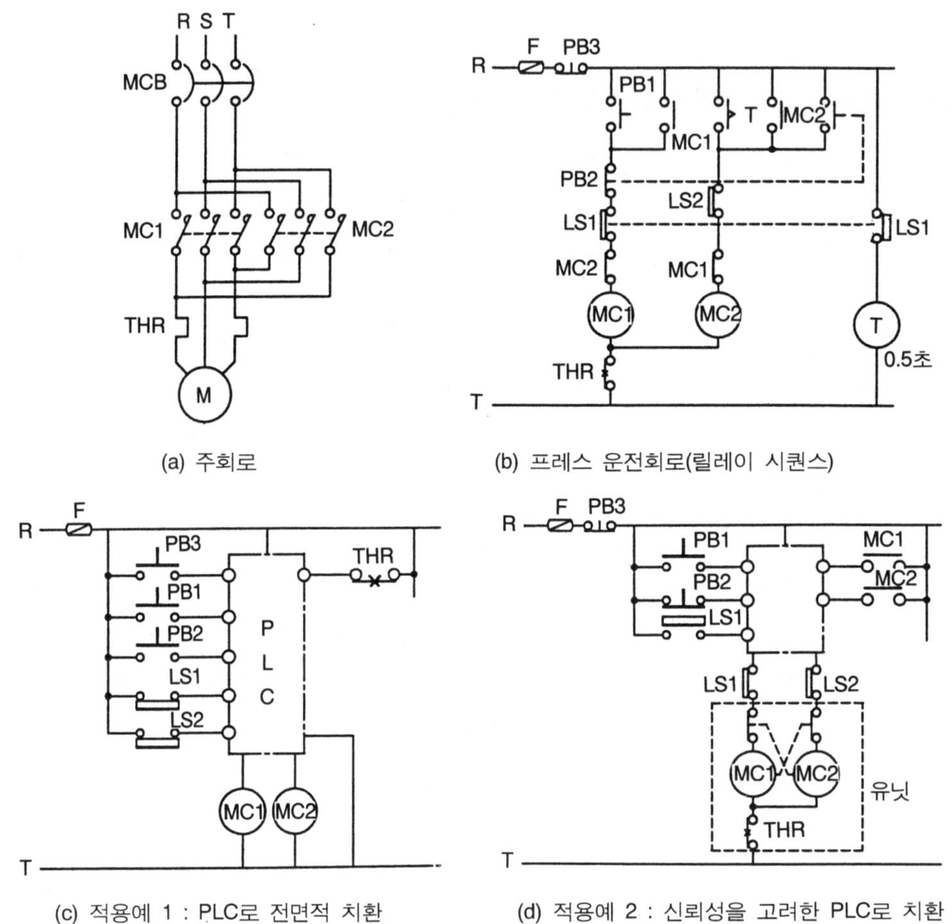

(a) 주회로

(b) 프레스 운전회로(릴레이 시퀀스)

(c) 적용예 1 : PLC로 전면적 치환

(d) 적용예 2 : 신뢰성을 고려한 PLC로 치환

그림 4-179 PLC 적용회로

표 4-20 PLC 적용법에 따른 비교

	비　　고	
	전면적 치환	신뢰성을 고려한 치환
프로그램의 자유도	완전자유	외부회로에 의해 제약
외부배선 공수(工數)	적다(단순)	많다(복잡)
PLC 하드웨어 가격	비싸다	싸다

(3) 신뢰성 향상대책

전력이나 원자력 관련 시스템에서는 특히 신뢰성 향상을 위해 입·출력 유닛의 다중화를 도모하고 있다.

입력회로의 2중화는 그림 4-180의 (a)에 나타낸 것과 같이 프로그램의 조합방법에 따라

두 가지 방법이 있다. MC의 보조접점 신호를 2개소의 입력 유닛에 입력한 X1, X2 신호를 AND로 하여 사용하면, 어느 한쪽이 ON 고장을 일으켜도 MC1이 ON되어 시퀀스가 진행되는 것을 막아 준다. 또 OR로 접속하여 사용하면 반대로 OFF측의 고장을 무시하는 결과가 되므로 MC가 실제로 OFF로 되지 않았을 때 OFF로 판단하는 경우를 방지할 수 있다.

그림 4-180의 (b)에 출력의 2중화 예를 나타냈다. 즉 시퀀스의 동일 출력을 프로그램으로 Y1, Y2의 2개소에 출력하고, 그것을 하드회로에서 직렬로 접속한 후 MC에 접속한다. 이렇게 하면 Y1, Y2 중 어느 것이 ON 상태에서 고장을 일으켜도 다른 출력에 의해 정상으로 개폐동작되고, OFF 상태에서 고장일 경우는 염려가 없다. 이렇게 하면 Y1, Y2가 동시에 ON 상태에서 고장날 확률은 극히 적으므로 염려하지 않아도 된다.

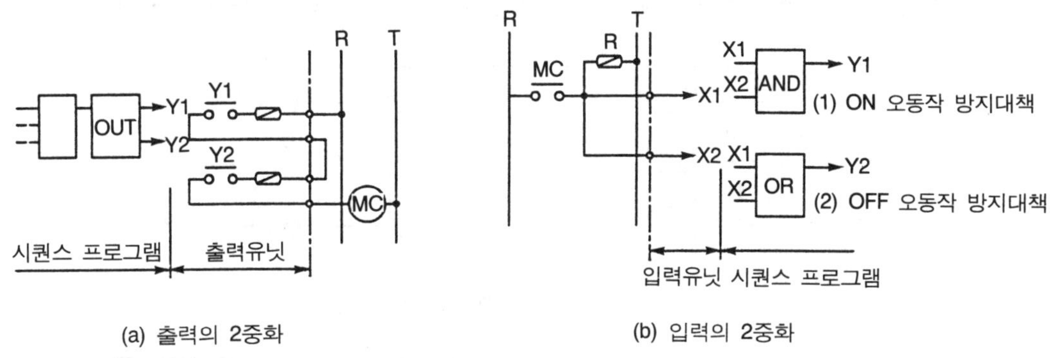

그림 4-180 신뢰성 향상을 위한 입·출력의 2중화

7-2 3상 유도 전동기의 시동·정지회로

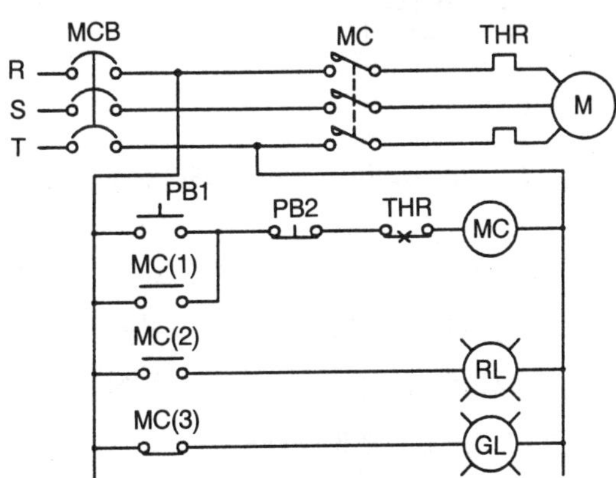

그림 4-181 3상 유도 전동기의 시동·정지회로

그림 4-181은 가장 기본적인 3상 유도 전동기의 시동·정지회로이다. 회로에서 누름버튼 스위치 PB1은 시동용 스위치로서, PB1을 ON시키면 전자 접촉기 MC가 여자되어 자기유지되고 주회로 MC접점을 닫아 전동기를 회전시킨다. 동시에 MC(2)접점이 닫혀 운전 표시등 RL이 점등되고, MC(3)접점은 열려 정지 표시등 GL은 소등된다. 그리고 정지신호용 스위치 PB2가 ON되면 전자 접촉기 코일 MC가 OFF되므로 전동기는 정지되고 MC(3)접점이 닫혀 정지 표시등 GL이 점등되는 회로이다.

이 릴레이 회로를 PLC에 적용하는 방법은 크게 두 가지 방법이 있다. 그 하나는 먼저 그림 4-182의 I/O 할당과 배선도에 나타낸 방법과 같이 제어신호를 내는 모든 기기를 입력 기기로 하는 방법으로 열동 계전기의 보조접점을 입력기기로 배선하고, 또 구동기기인 전자 접촉기 코일과 운전 표시등을 하나의 출력점에 병렬로 접속하는 방법이다.

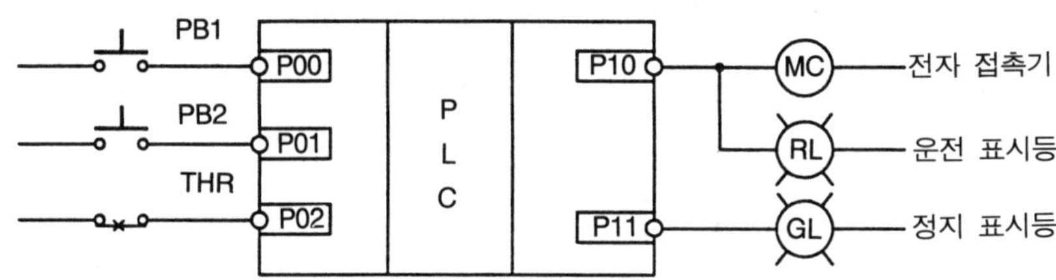

그림 4-182 I/O 할당과 배선도(A기종)

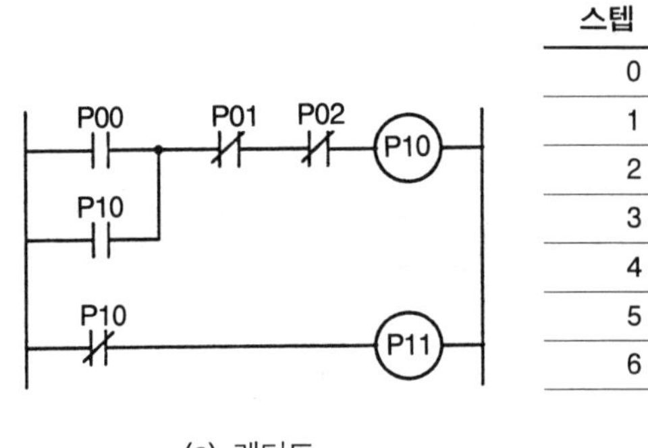

스텝 No	명 령 어	
0	LOAD	P00
1	OR	P10
2	AND NOT	P01
3	AND	P02
4	OUT	P10
5	LOAD NOT	P10
6	OUT	P11

(a) 래더도   (b) 코딩표

그림 4-183 A기종을 사용한 래더도와 코딩표

그리고 또 다른 방법은 그림 4-184에 I/O 할당과 배선도를 나타낸 바와 같이, 보호용 열동 계전기의 접점을 직접 코일과 접속하는 방법으로, 이 방법은 전동기에 과부하가 발생하였을 때, 제어 그 자체가 PLC 내부에서 논리적으로 처리된 다음에 출력측에 있는 전자 접촉기 코일을 OFF시키는 것이 아니고 직접 코일 MC를 OFF시키기 때문에 신뢰성이 향상된다고 볼 수 있다. 다만 이 방법에 의할 때는 과부하 사고로 THR 접점이 열려 전동기가 정지된 다음, 내부 논리에 의해 MC가 ON되어 있는 상태에서 열동 계전기의 리셋 버튼에 의해 복귀시키면 즉시 전동기가 운전된다는 위험한 상태가 초래될 수 있으므로 주의가 필요하다.

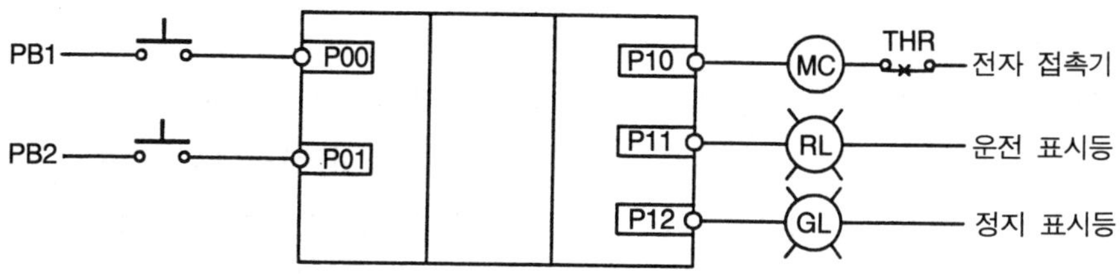

그림 4-184 I/O 할당과 배선도(A기종)

스텝 No	명 령 어	
0	LOAD	P00
1	OR	P10
2	AND NOT	P01
3	OUT	P10
4	LOAD	P10
5	OUT	P11
6	LOAD NOT	P10
7	OUT	P12

(a) 래더도   (b) 코딩표

그림 4-185 A기종을 사용한 래더도와 코딩표

7-3 3상 유도 전동기의 자동 · 수동 · 미동 조작 회로

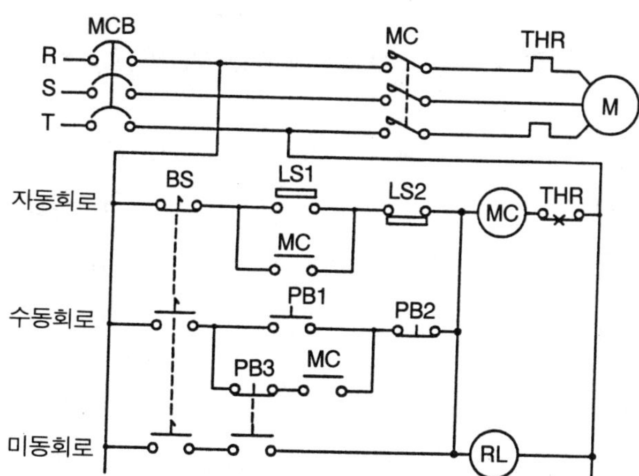

그림 4-186 3상 유도 전동기의 자동 · 수동 · 미동 조작회로

그림 4-186은 3상 유도 전동기의 자동·수동·미동 조작을 하는 릴레이 제어회로이다.

회로의 동작원리는 배선용 차단기 MCB를 닫으면 제어회로 구간에 전기가 흐르고 운전 선택 스위치 BS에 의해 자동운전 모드에 접속되어 있다. 이 상태에서 리밋 스위치 LS1이 ON되어 있으면 전자 접촉기 MC가 여자되어 자기유지되고 전동기가 회전한다. 그리고 리밋 스위치 LS2가 ON되면 자기유지가 해제되어 전동기는 정지된다. 즉 BS에 의해 자동운전이 선택되면 리밋 스위치 LS1과 LS2에 의해 전동기가 자동운전된다.

또한 BS를 수동운전 모드로 전환시키면 이제는 자동회로는 차단되고 수동회로와 미동회로가 접속된다. 이 상태에서 PB1을 누르면 전동기는 회전하고 PB2를 누르면 정지하는 수동운전 회로가 동작된다. 또한 미동(Inching)운전용 스위치 PB3이 ON되어 있는 동안에도 전동기는 미동 동작된다. 여기서 수동회로의 자기유지 회로에 미동조작 스위치 PB3이 b접점으로 접속되어 있는 것은 미동조작시에도 MC가 여자되는데 이 때 수동회로가 동작하지 못하도록 하기 위한 것이다.

그림 4-187은 B기종의 PLC를 사용한 I/O 할당 내역이고, 그림 4-188은 릴레이 회로를 PLC의 래더도로 변환한 것으로 스텝수를 줄이기 위해 접점의 접속순서를 변경한 것이다. 그리고 여기서 한가지 주의할 점으로는 입력기기의 배선에 관한 것이다.

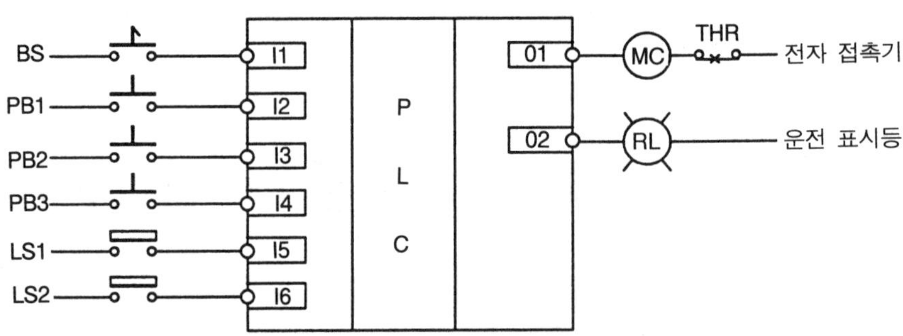

그림 4-187 I/O 할당과 배선도(B기종)

즉 그림 4-186의 실제 릴레이 배선도에서 LS2는 b접점 접속으로 되어 있다. 그러나 PLC에 이것을 적용하는 방법에는 그림 4-187의 I/O 할당과 배선도에 나타낸 바와 같이 a접점 접속으로 하고, 회로 논리에서 b접점인 NOT으로 하는 방법과 입력배선에서 그대로 b접점으로 접속하고 회로 논리에서 a접점 명령을 사용하는 방법이 있다. 결론부터 말하자면 이 때는 b접점으로 접속하는 것이 안전상 좋다. 그 이유는 그림 4-187과 같이 해도 정상 동작일 때는 아무런 문제가 발생되지 않으나, 만일 리밋 스위치에 접점 고장이나 배선에 의한 단선 등이 발생된 경우에는 a접점 접속일 때는 명령어로 b접점 처리를 하였으므로 내부회로가 작동되고 그 결과 사고를 발생시킬 수도 있다. 따라서 이와 같은 경우라면 b접점의 상태로 접속하면 신호가 OFF되기 때문에 내부회로가 동작하지 않아 출력이 정지된다.

다만 입력측 배선에서 a접점으로 접속했을 때와 b접점으로 접속했을 때에 코딩 방법이 다르게 되므로 주의가 필요하다. 즉 그림 4-189에 나타낸 바와 같이 회로도의 상태와 접속 상태가 동일하면 그대로 명령을 사용하고 다르면 NOT 명령을 붙여서 사용하여야 한다.

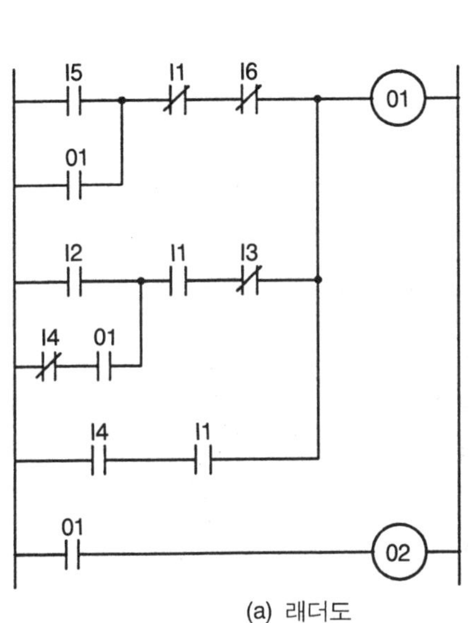

(a) 래더도

스텝 No	명 령 어	
0	START	I5
1	OR	O1
2	AND NOT	I1
3	AND NOT	I6
4	START	I2
5	START NOT	I4
6	AND	O1
7	OR ENT	
8	AND	I1
9	AND NOT	I3
10	OR ENT	
11	START	I4
12	AND	I1
13	OR ENT	
14	OUT	O1
15	START	O1
16	OUT	O2

(b) 코딩표

그림 4-188 B기종을 사용한 래더도와 코딩표

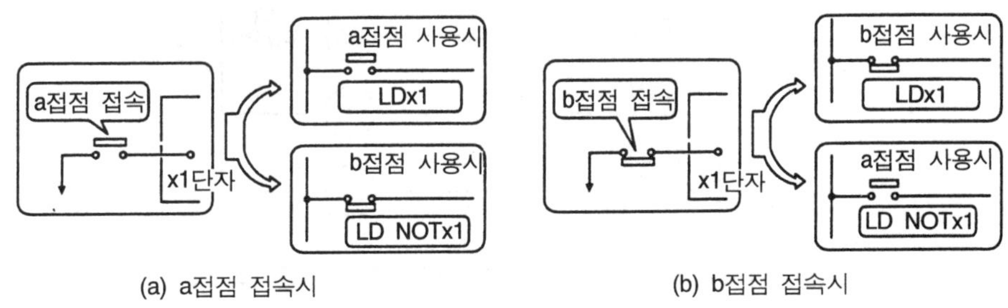

(a) a접점 접속시

(b) b접점 접속시

그림 4-189 입력기기 배선과 코딩 관계

7-4 3상 유도 전동기의 일정시간 동작회로

일정시간 동작회로란 전동기가 시동한 후 일정시간 경과하고 스스로 정지하는 회로를 말한다. 이 방법을 이용한 기기는 게임기기나 놀이기구 등에 많이 사용되고 있는데 타이머를 이용한다.

그림 4-190은 이 방법의 회로도의 일례로 동작원리는 다음과 같다.

① 배선용 차단기 MCB를 닫으면 제어회로에 전원이 투입된다.

② 기동용 스위치 PB1을 누르면 전자 접촉기 코일 MC가 작동된다.

③ MC의 동작에 의해 주접점 MC가 닫혀 전동기 M이 회전한다.

④ 동시에 타이머 코일 T가 작동을 개시한다.

⑤ 동시에 MC(1) 접점이 닫혀 자기유지 회로가 동작된다. 따라서 PB1에서 곧바로 손을 떼도 전동기는 계속 회전한다.

⑥ 동시에 MC(2) 접점도 닫혀 운전 표시등 RL이 점등된다.

⑦ 타이머에 설정된 시간이 경과되면 타이머가 ON되어 타이머 접점 T를 열어 전자 접촉기 코일 MC를 복귀시킨다.

⑧ 따라서 주접점 MC와 보조접점 MC(1), MC(2)가 동시에 열려 전동기가 정지되고 자기유지 회로도 해제되며, 운전 표시등도 소등된다.

즉 누름버튼 스위치 PB1을 누를 때마다 타이머에 설정된 시간동안 전동기가 회전하고 스스로 정지하는 회로로서 일정시간 동작회로라고 한다.

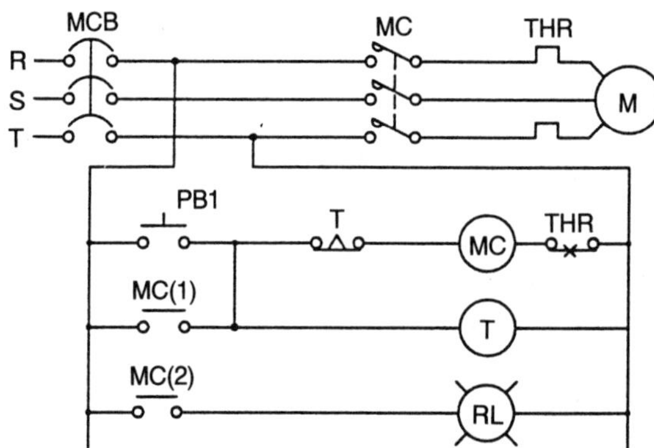

그림 4-190 3상 유도 전동기의 일정시간 동작회로

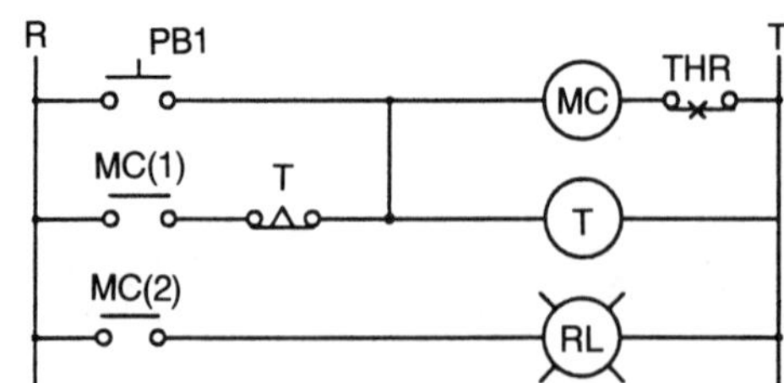

그림 4-191 유접점 방식에서 오동작이 발생하는 일정시간 동작회로

일정시간 동작회로는 그림 4-191과 같이 할 수도 있는데, 이 때는 유접점 기기의 특성을 정확히 파악할 필요가 있다. 즉 그림 4-191의 회로에서 타이머 릴레이의 설정시간이 경과

하여 타이머 접점 T가 조금이라도 열리면 타이머 코일은 복귀되고 즉시 타이머 접점이 복귀되어 다시 닫히게 된다. 이 때 전자 접촉기 MC의 소자에 의해 보조접점 MC(1)이 열리기 전이면 재차 일정시간 동작이 행해지게 된다.

이와 같은 상황은 이론적으로는 있을 수 없는 일이지만 전자 릴레이나 타이머 릴레이의 접점은 기계적인 스프링 압력에 의해 복귀동작이 이루어지기 때문에 스프링력의 차이로 복귀시간에도 차이가 생겨 재작동할 가능성이 발생된다.

일정시간 동작회로를 C기종의 PLC로 제어하기 위해 입·출력 할당한 것이 그림 4-192이고, 그림 4-193은 래더도와 코딩표를 나타낸 것이다.

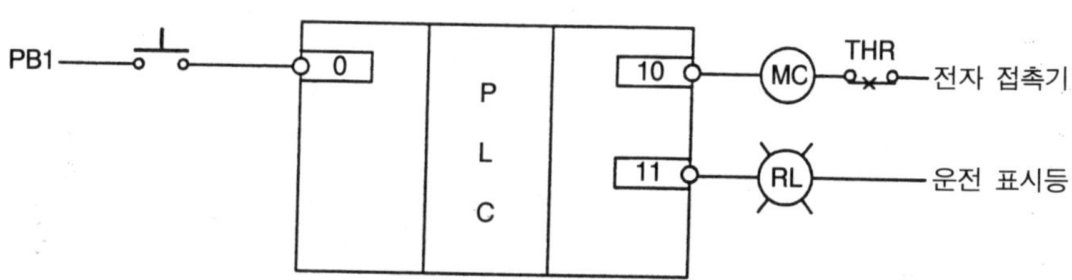

그림 4-192 I/O 할당과 배선도(C기종)

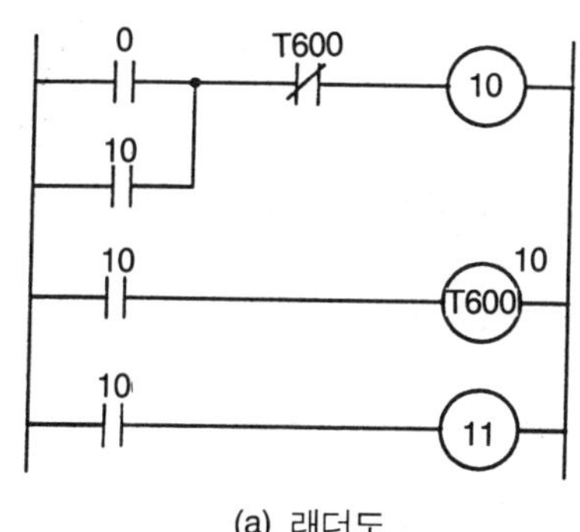

스텝 No	명 령 어	
0	STR	0
1	OR	10
2	AND NOT	T600
3	OUT	10
4	STR	10
5	TIM	600
6		10
7	STR	10
8	OUT	11

(a) 래더도   (b) 코딩표

그림 4-193 C기종을 사용한 래더도와 코딩표

참 고

강제 ON/OFF

시퀀스 연산동작과 병행해서 프로그래머의 키조작으로 강제적으로 각종 요소를 ON/OFF시키는 것을 말한다.

이 강제 ON/OFF 지령은 1스캔 동안만 유효하기 때문에 다음과 같은 요소에 대해 효력을 발휘한다.

① 자기유지 회로나 세트 명령으로 구동되고 있는 출력 릴레이나 보조 릴레이
② 타이머나 카운터

그러나 위의 요소 이외의 출력 릴레이라도 PLC를 정지(STOP)시키고 있을 때는 효력을 발휘하기 때문에 시운전 단계에서 유효하게 이용되는 기능이다.

7-5 3상 유도 전동기의 정역운전 회로

엘리베이터, 컨베이어 등과 같은 왕복운동 요소를 가지고 있는 것들의 제어는 시동과 정지는 물론 그 회전의 방향도 제어해야 한다. 이러한 기능에 정역운전 회로가 사용되는데 전동기의 역회전은 R.S.T의 3단자 중 2단자의 접속을 바꾸면 가능하다.

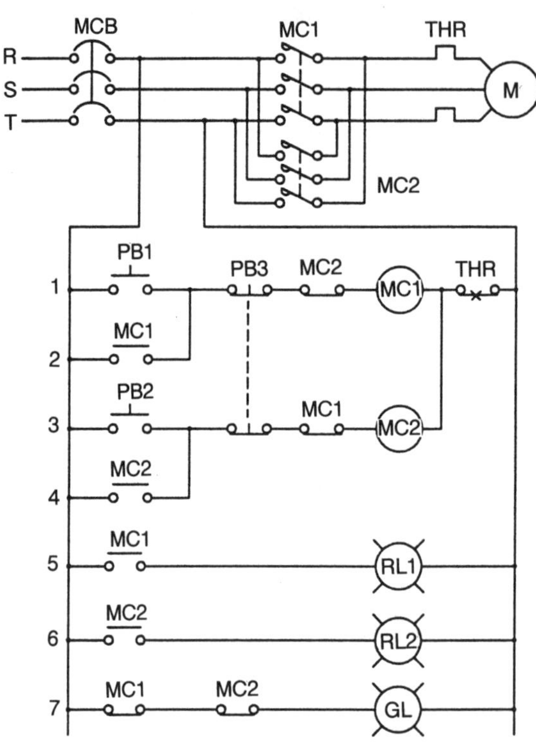

그림 4-194 3상 유도 전동기의 정역운전 회로

정역운전 회로의 기본은 그림 4-194에 나타낸 바와 같이 2개의 전자 접촉기를 사용하여 3선 중 2선을 바꾸는 것으로 이러한 회로는 릴레이 시퀀스에서나 PLC에 의한 시퀀스에서도 다를 바 없다.

그림 4-194 회로의 동작원리는 먼저 배선용 차단기를 닫으면 제어회로에 전원이 투입되고 정지 표시등 GL이 점등된다. 정회전용 기동 스위치 PB1을 누르면 전자 접촉기 MC1이 여자되어 MC1의 주접점과 보조접점이 닫혀 전동기가 정회전하기 시작하고 자기유지되면서 5열의 정회전 표시 램프 RL1이 점등된다. 동시에 3열의 MC1 b접점이 열려 정회전중에 실수로 PB2가 입력되더라도 MC2가 동작할 수 없도록 인터록을 취한 것이다.

역회전을 시키기 위해서는 정지 스위치 PB3을 눌러 MC1을 복귀시킨 다음 PB2를 누르면 전자 접촉기 MC2가 여자되어 주접점 MC2를 닫아 전동기를 역회전시키고 6열의 MC2

보조접점을 닫아 역회전 표시등 RL2가 점등된다. 이 때 1열의 MC2 b접점도 역회전중의 MC1이 ON되는 것을 방지해 주고 있다.

이와 같은 동시 투입 방지를 위한 인터록(Interlock)을 PLC에 적용하는 방법은 두 가지 방법이 있으며 그 중 많이 사용되는 방법을 그림 4-195에 나타냈다.

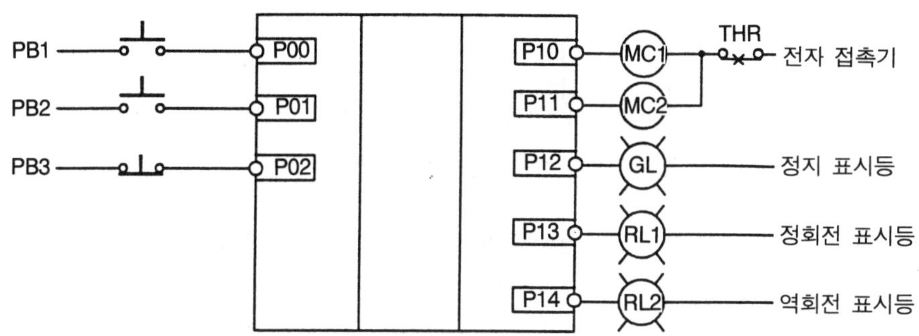

그림 4-195 I/O 할당과 배선도(A기종)

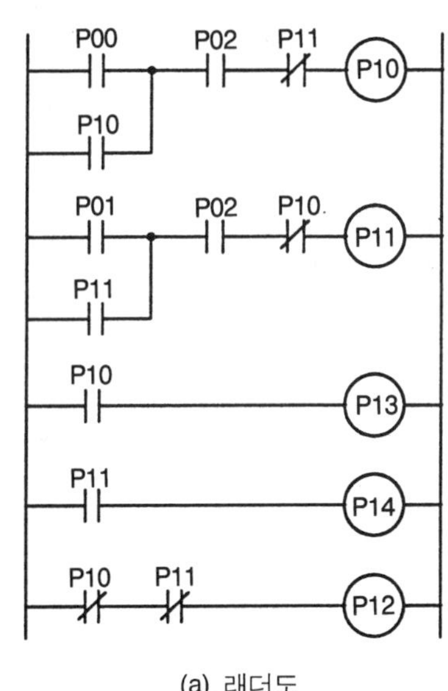

스텝 No	명 령 어	
0	LOAD	P00
1	OR	P10
2	AND	P02
3	AND NOT	P11
4	OUT	P10
5	LOAD	P01
6	OR	P11
7	AND	P02
8	AND NOT	P10
9	OUT	P11
10	LOAD	P10
11	OUT	P13
12	LOAD	P11
13	OUT	P14
14	LOAD NOT	P10
15	AND NOT	P11
16	OUT	P12

(a) 래더도   (b) 코딩표

그림 4-196 A기종을 사용한 래더도와 코딩표

즉 외부 입력기기와 출력기기를 그대로 외부에 배선하고 인터록을 포함한 모든 논리기능을 내부의 프로그램에 의하는 방법으로, 이와 같은 인터록을 소프트 인터록이라 한다. 그러나 이 방법은 전기적 잡음 등에 의해 내부회로가 오동작할 경우 동시에 MC1과 MC2가 출력될 수도 있다. 이러한 점을 방지하기 위해서는 그림 4-197과 같이 PLC의 외부에서도 서로의 b접점을 사용하여 인터록을 조성하는 방법이다. 이것은 하드 인터록(hard interlock)이라 하는데 전항보다는 안전하다.

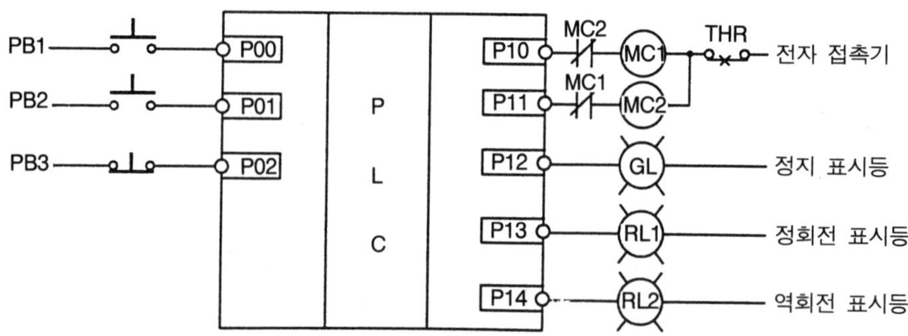

그림 4-197 하드 인터록을 취한 배선도

그러나 하드 인터록만으로 소프트 인터록이 없는 경우에는 접점의 용착 등과 같은 외부 접점 사고일 때에는 PLC내부에서 동시 출력을 ON하고 만다. 그러므로 그림 4-198과 같이 PLC내부에서는 소프트 인터록, 외부에서는 하드 인터록을 조성할 필요가 있다.

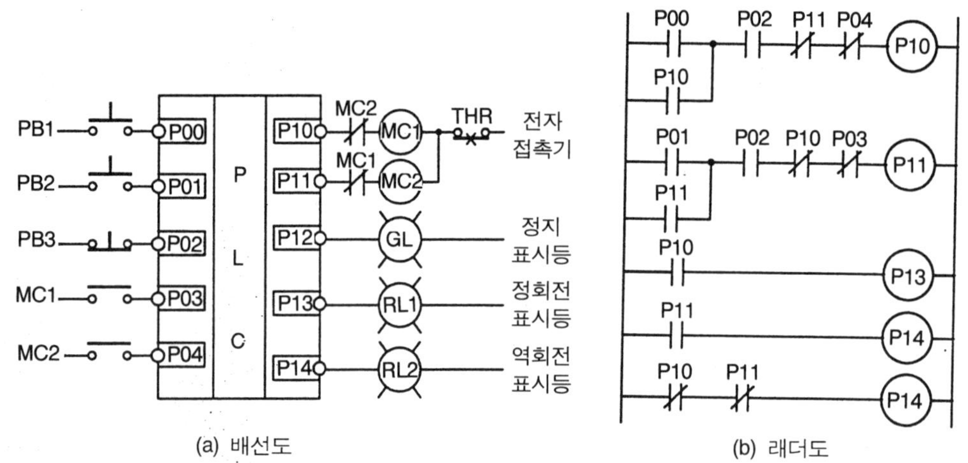

(a) 배선도

(b) 래더도

그림 4-198 신뢰성 향상을 위한 배선도와 래더도(A기종)

7-6 3상 유도 전동기의 Y-△ 시동회로

3상 유도 전동기의 Y-△(Star-Delta) 시동회로란 저전압 시동법의 일종으로 저압권선형 유도 전동기의 출력이 큰 것에 이용되는 방법이다.

3상 유도 전동기의 시동법에는 몇 가지 방법이 있다. 일반적으로 전동기의 용량이 3kW 이하의 소출력의 것은 시동장치를 사용하지 않고 전자 접촉기의 ON, OFF로 직접 전원에 접속하여 전전압으로 시동하는 전전압 시동법(직입기동이라고도 함)에 의한 방법이 많이 이용되고 있다. 이 경우 전동기 시동시에는 시동전류가 정격전류의 5~8 배이다. 따라서 전동기의 용량이 크면 이 시동전류에 의해 배전선 및 다른 부하에 악영향을 미치기 때문에 시동전류를 줄이는 방법이 연구되었고, 그 중에서 가장 일반적인 시동법이 Y-△시동제어이다.

Y-△시동법은 전동기의 권선을 Y접속으로 시동시킨 후 가속이 되면 본래의 △접속으로 전환시켜 운전하는 저전압 시동법으로 용량이 큰 전동기는 물론 시동시간이 긴 경우의 시동, 또는 수전(受電)용량이 제한되어 시동시 전원의 전압강하가 염려되는 경우 등에 사용된다. 이 방법에 의해 전동기를 시동하면 전전압 시동법에 비해 $1/\sqrt{3}$이하의 시동전류로 시동할 수가 있다.

Y-△시동제에는 전자 접촉기 3개를 사용하는 3콘텍터(Contactor) 방식과 2개를 사용하는 2콘텍터 방식이 있다.

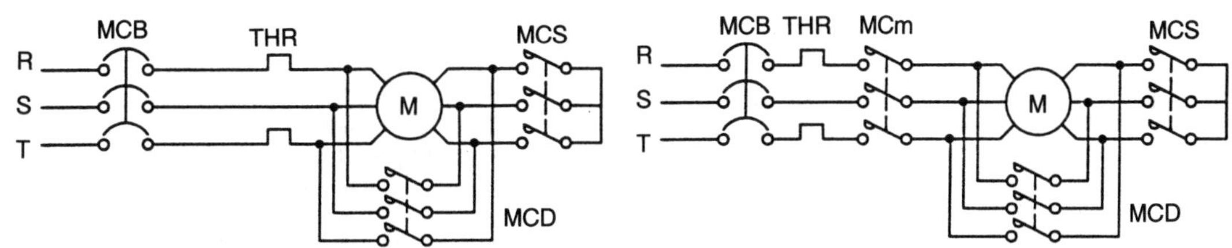

그림 4-199 2콘텍터 방식의 주회로   그림 4-200 3콘텍터 방식의 주회로

PLC에 의한 Y-△시동회로에서는 Y접속에서 △접속으로 변환될 때 PLC 내부의 변환시간이 빠르므로 상호단락이 일어나지 않도록 아크 인터록을 시킬 필요가 있다.

그림 4-201에 유접점 릴레이에 의한 2콘텍터 방식의 예를 나타냈다.

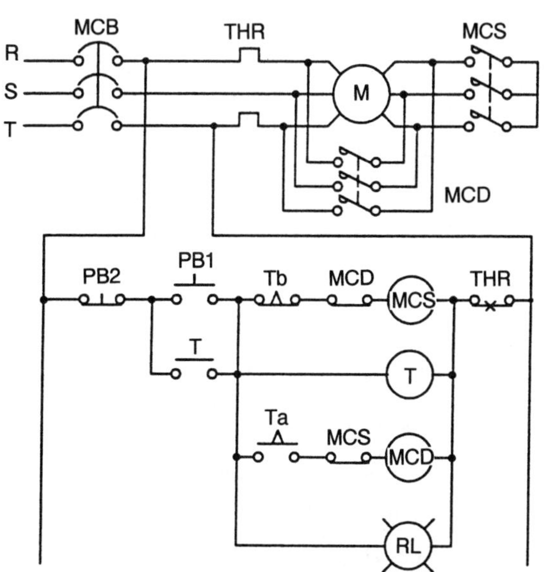

그림 4-201 유접점에 의한 2콘텍터 방식의 Y-△회로

회로의 동작원리는 시동 스위치 PB1을 누르면 전자 접촉기 MCS가 여자되어 주회로 접점 MCS를 닫아 스타 결선 운전이 시작된다. 동시에 타이머 코일 T가 작동을 시작하고 타이머의 순시접점 T가 닫혀 자기유지 회로가 동작된다. 타이머에 설정된 시간이 경과되면 Tb접점이 열려 MCS가 소자되고 또한 Ta는 닫혀 MCD가 여자된다. 따라서 MCD의 주회로 접점이 닫혀 델타 결선에 의해 전동기가 회전을 계속한다.

이것을 PLC 회로로 바꾸어 작성하기로 한다.

그림 4-202는 동작 플로차트를 나타낸 것으로 그림 4-201의 유접점 시퀀스와 다른 것은 ※부에 아크 인터록 타이머를 설치한 것이다. 2콘텍터 방식은 그림에 나타낸 바와 같이 3콘텍터 방식의 MCm이 없어 시퀀스가 비교적 간단하다.

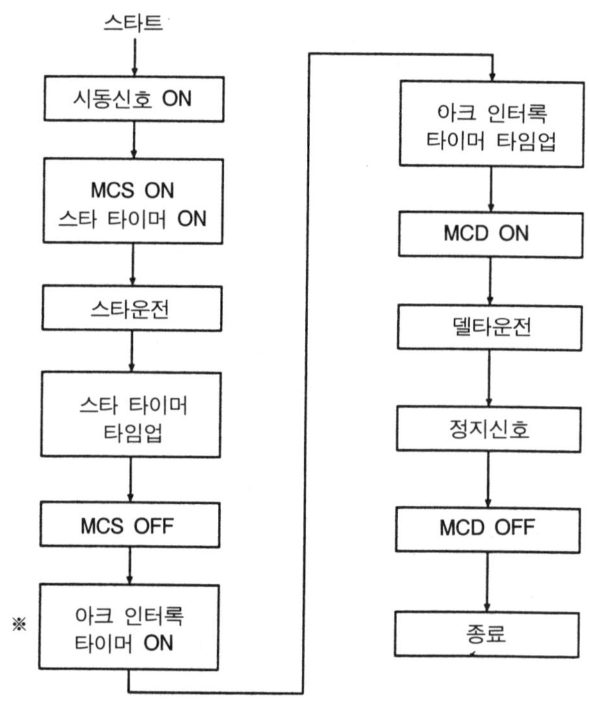

그림 4-202 2콘텍터 방식의 동작 플로차트

그림 4-204에 제어회로와 타임차트를 나타냈다. 회로에서 출력 10은 운전중임을 나타내는 표시등이다. 스타 운전기간을 설정하는 타이머는 T600으로서 최적의 시간으로 설정할 필요가 있다.

출력 11은 스타 접속의 전자 접촉기(MCS)이고 스타운전 기간 타이머 T600의 타임업으로 OFF된다. 델타 접속의 전자 접촉기(MCD)는 출력 12이고 스타 기간 타이머 T600의 타임업 후 아크 인터록 타이머 T601의 타임업으로 투입된다.

아크 인터록 타이머 T601의 시간이 길게 되면 전전압 시동과 같게 되어 시동전류의 억제에는 효과가 없으므로 MCS와 MCD의 동작시간에 맞춰 최적의 시간설정이 필요하다.

안전회로로는 THR의 동작에 의해 운전을 정지하도록 되어 있으며 또 MCS와 MCD의 상호 인터록도 프로그램에서 되어 있다.

한편 그림 4-203은 C기종 PLC의 외부회로로서 THR의 a접점을 입력 03으로 하였고 MCS와 MCD의 상호 인터록을 보조접점에 의해 취하고 있다.

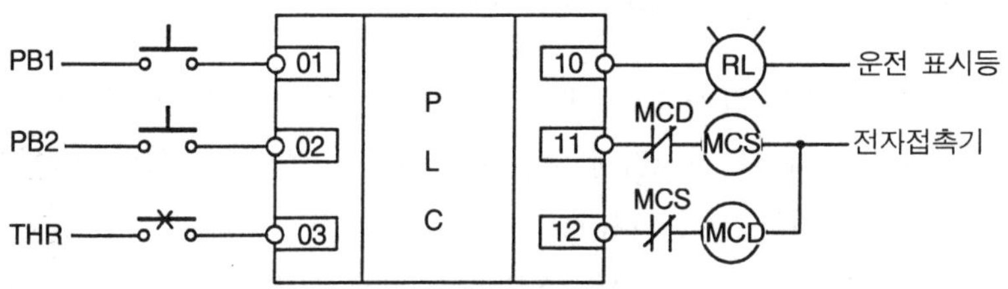

그림 4-203 I/O 할당과 배선도(C기종)

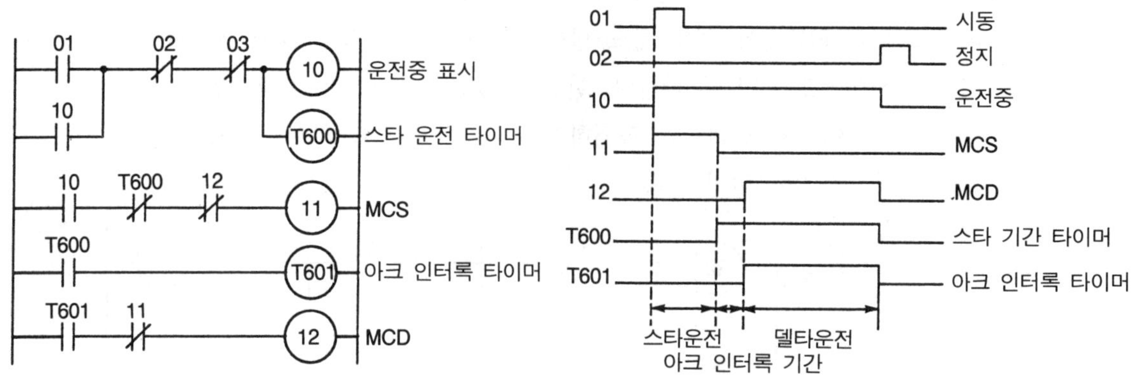

그림 4-204 2콘텍터 방식의 회로와 타임차트

스텝 No	명 령 어		스텝 No	명 령 어	
0	STR	01	9	AND NOT	12
1	OR	10	10	OUT	11
2	AND NOT	02	11	STR TIM	600
3	AND NOT	03	12	TIM	601
4	OUT	10	13		0.5
5	TIM	600	14	STR TIM	601
6		5	15	AND NOT	11
7	STR	10	16	OUT	12
8	AND NOT TIM600				

그림 4-205 C기종을 사용한 코딩표

8. 프로그램의 실행과 사고대책

8-1 PLC의 내부동작 원리

PLC는 입·출력 기기만 접속하고, 내부 릴레이는 접속할 필요가 없다. 또한 이들 기기들은 한번만 접속해도 얼마든지 a접점, b접점 상태로 이용할 수 있다. 여기서는 PLC의 연산처리 과정에 대해 자세히 알아본다.

PLC의 내부동작에 대해 좀더 자세히 설명하기 위해 그림 4-206과 같은 자기유지 회로의 동작을 모델로 하여 설명한다. (a)의 회로는 릴레이 회로도로 전단계 신호로 R1이 세트된 상태에서 누름버튼 스위치를 누르면 솔레노이드가 동작되고 동시에 릴레이도 여자된다. 이 때 누름버튼 스위치 PB1에서 손을 떼도 릴레이는 자신의 접점에 의해 동작유지가 가능하고 따라서 솔레노이드도 계속 동작한다. 한편 LS1리밋 스위치가 동작되면 리밋 스위치 b접점이 열려 솔레노이드와 릴레이는 복귀하게 된다. 이 회로를 PLC의 내부 릴레이를 이용하여 회로로 변환하면 (b)그림과 같다.

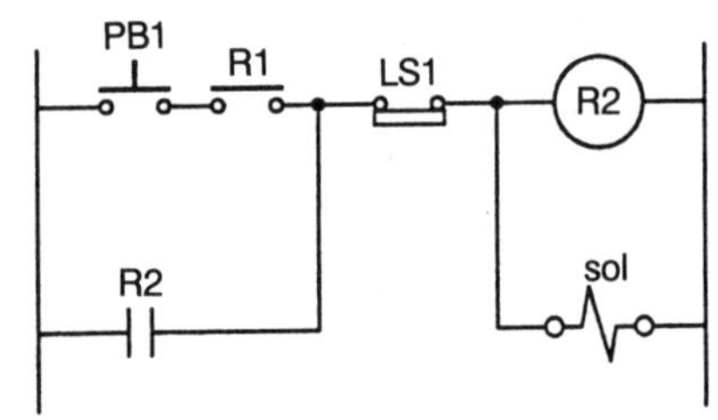

(a) 릴레이 회로의 자기유지

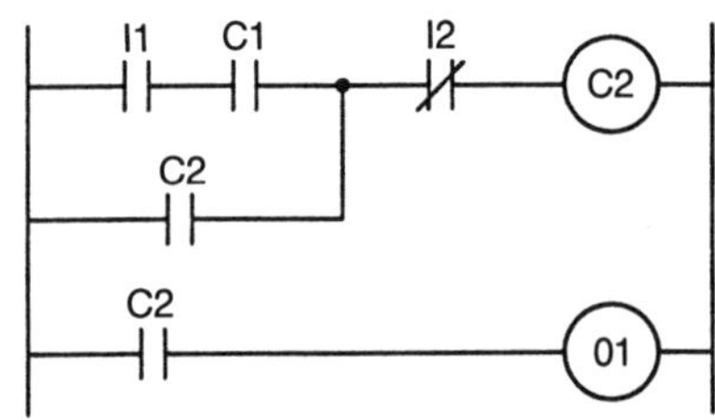

(b) 내부 릴레이 M에 의한 자기유지

그림 4-206 자기유지 회로

여기서 그림 4-206 (b)의 회로를 내부 릴레이를 사용하지 않고 출력접점 O1을 사용하여 자기유지시키면 회로는 더욱 간단해진다.

지금부터는 그림 4-207의 회로를 모델로 하여 PLC가 내부에서 그 명령을 어떻게 처리하여 출력을 내보내는 것인가를 살펴본다.

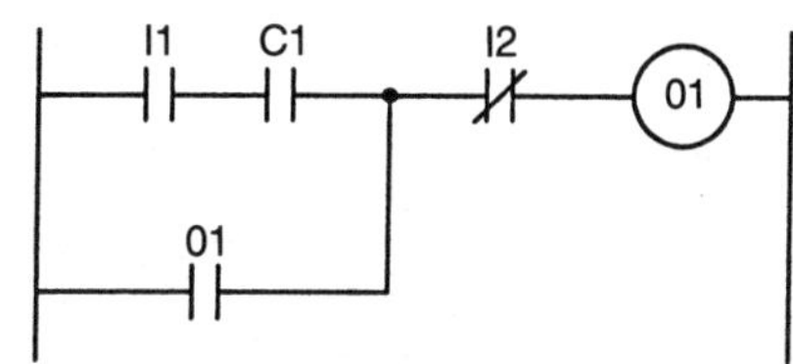

그림 4-207 동작설명용 회로모델

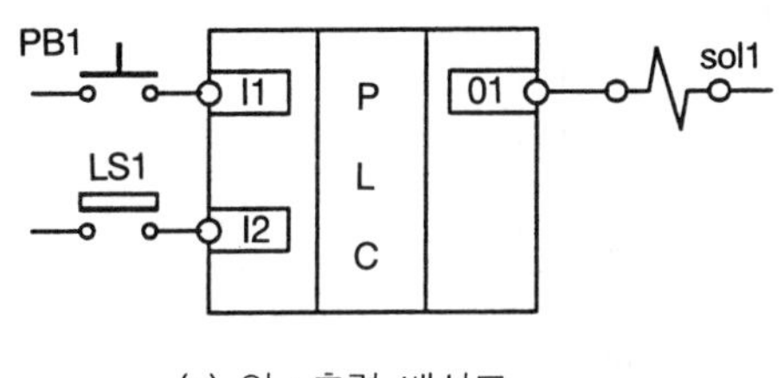

(a) 입·출력 배선도

기기명	할당내역	내　용
PB1	I1	시동용 누름버튼 스위치
LS1	I2	정지조건 리밋 스위치
R1	C1	시동조건 내부 릴레이
R2	O1	솔레노이드 구동부하

(b) 입·출력 어드레스

그림 4-208 배선도와 할당내역

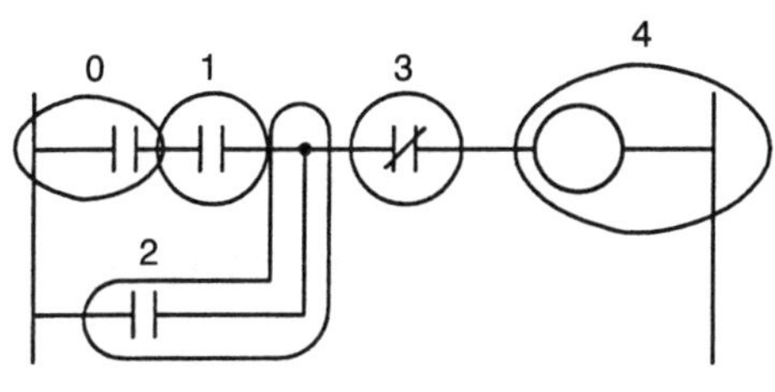

(a) 시퀀스도의 분해

스텝 No	명령어	데이터
0	START	I1
1	AND	C1
2	OR	O1
3	AND NOT	I2
4	OUT	O1

(b) 코딩표

그림 4-209 시퀀스도의 분해와 코딩

PLC의 프로그래밍 순서에 따라 그림 4-209의 (a)와 같이 시퀀스도를 분해하여 코딩을 하고 이것을 프로그램 입력장치로 PLC의 메모리에 격납시킨 후 PLC를 운전모드로 하면 다음과 같이 동작한다.

(1) 제0스텝의 실행

프로그램 카운터는 0부터 카운팅을 시작하며 이 카운팅 번호는 프로그램 메모리의 어드레스(스텝번호)를 가리킨다. 그러면 이 번호에 해당되는 메모리의 명령어가 연산부로 호출된다.

연산부는 명령어의 내용에 따라 다음과 같은 두 가지 동작을 실행한다.

① 명령어 내의 입·출력 어드레스부에 의해 입력선택부가 입력 I1을 선택한다.
② 선택된 입력은 연산부의 연산레지스터의 내용과 연산되어 기록된다.

이상이 실행 완료되면 프로그램 카운터 번호가 +1되어 1스텝으로 넘어간다.

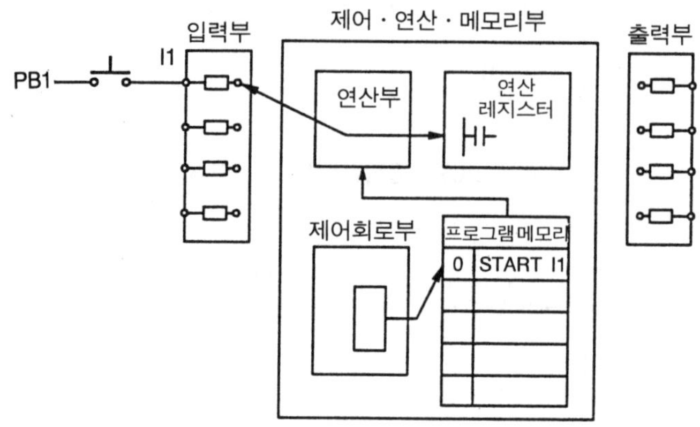

그림 4-210 제0스텝의 실행(Start I1)

(2) 제1스텝의 실행

연산부는 프로그램 카운터가 지시하는 1번 스텝의 내용을 프로그램 메모리로부터 읽어 내어 다음과 같은 두 가지 동작을 한다.

① 데이터 메모리의 내부 릴레이 C1이 입력 선택부에 의해 선택된다.

② 선택된 입력 C1은 논리연산부에서 연산 레지스터의 내용과 AND연산된다. 연산이 종료되면 연산부의 결과가 연산 레지스터에 기록된다.

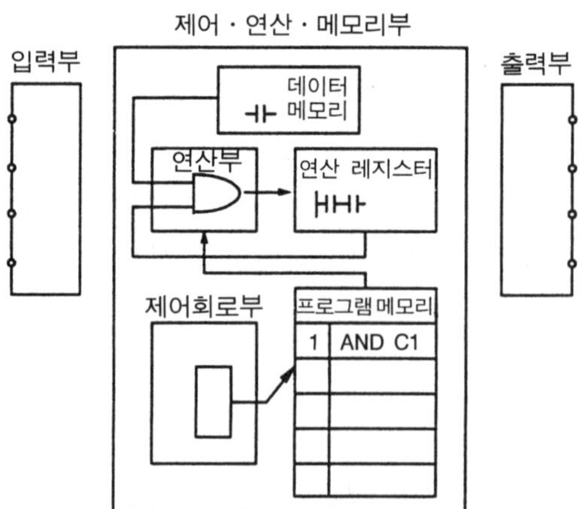

그림 4-211 제1스텝의 실행(AND C1)

두 가지 동작의 실행이 완료되면 프로그램 카운터의 번호가 +1되어 2스텝으로 넘어 간다.

(3) 제2스텝의 실행

프로그램 카운터의 내용에 따라 2번 메모리의 명령어가 추출되고 연산부는 다음 두 가지 동작을 실행한다.

① 입력 선택부가 데이터 메모리의 출력 메모리 O1을 선택한다.

② 선택된 입력은 연산부 내에서 연산 레지스터의 내용과 OR 연산되고 그 결과는 연산 레지스터에 기록된다.

프로그램 카운터의 번호가 +1되어 3스텝으로 넘어간다.

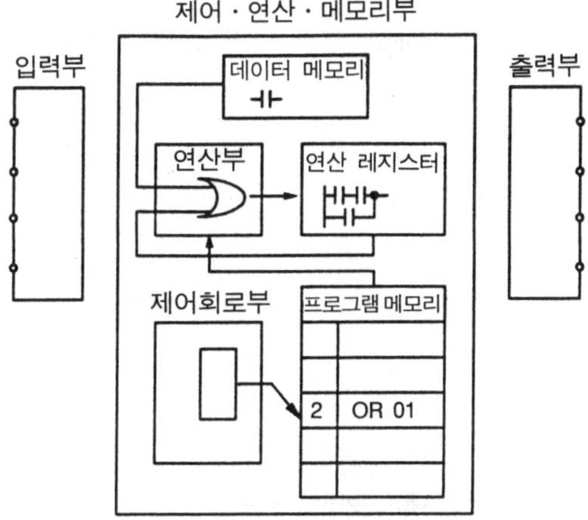

그림 4-212 제2스텝의 실행(OR O1)

(4) 제3스텝의 실행

프로그램 카운터의 내용에 따라 3번 스텝의 명령어가 선택된다. 선택된 명령어의 내용에 따라 다음 두 가지 동작을 실행한다.

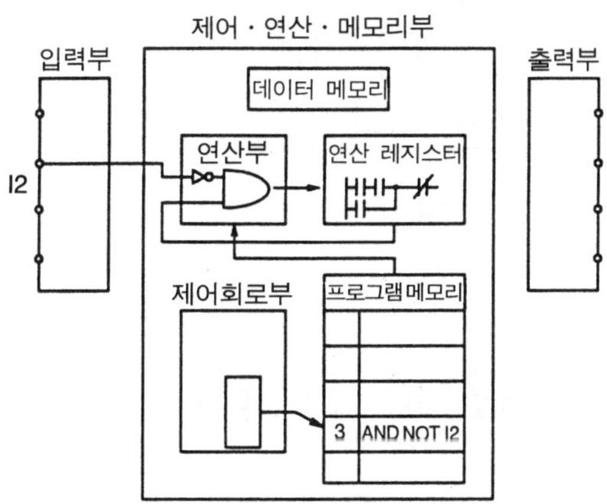

그림 4-213 제3스텝의 실행(AND NOT I2)

① 입력 선택부가 입력 I2를 선택한다.

② 선택된 입력은 연산부 내에서 반전되어 연산 레지스터의 내용과 AND 결합하고 그 결과는 연산 레지스터에 다시 기록된다.

프로그램 카운터의 번호는 +1되어 다음 스텝으로 넘어간다.

(5) 제4스텝의 실행

프로그램 카운터의 내용에 따라 4번 스텝의 명령어가 프로그램 메모리에서 취출된다. 취출된 명령어의 내용에 따라 다음 두 가지 동작을 실행한다.

① 출력 선택부가 출력 O1을 선택하고 그에 상당하는 데이터 메모리의 보조 메모리 O1을 선택한다.

② 선택된 출력에 연산 레지스터의 내용을 기록한다. 즉 연산 레지스터에 저장되어 있는 연산결과가 만족되면 출력부에 O1의 출력 명령을 지시하여 외부에 연결된 솔레노이드를 구동시키는 것이다.

그리고 다시 프로그램 카운터의 번호가 +1되어 다음 스텝으로 넘어간다. 만일 다음 스텝의 명령이 END 명령일 경우에 프로그램 카운터는 0으로 리셋되어 다시 0번 스텝부터 재실행을 하게 된다.

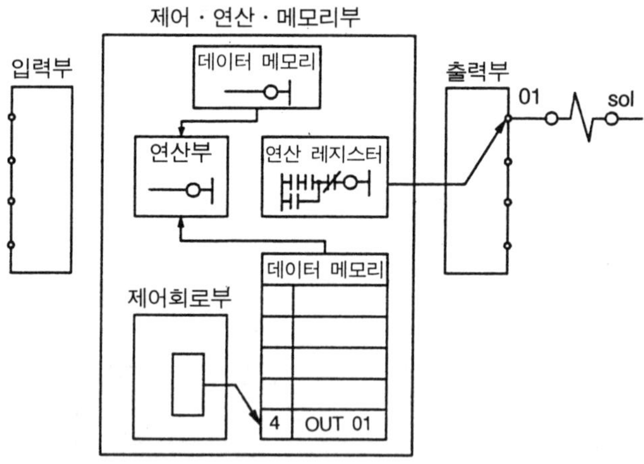

그림 4-214 제4스텝의 실행(OUT O1)

8-2 입력 지속시간과 타이밍

그러면 여기서 과연 누름버튼 스위치 PB1의 입력시간은 얼마나 길게 해야 출력이 ON되고 자기유지가 가능한지에 대해서 생각해 보자.

그림 4-215의 릴레이 회로에서는 릴레이 R2의 동작시간만큼 누름버튼 스위치를 누르고 있으면 R2는 자신의 접점에 의해 확실히 자기유지된다. 릴레이의 동작시간은 메이커의 사양서에 명기되어 있다. 예를 들어 릴레이의 응답시간이 15ms 이하일 경우에는 누름버튼 스위치 PB1을 15ms 동안 누르고 있으면 자기유지는 보존된다.

그러나 PLC에서는 메모리의 동작시간이 아니다. 즉, 릴레이의 응답시간 동안만 누름버튼 스위치를 누르고 있으면 릴레이가 동작되고 또한 자기유지도 가능하나, PLC에서는 전혀 다르다.

누름버튼 스위치를 얼마동안 누르고 있어야만 자기유지가 가능한지는 그림 4-215에 나타냈다. 만일 PLC가 0번 스텝의 START I1을 실행하고 있을 때 누름버튼 스위치가 ON되어 있다면 PLC는 그 연산신호를 연산 레지스터에 1로 기억시킨다. 따라서 4번 스텝에서 출력을 내고 자기유지할 수 있다. 그런데 입력이 0번 스텝을 실행중일 때는 ON되어 있지 않고 1번 스텝 실행중에 ON되었다면, PLC는 입력을 받아들이지 못해 출력을 내보낼 수 없고, 만일 PB1의 입력이 다음 스텝에서 0번 스텝까지 ON되어 있다면 두번째 스텝에서 출력이 나오고 자기유지된다. 이 두 가지 관계를 그림 4-215의 (a), (b)가 보여주고 있다.

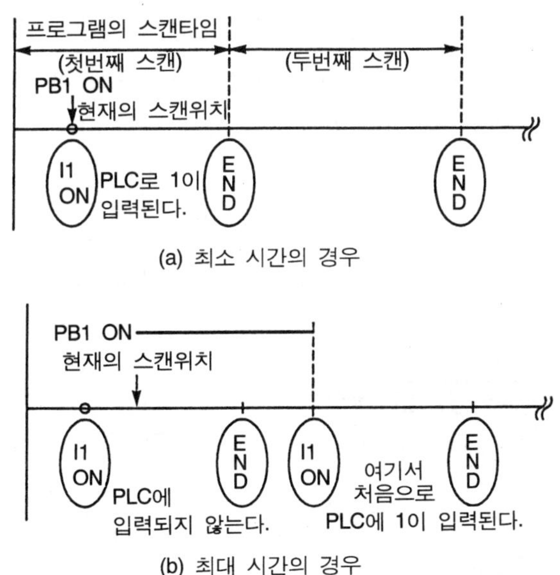

그림 4-215 PB1을 누르고 있는 시간과 프로그램 스캔위치의 관계

그러므로 PLC에서 누름버튼 스위치 등의 입력을 통해 자기유지 회로를 구성시키려고 할 때 최소한 프로그램의 스캔타임 동안 눌러져 있지 않으면, 확실히 신호가 접수되지 않음을 알 수 있다. 프로그램의 스캔타임에 대해서는 이미 앞에서 설명했듯이 시퀀스 프로그램의 크기나 CPU의 처리속도, 사용하는 명령의 종류에 따라 시간이 달라지므로, 입력의 지속시간에 대해서 사전에 검토해야 한다.

8-3 응답지연과 응답오차

(1) 스캔타임의 계산

스캔타임은 [1명령의 실행시간] × [스텝수]로 계산할 수 있는데, 명령의 종류에 따라 실행시간은 달라진다. AND나 OR 같은 시퀀스 명령은 데이터 처리 명령에 비해 실행시간이 빠르기 때문이다.

일례로 AND와 OR 같은 시퀀스 명령의 실행시간이 $3\mu s$인 PLC로 700스텝의 프로그램을 처리할 때 이 프로그램이 모두 시퀀스 명령으로 작성되었다면 이 프로그램의 스캔타임은 $3\mu s$ × 700스텝 = 2.1ms가 된다(그림 4-216).

그러나 실제로 제어회로가 시퀀스 명령만 가지고 모든 제어문제를 해결하는 것은 곤란하기 때문에 대부분의 제어회로가 시퀀스 명령과 데이터 처리 명령 등의 응용 명령어로 복합 구성되는 예가 많다. 그리고 응용 명령을 처리하는 시간도 시퀀스 명령을 처리하는 실행시간보다 작게는 2배에서부터 많게는 15배 정도까지 소요되는 명령도 있어, 스캔타임을 스텝수로 계산하기란 여간 어렵지 않다.

그러므로 프로그램 길이가 길고, 응용 명령의 사용이 많은 프로그램에서는 PLC의 내부 메모리와 타이머, 카운터 등을 이용하여 실제의 스캔타임을 PLC로 계측하는 방법이 효과적이다. 그 일례를 그림 4-217에 나타냈다.

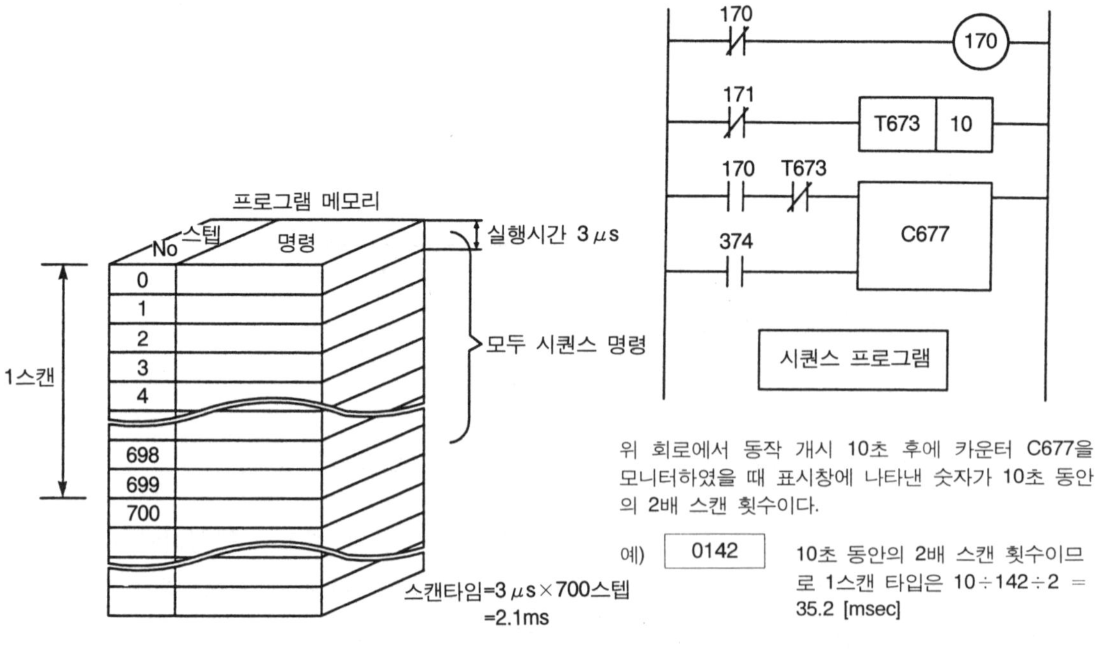

그림 4-216 스캔타임의 계산　　　　4-217 스캔타임 계측 프로그램 예

(2) 응답지연

PLC에서는 스텝번호순으로 프로그램을 직렬 처리하는 스캔방식을 취하고 있는데도 불구하고, PLC의 외부에서 제어상태를 보면, 병렬 처리하고 있는 릴레이 시퀀스와 동일한 동작처럼 보인다. 이것은 PLC의 스캔타임이 릴레이의 동작시간이나 복귀시간(평균 15ms이하)보다 빠르기 때문이며, 실제로는 현재 처리되고 있는 스텝번호의 위치에 따라 응답지연이나 오차가 생기고 있는 것이다.

예를 들어 그림 4-218의 (a)와 같은 프로그램을 만들었다고 하자. 이 프로그램은 입력 X1이 ON으로 되면 출력 Y2가 ON되고, 입력 X1과 X2가 동시에 ON되면 출력 Y1이 ON된다.

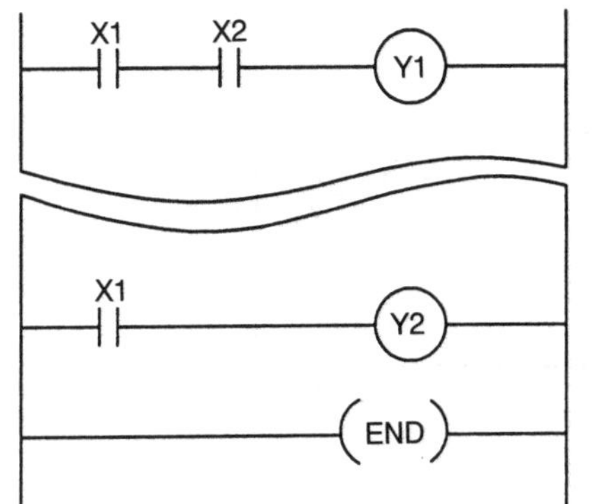

스텝 NO	명 령 어
0	LD X1
1	AND X2
2	OUT Y1
3	
⋮	⋮
99	LD X1
100	OUT Y2
101	
⋮	⋮
	END

(a) 시퀀스 프로그램

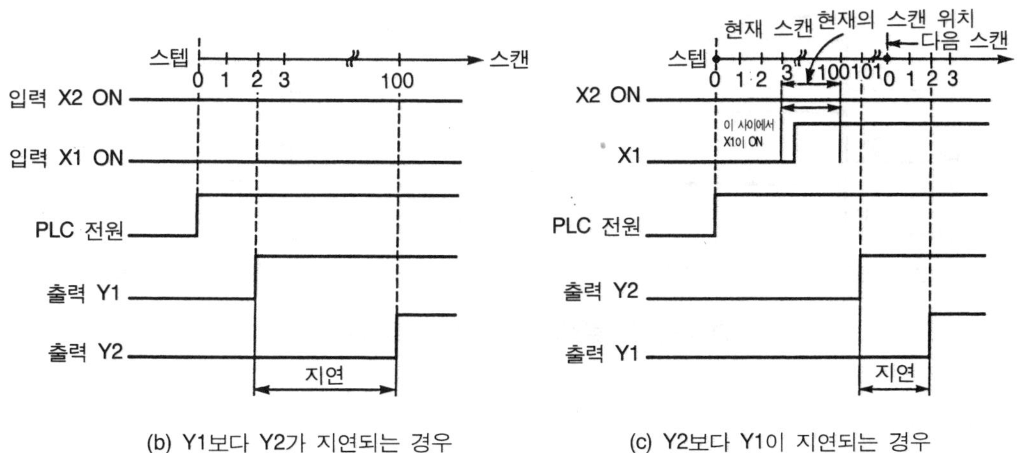

(b) Y1보다 Y2가 지연되는 경우   (c) Y2보다 Y1이 지연되는 경우

그림 4-218 입력 타이밍과 스캔위치에 따른 출력신호의 지연

이 프로그램에 있어서 입력 X1과 X2가 ON되어 있는 상태에서 PLC를 운전모드(RUN 상태)로 하면 프로그램은 0번 스텝부터 END 명령까지를 차례대로 실행해 나간다. 따라서 Y1

과 Y2의 입력조건은 동시에 만족되고 있음(X1, X2 모두 ON)에도 불구하고, Y2는 Y1보다 늦게 ON 상태로 된다(그림 4-218).

또 현재의 스캔위치가 스텝 3~100의 임의의 위치일 때 X1이 ON으로 된 경우에는 그림 4-218의 (c)와 같이 된다. 즉 Y2는 현재 스캐닝중인 스텝 2가 실행될 때까지 ON할 수 없다. 따라서 Y1은 Y2보다 늦게 ON하는 것이다.

그림 4-218 (a)의 프로그램을 릴레이 회로로 작성해 보면 그림 4-219와 같이 된다. 이 동작은 그림 4-219의 (b)에 그대로 나타나 있다. 즉 입력조건만 만족되어 있으면 R1과 R2는 전원투입과 동시에 ON한다. 또 전원 투입 후에 입력조건이 만족된 경우에도 R1과 R2는 동시에 ON된다. 그러므로 릴레이 회로는 PLC에서 발생되는 스캔위치에 따른 응답지연은 발생하지 않는다. 이것은 PLC는 프로그램을 직렬처리하고 릴레이 회로는 병렬처리를 하고 있기 때문이다.

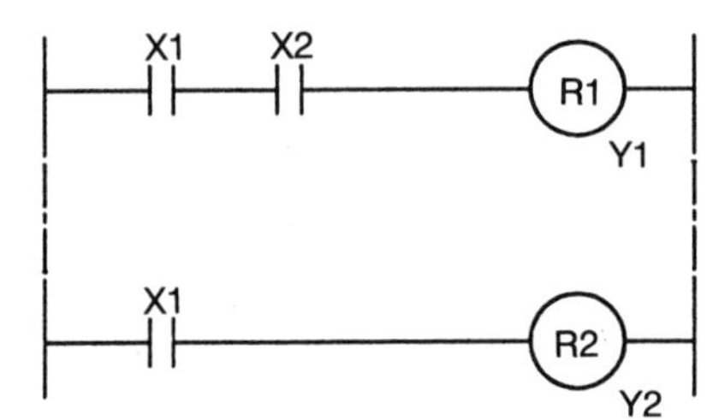

(a) 릴레이 회로(병렬처리)

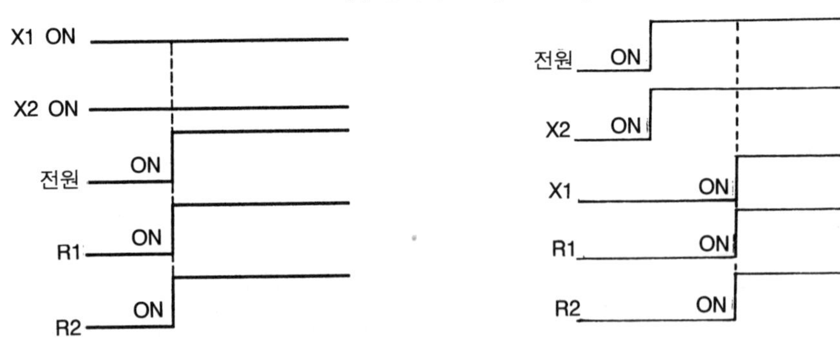

(b) 지연없음(전원투입과 동시에 출력)   (c) 지연없음(입력조건의 만족과 동시에 출력)

그림 4-219 릴레이의 회로의 응답신호

(3) 응답오차

이상은 응답의 지연에 대한 설명이었다. 그러나 스캐닝의 위치와 입력조건 만족 타이밍에 따라 응답오차도 발생한다.

예를 들면, 그림 4-220(a)의 프로그램에 있어서 현재의 스캔위치가 스텝 99일 때 입력신호 X1이 ON하면 스텝 100의 명령에서 X1의 ON 상태를 PLC내부(제어·연산부)에 전달하고, 스텝 101의 출력 명령을 실행하면 Y1은 즉시 ON하여 응답의 지연은 0에 가깝다(그림

(b)). 또 그림 (c)와 같이 현재의 스캔위치가 스텝 101일 때 X1이 ON한 경우에는 이것을 전달하기 위한 스텝 100의 입력 명령을 통과하고 있으므로, 이 스캐닝중에 Y1은 ON되지 않고 다음 스캔을 개시하여 스텝 101의 출력 명령을 실행한 때 비로소 Y1이 ON된다. 즉, Y1의 ON은 1스캔만큼 늦어지는 것이다. Y1이 ON에서 OFF로 될 경우에도 마찬가지며, X1이 OFF로 되는 타이밍에 따라서는 최대 1스캔 시간 늦어지는 경우가 있다.

스텝 NO	명 령 어
0	
⋮	⋮
99	LD X1
100	OUT Y1
101	
⋮	⋮
	END

(a) 프로그램(직렬처리)

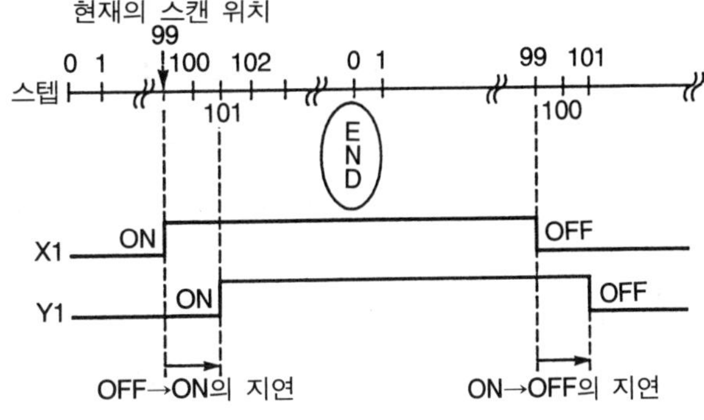

(b) 응답의 최소지연 케이스(지연없음)

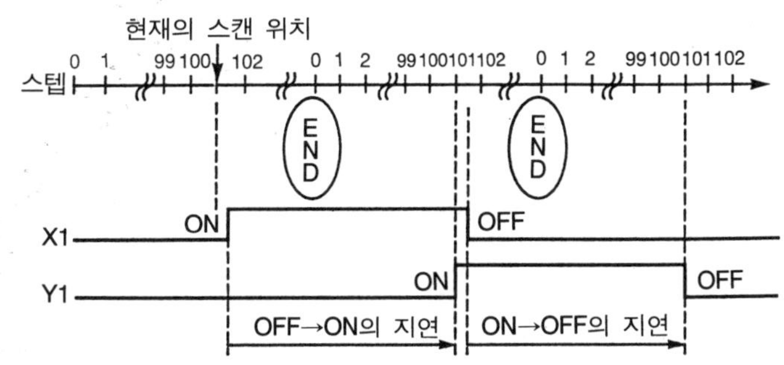

(c) 응답의 최대지연 케이스(스캔타임분 지연)

그림 4-220 스캔위치와 입력조건의 타이밍에 의한 응답오차

이와 같이 스캐닝의 스텝위치와 입력조건이 만족되는 타이밍에 따라서 응답의 지연은 거의 0에서부터 최대로 프로그램의 1스캔타임까지 변동한다.

응답의 지연이나 오차가 10ms 정도라면 누름버튼 스위치를 누르고 PLC를 거쳐 부하를 ON · OFF시키려는 데에는 아무런 영향도 주지 않는다. 그러나 응답의 지연이 60ms 정도가 되면, 누름버튼 스위치를 의식적으로 길게 누를 필요성이 있다.

응답의 지연이나 오차에 있어서 특히 주의해야 할 것은 입력신호가 펄스신호일 때이다. 예로 스캔다임이 10ms일 때 펄스신호의 유지시간(펄스폭)이 10ms보다 짧으면 PLC는 입력신호를 받아들이지 못하게 된다. 펄스폭이 짧으면 짧을수록 입력신호를 포착할 기회가 적어지며, 그로 인해서 오동작 사고를 일으키게 된다.

예를 들면 그림 4-220(a)의 프로그램에 있어서 입력 X1이 그림 4-221과 같이 입력된다면 이 신호는 PLC가 받아들이지 못해 출력 Y1 은 OFF 상태로 있게 된다.

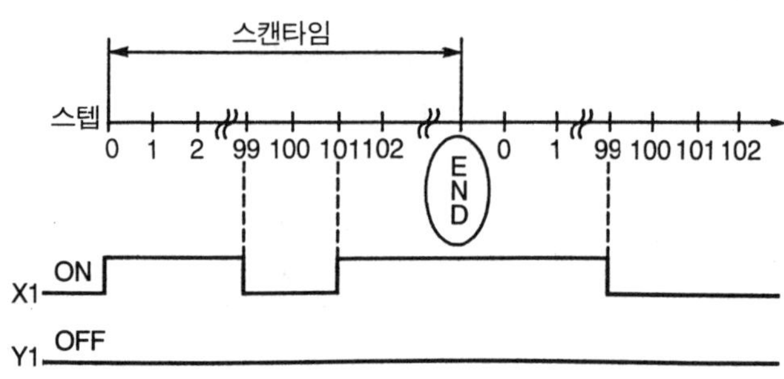

그림 4-221 입력신호가 받아들이지 않는 경우

이와 같이 PLC의 실행은 병렬처리하는 릴레이 회로와는 달리 직렬처리이기 때문에, 입력신호의 입력 타이밍과 스캔위치의 관계에서 응답의 지연과 오차는 피할 수 없는 문제이다. 따라서 이것이 문제가 될 듯한 프로그램에서는 프로그램상에서의 연구나 하드웨어적인 대책이 필요하다. 그러나 다른 한편으로는 이 스캔타임에 의한 응답지연을 유용하게 이용한 프로그램 기법도 있다.

9. PLC의 설치환경과 노이즈 대책

최근의 PLC는 반도체 기술의 진보에 따라 기능, 규모, 가격 등의 모든 면에서 다양화되어 가고 있고, 그 적용분야나 사용량도 급속히 확대되고 있다. 이에 따라 PLC가 사용되는 환경도 다양해짐에 따라서 설치환경 요건이 PLC의 수명과 신뢰성에 중요한 영향을 미치고 있다.

즉, PLC를 실장한 제어장치가 기능을 충분히 발휘하도록 하고, 안정되게 가동되기 위해서는 프로그램상의 연구도 물론 중요하지만, 노이즈 대책이나 PLC가 설치될 환경에 대한 대책과 조치도 상당히 중요한 고려사항이다.

프로그램상의 연구에 대해서는 사용하는 메모리 용량이 증가되는 것뿐이며, 제어장치 메이커의 입장에서는 PLC의 구입가격에 있어 영향을 미치는 일은 없다. 통상적으로 PLC를 이용하여 장치를 제어하기 위해 복잡한 시퀀스 프로그램을 작성하여 입력하더라도 메모리의 용량이 남아 있는 경우가 많고, 또 미사용 부분을 이용하거나, 이용하지 않아도 가격은 동일하다. 또한 부득이 메모리의 증설이 필요하게 되어도, 반도체 부품의 대량생산에 힘입어 현재 메모리의 가격은 대단히 저렴하므로 이것이 문제가 되는 일은 거의 없기 때문이다.

이에 비해 노이즈 대책이나 설치환경에 대한 하드적인 조치와 대책은 제어장치의 가격에 직접적으로 영향을 미치며, 게다가 고가로 되는 경우가 많다. 따라서 만전을 기하여 모든 대책을 실시하는 것은 어렵지만, 상황에 따라서 할 수 있는 범위 내에서 대책의 수립은 충분히 고려해 둘 필요가 있다.

PLC의 수명과 신뢰성에 영향을 미치는 설치환경 조건으로는 자연 분위기적인 것, 전기적인 것, 기계적인 것 또는 설비적인 것 등 여러 가지 요소가 있으며 대표적인 항목은 다음과 같다.

① 온도, 습도
② 먼지, 부식성 가스
③ 진동, 충격
④ 전자계 노이즈

다음은 전기적 설비 조건의 문제이다.

⑤ 공급전원

⑥ 접지

⑦ 케이블 배선

이들 항목에 대한 허용치나 제한범위에 대해서는 메이커마다 약간의 차이는 있으나 기본적으로는 PLC를 구성하는 소자가 IC, LSI 등의 반도체 소자와 저항, 콘덴서 등의 회로 부품이기 때문에 비슷하다. 그리고 이들 설치조건 항목들은 통상 PLC의 일반사양이라 하고, 메이커가 제공하는 카탈로그를 보면 기본부(CPU)의 성능사양, 입·출력부의 성능사양과 더불어 표 4-21과 같이 일반사양으로 제시된다.

표 4-21 PLC의 일반사양

항 목	사 양
전 원 전 압	AC 110/220V, 단상 50/60Hz, DC 24V
소 비 전 력	28VA
허용 정전 시간	10ms
사 용 온 도	0~55℃
보 존 온 도	−10~70℃
습 도	20~90% RH(이슬맺힘이 없을 것)
분 위 기	부식성 가스가 없을 것
내 진 동	16.7Hz 복진폭 2mm, 2시간
내 충 격	10G(X, Y, Z 방향 각 3회)
노 이 즈 내 량	1500V 1 μs(Impulse Noise)
절 연 내 압	AC 1500V 1분
절 연 저 항	DC 500V, 10MΩ이상
접 지	제3종 접지(100Ω이하)

9-1 동작환경

(1) 온 도

전자기기에 있어서 온도는 가장 일반적이고도 중요한 환경조건이다. PLC에서는 사용온도 조건과 보존온도 조건으로 나누어 표시하며 반드시 규정되어 있다. 이들 양자의 차이는 전자부품의 동작온도와 보존온도의 차 및 통전에 의한 내부 부품의 자기발열과 그 냉각능력으로 결정되는데 통상 보존온도폭이 더 크다.

일반적으로 PLC의 사용 주위온도는 부품소자의 사용온도 관계 때문에 0~55℃ 정도이다. 최고온도인 55℃는 제어반의 주위온도가 40℃이고 제어반 내의 온도 상승이 15℃이라고 생각하고 있다. 또 최저온도인 0℃는 주로 사용부품의 보증 하한 온도에서 결정된 것이다.

1) 고온대책

다음과 같은 환경에서는 PLC의 주위 온도가 현저하게 고온으로 되는 경우가 있다.

- 직사광선을 쬐는 곳
- 제어반 내에 큰 발열부품이 있을 때
- 난방용 고온 온풍의 분출구
- 옥외
- 노(爐) 등의 근처
- 천장에 가까운 장소

PLC를 고온에서 사용했을 때, 다음과 같은 이상이 발생하는 경우가 있다.

- 반도체 부품, 콘덴서의 수명 저하
- IC, 트랜지스터 등의 반도체 부품의 열화
- 반도체 부품, 콘덴서의 고장률 증대
- 회로의 전압 레벨, 타이밍 등의 마진의 저하
- 아날로그 회로의 드리프트 등에 의한 정밀도 저하

따라서 다음과 같은 대책을 실시하여 PLC의 주위 온도가 55℃ 이하로 되도록 하지 않으면 안된다. 또 될 수 있는 대로 낮은 온도 범위에서 사용하는 것이 신뢰성의 향상, 장기적인 가동률을 향상하게 된다.

① 제어반에 팬을 설치한다.
② 스폿 쿨러를 설치한다.
③ 온도가 낮은 외기를 제어반 내에 도입한다.
④ 공기 조화가 된 전기실에 제어반을 설치한다.
⑤ 직사 일광을 차단한다.
⑥ 온풍이 직접 닿지 않도록 한다.
⑦ 제어반 주변에 통풍이 잘되게 한다.
⑧ 하절기의 잠깐 동안만 55℃를 넘는다면 제어반의 문을 열거나, 외부 팬으로 냉각한다.

2) 저온대책

저온에서는 고온만큼의 이상은 발생하지 않으나 회로 마진의 저하, 아날로그 회로의 정밀도 저하가 있고, 극저온에서는 전원을 투입할 때 정상 동작하지 않는 경우가 있다. 이런 경우에는 다음과 같은 대책을 취한다.

① 제어반 내에 스페이스 히터를 설치한다. 온도가 너무 올라가면 제어반 외부와의 온도차로 인해 제어반의 문을 열었을 때 결로하는 경우가 있으므로 주의한다.

② PLC의 전원은 끊지 않는다. 자기발열에 의해 PLC의 동작 온도를 0℃ 이상으로 유지할 수 있는 경우에 한한다.

③ 운전을 개시하기 전에 PLC의 전원을 투입하여 자기발열로 온도를 높인다. 야간에 저온이 되는 경우에는 ②, ③의 대책이 좋다.

3) 급격한 온도 변화

1시간에 ±10℃ 이상의 온도변화가 있을 때 등, 구조 부재의 팽창률의 차이로 인한 팽창, 수축으로 조임나사가 풀리는 경우가 있다. 또 반도체 부품의 열화나 회로의 온도 특성에 의한 조정의 틀림 등의 나쁜 상태가 발생하는 경우가 있다.

이러한 경우 대책으로는 다음과 같은 것이 있다.

① 급격한 온도변화가 없는 장소를 선택하여 설치한다.

② 공조설비의 분출구를 피한다.

③ 문의 개폐로 인한 것이면 될 수 있는 대로 도어에서 떨어져 설치한다.

4) 통 풍

PLC의 통풍을 좋게 하는 것도 하나의 온도 대책이다. PLC의 통풍을 좋게 하기 위해서는 그림 4-222와 같이 PLC 본체의 상부, 하부는 구조물이나 부품과의 거리를 적어도 50mm 이상 두는 것이다. 또 배선덕트를 설치할 때는 통풍에 방해가 되지 않도록 한다.

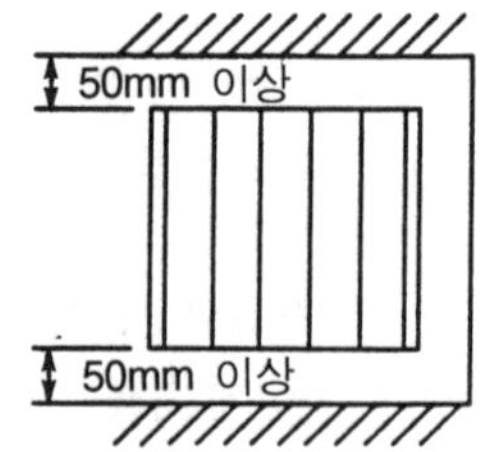

그림 4-222 구조물과의 간격

(2) 습도 대책

습도의 표현 방법에는 절대습도와 상대습도가 있으나 물방울 맺힘 등의 현상은 주로 상대습도에 의존하기 때문에 전자기기의 환경조건으로는 상대습도(%RH-Relative Humidity)를 사용한다.

일반적으로 PLC의 사용 주위 습도는 20%~90%RH(상대습도)이다. 특히 고습도에서 장시간 사용하면 절연성이 떨어지므로 주의가 필요하다.

1) 고습도 대책

고습도에서는 몰드형 IC의 금속리드와 몰드 케이스의 틈새로 수분이 침입하여 내부소자의 열화가 발생하거나 고절연을 필요로 하는 회로의 절연저하, 고전압 회로 또는 높은 서지가 인가되는 회로에서의 리크, 프린트 기판에서의 위스커의 발생으로 인한 패턴간의 단락, 은사용 부품의 절연물로 은의 이행으로 인한 단락 등의 불량이 발생하는 경우가 있다.

대책은 다음과 같은 것이 있다.

① 제어반을 밀폐구조로 하고 흡습제를 넣는다.
② 외부의 건조공기를 제어반 내에 도입한다.
③ 프린트 기판을 다시 코팅한다.
④ 입·출력 전원의 전압을 AC 220V에서 AC 110V 또는 DC 24V로 낮춘다.
⑤ 제어반 내에 스페이스 히터를 설치한다.

2) 저습도 대책

매우 건조한 상태에서는 절연물상의 정전기에 의한 대전이 있다. 특히 입력 임피던스가 높은 CMOS-IC는 이 대전의 방전으로 인해 파괴되는 경우가 있다. 또한 건조에 의한 재료 표면의 균열이나 특성열화를 초래한다.

따라서 건조상태에서 유닛의 장착이나 점검을 할 때는, 인체의 대전을 방전한 후에 한다. 또 유닛의 부품이나 패턴에 접촉하지 않도록 주의해야 한다.

3) 이슬맺힘

운전정지에 따른 제어반의 급격한 온도저하나 외부 온·습도의 급격한 변화로 결로(이슬맺힘)하는 경우가 있다.

결로에 의해 절연저항이 대폭으로 저하하여 오동작이나 고전압 회로의 리크, 금속면의 녹 발생 등의 불량이 생긴다. 특히 AC 220V, 110V 등의 입·출력 유닛에서는 절연저하로 인해 예측하지 않은 사고가 생길 수 있다.

따라서 절대로 결로되지 않도록 하고, 또 결로하지 않는 장소에 제어반을 설치하는 것이다. 유접점 릴레이 반에서 결로로 이상이 생기는 경우나 제어반 내의 금속이 녹슬면 PLC 반에서도 결로가 문제된다.

대책은 1)항의 고습도 대책을 실시하거나, 스페이스 히터를 설치하거나, PLC의 전원을 끄지 않는 것이 가장 좋다.

(3) 분위기

먼지, 도전성 분말, 부식성 가스, 수분, 유분, 오일 미스트, 유기용제, 염분 등이 있는 장소에서는 다음과 같은 불량이 발생한다.

- 먼지로 인한 필터가 막혀 일어나는 제어반의 온도 상승
- 먼지로 인한 접촉부분의 접촉 불량
- 도전성 분말로 인한 오동작, 절연 열화와 단락
- 유분, 오일 미스트로 인한 플라스틱의 침식
- 부식성 가스, 염분에 의한 프린트 기판 패턴이나 부품 리드선의 부식, 릴레이, 스위치 류의 접촉불량
- 유기용제로 인한 플라스틱의 침식
- 암모니아 가루에 의한 황동 등의 음력 부식 균열

이와 같은 분위기에서는 다음과 같은 대책을 실시한다.

① 제어반을 밀폐 구조로 한다. 이 때는 온도상승에 주의한다.
② 에어 퍼지를 한다. 제어반의 내압이 외부공기보다 높아지도록 청정한 공기를 압송한다.
③ 사용전압을 낮춘다.

위의 대책으로도 가동하지 않을 때는 제어반의 호흡작용으로 충분하다고 할 수 없다. 대책을 시행함과 동시에 이와 같은 분위기에서 격리하는 것이 상책이다.

분위기로 인한 나쁜 영향의 체크에는 다음과 같은 것이 있다.

① 필터의 막힘
② 프린트 기판 등의 부착상태
③ 프린트 기판과 금속 부품의 부식 여부
④ 제어반 내 각부에 먼지가 쌓인 상태

위 항목을 체크하여 상태가 나쁘면 앞서 설명한 대책을 실시한다. 또 정기적으로 청소를 한다.

(4) 진동 · 충격

최근의 PLC는 사용부품이 소형화되어 내진동, 내충격 성능은 강화되었으나 아직도 무시할 수 없는 환경조건의 하나이다.

진동은 어느 시간 이상 계속되는 기계적인 스트레스이고, 충격은 일과성의 순간적인 스트레스로 구별하나 본질적인 차이는 없다.

통상 진동의 크기는 진폭(mm)과 주파수(Hz)로 나타내고, 충격은 가속도(G(Gal) 또는 gn)로 나타낸다.

일반적으로 PLC에서는 KS에 준거하여 내진동 16.7Hz, 복진폭 2mm, 3방향(X, Y, Z)에서 각 30분간 보증하고 내충격은 3방향 10G(갈)까지를 보증하고 있다.

따라서 PLC를 설치할 때는 이 값 이하로 되도록 주의하지 않으면 안된다. 특히 크레인이나 대차에 탑재하거나 프레스기계 근처에서는 제어반 내의 전자기기나 브레이크의 개폐 등으로 인해 진동·충격이 발생하므로 대책이 필요하다.

또 진동·충격이 규정값 이하라도 장기간 가함으로써 기구 부분의 헐거움, 전기 부품의 피로 파괴, 커넥터의 스프링 피로로 인한 접촉불량 등이 발생한다.

정상적으로 진동이 있는 경우나 큰 충격이 있는 경우, 설치한 제어반이나 전자 기기류에서 문제가 발생하는 경우 등에는 다음과 같은 대책을 실시한다.

제어반 외에서 오는 진동·충격일 때는 다음과 같다.

① 진동원에서 떨어져 제어반을 설치한다
② 제어반에 방진고무를 부착한다
③ 제어반이 공진하지 않도록 구조를 강화한다

제어반 내에서의 진동·충격일 때는 다음과 같다.

① 진동, 충격원과 별개의 패널로 한다.
② 진동, 충격원에서 분리한다.
③ 제어반의 구조를 강화한다.

또 진동·충격이 큰 경우에는 PLC뿐만이 아니라 제어반 내의 제어기구와 전선에 대해서도 내진대책이 필요하다.

따라서 정기적으로 다음과 같은 포인트를 점검하면 된다.

① 유닛의 고정나사를 꽉 조인다.
② 단자나사를 꽉 조인다.
③ 커넥터의 느슨함, 로크의 풀림을 확인한다.

9-2 전원과 접지

PLC를 사용하여 시스템을 구성할 경우 그 전원계통은 PLC 전원계통 외에 동력계통, 제어계통, 입·출력용 전원계통 등이 있다. 따라서 시스템의 신뢰성을 높이기 위해서는 전원공급을 각각 계통별로 분리하는 것이 바람직하다. 그림 4-223에 전원 계통도를 나타냈다. 이 그림에서 다른 기기와 PLC 전원계통을 분리한 것은, PLC단독의 프로그램 체크나 시뮬레이션, 입·출력 기기측의 고장으로 인한 PLC 전원이 끊기는 것을 방지하기 위한 것이다.

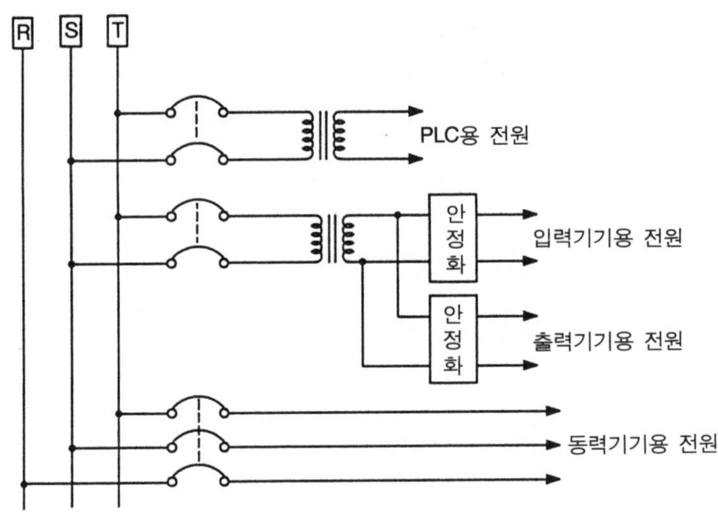

그림 4-223 전원의 계통도

(1) 전원 공급선

전원 공급용 전선은 동력기기의 돌입전류나 시스템 전체의 소비전류로 인해 전압 강하를 일으키지 않도록 전류 용량에 충분히 여유가 있는 전선을 사용한다.

(2) 전원의 전압변동

PLC의 전압변동 범위는 일반적으로 +10%, -15% 이내가 많으며, 전압변동이 -15~20%로 되면 PLC가 정전을 자동 검지하여 운전을 정지하고, 전압이 다시 상승하면 자동적으로 다시 운전한다. 그러나 빈번히 발생하는 전압변동은 제원 범위 이내라도 좋지 않다. 이런 경우에는 그림 4-224와 같은 대책을 취할 필요가 있다. 그림 (a)는 규정 이상의 전압변동이 있을 때이며, 정전압 변압기를 사용한다. 이 때 정전압 변압기의 전류 용량은 PLC의 돌입전류로 전압이 강하하지 않도록 충분한 여유를 갖게 한다.

그림 (b)와 (c)는 대폭의 전압변동과 함께 빈번한 순간 정전에서도 PLC를 정지시키지 않기 위한 대책이다. 그림 (b)는 DC 24V 전원용 PLC의 경우이며, 전지는 항상 충전장치로 충전해 두는 플로팅 방식이 바람직하다. 그림 (c)는 전동발전기(MG)를 사용하는 경우이며, 발전이 시작할 때 전원이 서서히 상승하여 PLC가 운전상태로 되지 않는 경우가 있으므로, 전압 검출용에 릴레이를 사용하여 이 릴레이로 전원을 투입하도록 되어 있다.

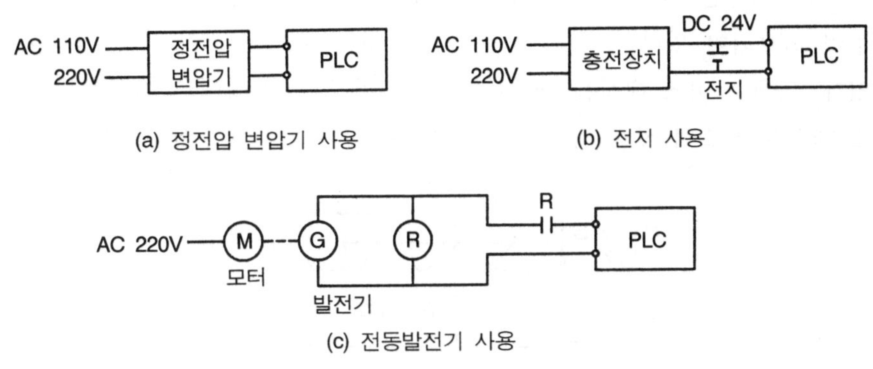

그림 4-224 전압변동 대책

(3) 순간 정전

일반적으로 PLC는 전원이 10ms 정도의 순간 정전을 일으켜도 응답하지 않고 운전을 계속하는 성능을 갖고 있다. 또 15ms 정도 이상의 순간 정전이 있을 때는 검지하여 운전을 정지한다. 10~15ms 사이의 순간 정전은 앞에 설명한 것 중 어느 하나의 동작을 하므로 문제는 없으나 빈번한 순간 정전이 일어나면 시스템의 오동작을 유발시킬 염려가 있으므로 대책을 실시하는 것이 바람직하다.

(4) 무정전(無停電) 전원

컨버터 등에 의한 무정전 전원을 PLC에 공급할 때는 전압 파형의 변형이나 임펄스로 PLC가 오동작하는 경우가 있으므로 사전에 조사할 필요가 있다. 변형이나 임펄스가 확인된 경우에는 정전압 트랜스 등을 사용하여 개선한다.

(5) 입·출력 기기용 전원

입·출력 유닛용 외부전원의 전압변동 범위는 유닛에 따라 다르기 때문에 각각의 카탈로그에 기재된 범위를 준수해야 한다. 직류전원의 리플 허용값은 전압의 변동 범위 내라도 입·출력선이 긴 경우는 전압 강하가 발생하여 전압 부족이 되는 경우도 있으므로 주의한다. 그림 4-225에 입·출력 기기용 DC전원의 제원을 나타냈다.

또 입·출력 기기용 외부 전원장치는 다음과 같은 점에 주의할 필요가 있다.

① PLC의 전원과 동시에 투입한다.

② 전원장치의 이상을 검출하여 이상 발생으로 제어동작을 정지시킨다.

③ 전원장치와 PLC 전원의 시동시간이 다른 경우는 인터록을 취한다.

PLC의 내노이즈성은 극히 일반의 현장에서는 아무런 대책을 실시하지 않고 사용할 수 있는 레벨이 확보되어 있다. 그러나 때로는 뜻밖의 노이즈를 접하여 그 대책에 고심하는 경우가 있다. 뒤에 노이즈 대책을 실시하는 것은 여러 가지 장애로 인해 어려움이 많으므로 노이즈 대책은 시스템 설계 시점에서 실시하는 것이 기본이며 또 효과적이기도 하다.

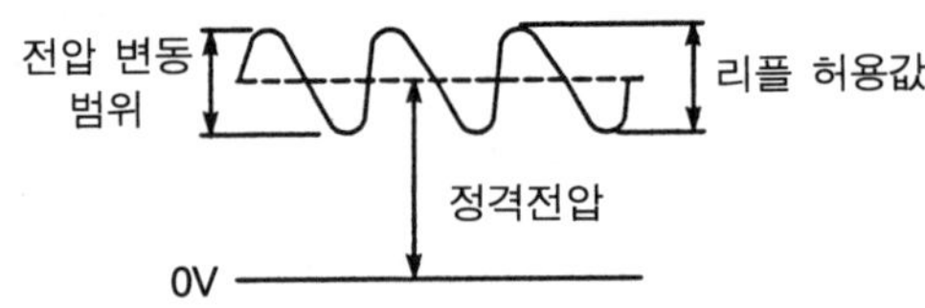

그림 4-225 PLC 입출력 기기용 DC전원의 제원

(6) 접 지

접지란, 회로의 기준 전위와 기기 케이스, 실드 등을 대지 전위로 접속하는 것을 말하며, 최근에 PLC에 대한 접지는 메이커에서 기기에 대한 노이즈 대책을 세우고 있기 때문에 일반적으로는 접지를 하지 않아도 사용할 수 있게 되어 있다. 또한 대전류가 흐르는 동력기기의 접지선에 접속하거나 하면 오히려 나쁜 결과를 초래하는 수도 있다. 따라서 양호한 접지가 바람직하지 않으면 접지를 하지 않는 편이 더 낫다.

접지의 목적으로는 다음과 같은 것을 생각할 수 있다.

① PLC와 제어반 및 대지간의 전위차가 없게 하여, 전위의 차이로 인한 노이즈 전류를 감소시킨다.

② 전원 및 입력 신호선에 혼입한 노이즈를 대지로 배제하여 노이즈의 영향을 감소시킨다.

③ 전력계통으로부터의 누설전류, 낙뢰 등에 의한 감전을 방지한다.

이와 같이, 접지는 노이즈로 인한 오동작을 방지하는 유효한 노이즈 대책이 된다. 따라서 양호한 접지를 할 수 있다면 접지를 하는 것이 좋다.

다만, 2층 이상 건물의 철골에 접지, 대전력 기기의 접지선과 공용접지, 감전방지 목적의 접지선에 접지하는 등으로 양질의 접지를 얻을 수 없으면 구태여 접지를 할 필요는 없다. 다만, 제어반의 접지는 확실하게 해야 한다.

운전중에 노이즈로 인한 오동작이 일어날 것 같으면 그 시점에서 대책으로 접지를 하면 된다. 또 처음부터 접지를 하고 있는 경우에 노이즈 대책으로서 접지를 떼어 보는 것도 유효한 대책이 될 수 있다.

접지방법은 다음과 같이 한다.

① 접지는 PLC만을 접지하는 전용접지가 가장 좋으므로 될 수 있으면 전용접지를 하면 된다. 전용접지를 할 수 없을 때는 접지점에서 다른 기기의 접지와 접속되는 공용접 지로 한다.

다른 기기와 접지선을 공통으로 사용하는 공통접지는 될 수 있는 대로 하지 않는다. 특히 전동기, 변압기 등의 전력기기와의 공통접지는 절대로 피해야 한다. 또 단지 감 전 방지가 목적이고 많은 기기가 접속되어 있는 접지선이나 철골 등에 PLC를 접지하 는 것도 피한다.

② 접지공사는 전기설비 기술기준에 의거 제3종 접지(접지저항 100Ω이하)로 한다.

③ 접지선은 될 수 있는 대로 굵은 전선을 사용한다.

④ 접지선은 될 수 있는 대로 PLC 본체 가까이에 설정한다. 거리는 50m 이하가 기준이다.

⑤ 접지선의 배선에서는 강전회로, 주회로의 전선에서 될 수 있는 대로 떨어지고 또 평 행하는 거리를 될 수 있는 대로 짧게 한다.

⑥ PLC의 접지를 하지 않을 때에도 제어반의 접지는 확실하게 한다.

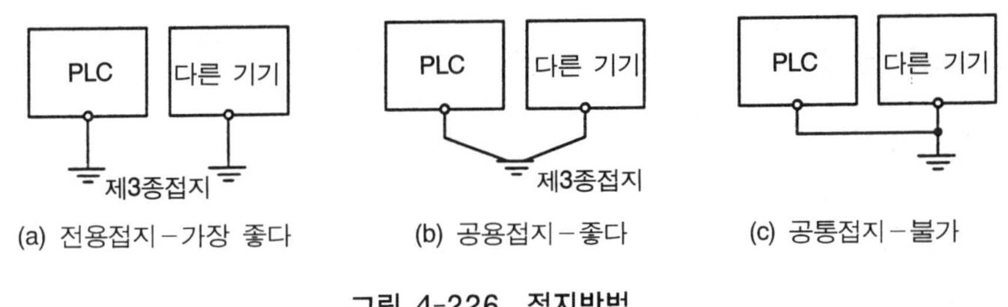

그림 4-226 접지방법

9-3 노이즈 대책

PLC와 같이 고속·저레벨의 신호를 취급하는 전자기기에서 사용상 가장 문제가 되는 것은 전기적 또는 자기적인 노이즈(noise)이다. 노이즈란 '회로 안에 나타나는 필요한 신호 이외의 모든 전기적 신호' 또는 '신호에 간섭해서 정보의 전달을 저해하는 교란'이라고 정 의할 수 있다. 이러한 노이즈는 오래 전부터 전기기기는 물론 통신분야에서 문제가 되어 왔고, 그 대책에 대한 연구도 끊임없이 진전되어 왔으나 최근에는 전기부품의 고신뢰성화 와 고집적화 및 이것을 사용한 전기 제어장치의 신뢰성의 향상에 따라 노이즈에 의한 드 러블이 다시 대두되고 있다.

PLC를 오동작하게 하거나, 때로는 파괴하는 노이즈는 PLC의 내부와 외부에서도 존재하나 통상 내부에서 발생하는 노이즈는 PLC의 회로나 구조 설계상의 문제로 취급해야 할 점이 많으므로 이것은 사용자측의 문제보다 메이커측의 담당 과제이다.

따라서 사용자가 주로 다루고 대책을 강구해야 하는 것은 PLC로 침입해 들어오는 외래 노이즈이며, 통상 외래 노이즈는 그림 4-227과 같은 형태, 경로를 거쳐 PLC에 침입하며, 이것을 크게 분류하면 다음과 같다.

① 전원선, 입·출력 신호선, 전송 케이블, 접지선 등에서 도체를 통하여 침입하는 전도 노이즈

② 전계, 자계, 정전계 등 공중전파에 의해 PLC본체로 직접 침입하는 복사 노이즈

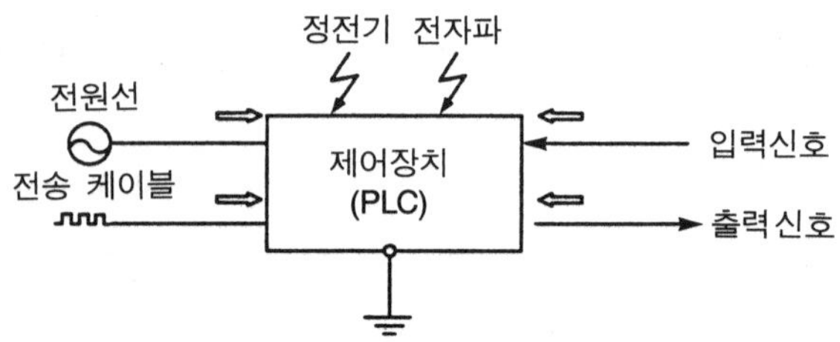

그림 4-227 PLC로 침입하는 외래 노이즈의 침입경로

또한 노이즈를 발생원리 측면에서 분류하면 다음과 같다.

① 정전결합 노이즈
② 전자유도 노이즈
③ 공통 임피던스에 의한 결합 노이즈
④ 복사 전자 노이즈

특히, PLC에서는 신호를 처리하는 입·출력 기기에 대한 노이즈 문제도 신중히 처리해야 하는데, 대표적인 노이즈 발생기기로는 사이리스터 기기, 전자 개폐기의 코일이나 접점 등이 있다.

PLC는 실내에서 주로 사용되는 퍼스널 컴퓨터와는 달리 직접 기계와 접속하여 사이리스터나 전자 개폐기 등으로 파워가 큰 모터를 제어하는 등의 역할을 한다. 그러므로 PLC의 설치장소는 노이즈 침입이나 유도전압에 대한 배려로 동작전압을 24V로 하거나 포토커플러로 절연하는 등 우선대책이 취해지고 있지만, PLC 내부의 회로는 마이크로 프로세서를 중심으로 5V라는 낮은 전압, 더욱이 2~3MHz 이상의 고주파수로 동작하고 있어서 노이즈에 대해서는 특히 조건이 열악하다.

일단 오입력이나 오출력으로 오동작을 일으키면 어떤 상황이 되는가는 충분히 추측할 수 있는 것이다. PLC에 의한 제어 시스템을 안전하고 신뢰성이 높고 안정적으로 가동시키

기 위해, PLC 메이커측에서도 오동작의 검출이나 안전대책을 마련되고 있지만 사용자측에서도 노이즈 대책이나 유도전압에 대한 배려와 대책이 필요하다.

PLC의 이용자나 설계측에서의 대책항목을 열거해 보면 다음과 같다.

① 접지
② 전원부에서의 대책
③ 배선상의 대책
④ 입·출력부의 선정과 배열에 의한 대책
⑤ 입력기기로 침입하는 노이즈 대책
⑥ 출력기기로 침입하는 노이즈 대책

이 중에서 접지에 대해서는 앞서 설명한 바와 같이 올바른 접지를 함으로써 대책을 세우는 방편이므로 접지를 제외한 각 항목에 대한 대책에 대해 알아본다.

(1) 전원부의 대책

전원은 시스템의 근간이며, 전원부가 노이즈로 불안정하게 되는 일은 허용되지 않는다. 따라서 PLC 메이커측에서는 종래의 릴레이 제어회로와 동일한 정도의 노이즈 내량이 있도록 회로설계나 구조상의 대책을 세우고 있으나 사용자측에서도 가능한 범위 내의 노이즈 대책을 적극적으로 세워 두어야 할 것이다.

1) 노이즈 대책

전원부에 세우는 노이즈 대책으로는 그림 4-228의 (a)와 같이 필터를 설치한다. PLC에 유해한 노이즈를 저지하는 주파수 영역의 필터를 선정하는 일은 대단히 어렵다. 이것은 노이즈의 주파수 성분이나 파워의 크기가 가지각색이기 때문이다. 가장 무난하고 효과적인 것은 그림 (b)처럼 실드 트랜스를 이용하는 방법이다. 실드 트랜스를 구입할 수 없을 때에는 일반적인 절연 트랜스를 이용해도 그 효과는 충분히 기대할 수 있다. 특히, 노이즈가 많은 경우에는 그림 4-228의 (a), (b)를 병용하여 그림 (c)와 같이 하면 보다 효과적이다.

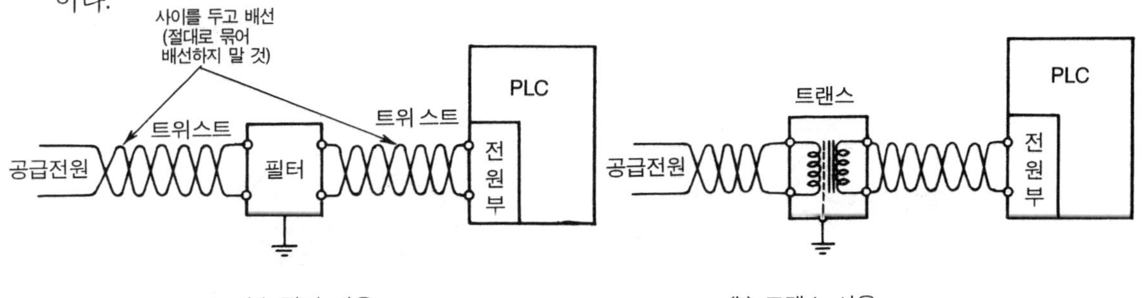

(a) 필터 사용　　　　　　　　　　　(b) 트랜스 사용

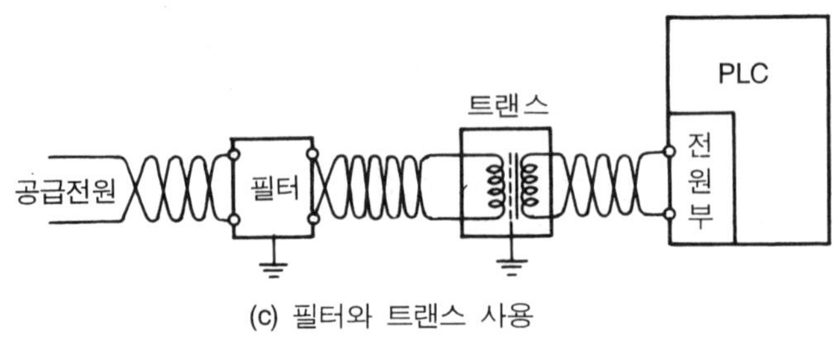

(c) 필터와 트랜스 사용

그림 4-228 전원부의 노이즈 대책

2) 전원부의 배선

전원부의 배선에 관해서는 가능한 한 골고루 트위스트함과 동시에, 1차측과 2차측 (PLC측)의 배선을 접근시키거나, 절대로 묶어서 배선하지 않는 것이다. 1차측과 2차측을 묶어 배선하면 노이즈 억제 효과가 거의 없어진다. 또 공급전원은 주전원 회로나 입·출력 기기용, 동력전원의 회로와는 분리하고, 사용 트랜스는 용량[VA]적으로도 여유를 두는 것이 좋으며, 레귤레이션이 좋은 것을 사용한다.

(2) 배선상의 대책

1) 제어반 외 배선

입·출력 신호를 제어반 내에 끌어들일 때의 노이즈 대책으로서는 다음과 같은 것이 있다.

① 입·출력 신호선과 동력선은 가능한 한 떨어뜨려 배선하고, 가능하면 별도의 배선 덕트나 배관 내를 통하여 그것들을 접지한다(그림 4-229 (a), (b)).
② 입력신호선과 출력신호선은 별도의 케이블을 사용하는 것이 바람직하다. 특히, 장거리 배선인 경우는 따로 계획을 세운다.
③ AC 입·출력 신호선과 DC 입·출력 신호선은 별개의 케이블을 사용한다.
④ IC나 트랜지스터 입·출력 기기의 접속은 실드가 부착된 케이블을 이용한다(그림 4-229 (c)).

반 외 배선의 노이즈 대책은 배선 공사비 부담이 커지기 쉽고, 특히 덕트 배선을 하는 경우에는 발주자측의 사전 조사와 협의가 필요하다.

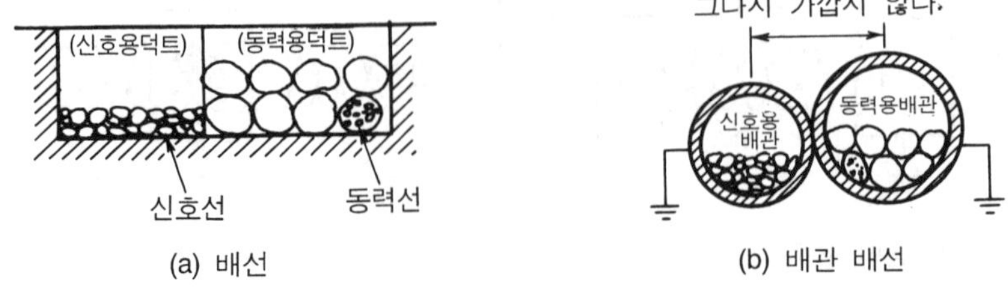

(a) 배선　　　　　(b) 배관 배선

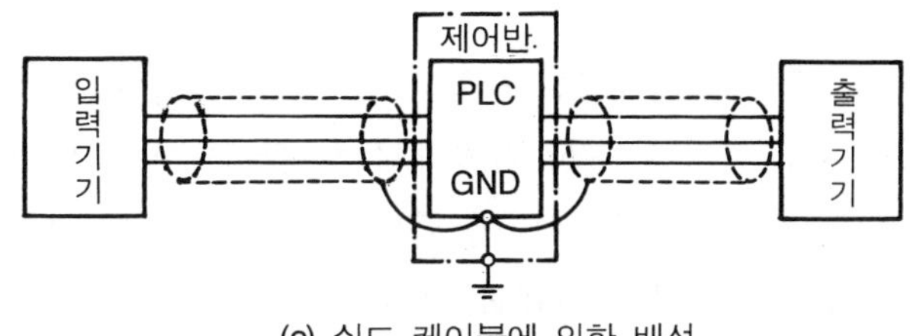

(c) 실드 케이블에 의한 배선

그림 4-229 제어반 외 배선의 노이즈 대책

2) 제어반 내 배선

고가품인 실드 부착 케이블을 쓰거나, 배선 공사비 부담이 큰 덕트 배선을 시행하여 제어반 내에 끌어들이는 신호는, 제어반 내에 있어서도 확실히 신호를 PLC까지 전달하기 위한 대책을 세울 필요가 있다. 제어반 내에도 강전회로용 전자 접촉기나 릴레이 등의 강력한 노이즈원 기기가 수없이 많다. PLC는 이들 노이즈원으로 둘러싸여 있다고 말해도 과언은 아니다.

제어반 내에서는 다음과 같은 대책을 세우는 것이 좋다.

먼저 전원선 관계는 다음과 같다.

① 전원선은 가능한 한 굵은 선을 쓰고, 트위스트한다.
② 트랜스의 2차측은 트위스트로 하고 PLC와는 최단거리 배선이 되도록 한다.
③ 트랜스의 1차측과 2차측은 가능한 한 떨어뜨리고, 절대 양자를 한 묶음으로 묶어 배선하지 말아야 한다.
④ 접지는 가능한 한 굵은 선을 쓰고, 제어반의 접지선까지의 거리는 되도록 짧게 한다.

다음으로 신호선의 취급에 대한 것이다.

① AC 입·출력 신호선과 DC 입·출력 신호선은 별도의 덕트나 통로를 통하여 배선한다.
② 입·출력 신호선은 주회로나 동력선 회로와는 별도의 덕트를 설치하고, 가능한 한 (20[cm] 이상이 바람직하다) 떨어뜨려 배선한다. 특히, IC나 트랜지스터 입·출력기기와 접속되어 있는 신호선을 조심한다.
③ 입력 신호선과 출력 신호선도 가능하면 따로따로 덕트를 통해 배선하는 것이 좋다.

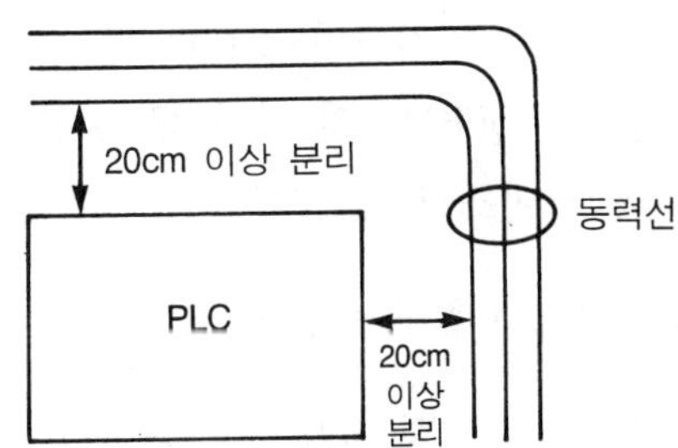

그림 4-230 PLC와 동력선과의 거리

제어반 내 배선의 노이즈 대책은 이상과 같다. 그런데 제어반 노이즈의 제약, 제어반 내 기기군의 레이아웃, 비용 등의 관계상 완벽하게 실시하는 것은 대단히 어렵다. 때문에 중요한 것은 제조 부문의 지도와 협력을 얻어 되도록 조치를 세우도록 해야 할 것이다.

기타 제어반 내 배선시 주의사항은 다음과 같다.

① 대전류, 고전압인 주회로와는 충분히 분리하여 실장·배선한다.

② 전자 개폐기, 전자 접촉기, 파워 릴레이 등의 아크 발생원으로부터 멀리한다.

③ 전원선은 트위스트하고, 다른 신호선과는 분리해야 한다. 신호선과 동일 덕트를 통하거나 한데 묶는 것은 엄금한다.

④ SSR 출력과 같은 교류신호선과 직류신호선은 혼재시키지 말아야 한다.

⑤ 입력신호선과 출력신호선도 분리하는 것이 이상적이다.

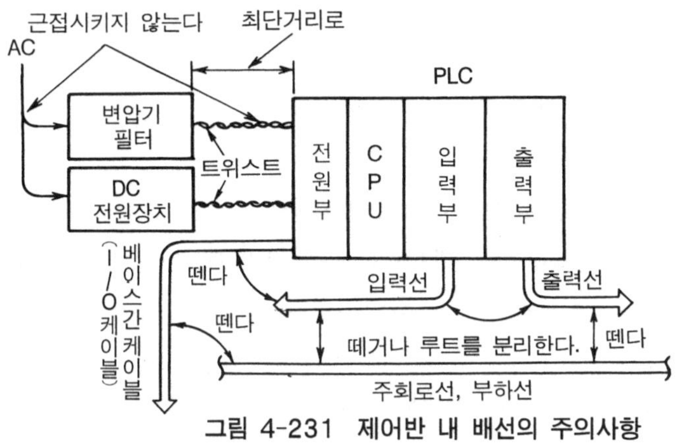

그림 4-231 제어반 내 배선의 주의사항

(3) 입·출력부 선정과 배열에 의한 대책

1) 입·출력 유닛의 선정

입·출력 유닛을 노이즈면에서 보면 다음과 같이 생각할 수 있다.

① 접점 출력보다 무접점 출력(트랜지스터, 트라이액 등)이 PLC쪽이 받는 노이즈의 영향이 적다.

② 입·출력 신호와 내부회로가 비절연인 것보다 절연한 것이 노이즈 내력이 높다.

③ 입력유닛에서는 ON전압과 OFF전압의 차가 큰 것일수록 노이즈에 강하다. 또 입력 응답시간이 긴 것일수록 노이즈에 강하다.

따라서 이런 점을 고려하여 입·출력 유닛을 선정한다면 다음과 같이 된다.

① 노이즈가 많은 환경에서는 절연형 유닛을 사용한다.

② 제어대상에 부착하는 입·출력 기기의 입·출력 유닛은 절연형을 사용한다.

③ 외부 노이즈가 혼입하지 않는 제어반이나 조작반 내의 입·출력 기기의 유닛은 비절연형이라도 좋다.

④ 코일 부하의 구동에는 접점 출력보다 트랜지스터, 트라이액 등의 무접점 출력이 좋다.

2) 입·출력 유닛의 배열

사용하는 입·출력 유닛의 배열은 노이즈 대책을 고려하여 배정한다. 그림 4-232에 그 일례를 나타냈다. 기본적인 방안은 CPU 유닛을 될 수 있는 대로 노이즈의 발생원으로부터 멀리하는 것이다.

전원 유닛	CPU 유닛	특수 입출력 유닛	DC 입력 유닛	트랜지스터 출력 유닛	트라이액 출력 유닛	AC 입력 유닛	접점 출력 유닛

그림 4-232 유닛의 배열

(4) 입력기기로부터 침입하는 노이즈 대책

입력기기측에서 침입하는 노이즈에는, 입력선간 노이즈(노말 모드 노이즈라고 부른다)와 내부회로의 콤먼라인의 전위를 상승시키는 입력신호선과 대지(對地)간 노이즈(콤먼 모드 노이즈라고 한다), 주회로나 동력선에 흐르는 대전류에 의하여 발생하는 유도전압, 입력기기 그 자체가 발생시키는 노이즈나 서지 등이 있다.

노말 모드 노이즈는 PLC입력부의 필터 등으로 감쇠시킬 수 있고, 콤먼 모드 노이즈는 접지에 의한 대책이 있다. 이것에 대해서는 모두 이미 설명한 바 있다.

1) 유도전압 대책

유도전압은 입력선간의 표유용량(콘덴서)이나 대전류가 흐르는 동력선과 입력신호선간에 존재하는 표유용량, 전류에 의한 전기적인 결합에 의하여 발생한다. 그 대책은 그림 4-233과 같이 세우는 것이 필요하다.

① 입력기기가 DC전원을 사용할 수 있다면 입력전원을 AC에서 DC로 변경한다.

② 입력단자와 콤먼 단자간에 더미(dummy)저항이나 스파크 킬러를 삽입하고, 입력 임피던스를 낮추어, 여기에 발생하는 전압을 낮춘다.

③ 유도전압 대책의 핵심은 입력기기로부터 입력부까지의 신호배선의 거리를 가능한 한 짧게 하고, 대전류선을 가까이 하지 않는 것이다. 장거리 배선이 불가능하거나

유도전압이 클 때에는 실드 케이블을 채용하든지 또는 릴레이로 중계하는 것도 효
과적이다.

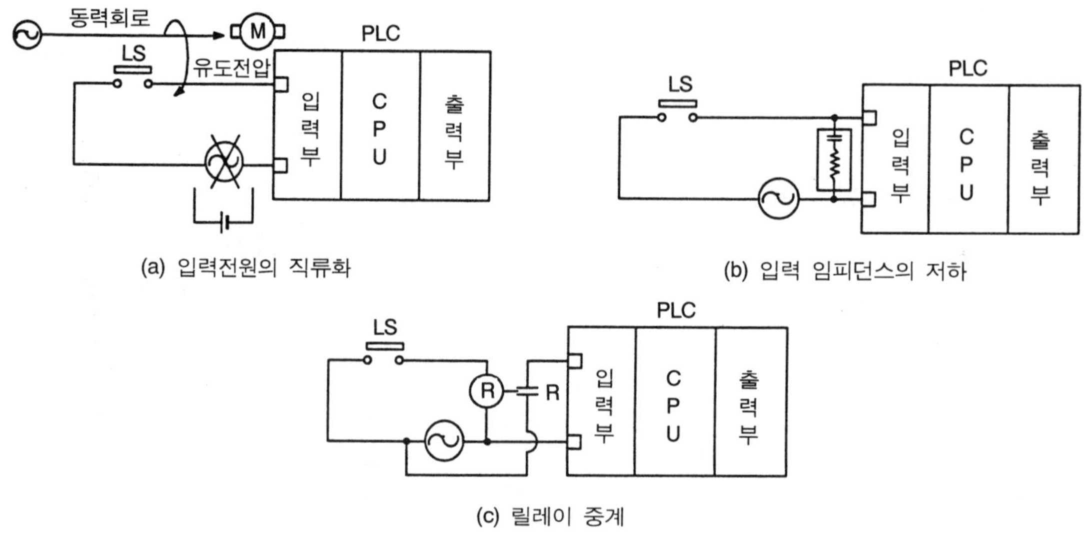

그림 4-233 입력부에 침입하는 유도전압 대책

2) 입력기기로부터 침입하는 노이즈 대책

그림 4-234처럼 리밋 스위치로 부하를 ON-OFF함과 동시에, 부하의 동작지령을 확인하
기 위해 그 신호를 PLC에 입력하는 경우가 있다.(일반적으로는 LS 신호를 PLC에 입력하
여, 이 입력신호에 따라 출력부에서 부하를 ON-OFF하는 경우가 많다. 그러나 출력점수
부족이나 출력회로의 형식에 따라 부하를 직접 구동할 수 없는 때에는 이 방법도 편리하
다.) 이 때 이 부하가 유도부하인 경우에는 커다란 노이즈나 서지 전압을 발생시킨다.

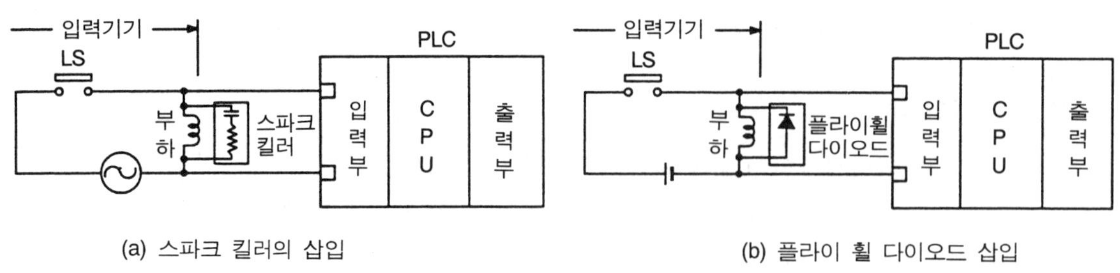

그림 4-234 입력기기로부터의 노이즈 대책

그 대책은, 입력전원이 AC인 경우에는 CR식 스파크 킬러를, DC인 경우에는 다이오드
(플라이 휠 다이오드라고 한다)를 삽입한다.
이 때 스파크 킬러나 플라이 휠 다이오드는 부하에 직접 삽입하는 것이 원칙이다.

(5) 출력기기로부터 침입하는 노이즈 대책

PLC의 출력부와 접속하는 대부분의 출력기기는 주로 전자 접촉기나 전자밸브 등의 솔레노이드 코일과 같은 유도부하이며, 대소의 차는 있어도 돌입전류(OFF→ON)나 역기전류 (ON → OFF)에 의한 노이즈를 발생하고, 접점에서도 아크에 의한 노이즈를 발생한다.

PLC는 출력부가 스파크 킬러 등의 대책을 세우고 있지 않을 때는 물론이거니와 대책을 세우고 있다고 해도 사용법에 따라서는 사용자측에서도 대책을 세울 필요가 있다. 큰 유도부하의 ON ⇔ OFF에 의한 노이즈는 PLC 자체는 물론 여타의 전자기기나 회로에도 영향을 미치기 때문이다.

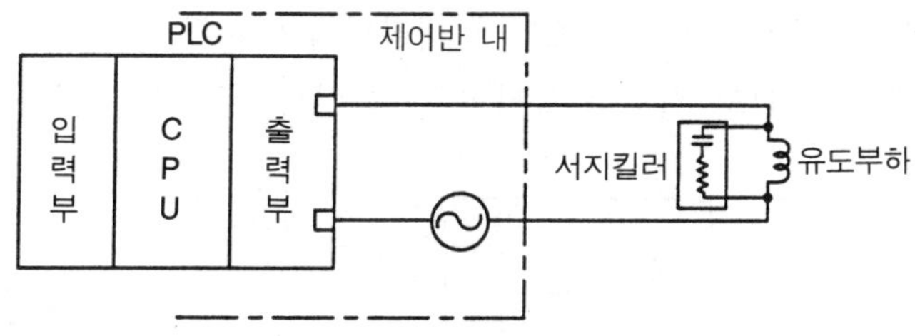

(a) 서지킬러 삽입(AC 출력전원)

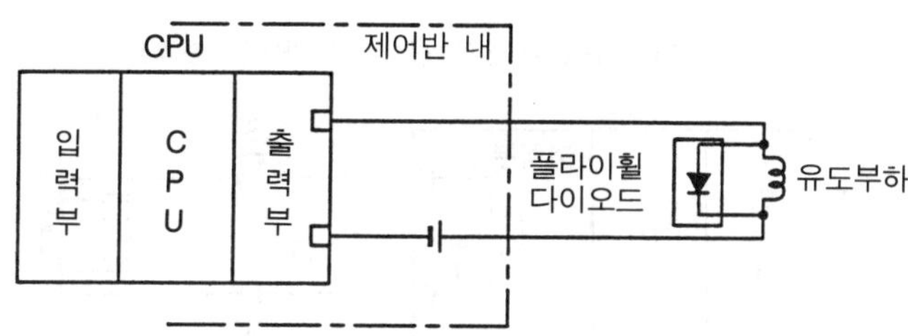

(b) 플라이 휠 다이오드 삽입(DC 출력전원)

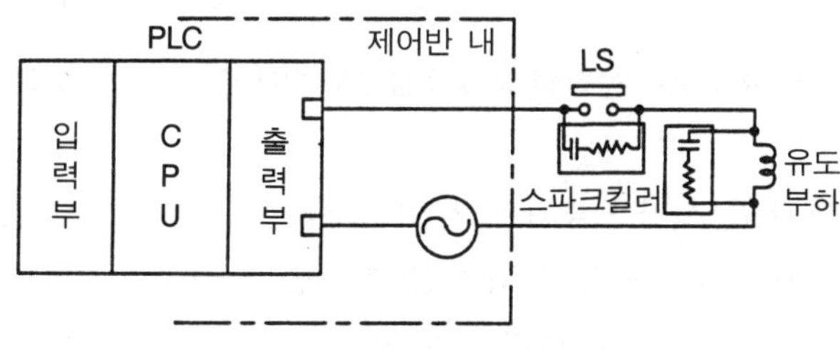

(c) 접점에 스파크 킬러 삽입

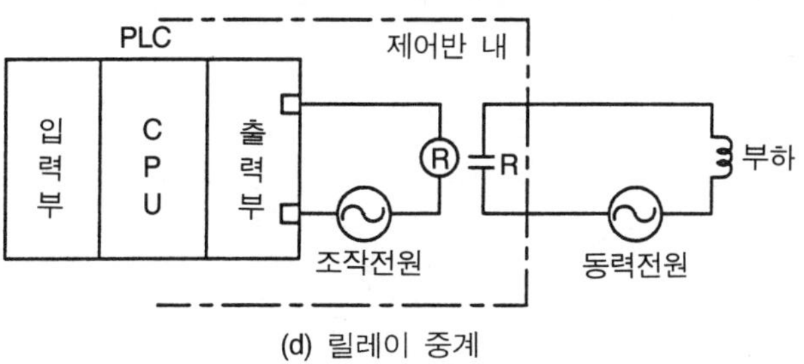

(d) 릴레이 중계

그림 4-235 출력기기에서 침입하는 노이즈 대책

접점의 아크 노이즈에 대해서는 그림 (c)와 같이 접점간에 CR식 스파크 킬러를 삽입하는데 이 경우에는 누설전류에 주의하지 않으면 안된다. 그림 (d)처럼 출력을 릴레이로 중계하는 것도 효과가 크다.

또한, 그림 (c)와 같이 외부의 리밋 스위치나 릴레이, 전자 개폐기 등의 접점에서 부하를 ON ⇔ OFF하지 않으면 안될 때, 예컨대 비상정지시 안전조치의 하나로서 PLC에서도 OFF함과 동시에 외부에 설치된 접점에서도 OFF하는 경우, 접점이 열린(OFF) 때는 출력회로의 접점이나 트라이액, 트랜지스터에 삽입되어 있는 CR식 스파크 킬러 등이 부하에 의해 파괴되어 버리기 때문에 유도부하(코일)에 쌓여 있는 에너지를 방출할 수 없게 된다. 이러한 경우에는 출력회로에 CR 등의 보호소자가 내장되어 있는가, 그렇지 않은가를 불문하고 반드시 부하측에 CR식 스파크 킬러나 플라이 휠 다이오드를 삽입, 에너지를 방출해야 한다.

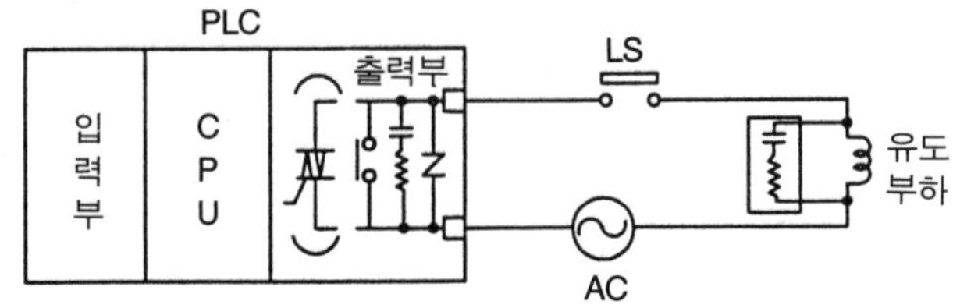

(a) 교류출력 전원 (접점, 트라이액 출력)

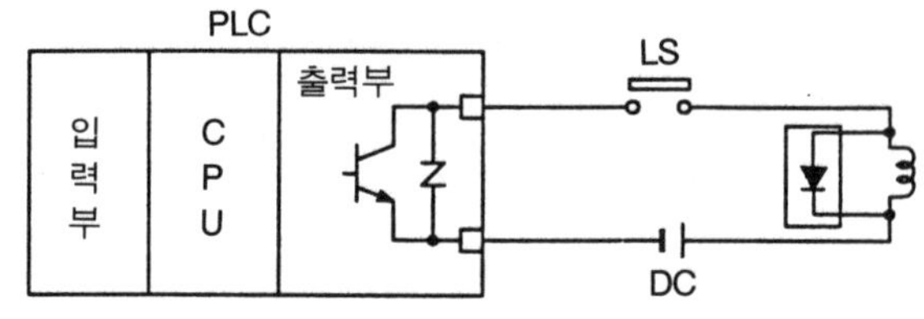

(b) 직류출력 전원(트랜지스터 출력)

그림 4-236 부하를 외부접점에서 ON-OFF할 때의 대책

이상으로 노이즈에 대한 사용자측의 대책에 관하여 설명했는데, 코스트 부담 문제 등을 감안할 때 완전한 대책을 세우는 일은 대체로 불가능한 것이 현실이다.

마지막으로, 제어반 내에 조명용 형광등을 설치하는 경우가 있는데, 형광등은 커다란 노이즈원이 되기 때문에 경우에는 반드시 노이즈 방지 부착을 채용하는 것이 바람직하다 하겠다.

PLC 사용 설명서
(LG Master-K Series)

1장. Master-K Series의 개요
2장. Master-K Series의 사용법
3장. 명령어
4장. 프로그래머의 조작방법

본 부록은 PLC를 공부하려는 학생 및 엔지니어들의 PLC 사용법 숙지는 물론 PLC에 대한 이해를 돕기 위해 국내에 많이 보급되어 있는 Master-K PLC 사용자를 위한 프로그래밍 기술자료와 프로그램 입력용 핸디 로더의 사용설명서를 실은 것이다. 다만 지면이 부족한 관계로 메이커가 제공하는 매뉴얼의 내용을 전부 수록한 것이 아니므로 특수 명령이나 기타의 내용에 관해서는 메이커의 기술자료를 참고하기 바란다.

1장 Master-k Series의 개요

1. 개 요

Master-K Series는 고기능, 고신뢰성의 PLC로서 I/O점수 10점 대의 초소형 K10 부터 1000점 대의 대형 K1000H에 이르기까지 다양한 모델을 갖추고 있습니다.

특히, K1000H는 기본 명령의 처리 속도를 $0.2\mu s$로 고속화하여 제어의 고속화 및 정밀화를 실현 시켰고, Link, Analog PID, 위치제어 등 특수 Unit를 강화하여 대형 System에 대응할 수 있도록 하였습니다.

본 메뉴얼은 프로그래머를 위한 프로그래밍 메뉴얼로서 상당부분이 K1000H를 기준으로 작성 되었으며 이하 기종에 대해서도 사용이 가능합니다.

2. 성능규격

구 분		K 10S	K 30H	K 50H	K 60H	K 100S	K 200H	K 500H	K 1000H
제 어 방 식		내장프로그램, 반복연산						반복연산,인터럽트연산	
명령어수	기 본	35	29			35	29	32	
	응 용	141	147		151	141	151	177	
처 리 속 도		1.2μs/스텝	6.06μs/스텝		1.2μs/스텝			0.2μs/스텝	
프 로 그 램 용 량		2K스텝	1.5K스텝		4K스텝	2K스텝	4K스텝	15K스텝	30K스텝
최 대 입 출 력 점 수		24점	32점	48점	60점	96점	192점	512점	1,024점
형 태		블럭타입	블럭타입	모듈타입	블럭타입	모듈타입		모듈타입	
데 이 타 종 류	입 출 력(P)	96	48		192	96	192	512	1,024
	보조릴레이(M)	512	512		1,024	512	1,024	3,072	
	KEEP릴레이(K)	256	256		512	256	512	512	
	특수릴레이(F)	256	128		256			512	
	타이머 0.01	32	32		64	32	64	256점 User 설정 가능	
	타이머 0.1	96	96		192	96	192		
	카 운 터(C)	128	128		256	128	256	256	
	SC(조×100스텝)(S)	32조	32조		64조	32조	64조	100조	
데이터 레지스터(D)		256	256		1,024	256	1,024	10,000	
통 신 네트워크	컴퓨터통신	RS232C/RS485	RS232C				RC232C/RS485	RS232C	RS232C/RS422
	CPU 링크	–	–				–	DLU(K200용)	DLU
	리모트링크	–	–				–	RMU(마스터)RSU(슬레이브)	
특수기능유니트		–	–					A/D, D/A, PID, 위치제어,고속카운터,리모트I/O	

2장 MASTER-K Serice 사용법

1. 연산처리

1-1 연산처리 방법

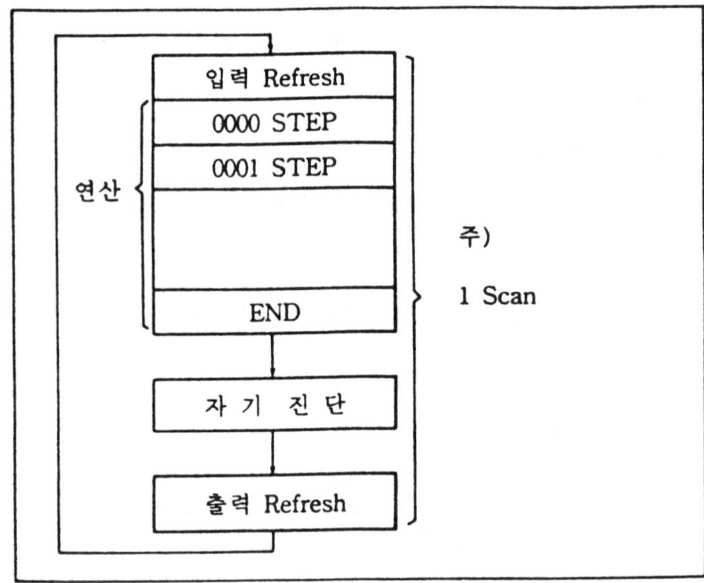

입력 Refresh된 상태에서 Program 0000 Step부터 END 명령까지 순차적으로 연산을하고 자기진단 및 타이머, 카운터 처리와 출력 Refresh 한 후 다시 입력 Refresh를 하고 0000 Step부터 같은 방법으로 연산을 하게 됩니다.

1) 입력 Refresh

프로그램을 실행하기전에 입력 Unit에서 입력 Data를 Read하여 Data Memory의 입력(P)용 영역에 일괄하여 저장합니다.

2) 출력 Refresh

End 명령을 실행한 후 Data Memory의 출력(P)용 영역에 있는 Data를 일괄하여 출력 Unit에 출력합니다.

3) 입출력 직접 명령을 실행한 경우 (IORF 명령)

명령에서 설정된 입출력 카드에 대하여 프로그램 실행중에 입출력 Refresh를 실행합니다.

4) 출력의 OUT 명령을 실행한 경우

Sequence Program 연산결과를 Data Memory의 출력용 영역(P)에 저장하고 END 명령 실행 후에 출력 접점을 Refresh합니다.

주) 1 Scan : 입력 유니트로 부터 접점상태를 읽어들여 P영역에 저장(입력 Refresh)한 후 이를 바탕으로 0000 Step부터 END까지 순차석으로 명령을 실행하고 자기진단 및 Timer, Counter 등의 처리를 한 다음 프로그램 실행에 의해 변화된 결과값을 출력 유니트에 쓰는 (출력 Refresh) 일련의 동작

1-2 입출력 제어방식

입출력 Unit의 제어방식은 Indirect 방식으로 프로그램의 0 Step 실행전에 일괄하여 실행합니다. 이에대한 Block도는 그림1과 같습니다.

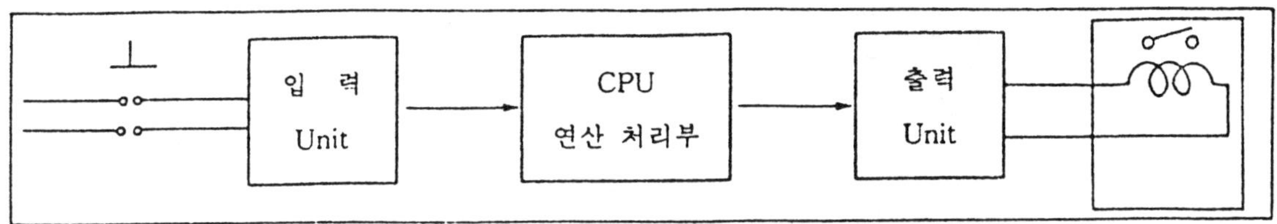

그림 1. 입출력 제어 방식

2. Mode 설명

MASTER-K Series에는 다음과 같은 4가지 Mode가 있습니다.(화살표는 Mode간 방향전환이 가능한 경로를 표시합니다.)

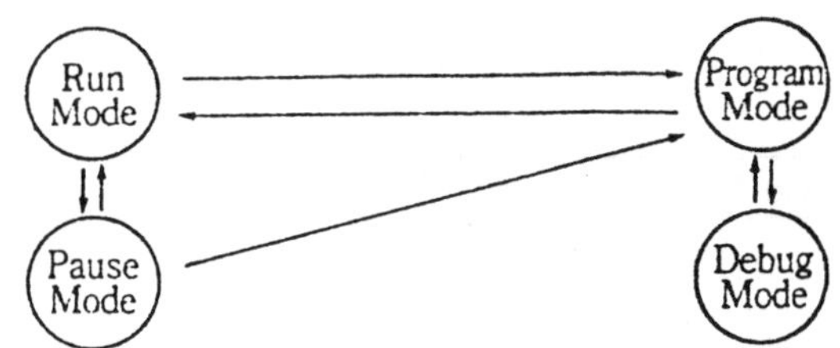

※ Pause Mode에서 Run Mode로 전환할 경우, Data를 Clear하지 않고 현 Data가 그대로 유지됩니다.

2-1 Run Mode

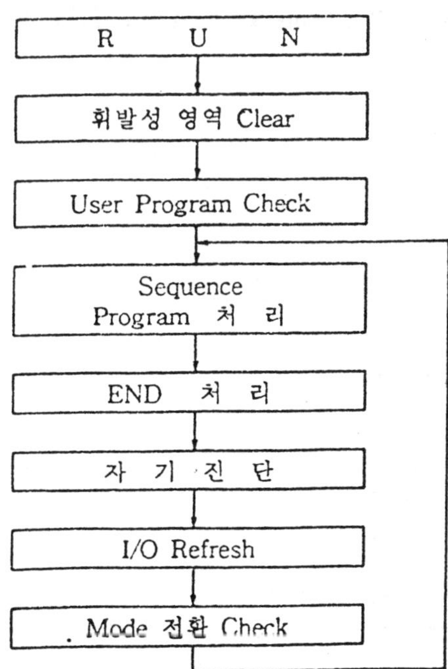

2-2 Program Mode(PGM Mode)

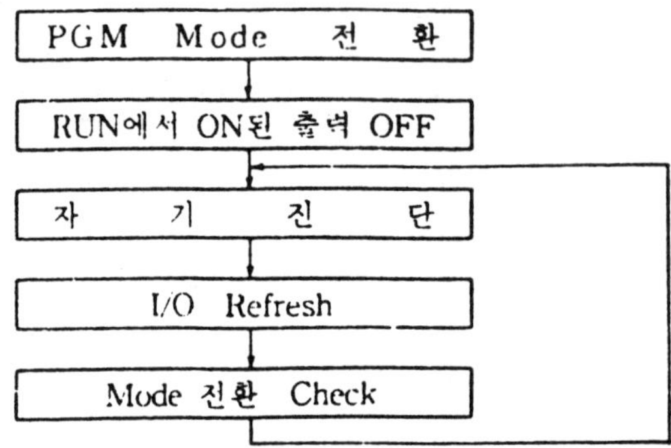

※ Program을 Read/Write/Monitor. 할 수 있습니다. 또한 강제 ON/OFF 등으로 외부 결선 상태를 Check 할 수 있습니다.

2-3 Pause Mode

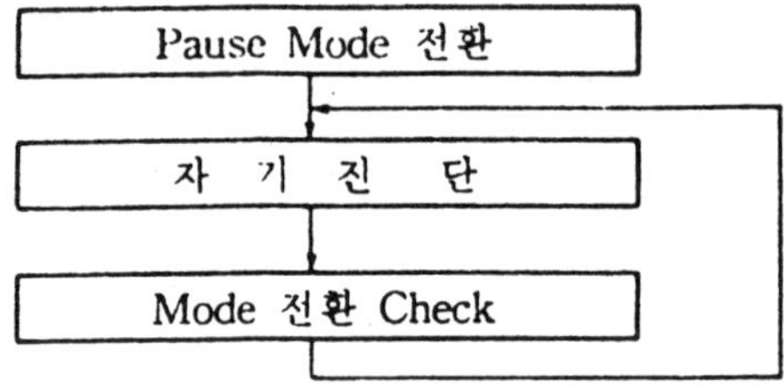

※ 출력 및 Data Memory의 상태를 그대로 유지하면서 Sequence Program 연산을 일시적으로 정지합니다.

2-4 Debug Mode

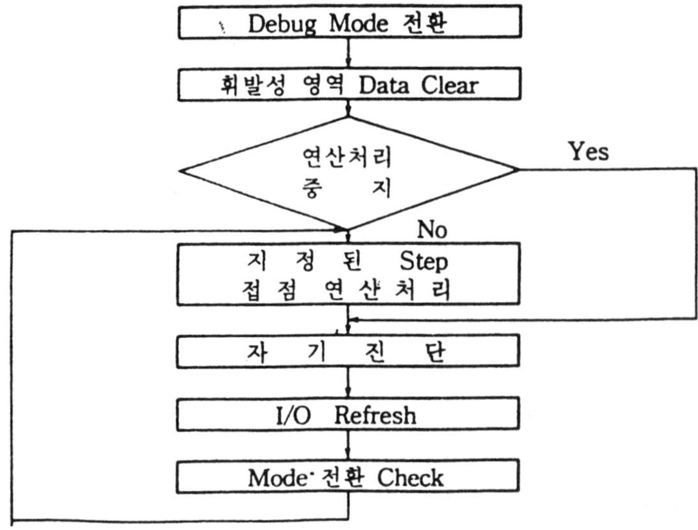

※ Debug Mode는 Sequence Program의 처리를 한 명령씩 중단 또는 실행할 수 있는 Mode입니다.

2-5 Step RUN운전(Debug Mode에서 실행)

Step RUN운전은 핸디 로-더 또는 그래픽 로-더로 지령할 수 있습니다. 디버그(Debug)하기 위한 방법으로 크게 5가지 종류가 있습니다.

1) 1 Step 마다 Break Point(B.P) 설정

지정 Step 부터 한 명령어 처리를 실행한 다음에 중지합니다.

2) 접점 상태에 따른 B.P 설정

명령 수행결과 Operand M, P, L, K, F, T, C 영역의 ON/OFF 상태가 일치한 경우에 실행을 중지합니다.

3) Word 값에 따른 B.P 설정

명령 수행결과 Operand M, P, L, K, F의 1 Word(16Bit)내용, T/C의 현재값, D 영역의 현재값, S 영역의 현 상태와 일치한 경우에 실행을 중지합니다.

4) Step 지정에 의한 B.P 설정

1 스캔마다 일정한 Step에서 실행을 중지합니다.

5) 스캔 횟수에 의한 B.P 설정

지정한 스캔횟수 만큼 수행한 뒤 END 명령에서 실행을 중지합니다.

B·P에 도달한 경우 다시 다른 종류의 B·P 설정이 가능하고 다른 접점상태와 Word값 내용을 Monitor 할 수 있습니다.

Step RUN 운전시에는 WDT Over와 현재, 최대, 최소 스캔타임의 측정등은 수행하지 않습니다.

3장 명령어

1. MASTER-K Series 명령어 일람표

구분	명 칭	Function No.	심 벌	기 능	적용대상 K30H K50H	적용대상 K10 K60H K200H	적용대상 K500H K1000H	Page
기 본 명 령	LOAD	-		a 접점 연산개시	O	O	O	67
	LOAD NOT	-		b 접점 연산개시	O	O	O	67
	AND	-		a 접점 직렬접속	O	O	O	71
	AND NOT	-		b 접점 직렬접속	O	O	O	71
	OR	-		a 접점 병렬접속	O	O	O	72
	OR NOT	-		b 접점 병렬접속	O	O	O	72
	OUT	-		연산결과 출력	O	O	O	75
	NOT	-	NOT	NOT 명령전까지의 연산결과를 반전	O	O	O	79
	SET S	-	SET Sxx.xx	순차제어(스텝콘트롤러)	O	O	O	80
	OUT S	-	OUT Sxx.xx	후입우선(스텝콘트롤러)	O	O	O	80
	AND LOAD	-	A B	A, B Block 직렬접속	O	O	O	73
	OR LOAD	-	A B	A, B Block 병렬접속	O	O	O	74
	MCS	010	MCS n	Master Control set (n : 0~7)	O	O	O	87
	MCS CLR	011	MCS CLR n	Master Control clear (n : 0~7)	O	O	O	87
	D	017	D 접점	입력조건상승시 1 scan pulse 출력	O	O	O	85
	D NOT	018	D NOT 접점	입력조건하강시 1 scan pulse 출력	O	O	O	85
	SET	-	SET 접점	접점 출력을 On으로 Set	O	O	O	77
	RST	-	RST 접점	접점 출력을 Off로 Reset	O	O	O	77

구분	명칭	Function No.	심　　　벌	기　　　　능	적용대상			Page
					K30H K50H	K10 K60H K200H	K500H K1000H	
기 본	END	001	END	Program의 종료	○	○	○	79
	NOP	000	NOP	무처리명령(No Operation)	○	○	○	79
	MPUSH	005	MPUSH	현재까지의 연산결과 Push	-	-	○	89
	MLOAD	006	MLOAD	분기점에서 이전 연산결과 Read	-	-	○	89
	MPOP	007	MPOP	분기점에서 이전 연산결과 Pop	-	-	○	89
명 령	TON	-	Timer 설정치 / TON / 타이머 접점 번호	On Delay Timer t=설정치 (가산)	○	○	○	91
	TOFF	-	Timer 설정치 / TOFF / 타이머 접점 번호	Off Delay Timer t=설정치 (감산)	○	○	○	93
	TMR	-	Timer 설정치 / TMR / 타이머 접점 번호	적산 Timer $t=t_1+t_2$ t=설정치 (가산)	○	○	○	95
	TMON	-	Timer 설정치 / TMON / 타이머 접점 번호	Monostable Timer t=설정치 (감산)	○	○	○	97
	TRTG	-	Timer 설정치 / TON / 타이머 접점 번호	Retriggerable t=설정치 (감산)	○	○	○	99

구분	명 칭	Function No.	심 벌	기 능	적 용 대 상 K30H K50H	K10 K60H K200H	K500H K1000H	Page
기 본 명 령	CTU	-	(심벌 도해)	(기능 도해)	○	○	○	102
	CTD	-	(심벌 도해)	(기능 도해)	○	○	○	103
	CTUD	-	(심벌 도해)	(기능 도해)	○	○	○	104
	CTR	-	(심벌 도해)	(기능 도해)	○	○	○	107
비 교 명 령	CMP	050	$-$[CMP S_1 S_2]$-$	S_1과 S_2를 비교 (실행결과에 대하여는 Manual참조)	○	○	○	110
	CMPP	051	$-$[CMPP S_1 S_2]$-$					
	DCMP	052	$-$[DCMP S_1 S_2]$-$					
	DCMPP	053	$-$[DCMPP S_1 S_2]$-$					
	TCMP	054	$-$[TCMP S_1 S_2]$-$	Table Compare	○	○	○	113
	TCMPP	055	$-$[TCMPP S_1 S_2]$-$					
	DTCMP	056	$-$[DTCMP S_1 S_2]$-$					
	DTCMPP	057	$-$[DTCMPP S_1 S_2]$-$					

구분	명 칭	Function No.	심 벌	기 능	적 용 대 상			Page
					K30H K50H	K10 K60H K200H	K500H K1000H	
산술명령	INC	020	INC Ⓟ	Increment Ⓓ + 1 → Ⓓ	O	O	O	114
	INCP	021	INCP Ⓟ					
	DINC	022	DINC Ⓟ					
	DINCP	023	DINCP Ⓟ					
	DEC	024	DEC Ⓟ	Decrement Ⓓ − 1 → Ⓓ	O	O	O	115
	DECP	025	DECP Ⓟ					
	DDEC	026	DDEC Ⓟ					
	DDECP	027	DDECP Ⓟ					
회전명령	ROL	030	ROL Ⓟ	Rotate Left	O	O	O	116
	ROLP	031	ROLP Ⓟ					
	DROL	032	DROL Ⓟ					
	DROLP	033	DROLP Ⓟ					
	ROR	034	ROR Ⓟ	Rotate Right	O	O	O	117
	RORP	035	RORP Ⓟ					
	DROR	036	DROR Ⓟ					
	DRORP	037	DRORP Ⓟ					
	RCL	040	RCL Ⓟ	Rotate Left With Carry	O	O	O	118
	RCLP	041	RCLP Ⓟ					
	DRCL	042	DRCL Ⓟ					
	DRCLP	043	DRCLP Ⓟ					
	RCR	044	RCR Ⓟ	Rotate Right with Carry	O	O	O	119
	RCRP	045	RCRP Ⓟ					
	DRCR	046	DRCR Ⓟ					
	DRCRP	047	DRCRP Ⓟ					
변환명령	BCD	060	BCD S Ⓓ	BIN → BCD S → Ⓓ BCD변환	O	O	O	120
	BCDP	061	BCDP S Ⓓ					
	DBCD	062	DBCD S Ⓓ					
	DBCDP	063	DBCDP S Ⓓ					
	BIN	064	BIN S Ⓓ	BCD → BIN S → Ⓓ BID변환	O	O	O	121
	BINP	065	BINP S Ⓓ					
	DBIN	066	DBIN S Ⓓ					
	DBINP	067	DBINP S Ⓓ					
이동명령	BSFT	074	BSFT S E	Bit Shift	O	O	O	122
	BSFTP	075	BSFTP S E					
	WSFT	070	WSFT S E	Word Shift	O	O	O	124
	WSFTP	071	WSFTP S E					

구분	명 칭	Function No.	심벌	기 능	적용대상 K30H K50H	적용대상 K10 K60H K200H	적용대상 K500H~ K1000H	Page
전송명령	MOV	080	MOV S Ⓓ	Move S ⟶ Ⓓ	O	O	O	125
전송명령	MOVP	081	MOVP S Ⓓ					
전송명령	DMOV	082	DMOV S Ⓓ					
전송명령	DMOVP	083	DMOVP S Ⓓ					
전송명령	CMOV	084	CMOV S Ⓓ	Complement Move	O	O	O	126
전송명령	CMOVP	085	CMOVP S Ⓓ					
전송명령	DCMOV	086	DCMOV S Ⓓ					
전송명령	DCMOVP	087	DCMOVP S Ⓓ					
전송명령	GMOV	090	GMOV S Ⓓ Z	Group Move	O	O	O	127
전송명령	GMOVP	091	GMOVP S Ⓓ Z					
전송명령	FMOV	092	FMOV S Ⓓ Z	Fill Move	O	O	O	128
전송명령	FMOVP	093	FMOVP S Ⓓ Z					
전송명령	BMOV	100	BMOV S Ⓓ CW	Bit Move	O	O	O	129
전송명령	BMOVP	101	BMOVP S Ⓓ CW					
교환명령	XCHG	102	XCHG D₁ D₂	Exchange D_1 ⟶ D_2	O	O	O	131
교환명령	XCHGP	103	XCHGP D₁ D₂					
교환명령	DXCHG	104	DXCHG D₁ D₂					
교환명령	DXCHGP	105	DXCHGP D₁ D₂					
BIN 산술·연산	ADD	110	ADD S₁ S₂ Ⓓ	Binary Add $S_1 + S_2$ ⟶ Ⓓ	O	O	O	132
BIN 산술·연산	ADDP	111	ADDP S₁ S₂ Ⓓ					
BIN 산술·연산	DADD	112	DADD S₁ S₂ Ⓓ					
BIN 산술·연산	DADDP	113	DADDP S₁ S₂ Ⓓ					
BIN 산술·연산	SUB	114	SUB S₁ S₂ Ⓓ	Binary Subtract $S_1 - S_2$ ⟶ Ⓓ	O	O	O	133
BIN 산술·연산	SUBP	115	SUBP S₁ S₂ Ⓓ					
BIN 산술·연산	DSUB	116	DSUB S₁ S₂ Ⓓ					
BIN 산술·연산	DSUBP	117	DSUBP S₁ S₂ Ⓓ					
BIN 산술·연산	MUL	120	MUL S₁ S₂ Ⓓ	Binary Multiply $S_1 \cdot S_2$ ⟶ Ⓓ	O	O	O	135
BIN 산술·연산	MULP	121	MULP S₁ S₂ Ⓓ					
BIN 산술·연산	DMUL	122	DMUL S₁ S₂ Ⓓ					
BIN 산술·연산	DMULP	123	DMULP S₁ S₂ Ⓓ					

구분	명 칭	Function No.	심 별	기 능	적 용 대 상 K30H K50H	K10 K60H K200H	K500H K1000H	Page
B C D 산 술 연 산	DIV	124	┤ DIV S_1 S_2 Ⓓ ├	Binary Divide	O	O	O	136
	DIVP	125	┤ DIVP S_1 S_2 Ⓓ ├	$S_1 \div S_2 \longrightarrow$ Ⓓ (몫) D + 1 (나머지)				
	DDIV	126	┤ DDIV S_1 S_2 Ⓓ ├					
	DDIVP	127	┤ DDIVP S_1 S_2 Ⓓ ├					
	ADDB	130	┤ ADDB S_1 S_2 Ⓓ ├	BCD Add	O	O	O	137
	ADDBP	131	┤ ADDBP S_1 S_2 Ⓓ ├	$S_1 + S_2 \longrightarrow$ Ⓓ				
	DADDB	132	┤ DADDB S_1 S_2 Ⓓ ├					
	DADDBP	133	┤ DADDBP S_1 S_2 Ⓓ ├					
	SUBB	134	┤ SUBB S_1 S_2 Ⓓ ├	BCD Subtract	O	O	O	138
	SUBBP	135	┤ SUBBP S_1 S_2 Ⓓ ├	$S_1 - S_2 \longrightarrow$ Ⓓ				
	DSUBB	136	┤ DSUBB S_1 S_2 Ⓓ ├					
	DSUBBP	137	┤ DSUBBP S_1 S_2 Ⓓ ├					
	MULB	140	┤ MULB S_1 S_2 Ⓓ ├	BCD Multiply	O	O	O	139
	MULBP	141	┤ MULBP S_1 S_2 Ⓓ ├	$S_1 \cdot S_2 \longrightarrow$ Ⓓ				
	DMULB	142	┤ DMULB S_1 S_2 Ⓓ ├					
	DMULBP	143	┤ DMULBP S_1 S_2 Ⓓ ├					
	DIVB	144	┤ DIVB S_1 S_2 Ⓓ ├	BCD Divide	O	O	O	140
	DIVBP	145	┤ DIVBP S_1 S_2 Ⓓ ├	$S_1 \div S_2 \longrightarrow$ D : (몫) Ⓓ + 1 : (나머지)				
	DDIVB	146	┤ DDIVB S_1 S_2 Ⓓ ├					
	DDIVBP	147	┤ DDIVBP S_1 S_2 Ⓓ ├					
논 리 연 산	WAND	150	┤ WAND S_1 S_2 Ⓓ ├	Word And	O	O	O	141
	WANDP	151	┤ WANDP S_1 S_2 Ⓓ ├	S_1 AND $S_2 \longrightarrow$ Ⓓ				
	DWAND	152	┤ DWAND S_1 S_2 Ⓓ ├					
	DWANDP	153	┤ DWANDP S_1 S_2 Ⓓ ├					
	WOR	154	┤ WOR S_1 S_2 Ⓓ ├	Word Or	O	O	O	142
	WORP	155	┤ WORP S_1 S_2 Ⓓ ├	S_1 OR $S_2 \longrightarrow$ Ⓓ				
	DWOR	156	┤ DWOR S_1 S_2 Ⓓ ├					
	DWORP	157	┤ DWORP S_1 S_2 Ⓓ ├					
	WXOR	160	┤ WXOR S_1 S_2 Ⓓ ├	Word Or	O	O	O	143
	WXORP	161	┤ WXORP S_1 S_2 Ⓓ ├	S_1 SOR $S_2 \longrightarrow$ Ⓓ				
	DWXOR	162	┤ DWXOR S_1 S_2 Ⓓ ├					
	DWXORP	163	┤ DWXORP S_1 S_2 Ⓓ ├					

구분	명 칭	Function No.	심 벌	기 능	적 용 대 상			Page
					K30H K50H	K10 K80H K200H	K500H K1000H	
논리연산	WXNR	164	WXNR S_1 S_2 $\textcircled{D}$	Exclusive NOR S_1 XOR S_2 ⟶ $\textcircled{D}$	O	O	O	144
	WXNRP	165	WXNRP S_1 S_2 $\textcircled{D}$					
	DWXNR	166	DWXNR S_1 S_2 $\textcircled{D}$					
	DWXNRP	167	DWXNRP S_1 S_2 $\textcircled{D}$					
표시명령	SEG	174	SEG S $\textcircled{D}$ CW	7 Segment	O	O	O	150
	SEGP	175	SEGP S $\textcircled{D}$ CW					
	ASC	190	ASC S $\textcircled{D}$ CW	ASCⅡ	O	O	O	152
	ASCP	191	ASCP S $\textcircled{D}$ CW					
처리명령	FALS	204	FALS n	자기진단(고장표시)	O	O	O	154
	DUTY	205	DUTY $\textcircled{D}$ n_1 n_2	n_1 Scan동안 on n_2동안 Off	O	O	O	155
	WDT	202	WDT	Watchdog Timer Clear	O	O	O	156
	WDTP	203	WDTP		−	O	O	156
	OUTOFF	208	OUTOFF	전출력 OFF	O	O	O	157
	BSUM	170	BSUM S $\textcircled{D}$	Bit Summary Bit Data중의 1의 갯수 Count	O	O	O	158
	BSUMP	171	BSUMP S $\textcircled{D}$					
	DBSUM	172	DBSUM S $\textcircled{D}$					
	DBSUMP	173	DBSUMP S $\textcircled{D}$					
	ENCO	176	ENCO S $\textcircled{D}$ Z	Encode	O	O	O	159
	ENCOP	177	ENCOP S $\textcircled{D}$ Z					
	DECO	178	DECO S $\textcircled{D}$ Z	Decode	O	O	O	161
	DECOP	179	DECOP S $\textcircled{D}$ Z					
	FILR	180	FILR S $\textcircled{D}$ Z	File Table Read	O	O	O	163
	FILRP	181	FILRP S $\textcircled{D}$ Z					
	DFILR	182	DFILR S $\textcircled{D}$ Z					
	DFILRP	183	DFILRP S $\textcircled{D}$ Z					
	FILW	184	FILW S $\textcircled{D}$ Z	File Table Write	O	O	O	164
	FILWP	185	FILWP S $\textcircled{D}$ Z					
	DFILW	186	DFILW S $\textcircled{D}$ Z					
	DFILWP	187	DFILWP S $\textcircled{D}$ Z					

구분	명 칭	Function No.	심　　　벌	기　　　능	적 용 대 상 K30H K50H	K10 K60H K200H	K500H K1000H	Page
처리명령	DIS	194	DIS S ⓓ Z	Data Distribution	O	O	O	166
	DISP	195	DISP S ⓓ Z					
	UNI	192	UNI S ⓓ Z	Data Union	O	O	O	167
	UNIP	193	UNIP S B Z					
	IORF	200	IORF S ⓓ	I/O Refresh	–	O	O	168
	IORFP	201	IORFP S ⓓ					
분기명령	JMP	012	JMP n	Jump	O	O	O	169
	JME	013	JME n	Jump End				
	CALL	014	CALL n	Subroutine Call	O	O	O	170
	CALLP	105	CALLP n					
	SBRT	106	SBRT n	Subroutine				
	RET	004	RET	Return				
	FOR	206	FOR n	For	–	O	O	171
	NEXT	207	NEXT	Next	–	O	O	171
	BREAK	220	BREAK	For~Next Loop를 빠져나옴	–	–	O	172.
CARRY	STC	002	STC	Set Carry Flag	O	O	O	173
	CLC	003	CLC	Clear Carry Flag				
고속카운터	HSCNT	210	HSCNT	High Speed Counter	O	O	–	174
특수처리닝령	PUT	234	PUTP S1 D S2 n	특수 카드에 데이타 Write.	–	–	O	176
	PUTP	235	PUTP S1 D S2 n		–	–	O	176
	GET	230	GET S1 S2 D n	특수 카드로부터 데이타 Read	–	–	O	177
	GETP	231	GETP S1 S2 D n		–	–	O	177

구분	명 칭	Function No.	심 벌	기 능	적용대상 K30H K50H	적용대상 K10 K60H K200H	적용대상 K500H K1000H	Page
특	EI	221	EI	Interrupt 허가	–	–	O	178
수	DI	222	DI	Interrupt 금지	–	–	O	178
처	TDINT	226	TDINT	정주기 Interrupt Routine의 시작을 표시	–	–	O	179
리	INT n	227	INT n	외부입력 Interrupt Routine의 시작을 표시	–	–	O	180
명	IRET	225	IRET	Interrupt Routine의 종료를 표시	–	–	O	181
령	STOP	8	STOP	PLC운전을 종료후 Program 모드로 선환	–	–	O	189

* Z : 갯수

* n : 정수

* Cw : 복합 성분을 가진것

※ 주의

　[명령어] + P : 입력조건을 Pulse 처리하여 실행(이전 Scan에서 0상태에 있다가 해당 Scan에서 0→1로 변할때만 실행)

　D + [명령어] : 취급 Data를 2배 길이로 연장

　예)

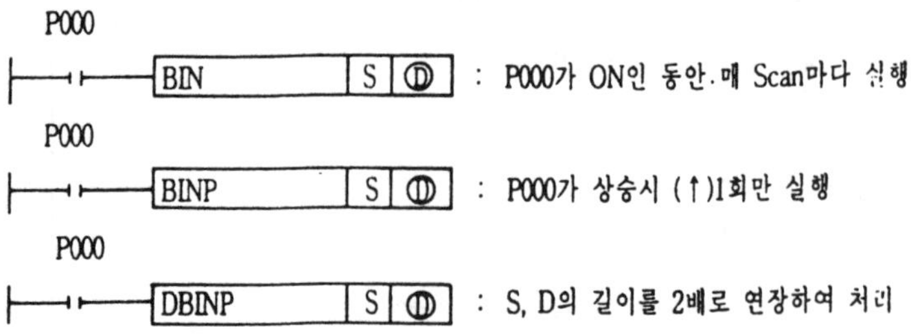

2. Handy Loader 명령어 Code 일람표

Function No.	0	1	2	3	4	5	6	7	8	9
00X	NOP	END	STC	CLC	RET	MPUSH	MLOAD	MPOP	STOP	
01X	MCS	MCSCLR	JMP	JME	CALL	CALLP	SBRT	D	D NOT	
02X	INC	INCP	DINC	DINCP	DEC	DECP	DDEC	DDECP		
03X	ROL	ROLP	DROL	DROLP	ROR	RORP	DROR	DRORP		
04X	RCL	RCLP	DRCL	DRCLP	RCR	RCRP	DRCR	DRCRP		
05X	CMP	CMPP	DCMP	DCMPP	TCMP	TCMPP	DTCMP	DTCMPP		
06X	BCD	BCDP	DBCD	DBCDP	BIN	BINP	DBIN	DBINP		
07X	WSFT	WSFTP			BSFT	BSFTP				
08X	MOV	MOVP	DMOV	DMOVP	CMOV	CMOVP	DCMOV	DCMOVP		
09X	GMOV	GMOVP	FMOV	FMOVP						
10X	BMOV	BMOVP	XCHG	XCHGP	DXCHG	DXCHGP				
11X	ADD	ADDP	DADD	DADDP	SUB	SUBP	DSUB	DSUBP		
12X	MUL	MULP	DMUL	DMULP	DIV	DIVP	DDIV	DDIVP		
13X	ADDB	ADDBP	DADDB	DADDBP	SUBB	SUBBP	DSUBB	DSUBBP		
14X	MULB	MULBP	DMULB	DMULBP	DIVB	DIVBP	DDIVB	DDIVBP		
15X	WAND	WANDP	DWAND	DWANDP	WOR	WORP	DWOR	DWORP		
16X	WXOR	WXORP	DWXOR	DWXORP	WXNR	WXNRP	DWXNR	DWXNRP		
17X	BSUM	BSUMP	DBSUM	DBSUMP	SEG	SEGP	ENCO	ENCOP	DECO	DECOP
18X	FILR	FILRP	DFILR	DFILRP	FILW	FILWP	DFILW	DFILWP		
19X	ASC	ASCP	UNI	UNIP	DIS	DISP				
20X	IORF	IORFP	WDT	WDTP	FALS	DUTY	FOR	NEXT	OUTOFF	
21X	HSCNT	DIN	DINP	DOUT	DOUTP					
22X	BREAK	EI	DI			IRET	TDINT	INT		
23X	GET	GETP			PUT	PUTP				

* 명령어 Code 일람표 보는 방법

예) 1. NOP : 000
    2. DIV : 124
    3. OUTOFF : 208

주의) 1. : K10, K60H, K200H, K500H, K1000H에서만 가능
2. : K10, K30H, K50H, K60H, K200H에서만 가능
3. : K500H, K1000H에서만 가능
4. : K10S, K100S 추가명령

3. 기본명령

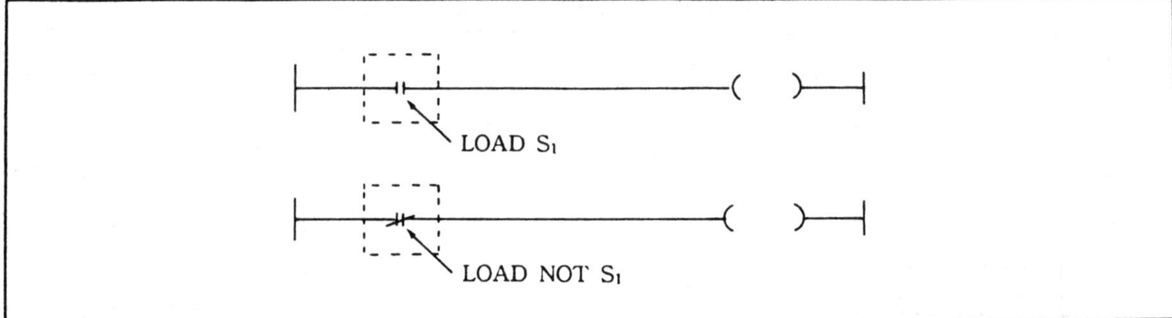

LOAD	FUN (	)	FUN (	)	K10	K30H	K50H	K60H	K200H	K500H	K1000H
LOAD NOT	FUN (	)	FUN (	)	○	○	○	○	○	○	○

명 령	사 용 가 능 영 역											STEP수	FLAG		
	M	P	K	L	F	T	C	S	D	#D	정수		ERROR (F110)	ZERO (F111)	CARRY (F12)
LOAD LOAD NOT	○	○	○	○	○	○	○	○				1			

■ LOAD S₁
1) 기능
  • 한 회로의 a접점
  • 지정 접점(S₁)의 ON/OFF 정보를 연산결과로 합니다.
2) 프로그램 예
  접점 P020이 ON하면 OUT 명령까지 결과를 P060으로 출력합니다.
  • 프로그램

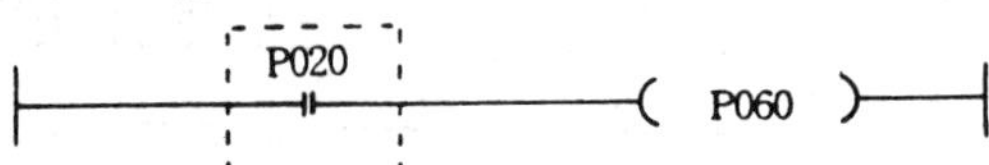

  • 키 조작

스텝	키 조작						
0000	LOAD	P	0	2	0		ENT
0001	OUT	P	0	6	0		ENT

■ LOAD NOT S₁
1) 기능
  • 한 회로의 b접점
  • 지정 접점(S₁)의 ON/OFF 정보를 연산결과로 합니다.
2) 프로그램 예1
  • 접점 P021이 ON되어 있으므로 OUT 명령까지 결과를 P061으로 출력합니다.
  • 프로그램

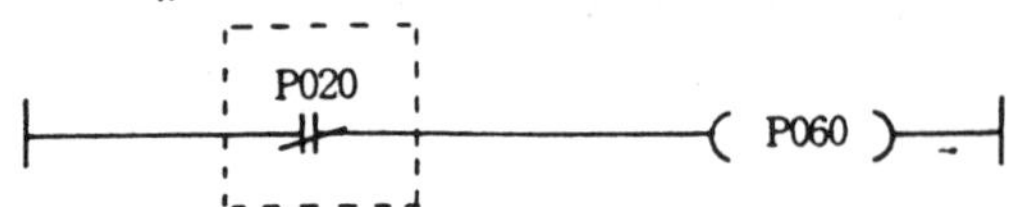

• 키 조작

스텝	키 조작						
0000	LOAD	NOT	P	0	2	1	ENT
0001	OUT	P	0	6	1		ENT

3) 프로그램 예
  • 프로그램

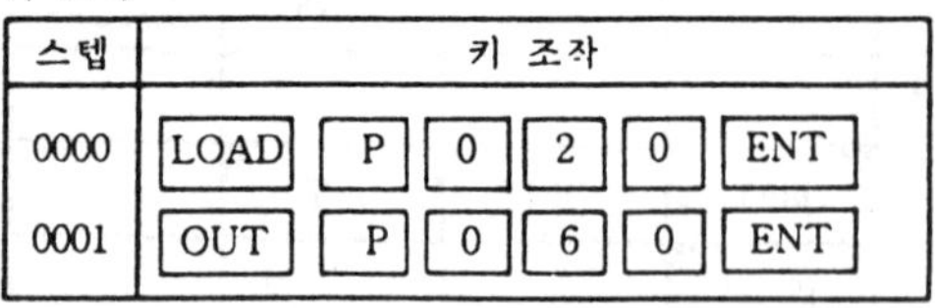

• 키 조작

스텝	키 조작						
0000	LOAD	M	0	0	0		ENT
0001	OUT	P	0	6	3		ENT
0002	LOAD	NOT	M	0	0	0	ENT
0003	OUT	P	0	6	4		ENT

• 타임 차트

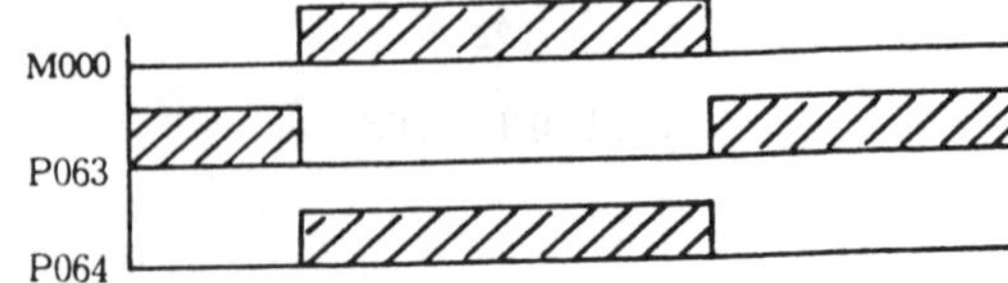

AND		FUN ( )	FUN ( )		K10	K30H	K50H	K60H	K200H	K500H	K1000H
AND NOT		FUN ( )	FUN ( )		○	○	○	○	○	○	○

명 령	사 용 가 능 영 역											STEP수	FLAG		
	M	P	K	L	F	T	C	S	D	'D	정수		ERROR (F110)	ZERO (F111)	CARRY (F12)
AND AND NOT	○	○	○	○	○	○	○	○				1			

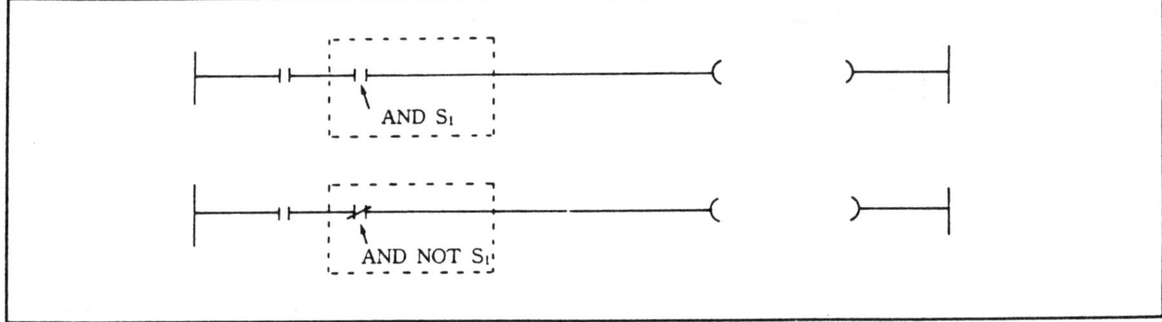

■ AND S₁

■ AND S$_1$

1) 기능
- a접점 직렬 접속 명령입니다.
- 지정 접점(S$_1$)의 ON/OFF 정보와 그때까지의 연산을 하여 그것을 연산결과로 합니다.

2) 프로그램 예
입력조건 M000와 AND 조건 M001, M002가 ON이 성립할때 P031이 출력되는 프로그램
- 프로그램

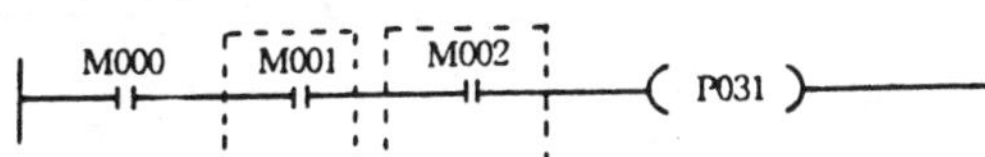

- 키 조작

스텝	키 조작
0000	LOAD M 0 0 0 ENT
0001	AND M 0 0 1 ENT
0002	AND M 0 0 2 ENT
0003	OUT P 0 3 1 ENT

- 타임 차트

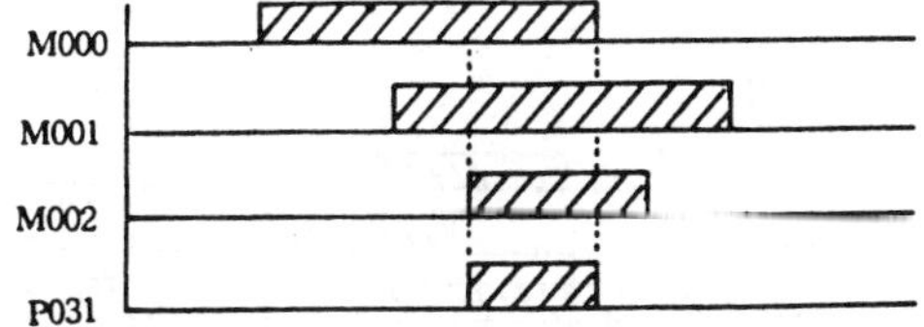

■ AND NOT S$_1$

1) 기능
- b접점 직렬 접속 명령입니다.
- 지정 접점의 ON/OFF 정보와 그때까지의 연산을 하여 그것을 연산결과로 합니다.

2) 프로그램 예
입력조건 M000가 성립할때 AND 조건 M001, M002도 AND 연산을 하여 P051에 출력되는 프로그램
- 프로그램

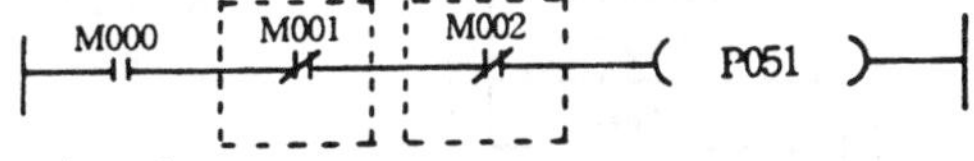

- 키 조작

스텝	키 조작
0000	LOAD M 0 0 0 ENT
0001	AND NOT M 0 0 1 ENT
0002	AND NOT M 0 0 2 ENT
0003	OUT P 0 5 1 ENT

- 타임 차트

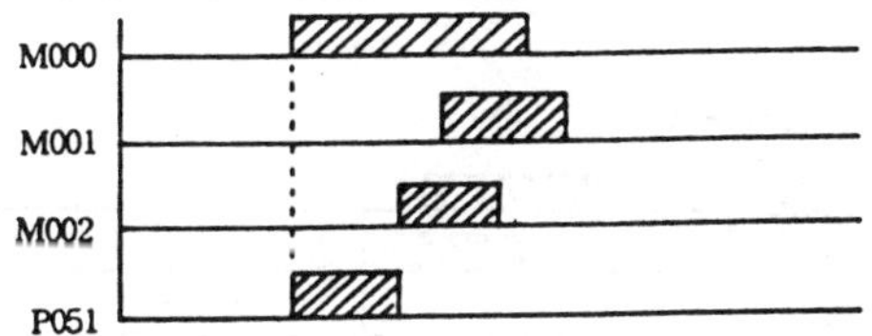

OR OR NOT	FUN ( ) FUN ( )	FUN ( ) FUN ( )	K10	K30H	K50H	K60H	K200H	K500H	K1000H
			○	○	○	○	○	○	○

명 령	사 용 가 능 영 역											STEP수	FLAG		
	M	P	K	L	F	T	C	S	D	ʰD	정수		ERROR (F110)	ZERO (F111)	CARRY (F12)
OR OR NOT	○	○	○	○	○	○	○	○				1			

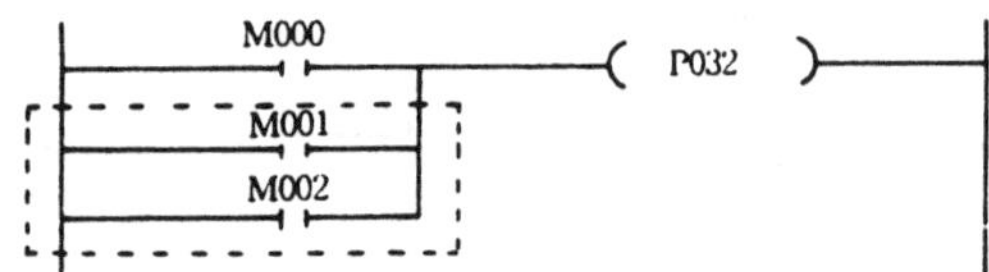

■ OR S₁

1) 기능
 • 접점 1개의 a접점 병렬 접속 명령입니다.

2) 프로그램 예
 입력조건 M000, M001, M002 중 하나 또는 그 이상이
 성립되면 P032가 출력되는 프로그램
 • 프로그램

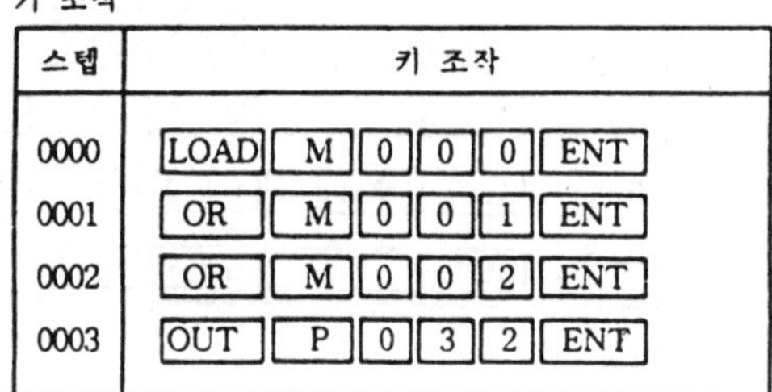

 • 키 조작

스텝	키 조작
0000	LOAD M 0 0 0 ENT
0001	OR M 0 0 1 ENT
0002	OR M 0 0 2 ENT
0003	OUT P 0 3 2 ENT

 • 타임 차트

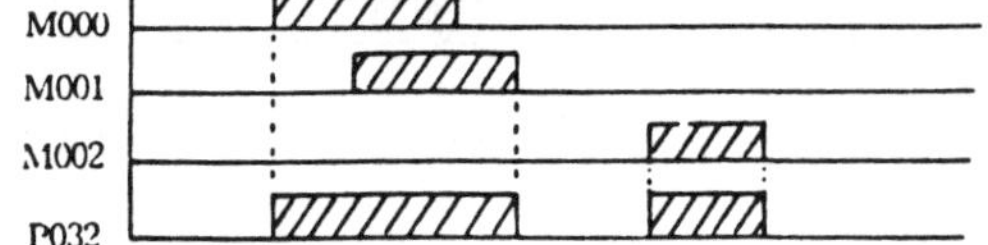

■ OR NOT S₁

1) 기능
 • 접점 1개의 b접점 병렬 접속 명령입니다.
 • 지정 접점의 ON/OFF 정보와 그때까지의 연산결과를
  OR 연산하여 그것을 연산결과로 합니다.

2) 프로그램 예
 입력조건 M000, M001이 ON이거나 M002가 Off인 경우
 P067이 ON되는 프로그램
 • 프로그램

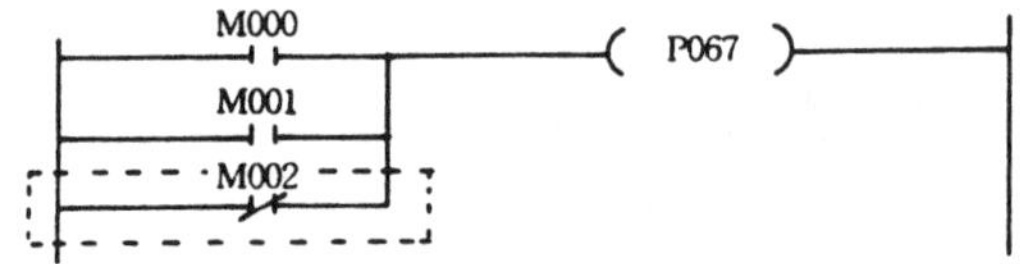

 • 키 조작

스텝	키 조작
0000	LOAD M 0 0 0 ENT
0001	OR M 0 0 1 ENT
0002	OR NOT M 0 0 2 ENT
0003	OUT P 0 6 7 ENT

 • 타임 차트

AND LOAD	FUN ( ) FUN ( ) FUN ( ) FUN ( )	K10	K30H	K50H	K60H	K200H	K500H	K1000H
		○	○	○	·○	○	○	○

명 령	사 용 가 능 영 역											STEP수	FLAG		
	M	P	K	L	F	T	C	S	D	ʼD	정수		ERROR (F110)	ZERO (F111)	CARRY (F12)
AND LOAD													1			

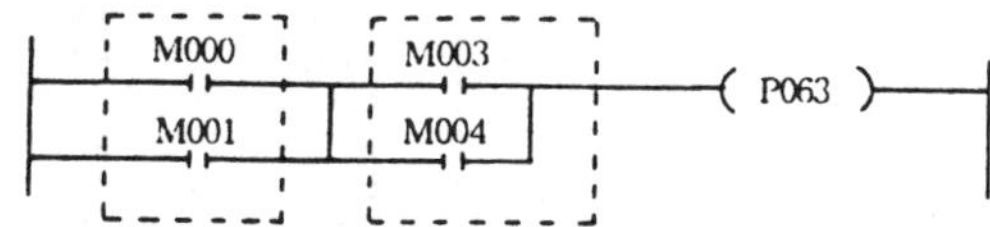

■ AND LOAD

1) 기능

- A BLOCK과 B BLOCK을 AND연산 합니다.
- AND LOAD를 연속해서 사용하는 경우 최대 사용 명령 횟수를 넘으면 정상적인 연산이 불가능 합니다.

Type	연속사용명령횟수
K50H	최대 8명령 (9 BLOCK)
K200H	최대 7명령 (8 BLOCK)
K1000H	최대 8명령 (9 BLOCK)

2) 프로그램 예

A BLOCK과 B BLOCK을 AND LOAD로 연산하여 P063 출력을 ON 실행하는 프로그램

- 프로그램

```
  M000     M003
               ──────( P063 )
  M001     M004
```

- 키 조작

스텝	키 조작
0000	LOAD M 0 0 0 ENT
0002	OR M 0 0 1 ENT
0003	LOAD M 0 0 3 ENT
0004	OR M 0 0 4 ENT
0005	AND LOAD ENT
0006	OUT P 0 6 3 ENT

• 타임 차트

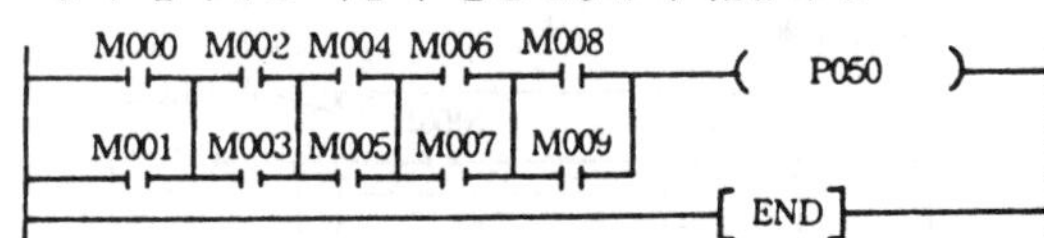

■ 참고

- 연속적으로 회로 BLOCK을 직렬 접속하는 경우 프로그램의 입력에는 다음과 같은 2종류가 있습니다.

```
  M000 M002 M004 M006 M008
  ──┤├──┤├──┤├──┤├──┤├──( P050 )

  M001 M003 M005 M007 M009
  ──┤├──┤├──┤├──┤├──┤├──

                          [ END ]
```

AND LOAD 사용수 제한이 없는 경우 프로그램		AND LOAD 사용수 제한이 있는 경우 프로그램	
LOAD	M000	LOAD	M000
OR	M001	OR	M001
LOAD	M002	LOAD	M002
OR	M003	OR	M003
AND LOAD		LOAD	M004
LOAD	M004	OR	M005
OR	M005	LOAD	M006
AND LOAD		OR	M007
LOAD	M006	LOAD	M008
OR	M007	OR	M009
AND LOAD		AND LOAD	
LOAD	M008	AND LOAD	
OR	M009	AND LOAD	
AND LOAD		AND LOAD	
OUT	P050	OUT	P050
END		END	

연속 사용하는 경우
K50H 최대 8명령 (9 BLOCK)
K200H 최대 7명령(8 BLOCK) 사용 가능

K1000H 최대 8명령 (9 BLOCK)

OR LOAD	FUN ( )　　　　FUN ( ) FUN ( )　　　　FUN ( )	K10	K30H	K50H	K60H	K200H	K500H	K1000H
		○	○	○	○	○	○	○

명　　령	사 용 가 능 영 역											STEP수	FLAG		
	M	P	K	L	F	T	C	S	D	'D	정수		ERROR (F110)	ZERO (F111)	CARRY (F12)
OR LOAD												1			

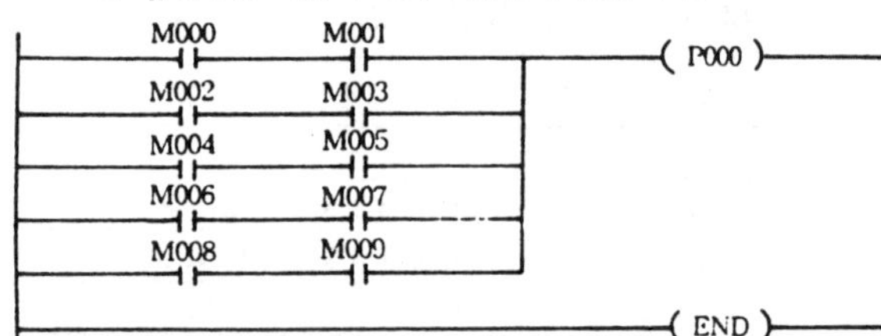

Type	연속사용명령횟수
K10	최대 7명령 (8BLCCK)
K30H	최대 8명령 (9BLOCK)
K50H	최대 8명령 (9BLOCK)
K60H	최대 7명령 (8BLOCK)
K200H	최대 7명령 (8BLOCK)
K500H	최대 8명령 (9BLOCK)
K1000H	최대 8명령 (9BLOCK)

■ OR LOAD

1) 기능
- A BLOCK과 B BLOCK을 OR연산하여 연산 결과로 합니다.
- OR LOAD를 연속해서 사용하는 경우 최대 사용 명령 횟수를 넘으면 정상적인 연산이 불가능 합니다.

2) 프로그램 예
A BLOCK과 B BLOCK을 OR LOAD로 연산하여 P042 출력을 ON 실행하는 프로그램

- 프로그램

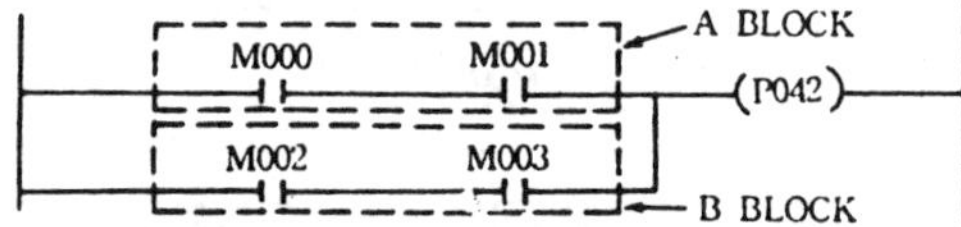

- 키 조작

스텝	키 조작						
0000	LOAD	M	0	0	0		ENT
0001	AND	M	0	0	1		ENT
0002	LOAD	M	0	0	2		ENT
0003	AND	M	0	0	3		ENT
0004	OR	LOAD	ENT				
0005	OUT	P	0	4	2		ENT

- 타임 차트

■ 참고
- 연속적으로 회로 BLOCK을 직렬 접속하는 경우 프로그램의 입력에는 다음과 같은 2종류가 있습니다.

OR LOAD 사용수 제한이 없는 경우 프로그램		OR LOAD 사용수 제한이 있는 경우 프로그램	
LOAD	M000	LOAD	M000
AND	M001	AND	M001
LOAD	M002	LOAD	M002
AND	M003	AND	M003
OR LOAD		LOAD	M004
LOAD	M004	AND	M005
AND	M005	LOAD	M006
OR LOAD		AND	M007
LOAD	M006	LOAD	M008
AND	M007	AND	M009
OR LOAD		OR LOAD	
LOAD	M008	OR LOAD	
AND	M009	OR LOAD	
OR LOAD		OR LOAD	
OUT	P000	OUT	P000
END		END	
OR LOAD의 사용수에 제한이 없습니다.		연속 사용하는 경우 K50H 최대 8명령 (9 BLOCK) K200H 최대 7명령(8 BLOCK) 사용가능 K1000최대 8명령 (9 BLOCK)	

OUT	FUN ( ) FUN ( ) FUN ( ) FUN ( )	K10	K30H	K50H	K60H	K200H	K500H	K1000H
		○	○	○	○	○	○	○

명 령	사 용 가 능 영 역											STEP수	FLAG		
	M	P	K	L	F	T	C	S	D	^{2}D	정수		ERROR (F110)	ZERO (F111)	CARRY (F12)
OUT	○	○	○	○				○				2			

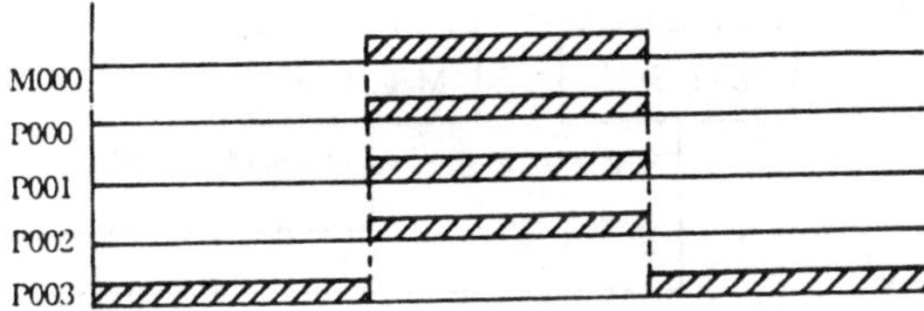

■ OUT D
1) 기능
   • OUT 명령까지의 연산결과를 지정한 접점에 출력 합니다.
   • OUT 명령은 병렬사용이 가능합니다.
2) 프로그램 예
   입력조건 M000가 ON되면 지정 출력이 모두 ON됨과 동시에 P003 출력은 OFF 되는 프로그램
   • 프로그램

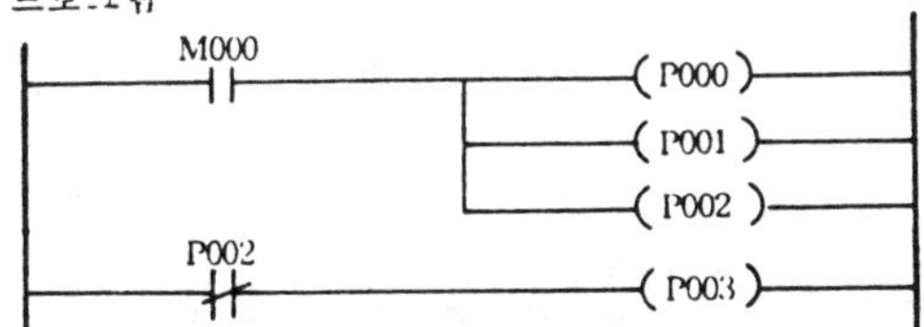

• 타임 차트

   • 키 조작

스텝	키 조작					
0000	LOAD	M	0	0	0	ENT
0001	OUT	P	0	0	0	ENT
0002	OUT	P	0	0	1	ENT
0003	OUT	P	0	0	2	ENT
0004	LOAD	NOT	P	0	0	2	ENT
0005	OUT	P	0	0	3	ENT

● 모터의 정역 운전(LOAD, AND, OR, OUT의 예제)

1. 동 작

    순간접촉푸쉬버튼 PB1을 누르면 모터는 시계방향회전하고, 순간접촉푸쉬버튼 PB를 누르면 모터는 시계반대방향회전합니다. 모터는 정지하지 않고 회전방향을 변경할 수 있고, 순간접촉푸쉬버튼 PB0를 누르면 모터는 정지합니다.

2. 시스템도

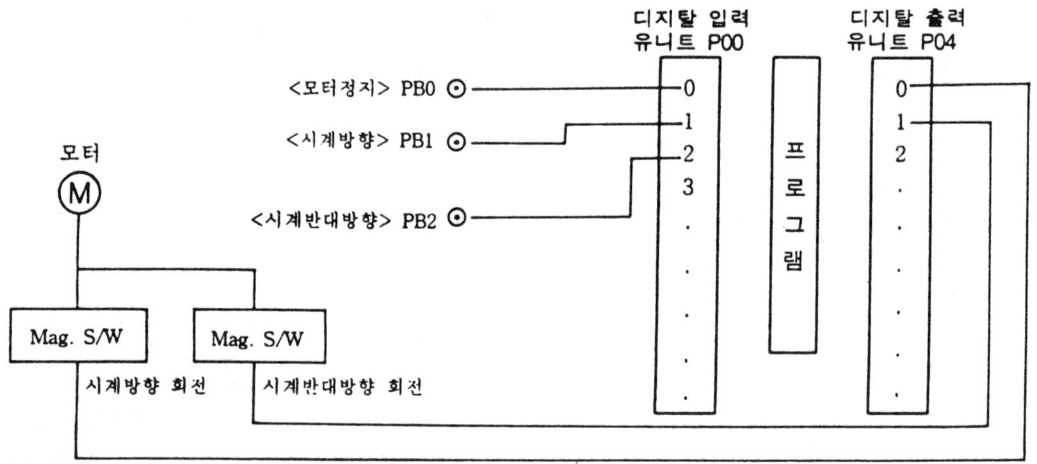

3. 프로그램

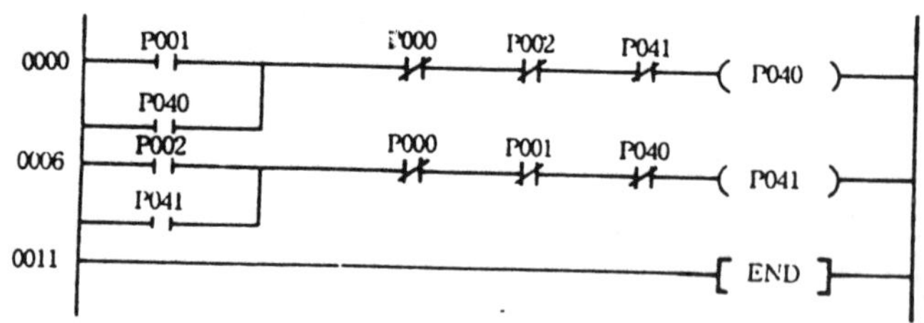

- 시계방향 모터 운전 시계반대방향 모터 운전과 인터록 'P002 P041'설정

- 시계반대방향 모터 운전 시계방향 모터 운전과 인터록 'P001 P040'설정

<자기유지회로>

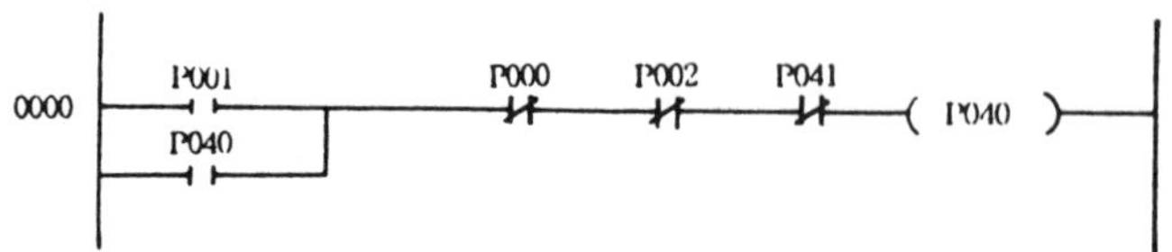

- P001의 ON은 출력 P040을 ON시키고, 이는 다시 자신을 사용한 입력 a접점 P040을 ON시켜 P000에 신호가 들어올 때까지 ON상태로 지속하게 합니다. 이런 회로를 자기 유치회로라 합니다.

SET RST	접점의 Set 접점의 Reset	K10	K30H	K50H	K60H	K200H	K500H	K1000H
		○	○	○	○	○	○	○

명 령	사 용 가 능 영 역											STEP수	FLAG		
	M	P	K	L	F	T	C	S	D	*D	정수		ERROR (F110)	ZERO (F111)	CARRY (F12)
SET RST	○	○	○	○	○			○				RST 1 SET 1/2			

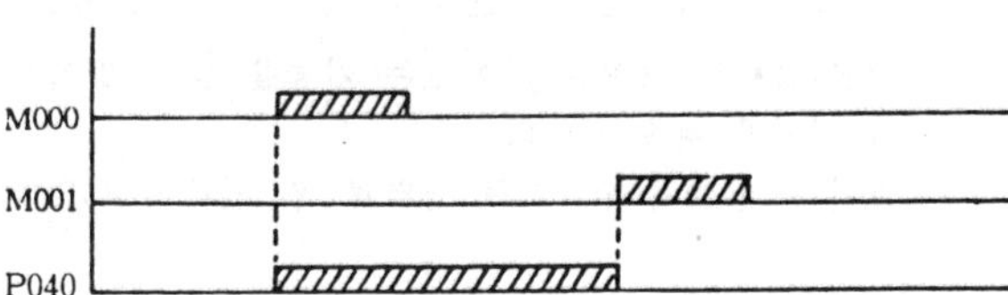

■ SET
 1) 기능
   입력조건이 ON되면 지정출력 접점을 ON상태로 자기유지
   시켜 입력이 OFF 되어도 출력이 ON상태로 유지 됩니다.

■ RST
 1) 기능
   입력조건이 ON되면 지정출력 접점을 OFF 상태로
   자기유지 시켜 입력이 OFF 되어도 출력이 OFF 상태로
   유지 됩니다.
 2) 프로그램 예
   • 프로그램

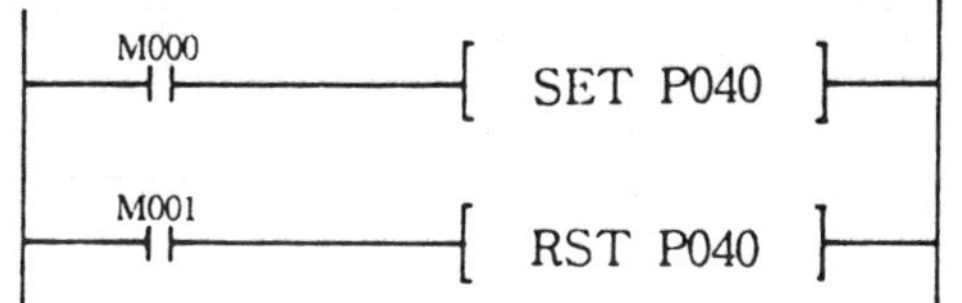

   • 키 조작

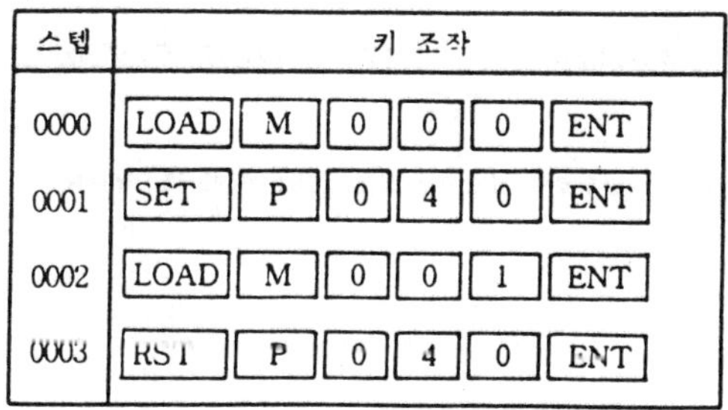

• 타임 차트

보조설명
① SET명령의 출력으로 지정된 접점은 RST 명령에 의해서
   OFF 됩니다. (단, 이중출력인 경우는 예외)
② BSFT 명령, 회전 명령에 의해 RST 될 수 있습니다.
③ 그 밖의 응용명령에 의해서도 RST 될 수 있습니다.

● 정전대책에 대하여

P와 K영역의 차이점, 세트/리세트 동작에 대하여

1. 입출력 릴레이(P)와 킵 릴레이(K)의 차이점

다음의 시퀀스는 모두 자기보존회로를 갖고 있으며 그 동작은 동일합니다.
그러나, 출력이 ON중에 정전되면 복전시의 출력상태는는 다르게 됩니다.

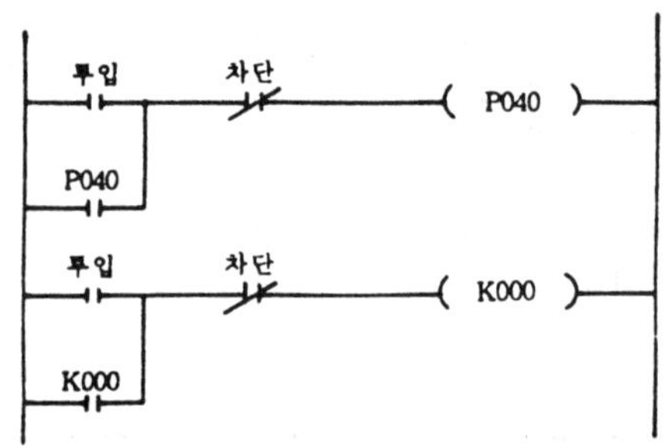

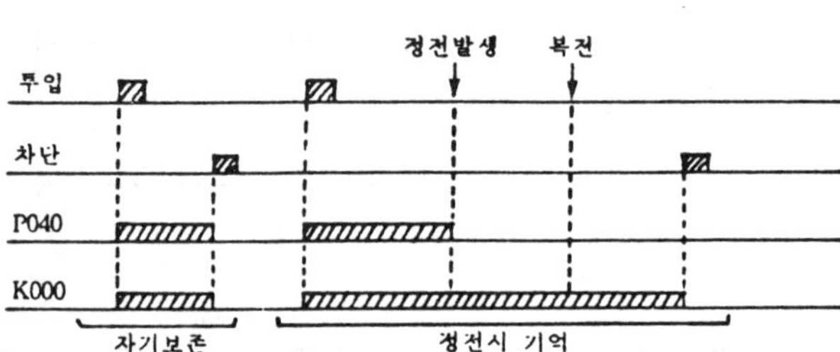

2 2. 세트/리세트 명령에서 입출력 릴레이(P)와 킵 릴레이(K) 영역동작의 차이점

세트/리세트 명령은 자기보존 기능을 갖고 있기 때문에 출력이 1회 세트(ON)되면 "차단"입력이 들어올때까지 그 상태가 계속 됩니다.
그러나, 입출력 릴레이(P)영역과, 킵 릴레이(K)영역의 차이점에 의해, 복전시의 동작이 다릅니다.

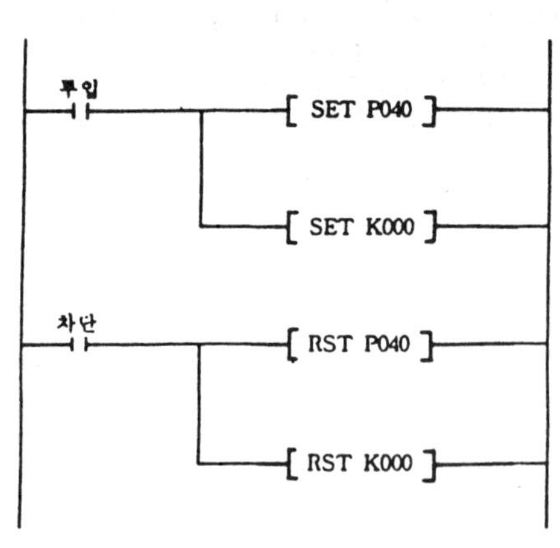

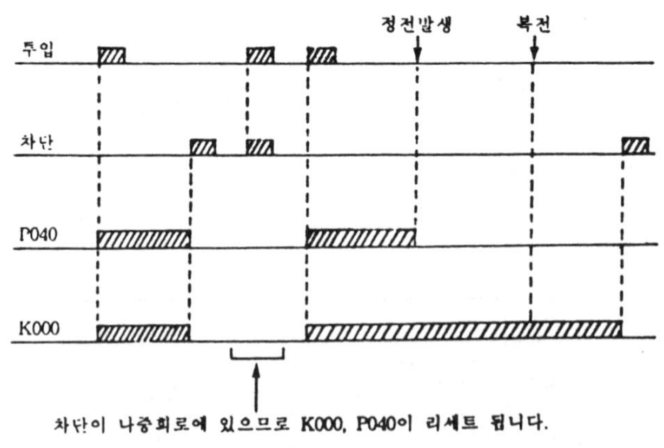

NOT NOP END	FUN (000) NOP FUN ( ) NOT FUN (001) END FUN ( )		K10	K30H	K50H	K60H	K200H	K500H	K1000H
			○	○	○	○	○	○	○

명 령	사 용 가 능 영 역											STEP수	FLAG		
	M	P	K	L	F	T	C	S	D	#D	정수		ERROR (F110)	ZERO (F111)	CARRY (F12)
NOT NOP END												1			

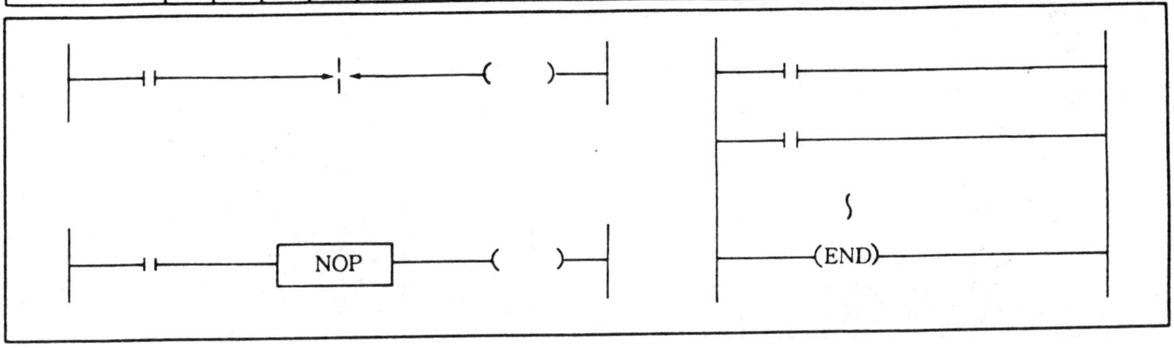

■ NOT
1) 기능
 • 반전 명령 [NOT]을 사용하면 반전명령 좌측의 회로에
   대하여 a접점 회로는 b접점 회로로, b접점 회로는 a
   접점 회로로 그리고, 직렬 연결 회로는 병렬 연결
   회로로 병렬 연결 회로는 직렬 연결 회로로 반전 됩니다.
2) 프로그램 예
 ①

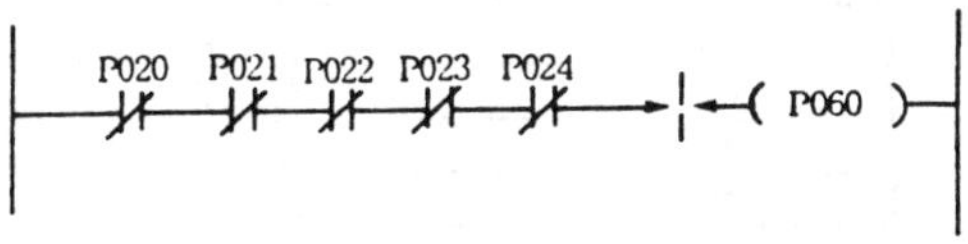

 ②

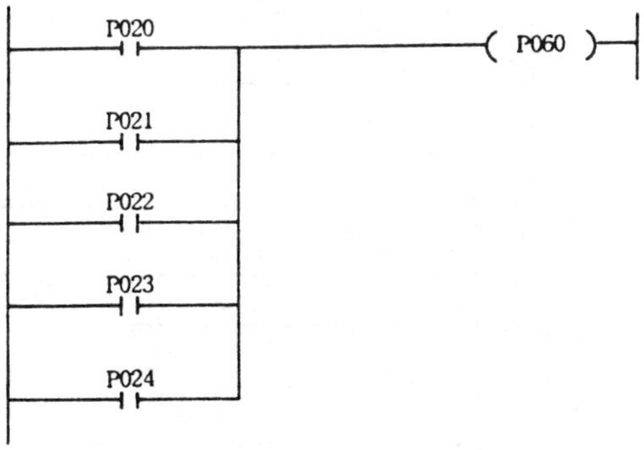

 • Program ①, ②는 결과가 동일 합니다.

• 키 조작

스텝	키 조작
0000	LOAD NOT P 0 2 0 ENT
0001	AND NOT P 0 2 1 ENT
0002	AND NOT P 0 2 2 ENT
0003	AND NOT P 0 2 3 ENT
0004	AND NOT P 0 2 4 ENT
0004	NOT ENT
0004	OUT P 0 6 0 ENT

■ NOP (니모닉에서만 사용)
1) 기능
 • 무처리(NO Operation)명령으로 해당회로의 그때까지
   연산결과에 아무런 영향을 주지 않습니다.
 • NOP 사용 목적
   ① 시퀀스 프로그램의 디버깅용으로 사용됩니다.
   ② 일시적으로 Step수를 유지하면서 명령어를 제거하기
     위해 사용됩니다.

■ END
1) 기능
 • 프로그램 종료를 표시 합니다.
 • END 명령 처리후 0000 Step으로 돌아가 처리 합니다.
 • END 명령은 반드시 프로그램의 마지막에 입력 합니다.

SET S OUT S	FUN (　　　)　　　FUN (　　　) FUN (　　　)　　　FUN (　　　)	K10	K30H	K50H	K60H	K200H	K500H	K1000H
		○	○	○	○	○	○	○

명　　령	사 용 가 능 영 역											STEP수	FLAG		
	M	P	K	L	F	T	C	S	D	#D	정수		ERROR (F110)	ZERO (F111)	CARRY (F12)
SET S OUT S								○				2			

S	휘 발 성	불 휘 발 성
K50H	S00 ~ S23	S24 ~ S31
K200H	S00 ~ S47	S48 ~ S63
K000H	S00 ~ S79	S80 ~ S99

Sxx.xx
→ Step No.(00~99)
→ 조(00~31) : K30H, K50H
→ 조(00~63) : K10, K60H, K200H
→ 조(00~99) : K500H, K000H

* Step Controller의 특성
① 자기 보존기능(다음 명령이 없는한 현위치 유지)
② 인터록이 걸려있다.(100개스텝중 오직 1스텝만 출력)

■ SET S xx.xx (순차제어)
1) 기능
- 동일 조내에서 바로 이전의 스텝번호가 ON 되었을때 현재 스텝번호가 ON됩니다.
- 현재 스텝번호가 ON되면 자기유지시켜 입력이 OFF되어도 ON되어진 상태를 유지 합니다.
- 입력조건이 동시 ON되어도 한 조내에서는 한 스텝 번호만이 ON되어 집니다.
- SET S xx.xx 명령 Clear는 S xx.00을 ON 시킴으로써 해당조는 OFF 됩니다.

2) 프로그램 예
- 프로그램 – S01조를 이용한 순차제어 프로그램

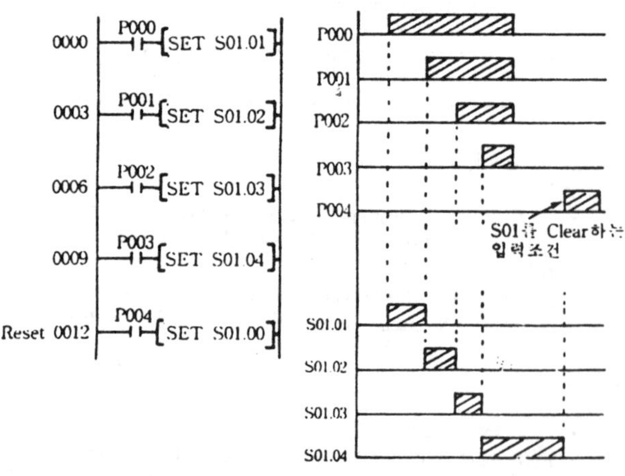

■ OUT S xx.xx (후입우선)
1) 기능
- 동일 조내에서 입력조건이 다수가 ON하여도 한개의 스텝번호만 ON합니다. 입력조건이 동시에 ON하면 나중에 프로그램 된것이 우선으로 출력됩니다.
- 현재 스텝번호가 ON되면 자기유지시켜 입력이 OFF 되어도 ON되어진 상태를 유지합니다.
- OUT S xx.xx 명령 Clear는 S xx.00을 ON시킴으로써 해당조는 OFF 됩니다.

2) 프로그램 예
S02조를 이용한 후입우선 제어 프로그램

```
       P020
──┤ ├─────────( S02.01 )──
       P021
──┤ ├─────────( S02.23 )──
       P022
──┤ ├─────────( S02.98 )──
       P023
──┤ ├─────────( S02.00 )──
```

Reset

No	P020	P021	P022	P023	S02.01	S02.23	S02.98	S02.00
1	ON	OFF	OFF	OFF	○			
2	ON	ON	OFF	OFF		○		
3	ON	ON	ON	OFF			○	
4	ON	ON	ON	ON				○

- 키 조작

스텝	키 조작
0000	LOAD │ P │ 0 │ 2 │ 0 │ ENT
0001	OUT │ S │ 0 │ 2 │ C │ 0 │ 1 │ ENT
0002	LOAD │ P │ 0 │ 2 │ 1 │ ENT
0003	OUT │ S │ 0 │ 2 │ C │ 2 │ 3 │ ENT
0004	LOAD │ P │ 0 │ 2 │ 2 │ ENT
0005	OUT │ S │ 0 │ 2 │ C │ 9 │ 8 │ ENT
0006	LOAD │ P │ 0 │ 2 │ 3 │ ENT
0007	OUT │ S │ 0 │ 2 │ C │ 0 │ 0 │ ENT

* 순차제어는 바로 이전의 STEP이 ON이고 자신의 조건이 ON이면 출력 됩니다.

● 순차 제어(SET S의 예제 1)

아래 프로그램은 공정 0이 끝나야만 공정 1이 수행되어 또 다음 공정이 실행되고, 공정 4가 끝나면, 다시 0번 공정이 모두 순차적으로 수행되는 과정을 간략하게 작성한 것입니다.

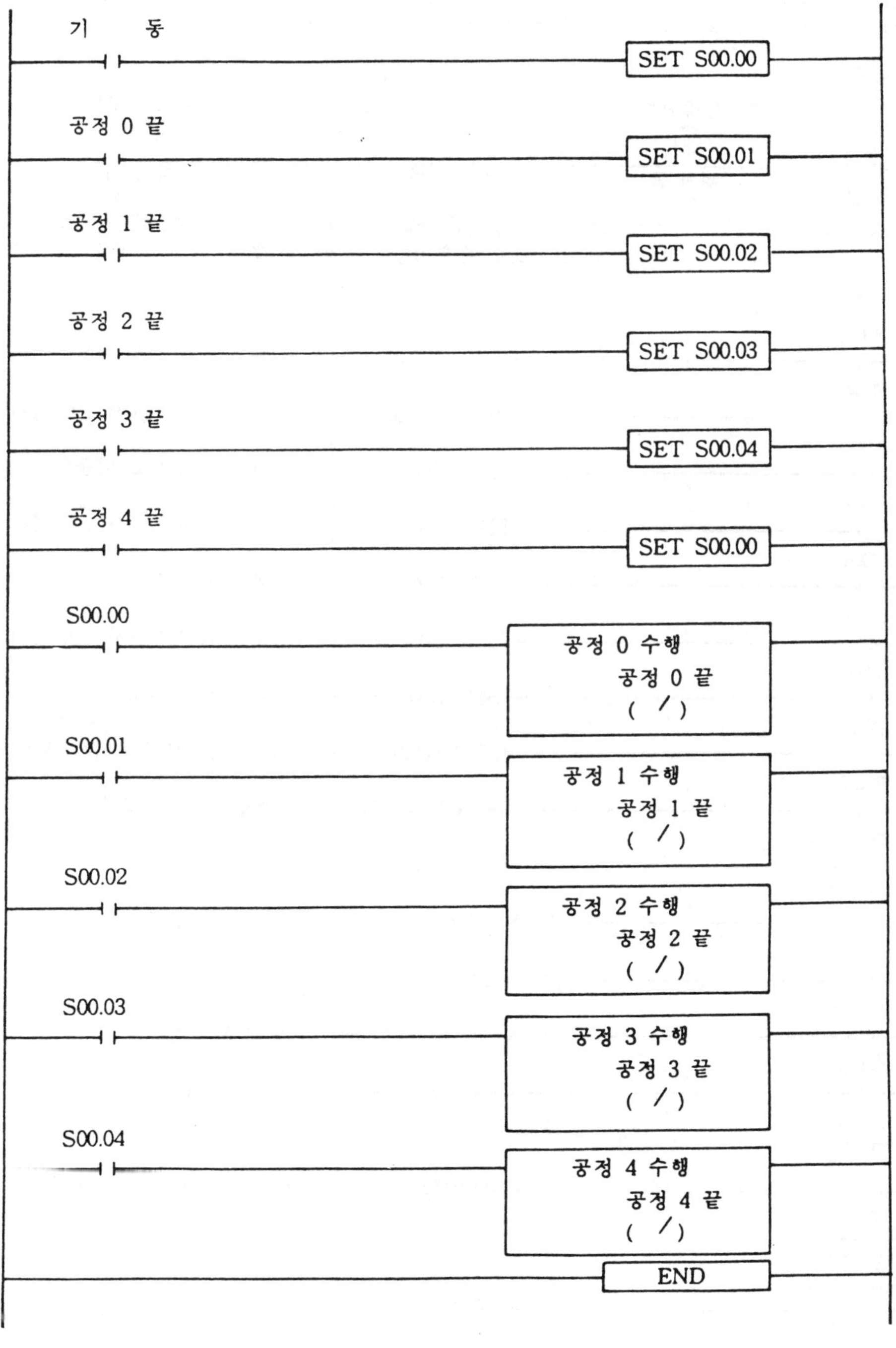

● 이동 호이스트 제어(SET S의 예제 2)

1. 동 작

리미트스위치 LS1이 동작하는 위치 A에서 호이스트가 작업시작 순간접촉푸쉬버튼 PB0을 누르면, 리미트스위치 LS4가 동작하는 위치 D로 이동하여 1초간 정지했다가, 리미트스위치 LS2가 동작하는 위치 B로 이동하여 2초간 정지한 후, 리미트스위치 LS3이 동작하는 위치 C로 이동하여 3초간 다시 정지한 후, 원래 위치 A로 돌아와 운전을 완료합니다. 운전중에 비상정지 순간접촉푸쉬버튼 PB1을 누르면 호이스트는 정지하고, 복귀 순간접촉푸쉬버튼 PB2를 누르면 호이스트는 위치 A로 돌아 옵니다.

2. 시스템도

3. 프로그램

● 공사 구간 교통 신호등 제어(OUT S의 예제)

1. 동 작

도로공사로 왕복 2차선이 왕복 1차선으로 통제되는 곳의 양방향 신호 체계입니다.
시스템이 동작하면 양쪽에 적색등이 켜지고, 한쪽 차선 센서에서 신호가 들어오면 10초 후에 녹색 신호등이 켜지는데, 다른 차선이 센서 신호가 없을때는 계속 켜지고 다른 차선 센서 신호가 있어도 최소 20초간은 켜집니다. 다른 차선의 센서신호로 녹색 신호등이 꺼지고 난 후, 10초가 경과해야 새로 신호가 들어온 차선의 녹색 신호등은 켜집니다.

2. 시스템도

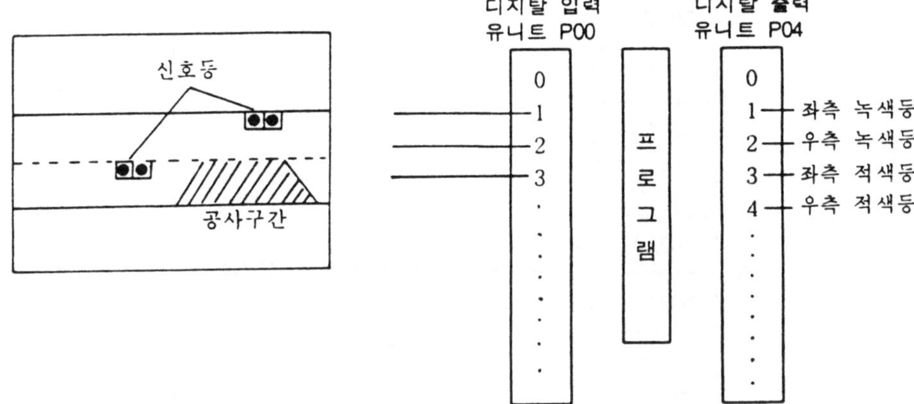

3. 프로그램

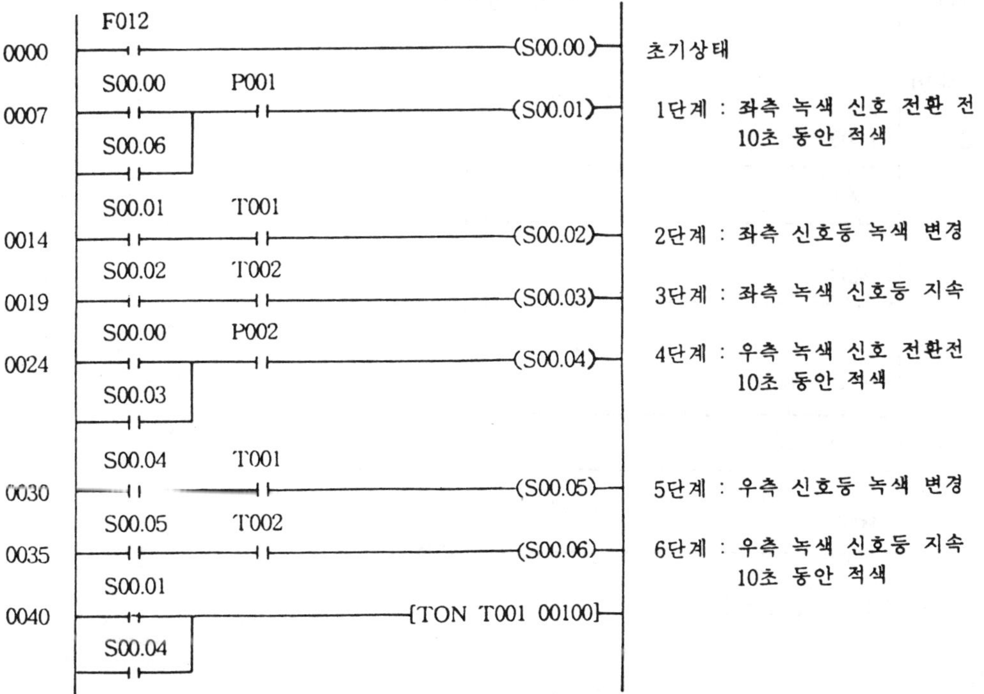

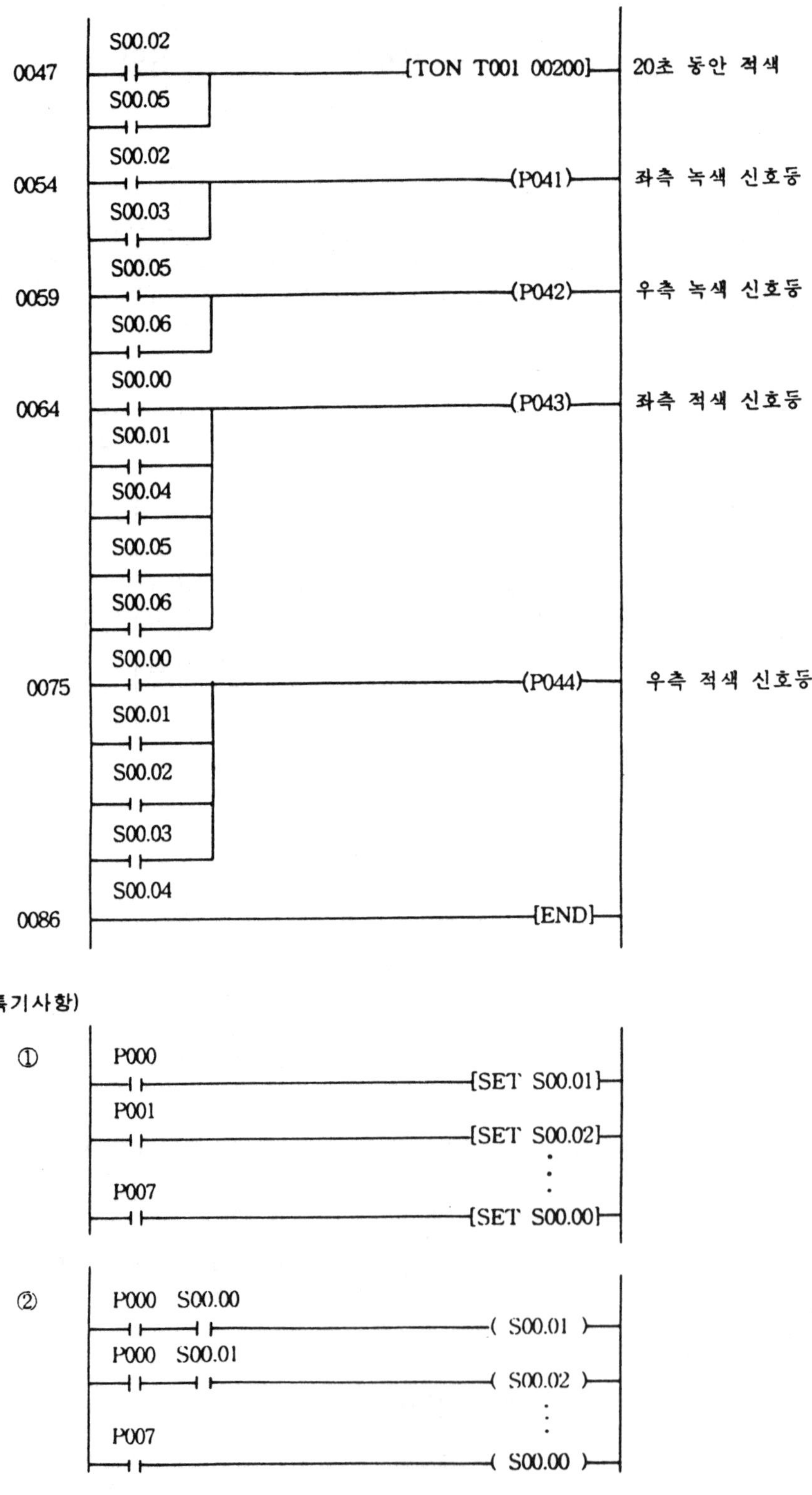

0047 S00.02 / S00.05 [TON T001 00200] 20초 동안 적색
0054 S00.02 / S00.03 (P041) 좌측 녹색 신호등
0059 S00.05 / S00.06 (P042) 우측 녹색 신호등
0064 S00.00 / S00.01 / S00.04 / S00.05 / S00.06 (P043) 좌측 적색 신호등
0075 S00.00 / S00.01 / S00.02 / S00.03 / S00.04 (P044) 우측 적색 신호등
0086 [END]

(특기사항)
① P000 [SET S00.01]
P001 [SET S00.02]
P007 [SET S00.00]
② P000 S00.00 (S00.01)
P000 S00.01 (S00.02)
P007 (S00.00)

①, ② 회로는 동일합니다.

D D NOT	FUN (017) D FUN (018) D NOT	K10	K30H	K50H	K60H	K200H	K500H	K1000H
		○	○	○	○	○	○	○

명 령	사 용 가 능 영 역											STEP수	FLAG		
	M	P	K	L	F	T	C	S	D	#D	정수		ERROR (F110)	ZERO (F111)	CARRY (F12)
D D NOT	○		○	○								2			

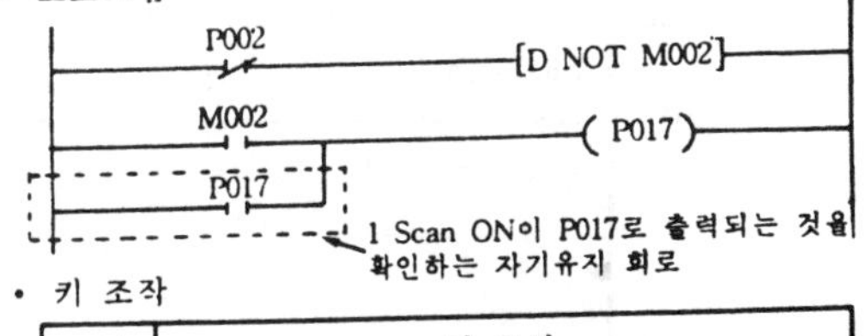

주의) D D NOT 명령은 입력조건이 성립할때 지정
전점에 대하여 1 Scan ON을 수행하므로 P영역
으로 Data출력은 주의를 요합니다.

MASTER-K30H, 50H	P영역 사용 불가
MASTER-K60H, K200H, K000H	P영역 사용 가능

영역설정

⒟	명령에 따라 1 Scan ON하게 될 접점

* 입력조건 ON신호의 길고 짧음에 관계없이 PLC
에서 한번의 신호만 사용하고자 하는 경우 사용

■ AND S₁

1) 기능
 * 입력조건이 OFF→ON으로 되었을때 지정 접점을
   1Scan ON 하며 그 이외에는 OFF됩니다.

2) 프로그램 예
입력조건 P002가 입력조건이 성립(OFF→ON)될때 D명령을
실행하는 프로그램
 * 프로그램

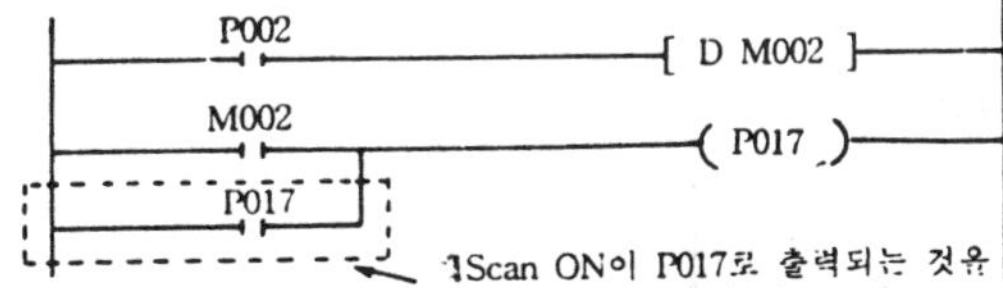

1Scan ON이 P017로 출력되는 것을
확인하는 자기유지 회로

 * 키 조작

스텝	키 조작
0000	LOAD P 0 0 2 ENT
0001	FUN 0 1 7 ENT
0002	M 0 0 2 ENT
0003	LOAD M 0 0 2 ENT
0004	OR P 0 1 7 ENT
0005	OUT P 0 1 7 ENT

 * 타임 차트

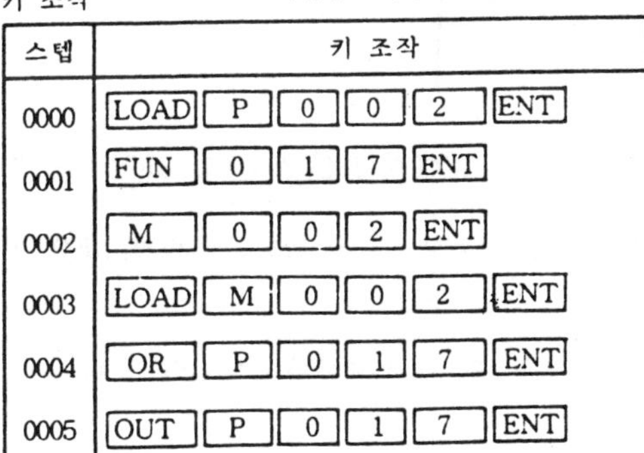

점선부분은 P017이 자기유지
회로로 인한 출력부분

■ D NOT 명령

1) 기능
 * 입력 조건이 ON→OFF로 되었을때 지정접점을 1
   스캔 ON하며 그 이외에는 OFF됩니다.

2) 프로그램 예
입력조건 P002가 입력조건이 성립(ON→OFF)될때 .D
NOT명령을 실행하는 프로그램
 * 프로그램

 * 키 조작

스텝	키 조작
0000	LOAD NOT P 0 0 2 ENT
0001	FUN 0 1 8 ENT
0002	M 0 0 3 ENT
0003	LOAD M 0 0 2 ENT
0004	OR P 0 1 7 ENT
0005	OUT P 0 1 7 ENT

 * 타임 차트

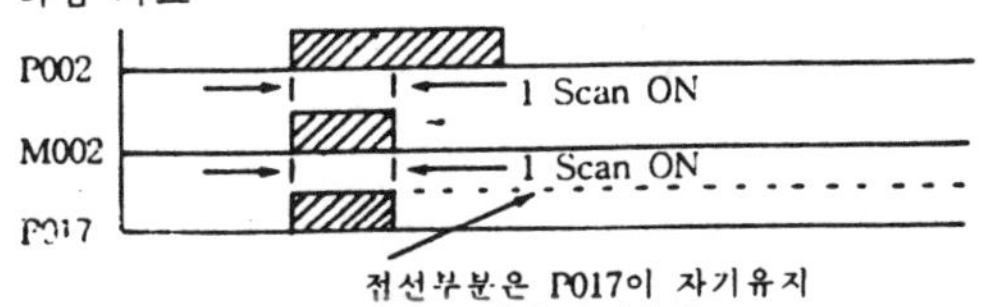

점선부분은 P017이 자기유지
회로로 인한 출력부분

● 출력 ON/OFF 조작(D의 예제)

1. 동 작

순간접촉푸쉬버튼 PB0을 첫번째 누르면 출력이 ON하고, 두번째 누르면 출력이 OFF 합니다. PB0을 누룰 때마다 출력이 ON/OFF를 반복합니다.

2. 시스템도

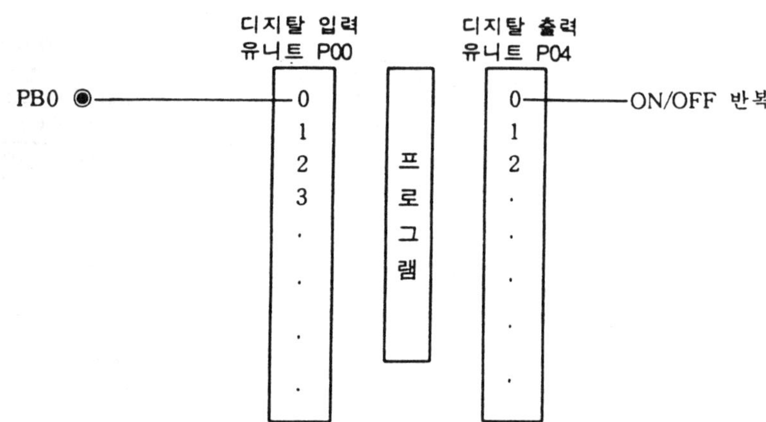

3. 프로그램

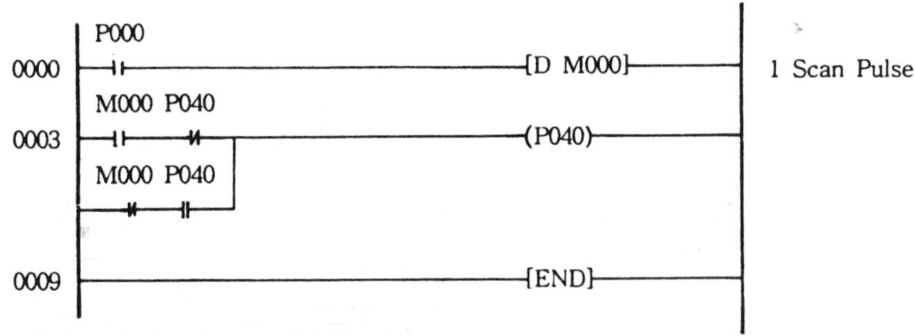

<자기유지회로>

  첫번째 누르면 b접점 P040이 도통될 수 있는 상태이므로 a접점 M000의 1 SCAN PULSE신호는 회로를 통해 출력 P040을 ON시키고, P040은 자기유지됩니다.
  두번째 눌렀을 때는 P040이 ON되어 있어 b접점 P040 회로를 도통할 수 없으므로 두번째 M000의 1 SCAN PULSE 신호는 자기유지 시키는 회로를 차단시켜 출력 P040은 OFF 됩니다.

  만약 회로를 아래와 같이 작성하였을 경우에는 P000을 눌렀을 때, 매 스캔마다 ON/OFF가 바뀌게 되어 원하는 출력을 얻을 수 없게 됩니다.

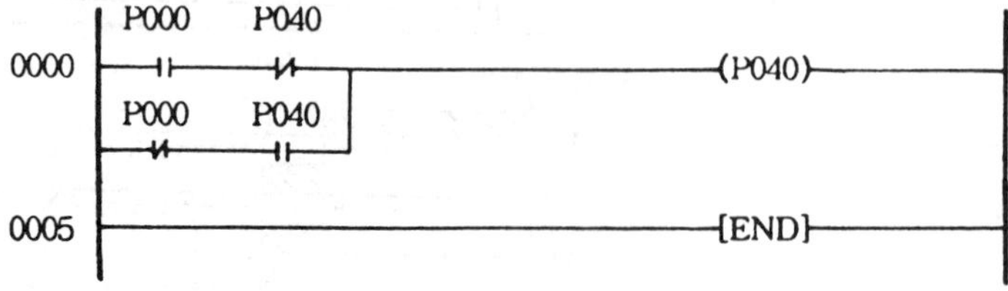

MCS	FUN (010) MCS	K10	K30H	K50H	K60H	K200H	K500H	K1000H
MCSCLR	FUN (011) MCSCLR	○	○	○	○	○	○	○

명 령	사 용 가 능 영 역											정수	STEP수	FLAG		
	M	P	K	L	F	T	C	S	D	⁺D				ERROR (F110)	ZERO (F111)	CARRY (F12)
MCS MCSCLR												○	1			

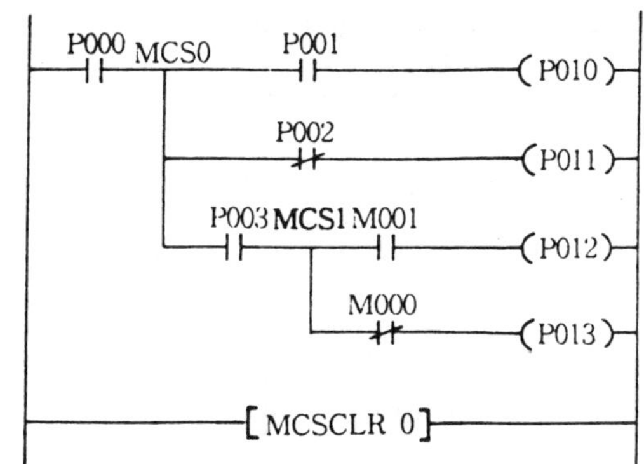

```
       ┤├        ┌─────┬───┐
                 │ MCS │ n │
                 └─────┴───┘
           ⟨
       ┤├        ┌────────┬───┐
                 │ MCS CLR│ n │
                 └────────┴───┘
```

- n(Nesting)설정은 0~7까지 사용가능

■ MCS

1) 기능

- MCS의 입력조건이 ON하면 MCS번호와 동일한 MCS CLR까지를 실행하고 입력조건이 OFF하면 실행하지 않습니다.
- 우선 순위는 MCS번호 0가 가장 높고 7이 가장 낮으므로 우선순위가 높은 순으로 사용하고 해제는 그 역순으로 합니다.
- 인터록 해제시 우선순위가 높은 것으로 해제하면 낮은 순위의 인터록 Block도 함께 해제됩니다.
- 인터록 해제전에 인터록 No.가 중첩된 경우나 우선 순위를 바꾸어 인터록 또는 해제된 경우는 Error 처리 합니다.
  주의) 인터록 혹은 해제는 우선 순위에 따라 순차적으로 사용하여야 합니다.

2) 프로그램 예

MCS 명령을 2개 사용하고 MCSCLR명령은 우선순위가 높은 "0"을 사용한 프로그램

- 프로그램

3) GSIKGL에서 표현 (Ladder Mode)

```
      P000
0000  ┤├                        [ MCS  0 ]
      P001
0002  ┤├                        ( P010 )
      P002
0004  ┤/├                       ( P011 )
      P003
0006  ┤├                        [ MCS  1 ]
      M001
0008  ┤├                        ( P012 )
      M000
0010  ┤/├                       ( P013 )
0012                            [ MCS CLR0 ]
0013                            [ END ]
```

- 키 조작

스텝	키 조작							
0000	LOAD	P	0	0	0	ENT		
0001	FUN	0	1	0	ENT			
0002	LOAD	P	0	0	1	ENT		
0003	OUT	P	0	1	0	ENT		
0004	LOAD	NOT	P	0	0	2	ENT	
0005	OUT	P	0	1	1	ENT		
0006	LOAD	P	0	0	3	ENT		
0007	FUN	0	1	0	SHIF	1	ENT	
0008	LOAD	M	0	0	1	ENT		
0009	OUT	P	0	1	2	ENT		
0010	LOAD	NOT	M	0	0	0	ENT	
0011	OUT	P	0	1	3	ENT		
0012	FUN	0	1	1	ENT			
0013	FUN	0	1	1	ENT			

● 공통 LINE이 있는 회로(MCS, MCSCLR의 예제)

아래에 나타난 회로상태 그대로 PLC Program이 되지 않으므로 Master Control(MCS, MCSCLR) 명령을 사용하여 Program 합니다.

<릴레이 회로>

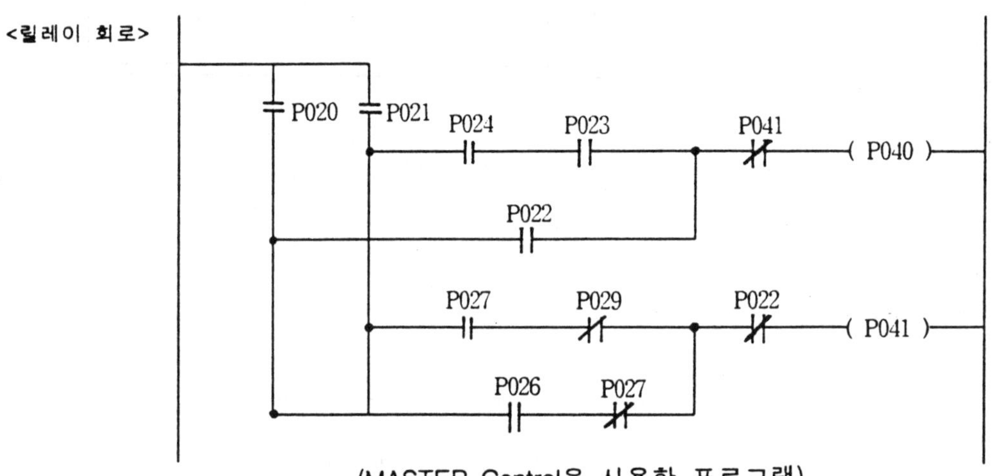

(MASTER Ccntrol을 사용한 프로그램)

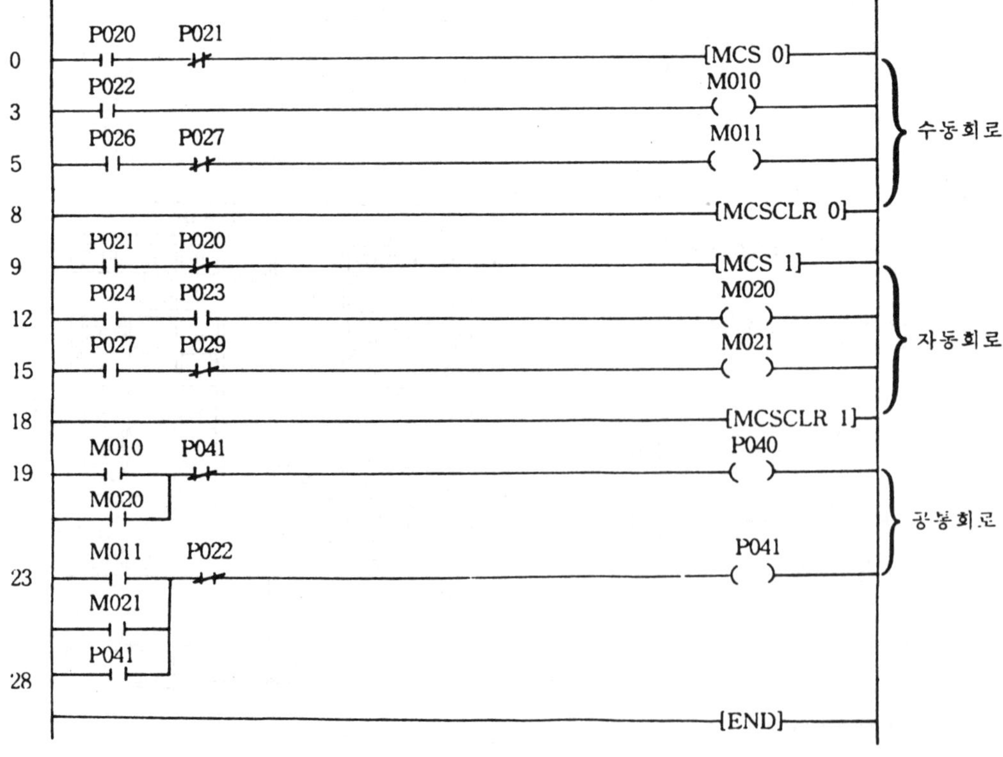

MPUSH MLOAD MPOP	FUN (005) MPUSH FUN (006) MLOAD FUN (007) MPOP	K10	K30H	K50H	K60H	K200H	K500H	K1000H
							○	○

명 령	사 용 가 능 영 역											STEP수	FLAG		
	M	P	K	L	F	T	C	S	D	'D	정수		ERROR (F110)	ZERO (F111)	CARRY (F112)
												1			

LADDER 표시 없음.

■ MPUSH, MLOAD, MPOP

1) 기능

　• Ladder의 다중 분기를 가능하게 하는 명령
　　입니다.

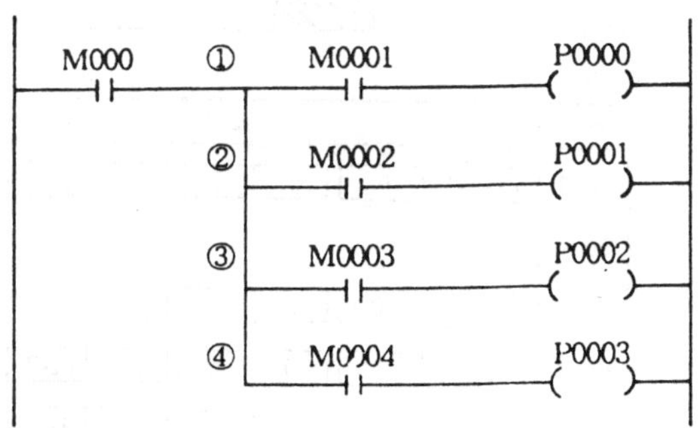

① MPUSH : M0000의 상태가 PLC의 내부 메모리에
　　　　　저장 됩니다.
② MLOAD : 저장된 M0000의 상태를 읽어 다음
　　　　　연산을 합니다.
③ MLOAD : 저장된 M0000의 상태를 읽어 다음
　　　　　연산을 합니다.
④ MPOP　: 저장된 M0000의 상태를 PLC의 내부
　　　　　메모리에서 꺼낸 다음 연산합니다.
　• MPUSH～MPOP는 8단까지 가능합니다.

• MPUSH : 현재 까지의 연산 결과를 저장하는 기능을
　　　　　합니다.
　MLOAD : 다음 연산을 위해 이전의 연산결과를 읽어
　　　　　오기만 하고 저장 영역에서 지워 버리지는
　　　　　않습니다.
　MPOP　: 분기점에서 저장된 이전 연산 결과를 읽어
　　　　　온후 저장된 이전 결과를 지웁니다.

• 키 조작

스텝	키 조작						
0000	LOAD	M	0	0	0	0	ENT
0001	FUN	0	0	5	ENT		
0002	AND	M	0	0	0	1	ENT
0003	OUT	P	0	0	0	0	ENT
0004	FUN	0	0	6	ENT		
0005	AND	M	0	0	0	2	ENT
0006	OUT	P	0	0	0 ˙	1	ENT
0007	FUN	0	0	6	ENT		
0008	AND	M	0	0	0	3	ENT
0009	OUT	P	0	0	0	2	ENT
0010	FUN	0	0	7	ENT		
0011	AND	M	0	0	0	4	ENT
0012	OUT	P	0	0	0	3	ENT

TON	ON 딜레이 타이머		K10	K30H	K50H	K60H	K200H	K500H	K1000H
TON	ON 딜레이 타이머		○	○	○	○	○	○	○

명 령	사 용 가 능 영 역											STEP수	FLAG		
	M	P	K	L	F	T	C	S	D	#D	정수		ERROR (F110)	ZERO (F111)	CARRY (F12)
TON						○						3			
설 정 치									○		○				

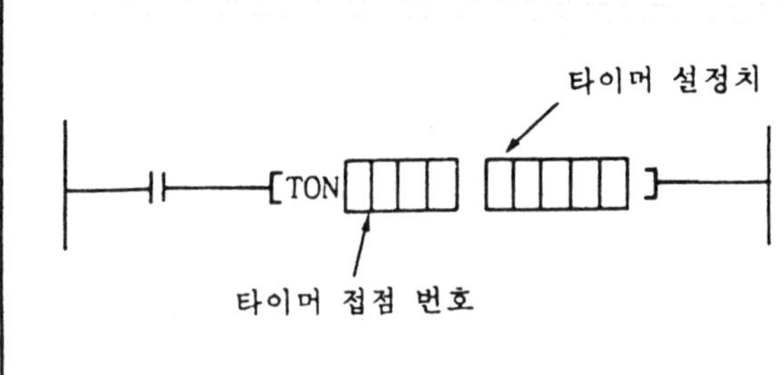

구 분	100ms	10ms
K10	T000~T191	T192~T255
K30H	T000~T095	T096~T127
K50H	T000~T095	T096~T127
K60H	T000~T191	T192~T255
K200H	T000~T191	T192~T255
K500H K1000H	Parameter 가 면	

* 48Page 참조

■ TON

1) 기능
- 입력조건이 ON되어 있는 동안 현재치를 증가하여 Timer의 설정치에 도달하면 Timer접점이 ON됩니다.
- 입력조건이 OFF되거나 Reset 명령을 만나면 Timer 출력이 OFF되고 현재치는 "0"이 됩니다.

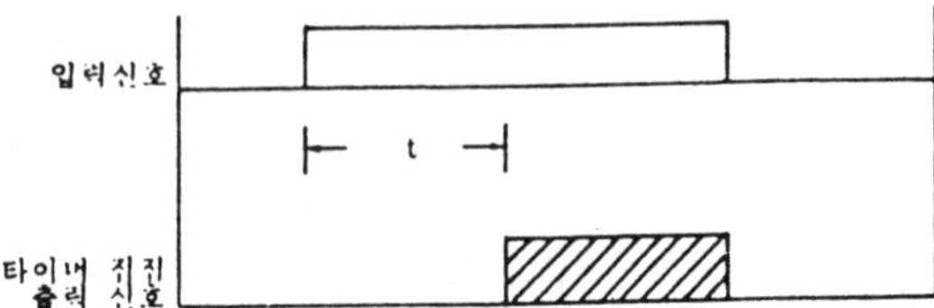

2) 프로그램 예
- P001이 ON한후 20초 후에 Timer의 현재치와 설정치가 같을때 출력 ON
- 현재치가 설정치에 도달전에 입력조건이 OFF하면 현재치는 "0"가 됩니다.
- P002가 ON하면 현재치는 "0"가 됩니다.
- 프로그램

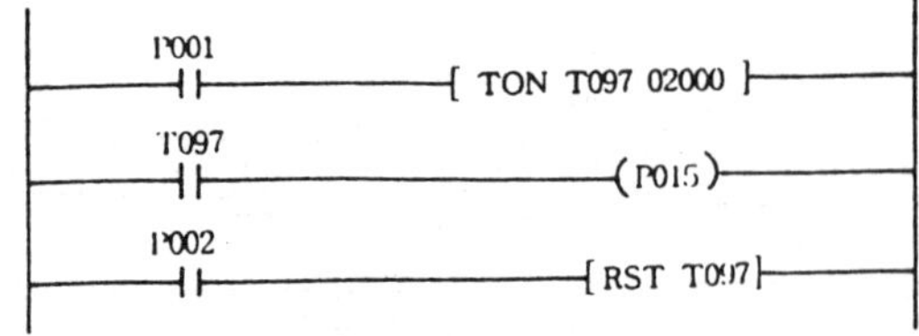

• 타임 차트

(P001 / t=2000 / P015)

• 키 조작

스텝	키 조작					
0000	LOAD	P	0	0	1	ENT
0001	TMR					
	T	0	9	7	ENT	
0002	0	2	0	0	0	ENT
0004	LOAD	T	0	9	7	ENT
0005	OUT	P	0	1	5	ENT
0006	LOAD	P	0	0	2	ENT
0007	RST	T	0	9	7	ENT

TOFF	OFF 딜레이 타이머	K10	K30H	K50H	K60H	K200H	K500H	K1000H
		○	○	○	○	○	○	○

명 령	사 용 가 능 영 역											STEP수	FLAG		
	M	P	K	L	F	T	C	S	D	ʼD	정수		ERROR (F110)	ZERO (F111)	CARRY (F12)
TOFF						○						3			
설 정 치									○		○				

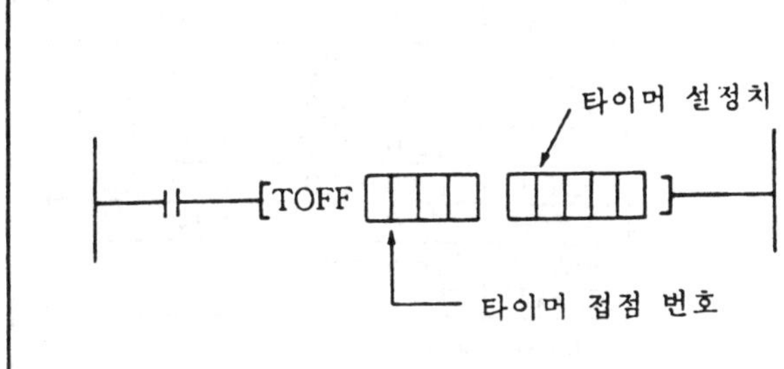

구 분	100ms	10ms
K10	T000~T191	T192~T255
K30H	T000~T095	T096~T127
K50H	T000~T095	T096~T127
K60H	T000~T191	T192~T255
K200H	T000~T191	T192~T255
K500H K1000H	Parameter 가 면	

* 48Page 참조

■ TOFF
1) 기능
  • 입력조건이 성립되는 동안 Timer의 현재치는 설정치가 되며 출력은 ON됩니다.
  • 입력조건이 OFF되면 Timer 현재치가 설정치로 부터 감산되어 현재치가 "0"가 되는 순간 출력이 OFF됩니다.
  • Reset 명령을 만나면 Timer출력은 OFF 되고 현재치는 "0"가 됩니다.

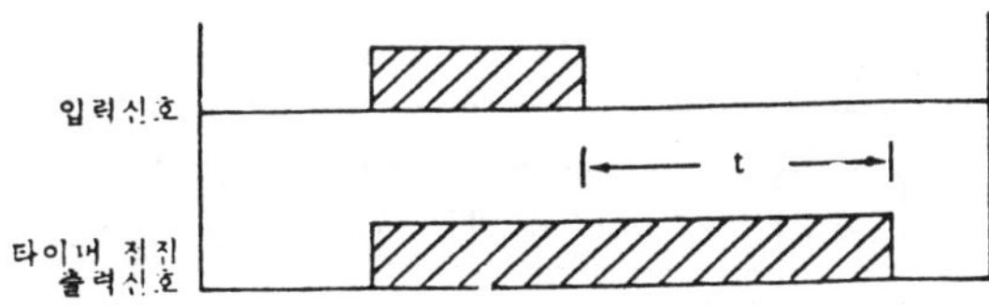

2) 프로그램 예
  • 입력 P000접점이 ON하면 T000접점이 동시에 ON하고 출력 P015도 ON합니다.
  • 입력 P000가 OFF한후 Timer는 감산을 시작 현재치가 "0"가 됨과 동시에 접점이 OFF 됩니다.
  • P002가 ON하면 현재치는 설정치가 됩니다.
  • 프로그램

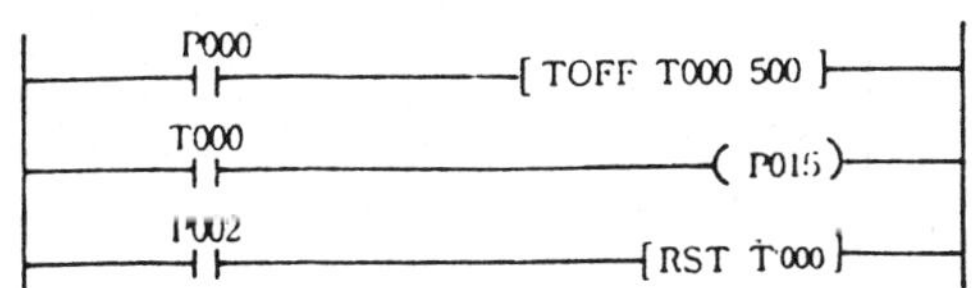

• 타임 차트

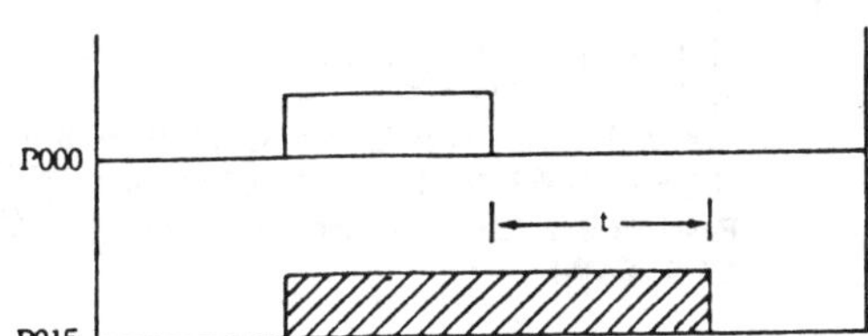

• 키 조작

스텝	키 조작					
0000	LOAD	P	0	0	0	ENT
0001	TMR	TMR				
	T	0	0	0		ENT
0002	0	0	5	0	0	ENT
0004	LOAD	T	0	0	0	ENT
0005	OUT	P	0	1	5	ENT
0006	LOAD	P	0	0	2	ENT
0007	RST	T	0	0	0	ENT

TOFF	OFF 딜레이 타이머	K10	K30H	K50H	K60H	K200H	K500H	K1000H
		○	○	○	○	○	○	○

명 령	사 용 가 능 영 역											STEP수	FLAG		
	M	P	K	L	F	T	C	S	D	'D	정수		ERROR (F110)	ZERO (F111)	CARRY (F12)
TOFF						○						3			
설 정 치									○		○				

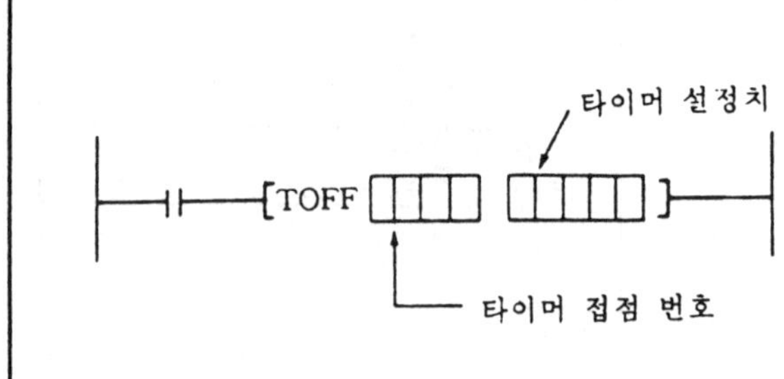

구 분	100ms	10ms
K10	T000~T191	T192~T255
K30H	T000~T095	T096~T127
K50H	T000~T095	T096~T127
K60H	T000~T191	T192~T255
K200H	T000~T191	T192~T255
K500H	Parameter	
K1000H	가 면	

* 48Page 참조

■ TOFF

1) 기능
  • 입력조건이 성립되는 동안 Timer의 현재치는 설정치가
    되며 출력은 ON됩니다.
  • 입력조건이 OFF되면 Timer 현재치가 설정치로 부터
    감산되어 현재치가 "0"가 되는 순간 출력이 OFF됩니다.
  • Reset 명령을 만나면 Timer출력은 OFF 되고 현재치는
    "0"가 됩니다.

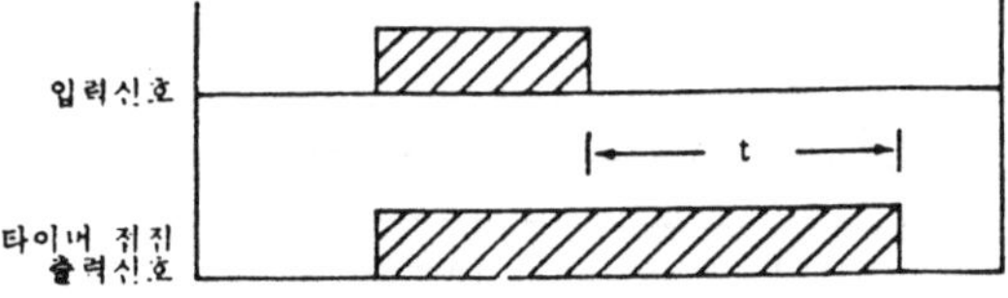

2) 프로그램 예
  • 입력 P000접점이 ON하면 T000접점이 동시에 ON하고
    출력 P015는 ON합니다.
  • 입력 P000가 OFF한후 Timer는 감산을 시작 현재치가
    "0"가 됨과 동시에 접점이 OFF 됩니다.
  • P002가 ON하면 현재치는 설정치가 됩니다.
  • 프로그램

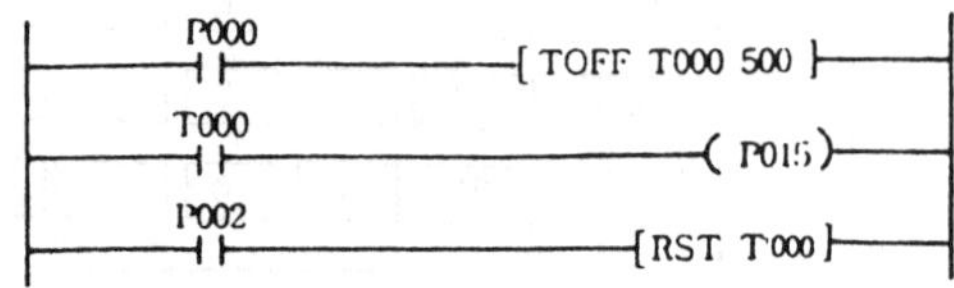

• 타임 차트

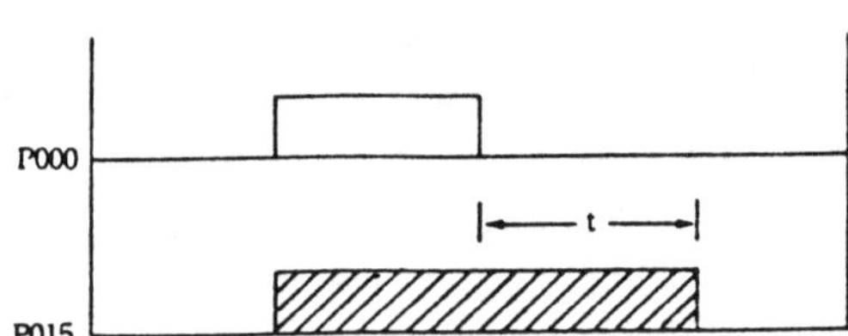

• 키 조작

스텝	키 조작					
0000	LOAD	P	0	0	0	ENT
0001	TMR	TMR				
	T	0	0	0	ENT	
0002	0	0	5	0	0	ENT
0004	LOAD	T	0	0	0	ENT
0005	OUT	P	0	1	5	ENT
0006	LOAD	P	0	0	2	ENT
0007	RST	T	0	0	0	ENT

TMR	적산 타이머												K10	K30H	K50H	K60H	K200H	K500H	K1000H
													○	○	○	○	○	○	○

명 령	사 용 가 능 영 역											STEP수	FLAG		
	M	P	K	L	F	T	C	S	D	'D	정수		ERROR (F110)	ZERO (F111)	CARRY (F12)
TMR						○						3			
설정치									○		○				

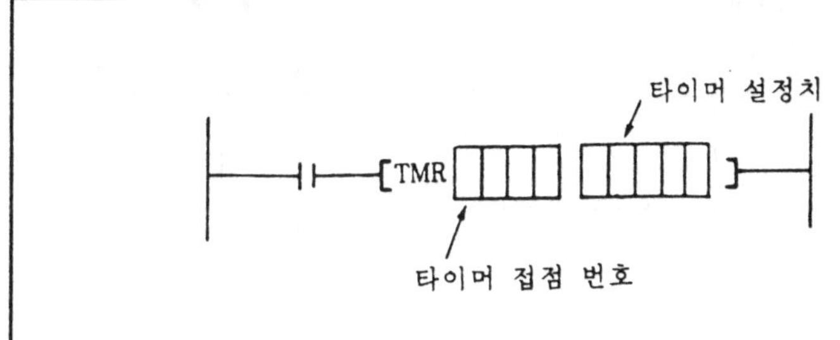

구 분	100ms	10ms
K10	T000~T191	T192~T255
K30H	T000~T095	T096~T127
K50H	T000~T095	T096~T127
K60H	T000~T191	T192~T255
K200H	T000~T191	T192~T255
K500H K1000H	Parameter 가 면	

* 48Page 참조

■ TMR
1) 기능
 • 입력조건이 성립되는 동안 현재치를 증가하여 누적된 값이 Timer의 설정치에 도달하면 Timer 접점이 ON 됩니다.
 • 적산 Timer는 정전시도 Timer 값을 유지하므로 PLC 야간 정전에도 이상없습니다. (불휘발성 영역 사용때)
 • Reset 입력조건이 성립되면 Timer 접점은 OFF되고 현재치는 "0"이 됩니다.

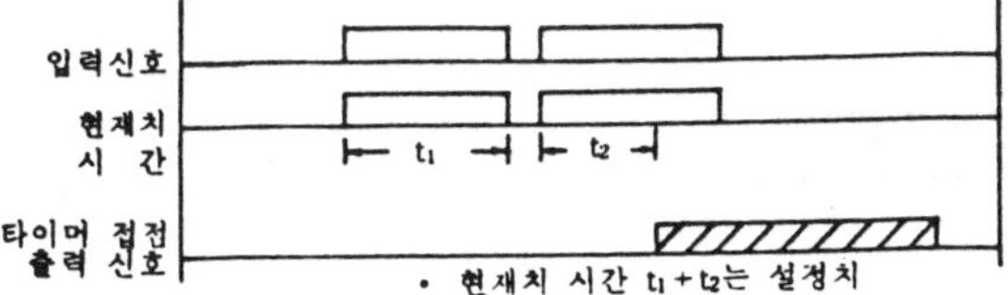

2) 프로그램 예
 • 접점 P000가 ON, OFF, ON을 반복한후 T000가 ON하여 출력접점 P001을 ON(t₁+t₂=30초)
 • Reset신호 P003을 ON하면 현재치는 "0"이 되면서 P031을 OFF
 • 프로그램

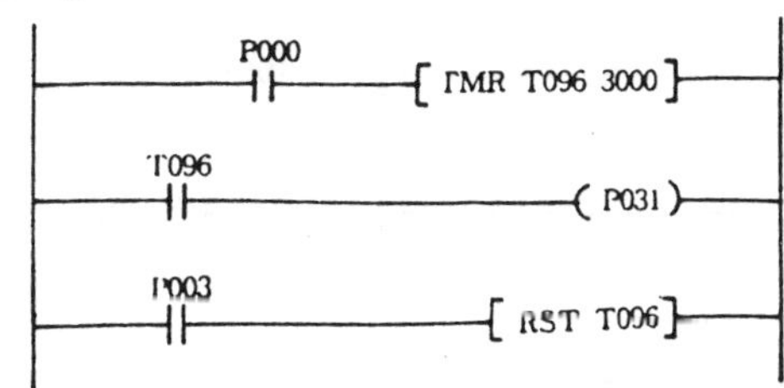

• 타임 차트

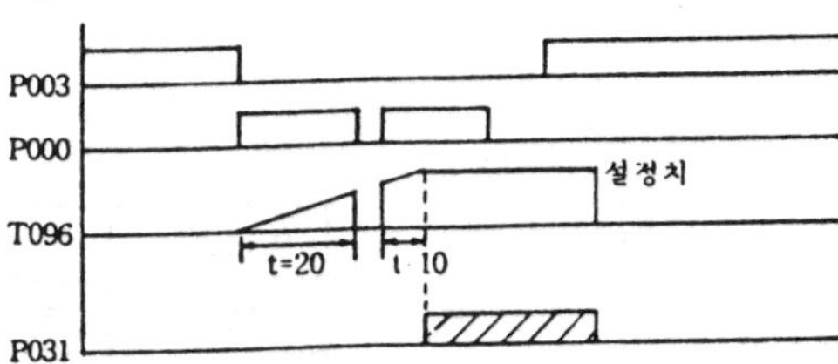

• 키 조작

스텝	키 조작					
0000	LOAD	P	0	0	0	ENT
0001	TMR	TMR	TMR			
	T	0	9	6	ENT	
0002	0	3	0	0	0	ENT
0004	LOAD	T	0	9	6	ENT
0005	OUT	P	0	3	1	ENT
0006	LOAD	P	0	0	3	ENT
0007	RST	T	0	9	6	ENT

●공구 수명 경보회로(TMR의 예제)

1. 동 작

머시닝 센터등의 공구사용시간을 측정하여 공구교환을 위한 경보등을 출력합니다.

2. 시스템도

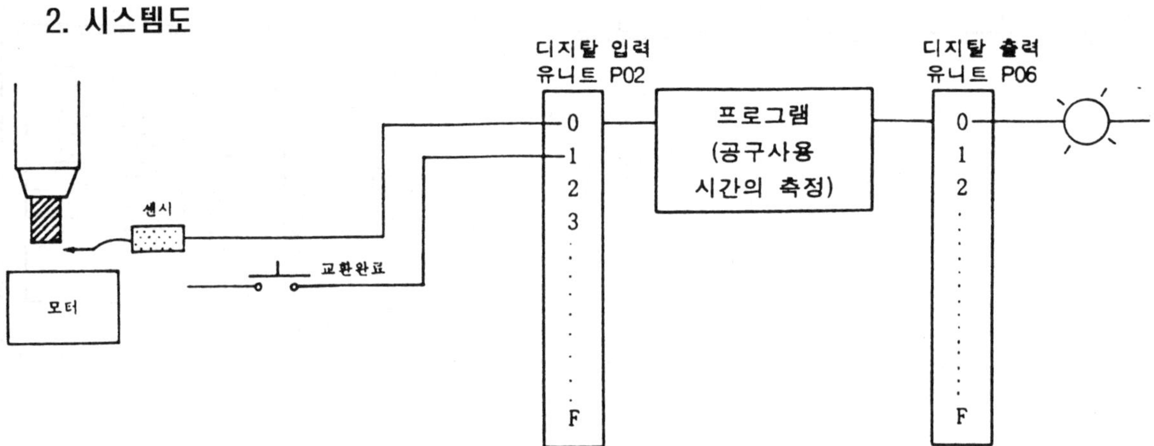

어드레스	용 도
P000	드릴 하강검출
P001	드릴 교환완료
P040	공구 수명 경보
P000	공구 수명 설정 타이머

3. 프로그램

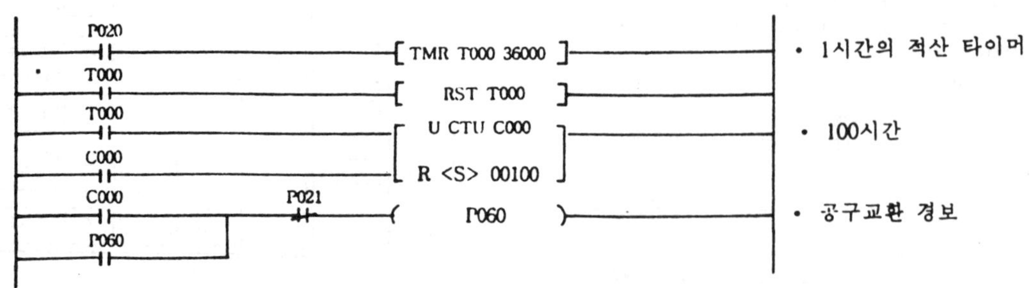

※ 본 예제의 시스템에서는 불휘발성 영역에 있는 타이머를
사용하여야 정확한 공구사용 시간을 저장할 수 있습니다

TMON	모노스테이블 타이머	K10	K30H	K50H	K60H	K200H	K500H	K1000H
		○	○	○	○	○	○	○

명 령	사 용 가 능 영 역										STEP수	FLAG		
	M	P	K	L	F	T	C	S	D	'D	정수		ERROR (F110)	ZERO (F111)	CARRY (F12)
TMON						○						3			
설 정 치									○		○				

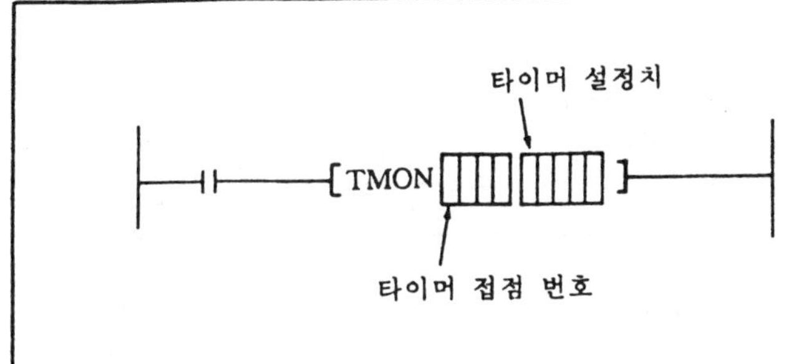

구 분	100ms	10ms
K10	T000~T191	T192~T255
K30H	T000~T095	T096~T127
K50H	T000~T095	T096~T127
K60H	T000~T191	T192~T255
K200H	T000~T191	T192~T255
K500H K1000H	Parameter 가 면	

* 48Page 참조

■ TMON
  1) 기능
   • 입력조건이 성립되면 Timer 출력이 ON되고 Timer의 현재치가 선정치로 부터 감소하기 시작하여 "0"가 되면 Timer출력은 OFF 됩니다.
   • Timer 출력이 ON된후 입력조건이 ON, OFF 변화를 하여도 무시합니다.
   • Reset 입력조건이 성립하면 Timer 접점은 OFF되고 현재치는 "0"가 됩니다.

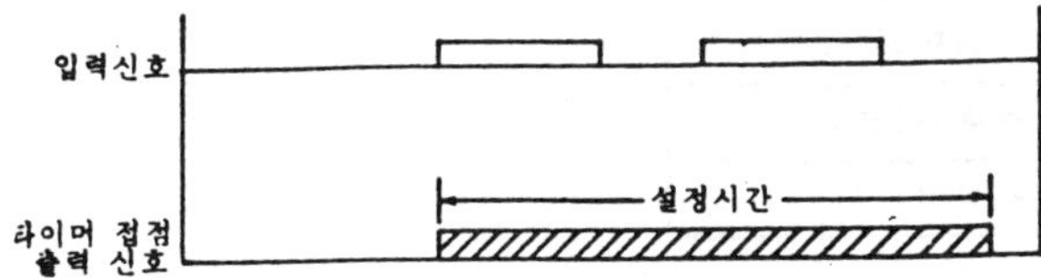

  2) 프로그램 예
   • P000을 ON하면 접점 T000는 즉시 ON하며 Timer가 감산합니다.
   • 감산중에 P000가 ON, OFF를 반복하여도 감산은 계속 됩니다.
   • Reset 신호 P003을 ON하면 현재치는 설정치가 되며 출력은 OFF가 됩니다.
   • 프로그램

```
    P000
    ─┤├─────────────────[TMON T000 01000]

    T000
    ─┤├─────────────────────( P021 )

    P003
    ─┤├─────────────────────[RST T000]
```

• 타임 차트

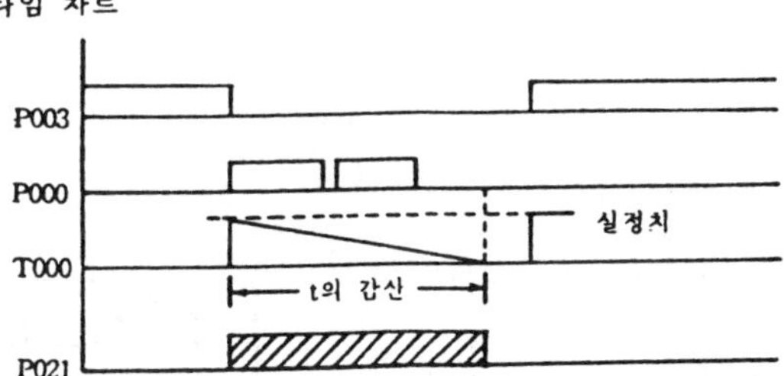

• 키 조작

스텝	키 조작					
0000	LOAD	P	0	0	0	ENT
0001	TMR	TMR	TMR	TMR		
	T	0	0	0	ENT	
0002	0	1	0	0	0	ENT
0004	LOAD	T	0	0	0	ENT
0005	OUT	P	0	2	1	ENT
0006	LOAD	P	0	0	3	ENT
0007	RST	T	0	0	0	ENT

● 신호 떨림 방지회로(TMON의 예제)

1. 동 작

속도가 일정치 않은 물체의 통과신호(리미트 스위치)의 떨림을 방지하여 안정된 신호를 얻습니다.

2. 시스템도

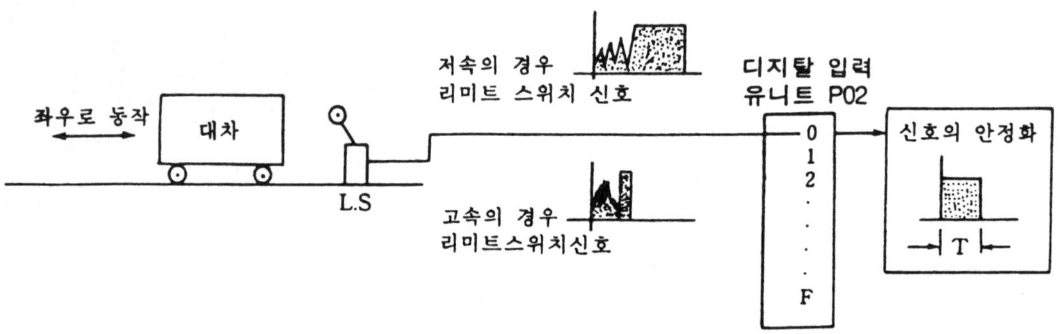

어드레스	용 도
P020	위치검출용 리미트 스위치
M020	일정시간 출력 릴레이
T000	떨림방지 타이머

3. 프로그램

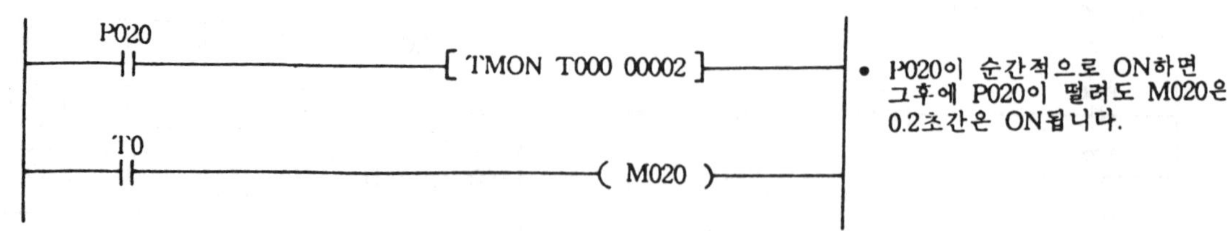

TRTG	리트리거블 모노스테이블 타이머	K10	K30H	K50H	K60H	K200H	K500H	K1000H
		○	○	○	○	○	○	○

명 령	사 용 가 능 영 역											STEP수	FLAG		
	M	P	K	L	F	T	C	S	D	'D	정수		ERROR (F110)	ZERO (F111)	CARRY (F12)
TRTG						○						3			
설 정 치									○		○				

구 분	100ms	10ms
K10	T000~T191	T192~T255
K30H	T000~T095	T096~T127
K50H	T000~T095	T096~T127
K60H	T000~T191	T192~T255
K200H	T000~T191	T192~T255
K500H	Parameter	
K1000H	가 면	

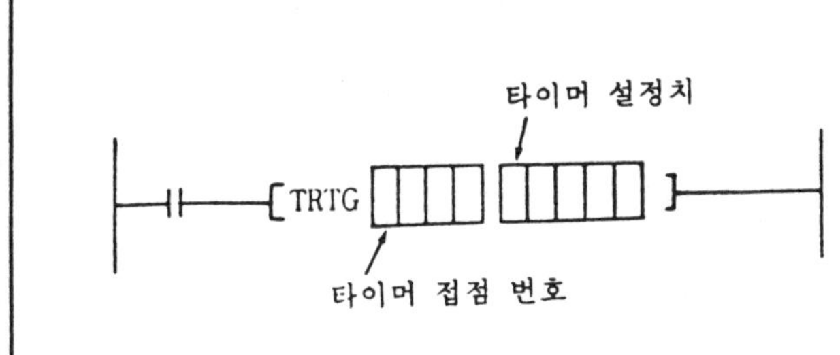

* 48Page 참조

■ TRTG

1) 기능
- 입력조건이 성립되면 Timer 출력이 ON되고 Timer 현재치가 설정치로부터 감소하기 시작하여 "0"가 되면 Timer 출력은 OFF 됩니다.
- Timer 현재치가 "0"가 되기전에 또 다시 입력 조건이 Off→On 하면 Timer 현재치는 설정치로 되고 다시 감소 "0"가 되면 Timer 출력은 OFF 됩니다.
- Reset 입력조건이 성립되면 Timer 접점은 OFF되고 현재치는 "0"가 됩니다.

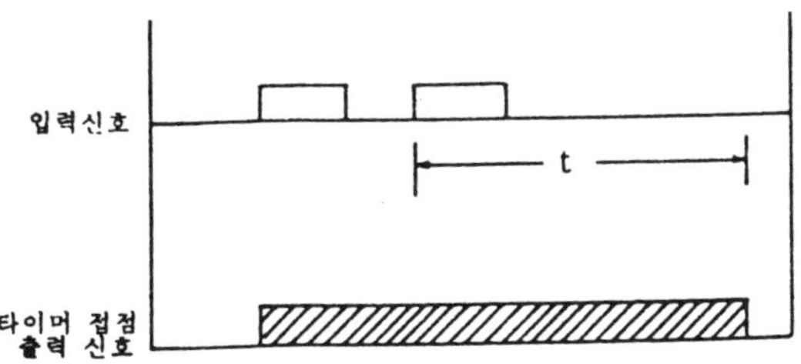

2) 프로그램 예
- P000을 ON하면 접점 T096는 동시 ON하며 Timer가 감산을 하여 "0"에 도달하면 P015는 OFF
- "0"에 도달전에 P000 입력조건이 성립하면 현재치는 설정치가 되며 다시 감산을 한다.
- Reset신호 P003을 ON하면 현재치는 설정치가 되며 출력을 OFF

• 프로그램

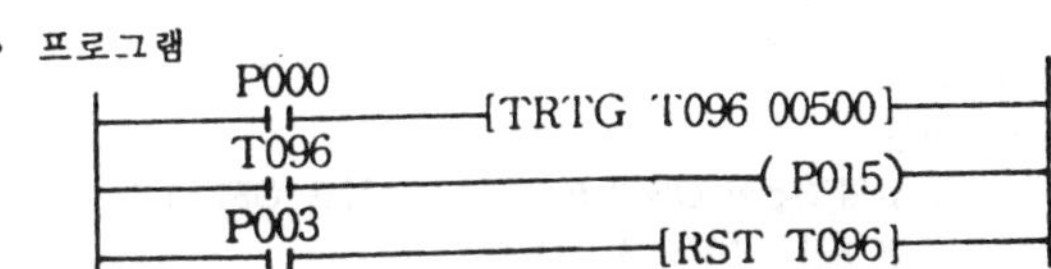

• 타임 차트

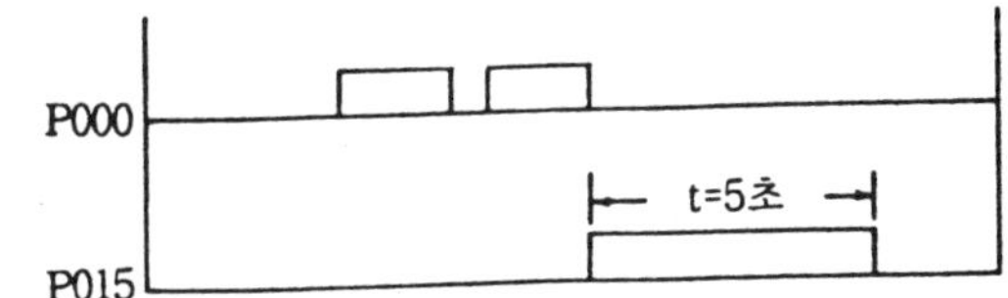

• 키 조작

스텝	키 조작					
0000	LOAD	P	0	0	0	ENT
0001	TMR	TMR	TMR	TMR	TMR	
	T	0	9	6	ENT	
0002	0	0	5	0	0	ENT
0004	LOAD	T	0	9	6	ENT
0005	OUT	P	0	1	5	ENT
0006	LOAD	P	0	0	3	ENT
0007	RST	T	0	9	6	ENT

RST	Reset Timer					K10	K30H	K50H	K60H	K200H	K500H	K1000H
						○	○	○	○	○	○	○

명 령		사 용 가 능 영 역											STEP수	FLAG		
		M	P	K	L	F	T	C	S	D	'D	정수		ERROR (F110)	ZERO (F111)	CARRY (F12)
RST	Tn						○						1			

```
        ├─────┤ ├────────────[ RST  Tn ]────────────┤
```

■ RST

1) 기능

- 입력조건이 ON하면 Timer 출력은 OFF되고,
  현재치는 "0"으로 됩니다.

CTU	UP 카운터		K10	K30H	K50H	K60H	K200H	K500H	K1000H
			○	○	○	○	○	○	○

명 령	사 용 가 능 영 역											STEP수	FLAG		
	M	P	K	L	F	T	C	S	D	'D	정수		ERROR (F110)	ZERO (F111)	CARRY (F12)
CTU						○						3			
설 정 치									○		○				

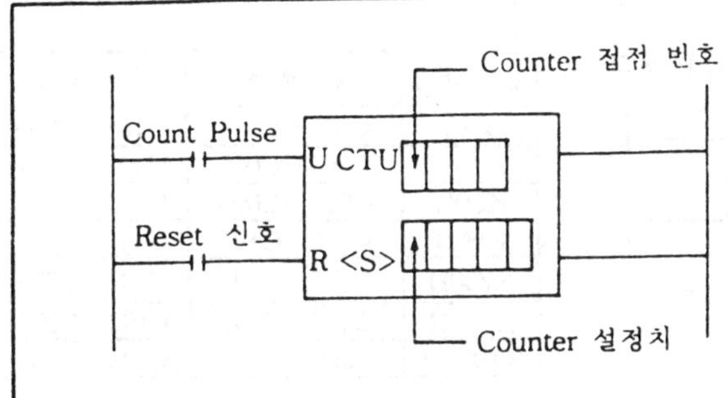

Counter	휘 발 성	불 휘 발 성
K10	C000~C191	C192~C255
K30H	C000~C095	C096~C127
K50H	C000~C095	C096~C127
K60H	C000~C191	C192~C255
K200H	C000~C191	C192~C255
K500H	C000~C191	C192~C255
K1000H	C000~C191	C192~C255

■ CTU

1) 기능
- Counter Pulse가 입력 될때마다 현재치를 +1하고 현재치가 설정치 이상이면 출력을 ON하고 Counter 최대치 (65535)까지 Count 합니다.
- Reset신호가 ON하면 출력을 OFF시키며 현재치는 "0"가 됩니다.
- 프로그램

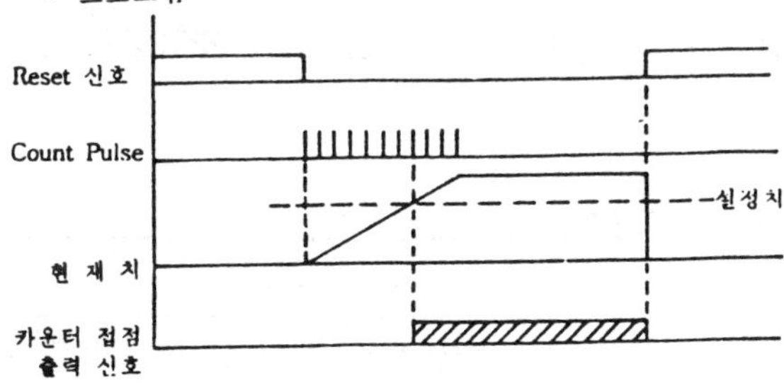

2) 프로그램 예
- P002 접점이 Count Up하여 현재치와 설정치가 같을때 P023 출력이 ON
- P003접점이 ON하면 출력을 OFF시키면 현재치는 "0"가 됩니다.
- 프로그램

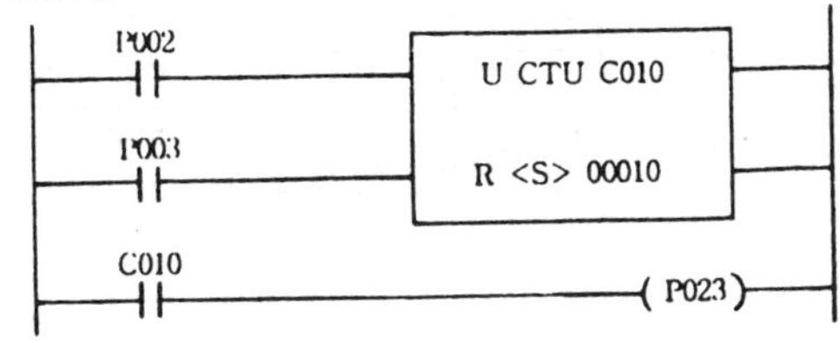

- 타임 차트

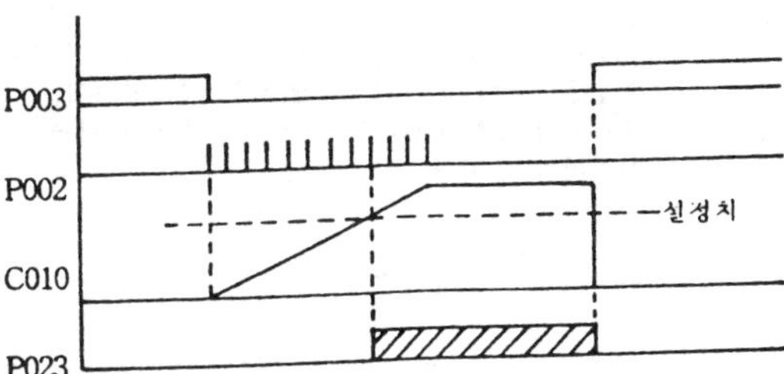

- 키 조작

스텝	키 조작					
0000	LOAD	P	0	0	2	ENT
0001	LOAD	P	0	0	3	ENT
0002	CNT					
	C	0	1	0		ENT
0003	0	0	0	1	0	ENT
0005	LOAD	C	0	1	0	
0006	OUT	P	0	2	3	ENT

CTD	Down 카운터	K10	K30H	K50H	K60H	K200H	K500H	K1000H
		○	○	○	○	○	○	○

명　　령	사 용 가 능 영 역										STEP수	FLAG		
	M	P	K	L	F	T	C	S	D	'D	정수		ERROR (F110)	ZERO (F111)	CARRY (F12)
CTD						○						3			
설 정 치									○		○				

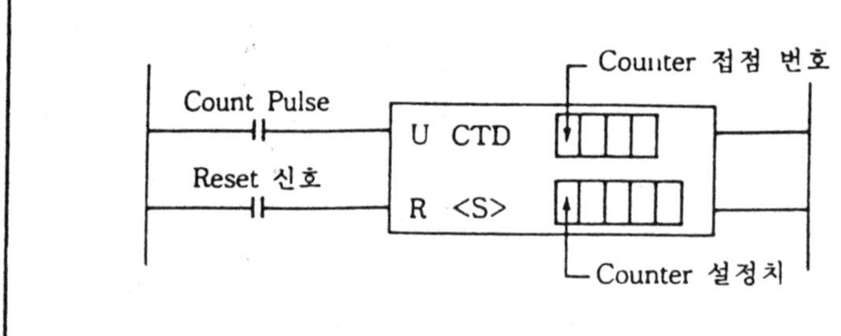

Counter	휘 발 성	불 휘 발 성
K10	C000~C191	C192~C255
K30H	C000~C095	C096~C127
K50H	C000~C095	C096~C127
K60H	C000~C191	C192~C255
K200H	C000~C191	C192~C255
K500H	C000~C191	C192~C255
K1000H	C000~C191	C192~C255

■ CTD

1) 기능

- Count Pulse가 입력 될때마다 설정치로부터 -1씩 감산을 하여 "0"가 되면 출력을 ON 합니다.
- Reset 신호가 ON하면 출력을 OFF 시키며 현재치는 설정치가 됩니다.
- 타임 차트

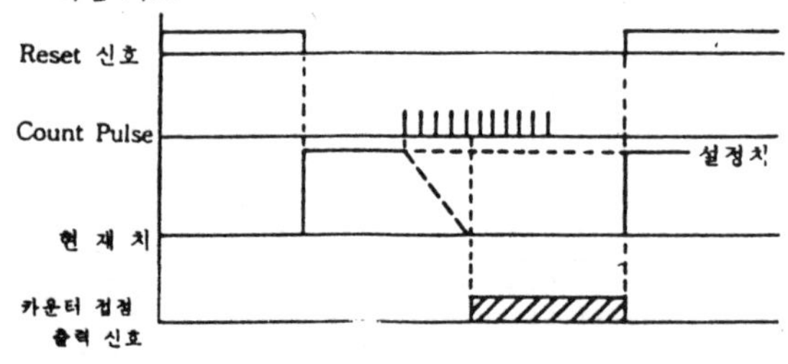

2) 프로그램 예

- M000 접점이 5회 ON하면 Count Down하여 현재치가 "0000"이 될때 P042 출력이 ON
- M001 접점이 ON하면 출력을 OFF시키며 현재치는 "00005"가 됩니다.
- 프로그램

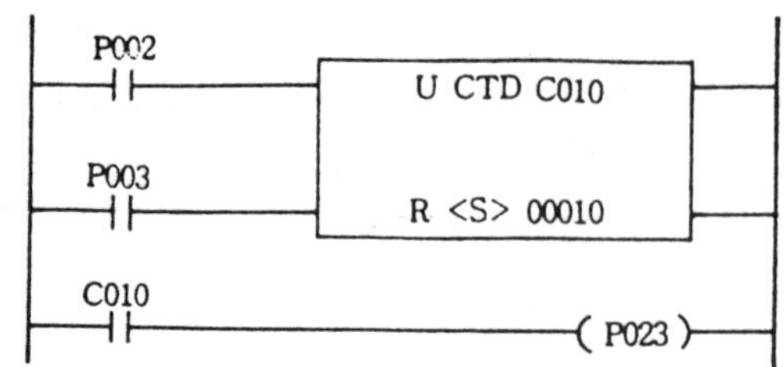

• 타임 차트

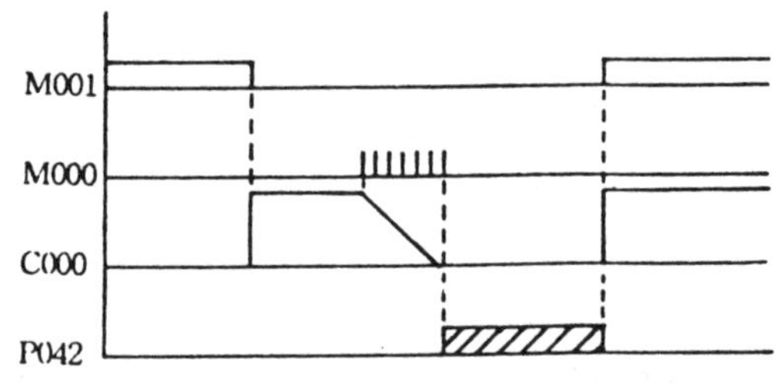

• 키 조작

스넵	키 조작					
0000	LOAD	P	0	0	0	ENT
0001	LOAD	M	0	0	1	ENT
0002	CNT	CNT				
	C	0	0	0		ENT
0003	0	0	0	0	5	ENT
0005	C	0	0	0		ENT
0006	OUT	P	0	4	2	ENT

CTUD	UP-Down 카운터	K10	K30H	K50H	K60H	K200H	K500H	K1000H
		○	○	○	○	○	○	○

명　　령	사 용 가 능 영 역											STEP수	FLAG		
	M	P	K	L	F	T	C	S	D	'D	정수		ERROR (F110)	ZERO (F111)	CARRY (F12)
CTUD						○						3			
설 정 치									○		○				

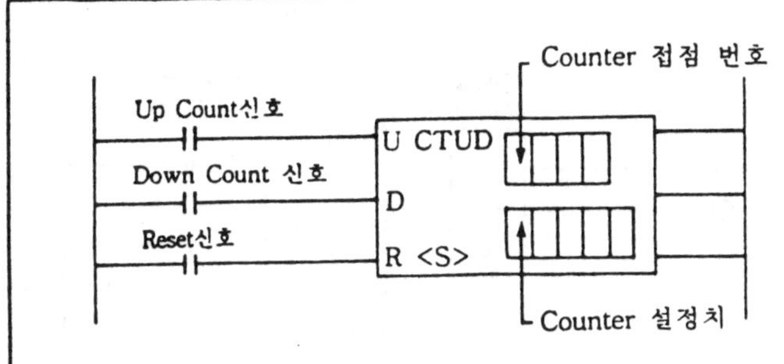

Counter	휘 발 성	불휘발성
K10	C000~C191	C192~C255
K30H	C000~C095	C096~C127
K50H	C000~C095	C096~C127
K60H	C000~C191	C192~C255
K200H	C000~C191	C192~C255
K500H	C000~C191	C192~C255
K1000H	C000~C191	C192~C255

■ CTUD

1) 기능

- 가산 Pulse가 입력될때마다 현재치를 +1 가산하며 현재치가 설정치 이상이면 출력유 ON하고 Counter 최대치 (65535)까지 Count합니다.
- 감산 Pulse가 입력될때마다 가산 Pulse의 현재치를 -1씩 감산합니다.
- Reset 신호가 ON하면 현재치는 "0"이 됩니다.
- Up, Down Pulse가 동시에 ON하면 현재치는 갱신되지 않습니다.
- 타임 차트

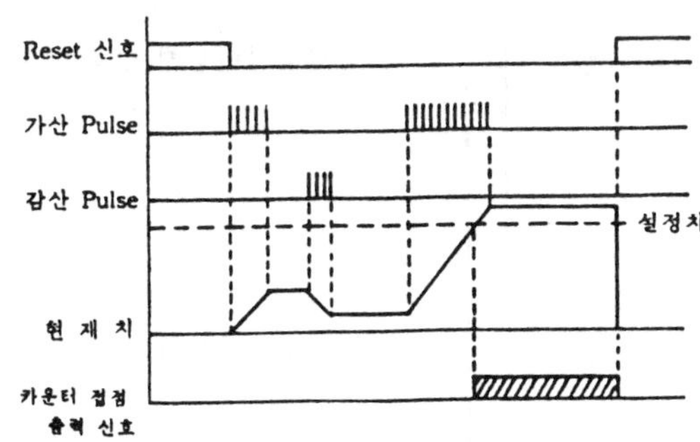

2) 프로그램 예

- M000 접점이 Count Up하여 현재치와 설정치가 같을때 P031 출력이 ON
- M001 접점이 Count Down합니다.
- Reset 조건이 만족되면 출력은 OFF되고 Counter 현재 치는 "0"가 됩니다.

• 프로그램

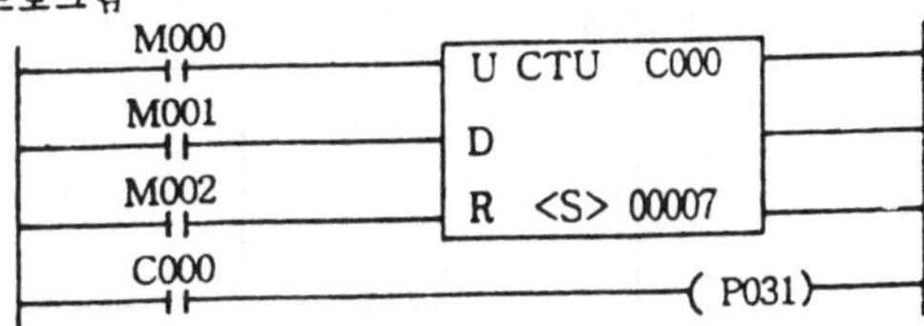

• 타임 차트

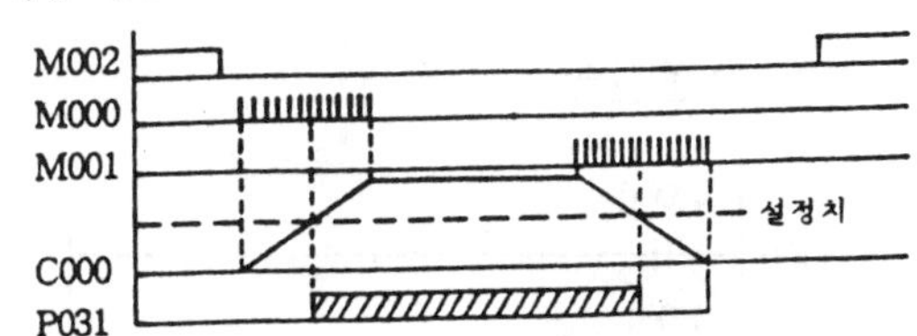

• 키 조작

스텝	키 조작					
0000	LOAD	M	0	0	0	ENT
0001	LOAD	M	0	0	1	ENT
0002	LOAD	M	0	0	2	ENT
0003	CNT	CNT	CNT			
	C	0	0	0	ENT	
0005	0	0	0	0	7	ENT
0006	LOAD	C	0	0	0	ENT
0007	OUT	P	0	3	1	ENT

●모터 동작수 증감 제어(CTUD의 예제)

1. 동 작

　4대의 모터를 제어하는데, 순간접촉푸쉬버튼 PB1을 누를 때마다 동작하는 모터수를 1개씩 증가시키고, 순간접촉푸쉬버튼 PB2를 누를 때마다 모터 동작수를 1개씩 감소 시킨다.
4개의 모터가 동작하고 있을때 PB1을 누르면 모든 모터는 정지하고, 1개의 모터가 동작하고 있을때 PB2를 누르면 모터는 하나도 동작하지 않는다.

2. 시스템도

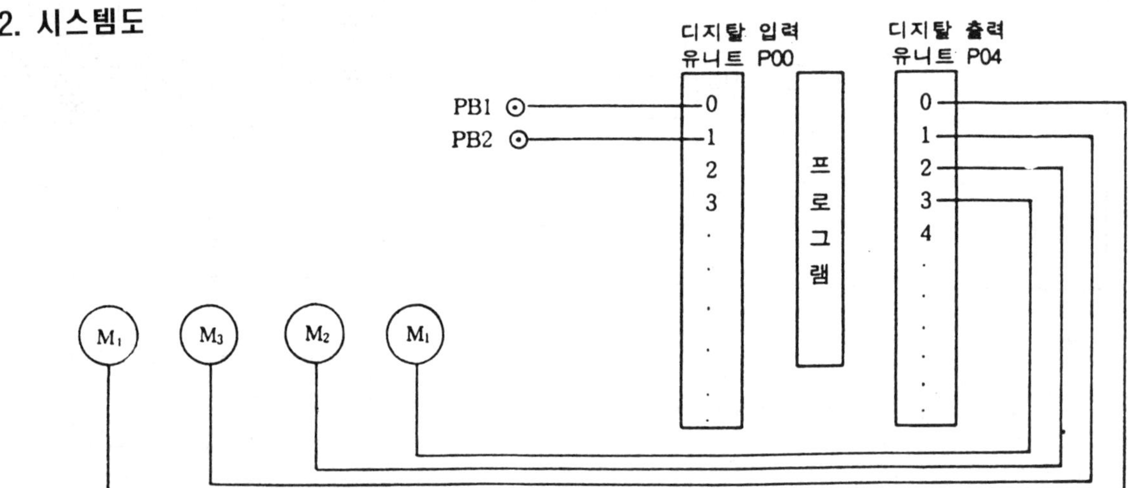

3. 프로그램

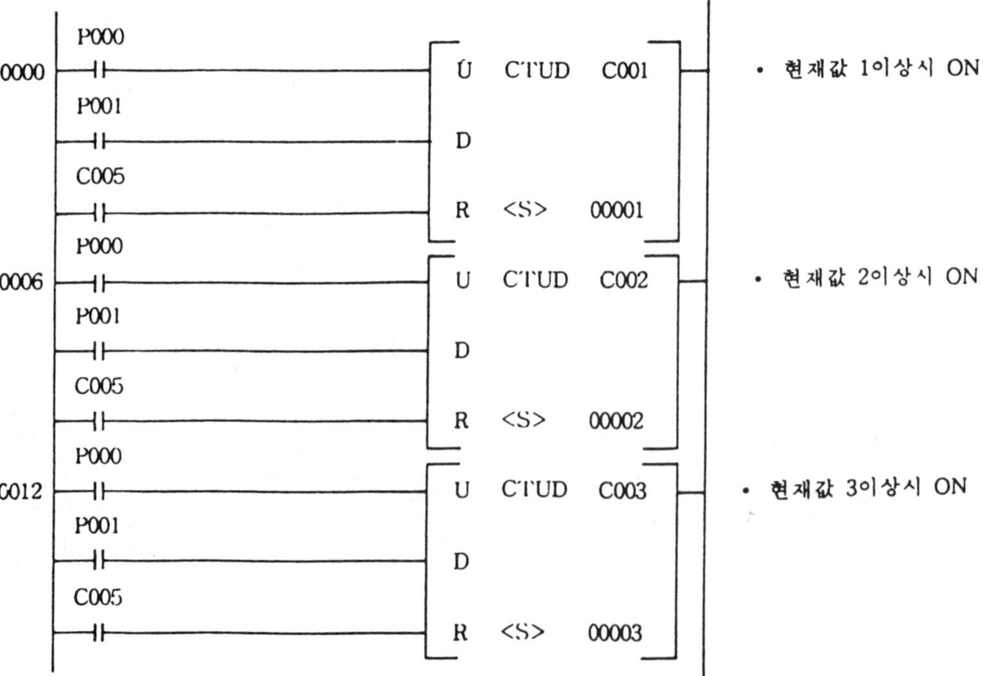

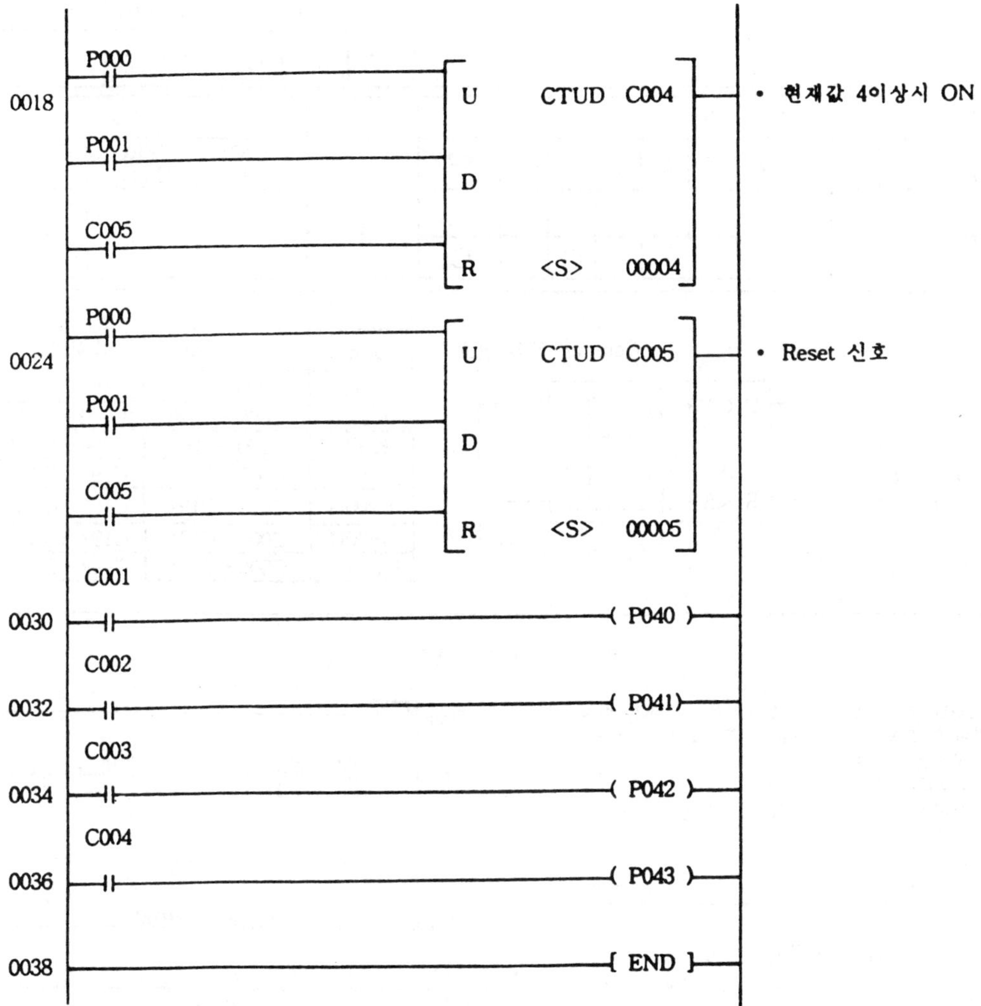
P000
0018
U　CTUD　C004　　• 현재값 4이상시 ON
P001
D
C005
R　<S>　00004
P000
0024
U　CTUD　C005　　• Reset 신호
P001
D
C005
R　<S>　00005
C001
0030　(P040)
C002
0032　(P041)
C003
0034　(P042)
C004
0036　(P043)
0038　{ END }

CTR	Ring 카운터		K10	K30H	K50H	K60H	K200H	K500H	K1000H
			○	○	○	○	○	○	○

명 령	사 용 가 능 영 역											STEP수	FLAG		
	M	P	K	L	F	T	C	S	D	'D	정수		ERROR (F110)	ZERO (F111)	CARRY (F12)
CTR						○						3			
설 정 치									○		○				

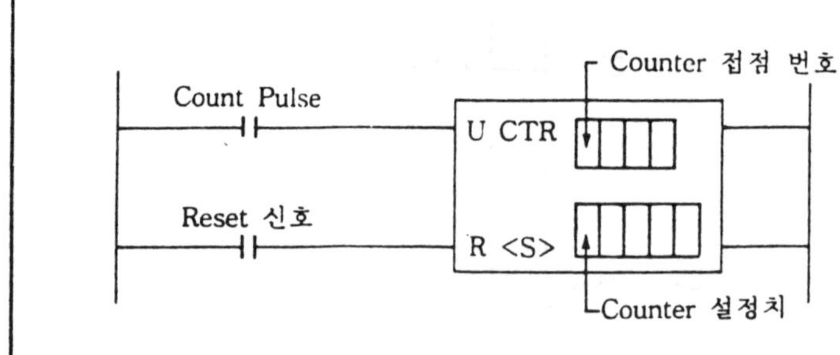

Counter	휘 발 성	불휘발성
K10	C000~C191	C192~C255
K30H	C000~C095	C096~C127
K50H	C000~C095	C096~C127
K60H	C000~C191	C192~C255
K200H	C000~C191	C192~C255
K500H	C000~C191	C192~C255
K1000H	C000~C191	C192~C255

■ CTR

1) 기능
- Count Pulse가 입력 될때마다 현재치를 +1하고 현재치가 설정치에 도달한 후 Counter Pulse가 입력하면 현재치는 "0"으로 됩니다.
- 현재치가 설정치에 도달하면 출력은 ON 현재치가 설정치 미만이거나 Reset 조건이 ON이면 출력은 OFF됩니다.
- 시퀀스

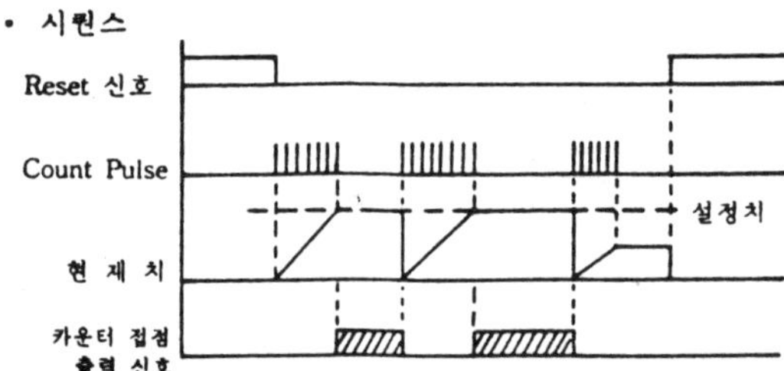

2) 프로그램 예
- P000 접점이 Count Up하여 현재치와 설정치가 같을때 P033 출력이 ON
- P000 접점이 11회째 ON하면 P033 출력이 OFF하면서 현재치는 0으로 Reset 됩니다.
- 프로그램

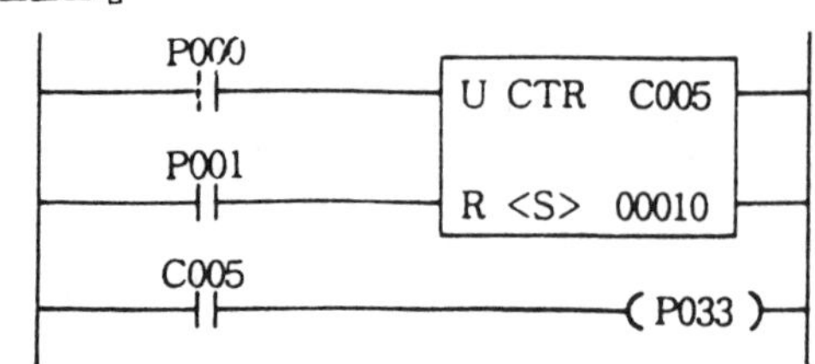

- 타임 차트

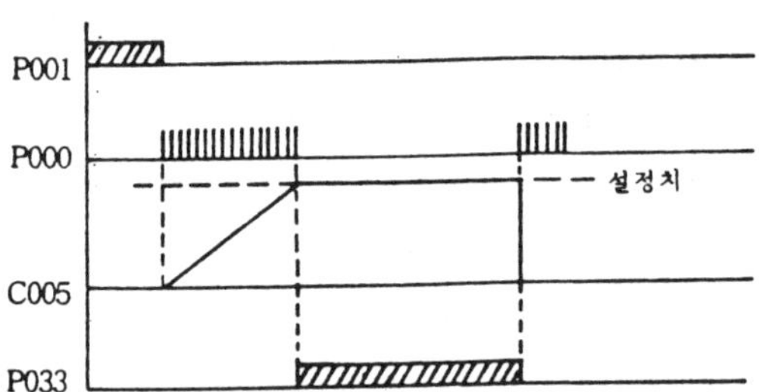

- 키 조작

스텝	키 조작					
0000	LOAD	P	0	0	0	ENT
0001	LOAD	P	0	0	1	ENT
0002	CNT	CNT	CNT	CNT		
	C	0	0	5	ENT	
0003	0	0	0	. 1	0	ENT
0005	LOAD	C	0	0	5	ENT
0006	OUT	P	0	3	3	ENT

4. 비교명령

CMP	FUN (50) CMP FUN (52) DCMP	K10	K30H	K50H	K60H	K200H	K500H	K1000H
(Compare)	FUN (51) CMPP FUN (53) DCMPP	○	○	○	○	○	○	○

명 령		사 용 가 능 영 역										STEP수	FLAG		
		M	P	K	L	F	T	C	S	D	'D	정수		ERROR (F110)	ZERO (F111)	CARRY (F12)
CMP(P)	S1	○	○	○	○	○	○	○		○	○	○	5/9	○		
DCMP(P)	S2	○	○	○	○	○	○	○		○	○	○				

FLAG SET

ERROR (F110)	영역이 'D로 지정된 경우 영역 Over가 발생하면 Flag를 SET하고 해당 명령어는 결과처리 되지 않습니다.

영역 설정

S1 S2	S1으로 지정되는 영역과 S2로 지정되는 영역과의 Word Data를 비교

■ CMP

1) 기능

- S_1과 S_2의 대소를 비교하여 그 결과를 6개 특수 Relay의 해당 Flag를 Set 합니다.

FLAG	F120	F121	F122	F123	F124	F125
SET 기준	<	≤	=	>	≧	≠
$S_1 > S_2$	0	0	0	1	1	1
$S_1 < S_2$	1	1	0	0	0	1
$S_1 = S_2$	0	1	1	0	1	0

- CMP(P), DCMP(P)

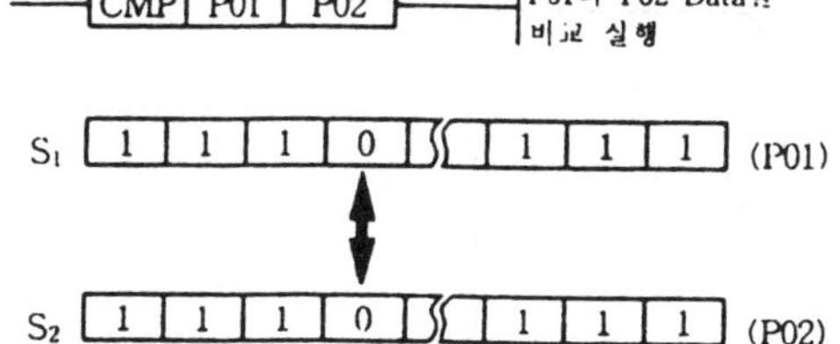

① S_1과 S_2를 실행하면 연산결과 ($S_1=S_2$)를 특수 Flag에 SET 시킨다.

FLAG	F120	F121	F122	F123	F124	F125
SET 기준	<	≤	=	>	|≧|	≠
$S_1 = S_2$	0	1	1	0	1	0

- 프로그램에서 6개의 특수 Relay는 바로 이전에 사용한 비교 명령에 대한 결과를 표시 합니다.
- 6개의 특수 Relay는 사용횟수에 제한이 없습니다.

②

명령어	Data 길이			
	K30H, K50H	그외	S_1이 정수 일때	
CMP CMPP	8bit	16bit	K50H	0~255 0~FFh
			K200H K1000H	0~65535 0~FFFFh
DCMP DCMPP	16bit	32bit	K50H	0~65535 0~FFFFh
			K200H K1000H	0~4294967295 0~FFFFFFFFh

2) 프로그램 예

- 입력신호 M000가 ON하였을때 P01의 Data와 P02의 Data를 비교하여 연산결과 ($S_1<S_2$)를 F120, F121, F125를 SET시키는 프로그램

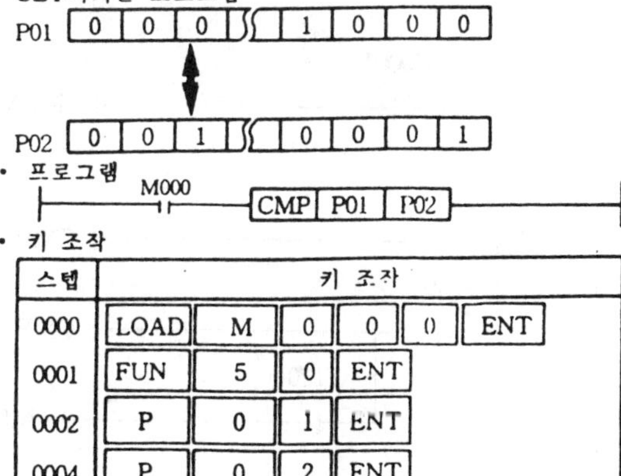

- 프로그램

```
        M000
─┤ ├──────────[ CMP  P01  P02 ]──
```

- 키 조작

스텝	키 조작				
0000	LOAD	M	0	0	0	ENT
0001	FUN	5	0	ENT	
0002	P	0	1	ENT	
0004	P	0	2	ENT	

● CMP 명령 사용시 주의사항

CMP 명령을 사용하는 경우에는 비교 명령이 수행되는 조건에서만, 연산결과 Flag을 읽어서 다음 연산이 계속되도록 Program을 하여 주십시오.

다음 예제와 같이 사용하면 비교 결과 Flag을 사용하는 경우에 다른 비교 명령과 혼동 없이 사용할 수 있습니다.

* D0000 = D0100일 때만 P000을 ON하는 프로그램 예제

```
  ┤├──────────────────────────[ CMP   D0000   D0100 ]──────────────

              F122
              ┤├──────────────────────────────────( P000 )
```

* 2000 < D5000 < 3000일 때만 MOV 명령을 실행하는 프로그램 예제
  아래 형태의 프로그램은 K1000H에서만 가능합니다.
  (Sequence의 다중 분기 명령은 K1000H에만 있습니다. : MPUSH, MLOAD, MPOP)

```
                MPUSH
  ┤├──────────────────────[ CMP   D0000   2000 ]──────────────

                 F123               M0000
  MLOAD ─────────┤├─────────────────(   )────────────

  MLOAD ──────────────────[ CMP   D0000   3000 ]──────────────

                 F120               M0001
  MPOP  ─────────┤├─────────────────(   )────────────

   M0000   M0001
  ──┤├─────┤├────────────────[ MOV   P00   P10 ]──────────────
```

또는

```
  ┤├──────────────────────[ CMP   D0000   2000 ]──────────────

       F123
       ┤├─────────────────[ CMP   D0000   3000 ]──────────────

            F120
            ┤├────────────[ MOV   P00   P10 ]──────────────
```

TCMP (Table Compare)	FUN (54) TCMP FUN (56) DTCMP FUN (55) TCMPP FUN (57) DTCMPP	K10	K30H	K50H	K60H	K200H	K500H	K1000H
		○	○	○	○	○	○	○

명 령		사 용 가 능 영 역										STEP수	FLAG		
		M	P	K	L	F	T	C	S	D	'D	정수		ERROR (F110)	ZERO (F111)	CARRY (F12)
TCMP(P)	S1	○	○	○	○	○	○	○		○	○	○	7/9	○	○	
DTCMP(P)	S2	○	○	○	○	○	○	○		○	○					
	Ⓓ	○	○	○	○		○	○		○	○					

FLAG SET

ERROR (F110)	영역이 'D로 간접지정된 경우 영역 OVER가 발생하면 Flag를 SET하고 해당 명령어는 결과 처리 하지 않습니다.
ERROR (F111)	비교결과가 "0"이면 SET합니다.

영역 설정

S1	비교 Data
S2	Data를 비교하게 되는 영역의 선두 영역번호
Ⓓ	S1과 S2를 비교실행용 출력하는 영역번호

■ TCMP

1) 기능
- 비교 Data로 S_2로 시작되는 16개의 Word Data를 비교하여 Ⓓ로 지정되는 16개 Bit에 출력(같으면 "1" 다르면 "0")합니다.
- S_1은 영역 또는 Data, S_2는 Table 선두 영역 No.를 지정한다.

①

TCMP	D00	D02	P00

②

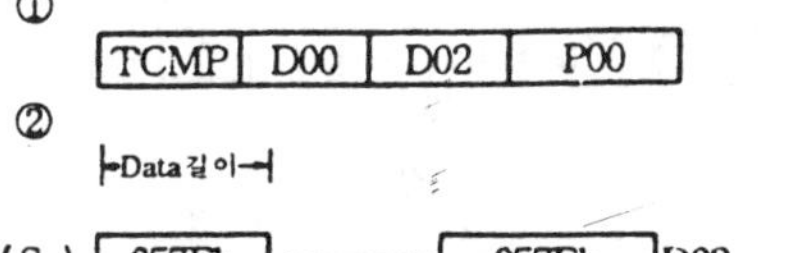

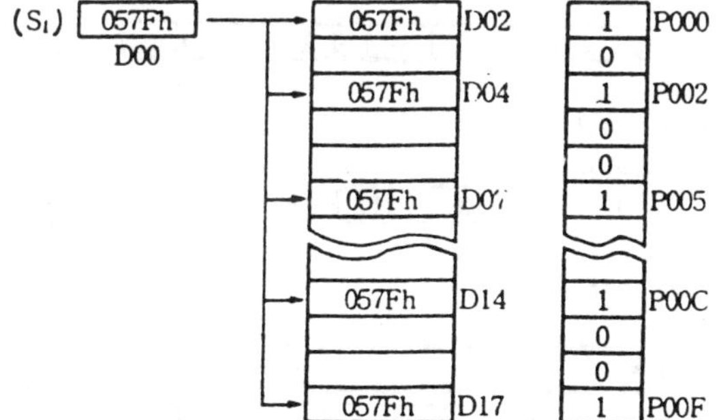

- K50에서는 S_2가 P영역으로 사용하지 않습니다.

2) 프로그램 예

입력신호 M000가 ON 하였을때 P01의 Data와 D00~D0F의 16 Word를 비교하여 P05 16개 Bit에 실행한 Data를 출력시키는 프로그램 예

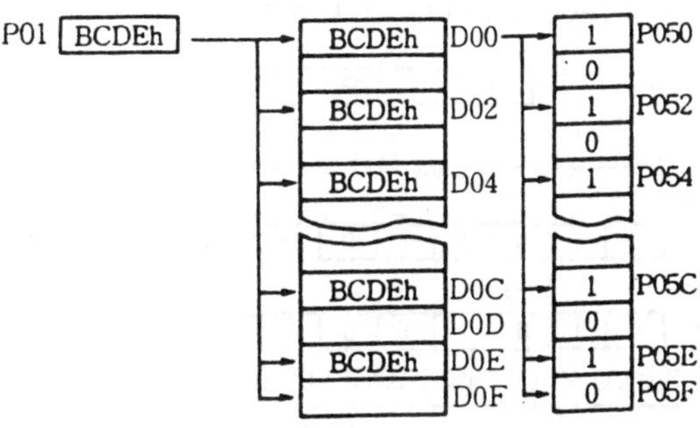

- 프로그램

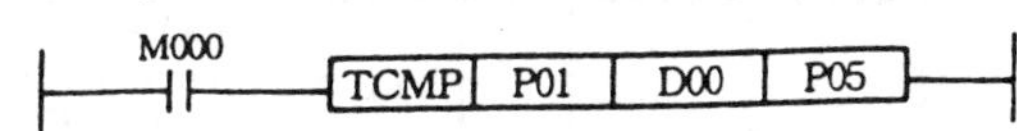

명령어	Data 길이			
	K30H, K50H	그외	S_2의 Device	
TCMP TCMPP	8bit	16bit	K50H	8Word
			K200H K1000H	16Word
DTCMP DTCMPP	16bit	32bit	K50H	16Word
			K200H K1000H	32Word

- 키 조작

스텝	키 조작				
0000	LOAD	M	0	0	0	ENT
0001	FUN	5	4	ENT	
0002	P	0	1	ENT	
0003	D	0	0	ENT	
0005	P	0	5	ENT	

1. 산술명령

INC (Increment)	FUN (20) INC　FUN (22) DINC FUN (21) INCP　FUN (23) DINCP	K10	K30H	K50H	K60H	K200H	K500H	K1000H
		○	○	○	○	○	○	○

명　령		사 용 가 능 영 역											STEP수	FLAG		
		M	P	K	L	F	T	C	S	D	'D	정수		ERROR (F110)	ZERO (F111)	CARRY (F112)
INC(P) DINC(P)	D	○	○	○	○		○	○		○	○		3	○	○	○

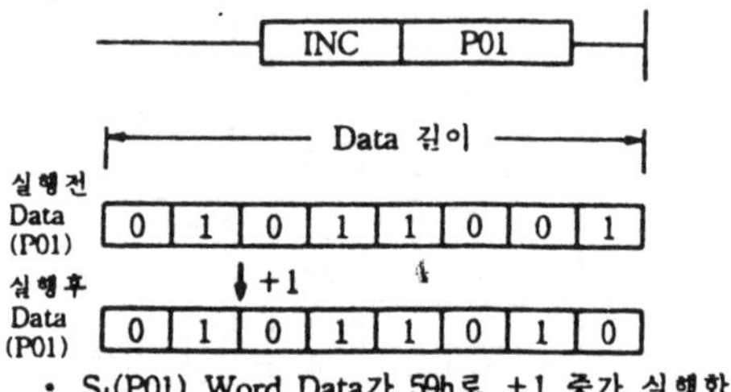

FLAG SET

ERROR (F110)	영역이 'D로 지정된 경우 영역 Over가 발생하면 F110 SET
ZERO (F111)	설명 참조 (Data 길이)
CARRY (F112)	

영역 설정

D	영역의 내용을 +1증가 실행하는 영역번호

■ INC

1) 기능

- D 의 값에서 1을 더한 값을 다시 D 에 저장 합니다.
  D 의 Device Data+1 → D 에 격납

```
─────┤ INC │ P01 ├─────
```

실행전 Data (P01):

←		Data 길이					→
0	1	0	1	1	0	0	1

실행후 Data (P01): ↓ +1

0	1	0	1	1	0	1	0

- S_1(P01) Word Data가 59h로 +1 증가 실행합니다.

명령어	Data 길이			
	K30H, K50H	그외		Flag SET
INC INCP	8bit	16bit	K50H	• Data값이 FFh 일때 증가하면 (F111)(F 112) Flag SET
			K200H K1000H	• Data값이 FFFFh일때 1증가하면 (F111) (F112) Flag SET
DINC DINCP	16bit	32bit	K50H	
			K200H K1000H	• Data값이 FFFFFFFFh 일때 1증가 하면 (F111) (F112) Flag SET

2) 프로그램 예

입력신호 M000가 ON하였을때 P00 Word Data가 C6h에서 C7h로 1증가 실행하는 프로그램

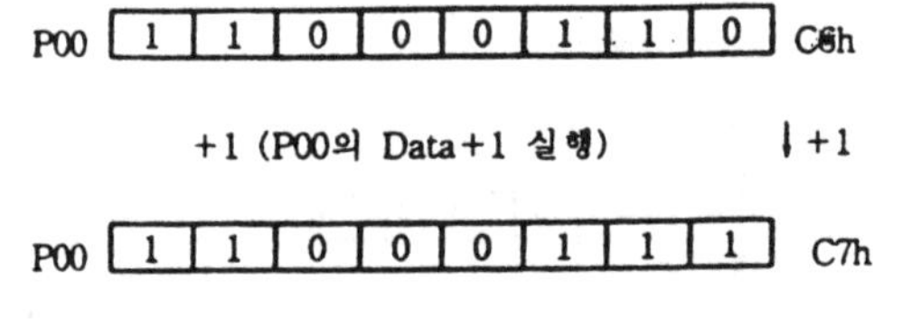

P00: C6h

1	1	0	0	0	1	1	0

+1 (P00의 Data+1 실행)　　↓ +1

P00: C7h

1	1	0	0	0	1	1	1

- 프로그램

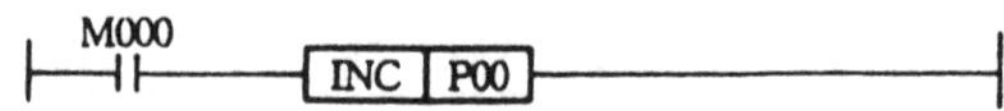

```
   M000
──┤ ├──────┤ INC │ P00 ├──────────
```

- 키 조작

스텝	키 조작					
0000	LOAD	M	0	0	0	ENT
0001	FUN	0	2	0	ENT	
0002	P	0	0	ENT		

DEC (Decrement)	FUN (24) DEC FUN (26) DDEC FUN (25) DECP FUN (27) DDECP	K10	K30H	K50H	K60H	K200H	K500H	K1000H
		○	○	○	○	○	○	○

명 령		사 용 가 능 영 역										STEP수	FLAG		
		M	P	K	L	F	T	C	S	D	'D	정수		ERROR (F110)	ZERO (F111)	CARRY (F112)
DEC(P) DDEC(P)	S1	○	○	○	○		○	○		○	○		3	○	○	○

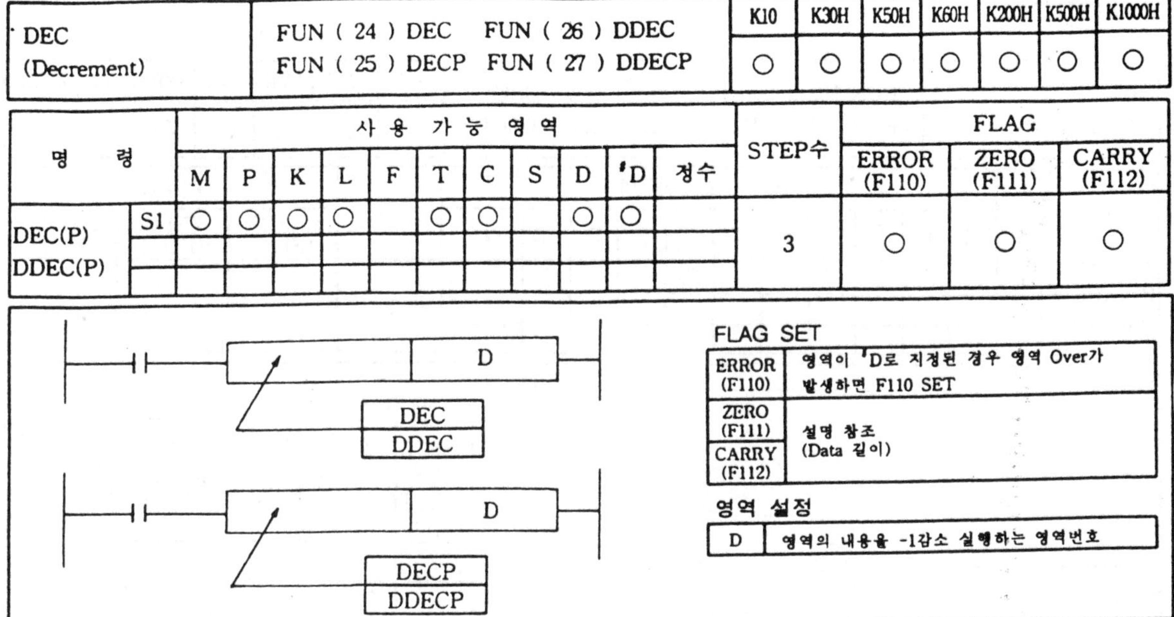

FLAG SET

ERROR (F110)	영역이 'D로 지정된 경우 영역 Over가 발생하면 F110 SET
ZERO (F111) CARRY (F112)	설명 참조 (Data 길이)

영역 설정

D	영역의 내용을 -1감소 실행하는 영역번호

■ DEC

1) 기능

- D 의 값에서 1을 빼고 결과를 S₁에 저장합니다.
  (D-1 → D에 저장)

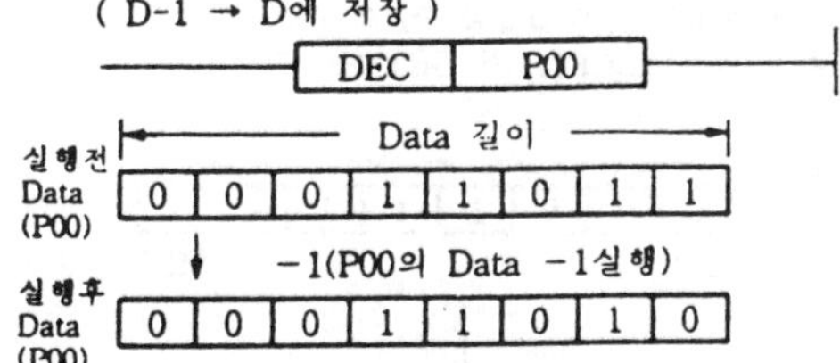

- D(P00) Word Data가 1Ah에서 19h로 1감소 실행 합니다.

명령어	Data 길이		Flag SET	
	K30H, K50H	그외		
DEC DECP	8bit	16bit	K50H	· 실행중 Data값이 "F111"을 SET하며 Data값이 00h에서 실행하면 FFh로 되면서 "F112" SET한다.
			K200H K1000H	· 실행중 Data값이 0000h가 되면 "F111"을 SET하며 Data 값이 0000h에서 실행하면 FFFFh로 되면서 "F112 "를 SET한다.
DDEC DDECP	16bit	32bit	K50H	
			K200H K1000H	· 실행중 Data값이 00000000h가 되면 "F111"을 SET하며 Data 값이 00000000h 에서 실행하면 FFFFFFFFh로 되면서 "F112 "를 SET 한다.

2) 프로그램 예

입력신호 M000가 ON하였을때 P004 Word Data가 AFh에서 AEh로 1감소 실행하는 프로그램

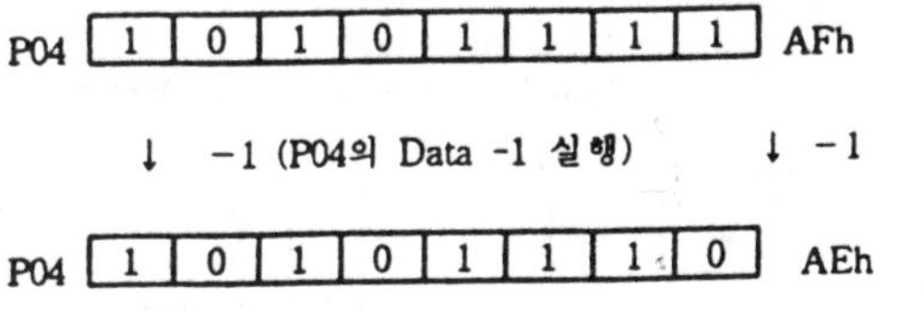

- 프로그램

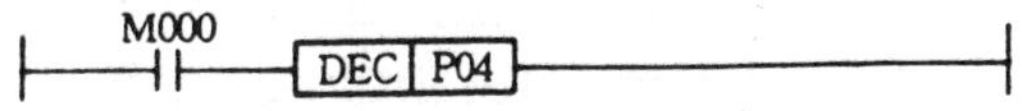

- 키 조작

스텝	키 조작				
0000	LOAD	M	0	0	0	ENT
0001	FUN	0	2	4	ENT
0002	P	0	4	ENT	

2. 회전명령

ROL (Rotate Left)	FUN (030) ROL　　FUN (032) DROL FUN (031) ROLP　FUN (033) DROLP	K10	K30H	K50H	K60H	K200H	K500H	K1000H
		○	○	○	○	○	○	○

명 령		사 용 가 능 영 역											STEP수	FLAG		
		M	P	K	L	F	T	C	S	D	D	정수		ERROR (F110)	ZERO (F111)	CARRY (F112)
ROL(P) DROL(P)	D	○	○	○	○		○	○		○	○		3	○		○

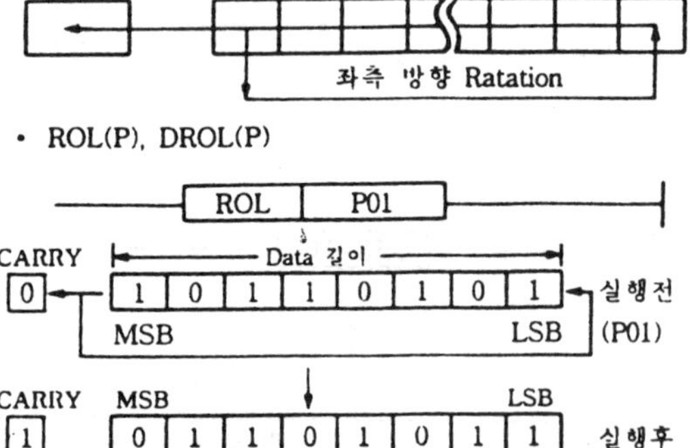

FLAG SET

ERROR (F110)	영역이 D로 지정된 경우 영역 Over가 발생하면 Flag를 SET하고 해당 명령어는 결과처리 되지 않습니다.
CARRY (F112)	Rotation중 Carry가 발생하면 Carry Flag를 SET

영역 설정

D	좌측 방향으로 Rotation시킨 Data가 저장되어 있는 영역

■ ROL

1) 기능
- S_1의 16개 Bit를 1Bit씩 좌측으로 회전하며 최상위 Bit 는 Carry Flag(F112)와 최하위 Bit로 회전합니다.

- ROL(P), DROL(P)

- D 로 지정된 P01 영역의 Data를 좌측 회전합니다.

명령어	Data 길이			
	K30H, K50H	그외	S_1의 Data	
ROL ROLP	8bit	16bit	K50H	0~FFh 0~255
			K200H K1000H	0~FFFFh 0~65535h
DROL DROLP	16bit	32bit	K50H	
			K200H K1000H	0~FFFFFFFFh 0~4294967295

2) 프로그램 예
입력신호 M000가 ON하였을때 P01의 Data를 1bit 좌측으로 회전하며 Carry Flag(F112)를 SET하는 프로그램

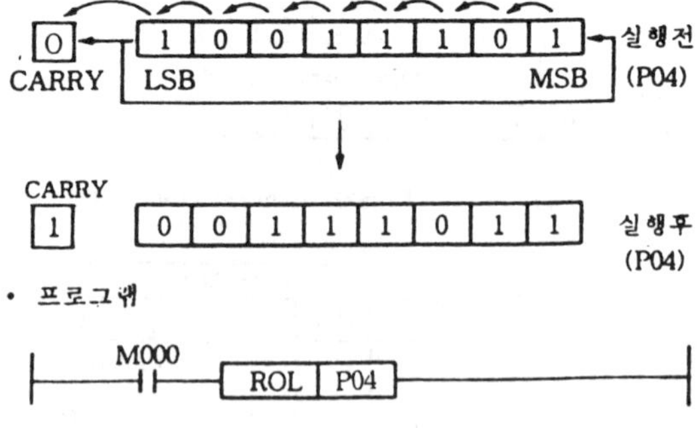

- 프로그램

- 키 조작

스텝	키 조작				
0000	LOAD	M	0	0	0	ENT
0001	FUN	0	3	0	ENT
0002	P	0	4	ENT	

ROR	FUN (34) ROR FUN (36) DROR	K10	K30H	K50H	K60H	K200H	K500H	K1000H
(Rotation Right)	FUN (35) RORP FUN (37) DRORP	○	○	○	○	○	○	○

| 명 령 | | 사 용 가 능 영 역 | | | | | | | | | | | STEP수 | FLAG | | |
		M	P	K	L	F	T	C	S	D	'D	정수		ERROR (F110)	ZERO (F111)	CARRY (F112)
ROR(P)	D	○	○	○	○		○	○		○	○		3	○		○
DROR(P)																

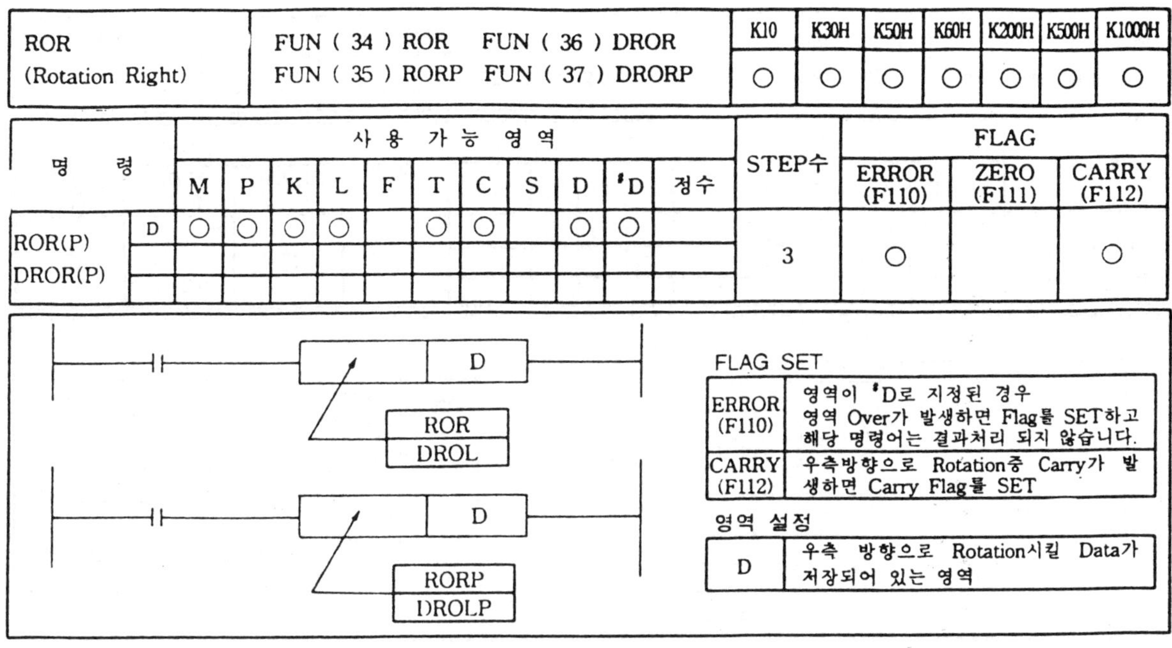

FLAG SET

ERROR (F110)	영역이 'D로 지정된 경우 영역 Over가 발생하면 Flag를 SET하고 해당 명령어는 결과처리 되지 않습니다.
CARRY (F112)	우측방향으로 Rotation중 Carry가 발생하면 Carry Flag를 SET

영역 설정

D	우측 방향으로 Rotation시킬 Data가 저장되어 있는 영역

■ ROR

1) 기능

• D 의 16개 Bit를 1Bit씩 우측으로 회전하며 최하위 bit는 Carry Flag(F112)와 최상위 Bit로 회전합니다.

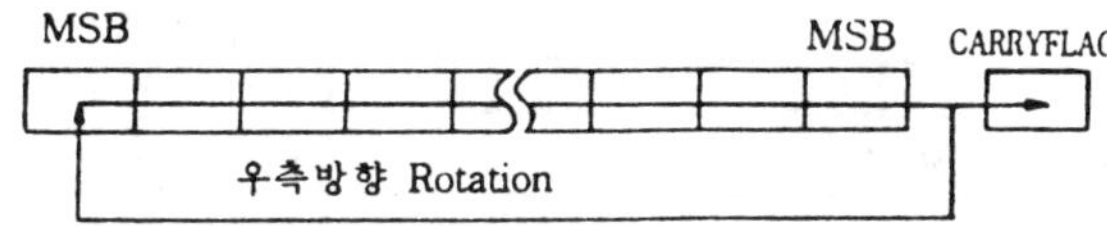

• ROR(P), DROR(P)

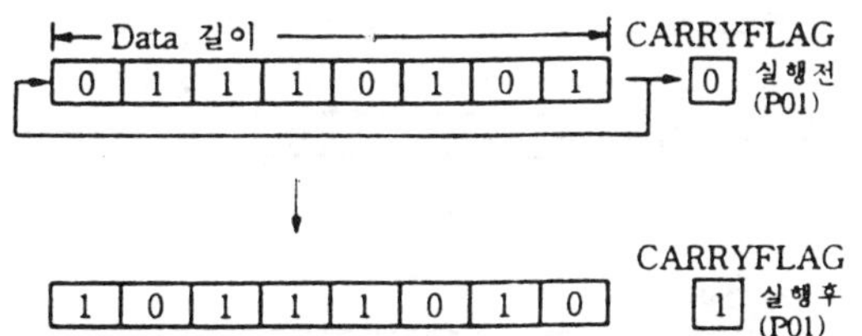

• D 로 지정된의 P01 영역의 우측방향으로 회전시킵니다.

명령어	Data 길이			
	K30H, K50H	그외		S₁의 Data
ROR RORP	8bit	16bit	K50H	0~FFh 0~255
			K200H K1000H	0 FFFFh 0~65535h
DROR DRORO	16bit	32bit	K50H	
			K200H K1000H	0~FFFFFFFFh 0~4294967295

2) 프로그램 예

입력신호 M000가 ON하였을때 P04의 Data를 1bit 우측으로 회전하며 Carry Flag(F112)를 SET하는 프로그램

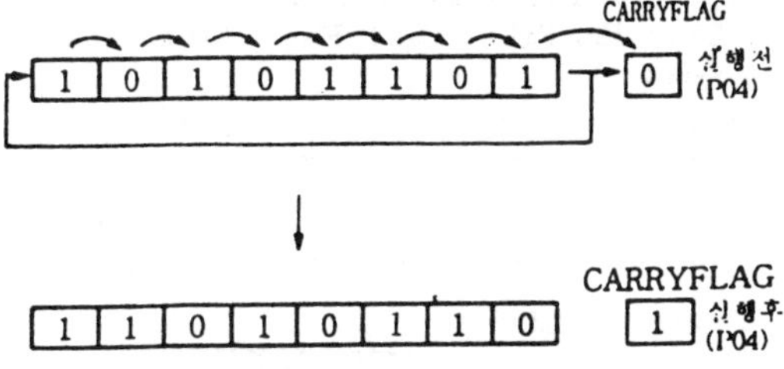

• 프로그램

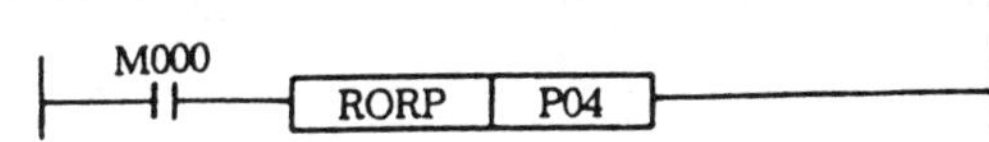

• 키 조작

스텝	키 조작					
0000	LOAD	M	0	0	0	ENT
0001	FUN	0	3	5	ENT	
0002	P	0	4	ENT		

RCL (Rotate Left with Carry)	FUN (040) RCL FUN (042) DRCL FUN (041) RCLP FUN (043) DRCLP	K10	K30H	K50H	K60H	K200H	K500H	K1000H
		○	○	○	○	○	○	○

명 령		사 용 가 능 영 역											STEP수	FLAG		
		M	P	K	L	F	T	C	S	D	'D	정수		ERROR (F110)	ZERO (F111)	CARRY (F112)
RCL(P)	D	○	○	○	○		○	○		○	○		3	○		○
DRCL(P)																

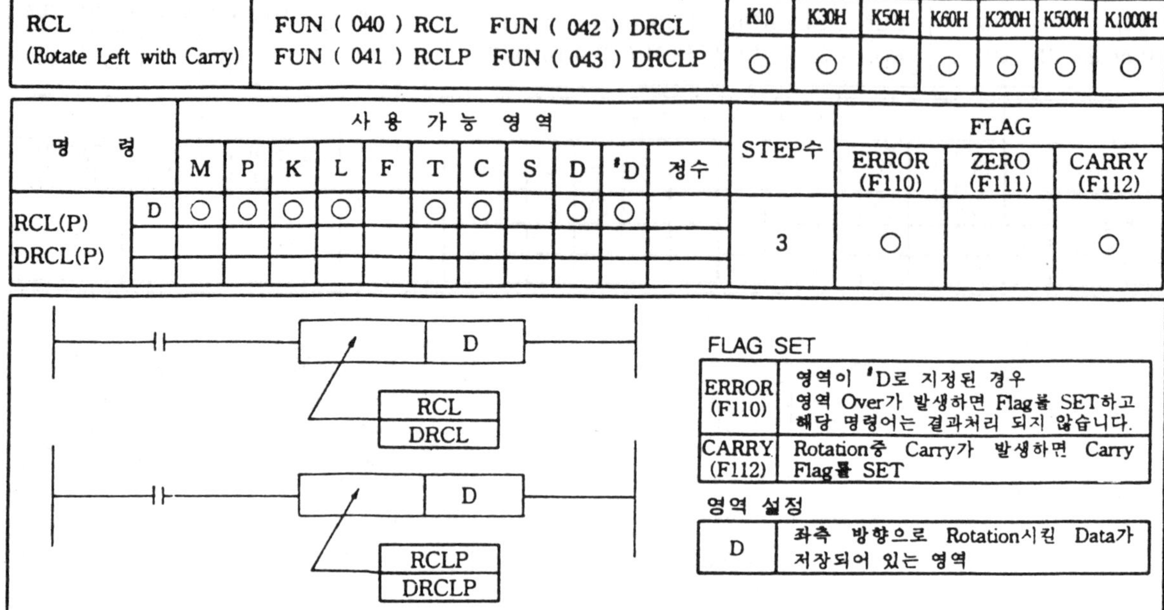

FLAG SET

ERROR (F110)	영역이 'D로 지정된 경우 영역 Over가 발생하면 Flag를 SET하고 해당 명령어는 결과처리 되지 않습니다.
CARRY (F112)	Rotation중 Carry가 발생하면 Carry Flag를 SET

영역 설정

D	좌측 방향으로 Rotation시킨 Data가 저장되어 있는 영역

■ RCL

1) 기능

- D 의 16개 Bit를 1Bit씩 좌측으로 회전하며 최상위 Bit는 Carry Flag(F112)로 Carry Flag 는 최하위 Bit로 회전합니다.

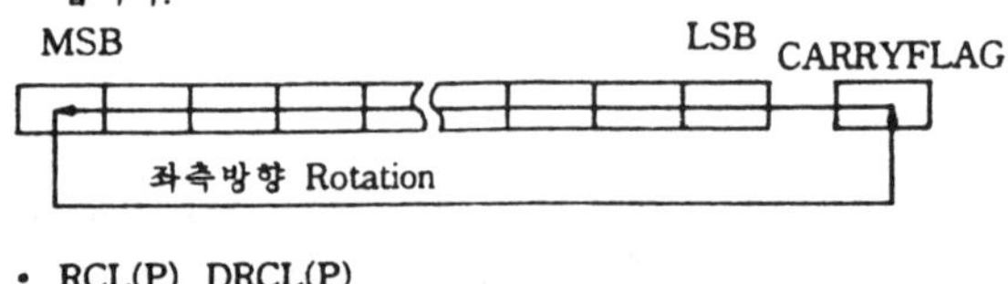

- RCL(P), DRCL(P)

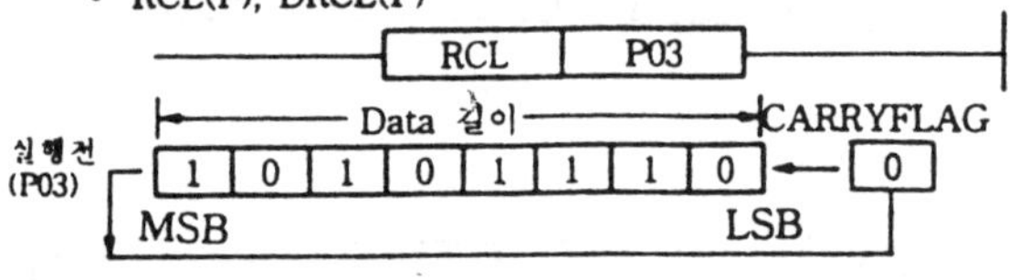

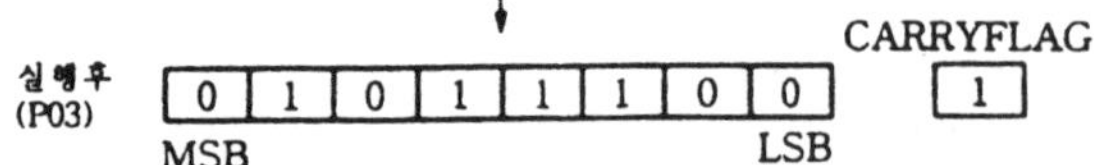

- D로 지정된 P03 영역의 Data를 Carry Flag(F112)를 포함하면서 좌측 방향 Rotation을 1회 실행할때

명령어	Data 길이			
	K30H, K50H	그외	S₁의 Data	
RCL RCLP	8bit	16bit	K50H	0~FFh 0~255
			K200H K1000H	0~FFFFh 0~65535h
DRCL DRCLP	16bit	32bit	K50H	
			K200H K1000H	0~FFFFFFFFh 0~4294967295

2) 프로그램 예

입력신호 F092의 주기 클럭인 0.2초마다 P04의 Data를 Carry Flag(F112)를 포함하여 좌측방향 Rotation을 실행합니다.

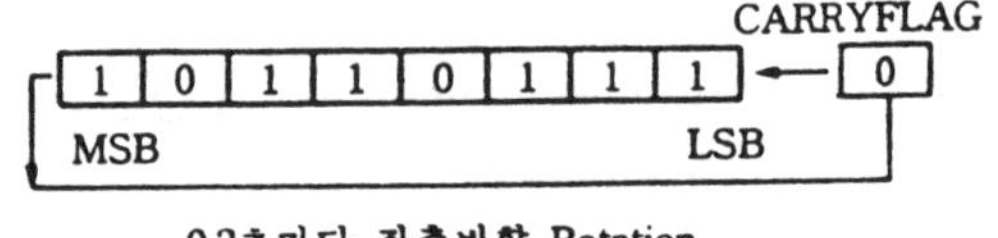

0.2초마다 좌측바향 Rotation

- 프로그램

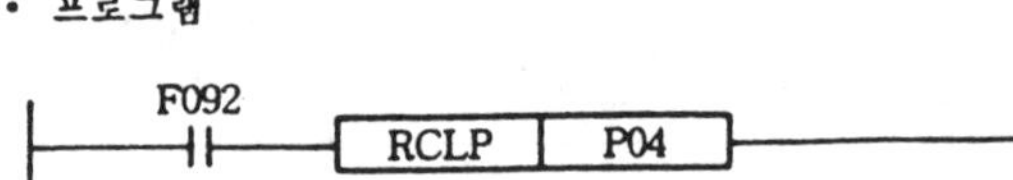

- 키 조작

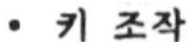

스텝	키 조작					
0000	LOAD	F	0	9	2	ENT
0001	FUN	0	4	1	ENT	
0002	P	0	4	ENT		

RCR (Rotate Right with Carry)	FUN (044) RCR FUN (046) DRCR FUN (045) RCRP FUN (047) DRCRP	K10	K30H	K50H	K60H	K200H	K500H	K1000H
		○	○	○	○	○	○	○

명 령		사 용 가 능 영 역										STEP수	FLAG		
		M	P	K	L	F	T	C	S	D	'D	정수		ERROR (F110)	ZERO (F111)	CARRY (F112)
RCR(P) DRCR(P)	D	○	○	○	○		○	○	○	○	○		3	○		○

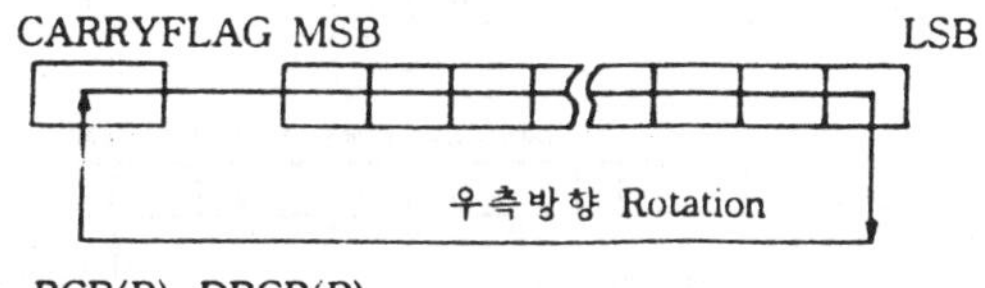

FLAG SET

ERROR (F110)	영역이 'D로 간접 지정된 경우 영역 Over가 발생하면 Flag를 SET하고 해당 명령어는 결과처리 되지 않습니다.
CARRY (F112)	Rotation중 Carry가 발생하면. Carry Flag를 SET

영역 설정

D	우측 방향으로 Rotation시킬 Data가 저장되어 있는 영역

■ RCR

1) 기능

• D 의 16개 Bit를 1Bit씩 우측으로 회전하며 Carry Flag(F112)는 최상위 Bit로 최하위 Bit는 Carry Flag(F112)로 회전합니다.

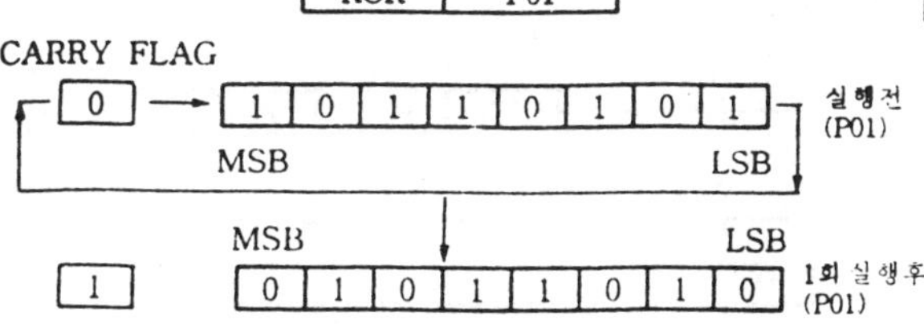

• RCR(P), DRCR(P)

• D 로 지정된 P01 영역의 Data를 Carry Flag(F112)를 포함하면서 우측방향 Rotation을 1회 실행한때

명령어	Data 길이			
	K30H, K50H	그외		S₁의 Data
RCR RCRP	8bit	16bit	K50H	0~FFh 0~255
			K200H K1000H	0~FFFFh 0~65535h
DRCR DRCRP	16bit	32bit	K50H	
			K200H K1000H	0~FFFFFFFFh 0~4294967295

2) 프로그램 예

입력신호 F093의 주기 클럭인 1초마다 P03의 Data를 Carry Flag(F112)를 포함하여 우측방향 Rotation을 n회 실행합니다.

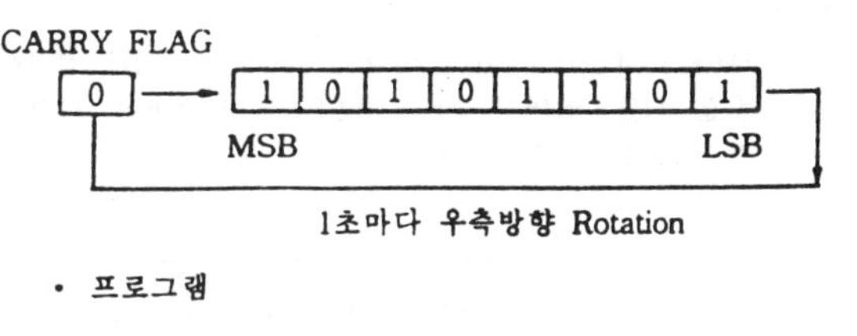

1초마다 우측방향 Rotation

• 프로그램

• 키 조작

스텝	키 조작					
0000	LOAD	F	0	9	3	ENT
0001	FUN	0	4	5	ENT	
0002	P	0	3	ENT		

3. 이동명령

BSFT (Bit Shift)	FUN (074) BSFT FUN ( ) FUN (075) BSFTP FUN ( )	K10	K30H	K50H	K60H	K200H	K500H	K1000H
		○	○	○	○	○	○	○

명 령		M	P	K	L	F	T	C	S	D	D	정수	STEP수	ERROR (F110)	ZERO (F111)	CARRY (F112)
						사 용 가 능 영 역									FLAG	
BSFT BSFTP	S1	○	○	○	○								5			
	Ⓔ	○	○	○	○											

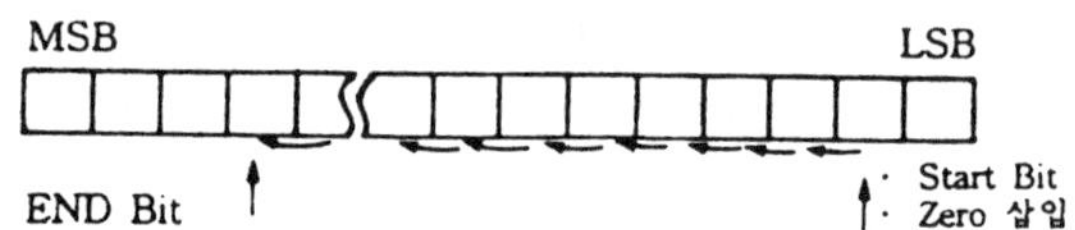

■ BSFT

1) 기능

- Data가 격납되어 있는 영역의 Start Bit(S₁)와 실행이 종결 되는 영역의 END bit(E)를 지정함에 의하여 Bit Shift를 실행하게 됩니다.

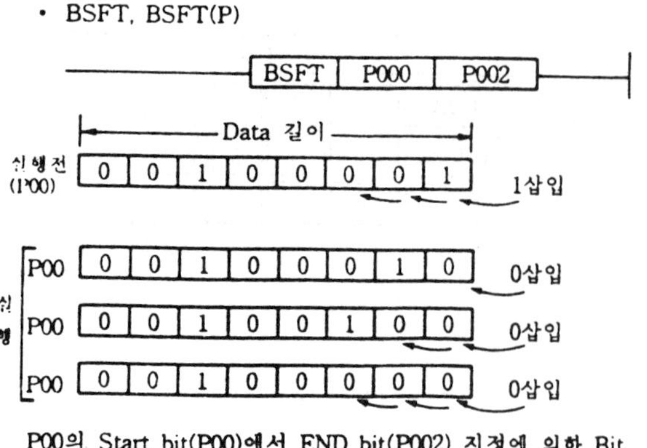

- Bit Shift 방향
  S<E 좌 Shift 예) BSFT P000 P035
  S>E 우 Shift 예) BSFT P035 P000
- BSFT, BSFT(P)

P00의 Start bit(P00)에서 END bit(P002) 지정에 의한 Bit Shift 실행

2) 프로그램 예

입력신호 P000이 ON 될때마다 P04 Data를 Start Bit P040 부터 END bit P045 지정에 의해   Bit Shift하고, P040의 Data는 P001로 주는 프로그램

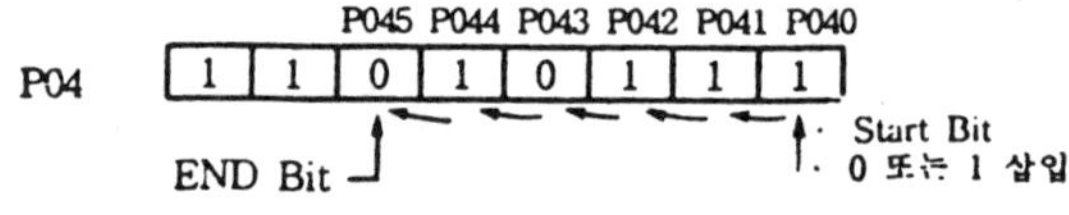

- 프로그램

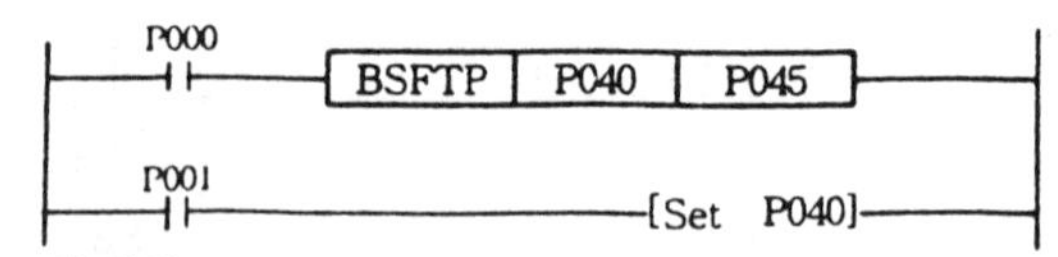

- 키 조작

스텝	키 조작					
0000	LOAD	P	0	0	0	ENT
0001	FUN	0	7	5	ENT	
0002	P	0	4	0	ENT	
0004	P	0	4	5	ENT	
0005	LOAD	P	0	0	1	ENT
0006	SET	P	0	4	0	ENT

● 라인의 이동 제품 세척(BSFT의 예제)

1. 동 작

  센서가 제품을 감지하고, 세척기는 세척위치에 제품이 있을 때에만 세척합니다.
  센서의 칸막이 감지를 방지하기 위해 센서가 칸막이를 감지하는 동안에는 캠의 ON신호가 나오지 않게 하였습니다. 캠의 1회전은 칸막이 한 칸 이동과 같습니다.

2. 시스템도

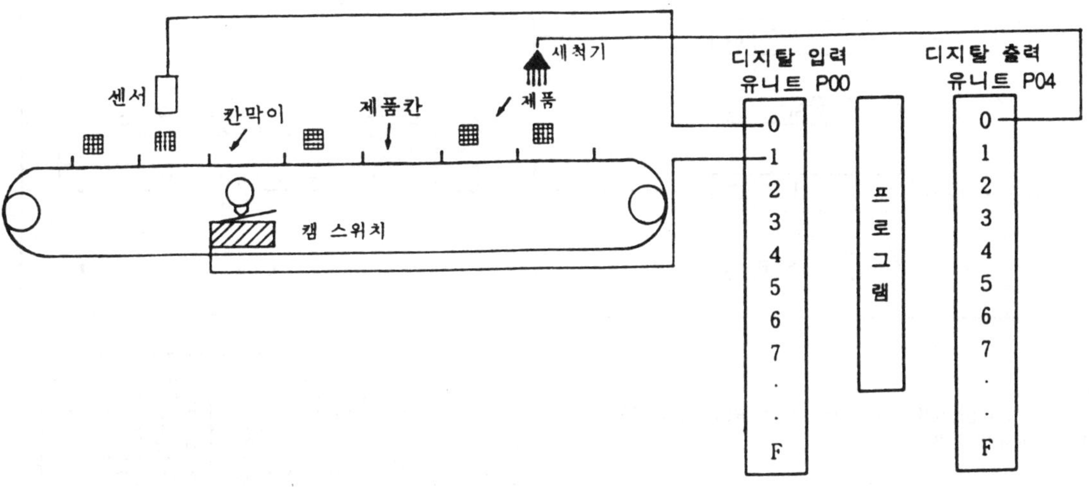

3. 프로그램

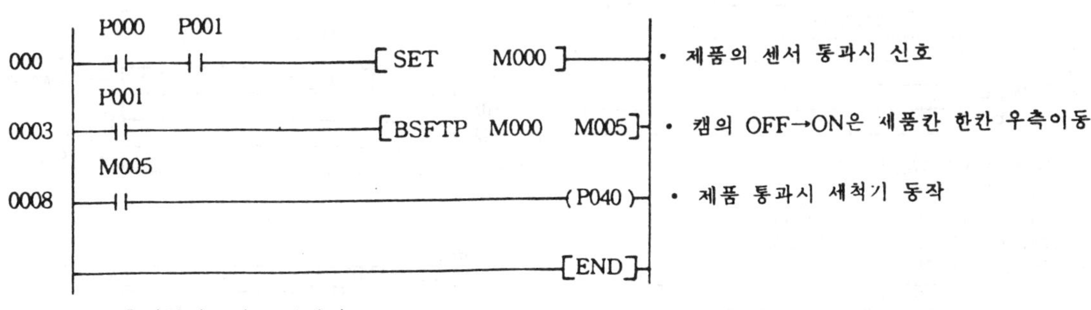

<참고> '응용명령어+P'에 대해서

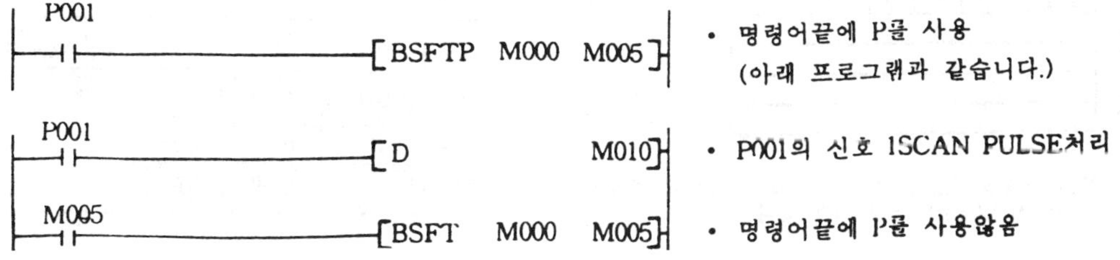

WSFT (Word Shift)	FUN (070) WSFT FUN (071) WSFTP	K10	K30H	K50H	K60H	K200H	K500H	K1000H
		○	○	○	○	○	○	○

명 령		사 용 가 능 영 역											STEP수	FLAG		
		M	P	K	L	F	T	C	S	D	'D	정수		ERROR (F110)	ZERO (F111)	CARRY (F112)
WSFT WSFTP	S1	○	○	○	○		○	○		○	○		5			
	Ⓔ	○	○	○	○		○	○			○					

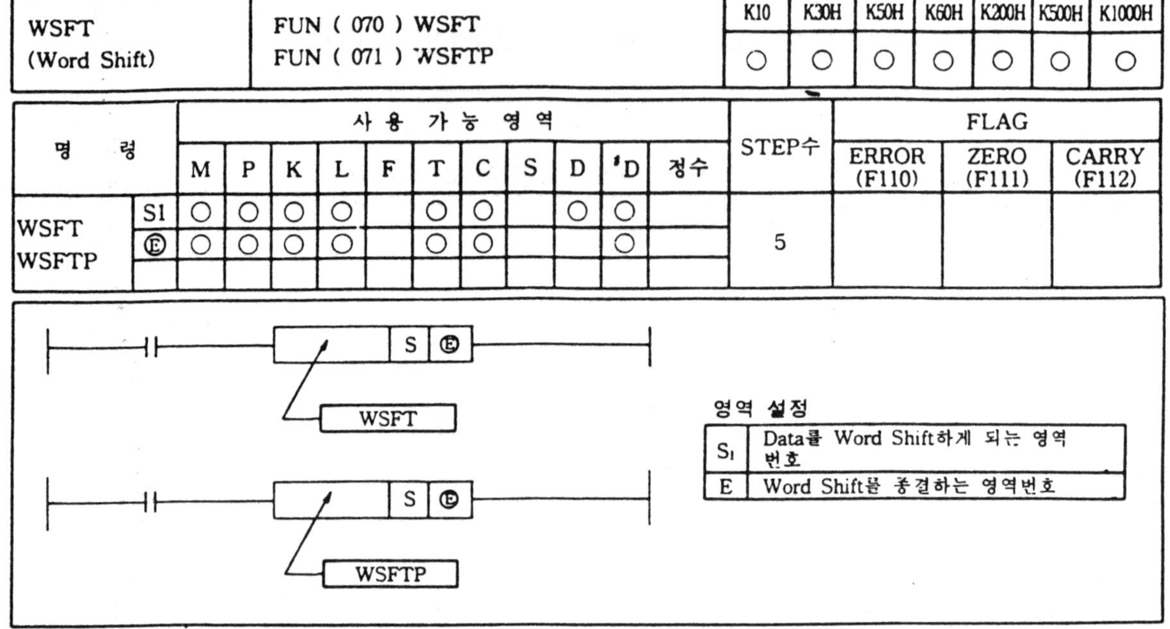

영역 설정

S₁	Data를 Word Shift하게 되는 영역 번호
E	Word Shift를 종결하는 영역번호

■ WSFT
1) 기능
- Word 단위의 Shift를 Start Word(S)와 END Word(E) 지정에 의하여 실행 합니다.

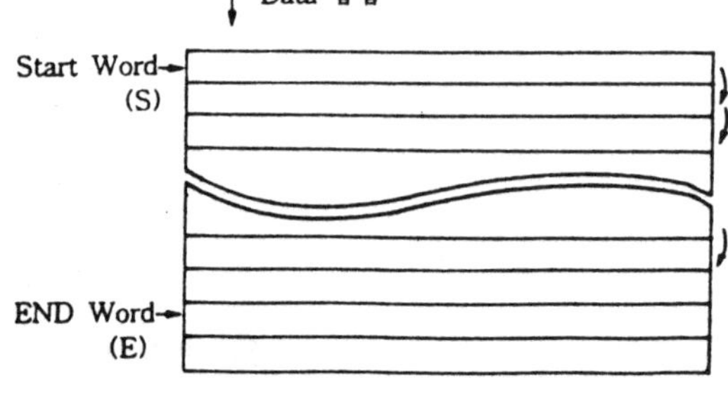

즉 Word 단위의 Word Shift
- Word Shift 방향
  S<E 좌 Shift 예) WSFT P00 P03
  S>E 우 Shift 예 WSFT P03 P00
- WSFT, WSFTP

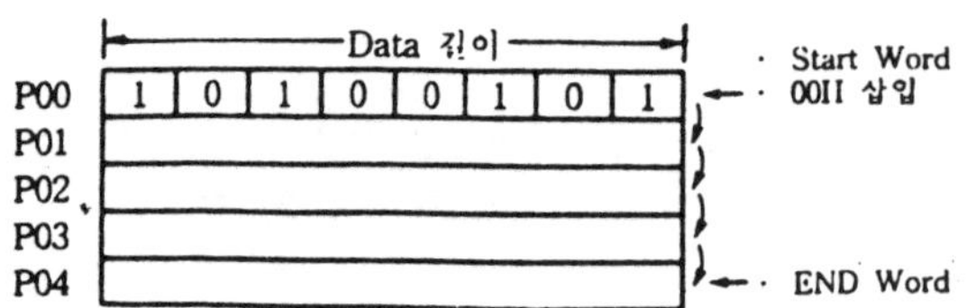

Word P00을 Start Word로, Word P04를 END Word로서 Word Shift를 실행 합니다.

명령어	Data 길이			
	K30H, K50H	그외	S·E의 Data	
WSFT SSFTP	8bit	16bit	K50H	0~FFh 0~255
			K200H K250H	0~FFFFh 0~65535

2) 프로그램 예
입력신호 F093의 주기률 클럭인 1초마다 Start Word(P00)와 END Word(P03) 지정에 의해 Word Shift하는 프로그램

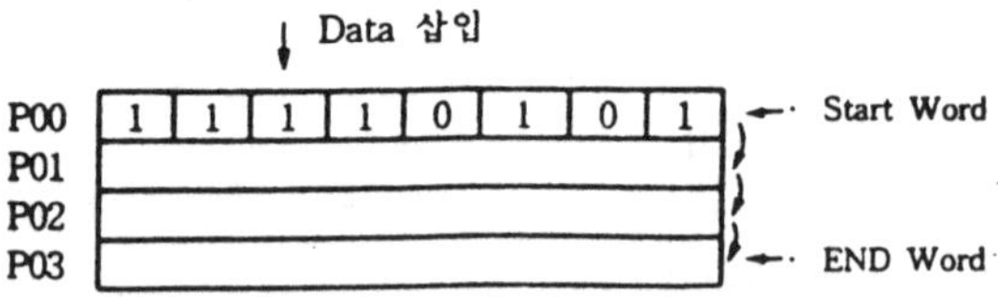

- 프로그램

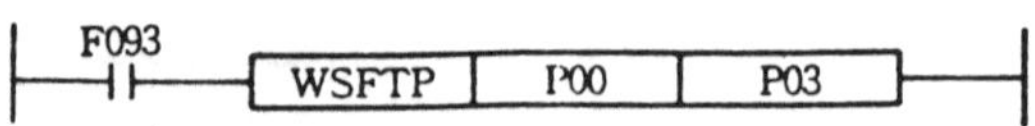

- 키 조작

스텝	키 조작					
0000	LOAD	F	0	9	3	ENT
0001	FUN	0	7	1	ENT	
0002	P	0	0	ENT		
0004	P	0	3	ENT		

4. 전송명령

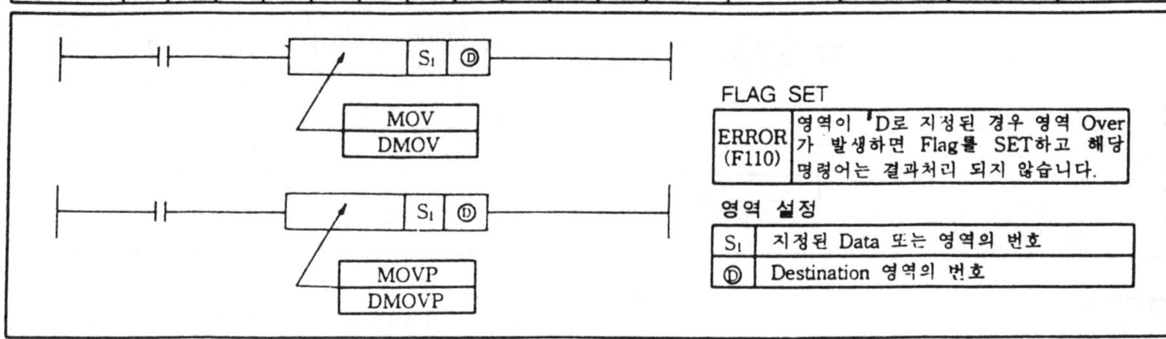

MOV (Move)	FUN (80) MOV　　FUN (82) DMOV FUN (81) MOVP　FUN (83) DMOVP	K10	K30H	K50H	K60H	K200H	K500H	K1000H
		○	○	○	○	○	○	○

명　령		사 용 가 능 영 역										STEP수	FLAG		
		M	P	K	L	F	T	C	S	D	'D	정수		ERROR (F110)	ZERO (F111)	CARRY (F112)
MOV(P)	S₁	○	○	○	○	○	○	○		○	○	○	5/7	○		
DMOV(P)	Ⓓ	○	○	○	○		○		○	○	○					

FLAG SET

ERROR (F110)	영역이 'D로 지정된 경우 영역 Over가 발생하면 Flag를 SET하고 해당 명령어는 결과처리 되지 않습니다.

영역 설정

S₁	지정된 Data 또는 영역의 번호
Ⓓ	Destination 영역의 번호

■ MOV

1) 기능
- S₁으로 지정된 영역의 Data를 Ⓓ 로 지정된 영역으로 전송 합니다.
- MOV(P), DMOV(P)

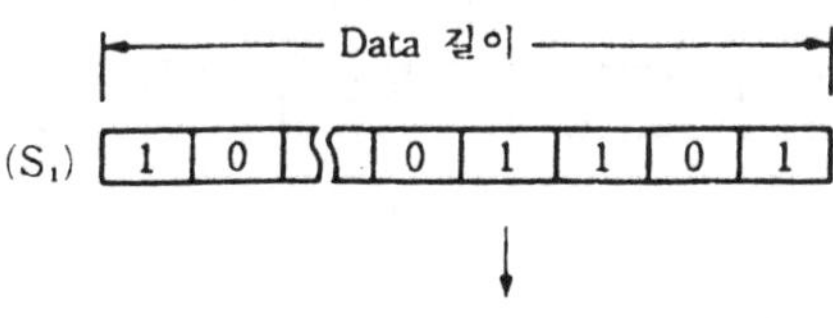

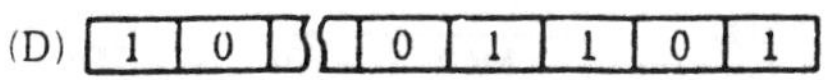

① DMOV(P) 명령은 MOV(P) 명령의 2배의 Data를 전송합니다.

②

명령어	Data 길이				
	K30H, K50H	그외		S₁이 정수일때	
MOV MOVP	8bit	16bit	K50H	0~FFh	
			K200H K1000H	0~FFFFh	
DMOV DMOVP	16bit	32bit	K50H	0~FFFFh	
			K200H K1000H	0~FFFFFFFFh	

3) 프로그램 예

Load M000가 ON되면, MOV 명령에 의해 "hF3". Data가 P01 Word로 옮겨지는 프로그램

- 프로그램

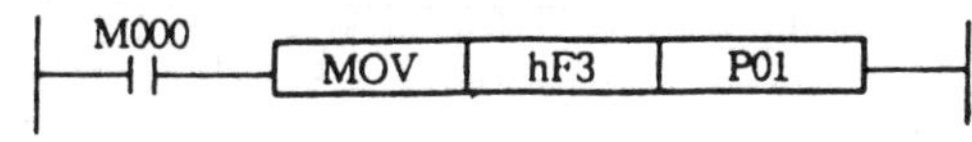

- 키 조작

스텝	키 조작					
0000	LOAD	M	0	0	0	ENT
0001	FUN	8	0	ENT		
0002	Bᴴ	F	3	ENT		
0004	P	0	1	ENT		

CMOV (Complement Move)	FUN (84) CMOV FUN (86) DCMOV FUN (85) CMOVP FUN (87) DCMOVP	K10	K30H	K50H	K60H	K200H	K500H	K1000H
		○	○	○	○	○	○	○

명 령		사 용 가 능 영 역											STEP수	FLAG		
		M	P	K	L	F	T	C	S	D	'D	정수		ERROR (F110)	ZERO (F111)	CARRY (F112)
CMOV(P)	S1	○	○	○	○	○	○	○		○	○	○	5/7	○		
DCMOV(P)	⒟	○	○	○	○		○	○		○	○					

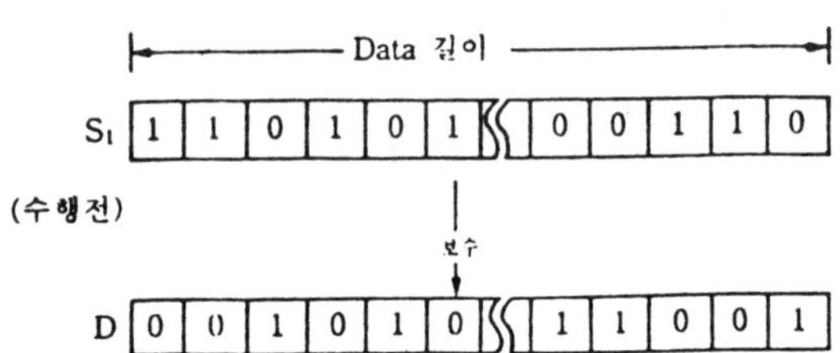

FLAG SET

ERROR (F110)	영역이 'D로 지정된 경우 영역 Over 가 발생하면 Flag를 SET하고 해당 명령어는 결과처리 되지 않습니다.

영역 설정

S1	1의 보수를 취할 Data가 저장되어 있는 영역의 영역번호
⒟	1의 보수를 취한 Data를 저장하게 될 영역의 번호.

* Bit 단위 반전

■ CMOV

1) 기능

- S1로 지정된 영역의 Data를 1의 보수를 취하여 그 결과를 ⒟로 지정된 영역으로 전송합니다.
  즉 S1로 지정된 영역의 반전(부정)된 Data를 ⒟로 전송
- CMOV(P), DCMOV(P)

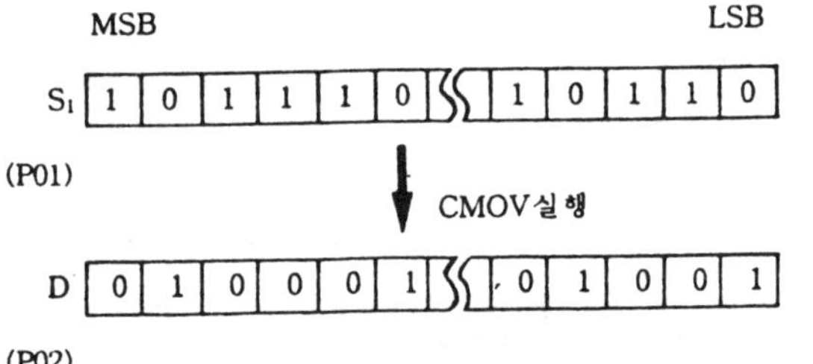

① DCMOV(P) 명령은 CMOV(P) 명령의 Double Data를 전송 한다.

②

명령어	Data 길이			
	K30H, K50H	그외	S1이 정수일때	
CMOV CMOVP	8bit	16bit	K50H	0~255 0~FFh
			K200H K1000H	0~65535 0~FFFFh
DCMOV DCMOVP	16bit	32bit	K50H	0~65535 0~FFFFh
			K200H K1000H	0~4294967295 0~FFFFFFFFh

2) 프로그램 예

- 입력신호 M000가 ON하였을때 P01 Word Data의 보수를 취하여(반전된 값) P02에 전송하는 프로그램

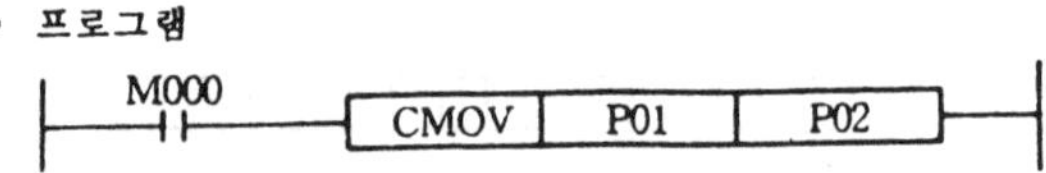

- 프로그램

- 키 조작

스텝	키 조작				
0000	LOAD	M	0	0	0	ENT
0001	FUN	8	4	ENT	
0002	P	0	1	ENT	
0004	P	0	2	ENT	

GMOV (Group Move)	FUN (090) GMOV FUN ( ) FUN (091) GMOVP FUN ( )	K10	K30H	K50H	K60H	K200H	K500H	K1000H
		○	○	○	○	○	○	○

명 령		사 용 가 능 영 역										STEP수	FLAG		
		M	P	K	L	F	T	C	S	D	'D	정수		ERROR (F110)	ZERO (F111)	CARRY (F112)
GMOV GMOVP	S₁	○	○	○	○	○	○	○		○	○		7	○		
	Ⓓ	○	○	○	○		○	○		○	○					
	Z									○		○				

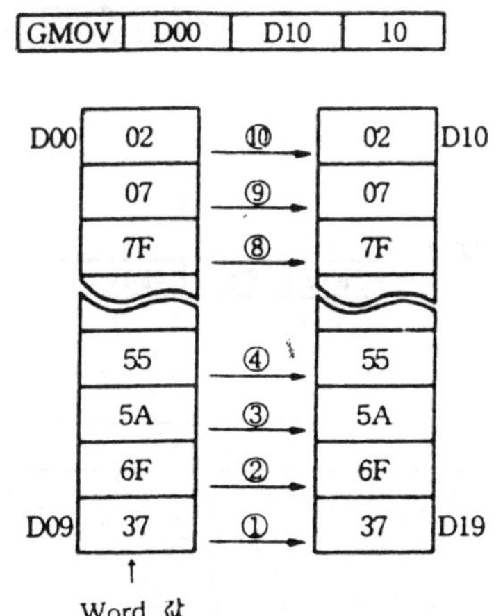

FLAG SET

ERROR (F110)	Z의 범위가 지정 영역을 초과하는 경우는 SET하며 해당 명령어는 결과 처리 되지 않습니다.

영역 설정

S₁	Data를 전송하게 되는 Source 영역의 선두 영역번호
Ⓓ	Data를 전송받게 되는 Destination 영역의 선두 영역번호
Z	GMOV(P)를 실행하게 되는 갯수

■ GMOV

1) 기능

- S₁으로 지정한 선두 영역번호로 부터 Ⓓ로 지정된 영역의 선두 영역번호부터 지정한 Z(Word 갯수) 만큼 일괄적으로 전송 합니다.

GMOV	D00	D10	10

D00 02 → ⑩ → 02 D10
07 → ⑨ → 07
7F → ⑧ → 7F
55 → ④ → 55
5A → ③ → 5A
6F → ② → 6F
D09 37 → ① → 37 D19

↑ Word 값

- Z의 범위가 지정 영역을 초과하는 경우는 Error Flag(F110)을 Set하고 처리를 하지 않습니다.

명령어	Data 길이	
	K30H, K50H	그외
GMOV GMOVP	8bit	16bit

2) 프로그램 예

- 입력신호 M000가 ON하였을때 P00, P01, P02 Word Data가 P03, P04, P05 Card에 격납되는 프로그램

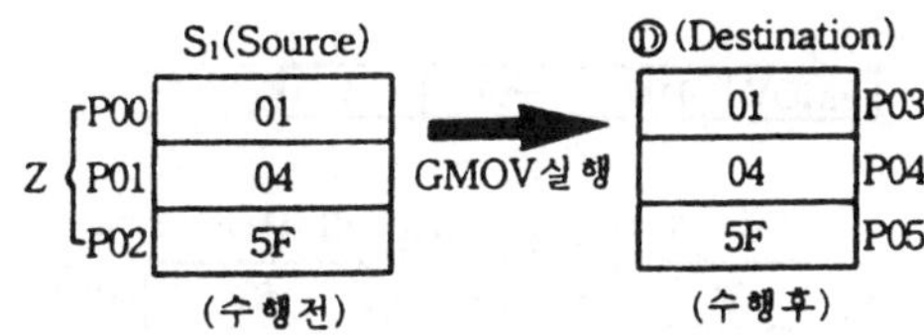

S₁(Source)

Z { P00 01 / P01 04 / P02 5F }

GMOV실행 →

Ⓓ(Destination)

01 P03 / 04 P04 / 5F P05

(수행전)   (수행후)

- 프로그램

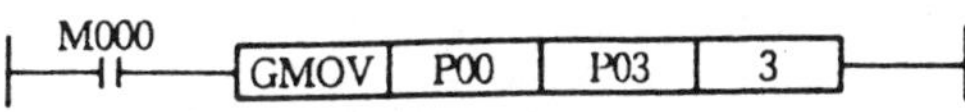

M000	GMOV	P00	P03	3

- 키 조작

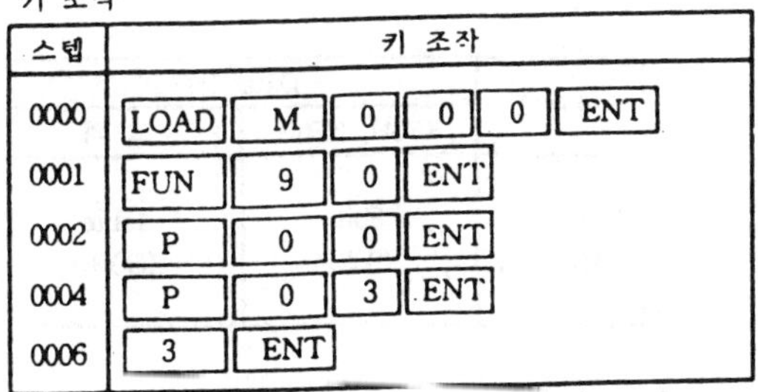

스텝	키 조작					
0000	LOAD	M	0	0	0	ENT
0001	FUN	9	0	ENT		
0002	P	0	0	ENT		
0004	P	0	3	ENT		
0006	3	ENT				

FMOV (Fill Move)	FUN (92) FMOV FUN (93) FMOVP		K10	K30H	K50H	K60H	K200H	K500H	K1000H
			○	○	○	○	○	○	○

명 령		사 용 가 능 영 역										정수	STEP수	FLAG		
		M	P	K	L	F	T	C	S	D	D			ERROR (F110)	ZERO (F111)	CARRY (F112)
FMOV FMOVP	S₁	○	○	○	○	○	○	○		○	○		7	○		
	Ⓓ	○	○	○	○		○	○		○	○					
	Z									○		○				

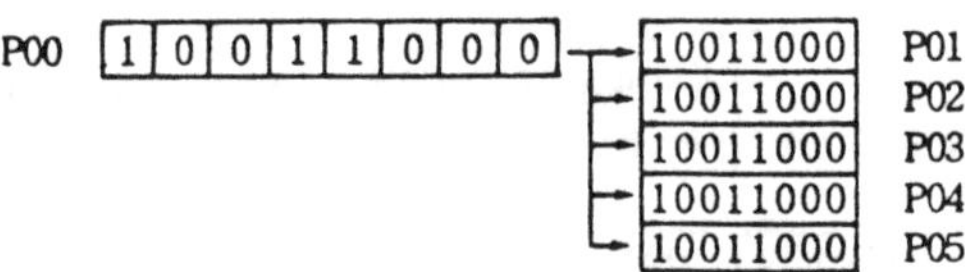

FLAG SET

ERROR (F110)	Z의 범위가 영역을 초과하는 경우 SET하며 해당 명령어는 결과 처리되지 않습니다.

영역 설정

S₁	Data를 전송하게 되는 Source 영역번호
Ⓓ	Data를 전송받게 되는 Destination 선두 영역번호
Z	FMOV(P)를 실행하게 되는 갯수

■ **FMOV**

1) 기능

- S₁으로 지정한 영역의 Data를 Ⓓ로 지정된 영역의 선두 영역번호부터 지정한 Z(Word 갯수) 만큼 S₁의 Data를 전송합니다.

FMOV	P00	P01	4

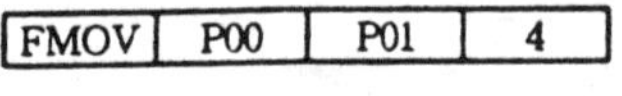

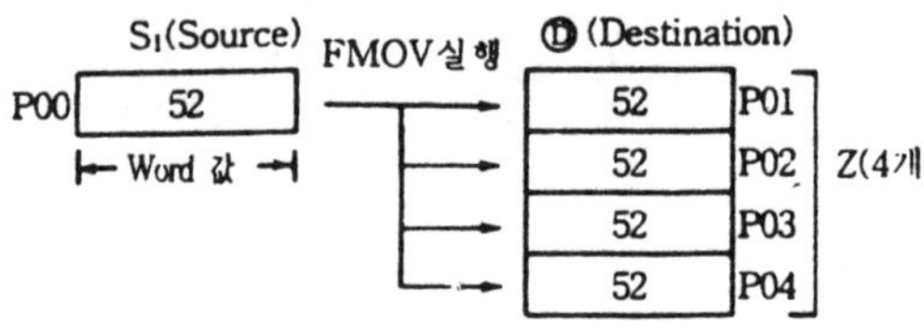

- Z의 범위가 지정 영역을 초과하는 경우는 Error Flag(F110)을 Set하고 처리 하지 않습니다.

명령어	Data 길이	
	K30H, K50H	그 외
FMOV FMOV(P)	8bit (00h)	16bit (0000h)

FMOV실행

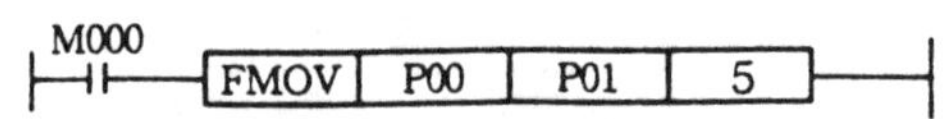

- 프로그램

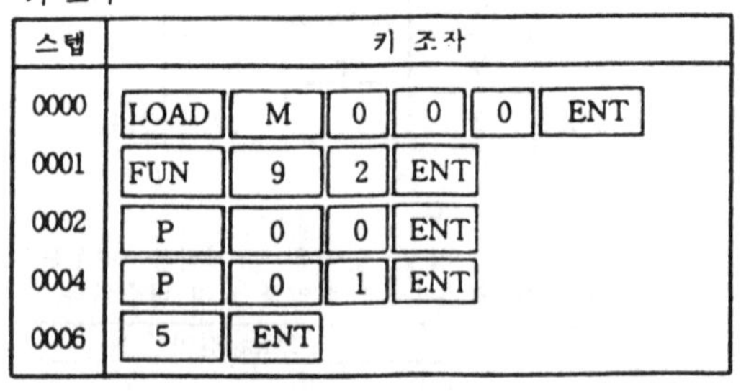

- 키 조작

스텝	키 조작				
0000	LOAD	M	0	0	0	ENT
0001	FUN	9	2	ENT	
0002	P	0	0	ENT	
0004	P	0	1	ENT	
0006	5	ENT			

2) 프로그램 예

입력신호 M000가 ON하였을때 P00 Word Data가 P01, P02, P03, P04, P05에 저장되는 프로그램

BMOV (Bit Move)	FUN (100) BMOV FUN ( ) FUN (101) BMOVP FUN ( )	K10	K30H	K50H	K60H	K200H	K500H	K1000H
		○	○	○	○	○	○	○

명 령		사 용 가 능 영 역										STEP수	FLAG		
		M	P	K	L	F	T	C	S	D	D	정수		ERROR (F110)	ZERO (F111)	CARRY (F112)
BMOV BMOVP	S_1	○	○	○	○		○	○		○	○	○	7	○		
	Ⓓ	○	○	○			○	○		○	○					
	CW											○				

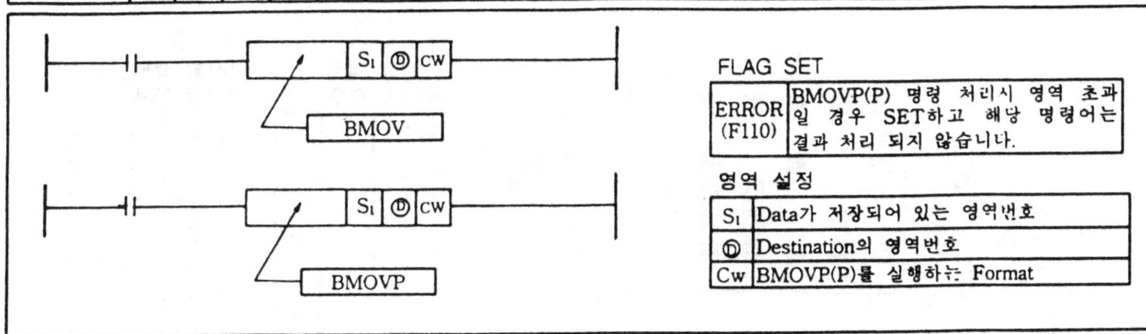

FLAG SET

ERROR (F110)	BMOVP(P) 명령 처리시 영역 초과 일 경우 SET하고 해당 명령어는 결과 처리 되지 않습니다.

영역 설정

S_1	Data가 저장되어 있는 영역번호
Ⓓ	Destination의 영역번호
Cw	BMOVP(P)를 실행하는 Format

■ **BMOV**

1) 기능

- Cw에 설정된 Format에 의해 S_1으로 지정된 영역의 Start Bit 부터 지정된 갯수의 Bit를 Ⓓ 로 지정된 영역의 Start bit부터 선송합니다.
- Cw의 Format

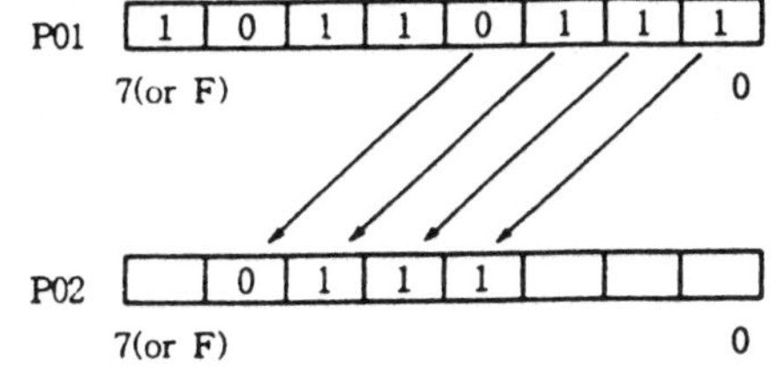

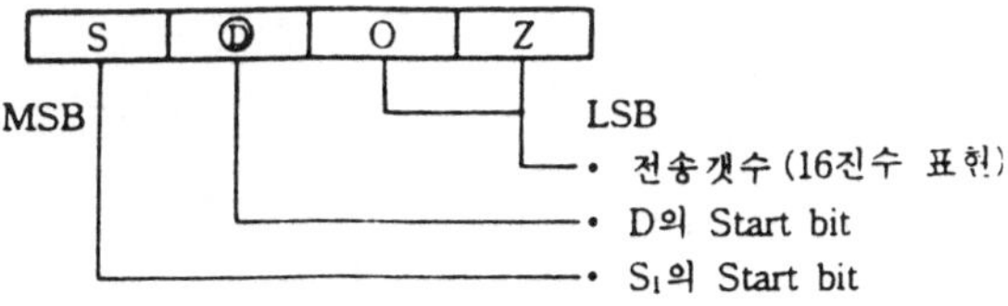

- Z의 전송 Bit 갯수

	K30H, K50H	그외
갯수	00~07 까지 가능	00~0F 까지 가능
	• 갯수가 0이면 실행하지 않습니다. • 영역 초과시 Error Flag(F110)을 SET 시키며 결과 처리를 하지 않습니다.	

2) 프로그램 예

입력신호 M000가 ON하였을때 P01 영역의 0번째 bit부터 4개의 Bit를 P02의 P023 bit부터 저장하는 프로그램

- 프로그램

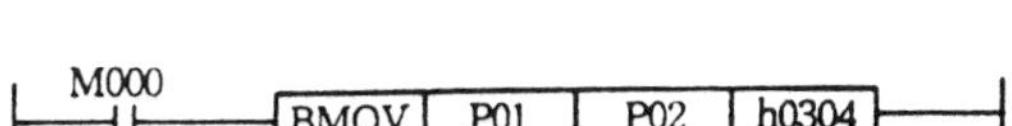

- 키 조작

스텝	키 조작					
0000	LOAD	M	0	0	0	ENT
0001	FUN	1	0	0	ENT	
0002	P	0	1	ENT		
0004	P	0	2	ENT		
0006	Bᴴ	0	3	0	4	ENT

● Counter(Timer) 현재값 외부 출력(BCD, BMOV의 예제)

1. 동 작

재고가 입출고되는 창고에 재고가 30개이면 입고 콘베어는 정지하고, 재고 숫자는 외부에 나타냅니다.

2. 시스템도

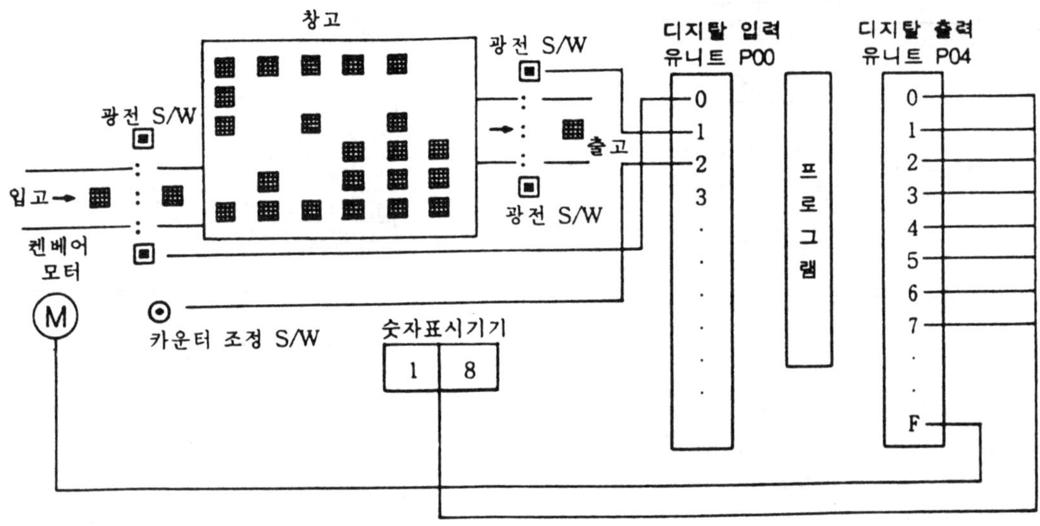

3. 프로그램

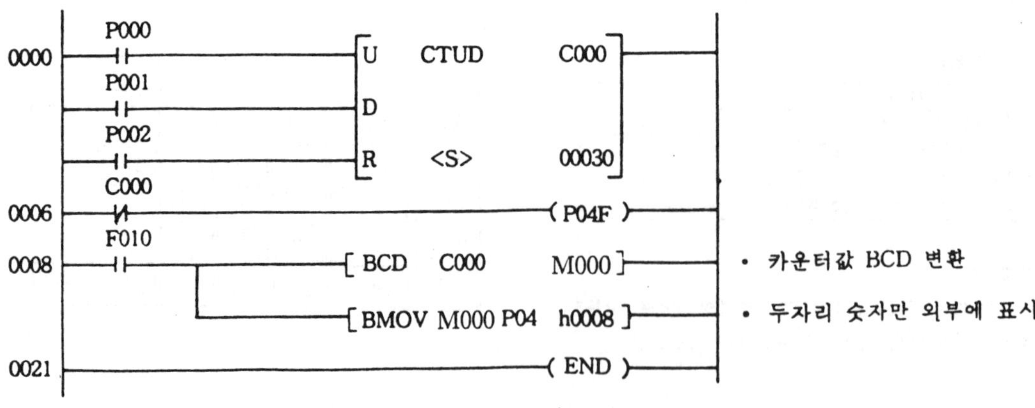

<참고> 카운터, 타이머의 현재값은 BINARY 형식으로 갖고 있습니다.

4. 분기명령

JMP	FUN (012) JMP FUN (013)	K10	K30H	K50H	K60H	K200H	K500H	K1000H
(Jump)	FUN ( ) JME FUN ( )	○	○	○	○	○	○	○

명 령	사 용 가 능 영 역										정수	STEP수	FLAG		
	M	P	K	L	F	T	C	S	D	D			ERROR (F110)	ZERO (F111)	CARRY (F112)
JMP JME		n										○	1/3			

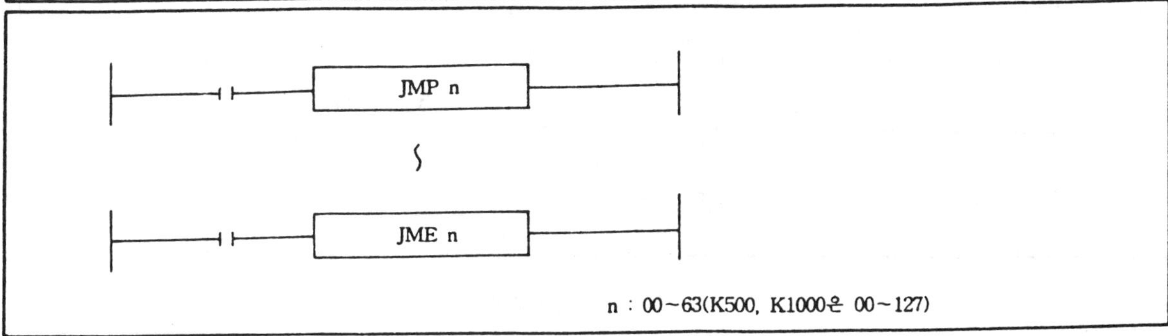

n : 00~63(K500, K1000은 00~127)

■ JMP

1) 기능

- JMP n 명령 입력이 ON되면 JME n 이후로 JUMP하며 JMP n과 JME n 사이의 모든 명령은 처리 되지 않습니다.
- JME n 이전의 같은 JMP n은 사용할 수 있습니다.
- 비상사태 발생시 처리해서는 안되는 프로그램을 JMP와 JME 사이에 넣으면 좋습니다.
- JMP 0는 중첩하여 사용이 가능 합니다.
- JMP n, JME n

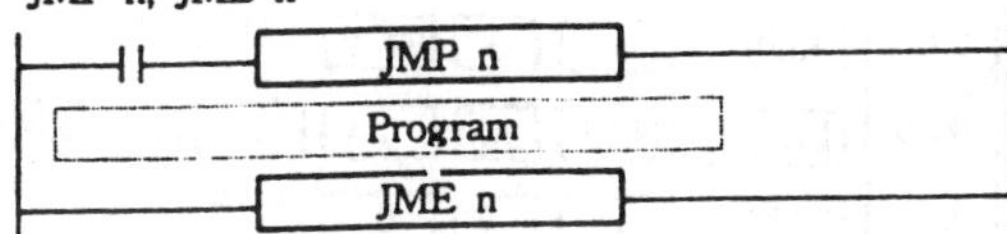

JMP 명령이 실행되면 n이 동일한 JME 명령까지의 처리는 JUMP되어 실행하지 않습니다.

2) 프로그램 예

입력신호 P000가 ON하였을때 JMP 2와 JME 2 사이의 Ring Counter는 실행을 하지 않는 프로그램

- 프로그램

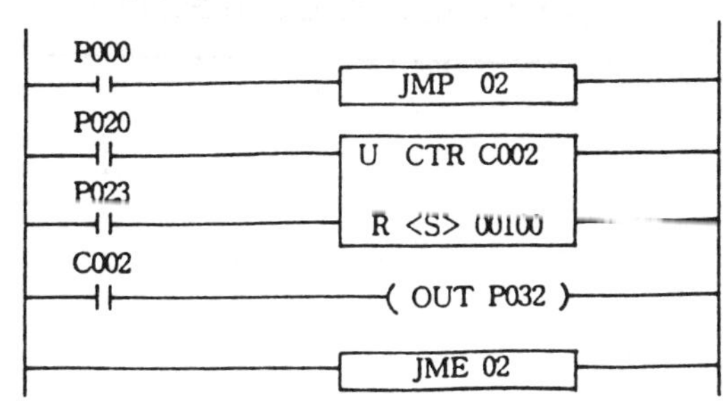

- **타임 차트**

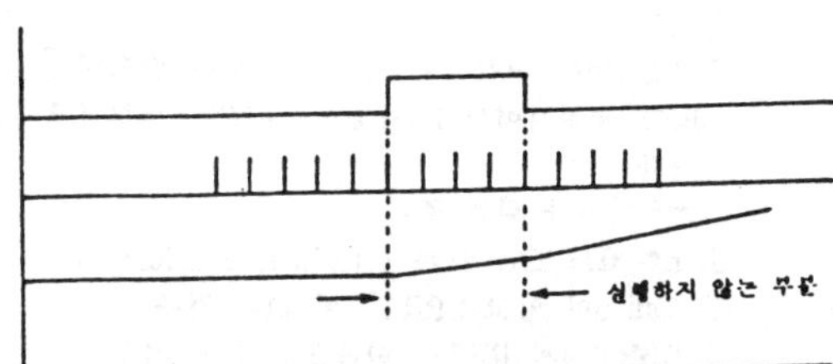

- **키 조작**

스텝	키 조작					
0000	LOAD	P	0	0	0	ENT
0001	FUN	0	1	3		ENT
0002	LOAD	P	0	2	0	ENT
0003	LOAD	P	0	2	3	ENT
0004	CTR	CTR	CTR	CTR	ENT	
0005	0	0	0	2	ENT	
0006	0	0	1	0	0	ENT
0007	LOAD	C	0	0	2	ENT
0008	OUT	P	0	3	2	ENT
0009	FUN	0	1	3		ENT

CALL SBRT	FUN (014) CALL　　FUN (015) CALLP FUN (016) SBRT　　FUN (004) RET	K10	K30H	K50H	K60H	K200H	K500H	K1000H
		○	○	○	○	○	○	○

명　령	사 용 가 능 영 역											STEP수	FLAG		
	M	P	K	L	F	T	C	S	D	'D	정수		ERROR (F110)	ZERO (F111)	CARRY (F112)
CALL SBRT	n										○	1/3			

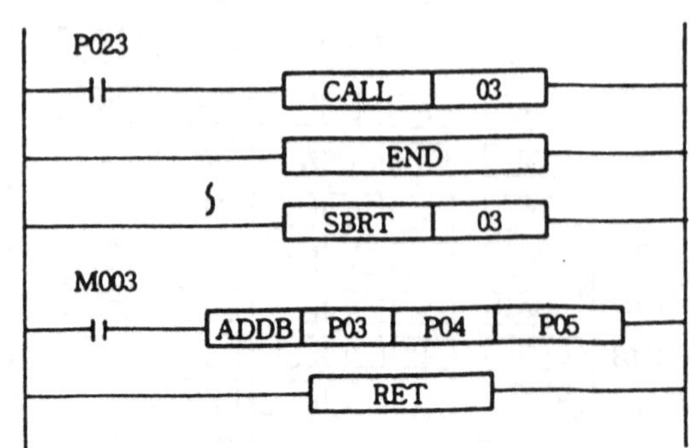

n : 0~127(K500H, K1000H)

n : 0~63(K10, K30H, K50H, K60H, K200H)

■ CALL

1) 기능
- Program 수행중 입력조건이 성립하면 CALL n 명령에 따라 SBRTn~RET 명령 사이의 Program을 수행합니다.
- CALL No는 중첩되어 사용 가능하며 반드시 SBRT n ~RET 명령사이의 Program은 END 명령뒤에 있어야 합니다.
- Error 처리가 되는 조건
  ① n이 00~63을 초과시 (K500H K1000H : 0 ~ 127)
  ② Call n이 있고 SBRT n이 없는 경우
  ③ SBRT n과 RET이 단독으로 있을 경우
- SBRT내에서 다른 SBRT를 CALL하는 것이 가능하며, K500H K1000H 서는 64회까지 가능합니다.

2) 프로그램 예
P023이 ON되었을때 SBRT 03~RET까지의 Program을 수행하는 프로그램
- 프로그램

• 키 조작

스텝	키 조작
0000	LOAD　P　0　2　3　ENT
0001	FUN　0　1　4
0002	FUN　0　3　ENT
0003	FUN　0　0　1　ENT
0004	FUN　0　1　6
0005	FUN　0　3　ENT
0006	LOAD　NOT　M　0　0　3　ENT
0007	FUN　1　3　0　ENT
0008	P　0　3　ENT
0009	P　0　4　ENT
0010	P　0　5　ENT
0011	FUN　0　0　4　ENT

FOR~NEXT	FUN (206) FOR FUN ( ) FUN (207) NEXT FUN ( )		K10	K30H	K50H	K60H	K200H	K500H	K1000H
			○	○	○	○	○	○	○

| 명 령 | 사 용 가 능 영 역 | | | | | | | | | | 정수 | STEP수 | FLAG | | |
	M	P	K	L	F	T	C	S	D	'D			ERROR (F110)	ZERO (F111)	CARRY (F112)
FOR n											○	3	○		

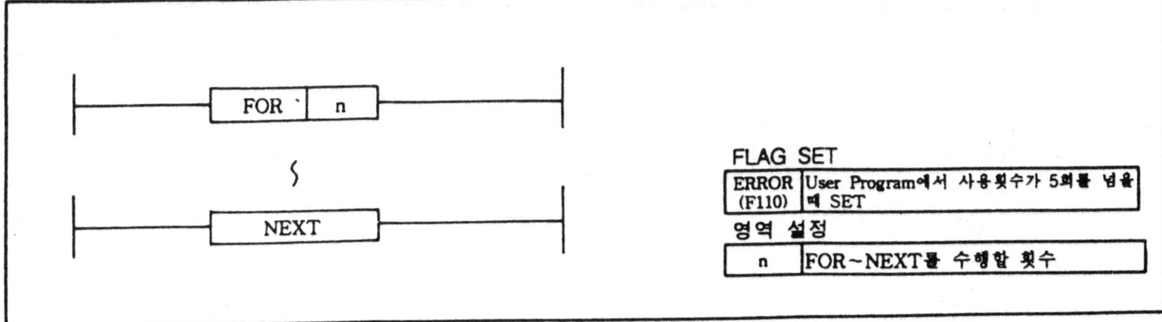

FLAG SET

ERROR (F110)	User Program에서 사용횟수가 5회를 넘을 때 SET

영역 설정

n	FOR~NEXT를 수행할 횟수

■ FOR~NEXT

1) 기능

- PLC가 RUN MODE에서 FOR를 만나면 FOR~NEXT 명령간의 처리를 n회 실행한후 NEXT 명령의 다음 STEP을 행합니다.

- n은 최대
  1~65535까지 지정가능합니다.

- FOR~NEXT의 Program중 n은 5개 까지 가능하며 그 이상은 ERROR Flag(F110)를 SET합니다.

- 실행(연산)을 하지 않을 경우
  ① FOR~NEXT 사이에 END, RET 명령을 실행한때
  ② FOR 명령을 실행하기 전에 NEXT 명령을 실행한때

- FOR~NEXT의 nesting은 5회까지 가능하며 그 이상은 Error flag을 set 합니다.

- FOR~NEXT한 Loop를 하나의 Shell이라고 할때 JMP는 해당 Shell내에서만 가능하고, JMP가 실행될때 JMP와 JME사에에 있는 FOR~NEXT는 무시됩니다.

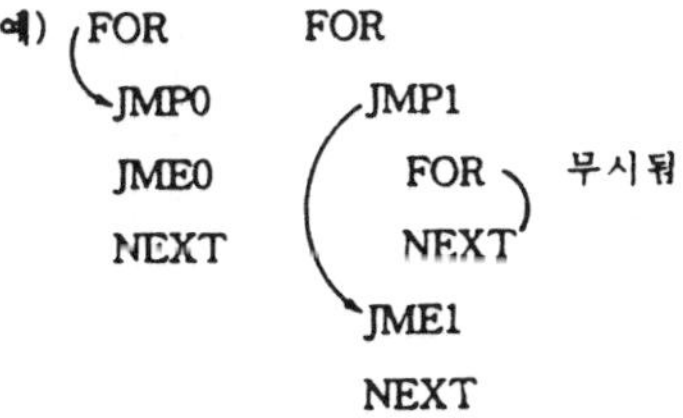

2) 프로그램 예

PLC가 RUN MODE에서 FOR~NEXT 사이를 2회 수행하는 프로그램

- 프로그램

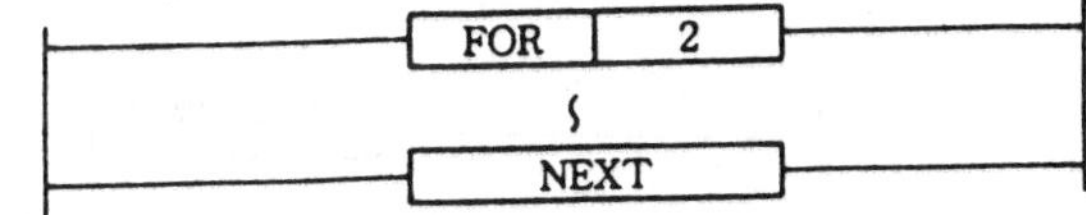

- 키 조작

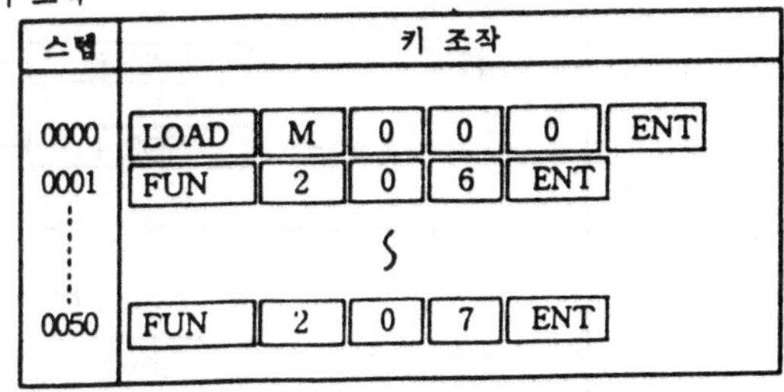

- FOR~NEXT Loop를 빠져 나오는 다른 방법은 Break 명령을 사용합니다. (K1000)

- SCAN Time이 길어질수 있으므로 WDT명령을 사용하여 Watch Dog Time을 넘지 않도록 하십시오.

BREAK	FUN (220) BREAK									K10	K30H	K50H	K60H	K200H	K500H	K1000H
															○	○

명 령	사 용 가 능 영 역											STEP	FLAG		
	M	P	K	L	F	T	C	S	D	'D	정수		ERROR (F110)	ZERO (F111)	CARRY (F112)
BREAK													3			

□──┤├──[BREAK]──□

■ ·BRAEAK

1) 기능

   FOR~NEXT 구문내에서 빠져 나오는 기능을 합니다.

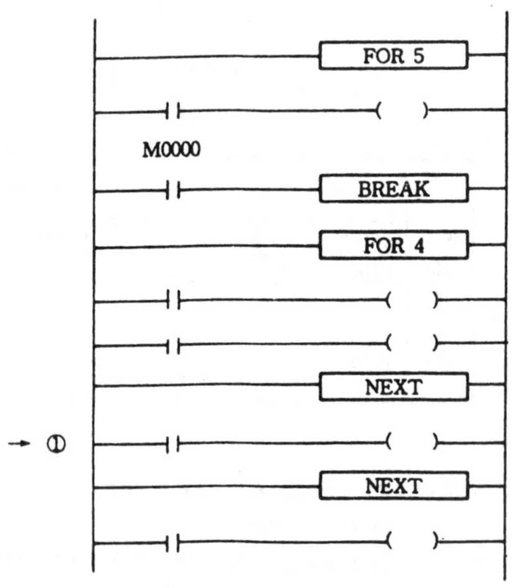

   M0000이 ON되면 내부의 4회 FOR~NEXT LOOP를 무시하고 ①위치로 빠져나옴.

5. HSCNT 명령

HSCNT (Hight Speed Counter)	High Speed Counter-HSCNT FUN (210) HSCNT	K10	K30H	K50H	K60H	K200H	K500H	K1000H
		○	○	○		○		

명 령	사 용 가 능 영 역											STEP수	FLAG		
	M	P	K	L	F	T	C	S	D	'D	정수		ERROR (F110)	ZERO (F111)	CARRY (F112)
HSCNT	○	○										1			

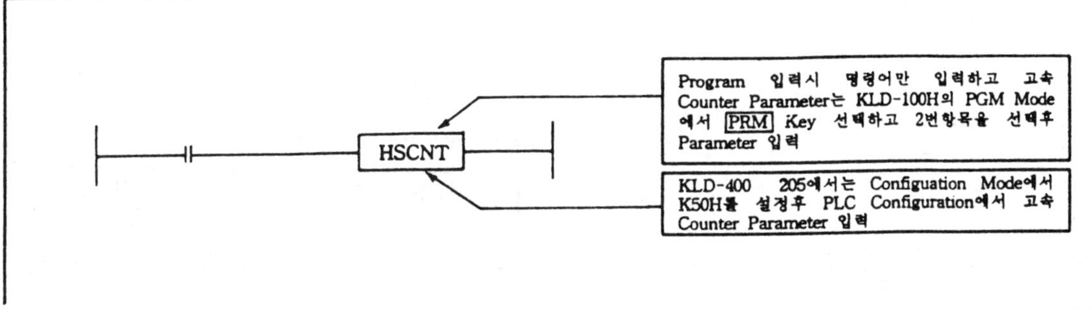

■ HSCNT

1) 기능

- 입력조건이 만족하면 고속 Counter가 Enable되고 입력 조건이 만족되지 않으면 Reset됩니다.
- 입력조건이 만족하면 Parameter에 지정된 값에 의해 P01 Card를 ON, OFF 시킵니다.
- 고속 Counter Parameter 설정
  · KLD-100H, KLD-400, KLD-205에 의해 가능
- 고속 Counter 사용 가능
  · MASTER-K10, K30H, K50H, K200H에서 가능 합니다.

2) 고속 Counter 입력/출력 구성

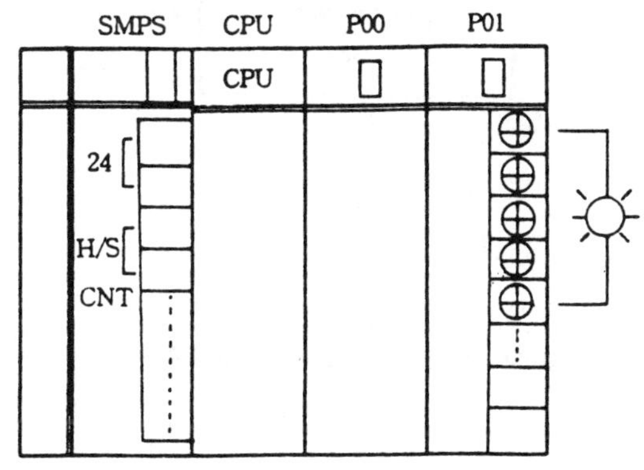

H/S CNT 단자로 Counter하게될 Pulse가 입력 Parameter에 지정된 값에 의해 P01 Word로 출력

3) 고속 Counter 사양

항 목		내 용
계 수 속 도		2KPPS (Pulse Per Sec)
외부 Reset 응 답 도		500μs 이내 출력율 ON/OFF
USER 설정 Parameter	다단 설정	최대 20단(0~19) 설정가능
	설정치 <Data>	SMPS의 H/S CNT로 Pulse를 입력 하여 Counter를 하게 될 설정치 (Counter수)
	<SET>	출력이 되는 값 (P01 Card ON할 수 있는 값)
	<Reset>	설정치에 따른 P01 Card에서 OFF 할 수 있는 값

4) 기종에 따른 출력영역

기 종	출력영역	비 고
K10 시리즈	L310~L317	
K30 시리즈	M630~M637	
K50 시리즈	M630~M637 P010~P017	
K200 시리즈	L310~L317 P010~P017	혼합입력 Card사용불가

주의) P01 Card가 출력(16점) Card가 사용안할시에는 출력 영역은 L310~L317로서 사용함

PROGRAM 예

1) K50H SMPS 단자대 접속

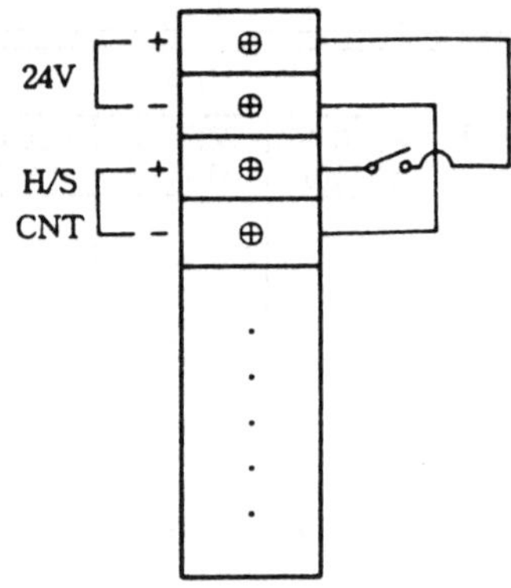

그림과 같이 배선을 한후 Switch 조작에 의해 K50H CPU는 Pulse 입력을 Counter 하여서 M636~M637, P01 Card에 사용자께서 입력한 Parameter에 의해서 출력을 합니다.

2) 프로그램 예

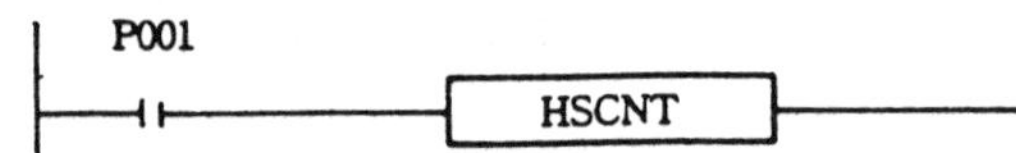

• Parameter 설정

단	설정치 <Data>	<SET>		<Reset>	
0	30	1111	0000	0000	0000
1	50	0000	1111	1111	0000
2	80	1010	0000	0000	1111
3	120	0101	0101	1010	0000

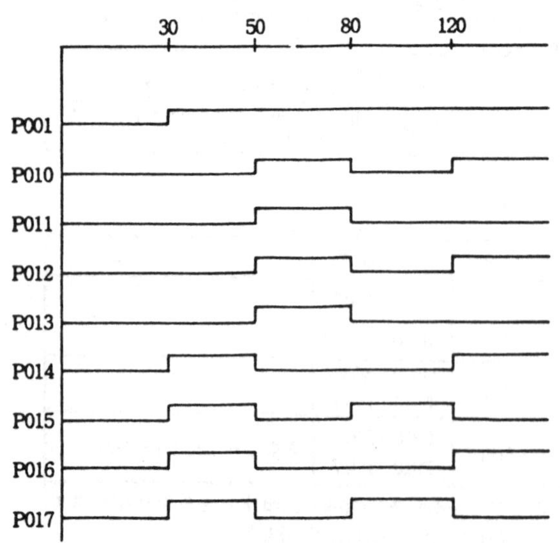

스텝	키 조작				
0000	LOAD	P	0	0	1	ENT
0001	FUN	2	1	0	ENT

• Parameter 설정

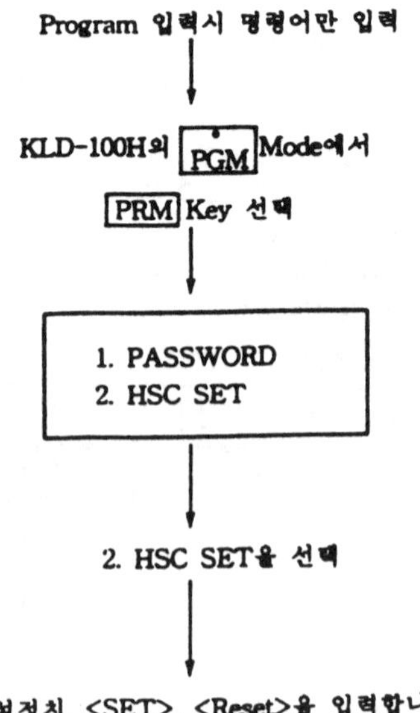

4장 프로그래머의 조작방법

1. 개 요

1-1 특징

HANDY LOADER KLD-100H는 MASTER-K Series 프로그래머블 콘트롤러의 공용 프로그램 장치로서 PROGRAM의 편집기능 외에도 MONITOR, 특수 FUNCTION기능, PGM, PAUSE, RUN, DEBUG설정등 다양한 기능을 갖춘 기기 입니다.

1) 4가지의 MODE 동작   ①. PROGRAM MODE
                                   ②. RUN MODE
                                   ③. DEBUG MODE
                                   ④. PAUSE MODE

2) MONITOR

3) EPROM WRITER 기능   ①. EPROM의 읽기
                                    ②. EPROM의 쓰기
                                    ③. EPROM의 소거확인
                                    ④. EPROM의 비교

4) LCD의 야광표시 및 휘도조절 VOLUME에 의한 표시각도 조정가능합니다.

5) 손잡이 겸용 받침대가 있어서 경사를 만들어 PROGRAM을 하거나 휴대시 손잡이 또는 걸수 있도록 하였습니다.

1-2 사용시 주의사항

1) MK Series와의 연결방법

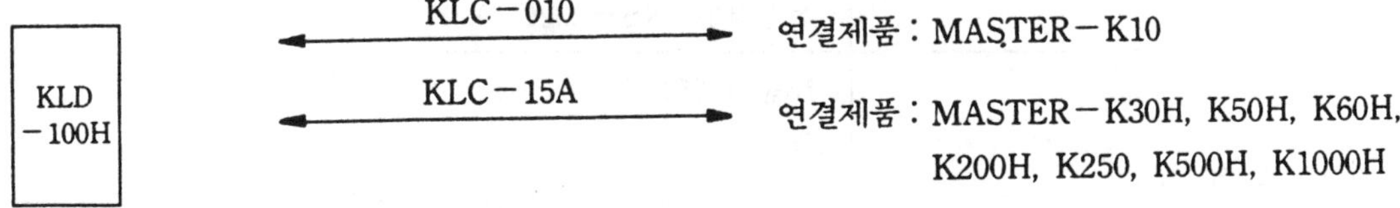

2) KLD-400을 이용한 사용자 프로그램 back-up 방법

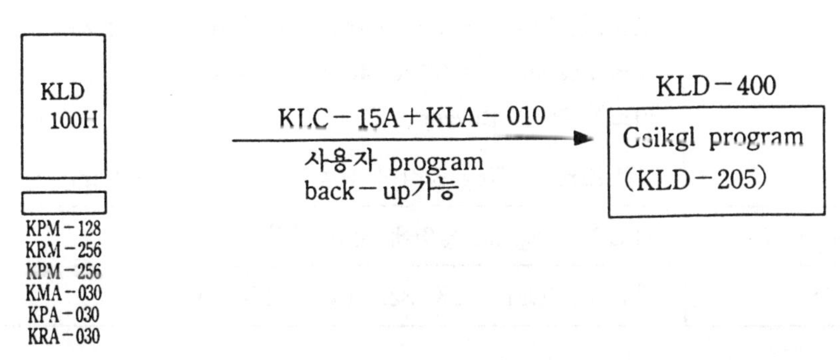

2. 사 양

2-1 일반 사양

항 목	사 양
보 존 온 도 범 위	$-10℃\sim50℃$
사 용 온 도 범 위	$0℃\sim40℃$
주 위 습 도 범 위	85% RH 이하 (이슬없을 것)
주 변 환 경	부식성 GAS 없을 것
외 형 치 수	$95\times200\times35$ [mm]
중 량	420g
냉 각 방 식	공냉 (자냉)

2-2 성능 사양

항 목	사 양
적 용 PLC	Master－K 시리즈 공용
전 원	접속 PLC에 의해 공급 DC 5V 0.8A
PLC와의 접속 방법	연결 Cable에 의해 접속 통신방법 : RS－232C, 9.6K baud
화 면 표 시	16문자 2행DOT Matrix LCD 화면휘도 조정가능 LCD조명공급 : 키 조작에 의해 ON/OFF가능하며 마지막 Key조작후 약 10분후 자동 OFF
Keyboard	Mode를 나타내는 LED부착된 3개의 Mode 선택 Key 소형 Loader를 조작하는 48개의 조작 Key 키조작 확인 : Buzzer ①Error및 Key 조작시 작동 ②ON/OFF Control 가능
Program 입력방법 ON－LINE	PLC의 Program 영역에 직접 입력
보 완	적용 EPROM : 16K, 32K Byte EPROM

2-3 Loader 각 부분 명칭 및 설명

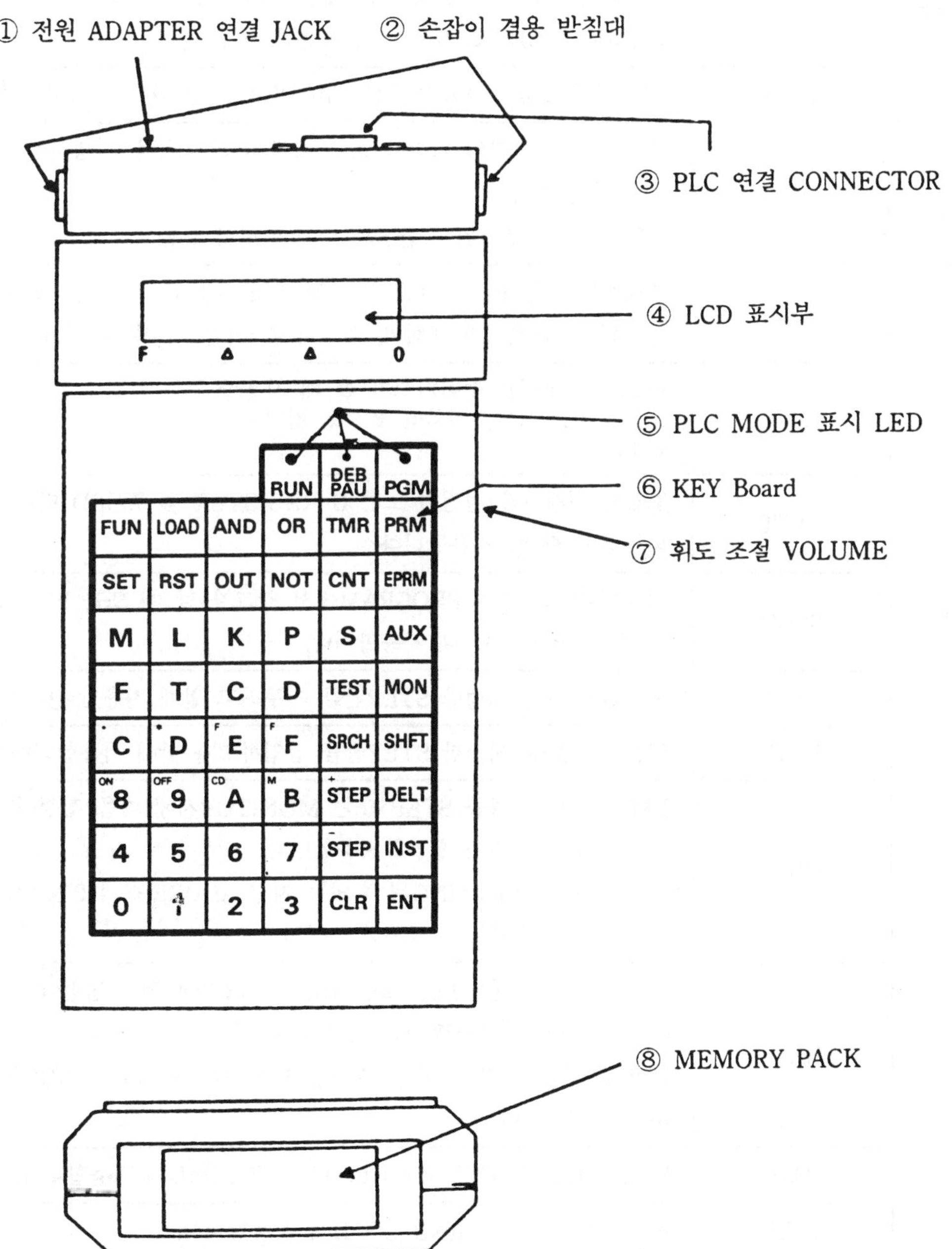

KEY board Loader를 조작하는 명령을 입력하는 KEY board

KEY 기능	명 칭	용 도
MODE KEY	RUN	PLC의 MODE를 RUN MODE로 바꿀 때에 사용합니다.
	DEB · PAU	RUN MODE에서 PAUSE MODE로 바꾸거나 PROGRAM MODE에서 DEBUG MODE로 바꿀 때에 사용합니다.
	PGM	PLC의 MODE를 PROGRAM MODE로 바꿀 때에 사용합니다.
이중 기능 선택 KEY	SHFT	한 KEY에 2가지의 기능이 있을 때에 다른 기능을 실행시키려고 할 때 사용합니다. 이 KEY의 유효범위는 한번의 실행에 한합니다.
실행 KEY	ENT	PROGRAM을 PLC의 PROGRAM AREA에 입력시킬 때 또는 DATA 영역의 값(D,T/C의 현재치, 설정치)를 바꿀 때 사용합니다. (ENTER)
	CLR	바로전의 상태로 돌아가고자 할 때 사용합니다. SHFT+CLR는 초기화면 표시로 됩니다. (CLEAR)
	TEST	T/C의 현재치와 설정치 또는 D REGISTER 및 WORD 단위로 값을 바꾸려고 할 때 사용합니다.
	SRCH	명령어나 접점등을 PROGRAM에서 찾고자 할 때 또는 PROGRAM 의 끝을 찾고자 할 때 사용합니다.
	DELT	PROGRAM을 지정한 STEP만큼 지우려고 할때 사용합니다.(DELETE)
	INST	PROGRAM을 지정한 STEP만큼 삽입하고자 할때 사용합니다.(INSERT)
	STEP +	PROGRAM의 다음 STEP 또는 MONITOR시에 다음 접점이나 다음 CARD 등을 보고자 할 때 사용합니다. ADDRESS가 SETTING된 후에는 지정 ADDRESS의 PROGRAM을 읽어 표시합니다.
	STEP −	PROGRAM의 전 STEP 또는 MONITOR시에 전의 접점이나 전의 CARD 등을 보고자 할 때 사용합니다. ADDRESS가 SETTING된 후에는 지정 ADDRESS의 PROGRAM을 읽어 표시합니다.
명령어 KEY	LOAD	LOAD, LOAD NOT, AND LOAD, OR LOAD때 사용합니다.
	AND	AND, AND NOT, AND LOAD때 사용합니다.
	OR	OR, OR NOT, OR LOAD때 사용합니다.
	NOT	LOAD NOT, AND NOT, OR NOT, NOT때 사용합니다.

KEY 기능	명 칭	용　　　　　　　　　　도
명령어 KEY	OUT	OUT
	SET	SET
	RST	RST (RESET)
	FUN	기본 명령 이외의 응용 명령을 사용할 때.
	TMR	TON, TOFF, TMR, TMON, TRTG를 사용할 때. (TIMER)
	CNT.	CTU, CTD, CTUD, CTR을 사용할 때. (COUNTER)
영역 KEY	P	입출력 접점 또는 WORD
	M	보조 접점 또는 WORD
	K	정전유지 접점 또는 WORD
	L	LINK용 접점 또는 WORD
	T	TIMER
	C	COUNTER
	F	특수 접점
	S	STEP CONTROLLER용 접점
	D	DATA REGISTER
숫자 KEY	0~9 A~F	ADDRESS, 입출력 번호, DATA REGISTER 번호등의 숫자를 입력할 때 사용합니다.
기타 KEY	PRM	PARAMETER를 입력할 때 사용합니다.
	EPRM	USER PROGRAM을 RD/WR시킬 때 사용합니다.
	ON (8)	강제 ON시킬 때 사용합니다.
	OFF (9)	강제 OFF시킬 때 사용합니다.
	CD (A)	P, L, M, K, F, S의 WORD 지정합니다.
	H (B)	16진수를 입력할 때 사용합니다. (HEXA)
	• (C)	STEP CONTROLLER의 S사용시 사용합니다.
	# (D)	DATA REGISTER의 간접지정시 사용합니다.
	F+ (E)	응용명령의 FUNCTION NUMBER를 증가시킵니다.
	F- (F)	응용명령의 FUNCTION NUMBER를 감소시킵니다.

2-4 Mode 설명

MASTER－K Series 콘트롤러의 프로그램 주변기기(KLD－100H)로서 사용하는 방법은 다음과 같은 Mode에서 동작합니다.

① Program   Mode   ([PGM])

② Run   Mode   ([RUN])

③ Debug   Mode   ([DEB · PAU])

④ Pausw   Mode   ([DEB · PAU])

1) MODE 선택

KLD100H의 각 MODE를 아래와 같이 선택할 수 있으며 각 Mode선택시에는 Mode에 따른 LED가 점등합니다.

Mode	MODE KEY 조작	L E D
PGM 〈Program Mode〉	R U N ⇄ P G M	PGM LED
RUN 〈Run Mode〉	(RUN↕PAU, PGM↕DEBUG, PAU→PGM 화살표)	RUN LED
DEB 〈Debug Mode〉	P A U DEBUG	PGM＋PAU
PAU 〈Pause Mode〉	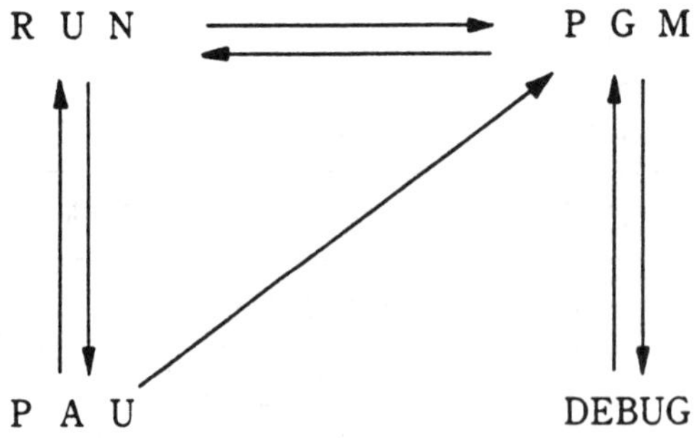 ① 화살표 방향만 가능합니다. ② PGM → RUN 전환할 때 Error가 있으면 Error를 DISPLAY 합니다.	PUN＋PAU

2) Mode 설명

적용기종	MODE	기　　　　　능	비　고
KLD-100H Handy Loader	RUN / PAUSE	• Program 읽기 • 접점 Card Timer/Counter 　설정치 및 현재치 Monitor • 접점 강조 ON/OFF Card값 　및 Timer/counter현재치 변경 • 명령어 및 operand 찾기 • Step Monitor • Scan Time 측정	
	PGM R/PAUSE DEBUG	• EPROM Writer 기능 • EPROM Read 　　　Write 　　　check (Erase check) 　　　Verify	
	PGM RUN PAUSE	• Power ON • Mode change • Password 등록 • Password 등록및 change	
	PGM	• Program 입력, 삽입, 삭제 • 접점 card, STEP 모니터 • 접점 강제 ON/OFF, card 값 및 Timer counter 　현재치 변경 • 명령어 및 operand 찾기 • Program clear 및 clear • operand 일괄 변경 • Parameter 설정 및 clear • I/O Table 설정 • I/O Table monitor • Latch Area 설정 • 고속 counter 설정	
	DEBUG	• Trace Run　　(1 Step씩 실행) • Step Break Run 　(지정된 Step에서 멈춤) • Scan Break Run 　(지정한 Scan 만큼 실행후 멈춤) • Value Break Run • (특정접점 및 card가 지정한 값이 될때 멈춤)	

3. KEY 조작

3-1 POWER ON(ON LINE)

MODE 선택 및 설명				주　　의

RUN/PAU	PGM	DEB	MASTER-K Series의 CPU에
○	○	○	KLD-100H가 연결된 경우입니다.

1) Password를 지정하지 않은 것은 Password를 "0000"로 입력하였다는 것을 의미합니다. .
2) MASTER-K Series에서 "ERROR"가 있는 경우 Password입력 대기상태 화면표시 전에 "ERROR 사항 및 조치" 및 "SYSTEM ERROR" 등의 Message를 표시합니다.

LOADER 표시	KEY 조작	설　　　명

LOADER 표시:

```
H A N D Y   L O A D E R
X X / X X / X X   V E R   X . X
```

- MASTER-K Series의 CPU에 KLD-100이 연결된 경우 1초 정도 화면 표시합니다.
- 〈"X" 표시는 제품의 O/S Version 변경 년. 월. 일. 과 Version NO. 입니다.〉

```
1 . P R O G R A M M E R
2 . E P R O M   W R I T E R
```

KEY 조작: [1]

- [1]키는 MASTER-K Series CPU의 현재 MODE 들어 갑니다.
  [2]키는 KLD-400과 연결했을 때 사용가능한 EPROM WRITER기능 입니다.

```
*   S e l f - t e s t i n g   *
*   P l e a s e   w a i t !   *
```

- MASTER-K Series와 KLD-100H 상호간에 통신 TEST 중인것을 표시합니다.

```
* K 5 0       V E R   X . X *
* P A S S W O R D :   - - - - *
```

→Password가 등록이 안된 경우에는 표시가 되지 않습니다.

- 통신 TEST에 이상이 없으며 Password가 등록된 경우에는 비밀번호 입력 대기상태 화면이 표시됩니다. 〈MASTER-K TYPE이 표시〉

```
* K 5 0       V E R   X . X *
# #   P R O G R A M     # #
```

- MASTER-K Series와 KLD-100H 상호간의 통신 수행에 이상이 없음을 표시합니다.
- MASTER-K Series CPU의 현재 선택되어 있는 MODE를 표시합니다. 〈RUN/PAU, PGM, DEB 중 CPU의 현재 상태를 표시〉

KEY 조작: [CLR]

```
0 0 0 0
```

- KLD-100H KEY를 사용하여 필요한 운용을 합니다.

3-2 MODE 변경

KLD-100H는 다음과 같은 MODE KEY 조작에 의해 Master-K Series를 제어합니다.

1) MODE KEY 설명

LOADER 표시	KEY 조작	설　　　　명
## P R O G R A M ## M O D E	PGM	PGM 키는 PLC의 MODE를 PROGRAM MODE로 전환 할때 사용합니다.
## R U N ## M O D E	RUN	RUN 키는 PLC의 MODE를 RUN MODE로 전환할때 사용합니다.
## P A U S E ## M O D E	DEB ○ PAU	
## P R O G R A M ## M O D E	PGM	
## D E B U G ## M O D E	DEB ○ PAU	DEB ○ PAU 키는 RUN MODE에서 PAUSE MODE로 전환, 또는 PROGRAM MODE에서 DEBUG MODE로 전환 할때 사용합니다.

2) MODE KEY 조작

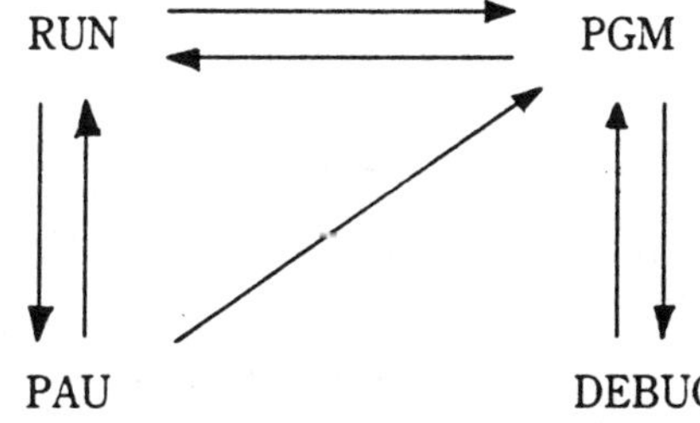

①화살표 방향만 가능합니다.
②PGM→RUN 전환할때 Error가 있으면 Error를 표시 합니다.

3-3 PASSWORD 등록

<table>
<tr><td colspan="2">MODE 선택 및 용도</td><td colspan="2">주 의</td></tr>
<tr>
<td>

RUN/PAU	PGM	DEB
○	○	×

Password를 등록하여 사용하시는 분 이외에는 CPU를 제어하지 못 하도록 하는 기능입니다.
</td>
<td colspan="2">

1) 비밀번호를 이용 사용자프로그램의 모니터 수정을 하지 못하도록 할 경우입니다.

2) K500H/1000H에서는 PGM Mode에서만 Password 등록 이 가능합니다.
</td>
</tr>
</table>

LOADER 표시	KEY 조작	설 명
`0 0 0 0` `LOAD NOT        M 0 0 0`		• Password 등록 Function MENU • Master-K Series 기종별로 [PRM] Key 조작에 의해 메뉴가 표시되며 "Password" 항목을 선택합니다.
`1 . P A S S W O R D` `2 . H S C   S E T`	[PRM]	
`P A S S W O R D` `N E W        : - - - -`	[1]	• 새로운 Password 입력을 기다리는 표시,(1) 번 참조)
`P A S S W O R D` `N E W        : ㅋ ㅋ ㅋ ㅋ`	[1][1][1][1]	• 새로운 Password 입력
`P A S S W O R D` `V E R I F Y  : ㅋ ㅋ ㅋ ㅋ`	[1][1][1][1]	• 새로운 Password 입력한 것과 비교 입력
`1 . P A S S W O R D` `2 . H S C   S E T`		• Password 입력 완료표시
`* K 5 0   V E R   1 . 1 *` `* P A S S W O R D : - - - - *`	• Password 등록 후 전원 재투입 시 Password 입 력 대기 상태 표 시	• Password 등록된 경우 CPU에 전원을 재투입하면 Password 입력을 기다리는 상황이 표시됩니다.
`* K 5 0   V E R   1 . 1 *` `* P A S S W O R D : ㅋ ㅋ ㅋ ㅋ *`	[1][1][1][1]	• 등록된 Password를 입력합니다.
`# # P R O G R A M # #` `M O D E`		• Password를 올바르게 입력 했을때 해당 MODE로 전환합니다.

1) K30H, 50H TYPE은 PLC Parameter에서 1번 항목을 K10, 60H, 200H TYPE은 3번, K250, 500H, 1000H TYPE는 5번 항목을 실행합니다. 등록 및 해제, Change 방법은 K50H과 동일합니다.

[PRM] ⟶ `P L C . P A R A M E T E R`
`5 . P A S S W O R D`

[ENT] or [↑STEP] KEY를 이용합니다.

3-4 PASSWORD 변경 및 해제

<table>
<tr><td colspan="2">MODE 선택 및 용도</td><td colspan="2">주   의</td></tr>
</table>

RUN/PAU	PGM	DEB
○	○	×

Password를 변경시킬 경우와 Password기능을 이용하지 않을 경우에 사용합니다.

"ɔɔɔɔ"는 입력되는 비밀번호를 외부에 보이지 않게 비밀번호를 대신하는 표시입니다.

1) K500H/1000H에서는 PGM Mode에서만 가능합니다.

LOADER 표시	KEY 조작	설 명

```
0 0 0 0
L O A D   N O T       M 0 0 0
```

PRM

• Password 등록 Function MENU

```
1 . P A S S W O R D
2 . H S C   S E T
```

1

• 기존의 입력된 Password 입력을 기다리는 표시

• 기존 Password를 "1111"로 설정한 경우

```
P A S S W O R D
    O L D       :   – – – –
```

1 1 1 1

• 기존의 입력된 Password 입력합니다.

```
P A S S W O R D
    O L D       :   ɔ ɔ ɔ ɔ
```

• 변경시킬 Password 입력을 기다리는 표시입니다.

• "0000" 입력하면 Password 기능을 사용하지 않는 것이 됩니다.

```
P A S S W O R D
    N E W       :   – – – –
```

1 2 3 4

• 변경시킬 Password를 입력합니다.

```
P A S S W O R D
    N E W       :   ɔ ɔ ɔ ɔ
```

• 변경시킬 Password를 비교 확인하는 입력을 기다리는 표시입니다.
• 입력시킨 Password를 입력합니다.

```
P A S S W O R D
    V E R I F Y   :   – – – –
```

1 2 3 4

• 변경시킬 Password를 입력하여 "NEW : ……"에서 입력한 것과 같은가를 비교합니다.

```
P A S S W O R D
    V E R I F Y   :   ɔ ɔ ɔ ɔ
```

• Password를 변경완료

```
1 . P A S S W O R D
2 . H S C   S E T
```

3-5 PROGRAM 입력 및 수정

MODE 설정 및 용도		
RUN/PAU	PGM	DEB
×	○	×

PROGRAM을 입력, 수정 할때에 사용합니다.

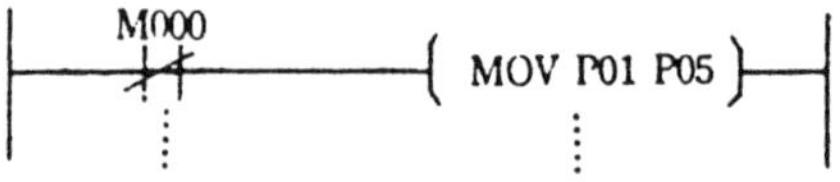

프 로 그 램

```
      M000
├──┤/├──────────( MOV P01 P05 )──┤
      ⋮                    ⋮
```

LOADER 표시	KEY 조작	설 명

LOADER 표시:

```
* K 5 0     V E R   X X *
# #   P R O G R A M   # #
```

KEY 조작: PGM

- PROGRAM을 PGM MODE에서 입력이 가능하다는 화면 표시입니다.
- "X.X"는 제품의 O/S Version NO. 표시입니다.

KEY 조작: CLR

LOADER 표시:

```
0 0 0 0
```

- CLR KEY에 의해 명령어 입력을 기다리는 화면표시

KEY 조작: LOAD NOT   M 0 0 0

LOADER 표시:

```
0 0 0 0
L O A D   N O T       M 0 0 0
```

- PROGRAM 입력
- 명령어와 접점 입력합니다.

KEY 조작: ENT

LOADER 표시:

```
0 0 0 1
F U N ( 0 0 0 )           N O P
```

- "0000 STEP" 입력후 ENT KEY에 의해 명령어가 입력되고 다음 명령어 입력을 기다리는 화면 표시입니다.

KEY 조작: FUN   0 8 0

LOADER 표시:

```
0 0 0 1
F U N ( 0 8 0 )           M O V
```

- " 0 8 0 "입력에 의해 MOV명령어가 ENT KEY에 의해 입력됩니다.
- 응용명령어 입력은 해당 명령어의 FUN 번호를 입력하면 됩니다.

KEY 조작: ENT

LOADER 표시	KEY 조작	설　　　　　명
`0 0 0 2` ⋯⋯ `M O V` `< 1 >` ⋯⋯		• 전송 입력을 기다리는 화면표시
	`P` `0` `1`	
`0 0 2 2` ⋯⋯ `M O V` `< 1 >` ⋯⋯ `P O 1`		• "P01" 입력
	`ENT`	
`0 0 0 4` ⋯⋯ `M O V` `< 2 >` ⋯⋯		• 입력을 기다리는 화면표시
	`P` `0` `5`	
`0 0 0 4` ⋯⋯ `< 2 >` ⋯⋯ `P 0 5`		• "P05" 입력
	`ENT`	
`0 0 0 6` ⋯⋯ `F U N ( 0 0 0 )` ⋯⋯ `N O P`		• "0006 STEP"의 명령어 입력을 기다리는 화면표시

• PROGRAM 수정은 `PGM` MODE에서 수행하며 " `STEP` , `STEP` , `SRCH` " KEY를 이용하여 수정하고자 하는 명령어, STEP, Word No, Byte No, Data를 찾아 수정합니다.

3-6 STEP 찾기 및 PROGRAM 읽기

<table>
<tr><td colspan="3" align="center">MODE 선택 및 설명</td><td align="center">주　　　의</td></tr>
<tr><td>RUN/PAU</td><td>PGM</td><td>DEB</td><td rowspan="2">PROGRAM 읽기 또는 STEP 번호의 PROGRAM을 Monitor하기 위하여 원하는 STEP을 찾아갈 때 사용합니다.</td><td rowspan="2">"PGM"에서 PROGRAM 읽기 원하는 STEP 번호의 PROG-RAM의 내용을 수정, 확인 또는 "RUN"에서 Monitor등을 할 수 있습니다.</td></tr>
<tr><td>○</td><td>○</td><td>×</td></tr>
</table>

LOADER 표시	KEY 조작	설　　　명
`1234` / `LOAD NOT M010`		• 화면 표시상태에 관계없이 STEP을 찾아가려는 경우입니다. • *주1)
`0000`	SHIFT CLR	• SHIFT CLR KEY 조작에 의해 "0000" STEP으로 설정됩니다. • *주2)
`0135`	0 1 3 5	• PROGRAM READ, STEP 번호의 PROGRAM을 Monitor하기 위하여 찾아가고자 하는 STEP 번호를 설정한 화면 표시입니다.
`0135` / `AND M001`	+ STEP	• PGM MODE에서 PROGRAM 읽어낸 화면 표시입니다. • RUN MODE에서는 접점 ON/OFF가 표시됩니다.
`0134` / `LOAD NOT M000`	− STEP	• + STEP KEY 조작에 의해 현재 표시된 STEP에서 +1증가 − STEP KEY 조작에 의해 현재 표시된 STEP에서 −1감소
`0136` / `OUT P000`	+ STEP	• "0135 STEP"에서 + STEP KEY 조작에 의해 표시된 경우입니다.
`0136` / `OUT`	CLR	• "P000"가 CLEAR 됩니다.
`0136`	CLR	• 명령어 "OUT"이 CLEAR 됩니다.
`0000`	CLR	• "0000" STEP으로 설정됩니다. • PROGRAM READ, STEP Monitor를 하기 위하여 STEP 번호를 설정할 수 있습니다.

3-7 PROGRAM 예

주1) DEBUG MODE에서는 " SHIFT CLR " KEY를 누르면 DEBUG MODE 실행 선택 화면이 표시됩니다.

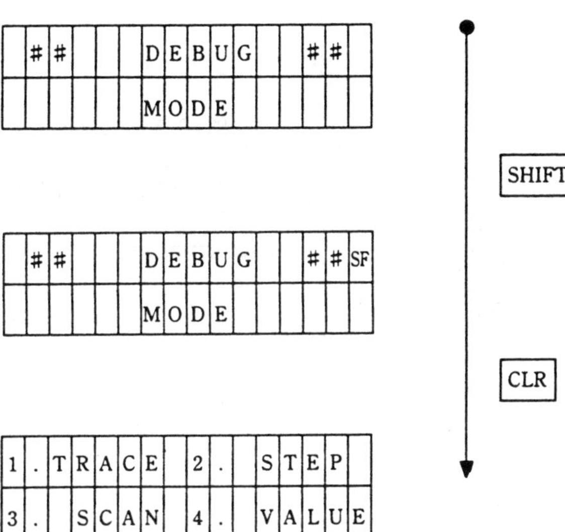

주2) 숫자 KEY 입력에 의해 입력된 값이 STEP이 MASTER-K Series의 TYPE별 최대 STEP번호 보다 크게 될 수 있습니다.
이때는 " ENT " KEY의 입력이 불가능합니다.

<u>참   고</u>

1) STEP을 READ한 후에 명령어를 수정하지 않은 상태에서 " STEP STEP "을 누르면 다음 STEP을 READ합니다.

2) 명령어를 수정하고 " STEP STEP "을 누르면 현재 표시되어 있는 STEP을 READ합니다.

3) " STEP STEP "에 의한 STEP의 증감은 명령어 따라 다음과 같습니다.
 • 일반명령(Device "S" 제외), 응용명령어 STEP~1STEP 점유
 • 일반명령(Device "S" 실행), 응용명령어 Single Device~2STEP 점유
 • 응용명령어 배장 점수가 Device인 경우 (Decimal, Hexa Decimal)~4STEP 점유

 예) DMOV M00 P00   DMOV 510 D000

    1STEP+2STEP+2STEP=5STEP 점유   1STEP+4STEP+2STEP=7STEP 점유

 • K50H TYPE에서 ASC, SEG, BMOV 등에서 Contral Word로서 사용된 배상 숫자는 배장 Size이지만 STEP은 2STEP입니다.

LOADER 표시	KEY 조작	설　　　명
0007　　　　　MOV 〈　3　〉　　　P03	P 0 3	
0009 LOAD　　　P001	INST	• "0009 STEP"부터 10개의 NOP을 삽입할 경우 • 0009 STEP〜0018STEP에 NOP PROGRAM 삽입됩니다. 〈N개의 STEP 삽입〉
0009　　　　　SF	CLR　CLR SHFT	
0009　　　　0010	0 0 1 0	• "0009 STEP〜0018 STEP"까지 NOP으로 삽입됩니다.
0009 FUN(000)　NOP	INST	

주　의

1) INST KEY 대신에 ENT KEY를 누르면 현 STEP에 내용이 지워지고 그 자리에 새로 삽입하려던 내용이 입력됩니다.

2) 응용 명령의 경우에는 해당 응용명령어의 STEP수만큼 삽입됩니다.

3) 응용명령의 경우에는 마지막 Device 설정 입력 STEP에는 ENT KEY 대신 INST KEY를 사용

4) INST KEY 입력시에는 STEP옆에 "i"자가 잠시 표시되었다가 사라집니다. 또한, Buzzer도 2번 울립니다. (INST KEY 입력 시 1번 수행후에 1번 울립니다.)

0001i	
OR	M010

3-8 PROGRAM 삽입

MODE 선택 및 용도

RUN/PAU	PGM	DEB
×	○	×

PROGRAM이 입력된 상태에서 현재 STEP에 1개의 명령이나, N개의 "NOP"을 끼워 넣는 기능입니다.

프 로 그 램

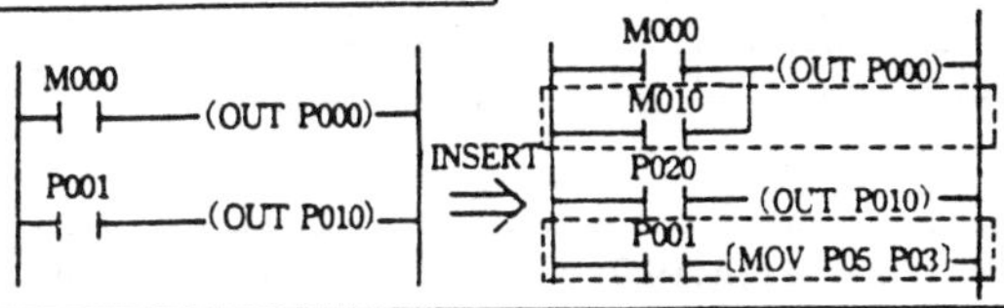

LOADER 표시	KEY 조작	설 명
0001 OUT P000	OR M 0 1 0	• 삽입을 원하는 STEP에 명령어를 입력 INST KEY를 사용합니다. • "0001 STEP"에 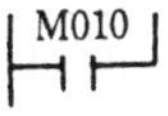 M010 삽입
0001 OR M010	INST	
0002 OUT P000	ENT LOAD P 0 2 0	• "0001 STEP"의 OUT P000 명령이 "0002 STEP"으로 1STEP 증가됩니다. "0003 STEP"에 • 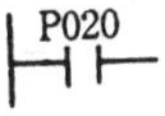 P020 삽입
0003 LOAD P020	ENT	• "0003 STEP"의 OUT P010 명령이 "0004 STEP"으로 1step 증가됩니다.
0004 OUT P010	LOAD P 0 0 1 INST	
0004 LOAD P001	FUN 0 8 0	• 응용명령어 삽입 • "0004 STEP"에
0006 FUN(080) MOV	INST	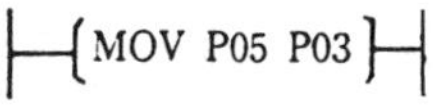 MOV P05 P03 삽입
0006 〈 1 〉 P05	P 0 5 INST	

3-9 PROGRAM DELETE

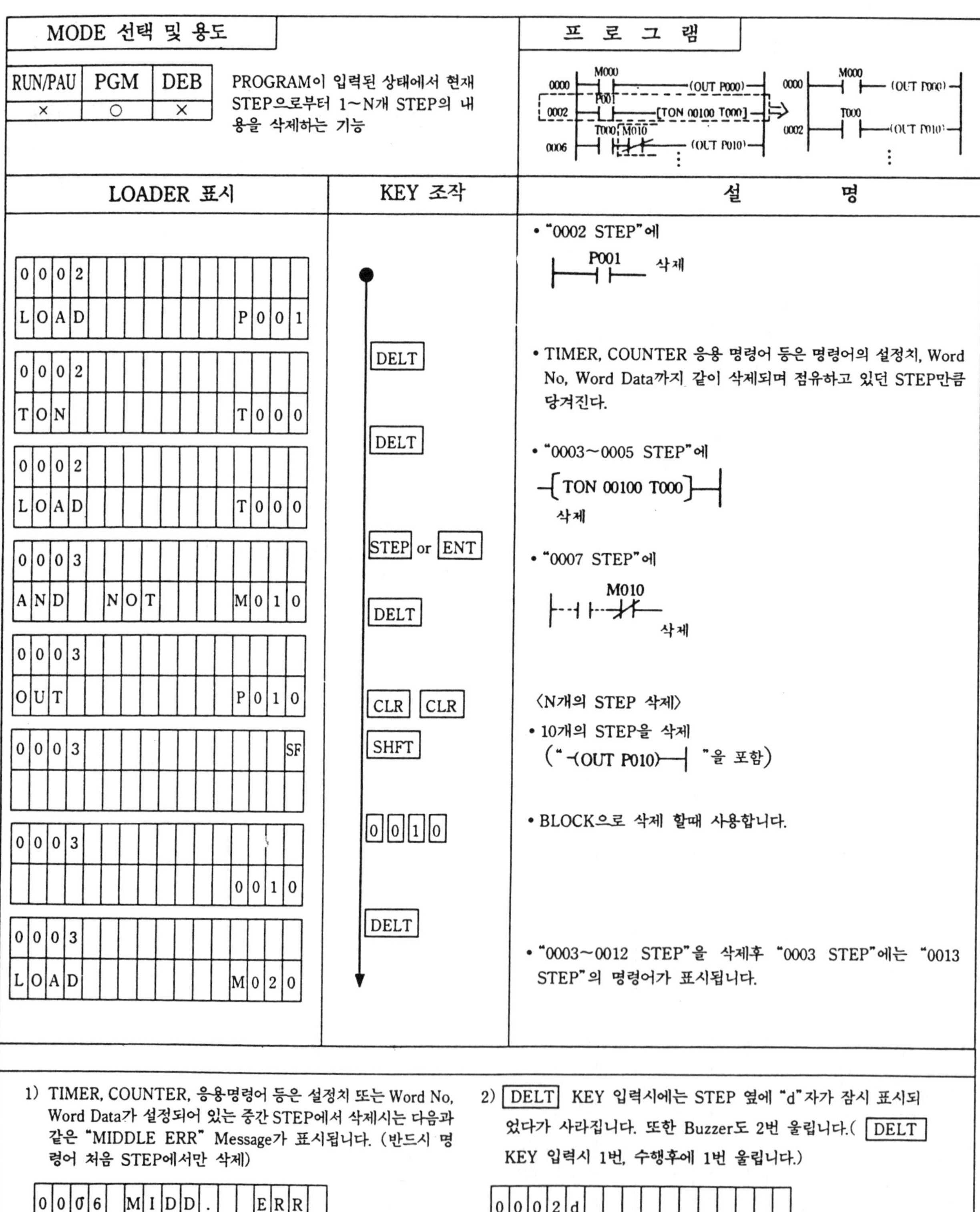

3-10 접점 검색(bit No. Search)

<table>
<tr><td colspan="3">MODE 선택 및 설명</td><td>주　　　의</td></tr>
<tr><td>RUN/PAU</td><td>PGM</td><td>DEB</td><td rowspan="2">명령어 사용 STEP을 찾을 경우는 원하는 명령어를 입력하고
 SRCH KEY 조작을 합니다.</td></tr>
<tr><td>○</td><td>○</td><td>×</td></tr>
</table>

확인 수정 등을 위하여 접점, Timer, Counter 등의 STEP 위치를 찾을 경우에 사용합니다.

LOADER 표시	KEY 조작	설　　　　명
(0 0 0 4)		• 현재 표시된 STEP부터 입력된 bit No.를 찾습니다.
(0 0 0 4 ... P 0 0 0)	P 0 0 0	• 찾으려는 bit No를 입력합니다.
(0 0 2 1 / OUT ... P 0 0 0)	SRCH	• bit No가 사용된 STEP을 화면표시합니다.
(0 0 5 0 / OUT ... P 0 0 0)	SRCH	• SRCH KEY 조작에 의해 사용되어진 STEP을 계속해서 찾아 화면 표시합니다.
(0 1 1 0 / OUT ... P 0 0 0)	SRCH	
(0 2 2 0 / OUT ... P 0 0 0)	SRCH	
(0 0 2 1 / OUT ... P 0 0 0)	SRCH	• bit No를 더이상 찾지못할 경우 처음 STEP부터 찾습니다.

주　　　의

1) Search하는 동안의 화면표시

0 0 0 4	S e a r c h i n g
	P 0 0 0

2) Search하려는 bit No가 없는 경우 ERROR 내용을 표시

1 2 3 4	N o t	F o u n d

3-11 Word 검색

<table>
<tr><td colspan="2">MODE 선택 및 용도</td><td>주　　　의</td></tr>
<tr>
<td>
<table>
<tr><th>RUN/PAU</th><th>PGM</th><th>DEB</th></tr>
<tr><td>○</td><td>○</td><td>×</td></tr>
</table>
</td>
<td>확인 수정 등을 위하여 명령어를 사용한 Step을 찾으려는 경우에 사용합니다.</td>
<td>CLR KEY는 표시화면을 Clear하는 기능입니다.</td>
</tr>
</table>

LOADER 표시	KEY 조작	설　　　　명
0 0 5 0 / cd	CLR CLR	• Word No.를 검색할 경우입니다.
	CD A	• cd는 Word No. 입력대기 표시입니다.
0 0 5 0 / cd P 0 3	P 0 3	• Word 번호를 입력합니다.
	SRCH	
0 1 2 3 　 D E C P / < 1 > 　 P 0 3		• SRCH KEY 조작에 의해 P03 Word No.가 사용된 명령어를 표시합니다.
0 1 2 3 / F U N (0 8 0) 　 M O V	CLR CLR / FUN 0 8 0	• 찾으려는 명령어를 입력합니다. • MOV 명령어를 찾는 경우 입니다.
0 1 5 7 / F U N (0 8 0) 　 M O V	SRCH	• SRCH KEY 조작에 의해 명령어가 사용된 STEP을 표시합니다.
0 1 5 8 　 M O V / < 1 > 　 0 4 5	STEP	• Word No.가 Decimal 값으로 사용된 STEP을 찾을 경우입니다. • Decimal 또는 Hex값을 찾는 경우입니다.
0 1 7 2 　 A D D / < 1 > 　 0 4 5	SRCH	• SRCH KEY 조작에 의해 "045" Decimal 값이 사용된 STEP을 표시합니다.
0 1 7 2 / F U N (0 0 1) 　 E N D	CLR CLR / FUN 0 0 1	• "END" 명령어가 사용된 STEP을 찾을 경우입니다.
1 5 2 0 / F U N (0 0 1) 　 E N D	SRCH	• SRCH KEY 조작에 의해 "END"명령어가 사용된 STEP을 표시합니다.

3-12 스텝 모니터

MODE 선택 및 설명				프 로 그 램

RUN/PAU	PGM	DEB	RUN MODE에서 PROGRAM을 STEP 단위로 Monitor할 경우에 사용합니다. 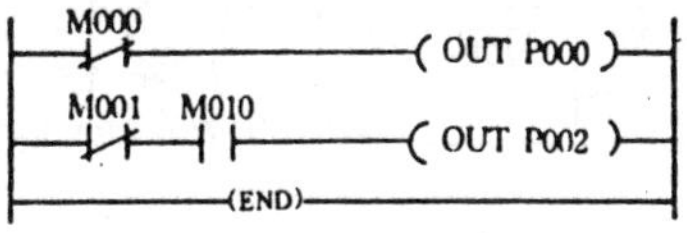
○	×	×	

프 로 그 램

```
     M000
    ──┤├──────────────( OUT P000 )──
     M001  M010
    ──┤/├──┤├─────────( OUT P002 )──
              ─────(END)─
```

LOADER 표시	KEY 조작	설 명

| 0 0 0 0 | ● |
| LOAD NOT | M000 |

- SHIFT CLR KEY 조작에 의해 "0000" STEP으로 설정됩니다.
  Monitor를 원하는 STEP을 입력합니다.

+STEP
+STEP

| 0 0 0 2 | ● |
| LOAD NOT | M001 |

- "●" 표시는 "LOAD NOT M001" 회로가 도통되고 있다는 의미이고
  "○" 표시는 회로가 도통되지 않고 있다는 의미입니다.

+ STEP

| 0 0 0 3 | ○ |
| AND NOT | M010 |

- "0012" STEP에 명령어와 Device접점 상태를 Monitor 할 수 있습니다.

+ STEP

| 0 0 0 4 | ○ |
| OUT | P002 |

- "0012 STEP"에서 1STEP 증가한 "0013 STEP"을 Monitor할 수 있습니다.

+ STEP

| 0 0 0 5 | |
| FUN (0 0 1) | END |

- "0013 Step"에서 ‾STEP KEY 조작에 의해 1STEP 감소한 "0012 STEP"을 Monitor할 수 있습니다.

3-13 접점 단위 MONITOR

<table>
<tr><td colspan="2" align="center">MODE 선택 및 용도</td><td colspan="2" align="center">프 로 그 램</td></tr>
</table>

RUN/PAU	PGM	DEB
○	×	×

PROGRAM 현재 STEP상에 사용된 접점의 상태와 원하는 접점을 최대 4개까지 동시 Monitor를 할 수 있습니다.

```
     M000
    ──┤├──────────────( OUT P000 )
     M001   M010
    ──┤/├────┤├───────( OUT P002 )
              ──────(END)──────
```

LOADER 표시	KEY 조작	설 명

LOADER 표시 / KEY 조작 / 설명:

- `○ PGM` — • PGM MODE에서의 명령어 입력표시

  표시: `0 0 0 2` / `L O A D   N O T      M 0 0 1`

- `○ RUN` — • RUN MODE에서 STEP 단위 Monitor

  표시: `0 0 0 2ㅤㅤㅤㅤㅤㅤㅤ●` / `L O A D   N O T      M 0 0 1`

- `CLR CLR` — • 다수의 접점단위 Monitor를 하기 위한 경우에 사용합니다.

  표시: `0 0 0 2`

- `M 0 0 0` / `MON` — • "M000 접점 Monitor
  • "●" 표시는 Monitor하는 접점이 ON되어 있다는 의미이고 "○" 표시는 Monitor하는 접점이 OFF되어 있다는 의미입니다.

  표시: `M 0 0 0   ○`

- `P 0 0 2` / `MON` — • M000, P000 접점 Monitor
  `MON` KEY 입력 때마다 Z자형으로 위치이동

  표시: `M 0 0 0   ○      P 0 0 2   ○`

- `M 0 0 1` / `MON` — • M000, P000, M001 접점Monitor

  표시: `M 0 0 0   ○` / `P 0 0 2   ○      M 0 0 1   ○`

- `M 0 1 0` / `MON` — • M000, P000, M001, M010 접점Monitor

  표시: `M 0 0 0   ○      P 0 0 2   ○` / `M 0 0 1   ○      M 0 1 0   ○`

- `P 0 0 2` / `MON` — • 4개 이상의 접점을 입력하면 좌측 상단의 접점은 사라집니다.

  표시: `P 0 0 0   ○      M 0 0 0   ○` / `M 0 1 0   ○      P 0 0 2   ○`

- `CLR CLR` / `CLR CLR` — • Monitor하던 접점을 지울때 사용합니다.

  표시: `0 0 0 2`

- `+ STEP` — • 현재 STEP 단위의 Monitor

  표시: `0 0 0 2ㅤㅤㅤㅤㅤㅤㅤ●` / `L O A D   N O T      M 0 0 1`

3-14 Word 단위 모니터

<table>
<tr><td colspan="2">MODE 선택 및 용도</td><td colspan="2">프 로 그 램</td></tr>
</table>

RUN/PAU	PGM	DEB	Word No. 단위의 BIT, Decimal, Hex 값으로 Monitor할 수 있습니다. Decimal, Hex값은 동시에 3개의 Word No.까지 Monitor가 가능합니다.
○	×	×	

프로그램:

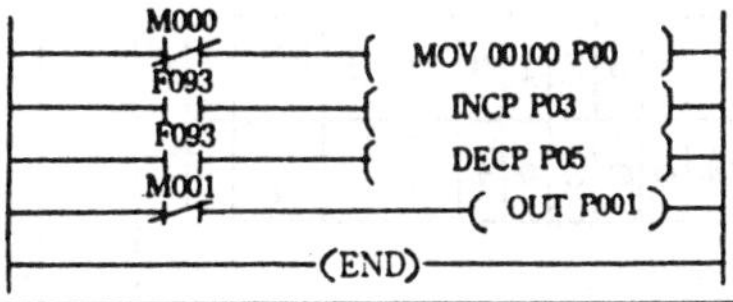

```
     M000 ─┤ ├───{ MOV 00100 P00 }
     F093 ─┤ ├───{   INCP P03    }
     F093 ─┤ ├───{   DECP P05    }
     M001 ─┤/├───(   OUT P001    )
              ─────〈END〉─────
```

LOADER 표시	KEY 조작	설　　　　명

LOADER 표시 / KEY 조작 / 설명

1.
```
0 0 0 0                    ●
L O A D   N O T       M 0 0 0
```
KEY: RUN
설명: • RUN MODE에서 Word No. 단위

2.
```
0 0 0 0
```
KEY: CLR CLR

3.
```
0 0 0 0
                    cd P 0 0
```
KEY: ᶜᴰA P 0 0
설명: • "P00" 입력

4.
```
                    P 0 0
                    h 6 4
```
KEY: MON
설명: • "P00" Monitor (Decimal Monitor 할 경우 ᴵᴵB KEY 누른다.)

5.
```
       P 0 0   P 0 3   P 0 5
       h 6 4   h B E   h 6 5
```
KEY: P 0 3 MON
     P 0 5 MON
설명: • P00, P03, P05동시 Monitor

KEY: SHFT MON

LOADER 표시	KEY 조작	설　　　　명

LOADER 표시:

7	6	5	4	3	2	1	0		P	0	5
○	○	●	●	○	○	●	●			.	

- "P05" Monitor

KEY 조작: $\overline{\text{STEP}}$

7	6	5	4	3	2	1	0		P	0	4
○	○	○	○	○	○	●	○				

- $\boxed{\overline{\text{STEP}}}$ KEY로 P04 CARD BIT Monitor

KEY 조작: CLR

P	0	0		P	0	3		P	0	4
h	6	4		h	4	D		h	0	2

KEY 조작: $\boxed{P}\,\boxed{0}\,\boxed{5}\,\boxed{\text{MON}}$

P	0	3		P	0	4		P	0	5
h	4	D		h	0	2		h	4	2

- P03, P04, P05 Word No.를 동시에 Monitor합니다.
- P00 Card는 좌측으로 Shift되어 기억됩니다.

KEY 조작: CLR

P	0	0		P	0	3		P	0	4
h	6	4		h	5	D		h	0	2

- P00, P03, P04 Word No.가 동시에 Monitor

KEY 조작: CLR CLR CLR, $\overline{\text{STEP}}$

- Word No. 단위 Monitor에서 STEP단위 Monitor복귀

0	0	0	0							●
L	O	A	D		N	O	T			M	0	0	0

주1) 동시 Monitor는 3개 Word No.가 가능하며 입력은 4개 CARD까지 됩니다.

　　즉, 1개는 기억하고 있다가 $\boxed{\text{CLR}}$ KEY 사용으로 다시 확인 가능합니다.

3-15 접점/Word 영역 강제 ON/OFF

<table>
<tr><td colspan="4">MODE 선택 및 용도</td><td colspan="2">프 로 그 램</td></tr>
</table>

RUN/PAU	PGM	DEB	접점, Word No. 단위의 접점을 강제
○	×	×	ON.OFF하는 경우에 사용합니다.

프 로 그 램

```
0000        M000        (OUT P000)
0002        M001        (OUT P001)
0004        M002        (OUT P002)
0005        M013
```

LOADER 표시	KEY 조작	설 명

LOADER 표시 / KEY 조작 / 설명

```
0 0 0 0
L O A D              M 0 0 0
```

`CLR` `CLR`

```
0 0 0 0
```

`M 0 0 0`
`MON`

```
                M 0 0 0   ○
```
• M000 접점 Monitor상태 입니다.

`ON 8`

```
                M 0 0 0   ●
```
• M000 접점 강제 ON을 합니다.

`P 0 0 0`
`MON`

```
M 0 0 0   ●   P 0 0 0   ○
```
• P000 접점 강제 OFF을 합니다.

`ON 8`

LOADER 표시	KEY 조작	설　　　명
M 0 0 0　●　　P 0 0 0　●		• P000 접점 강제 ON
	CLR CLR ᶜᴰA M 0 0	
M 0 0 h 0 1	MON	• Word 영역 현재의 Data Monitor
	SHFT MON	
7 6 5 4 3 2 1 0　M 0 0 ○○○○○○○●		• Word 영역이 bit단위로 Monitor • K30H, 50H이외는 16Bit가 Monitor됩니다. F E D C B A 9 8 7　　　M 0 0 ○○○○○○○○○○○○○○○●
	TEST	
7 6 5 4 3 2 1 0　M 0 0 ▨○○○○○○●		• Word 영역에서 접점을 강제 ON시키기 위한 상태 (ᴼᴺ8 KEY를 8회 누릅니다.) • "☐"점멸하면서 강제 ON/OFF 입력대기 표시합니다.
	ᴼᴺ 8 ENT	
7 6 5 4 3 2 1 0　M 0 0 ●●●●●●●●		• M00 Word 영역의 8개 접점을 강제 ON시킴.
	CLR	
M 0 0 h F F		• Word 영역 현재의 DATA Monitor

1) 접점을 강제로 ON/OFF했을 경우에도 PROGRAM 상에서 그 접점을 사용하면 접점의 상태가 바뀔수도 있습니다.

2) "F" 영역은 강제 ON/OFF할 수 없습니다.

3-16 Word의 현재치 변경

MODE 선택 및 용도				SEQUENCE

RUN/PAU	PGM	DEB	Word NO. Monitor 중에 원하는 Word NO.을 바꾸려고 할때 사용합 니다.
○	×	×	

SEQUENCE: 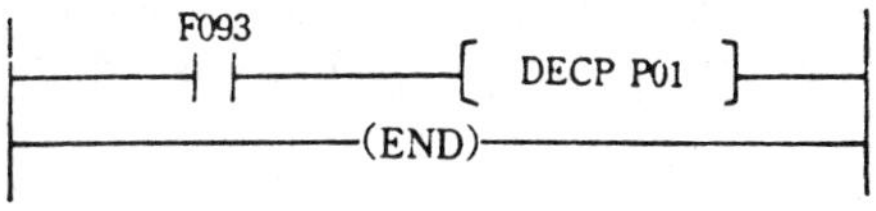
```
        F093
├───┤ ├──────────[ DECP P01 ]──┤
                  (END)
```

LOADER 표시	KEY 조작	설 명

- STEP Monitor 화면표시

(LOADER)
```
0 0 0 0                    ○
L O A D              F 0 9 3
```
KEY: CLR CLR

- KEY 입력을 기다리는 상태

```
0 0 0 0
```
KEY: ᶜᴰA P 0 1 / MON

```
                    P 0 1
                    h 3 7
```
KEY: TEST

```
                    P 0 1
                    ? ? ? ᴛ
```
KEY: "B A 9 / ENT

- P01 WORD는 DATA가 A9H로 바뀌면서 명령어를 수행
- K10, 60H, 200H, 250, 500H, 100H는 16Bit로 표시됩니다.

```
                    P 0 1
                    h A 9
```
KEY: SHFT MON

```
7 6 5 4 3 2 1 0    P 0 1
● ● ● ● ● ○ ● ●
```
KEY: TEST

- □ 표시는 [ON 8] [OFF 9] KEY가 입력되기를 기다리는 표시

```
7 6 5 4 3 2 1 0    P 0 1
▨ ● ● ● ○ ● ○ ○
```
KEY: ON 8 OFF 9 OFF 9 / OFF 9

- [ON 8] 또는 [OFF 9] KEY 입력에 의해 □표시가 우측으로 이동

```
7 6 5 4 3 2 1 0    P 0 1
● ○ ○ ○ ▨ ● ○ ○
```
KEY: ENT

- P01 WORD는 DATA가 84H로 바뀌면서 명령을 수행한다.

```
7 6 5 4 3 2 1 0    P 0 1
● ○ ○ ○ ○ ● ○ ○
```

3-17 TIMER, COUNTER 입력

MODE 선택 및 용도			SEQUENCE

RUN/PAU	PGM	DEB
×	○	×

1)TIMER, COUNTER 명령어를
입력 및 수정할 경우에 사용합니다.

LOADER 표시	KEY 조작	설　　　명

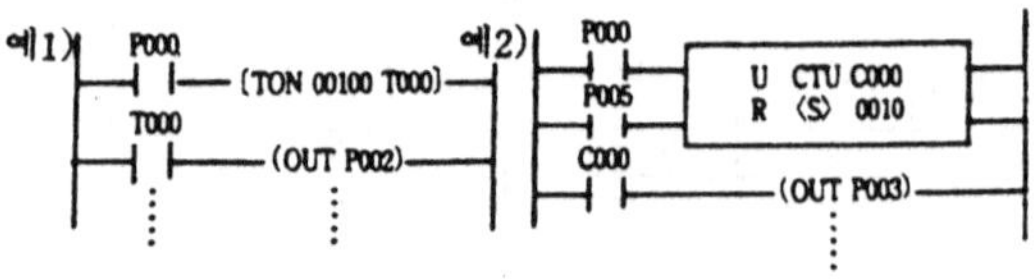

LOADER 표시

```
0 0 0 0 |
LOAD              P 0 0 0
```

```
0 0 0 1 |
TON               T 0 0 0
```

```
0 0 0 2 |
(DATA)
```

```
0 0 0 2 |
(DATA)            0 0 1 0 0
```

```
0 0 0 4 |
LOAD              T 0 0 0
```

```
0 0 0 5 |
OUT               P 0 0 2
```

KEY 조작

ENT
TMR T000
ENT
1 0 0
ENT
LOAD T000
ENT
OUT P000
ENT

설명

- LOAD P000 입력
- TON, CTU의 입력신호
- TMR KEY를 이용 원하는 TIMER 입력
- TMR KEY 1회 누르면 TON, 2회 누르면 TOFF, 3회 누르면 TMR, 4회 누르면 TMON, 5회 누르면 TRTG, 6회 누르면 다시 TON이 시작됩니다.
- TIMER 설정치 입력을 기다리는 화면표시
- TIMER 설정치 입력
- (TON 00100 T000)
- LOAD T000입력
- OUT P002 입력
- (OUT P002)

LOADER 표시	KEY 조작	설　　　명
0001 LOAD　　　　　P005	LOAD P005 CNT C000	• Counter Rest 신호 입력 　("0000 STEP"에 LOAD P000가 입력된 경우) • "0000 STEP"에 이어서 Counter 입력되는 순서를 표시 　"　⊢ P005 ⊣　" • CNT KEY 이용 원하는 Counter 입력 • CNT KEY를 1회 누르면 CTU, 2회 누르면 CTD, 3회 누르면 　CTUD, 4회 누르면 CTR, 5회 누르면 다시 CTU로 시작됩니다.
0002 CTU　　　　　C000		
0003 (DATA)	ENT 100	• Counter 설정치 입력을 기다리는 　화면표시
0003 (DATA)　　　00100	ENT LOAD C000	• Counter 설정치 입력 　"　┤ U CTU C000 ├　" 　"　┤ R ⟨S⟩ 00100 ├　"
0005 LOAD　　　　　C000	ENT OUT P003	• LOAD C000 입력 • 　⊢ C000 ⊣ • OUT P003 입력 • "—(OUT P003)—"
0006 OUT　　　　　P003		

• PROGRAM 수정은 PGM MODE에서 수행하며 " ↑STEP , ↓STEP , SRCH " KEY를 이용하여 수정하고자 하는 명령어,
STEP, Word NO, bit NO.를 찾아 수정합니다.
• " TMR , CNT "를 연속해서 누르면 입력하고자 하는 TIMER, COUNTER가 표시되며 ENT 를 이용 PROGRAM을
입력합니다.

3-18 설 명

1) Timer/Counter의 설정치가 최대값 보다 클 경우에 " [ENT] KEY를 누르면 "OPRND. ERR"가 표시됩니다.

   예) TIMER, COUNTER의 최대 설정치 65535보다 클 경우에는 다음과 같이 표시됩니다.(응용 명령의 Device를 Hex, Decimal 입력시 지정된 것보다 클 경우에도 같은 ERROR 표시합니다.)

0	0	0	2		O	P	R	N	D	.		E	R	R
(	D	A	T	A	)				7	0	0	0	0	

2) 응용 명령의 FUN 번호가 130~147인 명령어는 BCD 명령으로 [＂B] KEY는 입력되지 않습니다.

3) 응용명령의 이름앞에 "D"가 있는것은 (ex. DMOV) 배장명령을 표시하며 이름뒤에 "P"가 있는것은 (ex. MOVP) Pulse 명령을 표시합니다.

4) [TMR] KEY를 반복해서 누르면 다음과 같은 순서로 표시되며 표시된 상태에서([PGM] MODE에서) [ENT] KEY를 누르면 PROGRAM 입력됩니다.

0	0	0	0											
T	O	N								T	0	0	0	

ON DELAY TIMER

0	0	0	0											
T	O	F	F							T	0	0	0	

OFF DELAY TIMER

0	0	0	0											
T	M	R								T	0	0	0	

ACCUMULATION TIMER

0	0	0	0											
T	M	O	N							T	0	0	0	

MONOSTABLE TIMER

0	0	0	0											
T	R	T	G							T	0	0	0	

RETRIGGERABLE MONOSTABLE TIMER

5) [CNT] KEY를 반복해서 누르면 다음과 같은 순서로 표시되며 표시된 상태에서([PGM] MODE에서) [ENT] KEY를 누르면 PROGRAM 입력됩니다.

0	0	0	0											
C	T	U								C	0	0	0	

UP COUNTER

0	0	0	0											
C	T	D								C	0	0	0	

DOWN COUNTER

0	0	0	0											
C	T	U	D							C	0	0	0	

UP−DOWN COUNTER

0	0	0	0											
C	T	R								C	0	0	0	

RING COUNTER

6) [ENT] KEY 입력시에는 STEP 옆에 "e"자가 잠시 표시되었다가 사라집니다. 또한 BUZZER도 2번 울립니다. ([ENT] KEY 입력시에 1번, 수행후에 1번 울립니다.)

0	0	0	0	e										
L	O	A	D							P	0	0	0	

3-19 TIMER, COUNTER MONITOR

<table>
<tr><td colspan="3">MODE 선택 및 용도</td><td></td><td colspan="2">프 로 그 램</td></tr>
</table>

RUN/PAU	PGM	DEB	TIMER, COUNTER를 Monitor 할 때 사용합니다.
○	×	×	

```
0000   M000                      〔 TON  T072  00100 〕
0004   T000                         ( OUT  P020 )
0006   P000                      ┌──────────────┐
0007   P001                      │ U  CTU   T000 │
0011   C000                      │ R  〈S〉  00100 │
                                 └──────────────┘
                                    ( OUT  P021 )
```

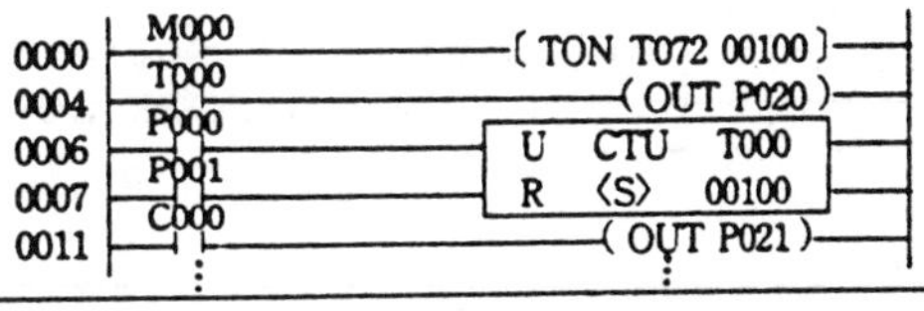

LOADER 표시	KEY 조작	설 명

LOADER 표시:

```
0 0 0 1
T O N                         T 0 0 0
```

```
                  O N   T 0 0 0
                    ●   0 0 1 0 0
```

```
O N   T 0 0 0   U P   C 0 0 0
●   0 0 1 0 0   ○   0 0 0 0 0
```

```
O N   T 0 0 0   N U   C 0 0 1
●   0 0 1 0 0   ○   0 0 0 0 0
```

```
O N   T 0 0 0   U P   C 0 0 0
○   0 0 1 0 0   ○   0 0 0 0 0
```

```
                  O N   T 0 0 0
                    ●   0 0 1 0 0
```

```
T 0 0 0       〈S〉       〈P〉
O N   ●   0 0 1 0 0   0 0 1 0 0
```

```
T 0 0 0       〈S〉       〈P〉
O N   ●   h 0 0 6 4   h 0 0 6 4
```

```
                  O N   T 0 0 0
                    ●   h 0 0 6 4
```

```
0 0 0 1
T O N                         T 0 0 0
```

KEY 조작:

MON

C 0 0 0

MON

+STEP

−STEP

CLR

SHFT
MON

" B

CLR

CLR +STEP

설 명:

- TIMER, COUNTER의 STEP번호를 입력합니다.

- 현 STEP이 표시된 상태에서 Monitor한 것임.

- ON Delay Timer T000의 Monitor

- UP Counter C000의 Monitor

- +STEP −STEP 은 우측의 TIMER, COUNTER에만 작용합니다.

- +STEP −STEP KEY 조작으로 Monitor 가능

- 우측에 있는 TIMER, COUNTER만 설정치와 현재치가 표시됩니다.

- Hex, Decimal을 선택 표시합니다.

- CLR KEY로 원상태 복귀

- STEP Monitor로 복귀

2) TIMER/COUNTER의 설정치로 "D 영역"을 사용한 경우에는 설정치에 "D Word NO." 번호가 표시됩니다.

3-20 TIMER, COUNTER 설정치 변경

<table>
<tr><td colspan="2">MODE 선택 및 용도</td></tr>
<tr>
<td>
<table>
<tr><th>RUN/PAU</th><th>PGM</th><th>DEB</th></tr>
<tr><td>○</td><td>×</td><td>×</td></tr>
</table>
</td>
<td>MASTER－K Series의 RUN중에 TIMER, COUNTER 설정치를 바꿀 때 사용합니다.</td>
</tr>
</table>

프 로 그 램

```
M000 ────────────────────[ TON T072 00300 ]
T000 ────────────────────( OUT P001 )
F093 ─┐
M004 ─┤  U  CTU  C000
C000 ─┘  R  〈S〉 00100
      ────────────────────( OUT P002 )
```

LOADER 표시	KEY 조작	설 명
`0 0 0 1` / `T O N        T 0 0 0`		
	STEP	• TON Timer 설정치 표시
`0 0 0 2` / `(DATA)        0 0 3 0 0`		
	TEST	• 설정치 변경을 하기 위한 입력을 기다리는 표시
`0 0 0 2` / `(DATA)     T ? ? ? ? ?`	`4` `0` `0` ENT	
`0 0 0 2` / `(DATA)        0 0 4 0 0`		• 설정치가 "300"에서 "400"으로 변경됨.
	STEP STEP STEP STEP STEP	
`0 0 0 8` / `C T U        0 0 0 0`		
	STEP	• CTU Counter 설정치 표시
`0 0 0 9` / `(DATA)        0 0 1 0 0`		
	TEST	• 설정치 변경을 하기 위한 입력을 기다리는 표시
`0 0 0 9` / `(DATA)     T ? ? ? ? ?`	`2` `0` `0`	
	ENT	• 설정치가 "100"에서 "200"으로 변경됨.
`0 0 0 9` / `(DATA)        0 0 2 0 0`		

1) 설정치가 "D" Word NO.로 되어있는 경우에는 바꿀수 없으며 Decimal/HEXA(숫자)로 지정되어 있는 것을 "D" Word NO.로 바꾸는 것도 불가능 합니다.

3-21 TIMER, COUNTER 강제 ON/OFF 및 현재치 변경

<table>
<tr><td colspan="2">MODE 선택 및 용도</td></tr>
<tr><td>RUN/PAU</td><td>PGM</td><td>DEB</td><td rowspan="2">Monitor시에 TIMER, COUNTER를 강제로 ON/OFF시킬때나 값을 변경 시킬때 사용합니다.</td></tr>
<tr><td>○</td><td>○</td><td>○</td></tr>
</table>

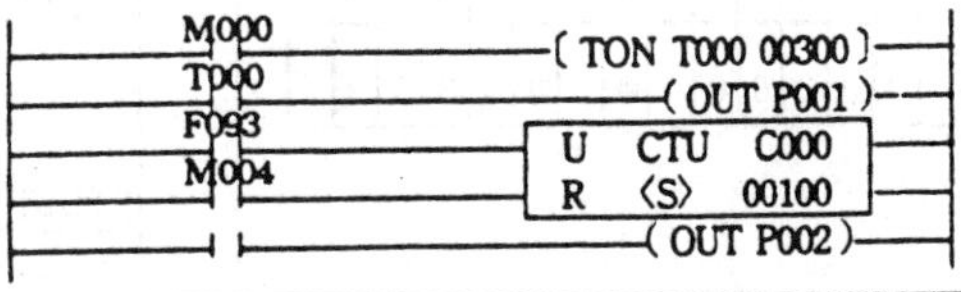

프 로 그 램

```
M000                    [ TON T000 00300 ]
T000                    ( OUT P001 )
F093                    U  CTU  C000
M004                    R  〈S〉  00100
                        ( OUT P002 )
```

LOADER 표시	KEY 조작	설 명
`0 0 0 0`	CLR CLR	• 명령어 입력을 기다리는 화면 표시
`ON T000` `● 00300`	T 0 0 0 MON	• T000 TIMER Monitor • 설정치 "300"에 현재치가 도달할 때 접점이 ON됨.
`ON T000` `* ?????T`	TEST	• 현재치 변경
`ON T000` `* 00100`	1 0 0	• 현재치를 "100"으로 설정
`ON T000` `● 00100`	ENT	
`ON T000` `○ 00101`	OFF 9	• 강제로 접점을 OFF시켜 현재치 100부터 설정치 300까지 새로이 현재치 증가.
	C 0 0 0	

LOADER 표시	KEY 조작	설 명
`ON T000 UP C000` `● 00300 ● 00339`	MON TEST	• Counter C000 Monitor • 설정치 "100"에 현재치가 도달할때 접점이 ON되고 최대 Counter치까지 UP
`ON T000 UP C000` `● 00100 * ?????A`	 5 0	• 현재치 변경 • 화면표시 우측 Timer, Counter에만 적용합니다.
`ON T000 UP C000` `● 00100 * 00050T`	ENT	
`ON T000 UP C000` `● 00100 ● 00051`	OFF 9	
`ON T000 UP C000` `● 00100 ○ 00072`		• 강제로 C000 접점을 OFF
`ON T000 UP C000` `● 00100 ● 00101`		• C000가 설정치까지 Counter후 접점 ON • 설정치 "100"에 현재치가 도달할때 접점이 ON되고 최대 Counter치까지 UP

3-22 HSC DATA SETTING

<table>
<tr><td colspan="4">MODE 선택 및 용도</td><td></td><td colspan="2">주   의</td></tr>
<tr><td>RUN/PAU</td><td>PGM</td><td>DEB</td><td rowspan="2">HIGH SPEED Counter의 DATA를
입력하는 경우에 사용합니다.</td><td>K10</td><td>K30H</td><td>K50H</td><td>K200H</td></tr>
<tr><td>×</td><td>○</td><td>×</td><td>○</td><td>○</td><td>○</td><td>○</td></tr>
</table>

LOADER 표시	KEY 조작	설 명
`1.PASSWORD` `2.HSC  SET`	PRM	• Parameter의 MENU를 표시합니다.
	2	
`HSC  SET      #00` `<DATA>        00000`		• HSC DATA값 입력 대기상태 표시입니다.
	1 0 0	
`HSC  SET      #00` `<DATA>        00100`		• HSC DATA 값을 100으로 설정한 경우입니다.
	ENT	
`HSC  SET      #00` `<SET> = 0000000000`		• P01 CARD로 출력을 ON시킬 입력대기 상태 표시입니다.
	1 0 1 0 1	
`HSC  SET      #00` `<SET> =   10101***`		• P01 CARD로 출력시킬 값을 설정합니다.
	0 0 0	
`HSC  SET      #00` `<SET> =   101010 00`		
	ENT	

LOADER 표시	KEY 조작	설　　　　　명
`HSC SET    #00` `<RST> = 00000000`		• P01 CARD로 출력을 OFF시킬 입력대기 상태 표시입니다.
	`1` `0` `1` `0`	
`HSC SET    #00` `<RST> = 10101***`		● P01 CARD로 출력을 OFF시킬 값을 설정합니다.
	`0` `0` `0`	
`HSC SET    #00` `<RST> = 10101000`		
	`ENT`	
`HSC SET    #19` `<RST> = 00000000`		• HSC는 0～19단 까지 설정 가능합니다.
	`ENT`	
`1.PASSWORD` `2.HSC SET`		• Parameter의 MENU로 전환

※ HSC 현재값 Monitor　　　　　　　　　• HSC의 현재값과 설정치를 Monitor하는 경우에 사용합니다.

`SHFT` `CLR`

`0000          o`
`LOAD       M000`　　　`MON` →　`HSC  <S>   <P·>`
`         00100 00000`

3-23 고속 카운터 초기값 설정

MODE 선택 및 용도				주 의

RUN/PAU	PGM	DEB	HSC Setting 값을 Default Parameter 값으로 Clear 시킬 경우에 사용합니다.	HSC Setting $===\Rightarrow$ Default Parrameter로 대치
○	○	×		

LOADER 표시	KEY 조작	설 명

LOADER 표시:

```
0 0 0 1
LOAD  NOT       M 0 0 0
```

[PRM]

```
1 . P A S S W O R D
2 . H S C   S E T
```

[SHFT]
[DEL]

```
*    D E F A U L T    *
*  P R M  W R I T E  ?  *
```

[ENT]

```
*  P R M  W R I T E  *
* *  C O M P L E T E D !  * *
```

[CLR]

```
1 . P A S S W O R D
2 . H S C   S E T
```

[CLR]

```
0 0 0 0
```

[STEP]

```
0 0 0 0
LOAD  NOT       M 0 0 0
```

설명:

• Parameter의 MENU를 표시합니다.

• Parameter의 MENU에 초기값을 설정할 것인지를 확인합니다.

• "HSC SET" 기능만 Clear

• 초기 값으로 설정을 완료 되었음을 표시합니다.

• Parameter의 MENU를 표시합니다.

3-24 W.D.T TIME 설정

<table>
<tr><td colspan="2">MODE 선택 및 용도</td></tr>
</table>

RUN/PAU	PGM	DEB
×	○	×

USER의 PROGRAM 길이에 따른 최대 Scanning Time을 설정하는 경우에 사용합니다.

주 의

최소 2000(200ms) ~ 최대 20000(2000ms)의 WDT 가변가능
(K250, 500H, 1000H에서만 사용)

LOADER 표시	KEY 조작	설 명
PLC PARAMETER 1.LATCH AREA	PRM	• 불휘발성 영역을 설정하는 기능입니다.
PLC PARAMETER 2.WDT TIME	STEP	• Watch dog Time을 설정하는 기능입니다.
WDT TIME SET 02000 * 0.1mS	ENT	• 최소 2000(200ms)의 WDT Default 설정값
WDT TIME SET 03000 * 0.1mS	3 0 0 0	• WDT를 3000(300ms)으로 변경 입력합니다. • 사용자께서 원하시는 WDT을 설정하는 경우입니다.
PLC PARAMETER 3.ERROR MODE	ENT	• Parameter의 다음 기능으로 전환합니다.

• WDT (WATCH DOG·TIMER) TIME은 십진수로 표시되며 최대 20000(2000ms) 최소는 2000(200ms) 범위에서 가변이 가능합니다.

3-25 PARAMETER 초기값 설정

<table>
<tr><td colspan="3">MODE 선택 및 용도</td><td>주   의</td></tr>
<tr>
<td colspan="3">
<table>
<tr><td>RUN/PAU</td><td>PGM</td><td>DEB</td></tr>
<tr><td>×</td><td>○</td><td>×</td></tr>
</table>
Parameter의 값을 Default 값으로
채울 경우에 사용합니다.
</td>
<td>USER 설정한 Parameter 값
=⇒   Default 값으로 재설정</td>
</tr>
</table>

LOADER 표시	KEY 조작	설 명
PLC PARAMETER 1.LATCH AREA	PRM	• K250의 Parametter MENU를 표시합니다.
	SHFT DEL	
* DEFAULT * * PRM WRITE ? *		• K250의 Parameter의 값이 Defualt 값으로 설정할 것인지를 확인합니다.
	ENT	
* PRM WRITE ** COMPLETED! **		• Parameter의 값을 Defualt 값으로 설정완료 되었음을 표시합 니다.
	CLR	
PLC PARAMETER 1.LATCH AREA		• Parameter의 MENU를 표시합니다.

3-26 PROGRAM 일부 CLEAR

<table>
<tr><td colspan="2" align="center">MODE 선택 및 용도</td><td align="center">프 로 그 램</td></tr>
</table>

RUN/PAU	PGM	DEB	작성한 PROGRAM의 일부 혹은 전체를 지울경우에 사용합니다. ※ K250은 불가
×	○	×	

```
0000 ──┤/├──            ──( OUT P003 )──
        M000
1225 ──┤ ├──  ┈┈        ──[ INCP P05 ]──
        F093  ┈┈
```

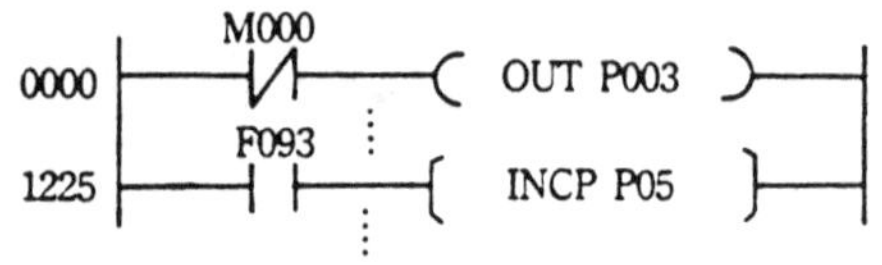

LOADER 표시	KEY 조작	설 명
`1 2 2 5` `L O A D           F 0 9 3`		• PGM MODE에서 STEP표시 상태
	AUX	
`1 . M  C L R   2 . D  C L R` `3 . S U B S .   4 . B L O C K`		• CLEAR MENU가 화면에 표시
	1	
`S T A R T   S T E P :` ` `		• Memory CLEAR 선택
	1 0 0	• 삭제하게 될 START STEP 입력 대기상태입니다.
`S T A R T   S T E P : 0 1 0 0` `  E N D   S T E P :`	ENT	• 삭제하게 될 END STEP 입력대기 상태입니다.
	2 5 0	
`S T A R T   S T E P : 0 1 0 0` `  E N D   S T E P : 0 2 5 0`		• 삭제하게 될 START~END STEP까지 입력완료
	ENT	
`  0 1 0 0   -   0 2 5 0` `* M E M O R Y   C L E A R ? *`		• Memory CLEAR 확인 • 지정한 STEP을 Clear할 것인지를 확인 합니다.
	ENT	
`  *     M E M O R Y     *` `* *   C L E A R E D   !   * *`		• PROGRAM삭제 수행완료 표시입니다.
	CLR	
`1 . M  C L R   2 . D  C L R` `3 . S U B S .   4 . B L O C R K`		• CLEAR MENU로 돌아감.

3-27 PROGRAM DATA CLEAR

MODE 선택 및 용도			
RUN/PAU	PGM	DEB	작성한 PROGRAM의 DATA를 CLEAR
×	○	×	할 경우에 사용합니다.

프 로 그 램

```
M000                    ( TON T072 00100 )
T072                         ( OUT P000 )
F092                    U   CTU   C096
M010                    R   (S)   00200
C096                         ( OUT P002 )
```

LOADER 표시	KEY 조작	설 명
`0001` `TON          T072`	PGM	• PGM MODE에서 "0001 STEP"표시 상태
`1.M CLR 2.D CLR` `3.SUBS. 4.BLOCK`	AUX	• CLEAR MENU가 화면에 표시
`* DATA CLEAR *` `P M K S T C D`	2	• DATA CLEAR하게 되는 Device 선택 MENU가 표시 • 선택하는 Device는 DATA CLEAR 수행하지 않습니다. (KEY는 Toggle 기능)
`* DATA CLEAR *` `M K S T C D`	P	• Device "M"
`* DATA CLEAR *` `K S T C D`	M	• Device "K"
`* DATA CLEAR *` `S T C D`	K	• Device "S"
`* DATA CLEAR *` `T C D`	S	• Device "D"
`* DATA CLEAR *` `T C`	D	• 표시된 Device T, C는 DATA CLEAR를 수행하는 것입니다.
`T C` `* DATA CLEAR ? *`	ENT	• DATA CLEAR 확인 • T,C의 Device의 Data를 Clear할 것인지 확인합니다.
`*     DATA     *` `** CLEARED ! **`	ENT	• DATA CLEAR 수행완료
`1.M CLR 2.D CLR` `3.SUBS. 4.BLOCK`	CLR	• CLEAR MENU가 화면에 표시

KEY 조작 란 주석: DATA CLEAR 를 하지않는 Device 선택 (P M K S D 구간)

3-28 PROGRAM ALL CLEAR

MODE 선택 및 용도			
RUN/PAU	PGM	DEB	USER가 작성한 PROGRAM을 모두 삭제할 경우에 사용합니다.
×	○	×	

프 로 그 램

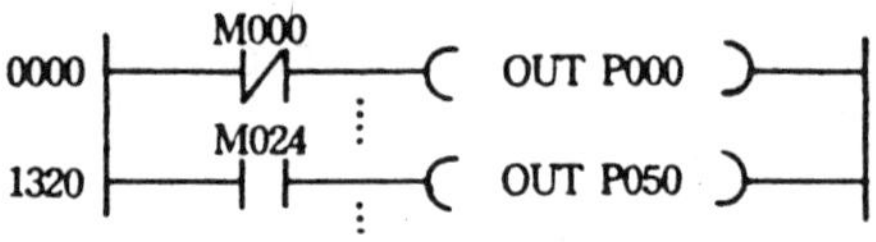

```
        M000
0000   ─┤/├─          ─( OUT P000 )──┤
        M024    ⋮
1320   ─┤ ├─          ─( OUT P050 )──┤
                ⋮
```

LOADER 표시	KEY 조작	설 명
`1 3 2 0` `L O A D          M 0 2 4`		
	CLR	• Device M024가 삭제됩니다.
`1 3 2 0` `L O A D`		
	CLR	• 명령어 LOAD가 삭제됩니다.
`1 3 2 0`		
	CLR	• 1320 STEP이 0000 STEP으로 변경됩니다.
`0 0 0 0`		
	SHFT	
`0 0 0 0                  SF`		
	DEL	• PROGRAM이 전체 삭제 되었음을 표시합니다.
`0 0 0 0` `F U N ( 0 0 0 )          N O P`		

1)MASTER-K TYPE 별로 0000 STEP부터 마지막 STEP까지 NOP으로 변경됩니다.

```
0 0 0 0
F U N ( 0 0 0 )          N O P
```

3-29 SCAN TIME 표시

<table>
<tr><td colspan="3">MODE 선택 및 용도</td><td rowspan="2">K250, K500H, K1000H의 PROGRAM 1 SCAN TIME을 알고 싶을때 사용합니다. K10, 30H, 50H, 60H, 200H에서는 고속카운터의 설정치, 현재치가 나타납니다.</td><td colspan="2">주 의</td></tr>
<tr><td>RUN/PAU
○</td><td>PGM
×</td><td>DEB
×</td><td colspan="2">Program을 수행할때 "0000~END" STEP까지의 1 Scan Time을 최소 ~ 최대값 까지를 표시합니다.</td></tr>
</table>

LOADER 표시	KEY 조작	설 명
`0 0 0 0` … `0` `L O A D` … `M 0 0 0`		• RUN MODE에서의 "0000 STEP" READ 상태입니다.
`0 0 0 0`	CLR CLR	
`M I N .  C U R .  M A X .` `5 . 8   6 . 3   7 . 1`	MON	• SCANNING TIME의 MAX., MIN., CUR. 값이 표시됩니다.
`0 0 0 0`	CLR	
`0 0 0 0` … `L O A D` … `M 0 0 0`	STEP	• RUN MODE에서의 "0000 STEP" READ 상태입니다.

※ 참고

1) SCAN TIME의 단위는 msec 입니다.

2) SCAN TIME이 100msec를 초과하는 경우에는 단위가 sec가 됩니다.

   ex) 64.6→64.6msec

     2.04s→2.94sec

PLC를 중심으로 한
종합 시퀀스 제어

1997.	9.	5.	초 판	1쇄 발행
2013.	8.	30.	초 판	15쇄 발행
2016.	7.	20.	초 판	16쇄 발행
2017.	3.	24.	초 판	17쇄 발행
2019.	**1.**	**7.**	**초 판**	**18쇄 발행**

지은이 | 김원회
펴낸이 | 이종춘
펴낸곳 | BM 주식회사 성안당

주소 | 04032 서울시 마포구 양화로 127 첨단빌딩 5층(출판기획 R&D 센터)
| 10881 경기도 파주시 문발로 112 출판문화정보산업단지(제작 및 물류)
전화 | 02) 3142-0036
| 031) 950-6300
팩스 | 031) 955-0510
등록 | 1973. 2. 1. 제406-2005-000046호
출판사 홈페이지 | **www.cyber.co.kr**
ISBN | 978-89-315-2570-0 (13560)
정가 | **28,000원**

이 책을 만든 사람들
기획 | 최옥현
진행 | 박경희
교정·교열 | 이태원
전산편집 | 이지연
표지 디자인 | 박현정
홍보 | 박연주
국제부 | 이선민, 조혜란, 김혜숙
마케팅 | 구본철, 차정욱, 나진호, 이동후, 강호묵
제작 | 김유석